# 메가스터디 N제

## 통합과학1 755제

# 이 책의
# 구성과 특징

##  완성 Point가 바로 여기에!

### Point ❶

**22개정 교과서 완벽 분석**,
핵심이 모두 여기에!

5종 통합과학 교과서를 모두 분석하여 내신 시험에 반드시 출제될 내용과 자료로 구성

### Point ❷

내신 시험의
**출제 원리를 바탕으로!**

전국 학교 기출 문제와 학력평가 기출 문제를 모두 분석하여 고빈출, 최다 오답 유형만을 엄선하여 구성

### Point ❸

**만점 달성**
고난도, 수능 유형 문제까지!

고난도, 수능 유형, 서술형 문제를 포함한 755개의 문항으로 변별력 높은 내신 시험과 학력평가까지 대비할 수 있도록 구성

---

## STEP 1 핵심 개념 정리 & O/X 문제로 교과서 핵심 자료 보기

5종 교과서의 핵심 내용을 쉽게 파악할 수 있도록 체계적으로 정리하고,
핵심 자료를 선별하여 OX 문제를 풀며 개념 학습을 강화할 수 있도록 했습니다.

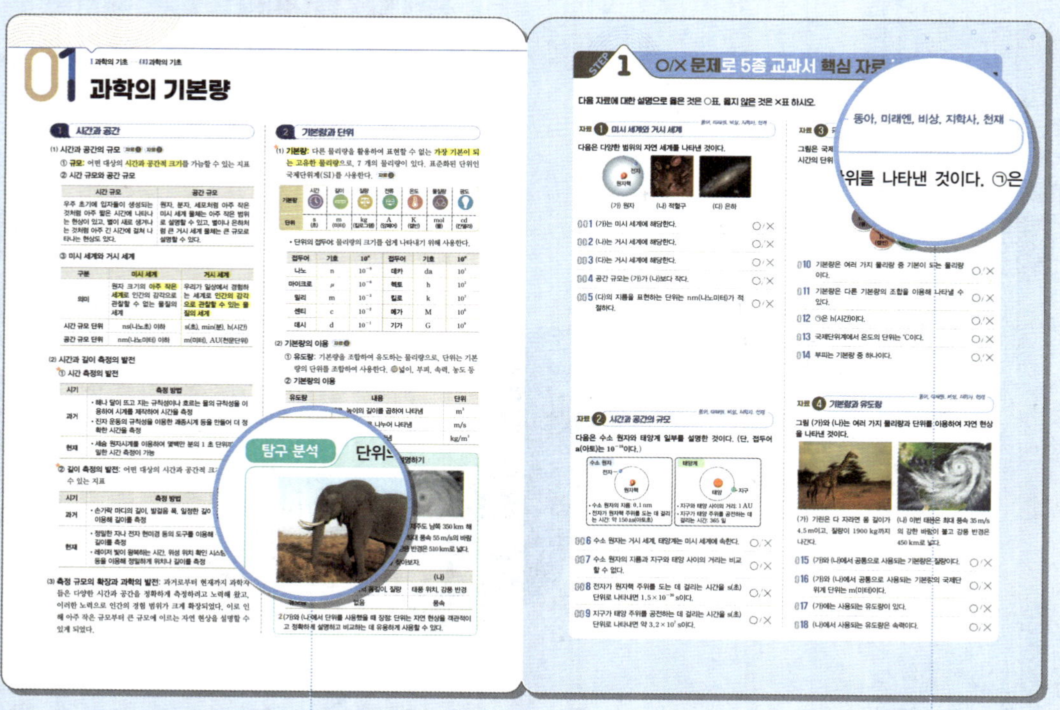

**자료 분석**, **탐구 분석**에서 주요 자료 또는 탐구를 자세하게 분석했습니다.

자료 출처 교과서를 표시했습니다.

전국 학교 기출 문제를 분석하여 출제율 70% 이상의 문제를 개념 순으로 빠짐없이 구성했습니다.

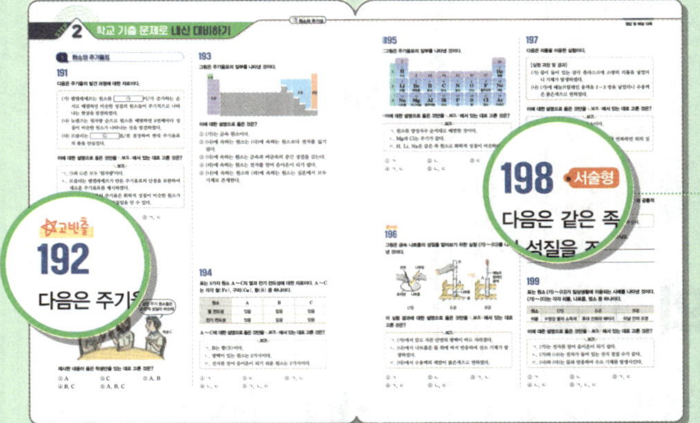

출제율 90 % 이상인 문제는 고빈출 로 표시했습니다.

서술형 문제도 개념 순으로 수록했습니다.

## STEP 3 수능 유형 문제로 만점 도전하기

통합과학이 수능 과목으로 편성됨에 따라 내신에도 수능 유형 문제가 출제될 수 있습니다.
신유형, 학평 기출 변형, 고난도, 최다오답, 서술형 문제를 풀어보며 내신 만점에 도전하세요.

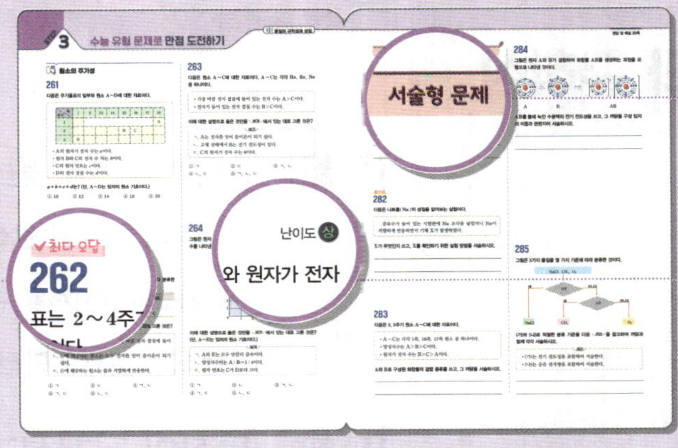

기출 분석을 통해 오답률이 높은 개념과 유형의 문제는 최다오답 으로 표시했습니다.

서술형 문항에 대비할 수 있도록 서술형 문제 코너를 구성했습니다.

변별력 높은 내신 시험과 학력평가까지 대비할 수 있도록 난이도 상 을 표시했습니다.

## STEP 4 단원 종합 문제로 만점 완성하기

내신에 완벽하게 대비할 수 있도록 대단원별로 학교 시험 문제와
매우 유사한 형태의 예상 문제를 제시했습니다. 내신 만점에 자신감을 가지세요.

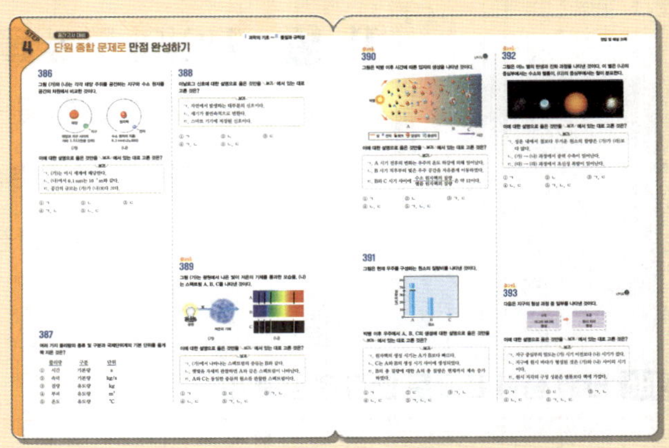

# Ⅲ 시스템과 상호작용

# I

# 과학의 기초

## 1 과학의 기초

## 1 과학의 기초

- 과학의 기초
  - 과학의 기본량
    - 시간과 공간
      - 시간과 공간의 규모
      - 측정의 발전
    - 기본량과 단위
      - 기본량 - 시간, 길이, 질량, 전류, 온도, 물질량, 광도
      - 유도량 - 기본량 조합
  - 측정 표준과 정보
    - 측정과 측정 표준
      - 측정과 어림
      - 측정 표준 - 과학적 기준
    - 신호와 정보
      - 신호와 정보의 변환 - 디지털 신호, 아날로그 신호
      - 디지털 기술

# 01 과학의 기본량

## 1 시간과 공간

### (1) 시간과 공간의 규모 자료❶ 자료❷

① **규모**: 어떤 대상의 시간과 공간적 크기를 가늠할 수 있는 지표

② 시간 규모와 공간 규모

| 시간 규모 | 공간 규모 |
| --- | --- |
| 우주 초기에 입자들이 생성되는 것처럼 아주 짧은 시간에 나타나는 현상이 있고, 별이 새로 생겨나는 것처럼 아주 긴 시간에 걸쳐 나타나는 현상도 있다. | 원자, 분자, 세포처럼 아주 작은 미시 세계 물체는 아주 작은 범위로 설명할 수 있고, 별이나 은하처럼 큰 거시 세계 물체는 큰 규모로 설명할 수 있다. |

③ 미시 세계와 거시 세계

| 구분 | 미시 세계 | 거시 세계 |
| --- | --- | --- |
| 의미 | 원자 크기의 아주 작은 세계로 인간의 감각으로 관찰할 수 없는 물질의 세계 | 우리가 일상에서 경험하는 세계로 인간의 감각으로 관찰할 수 있는 물질의 세계 |
| 시간 규모 단위 | ns(나노초) | s(초), min(분), h(시간) |
| 공간 규모 단위 | $\mu$m(마이크로미터), nm(나노미터) | m(미터), AU(천문단위) |

### (2) 시간과 길이 측정의 발전

⭐ ① 시간 측정의 발전

| 시기 | 측정 방법 |
| --- | --- |
| 과거 | • 해나 달이 뜨고 지는 규칙성이나 흐르는 물의 규칙성을 이용하여 시계를 제작하여 시간을 측정<br>• 진자 운동의 규칙성을 이용한 괘종시계 등을 만들어 더 정확한 시간을 측정 |
| 현재 | • 세슘 원자시계를 이용하여 몇백만 분의 1 초 단위까지 정밀한 시간 측정이 가능 |

⭐ ② 길이 측정의 발전: 어떤 대상의 시간과 공간적 크기를 가늠할 수 있는 지표

| 시기 | 측정 방법 |
| --- | --- |
| 과거 | • 손가락 마디의 길이, 발걸음 폭, 일정한 길이의 막대 등을 이용해 길이를 측정 |
| 현재 | • 정밀한 자나 전자 현미경 등의 도구를 이용해 작은 물체의 길이를 측정<br>• 레이저 빛이 왕복하는 시간, 위성 위치 확인 시스템(GPS) 등을 이용해 정밀하게 위치나 길이를 측정 |

### (3) 측정 규모의 확장과 과학의 발전: 과거로부터 현재까지 과학자들은 다양한 시간과 공간을 정확하게 측정하려고 노력해 왔고, 이러한 노력으로 인간의 경험 범위가 크게 확장되었다. 이로 인해 아주 작은 규모부터 큰 규모에 이르는 자연 현상을 설명할 수 있게 되었다.

## 2 기본량과 단위

⭐ **(1) 기본량**: 다른 물리량을 활용하여 표현할 수 없는 가장 기본이 되는 고유한 물리량으로, 7 개의 물리량이 있다. 표준화된 단위인 국제단위계(SI)를 사용한다. 자료❸

| | 시간 | 길이 | 질량 | 전류 | 온도 | 물질량 | 광도 |
| --- | --- | --- | --- | --- | --- | --- | --- |
| 기본량 | ⏰ | 📏 | ⚖️ | 〰️ | 🌡️ | ⚛️ | 💡 |
| 단위 | s<br>(초) | m<br>(미터) | kg<br>(킬로그램) | A<br>(암페어) | K<br>(켈빈) | mol<br>(몰) | cd<br>(칸델라) |

• 단위의 접두어: 물리량의 크기를 쉽게 나타내기 위해 사용한다.

| 접두어 | 기호 | $10^n$ | 접두어 | 기호 | $10^n$ |
| --- | --- | --- | --- | --- | --- |
| 나노 | n | $10^{-9}$ | 데카 | da | $10^1$ |
| 마이크로 | $\mu$ | $10^{-6}$ | 헥토 | h | $10^2$ |
| 밀리 | m | $10^{-3}$ | 킬로 | k | $10^3$ |
| 센티 | c | $10^{-2}$ | 메가 | M | $10^6$ |
| 데시 | d | $10^{-1}$ | 기가 | G | $10^9$ |

### (2) 기본량의 이용 자료❹

① **유도량**: 기본량을 조합하여 유도하는 물리량으로, 단위는 기본량의 단위를 조합하여 사용한다. 예 넓이, 부피, 속력, 농도 등

② 기본량의 이용

| 유도량 | 내용 | 단위 |
| --- | --- | --- |
| 부피 | 가로, 세로, 높이의 길이를 곱하여 나타냄 | $m^3$ |
| 속력 | 이동 거리를 시간으로 나누어 나타냄 | m/s |
| 밀도 | 질량을 부피로 나누어 나타냄 | $kg/m^3$ |

---

**탐구 분석** **단위의 의미와 적용 사례 설명하기**

 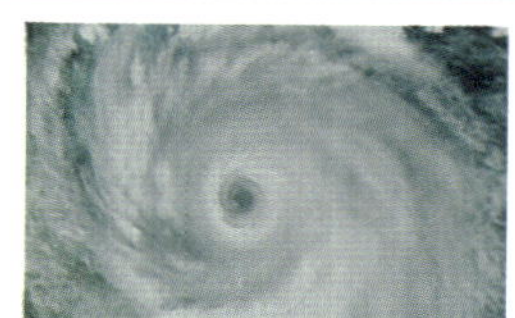

(가) 아프리카 코끼리의 최대 몸길이는 약 7.5 m, 질량은 6000 kg 정도이다.

(나) 태풍은 제주도 남쪽 350 km 해상에 있다. 최대 풍속 55 m/s의 바람이 불고 강풍 반경은 510 km로 넓다.

**1** (가)와 (나)의 설명에서 기본량과 유도량을 찾아보자.

| 구분 | (가) | (나) |
| --- | --- | --- |
| 기본량 | 아프리카 코끼리의 몸길이, 질량 | 태풍 위치, 강풍 반경 |
| 유도량 | 없음 | 풍속 |

**2** (가)와 (나)에서 단위를 사용했을 때 장점: 단위는 자연 현상을 객관적이고 정확하게 설명하고 비교하는 데 유용하게 사용할 수 있다.

다음 자료에 대한 설명으로 옳은 것은 ○표, 옳지 않은 것은 ✕표 하시오.

## 자료 ❶ 미시 세계와 거시 세계
동아, 미래엔, 비상, 지학사, 천재

다음은 다양한 범위의 자연 세계를 나타낸 것이다.

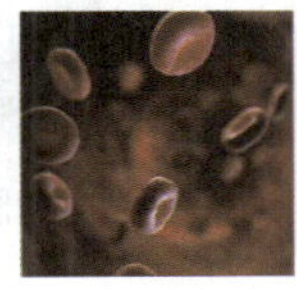

(가) 원자　　(나) 적혈구　　(다) 은하

**001** (가)는 미시 세계에 해당한다. ○/✕

**002** (나)는 거시 세계에 해당한다. ○/✕

**003** (다)는 거시 세계에 해당한다. ○/✕

**004** 공간 규모는 (가)가 (나)보다 작다. ○/✕

**005** (다)의 지름을 표현하는 단위는 nm(나노미터)가 적절하다. ○/✕

## 자료 ❷ 시간과 공간의 규모
동아, 미래엔, 비상, 지학사, 천재

다음은 수소 원자와 태양계 일부를 설명한 것이다. (단, 접두어 a(아토)는 $10^{-18}$이다.)

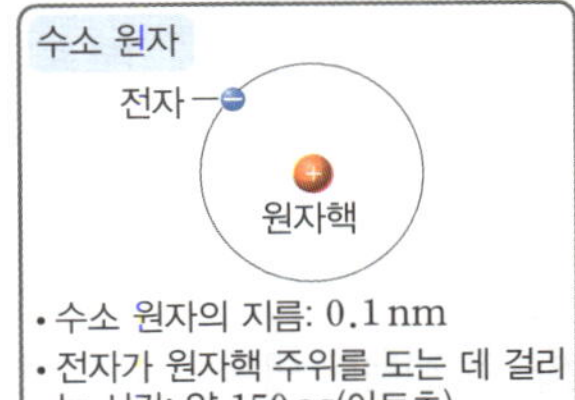


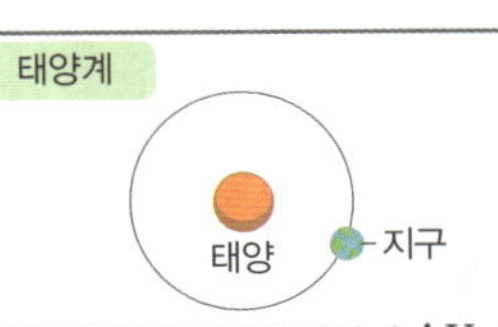


- 수소 원자의 지름: 0.1 nm
- 전자가 원자핵 주위를 도는 데 걸리는 시간: 약 150 as(아토초)

- 지구와 태양 사이의 거리: 1 AU
- 지구가 태양 주위를 공전하는 데 걸리는 시간: 365 일

**006** 수소 원자는 거시 세계, 태양계는 미시 세계에 속한다. ○/✕

**007** 수소 원자의 지름과 지구와 태양 사이의 거리는 비교할 수 없다. ○/✕

**008** 전자가 원자핵 주위를 도는 데 걸리는 시간을 s(초) 단위로 나타내면 $1.5 \times 10^{-16}$ s이다. ○/✕

**009** 지구가 태양 주위를 공전하는 데 걸리는 시간을 s(초) 단위로 나타내면 약 $3.2 \times 10^{7}$ s이다. ○/✕

## 자료 ❸ 국제단위계(SI)의 기본량
동아, 미래엔, 비상, 지학사, 천재

그림은 국제단위계(SI)의 기본량과 단위를 나타낸 것이다. ㉠은 시간의 단위이다.

**010** 기본량은 여러 가지 물리량 중 기본이 되는 물리량이다. ○/✕

**011** 기본량은 다른 기본량의 조합을 이용해 나타낼 수 있다. ○/✕

**012** ㉠은 h(시간)이다. ○/✕

**013** 국제단위계에서 온도의 단위는 ℃이다. ○/✕

**014** 부피는 기본량 중 하나이다. ○/✕

## 자료 ❹ 기본량과 유도량
동아, 미래엔, 비상, 지학사, 천재

그림 (가)와 (나)는 여러 가지 물리량과 단위를 이용하여 자연 현상을 나타낸 것이다.

(가) 기린은 다 자라면 몸 길이가 4.5 m이고, 질량이 1900 kg까지 나간다.

(나) 이번 태풍은 최대 풍속 35 m/s의 강한 바람이 불고 강풍 반경은 450 km로 넓다.

**015** (가)와 (나)에서 공통으로 사용되는 기본량은 질량이다. ○/✕

**016** (가)와 (나)에서 공통으로 사용되는 기본량의 국제단위계 단위는 m(미터)이다. ○/✕

**017** (가)에는 사용되는 유도량이 있다. ○/✕

**018** (나)에서 사용되는 유도량은 속력이다. ○/✕

# STEP 2 학교 기출 문제로 내신 대비하기

## 1 시간과 공간

### 019

자연 세계의 규모에 대한 설명으로 옳은 것만을 보기 에서 있는 대로 고른 것은?

보기
ㄱ. 은하와 같은 규모는 미시 세계에 해당한다.
ㄴ. 자연에서 일어나는 현상들은 시간과 공간 규모가 다양하다.
ㄷ. 자연 세계의 규모에 따라 측정 방법은 다양하다.

① ㄱ          ② ㄴ          ③ ㄷ
④ ㄱ, ㄴ       ⑤ ㄴ, ㄷ

### 020 서술형

그림 (가), (나)는 자연 세계의 규모 중에서 미시 세계와 거시 세계를 순서 없이 나타낸 것이다.

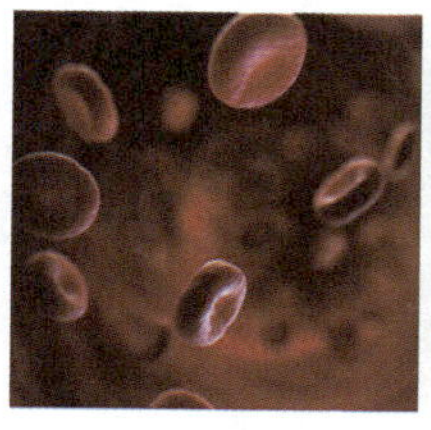

(가) 적혈구          (나) 개

(1) 미시 세계와 거시 세계의 의미를 각각 서술하시오.

_________________________________________

_________________________________________

(2) (가), (나) 중 미시 세계에 해당하는 것을 쓰시오.

_________________________________________

### 021

시간과 길이 측정에 대한 설명으로 옳은 것만을 보기 에서 있는 대로 고른 것은?

보기
ㄱ. 과학에서의 시간과 길이 측정은 미시 세계에 한정한다.
ㄴ. 현재 가장 정밀하게 시간을 측정할 수 있는 도구는 원자시계이다.
ㄷ. 길이를 측정하는 도구는 규모에 상관없이 동일하다.

① ㄱ          ② ㄴ          ③ ㄷ
④ ㄱ, ㄴ       ⑤ ㄴ, ㄷ

### 022

그림 (가)~(다)는 자연 현상을 측정하는 도구를 나타낸 것이다.

(나) 레이저 거리 측정기

(가) 자격루          (다) 원자시계

이에 대한 설명으로 옳은 것만을 보기 에서 있는 대로 고른 것은?

보기
ㄱ. (가)는 미시 세계의 측정 도구로 적절하다.
ㄴ. (나)는 길이를 측정하는 도구이다.
ㄷ. (다)는 정밀한 시간을 측정하기에 적절하다.

① ㄱ          ② ㄴ          ③ ㄷ
④ ㄱ, ㄴ       ⑤ ㄴ, ㄷ

### 023 고빈출

시간 측정의 발전 과정에 대한 설명으로 옳은 것만을 보기 에서 있는 대로 고른 것은?

보기
ㄱ. 과거에는 앙부일구를 사용하여 시간을 측정하였다.
ㄴ. 과거에는 진자 운동의 규칙성을 이용하여 시간을 측정하였다.
ㄷ. 현대에는 세슘 원자시계를 이용하여 정밀한 시간 측정이 가능하다.

① ㄱ          ② ㄷ          ③ ㄱ, ㄴ
④ ㄴ, ㄷ       ⑤ ㄱ, ㄴ, ㄷ

## 2 기본량과 단위

## 024

기본량에 대한 설명으로 옳은 것만을 보기 에서 있는 대로 고른 것은?

보기
ㄱ. 동일한 기본량이라도 규모에 따라 서로 다른 단위를 사용한다.
ㄴ. 기본량을 나타낼 때 국제단위계를 사용한다.
ㄷ. 기본량을 이용하여 부피, 속력, 농도 등과 같은 과학 개념을 설명할 수 있다.

① ㄱ　　　　　② ㄴ　　　　　③ ㄷ
④ ㄱ, ㄴ　　　　⑤ ㄴ, ㄷ

## 025

다음 중 기본량에 해당하지 <u>않는</u> 것은?

① 시간　　　　　② 부피　　　　　③ 온도
④ 길이　　　　　⑤ 전류

## 026

다음은 기본량 X에 대한 설명이다.

- 두 점 사이의 거리를 나타내는 물리량이다.
- 18 세기 말 지구 자오선 길이의 $\dfrac{1}{10,000,000}$ 로 정의하였다.
- 현재는 진공에서 빛이 1 초 동안 진행한 거리의 $\dfrac{1}{299,792,458}$ 로 정해진다.

이에 대한 설명으로 옳은 것만을 보기 에서 있는 대로 고른 것은?

보기
ㄱ. X는 길이이다.
ㄴ. X의 표준 단위는 m(미터)이다.
ㄷ. X를 조합하여 부피를 나타낼 수 있다.

① ㄱ　　　　　② ㄷ　　　　　③ ㄱ, ㄴ
④ ㄴ, ㄷ　　　　⑤ ㄱ, ㄴ, ㄷ

## 027 ●서술형

기본량의 의미를 서술하고, 기본량의 예 3가지를 단위와 함께 쓰시오.

___________________________________________

___________________________________________

## 고빈출
## 028

기본량과 유도량에 대한 설명으로 옳은 것만을 보기 에서 있는 대로 고른 것은?

보기
ㄱ. 속력은 기본량에 해당한다.
ㄴ. 부피의 단위는 시간의 단위를 이용해 표현한다.
ㄷ. 광도는 기본 단위로 표현할 수 있다.

① ㄱ　　　　　② ㄴ　　　　　③ ㄷ
④ ㄱ, ㄴ　　　　⑤ ㄴ, ㄷ

## 029

표는 여러 가지 유도량과 단위를 나타낸 것이다.

| 유도량 | 부피 | 속력 | ㉡ | 힘 |
|---|---|---|---|---|
| 단위 | $m^3$ | ㉠ | $kg/m^3$ | $kg \cdot m/s^2$ |

이에 대한 설명으로 옳은 것만을 보기 에서 있는 대로 고른 것은?

보기
ㄱ. ㉠은 m/s이다.
ㄴ. ㉡은 압력이다.
ㄷ. $10^{-9}$ m＝1 nm이다.

① ㄱ　　　　　② ㄴ　　　　　③ ㄷ
④ ㄱ, ㄷ　　　　⑤ ㄴ, ㄷ

# 02 측정 표준과 정보

## 1 측정과 측정 표준

### (1) 측정과 어림 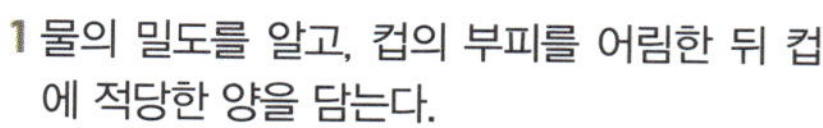

① **측정**: 미지의 양을 미리 정의한 기준과 비교하여 그 값을 결정하는 과정으로, 어떤 대상의 물리량을 기준이 되는 양과 비교하여 수치와 단위로 나타내는 것
- 양을 측정할 때는 적절한 측정 단위와 측정 도구를 사용한다.
- 정밀하고 정확한 측정은 과학 기술의 기초이자 필수 요소이다.

② **어림**: 이용할 수 있는 정보를 바탕으로 물리량을 예상하거나 물리량의 크기를 대략 가늠하는 것
- 적절한 단위와 도구를 사용한 측정 경험이 많을수록 더 정확하게 어림할 수 있다.
- 어림은 효율적인 측정 계획과 수행을 돕는다.

**탐구 분석** | **물의 질량 어림하기**

전자저울 없이 컵에 물 50 g을 어림하여 담을 수 있는 방법은 무엇일까?
**1** 물의 밀도를 알고, 컵의 부피를 어림한 뒤 컵에 적당한 양을 담는다.
**2** 전자저울이 아닌 보조 도구를 활용한다.
예 작은 티스푼은 약 5 g을 담을 수 있으므로 물을 10 회 담는다.

### (2) 측정 표준의 필요성과 활용 

① **측정 표준**: 어떤 물리량을 측정하는 기준으로 사용하기 위해 공통으로 사용할 수 있는 단위에 대한 과학적 기준
예 시간의 기본 단위인 1 s(초)를 정의하고, 이동하는 데 걸린 시간을 측정한다.

② **일상생활에서 측정 표준의 활용**

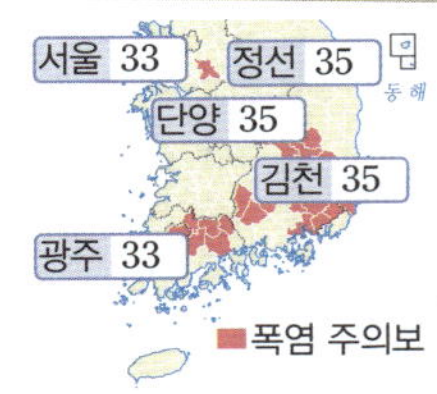

| 기온을 ℃ 단위로 측정하여 기준에 맞게 폭염주의보를 발령한다. | 자동차의 속력을 km/h 단위로 측정하여 과속 차량을 단속한다. |

③ **측정 표준 활용의 확대**

| 분야 | 구분 |
| --- | --- |
| 산업 분야 | 길이, 질량, 부피 등의 측정 표준을 활용해 자동차의 부품을 정교하게 만들고, 이를 조립해 자동차를 생산하면 성능과 안전이 보장된다. |
| 의료 분야 | 질량, 부피 등의 측정 표준을 활용해 혈당량을 측정한다. |
| 우주 항공 분야 | 시간, 길이, 질량 등의 측정 표준을 활용해 발사체를 개발한다. |

## 2 신호와 정보

### (1) 신호와 정보

① **신호**: 인간을 둘러싼 자연의 변화가 전달되는 것
예 지진파, 빛, 소리, 힘, 압력, 온도 등

② **정보**: 자연의 신호를 측정하고 분석하여 우리에게 의미 있는 형태의 자료로 만든 것

③ **신호 발생과 정보 수집의 예**

| 신호 | 정보 |
| --- | --- |
| 체온 | 체온을 측정하여 건강 상태를 알 수 있다. |
| 빛 | 우주에서 온 빛을 연구해 우주의 생성 과정을 알 수 있다. |
| 지진파 | 지진파를 측정하고 분석하여 지구 내부 구조에 대한 정보를 얻을 수 있다. |

### (2) 신호, 정보의 변환 자료③ 자료④

① **아날로그 신호와 디지털 신호**

| 아날로그 신호 | 자연에서 발생하는 빛, 소리 등 대부분의 신호 형태이며, 연속적으로 변하는 값을 가지는 신호 |
| --- | --- |
| 디지털 신호 | • 컴퓨터에서 인식할 수 있는 신호로 0과 1의 이진수 형태로 표시되는 불연속적인 신호<br>• 정보 통신 기술에 사용하기에 적합하고, 외부 환경에 의한 신호의 왜곡이 없어 정보의 변형과 잡음이 거의 없다. |

② **센서**: 아날로그 신호를 감지하여 디지털 신호로 변환하는 장치
- 인간의 감각을 대신하여 감지한 신호를 전기 신호로 바꿔준다.
- 신호의 종류에 따라 다양한 센서가 사용된다.
- 센서를 이용해 자연의 변화를 측정하고 디지털 정보를 얻는다.
- 센서의 종류

| 광센서 | 빛 신호 → 전기 신호 예 적외선 체온계 |
| --- | --- |
| 가속도 센서 | 관성을 이용해 가속도 → 전기 신호 예 에어백 |
| 초음파 센서 | 초음파 → 전기 신호 예 자동차의 범퍼 |
| 그 밖의 센서 | 화학 센서, 광전 센서 등 |

### (3) 디지털 기술과 현대 문명

① **디지털 정보 기술의 기능과 변화**: 정보를 디지털 신호로 변환하는 기술을 정보 통신에 활용하면서 현대 문명은 디지털 정보에 기반하여 변화와 혁신이 일어나고 있다.

② **디지털 정보의 활용**: 교육, 의료, 과학연구, 전자 상거래, 운송 및 교통, 에너지 산업 등에서 활용되고 있다.

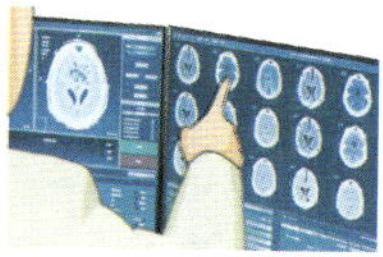

| 교육 | 의료 | 운송 및 교통 |

다음 자료에 대한 설명으로 옳은 것은 ○표, 옳지 <u>않은</u> 것은 ✕표 하시오.

## 자료 ❶ 측정과 측정 도구
지학사

그림 (가)와 (나)는 측정 장치를 나타낸 것이다.

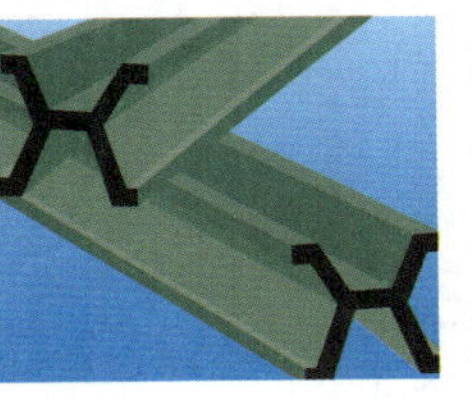


**030** (가)는 용액의 질량을 측정할 때 사용한다. ○/✕

**031** (나)는 물질의 부피를 측정할 때 사용한다. ○/✕

**032** 측정 도구 없이도 정확한 측정이 가능하다. ○/✕

**033** (가)에 있는 측정 도구를 이용하여 물 10 mL를 측정할 때는 눈금 피펫을 사용한다. ○/✕

## 자료 ❷ 측정 표준
미래엔

다음은 미터원기와 미터 협약에 대한 자료이다.

18 세기 말 프랑스에서는 인류 공동의 자산인 지구를 이용해 북극에서 적도까지 거리의 1000 만분의 1을 1 m로 정의했다. 과학자들은 이를 활용해 미터원기를 제작했고, 1875 년 17 개 나라가 모여 국제 사회의 도량형 통일에 관한 조약인 미터 협약을 맺어 미터원기를 측정 표준으로 활용했다. 현재는 미터원기를 측정 표준으로 활용하지 않고, ㉠ 1983 년 빛을 이용해 새롭게 정의한 1 m를 측정 표준으로 활용한다.

**034** 현재는 미터원기를 측정 표준으로 활용한다. ○/✕

**035** ㉠에서 1 m는 진공에서 빛이 $\dfrac{1}{299,792,458}$ 초 동안 진행한 경로의 길이이다. ○/✕

**036** 미터원기는 금속으로 제작되어 온도, 압력 등에 따라 차이가 발생한다. ○/✕

**037** 빛을 이용해 새롭게 정의한 1 m는 빛의 속력이 변하지 않는 물리량이므로 이를 활용해 정확한 기본량과 유도량을 측정할 수 있다. ○/✕

## 자료 ❸ 신호 변환
동아, 지학사, 천재

그림은 신호 **A**를 신호 **B**로 변환시키는 것을 나타낸 것이다.

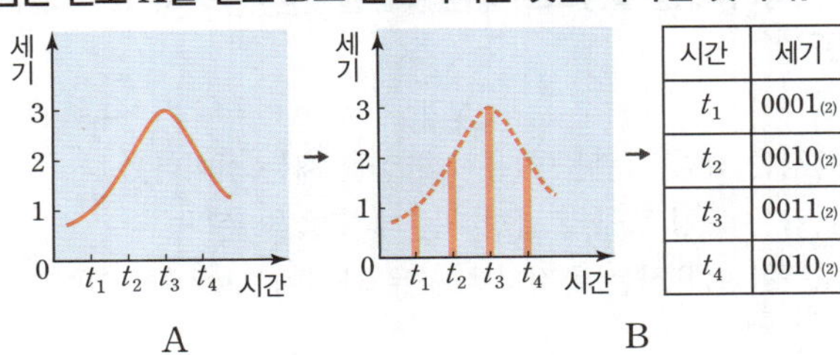


| 시간 | 세기 |
| --- | --- |
| $t_1$ | $0001_{(2)}$ |
| $t_2$ | $0010_{(2)}$ |
| $t_3$ | $0011_{(2)}$ |
| $t_4$ | $0010_{(2)}$ |

A　　　　　　　　B

**038** A는 디지털 신호이고, B는 아날로그 신호이다. ○/✕

**039** A는 연속적인 신호이고, B는 불연속적인 신호이다. ○/✕

**040** 정보를 멀리 전송할 때 B가 A에 비해 유리하다. ○/✕

**041** 컴퓨터로 처리 및 저장하는 신호는 B이다. ○/✕

**042** B를 변환하여 A와 동일한 신호를 얻을 수 있다. ○/✕

## 자료 ❹ 디지털 신호와 아날로그 신호
동아, 미래엔, 비상, 지학사, 천재

그림 (가)는 스캐너로 바코드의 정보를 읽는 것을 나타낸 것이다. (나)는 바코드에서 반사된 빛 신호 **A**를 전기 신호 **B**로 바꾸는 과정을 나타낸 것이다.

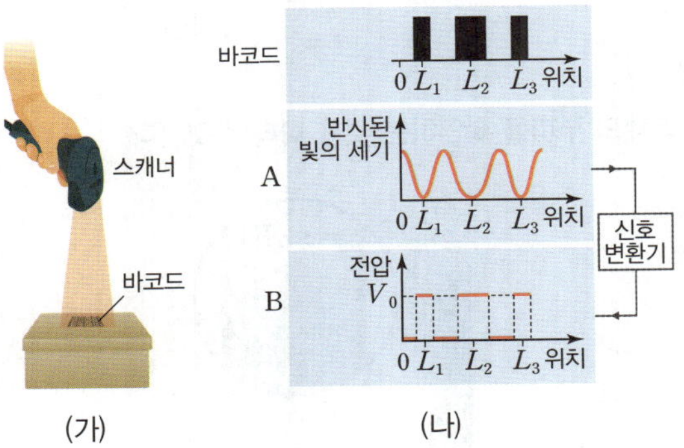


**043** 스캐너는 광센서를 이용해서 바코드에서 반사된 빛을 인식한다. ○/✕

**044** 바코드의 흰색 부분은 B에서 전압이 $V_0$으로 나타난다. ○/✕

**045** 신호 변환기에서는 디지털 신호가 아날로그 신호로 변환된다. ○/✕

**046** 컴퓨터는 B를 이진수로 인식하여 정보를 처리한다. ○/✕

# STEP 2 학교 기출 문제로 내신 대비하기

## 1 측정과 측정 표준

### 047

측정과 어림에 대한 설명으로 옳은 것만을 보기 에서 있는 대로 고른 것은?

**보기**
- ㄱ. 측정은 감각 기관을 이용하여 양을 재는 것이다.
- ㄴ. 어림은 측정 도구를 결정하는 데 도움을 준다.
- ㄷ. 도구를 이용하는 측정값은 읽는 과정에서 한계가 있다.

① ㄱ   ② ㄴ   ③ ㄷ
④ ㄱ, ㄴ   ⑤ ㄴ, ㄷ

### 048

그림은 액체의 부피를 확인하는 것을 나타낸 것이다.

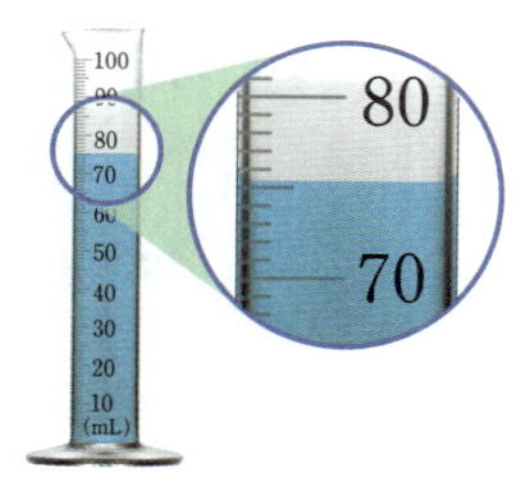


이에 대한 설명으로 옳은 것만을 보기 에서 있는 대로 고른 것은?

**보기**
- ㄱ. 액체의 부피를 정확하게 측정할 수 있다.
- ㄴ. 어림의 과정 없이 액체의 부피를 측정할 수 있다.
- ㄷ. 측정값을 표현할 때 반올림 과정이 필요하다.

① ㄱ   ② ㄴ   ③ ㄷ
④ ㄱ, ㄷ   ⑤ ㄴ, ㄷ

### 049 서술형

그림은 고대에 지구가 평평하다고 생각했던 에라토스테네스가 지구가 둥글다는 것을 깨닫는 과정을 나타낸 것이다.

이를 바탕으로 어림의 과학적 의미를 서술하시오.

_______________________________________

_______________________________________

### 050

측정 표준에 대한 설명으로 옳은 것만을 보기 에서 있는 대로 고른 것은?

**보기**
- ㄱ. 공통으로 사용할 수 있는 단위에 대한 과학적 기준이다.
- ㄴ. 측정 표준은 과학에서만 적용되며, 일상생활과는 관계없다.
- ㄷ. 측정 표준을 이용한 측정 결과는 신뢰할 수 있는 정보로 활용된다.

① ㄱ   ② ㄴ   ③ ㄷ
④ ㄱ, ㄷ   ⑤ ㄴ, ㄷ

### 051 고빈출

표는 국제단위계(SI)에서 정의한 표준 단위에 대한 설명이다.

| 표준 단위 | s(초) | kg(킬로그램) |
|---|---|---|
| 내용 | ⊙ 원자에서 나오는 빛이 특정 횟수만큼 진동하는 데 걸리는 시간으로 정의함 | 빛의 에너지와 관련된 ⓛ 상수를 이용한 값으로 정의함 |

이에 대한 설명으로 옳은 것만을 보기 에서 있는 대로 고른 것은?

**보기**
- ㄱ. '수소'는 ⊙에 해당한다.
- ㄴ. '플랑크'는 ⓛ에 해당한다.
- ㄷ. 자동차의 과속 단속을 위해 기본량인 길이와 시간을 조합한 측정 표준을 사용한다.

① ㄱ   ② ㄴ   ③ ㄷ
④ ㄱ, ㄷ   ⑤ ㄴ, ㄷ

## 052

신호와 정보에 대한 설명으로 옳은 것만을 보기 에서 있는 대로 고른 것은?

보기
ㄱ. 신호는 자연의 변화에 의한 것이다.
ㄴ. 정보는 신호를 분석해 유용한 자료로 만든 것이다.
ㄷ. 지진파를 분석할 때, 신호에 해당하는 것은 지진파이고 정보에 해당하는 것은 진원이다.

① ㄱ
② ㄷ
③ ㄱ, ㄴ
④ ㄴ, ㄷ
⑤ ㄱ, ㄴ, ㄷ

## 053

난이도 상

그림 (가)는 가수가 녹음실에서 노래를 부르는 모습을 나타낸 것이고, (나)는 가수가 노래를 부르는 과정에서 발생한 신호 A가 신호 변환기에 의해 신호 B로 변환되는 과정의 일부를 나타낸 것이다.

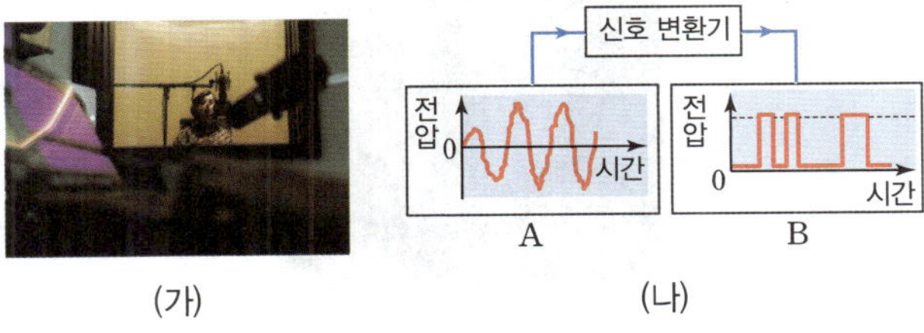


(가)　　　　(나)

이에 대한 설명으로 옳은 것만을 보기 에서 있는 대로 고른 것은?

보기
ㄱ. A는 이진수로 이루어져 있다.
ㄴ. (나)의 신호 변환기는 디지털 신호를 아날로그 신호로 변환한다.
ㄷ. (나)의 신호 변환 과정에서 정보의 손실이 발생한다.

① ㄱ
② ㄴ
③ ㄷ
④ ㄱ, ㄷ
⑤ ㄴ, ㄷ



## 054

그림 (가), (나)는 디지털 신호와 아날로그 신호를 순서 없이 나타낸 것이다.

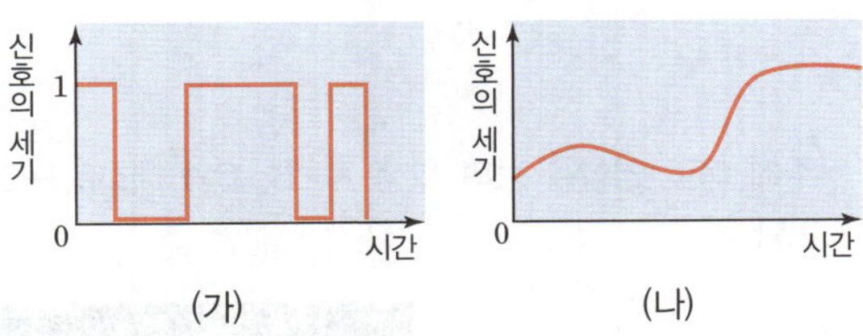


(가)　　　　(나)

이에 대한 설명으로 옳은 것만을 보기 에서 있는 대로 고른 것은?

보기
ㄱ. (가)는 아날로그 신호이다.
ㄴ. (가)는 (나)보다 신호가 잘 변질되지 않는다.
ㄷ. (나)는 (가)보다 신호의 미세한 부분까지도 표현할 수 있다.

① ㄱ
② ㄴ
③ ㄷ
④ ㄱ, ㄷ
⑤ ㄴ, ㄷ

## 055

디지털 정보와 현대 문명에 대한 설명으로 옳은 것만을 보기 에서 있는 대로 고른 것은?

보기
ㄱ. 디지털 정보는 다양한 통신 수단을 통해 일상생활에 유용하게 이용된다.
ㄴ. 디지털 정보는 저장과 분석이 용이하다.
ㄷ. 사물 인터넷(IoT), 인공지능(AI) 등의 기술은 아날로그 정보를 다룬다.

① ㄱ
② ㄷ
③ ㄱ, ㄴ
④ ㄴ, ㄷ
⑤ ㄱ, ㄴ, ㄷ

## 056 서술형

그림은 충격을 받은 자동차의 에어백이 부풀어오른 모습을 나타낸 것이다.

에어백을 작동시키는 센서의 종류를 쓰고, 이 센서의 원리를 서술하시오.

_______________________________________

_______________________________________

# STEP 3 수능 유형 문제로 만점 도전하기

## 01 과학의 기본량

### 057

그림은 우주에 대한 영상을 보며 학생 A, B, C가 대화하는 모습을 나타낸 것이다.

제시한 내용이 옳은 학생만을 있는 대로 고른 것은?

① A     ② B     ③ C
④ A, B     ⑤ A, C

### 058

다음은 조선 시대에 사용했던 측정 장비 중 하나인 앙부일구에 대한 설명이다.

앙부일구라고 이름을 붙인 것은 반구형의 솥이 위를 향해 마치 하늘을 떠받드는 것처럼 되어 있기 때문이다. 사람들은 앙부일구에 해가 만드는 그림자를 통해 ( ㉠ )을/를 측정하였다.

이에 대한 설명으로 옳은 것만을 보기 에서 있는 대로 고른 것은?

보기
ㄱ. '시간'은 ㉠으로 적절하다.
ㄴ. 국제단위계에서 ㉠의 단위는 m(미터)이다.
ㄷ. 현재는 ㉠을 정밀하게 측정하기 위해 원자에서 나오는 빛을 이용한다.

① ㄱ     ② ㄴ     ③ ㄷ
④ ㄱ, ㄷ     ⑤ ㄴ, ㄷ

### 059

그림은 어린이 보호 구역에 있는 속도 측정계를 나타낸 것이다.

속도 측정계에서 표시하는 물리량을 설명하기 위해 필요한 기본량만을 보기 에서 있는 대로 고른 것은?

보기
ㄱ. 길이     ㄴ. 질량
ㄷ. 물질량     ㄹ. 시간

① ㄱ     ② ㄱ, ㄴ     ③ ㄱ, ㄹ
④ ㄴ, ㄹ     ⑤ ㄷ, ㄹ

## 02 측정 표준과 정보

### 060

난이도 상

다음은 모르포 나비에 대한 설명이다.

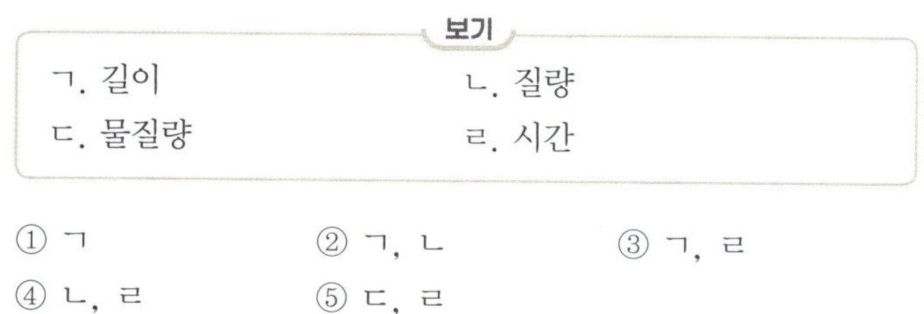

그림과 같이 모르포 나비의 날개는 파란색을 띠고 있지만, 날개에서는 파란색 색소를 전혀 발견할 수 없다. ㉠ 날개의 독특한 구조로 인해 파란색 파장의 빛만을 반사하기 때문에 우리 눈에 파랗게 보이는 것이다. 사람은 ㉡ 나비 날개 표면의 미세 구조를 맨눈으로 확인할 수 없다.

이에 대한 설명으로 옳은 것만을 보기 에서 있는 대로 고른 것은?

보기
ㄱ. ㉠을 탐구할 때, 미시 세계 탐구 방법을 적용한다.
ㄴ. ㉡을 해결하기 위해 전자 현미경은 적절한 측정 도구이다.
ㄷ. 나비의 날개에서 반사되는 파란색 빛은 아날로그 신호이다.

① ㄱ     ② ㄷ     ③ ㄱ, ㄴ
④ ㄴ, ㄷ     ⑤ ㄱ, ㄴ, ㄷ

## 061

그림 (가), (나)는 일상생활에서 측정 표준을 활용하는 사례를 나타낸 것이다.

(가) 미세먼지 측정 장비     (나) 과속 단속 장비

이에 대한 설명으로 옳은 것만을 보기 에서 있는 대로 고른 것은?

―― 보기 ――
ㄱ. (가)는 실시간 대기 상태를 알려준다.
ㄴ. (나)에서 사용하는 속력의 단위는 km/h이다.
ㄷ. (나)는 운전자에게 현재 도로에서 달릴 수 있는 자동차의
　　최고 속력을 알려준다.

① ㄱ　　　　　　② ㄷ　　　　　　③ ㄱ, ㄴ
④ ㄴ, ㄷ　　　　⑤ ㄱ, ㄴ, ㄷ

고빈출
## 062

다음은 센서에 대한 설명이다.

(가) 광센서: 　①　 신호를 감지하여 이를 전기 신호로 변환
　　한다.
(나) 초음파 센서: 초음파를 감지하여 이를 전기 신호로 변환
　　한다.

이에 대한 설명으로 옳은 것만을 보기 에서 있는 대로 고른 것은?

―― 보기 ――
ㄱ. '빛'은 ①에 해당한다.
ㄴ. (가)는 주변의 밝기를 인식하여 자동으로 가로등이 켜지
　　거나 꺼지는 데 사용한다.
ㄷ. (나)는 자동차가 후진할 때 충돌 사고 예방을 위해 사용된다.

① ㄱ　　　　　　② ㄷ　　　　　　③ ㄱ, ㄴ
④ ㄴ, ㄷ　　　　⑤ ㄱ, ㄴ, ㄷ



## 063

다음은 시간과 길이의 측정 방법의 발전 과정을 나타낸 것이다.

(가) 조선 시대에는 앙부일구를 이용해 태양의 위치 변화에
　　따른 그림자의 길이로 시간을 측정했다. 현대는 정밀하
　　게 시간을 측정하기 위해 　①　을/를 이용한다.
(나) 과거에는 손가락 마디의 길이, 발걸음 폭, 일정한 길이의
　　막대 등을 이용해 길이를 측정했지만, 현대에는 정밀한
　　자나 전자 현미경 등의 도구를 이용해 보다 작은 물체의
　　길이도 측정할 수 있게 되었다.

(1) ①에 적절한 도구를 쓰시오.

(2) 시간과 길이의 측정 방법이 발전되는 과정에서 측정 대상
　　의 변화를 서술하시오.

## 064

측정과 어림에 대하여 서술하시오.

## 065

그림 (가), (나)는 아날로그 신호와 디지털 신호를 순서 없이 나타낸 것이다.

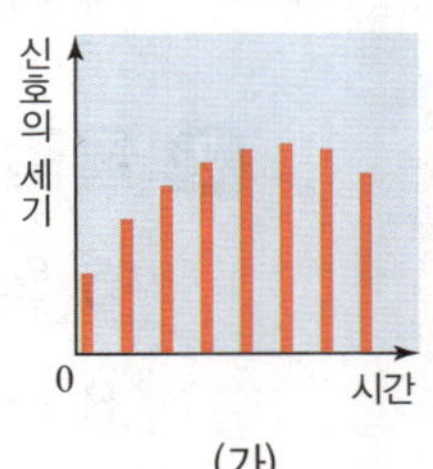

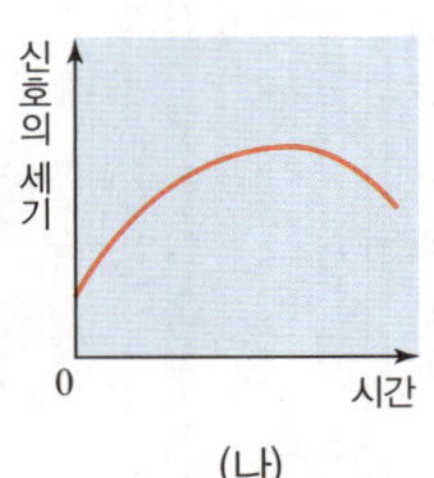


(가)의 신호가 (나)의 신호보다 좋은 점을 2가지 쓰시오.

# II

# 물질과 규칙성

1 자연의 구성 원소

스펙트럼
빅뱅
원자의 생성
우주 초기 원소 생성
자연 구성 원소
별의 진화와 원소 생성
별의 탄생
별의 진화
태양의 형성
지구의 형성



2 물질의 규칙성과 성질


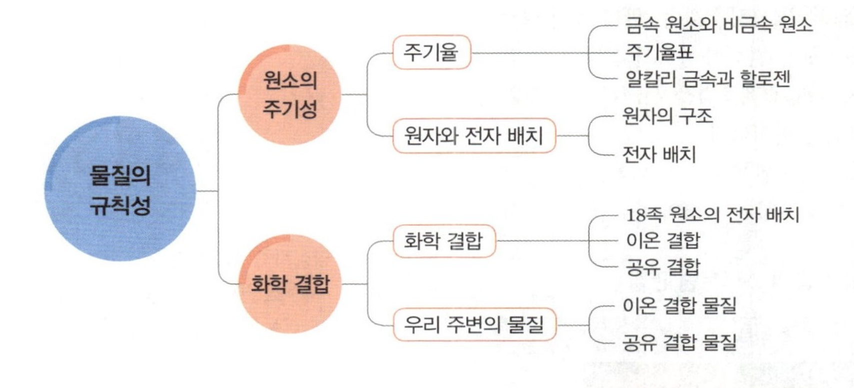

물질의 규칙성
원소의 주기성
화학 결합
주기율
원자와 전자 배치
화학 결합
우리 주변의 물질
금속 원소와 비금속 원소
주기율표
알칼리 금속과 할로젠
원자의 구조
전자 배치
18족 원소의 전자 배치
이온 결합
공유 결합
이온 결합 물질
공유 결합 물질



3 자연의 구성 물질


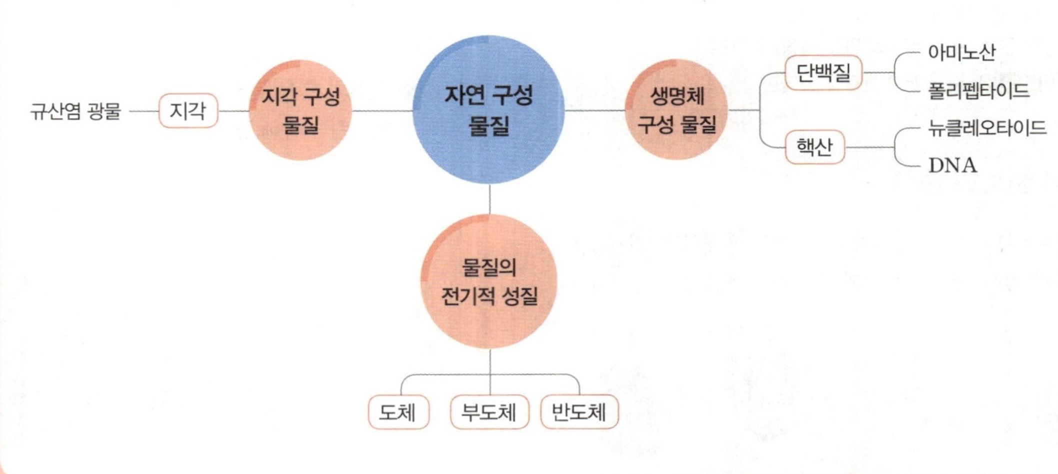

규산염 광물
지각
지각 구성 물질
자연 구성 물질
생명체 구성 물질
단백질
핵산
아미노산
폴리펩타이드
뉴클레오타이드
DNA
물질의 전기적 성질
도체
부도체
반도체

# 03 우주의 시작과 원소의 생성

## 1 스펙트럼 [자료 ❶] [자료 ❷]

(1) **스펙트럼**: 빛을 분광기를 이용하여 파장에 따라 나눈 것

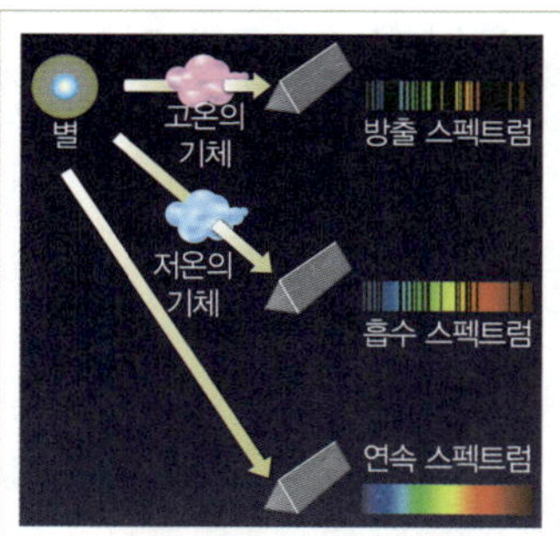


① **연속 스펙트럼**: 빛이 연속적인 색의 띠로 나타나는 스펙트럼
② **선 스펙트럼**: 특정 파장의 빛만 나타나는 스펙트럼
• **흡수 스펙트럼**: 저온의 기체에 포함된 원소가 특정한 파장의 빛을 흡수할 때 만들어진다. 흡수선은 연속 스펙트럼에 검은 선으로 나타난다.
• **방출 스펙트럼**: 고온의 기체에 포함된 원소가 특정한 파장의 빛을 방출할 때 만들어진다.

(2) **스펙트럼을 이용한 우주의 원소 분석**

① 원소마다 선 스펙트럼의 위치(파장), 개수, 굵기 등이 다르다.
→ 스펙트럼 분석을 통해 구성 원소의 종류를 파악할 수 있다.
② 우주 전역의 여러 천체들의 스펙트럼을 분석하여 수소와 헬륨의 질량비가 약 3 : 1임을 알아냈다.
③ 성운 또는 별의 대기에서 생성된 흡수선의 위치(파장)를 이용하여 성운이나 별의 대기에 포함된 원소의 종류를 알 수 있다.

---

**자료 분석 ❶  백열등, 수소, 헬륨의 스펙트럼 관찰**

| 구분 | 스펙트럼 |
| --- | --- |
| 백열등 | |
| 수소 | |
| 헬륨 | |

**1** 백열등에서는 연속 스펙트럼이 관찰된다.
**2** 수소와 헬륨에서 관찰된 선 스펙트럼의 위치(파장)가 다르다.
→ 원소마다 특정한 파장의 빛을 흡수하거나 방출한다.

---

## 2 우주 초기 원소의 생성

(1) **물질을 구성하는 입자**: 물질은 원자로, 원자는 원자핵과 전자로, 원자핵은 양성자와 중성자로, 양성자와 중성자는 쿼크로 구성된다.

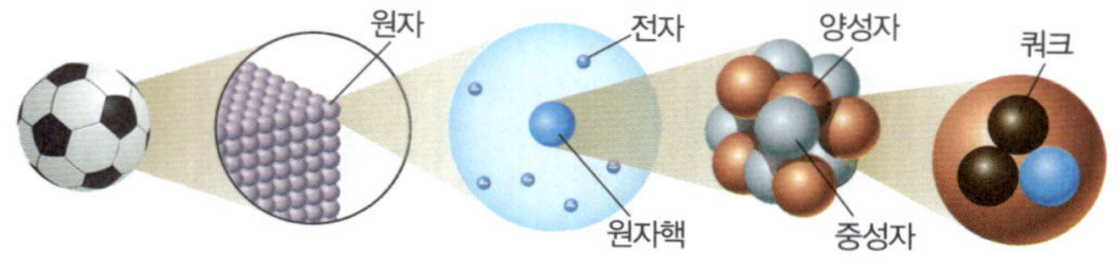


(2) **빅뱅**: 약 138 억 년 전 매우 뜨겁고 밀도가 높은 한 점에서 빅뱅(대폭발)이 일어나 우주가 탄생

---

### (3) 기본 입자의 생성

① 빅뱅 직후 우주가 팽창하면서 온도가 낮아져 최초의 입자 생성
② **기본 입자**: 더 이상 분해되지 않는 가장 작은 입자(예 **쿼크, 전자 등**)

### (4) 양성자와 중성자 생성

① 기본 입자인 쿼크 3 개가 결합하여 양성자와 중성자를 생성
② 온도가 낮아짐에 따라 중성자보다 양성자의 수가 더 많아져 양성자와 중성자의 개수비는 약 7 : 1이 되었다.

### ★ (5) 가벼운 원자핵의 생성

① 양성자와 중성자가 결합하여 헬륨 원자핵을 형성하였고, 양성자는 그 자체로 수소 원자핵으로 남았다.
② 반응이 끝난 후 수소 원자핵과 헬륨 원자핵의 질량비는 약 3 : 1이 되었다. (헬륨 원자핵의 질량은 수소 원자핵 질량의 약 4배)

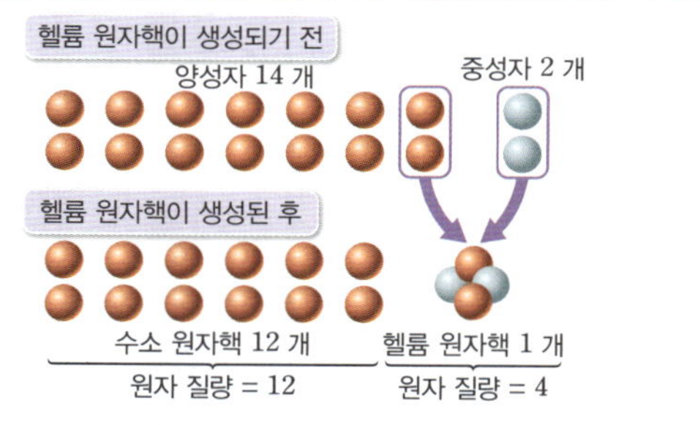


• 양성자 2 개와 중성자 2 개가 결합하여 헬륨 원자핵을 형성
→ 수소 원자핵과 헬륨 원자핵의 개수비는 약 12 : 1
→ 수소 원자핵과 헬륨 원자핵의 질량비는 약 3 : 1

### ★ (6) 원자의 생성 [자료 ❸]

① 빅뱅 후 약 38 만 년이 되었을 때, 우주의 온도는 약 3000 K이 되었고, 원자핵과 전자가 결합하여 원자가 형성되었다.
→ 양성자(수소 원자핵)는 전자 1 개와 결합하여 수소 원자를 형성하였고, 헬륨 원자핵은 전자 2 개와 결합하여 헬륨 원자를 형성하였다.
② 수소 원자와 헬륨 원자의 질량비는 약 3 : 1이다. → 실제 우주에서 스펙트럼을 통해 관측되는 수소와 헬륨의 질량비와 일치한다.

---

**자료 분석 ❷  빅뱅과 입자의 생성 [자료 ❹]**

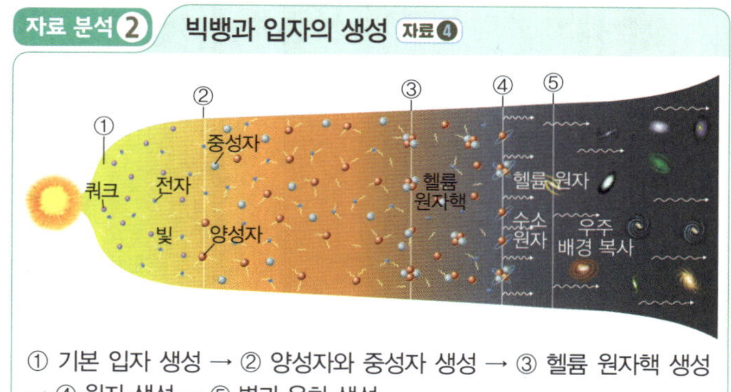


① 기본 입자 생성 → ② 양성자와 중성자 생성 → ③ 헬륨 원자핵 생성 → ④ 원자 생성 → ⑤ 별과 은하 생성

---

다음 자료에 대한 설명으로 옳은 것은 ○표, 옳지 **않은** 것은 ✕표 하시오.

## 자료 ❶ 스펙트럼의 종류

동아, 미래엔, 비상, 지학사, 천재

그림 (가)~(다)는 여러 종류의 스펙트럼을 나타낸 것이다.

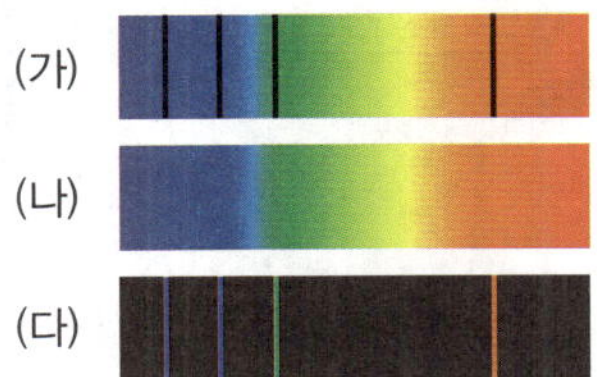


**066** (가)는 흡수 스펙트럼이다. ○/✕

**067** 백열등에서 나오는 빛의 스펙트럼은 (나)이다. ○/✕

**068** 기체 방전관에서 나오는 빛의 스펙트럼은 (가)이다. ○/✕

**069** (다)는 특정한 파장의 에너지가 흡수되어 생긴 스펙트럼이다. ○/✕

**070** 별빛이 저온의 대기를 통과한 후 관측되는 스펙트럼은 (가)이다. ○/✕

## 자료 ❷ 스펙트럼의 비교

동아, 미래엔, 비상, 지학사, 천재

그림은 별 A와 B의 스펙트럼을 여러 원소의 스펙트럼과 비교하여 나타낸 것이다.

**071** 별 A와 별 B의 스펙트럼에서는 흡수선이 나타난다. ○/✕

**072** 원소마다 방출선의 위치가 다르다. ○/✕

**073** 별 A를 구성하는 원소는 칼슘을 포함한다. ○/✕

**074** 별 B를 구성하는 원소는 나트륨을 포함한다. ○/✕

**075** 별 A와 별 B를 구성하는 원소 중 공통적인 것은 수소와 헬륨이다. ○/✕

## 자료 ❸ 우주의 구성 원소

비상, 지학사, 천재

그림은 우주를 구성하는 원소의 비율을 질량비로 나타낸 것이다.



**076** A는 헬륨, B는 수소이다. ○/✕

**077** 원자핵의 생성 시기는 A가 B보다 늦다. ○/✕

**078** A와 B는 빅뱅 이후 우주의 초기에 생성되었다. ○/✕

**079** 현재 우주에 A와 B의 질량비는 약 3 : 1이다. ○/✕

**080** 우주를 구성하는 원소로 A와 B가 대부분을 차지한다는 것은 우주를 구성하는 천체들의 스펙트럼 관측과 분석으로 알아냈다. ○/✕

## 자료 ❹ 빅뱅과 원자의 생성

동아, 미래엔, 비상, 지학사, 천재

그림은 빅뱅 이후 시간의 경과에 따른 입자의 생성을 나타낸 것이다.



**081** 쿼크와 전자는 물질을 구성하는 기본 입자이다. ○/✕

**082** 중성자는 쿼크와 전자가 결합하여 생성되었다. ○/✕

**083** 빅뱅 후 약 3 분이 되었을 때 헬륨 원자핵의 분리로 수소 원자핵이 생성되었다. ○/✕

**084** 빅뱅 후 약 3 분이 되었을 때 빛은 물질의 방해를 받지 않고 우주 공간을 직진하였다. ○/✕

**085** 빅뱅 후 약 38 만 년이 되었을 때 수소 원자와 헬륨 원자가 생성되었다. ○/✕

# STEP 2 학교 기출 문제로 내신 대비하기

## 1 스펙트럼

### 086

다음은 분광기로 빛을 관찰할 때 연속 스펙트럼, 흡수 스펙트럼, 방출 스펙트럼이 나타나는 경우를 순서 없이 나타낸 것이다.

> (가) 고온의 광원에서 방출한 빛을 관찰한다.
> (나) 밀도가 희박한 고온의 기체에서 방출한 빛을 관찰한다.
> (다) 광원에서 나오는 빛이 저온의 기체를 통과한 후 빛을 관찰한다.

이에 대한 설명으로 옳은 것만을 ┌보기┐에서 있는 대로 고른 것은?

> **보기**
> ㄱ. 백열등을 관찰한 것과 같은 스펙트럼은 (가)이다.
> ㄴ. (나)에서는 스펙트럼에서 여러 개의 밝은 선이 나타난다.
> ㄷ. 지구에서 관측한 태양의 스펙트럼은 (다)에 해당한다.

① ㄱ  　② ㄴ  　③ ㄱ, ㄷ
④ ㄴ, ㄷ  　⑤ ㄱ, ㄴ, ㄷ

### 087

그림 (가)와 (나)는 서로 다른 종류의 스펙트럼을 나타낸 것이다.

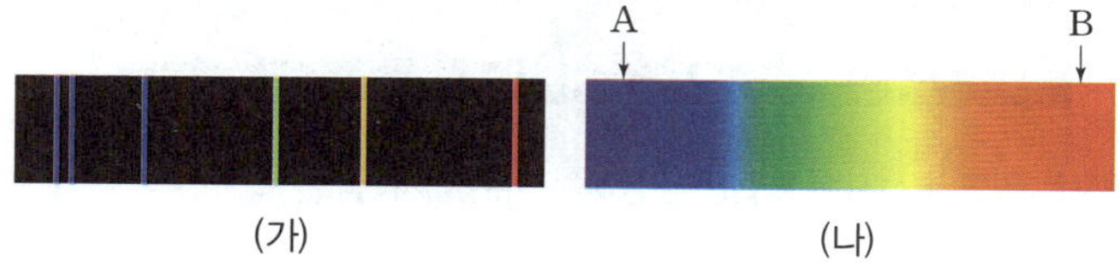


이에 대한 설명으로 옳은 것만을 ┌보기┐에서 있는 대로 고른 것은?

> **보기**
> ㄱ. (가)는 방출 스펙트럼이다.
> ㄴ. (나)는 흡수 스펙트럼으로 A의 파장이 B보다 길다.
> ㄷ. (나)는 고온의 기체 방전관을 관찰한 스펙트럼이다.

① ㄱ  　② ㄷ  　③ ㄱ, ㄴ
④ ㄴ, ㄷ  　⑤ ㄱ, ㄴ, ㄷ

### 088

그림 (가)와 (나)는 분광기로 관찰할 때 서로 다른 종류의 선 스펙트럼이 형성되는 원리를 나타낸 것이다.

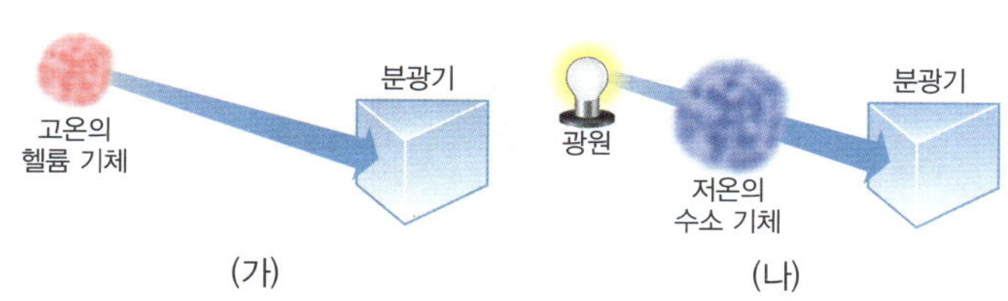


이에 대한 설명으로 옳은 것만을 ┌보기┐에서 있는 대로 고른 것은?

> **보기**
> ㄱ. (가)에서는 연속적인 색의 띠를 볼 수 있다.
> ㄴ. (나)에서는 스펙트럼에서 흡수선이 나타난다.
> ㄷ. (가)와 (나)에서 스펙트럼에 나타나는 선의 위치는 모두 같다.

① ㄱ  　② ㄴ  　③ ㄱ, ㄷ
④ ㄴ, ㄷ  　⑤ ㄱ, ㄴ, ㄷ

### 089

그림 (가)~(라)는 서로 다른 스펙트럼을 나타낸 것이다.

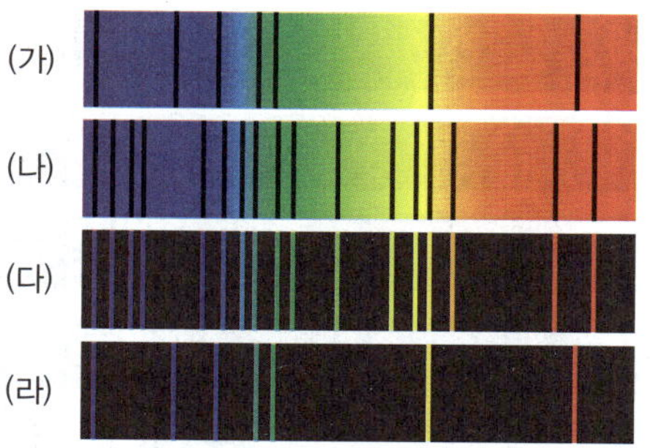


이에 대한 설명으로 옳은 것만을 ┌보기┐에서 있는 대로 고른 것은?

> **보기**
> ㄱ. (가)와 (나)는 특정한 파장의 빛이 흡수되어 생성된 스펙트럼이다.
> ㄴ. (다)와 (라)의 차이는 빛이 통과한 기체의 온도가 다르기 때문에 생긴다.
> ㄷ. (가)와 (라)는 동일한 원소의 스펙트럼이다.

① ㄱ  　② ㄴ  　③ ㄱ, ㄷ
④ ㄴ, ㄷ  　⑤ ㄱ, ㄴ, ㄷ

## ★고빈출
## 090

그림은 별 A, B와 여러 원소들의 스펙트럼을 나타낸 것이다.

이에 대한 설명으로 옳은 것만을 보기 에서 있는 대로 고른 것은?

보기
ㄱ. 별 A의 구성 원소 중에는 칼슘이 포함된다.
ㄴ. 별 B는 3종 이상의 원소로 이루어져 있다.
ㄷ. 별 A와 B는 수소와 헬륨이 공통적으로 포함된다.

① ㄱ　　　　② ㄴ　　　　③ ㄱ, ㄷ
④ ㄴ, ㄷ　　　⑤ ㄱ, ㄴ, ㄷ

## 091

그림 (가)와 (나)는 각각 별빛 스펙트럼과 기체 방전관에서 관측한 스펙트럼을 순서 없이 나타낸 것이다.

이에 대한 설명으로 옳은 것만을 보기 에서 있는 대로 고른 것은?

보기
ㄱ. (가)는 기체 방전관에서 관측한 스펙트럼이다.
ㄴ. (나)의 스펙트럼은 고온의 기체가 특정한 파장의 빛을 방출하여 만들어진다.
ㄷ. (가)와 (나)의 선 스펙트럼은 같은 종류의 원소에 의해 만들어진 것이다.

① ㄱ　　　　② ㄴ　　　　③ ㄱ, ㄴ
④ ㄴ, ㄷ　　　⑤ ㄱ, ㄴ, ㄷ

## ★고빈출
## 092

그림은 태양의 스펙트럼을 나타낸 것이다.

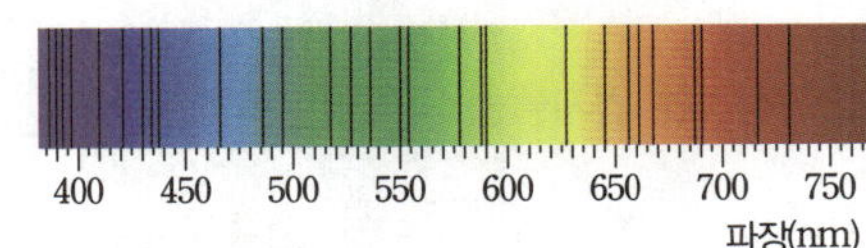

이에 대한 설명으로 옳은 것만을 보기 에서 있는 대로 고른 것은?

보기
ㄱ. 이 스펙트럼은 방출 스펙트럼이다.
ㄴ. 검은색 선은 태양 빛이 지구 대기를 통과할 때 만들어진다.
ㄷ. 태양 스펙트럼을 분석하면 태양의 대기를 구성하는 원소를 알 수 있다.

① ㄱ　　　　② ㄷ　　　　③ ㄱ, ㄴ
④ ㄴ, ㄷ　　　⑤ ㄱ, ㄴ, ㄷ

## 093 ● 서술형

그림 (가)는 어느 성운의 모습을, (나)는 이 성운을 관측하여 얻은 스펙트럼을 나타낸 것이다.

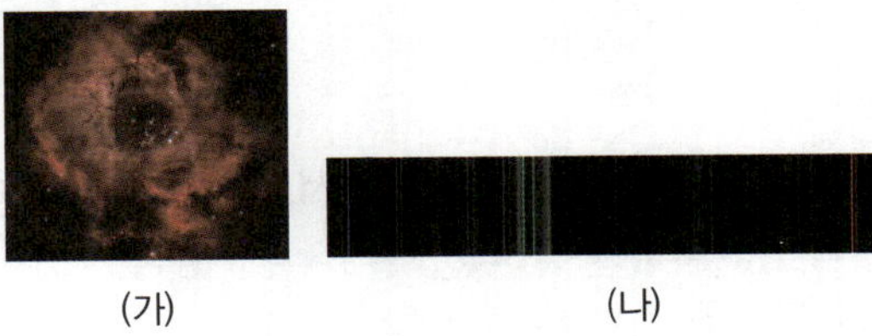

(가)　　　　　　　(나)

이 성운에서 (나)와 같은 종류의 선 스펙트럼이 나타나는 까닭을 서술하시오.

## 2 우주 초기 원소의 생성

### 고빈출
### 094

그림은 물질을 구성하는 입자들을 나타낸 것이다.

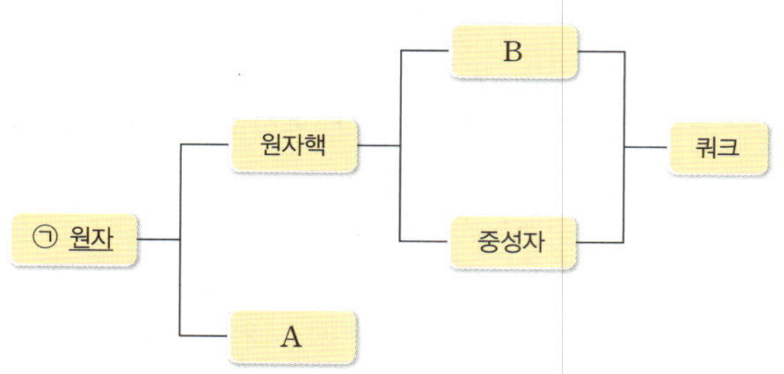

이에 대한 설명으로 옳은 것만을 보기 에서 있는 대로 고른 것은?

보기

ㄱ. A는 물질을 구성하는 기본 입자이다.

ㄴ. 1 개의 A와 1 개의 B가 결합하면 수소 원자핵이 된다.

ㄷ. ㉠이 형성된 것은 빅뱅 이후 약 3 분이 되었을 때이다.

① ㄱ　　　　② ㄴ　　　　③ ㄱ, ㄷ

④ ㄴ, ㄷ　　　　⑤ ㄱ, ㄴ, ㄷ

### 고빈출
### 095

그림은 물질을 이루는 입자를 나타낸 것이다.

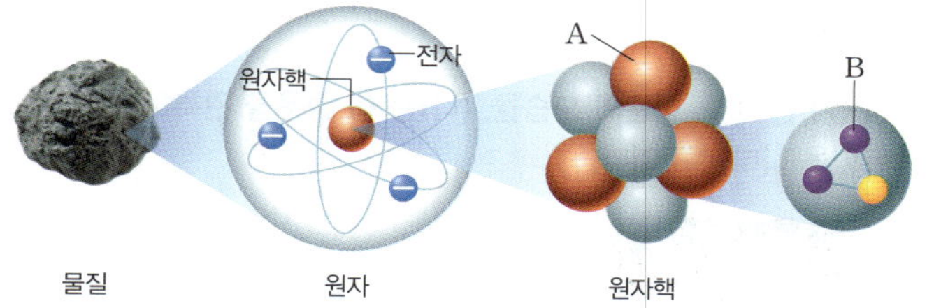

이에 대한 설명으로 옳은 것만을 보기 에서 있는 대로 고른 것은?

보기

ㄱ. A는 3 개의 쿼크로 이루어진다.

ㄴ. B와 전자는 기본 입자이다.

ㄷ. 양성자와 중성자는 더 이상 분해되지 않는 입자이다.

① ㄱ　　　　② ㄷ　　　　③ ㄱ, ㄴ

④ ㄴ, ㄷ　　　　⑤ ㄱ, ㄴ, ㄷ

### 고빈출
### 096

그림은 빅뱅 우주론에 근거한 초기 우주의 진화 과정을 간략하게 나타낸 모식도이다.

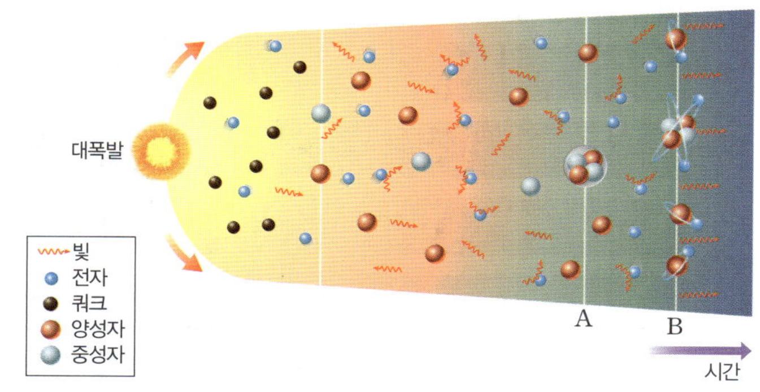


이에 대한 설명으로 옳은 것만을 보기 에서 있는 대로 고른 것은?

보기

ㄱ. A 시기에는 헬륨 원자핵보다 무거운 원자핵이 거의 존재하지 않았다.

ㄴ. B 시기 이후부터 우주 배경 복사가 존재하였다.

ㄷ. 우주의 온도는 A 시기보다 B 시기에 높았다.

① ㄱ　　　　② ㄷ　　　　③ ㄱ, ㄴ

④ ㄴ, ㄷ　　　　⑤ ㄱ, ㄴ, ㄷ

### 097

다음은 빅뱅 이후 일어난 여러 가지 변화를 시간 순서 없이 나타낸 것이다.

(가) 우주가 팽창하면서 쿼크가 결합하여 양성자와 중성자가 만들어졌다.

(나) 헬륨 원자핵이 형성되어 수소 원자핵과 헬륨 원자핵의 질량비가 약 3 : 1이 되었다.

(다) 빛은 방해받지 않고 진행하여 우주 공간으로 퍼져 나가기 시작하였다.

이에 대한 설명으로 옳은 것만을 보기 에서 있는 대로 고른 것은?

보기

ㄱ. 변화가 일어난 순서는 (가) → (나) → (다)이다.

ㄴ. (나)는 빅뱅 이후 약 38 만 년이 지났을 때 일어난 변화이다.

ㄷ. (다)의 시기에 우주의 온도는 3000 K보다 높았다.

① ㄱ　　　　② ㄴ　　　　③ ㄱ, ㄷ

④ ㄴ, ㄷ　　　　⑤ ㄱ, ㄴ, ㄷ

## 고빈출
# 098

그림 (가)와 (나)는 초기 우주에서 입자들이 생성되는 과정을 나타낸 것이다.

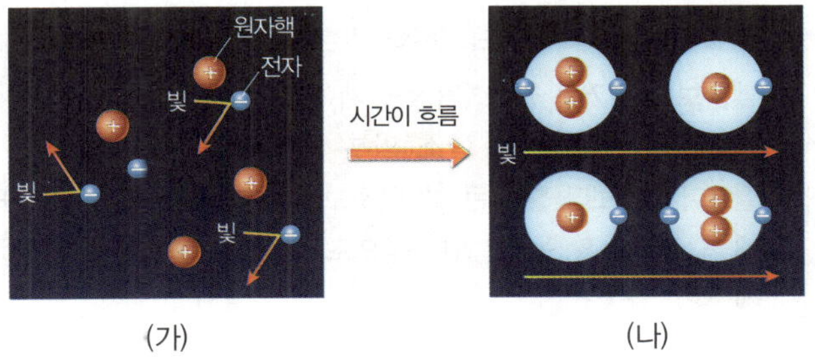

(가)　　　　　　　　(나)

이에 대한 설명으로 옳은 것만을 보기 에서 있는 대로 고른 것은?

> ㄱ. (가)는 빅뱅 이후 약 38만 년이 지났을 때의 모습이다.
> ㄴ. (나)의 빛은 현재 지구에서 관측이 가능하다.
> ㄷ. 우주의 크기는 (가)보다 (나)일 때 크다.

① ㄱ  　　　② ㄷ  　　　③ ㄱ, ㄴ
④ ㄱ, ㄷ  　　　⑤ ㄴ, ㄷ

# 099

난이도 상

그림 (가)는 빅뱅 이후 A, B 시기에 우주의 질량과 밀도를, (나)는 우주에서 은하 ㉠과 ㉡을 나타낸 것이다.

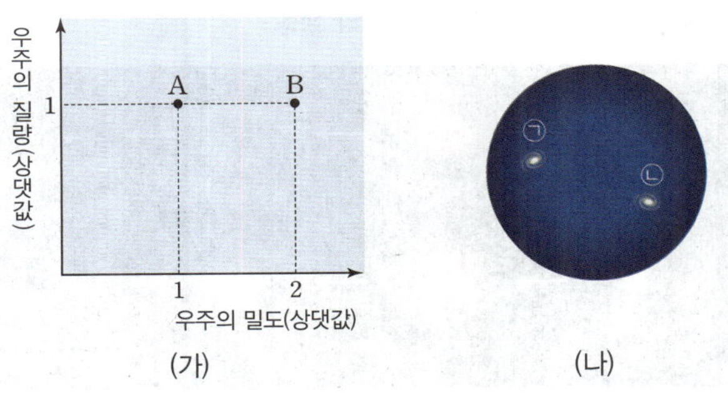

(가)　　　　　　　　(나)

이에 대한 설명으로 옳은 것만을 보기 에서 있는 대로 고른 것은? (단, A, B 시기에 은하 ㉠과 ㉡이 존재하였다.)

> ㄱ. 우주의 온도는 A 시기가 B 시기일 때보다 높다.
> ㄴ. $\dfrac{\text{수소의 총질량}}{\text{헬륨의 총질량}}$ 은 A 시기가 B 시기일 때보다 크다.
> ㄷ. ㉠과 ㉡ 사이의 거리는 A 시기가 B 시기일 때보다 멀다.

① ㄱ  　　　② ㄷ  　　　③ ㄱ, ㄴ
④ ㄴ, ㄷ  　　　⑤ ㄱ, ㄴ, ㄷ

# 100

그림은 빅뱅 이후 초기 우주에서 생성된 입자 A, B, C를 모형으로 나타낸 것이다. 모형에서 ◦, ●, ●는 원자를 구성하는 입자이다.

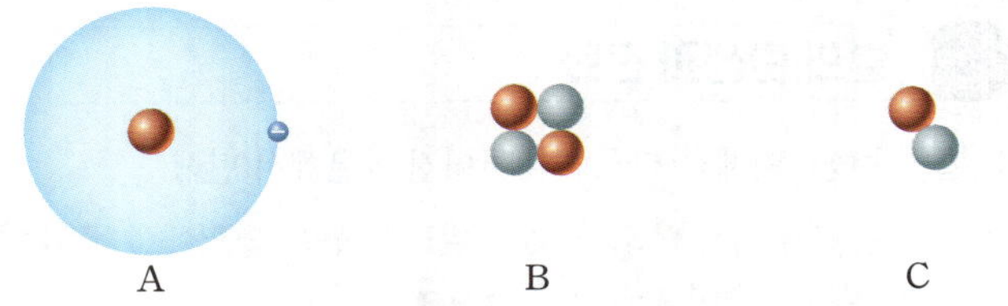

A　　　　　　B　　　　　　C

이에 대한 설명으로 옳은 것만을 보기 에서 있는 대로 고른 것은?

> ㄱ. ●는 양성자이다.
> ㄴ. 입자의 질량은 A가 C보다 작다.
> ㄷ. A, B, C 중에서 가장 나중에 생성된 입자는 A이다.

① ㄱ  　　　② ㄷ  　　　③ ㄱ, ㄴ
④ ㄴ, ㄷ  　　　⑤ ㄱ, ㄴ, ㄷ

# 101 서술형

그림 (가)와 (나)는 두 원자를 모형으로 나타낸 것이다.

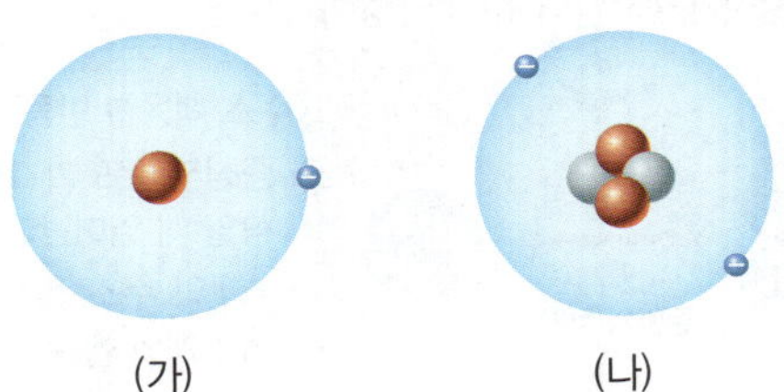

(가)　　　　　　　　(나)

우주 전체에서 (가)와 (나)의 질량비가 약 3 : 1이라면, 개수비는 얼마인지 구하고, 그 까닭을 서술하시오.

# 102 서술형

다음은 빅뱅 우주에서 일어난 변화를 설명한 것이다.

> 빅뱅 직후에 생성된 쿼크는 결합하여 양성자와 중성자를 형성하였다. 그 후 우주에는 양성자와 중성자의 개수가 약 7 : 1의 비율이 되었고, 우주의 나이가 약 3분이 되었을 때, 양성자와 중성자가 결합하여 수소 원자핵과 헬륨 원자핵의 질량비는 ㉠ 약 3 : 1이 되었다.

우주의 나이가 약 3분이 지난 이후 현재까지 ㉠이 유지되는 까닭을 서술하시오.

# 04 지구와 생명체를 구성하는 원소의 생성

## 1 별의 탄생과 진화

**(1) 별의 탄생**: 기체와 티끌로 이루어진 성운에서 탄생
- 성운 내부에서 온도가 낮고 밀도가 높은 영역에서 중력 수축이 일어나 별이 탄생한다. 자료①

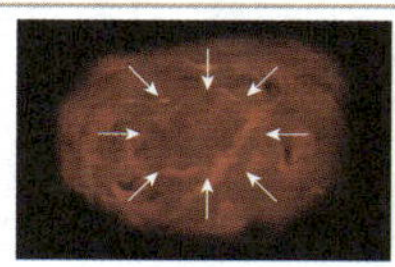 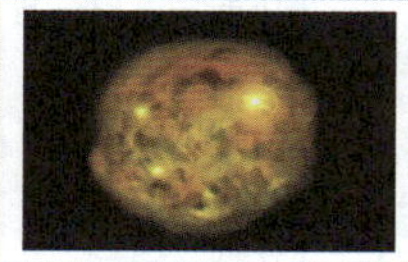 

| 성간 물질이 모여 가스 구름을 만들고 가스 구름이 수축하여 성운을 형성 | 밀도가 높은 곳에서 원시별 탄생 | 원시별이 중력 수축하여 중심부의 온도가 약 1000만 K 이상으로 높아지면 수소 핵융합 반응이 일어나 별이 됨 |
| --- | --- | --- |

**(2) 별의 진화**

① **주계열성**: 원시별이 중력 수축하다가 중심부에서 수소 핵융합 반응이 시작되면 주계열성이 된다.

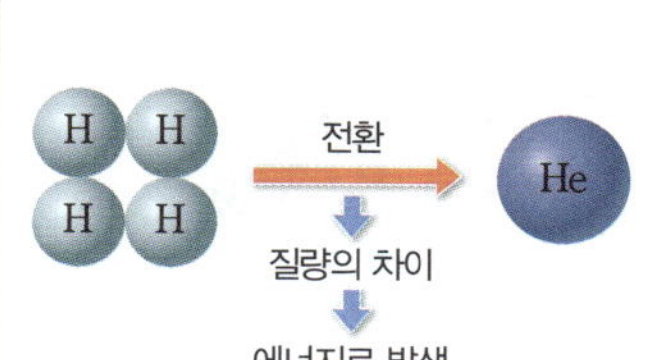

〈수소 핵융합 반응〉
- 중심부 온도가 1000만 K 이상일 때 일어난다.
- 4개의 수소 원자핵이 융합하여 1개의 헬륨 원자핵이 된다.
- 감소한 질량만큼 에너지로 방출된다.

- 별은 일생의 대부분을 주계열 단계에서 보낸다.
- 주계열성의 질량이 클수록 수소 핵융합 반응이 빠르게 일어나므로 별의 수명이 짧다.

② **주계열성 이후의 진화**: 주계열성의 중심부에서 수소가 모두 소진되면 별이 팽창하고, 중심부에서 수소보다 무거운 원소의 핵융합 반응이 일어나는 거성이 된다.

| 질량이 태양 정도인 별 | 중심부에서 헬륨 핵융합 반응이 일어나는 적색 거성으로 진화 |
| --- | --- |
| 질량이 태양보다 훨씬 큰 별 | 중심부에서 연속적인 핵융합 반응이 일어나 철까지 생성될 수 있는 초거성으로 진화 |

③ **진화의 마지막 단계**

| 질량이 태양 정도인 별 | 중심부에서 헬륨 핵융합 반응이 멈추면 별의 바깥층이 우주 공간으로 방출되어 행성상 성운이 생성되고, 별의 중심부는 수축하여 백색 왜성이 생성된다. |
| --- | --- |
| 질량이 태양보다 훨씬 큰 별 | 별의 중심부에 철로 이루어진 핵이 급격하게 중력 수축하면서 초신성 폭발을 일으킨다. 이때 중심부는 수축하여 중성자별 또는 블랙홀이 생성되고 별의 바깥층은 우주 공간으로 흩어진다. |

**(3) 별의 진화와 원소의 생성** 자료② 자료③

① **헬륨보다 무거운 원소**: 거성 단계에 있는 별의 내부에서 생성
- **질량이 태양 정도인 별**: 탄소(일부 산소)까지 생성 가능
- **질량이 태양보다 훨씬 큰 별**: 탄소보다 무거운 원소(네온, 마그네슘, 규소, 황 등)가 연속적으로 생성되며 최종적으로 철까지 생성 가능

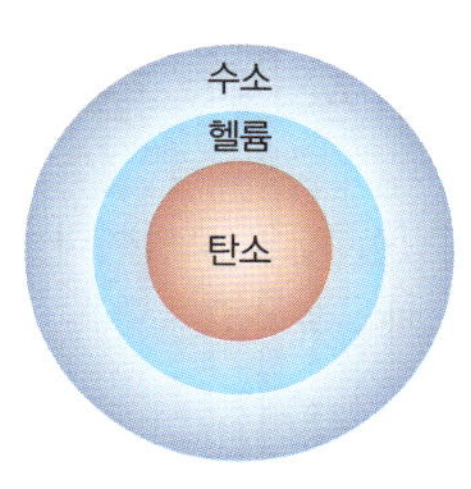


② **철보다 무거운 원소**: 금, 우라늄 등은 초신성 폭발 과정에서 생성

③ **무거운 원소의 순환**
- 별의 진화 과정에서 생성된 다양한 원소들은 별의 마지막 단계에서 우주 공간으로 흩어져 성간 물질로 되돌아간다.
- 성간 물질은 다시 뭉쳐 별이 될 수 있다. ➡ 별의 진화가 반복됨에 따라 헬륨보다 무거운 원소의 비율이 점차 많아진다.

---

**자료 분석**  **별의 진화와 원소의 생성**

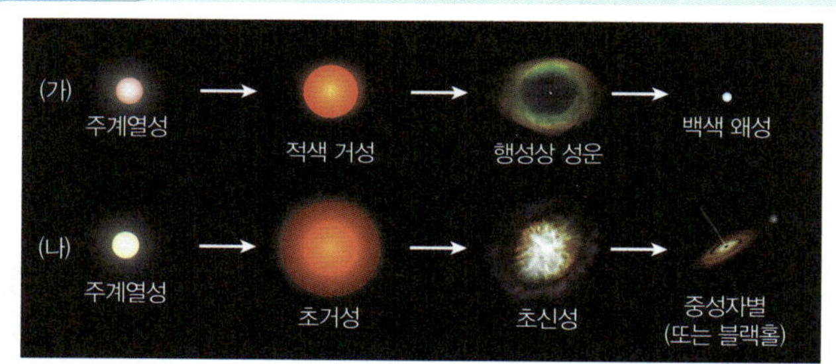


**1** (가) **질량이 태양 정도인 별**: 적색 거성의 내부에서 탄소 또는 산소까지 생성된다.

**2** (나) **질량이 태양보다 훨씬 큰 별**: 초거성의 내부에서 철까지 생성되며, 철보다 무거운 원소는 초신성 폭발 과정에서 생성된다.

**3** 별의 진화와 원소의 생성
- 헬륨: 주계열성 내부에서 수소 핵융합 반응에 의해 생성된다.
- 탄소: 적색 거성과 초거성 내부에서 헬륨 핵융합 반응에 의해 생성된다.
- 산소, 네온, 마그네슘, 철: 초거성의 내부에서 핵융합 반응에 의해 생성된다.
- 금, 우라늄, 납 등: 초신성 폭발 과정에서 생성된다.

**(1) 태양계의 형성 과정** 자료 ④

| 태양계 성운의 형성과 수축 | 원시 태양과 원시 원반 형성 | 미행성체의 형성 | 원시 행성과 태양계의 형성 |
|---|---|---|---|
| 서서히 회전하던 태양계 성운이 중력 수축 | 중심부 원시 태양, 주변 납작한 원시 원반 형성 | 원시 원반에서 미행성체가 형성 | 미행성체가 합쳐져 원시 행성을 형성 |

**(2) 지구의 형성 과정** 자료 ⑤

① 원시 원반에서 미행성체들이 합쳐져 원시 지구가 탄생하였다.

| | | |
|---|---|---|
| 미행성체 충돌로 표면 온도 상승 | 마그마 바다가 형성되어 핵과 맨틀의 분리 | 지표 온도가 낮아져 원시 지각과 바다 형성 |

② 지각을 이루는 광물은 대부분 규산염 광물이다. 지구 전체에서 가장 풍부한 원소는 철이며, 대부분 핵에 존재한다.

---

**탐구 분석**  **지구와 생명체의 구성 성분의 유래 탐구하기** 자료 ⑥

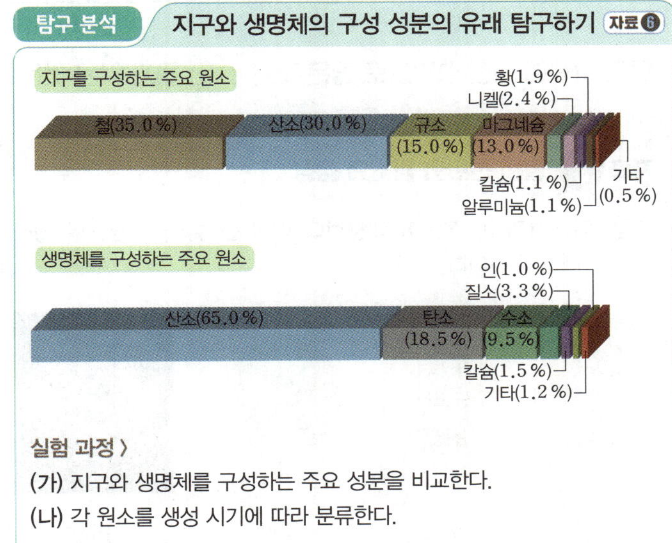


**실험 과정**

(가) 지구와 생명체를 구성하는 주요 성분을 비교한다.

(나) 각 원소를 생성 시기에 따라 분류한다.

**실험 결과**

1 지구를 구성하는 주요 원소는 철, 산소, 규소, 마그네슘 등이 있고, 생명체를 구성하는 주요 원소는 산소, 탄소, 수소 등이 있다.

2 생명체를 구성하는 원소 중 수소는 우주 초기에 형성되었고, 지구를 구성하는 주요 원소와 수소를 제외한 생명체를 구성하는 주요 원소는 별의 내부에서 핵융합 반응에 의해 생성되었다. 철보다 무거운 니켈은 초신성 폭발 과정에서 생성된 것이다.

---

# STEP 1  ○/✕ 문제로 5종 교과서 핵심 자료 보기

정답 및 해설 07쪽

**다음 자료에 대한 설명으로 옳은 것은 ○표, 옳지 않은 것은 ✕표 하시오.**

**자료 1  별의 탄생 과정**  동아, 미래엔, 지학사, 천재

다음은 별의 탄생 과정을 흐름도로 나타낸 것이다.

(가) 성운의 형성    (나) 원시별의 생성    (다) 별의 탄생

**103** (가) 단계에서는 수소, 헬륨, 먼지 등이 모여 성운이 형성된다.  ○/✕

**104** (나)에서는 중심부에서 수소 핵융합 반응이 일어난다.  ○/✕

**105** (다)의 중심부에서는 핵융합 반응으로 헬륨이 생성되기 시작한다.  ○/✕

**106** (가) → (나) → (다)로 가면서 천체의 크기가 작아진다.  ○/✕

**107** 중심부의 온도는 (나)가 (다)보다 높다.  ○/✕

**자료 2  별의 진화와 원소의 생성**  동아, 미래엔, 비상, 지학사, 천재

그림은 질량이 태양 정도인 별에서 원소의 생성 과정을 나타낸 것이다.

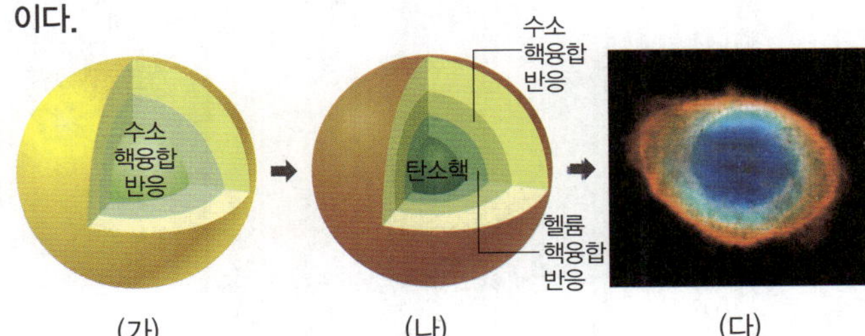


**108** (가)의 중심부에서는 헬륨 원자가 생성된다.  ○/✕

**109** (가)에서 수소 핵융합 반응이 끝나면 별의 크기는 일시적으로 감소한다.  ○/✕

**110** 이 별의 내부에서 생성되는 가장 무거운 원소는 규소이다.  ○/✕

**111** (나) → (다) 과정에서는 핵융합 반응으로 생성된 원소들이 우주 공간으로 방출된다.  ○/✕

다음 자료에 대한 설명으로 옳은 것은 ○표, 옳지 **않은** 것은 ✕표 하시오.

### 자료 **3** 별의 진화와 원소의 생성
동아, 미래엔, 비상, 지학사, 천재

그림 (가)~(라)는 질량이 태양보다 매우 큰 별에서 원소의 생성 과정을 나타낸 것이다.

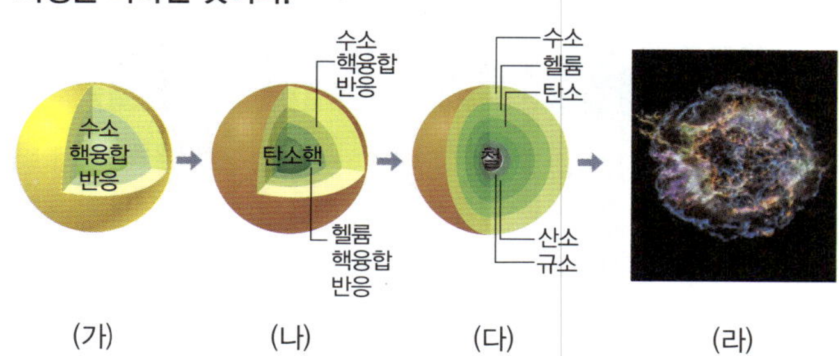


**112** (가)의 별은 내부 압력과 중력이 평형을 이루어 별의 크기가 일정하게 유지된다. ○/✕

**113** (가) → (나) 과정은 질량이 태양보다 매우 큰 별에서만 일어난다. ○/✕

**114** (다)에서는 별의 중심부로 갈수록 무거운 원소가 분포한다. ○/✕

**115** (다) 이후에 별의 중심부에서는 철보다 무거운 원소의 핵융합 반응이 일어난다. ○/✕

**116** (다) → (라) 과정에서 별은 초신성 폭발을 한다. ○/✕

**117** (라)는 철보다 무거운 원소를 포함한다. ○/✕

### 자료 **4** 태양계의 형성 과정
동아, 미래엔, 비상, 천재

그림은 태양계의 형성 과정을 나타낸 것이다.

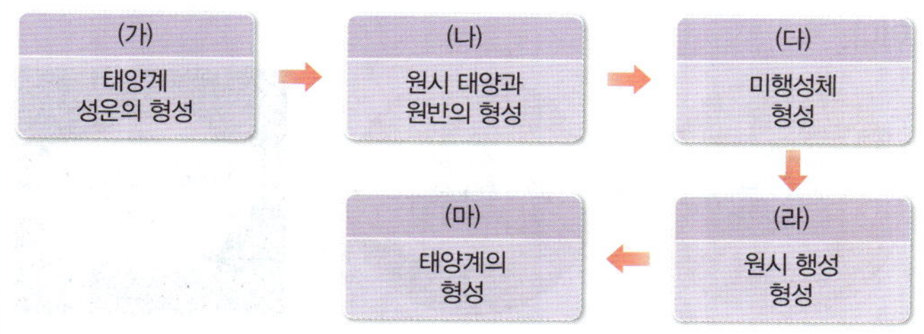


**118** (가)의 성운에 철보다 무거운 원소가 포함되어 있었다. ○/✕

**119** (가) → (나)에서 원시 원반이 형성된 것은 태양계 성운이 회전하였기 때문이다. ○/✕

**120** (가) → (나)에서 성운의 중심부에서는 에너지를 잃어 온도가 낮아졌다. ○/✕

**121** (다) → (라)에서 미행성체는 충돌하면서 합쳐졌다. ○/✕

**122** (라) → (마)에서 미행성체의 개수는 점차 감소하였다. ○/✕

### 자료 **5** 지구의 형성 과정
동아, 미래엔, 비상

그림 (가)~(라)는 지구의 형성 과정을 나타낸 것이다.

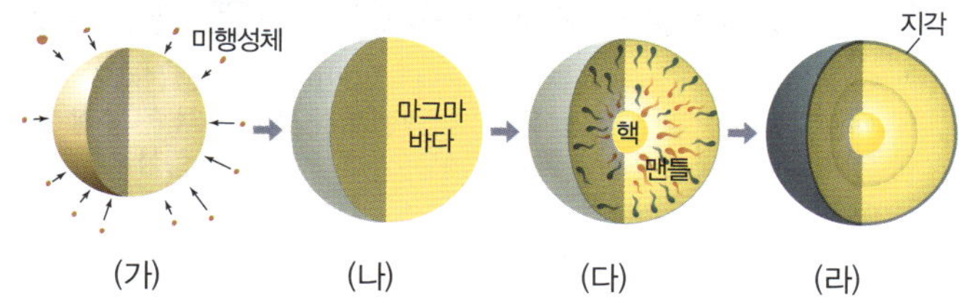


**123** (가)에서 미행성체의 충돌열로 지구의 지표 온도가 상승하였다. ○/✕

**124** 지구 중심부의 밀도는 (나) 시기가 (다) 시기일 때보다 컸다. ○/✕

**125** (다)에서 핵과 맨틀로 분리될 수 있었던 것은 물질의 밀도가 다르기 때문이다. ○/✕

**126** (다)에서 규산염 물질은 위로 떠올라 맨틀을 형성하였다. ○/✕

**127** 지구에서 바다는 (나)에서부터 형성되기 시작하였다. ○/✕

### 자료 **6** 지구와 생명체의 구성 성분
동아, 미래엔, 비상, 지학사, 천재

그림은 지구와 생명체를 구성하는 주요 성분의 질량비를 나타낸 것이다.

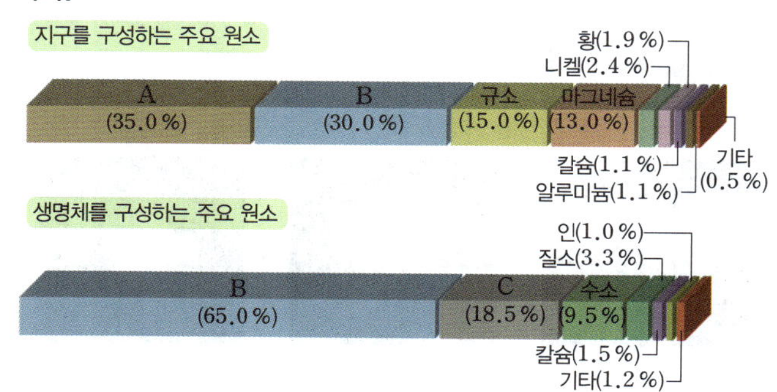


**128** 지구는 금속 원소의 질량비가 50 % 이상이다. ○/✕

**129** 생명체는 대부분 비금속 원소로 이루어져 있다. ○/✕

**130** 지구의 형성 과정에서 A는 지각을 이루는 주요 원소가 되었다. ○/✕

**131** A와 B는 질량이 태양보다 훨씬 큰 별이 초신성 폭발 과정으로 생성되었다. ○/✕

**132** C는 질량이 태양 정도인 별의 내부에서도 생성될 수 있었다. ○/✕

# STEP 2 학교 기출 문제로 내신 대비하기

## 1 별의 탄생과 진화

### 133
그림 (가)와 (나)는 별이 탄생하는 과정의 일부를 나타낸 것이다.

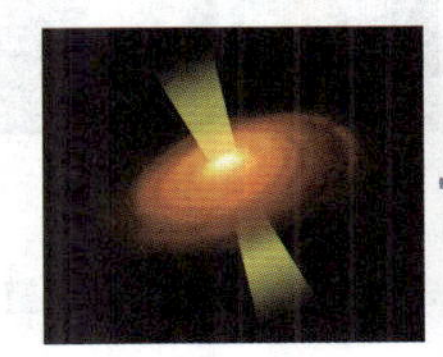 

(가) 원시별 　　　(나) 별

이에 대한 설명으로 옳은 것만을 보기 에서 있는 대로 고른 것은?

보기
ㄱ. (가)는 성운의 중력 수축에 의해 생성된다.
ㄴ. 중심부의 온도는 (가)가 (나)보다 낮다.
ㄷ. 중심부의 에너지 생성률은 (가)가 (나)보다 작다.

① ㄱ　　　　② ㄴ　　　　③ ㄱ, ㄷ
④ ㄴ, ㄷ　　　⑤ ㄱ, ㄴ, ㄷ

### 134 서술형
원시별은 성운 내부에서 탄생한다. 이때 원시별이 탄생하기에 적절한 온도와 밀도 조건을 서술하시오.

### 135 고빈출
별의 진화와 원소 생성에 대한 설명으로 옳은 것만을 보기 에서 있는 대로 고른 것은?

보기
ㄱ. 수소 핵융합 반응에 의해 헬륨이 생성된다.
ㄴ. 규소, 황, 철은 태양과 질량이 비슷한 별의 내부에서 핵융합 반응으로 만들어질 수 있다.
ㄷ. 초신성이 폭발할 때 우라늄, 금 등의 무거운 원소가 만들어질 수 있다.

① ㄱ　　　　② ㄴ　　　　③ ㄱ, ㄷ
④ ㄴ, ㄷ　　　⑤ ㄱ, ㄴ, ㄷ

### 136 고빈출
그림은 어느 별의 중심부에서 일어나는 핵융합 반응을 나타낸 것이다.

이 반응에 대한 설명으로 옳은 것만을 보기 에서 있는 대로 고른 것은?

보기
ㄱ. 수소 핵융합 반응이다.
ㄴ. 온도가 약 1000만 K 이상일 때 일어난다.
ㄷ. 반응 전의 질량이 반응 후의 질량보다 크다.

① ㄱ　　　　② ㄷ　　　　③ ㄱ, ㄴ
④ ㄴ, ㄷ　　　⑤ ㄱ, ㄴ, ㄷ

### 137
그림은 어느 별의 진화 과정 중 일부를 나타낸 것이다.

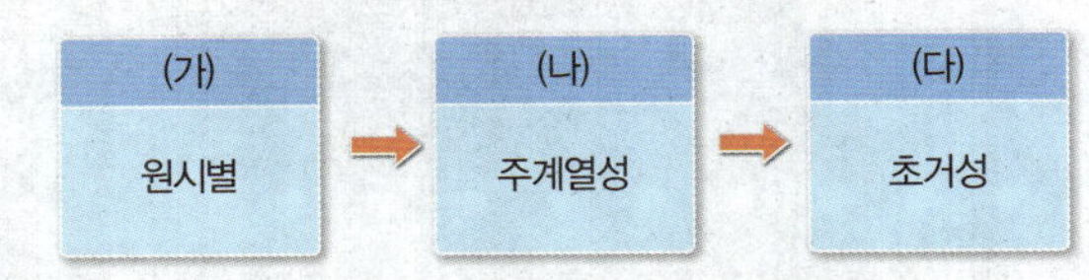


이 별에 대한 설명으로 옳은 것만을 보기 에서 있는 대로 고른 것은?

보기
ㄱ. (가) → (나) 단계에서 천체의 크기가 감소한다.
ㄴ. (다) 단계 이후에 초신성 폭발이 일어난다.
ㄷ. (가)~(다) 중 (나) 단계에서 가장 짧은 시간을 머문다.
ㄹ. 이 별은 질량이 태양 정도인 별이다.

① ㄱ, ㄴ　　　② ㄱ, ㄹ　　　③ ㄴ, ㄷ
④ ㄱ, ㄷ, ㄹ　　⑤ ㄴ, ㄷ, ㄹ

## 138

그림은 어느 별의 중심부에서 일어나는 핵융합 반응을 나타낸 것이다.

이에 대한 설명으로 옳은 것만을 보기 에서 있는 대로 고른 것은?

보기

ㄱ. 별의 크기가 일정하게 유지된다.
ㄴ. 시간이 지남에 따라 중심부에 헬륨이 증가한다.
ㄷ. 별에서 생성되는 에너지의 대부분은 중력 수축에 의한 것이다.

① ㄱ
② ㄷ
③ ㄱ, ㄴ
④ ㄴ, ㄷ
⑤ ㄱ, ㄴ, ㄷ

## 139

그림은 시간에 따른 태양의 진화 과정을 나타낸 것이다.

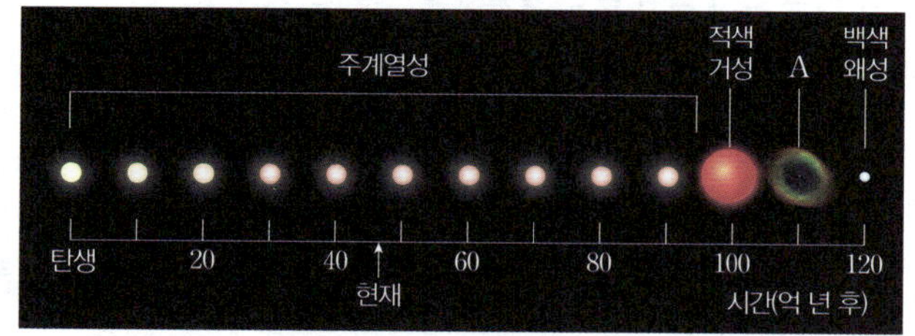


이에 대한 설명으로 옳은 것만을 보기 에서 있는 대로 고른 것은?

보기

ㄱ. A는 초신성 폭발로 형성된다.
ㄴ. 백색 왜성은 주로 탄소로 이루어진 별이다.
ㄷ. 현재 태양의 중심부에서는 헬륨 핵융합 반응이 일어난다.

① ㄱ
② ㄴ
③ ㄱ, ㄷ
④ ㄴ, ㄷ
⑤ ㄱ, ㄴ, ㄷ

## 140

그림 (가)와 (나)는 질량이 서로 다른 두 별이 진화 단계에서 생성되는 천체의 모습을 나타낸 것이다.

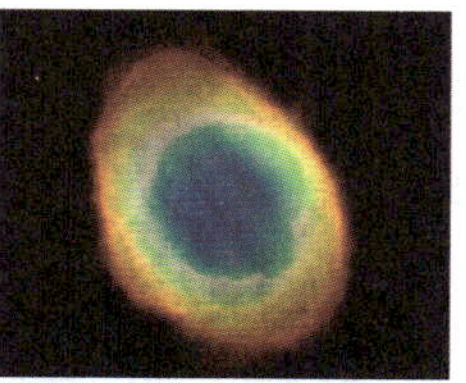

(가)    (나)

이에 대한 설명으로 옳은 것만을 보기 에서 있는 대로 고른 것은?

보기

ㄱ. 별의 질량은 (가)가 (나)보다 크다.
ㄴ. (가)의 중심부에는 백색 왜성이 존재한다.
ㄷ. 태양이 진화하면 (나)보다 (가)와 비슷할 것이다.

① ㄱ
② ㄷ
③ ㄱ, ㄴ
④ ㄴ, ㄷ
⑤ ㄱ, ㄴ, ㄷ

## 141

그림은 핵융합 반응을 중단한 어느 별의 내부 구조를 나타낸 것이다.

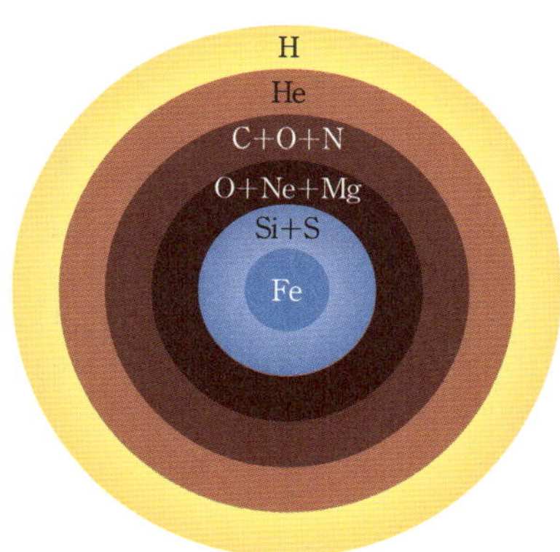


이에 대한 설명으로 옳은 것만을 보기 에서 있는 대로 고른 것은?

보기

ㄱ. 이 별은 질량이 태양보다 훨씬 크다.
ㄴ. 별의 중심부로 갈수록 대체로 구성 원소의 원자량이 증가한다.
ㄷ. 앞으로 별의 중심에서 핵융합 반응에 의해 철보다 무거운 원소가 생성될 것이다.

① ㄱ
② ㄷ
③ ㄱ, ㄴ
④ ㄴ, ㄷ
⑤ ㄱ, ㄴ, ㄷ

## 142 ·서술형

그림 (가)와 (나)는 어느 별이 진화하는 서로 다른 단계를 나타낸 것이다.

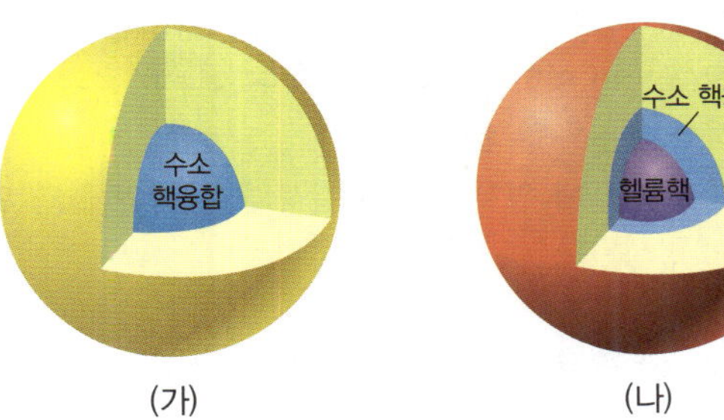


(가)와 (나)의 별의 크기를 부등호로 비교하여 쓰고, 그렇게 판단한 근거를 서술하시오.

## 143

표는 별의 내부에서 일어나는 여러 가지 핵융합 반응에서 반응 원소와 생성 원소를 나타낸 것이다.

| 핵융합 반응 | 반응 원소 | 생성 원소 |
| --- | --- | --- |
| (가) | 수소(H) | 헬륨(He) |
| (나) | 헬륨(He) | 탄소(C), 산소(O) |
| (다) | 규소(Si) | 철(Fe) |

(가)~(다)에 대한 설명으로 옳은 것만을 보기 에서 있는 대로 고른 것은?

보기
ㄱ. (가)는 주계열성에서만 일어날 수 있는 반응이다.
ㄴ. (나)는 적색 거성에서 일어날 수 있는 반응이다.
ㄷ. 핵융합 반응이 일어나는 온도는 (가)<(나)<(다)이다.

① ㄱ          ② ㄷ          ③ ㄱ, ㄴ
④ ㄴ, ㄷ          ⑤ ㄱ, ㄴ, ㄷ

## ☆고빈출 144

그림은 질량이 서로 다른 두 주계열성의 진화 과정을 나타낸 것이다.

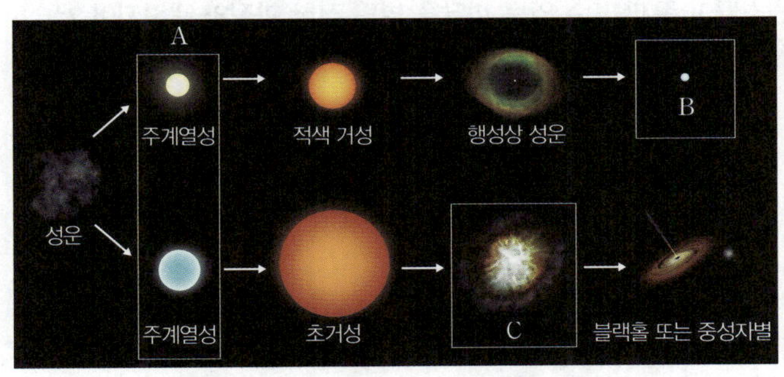


이에 대한 설명으로 옳은 것만을 보기 에서 있는 대로 고른 것은?

보기
ㄱ. A에서는 별의 중심부에서 헬륨의 비율이 점점 감소한다.
ㄴ. B의 내부에서는 핵융합 반응이 일어나지 않는다.
ㄷ. C의 폭발 과정에서 금, 납, 우라늄 등이 생성된다.

① ㄱ          ② ㄷ          ③ ㄱ, ㄴ
④ ㄴ, ㄷ          ⑤ ㄱ, ㄴ, ㄷ

## ☆고빈출 145

그림은 최종 진화 단계 직전인 서로 다른 두 별 (가), (나)의 내부 구조를 나타낸 것이다.

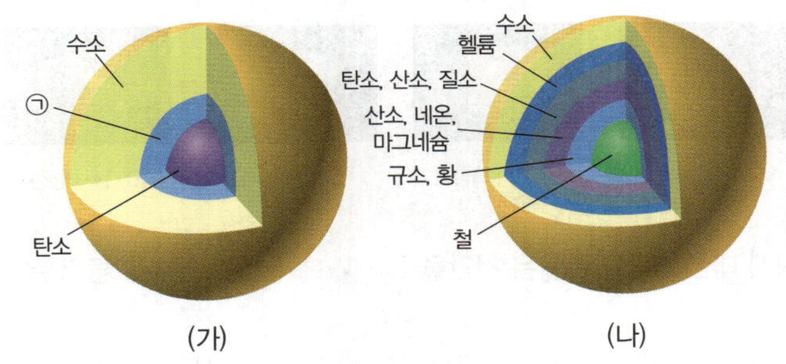


이에 대한 설명으로 옳은 것만을 보기 에서 있는 대로 고른 것은?

보기
ㄱ. 별의 질량은 (가)<(나)이다.
ㄴ. ㉠ 영역에서는 헬륨 핵융합 반응이 일어난다.
ㄷ. (가)와 (나)는 모두 중심부로 갈수록 온도가 높아진다.

① ㄱ          ② ㄷ          ③ ㄱ, ㄴ
④ ㄴ, ㄷ          ⑤ ㄱ, ㄴ, ㄷ

## 146 ●서술형

지구에는 납, 금, 우라늄 등 철보다 무거운 원소들이 존재한다. 이런 원소들이 존재할 수 있는 까닭을 별의 진화 과정과 관련지어 서술하시오.

## 148

태양계의 형성 과정을 시간 순서 없이 나타낸 것이다.

> (가) ㉠ 미행성체들이 충돌하여 원시 행성이 형성된다.
> (나) 초신성 폭발의 영향을 받아 밀도가 큰 부분이 수축하면서 회전하여 성운을 형성한다.
> (다) 성운의 중심부에 원시 태양이 형성되고, 주변에 ㉡ 원시 원반이 형성된다.

이에 대한 설명으로 옳은 것만을 보기 에서 있는 대로 고른 것은?

보기

> ㄱ. 태양계가 형성된 순서는 (나) → (다) → (가)이다.
> ㄴ. ㉠의 주성분은 수소와 헬륨이다.
> ㄷ. ㉡을 이루는 물질들은 원시 태양을 중심으로 회전하였다.

① ㄱ          ② ㄴ          ③ ㄱ, ㄷ
④ ㄴ, ㄷ       ⑤ ㄱ, ㄴ, ㄷ

---

### 2  태양계와 지구의 형성

#### 고빈출
#### 147

그림은 태양계의 형성 과정을 나타낸 것이다.

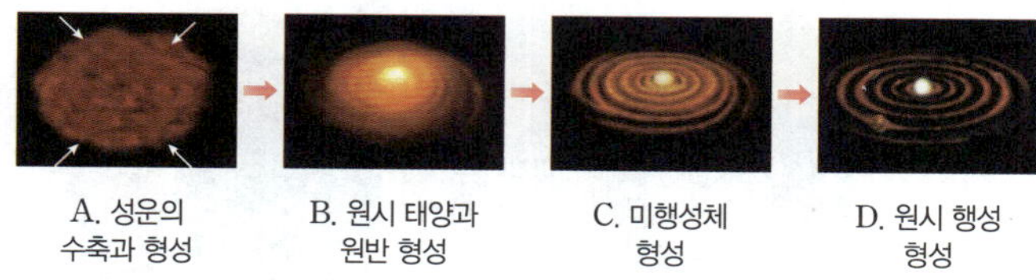

A. 성운의 수축과 형성    B. 원시 태양과 원반 형성    C. 미행성체 형성    D. 원시 행성 형성

이에 대한 설명으로 옳은 것만을 보기 에서 있는 대로 고른 것은?

보기

> ㄱ. A 단계에서 성운이 수축함에 따라 회전 속도는 점점 느려졌다.
> ㄴ. B 단계에서 성운 중심부의 온도와 밀도는 모두 증가하였다.
> ㄷ. C → D 단계에서 미행성체의 충돌 과정을 거쳐 원시 행성이 형성되었다.

① ㄱ          ② ㄷ          ③ ㄱ, ㄴ
④ ㄴ, ㄷ       ⑤ ㄱ, ㄴ, ㄷ

#### 고빈출
#### 149

그림은 지구의 형성 과정을 나타낸 것이다.

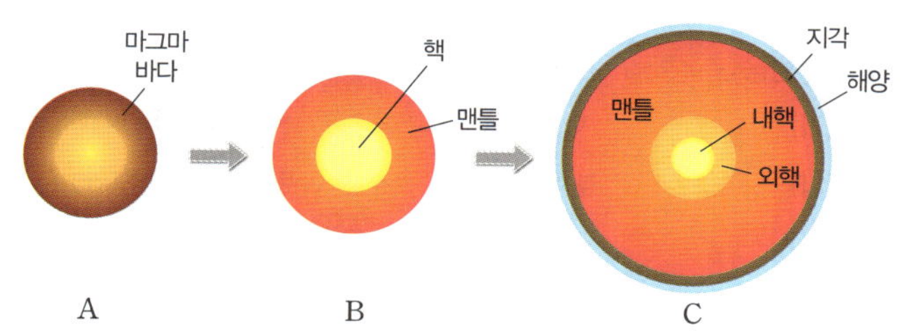


이에 대한 설명으로 옳은 것만을 보기 에서 있는 대로 고른 것은?

보기

> ㄱ. 지구 중심부의 밀도는 A 시기보다 B 시기에 컸다.
> ㄴ. B 시기에서 C 시기로 갈수록 지표면의 온도는 상승하였다.
> ㄷ. 미행성체의 충돌은 C 시기 이전보다 이후에 많았다.

① ㄱ          ② ㄷ          ③ ㄱ, ㄴ
④ ㄴ, ㄷ       ⑤ ㄱ, ㄴ, ㄷ

## 150

우주와 태양계를 구성하는 원소에 대한 설명으로 옳은 것만을 보기 에서 있는 대로 고른 것은?

보기
ㄱ. 우주와 태양계에서 가장 풍부한 원소는 수소이다.
ㄴ. 지구는 태양계에서 가장 풍부한 물질로 이루어져 있다.
ㄷ. 지구를 구성하는 대부분의 원소는 별의 진화 과정에서 생성되었다.

① ㄱ
② ㄴ
③ ㄱ, ㄷ
④ ㄴ, ㄷ
⑤ ㄱ, ㄴ, ㄷ

## 151

그림 (가)~(다)는 지구가 형성되는 과정의 일부를 나타낸 것이다.

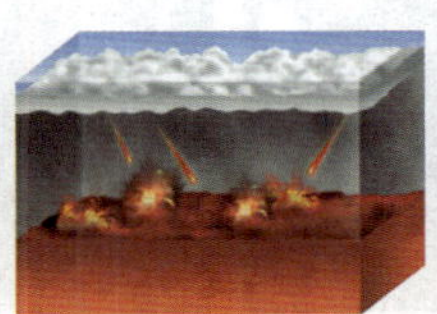

(가) 미행성체 충돌    (나) 마그마 바다 형성    (다) 원시 해양 형성

이에 대한 설명으로 옳은 것만을 보기 에서 있는 대로 고른 것은?

보기
ㄱ. 지구의 질량은 (가) 시기보다 (다) 시기에 컸다.
ㄴ. (나) 시기 이후에는 무거운 성분이 지구 중심부로 가라앉았다.
ㄷ. (다)의 원시 해양은 수증기가 응결하여 형성되었다.

① ㄱ
② ㄷ
③ ㄱ, ㄴ
④ ㄴ, ㄷ
⑤ ㄱ, ㄴ, ㄷ

## 152

지구의 구성 원소에 대한 설명으로 옳은 것만을 보기 에서 있는 대로 고른 것은?

보기
ㄱ. 지각에서 가장 풍부한 원소는 규소이다.
ㄴ. 지구 전체에서 가장 풍부한 원소는 철이다.
ㄷ. 지구에는 100여 종 이상의 다양한 원소들이 존재한다.

① ㄱ
② ㄷ
③ ㄱ, ㄴ
④ ㄴ, ㄷ
⑤ ㄱ, ㄴ, ㄷ

## 153

그림은 지구와 지각을 이루는 구성 원소를 나타낸 것이다.

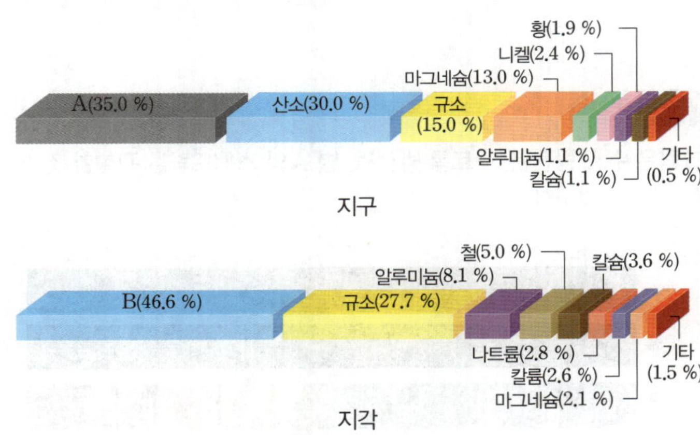


이에 대한 설명으로 옳은 것만을 보기 에서 있는 대로 고른 것은?

보기
ㄱ. A와 B는 같은 원소이다.
ㄴ. A는 별 내부에서 핵융합 반응에 의해 생성된 것이다.
ㄷ. 지각을 이루는 B는 광합성에 의해 생성되었다.

① ㄱ
② ㄴ
③ ㄷ
④ ㄴ, ㄷ
⑤ ㄱ, ㄴ, ㄷ

# STEP 3 수능 유형 문제로 만점 도전하기

## 03 우주의 시작과 원소의 생성

### 154

다음은 스펙트럼을 관찰하는 탐구 활동의 일부이다.

> [탐구 과정]
> (가) 분광기로 백열등의 빛을 관찰한다.
> (나) 분광기로 ㉠ 수소 방전관과 ㉡ 헬륨 방전관에서 방출되는 빛을 관찰한다.
> (다) 그림과 같이 ㉢ 별의 스펙트럼을 구하여 (나)의 관찰 내용과 비교한 후 별의 구성 원소를 알아낸다.
>
> 

이에 대한 설명으로 옳은 것만을 보기 에서 있는 대로 고른 것은?

> **보기**
> ㄱ. (가)에서는 연속적인 색의 띠가 나타난다.
> ㄴ. ㉠과 ㉡의 스펙트럼에서 선이 나타나는 위치는 모두 같다.
> ㄷ. ㉢의 흡수선과 ㉠의 스펙트럼 선은 위치가 같은 것이 있다.

① ㄱ　　　　② ㄴ　　　　③ ㄱ, ㄷ
④ ㄴ, ㄷ　　　　⑤ ㄱ, ㄴ, ㄷ

✔최다 오답
### 155

그림은 수소 방전관, 나트륨 방전관, 별 A의 스펙트럼을 관찰한 결과를 나타낸 것이다.

이에 대한 설명으로 옳은 것만을 보기 에서 있는 대로 고른 것은?

> **보기**
> ㄱ. 수소 방전관에서 흡수 스펙트럼이 나타난다.
> ㄴ. 나트륨 전등은 흰색으로 보일 것이다.
> ㄷ. 별 A의 스펙트럼에서 수소 흡수선이 나타난다.

① ㄱ　　　　② ㄴ　　　　③ ㄷ
④ ㄱ, ㄷ　　　　⑤ ㄴ, ㄷ

### 156

그림 (가)~(다)는 빅뱅 이후 우주에서 생성된 입자들을 생성 순서와 관계 없이 나타낸 것이다.

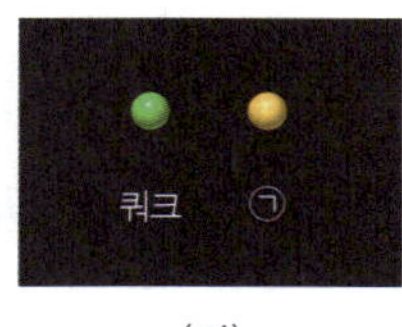

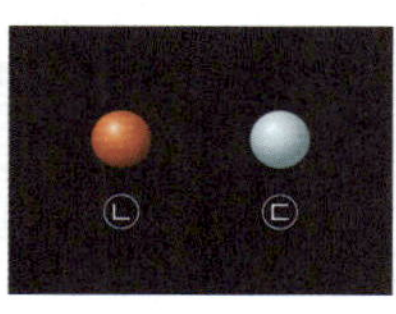


(가)　　　　(나)　　　　(다)

이에 대한 설명으로 옳은 것만을 보기 에서 있는 대로 고른 것은?

> **보기**
> ㄱ. 우주의 온도가 가장 낮았던 시기는 (가)이다.
> ㄴ. ㉠과 ㉡이 결합한 시기는 우주의 나이가 약 38만 년이 되었을 때이다.
> ㄷ. 헬륨 원자핵이 생성되기 직전 ㉡과 ㉢의 개수비는 약 3 : 1이었다.

① ㄱ　　　　② ㄴ　　　　③ ㄱ, ㄷ
④ ㄴ, ㄷ　　　　⑤ ㄱ, ㄴ, ㄷ

### 157

난이도 상

그림 (가)와 (나)는 빅뱅 이후 서로 다른 시기에 우주를 이루는 입자를 나타낸 것이다.

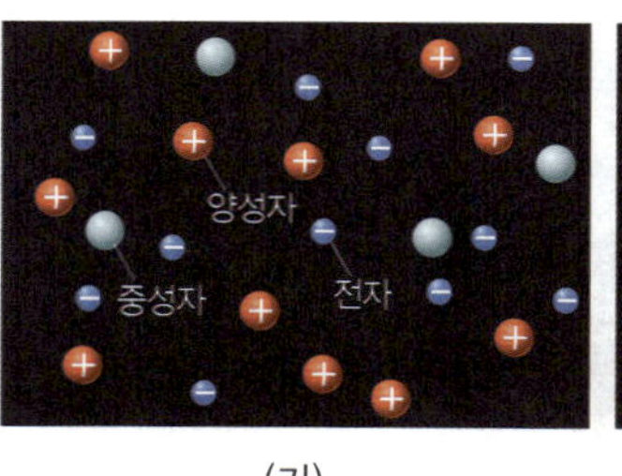

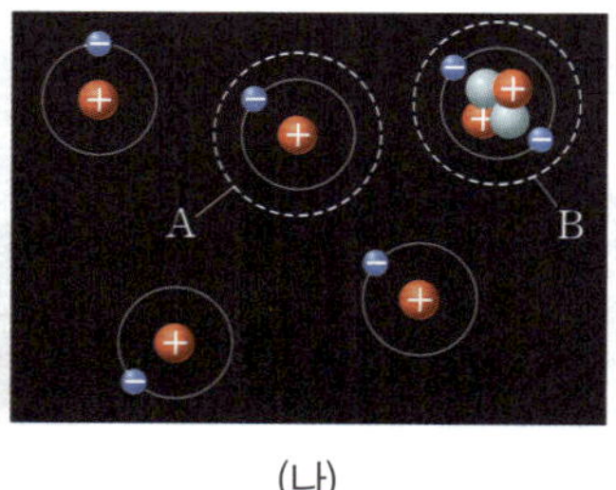


(가)　　　　(나)

이에 대한 설명으로 옳은 것만을 보기 에서 있는 대로 고른 것은?

> **보기**
> ㄱ. 우주의 온도는 (가)가 (나)보다 높다.
> ㄴ. (가)의 우주와 (나)의 우주는 질량이 같다.
> ㄷ. (가)와 (나) 사이의 변화가 끝난 후 A와 B의 개수비는 약 12 : 1이었다.

① ㄱ　　　　② ㄷ　　　　③ ㄱ, ㄴ
④ ㄴ, ㄷ　　　　⑤ ㄱ, ㄴ, ㄷ

## 158

난이도 **상**

그림은 초기 우주에서 가벼운 원자핵이 생성되는 반응이 끝난 직후에 입자들의 비율을 나타낸 것이다.

 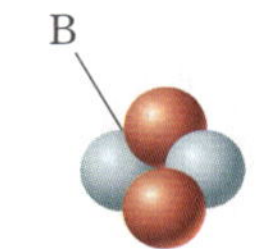



이에 대한 설명으로 옳은 것만을 보기 에서 있는 대로 고른 것은?

───── 보기 ─────

ㄱ. A는 수소 원자핵이다.

ㄴ. 이 반응이 끝났을 때 우주의 온도는 1억 K보다 높았다.

ㄷ. 현재 우주에 존재하는 B는 거의 대부분 이 시기에 형성되었다.

① ㄱ  ② ㄴ  ③ ㄷ
④ ㄱ, ㄷ  ⑤ ㄴ, ㄷ

✔최다 오답

## 159

그림은 초기 우주에서 헬륨 원자핵이 형성되는 과정을 나타낸 것이다.

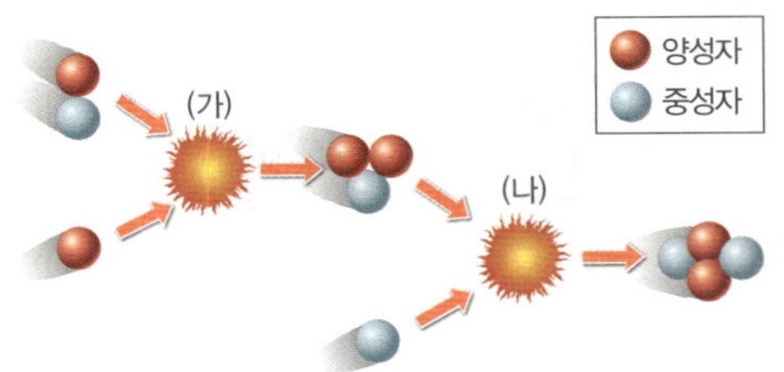



이에 대한 설명으로 옳은 것만을 보기 에서 있는 대로 고른 것은?

───── 보기 ─────

ㄱ. 이 과정은 빅뱅 후 약 38 만 년이 지났을 때 일어났다.

ㄴ. 이 시기에 양성자 수와 중성자 수비는 약 12:1이다.

ㄷ. (가)와 (나) 과정에서 질량 결손이 나타난다.

① ㄱ  ② ㄴ  ③ ㄷ
④ ㄱ, ㄷ  ⑤ ㄴ, ㄷ

✔최다 오답

## 160

그림 (가)와 (나)는 빅뱅 후 서로 다른 두 시점에 우주의 상태를 나타낸 것이다.

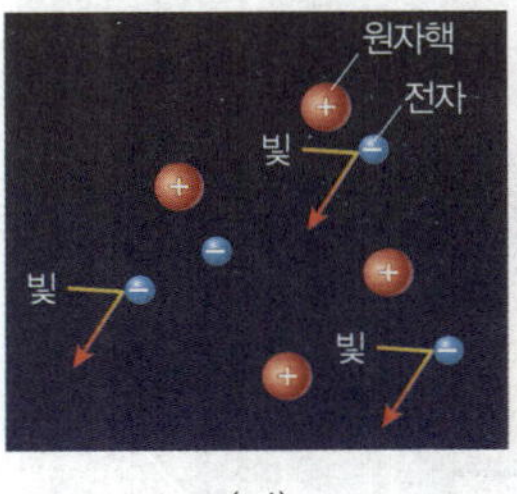 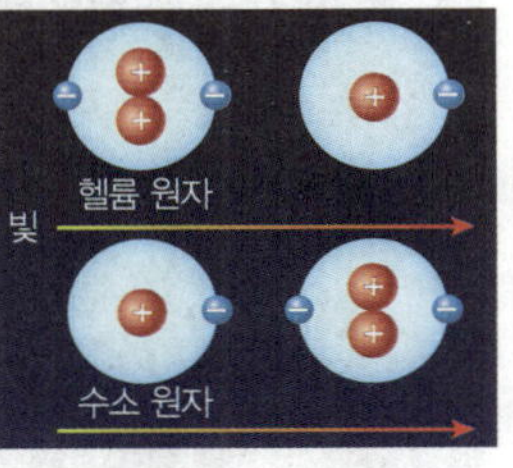



이에 대한 설명으로 옳은 것만을 보기 에서 있는 대로 고른 것은?

───── 보기 ─────

ㄱ. (가) 시기에 우주는 투명한 상태였다.

ㄴ. (나) 시기는 빅뱅 후 약 38 만 년 이전이다.

ㄷ. 우주의 밀도는 (가) 시기가 (나) 시기보다 컸다.

① ㄱ  ② ㄴ  ③ ㄷ
④ ㄱ, ㄷ  ⑤ ㄴ, ㄷ

## 04 지구와 생명체를 구성하는 원소의 생성

## 161

그림 (가)는 질량이 태양 정도인 별의 진화 과정을, (나)는 (가)의 A~D 단계 중 하나에 해당하는 별의 내부를 나타낸 것이다.

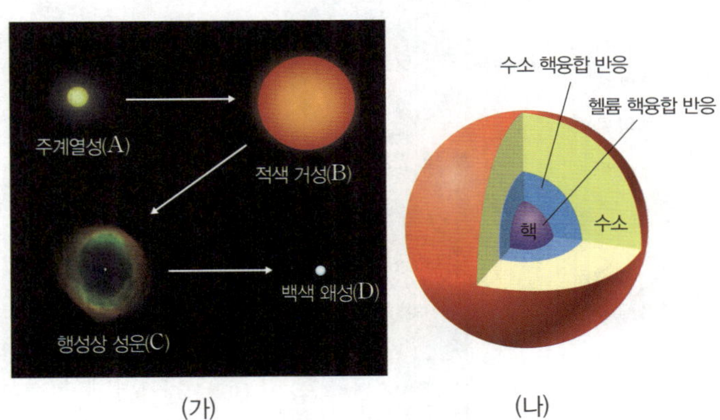



이에 대한 설명으로 옳은 것만을 보기 에서 있는 대로 고른 것은?

───── 보기 ─────

ㄱ. 현재 태양의 진화 단계는 A에 해당한다.

ㄴ. (나)는 (가)의 B에 해당한다.

ㄷ. C에서 마그네슘, 황, 규소 등의 원소가 생성된다.

ㄹ. D의 주요 구성 성분은 수소와 헬륨이다.

① ㄱ, ㄴ  ② ㄱ, ㄷ  ③ ㄷ, ㄹ
④ ㄱ, ㄴ, ㄹ  ⑤ ㄴ, ㄷ, ㄹ

✔최다 오답
## 162

그림은 질량이 서로 다른 별의 진화 경로 (가)와 (나)를 나타낸 것이다.

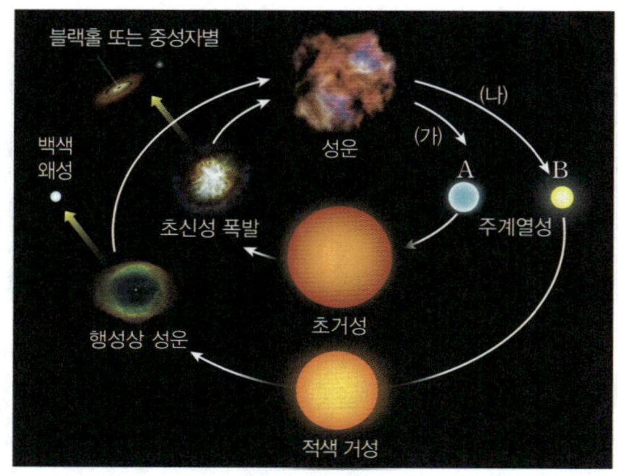


이에 대한 설명으로 옳은 것만을 보기 에서 있는 대로 고른 것은?

보기
ㄱ. 주계열성의 질량은 A가 B보다 크다.
ㄴ. (가)의 경로로 진화하면 수소는 대부분 철로 바뀐다.
ㄷ. (가)와 (나)를 거친 후 성운에 포함된 무거운 원소의 함량은 증가한다.

① ㄱ　　② ㄷ　　③ ㄱ, ㄴ　　④ ㄱ, ㄷ　　⑤ ㄴ, ㄷ

## 163

난이도 상

그림 (가)와 (나)는 질량이 다른 두 별의 일생 중 핵융합 반응이 끝난 상태의 내부 구조를 간략하게 나타낸 것이다.

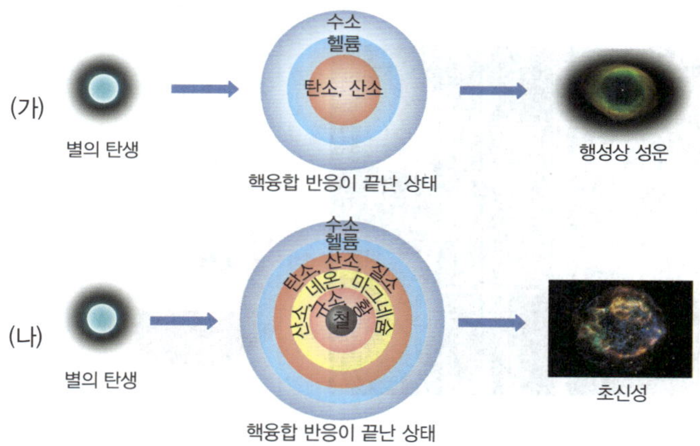


이에 대한 설명으로 옳은 것만을 보기 에서 있는 대로 고른 것은?

보기
ㄱ. 탄생한 별의 질량은 (가)가 (나)보다 크다.
ㄴ. 핵융합 반응이 끝날 때 별의 중심부 온도는 (가)가 (나)보다 낮다.
ㄷ. (나)의 성운은 별의 중심부에서 생성된 금과 우라늄을 포함한다.

① ㄱ　　② ㄴ　　③ ㄱ, ㄷ　　④ ㄴ, ㄷ　　⑤ ㄱ, ㄴ, ㄷ

## 164

그림 (가)는 현재 태양, (나)는 적색 거성으로 진화한 태양의 중심으로부터의 거리에 따른 구성 원소의 비율을 각각 나타낸 것이다.

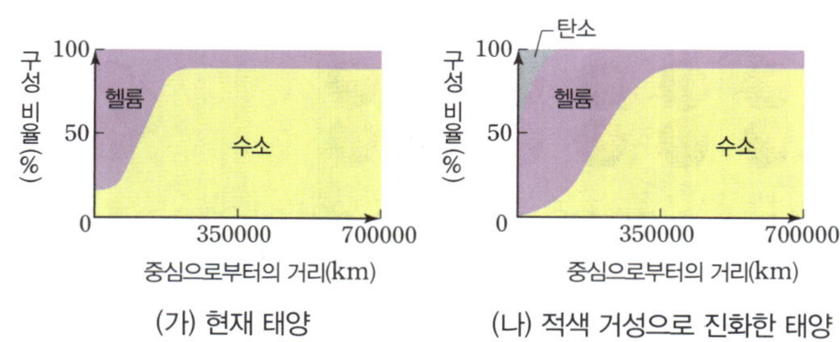


이에 대한 설명으로 옳은 것만을 보기 에서 있는 대로 고른 것은?

보기
ㄱ. (가)에서 수소 핵융합 반응은 태양 전체에서 일어난다.
ㄴ. (나)의 중심핵에서 탄소 핵융합 반응이 일어난다.
ㄷ. 시간이 흐를수록 태양 중심부의 평균 원자량은 증가한다.

① ㄱ　　　② ㄷ　　　③ ㄱ, ㄴ
④ ㄱ, ㄷ　　⑤ ㄴ, ㄷ

## 165

다음 (가)~(라)는 태양계가 형성되는 과정을 나타낸 것이다.

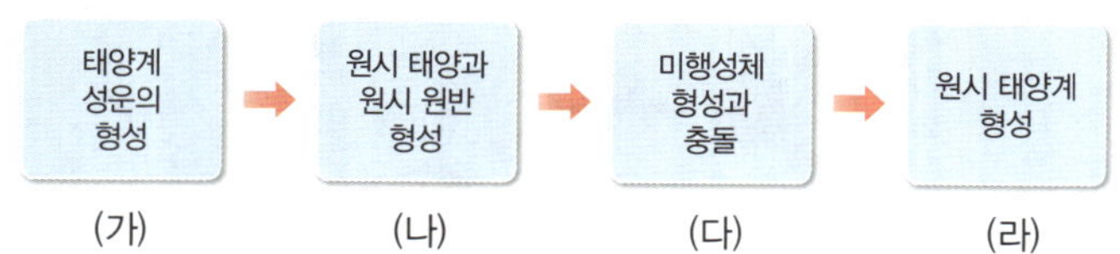


이에 대한 설명으로 옳은 것만을 보기 에서 있는 대로 고른 것은?

보기
ㄱ. (가)의 성운은 철과 규소를 포함한다.
ㄴ. (가) → (나)에서 원시 원반은 성운의 회전축을 따라 형성되었다.
ㄷ. (다) → (라)에서 미행성체의 개수는 점차 감소하였다.

① ㄱ　　　② ㄴ　　　③ ㄱ, ㄷ
④ ㄴ, ㄷ　　⑤ ㄱ, ㄴ, ㄷ

## 166

그림 (가)~(다)는 원시 지구의 형성 과정을 나타낸 모식도이다.

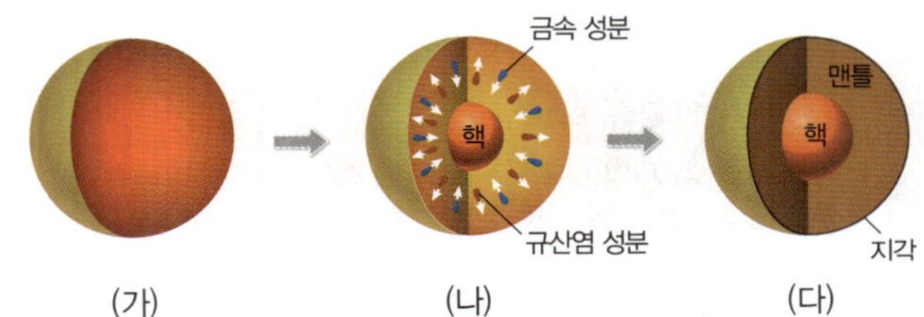


이에 대한 설명으로 옳은 것만을 보기 에서 있는 대로 고른 것은? (단, 그림에 지구의 크기 변화는 나타내지 않았다.)

보기

ㄱ. 지구 중심부의 밀도는 (가)가 (나)보다 크다.
ㄴ. (다)의 지각을 이루는 암석은 대부분 화성암이다.
ㄷ. (나) → (다) 동안 미행성체의 충돌 비율은 대체로 증가하였다.

① ㄱ    ② ㄴ    ③ ㄷ
④ ㄱ, ㄷ    ⑤ ㄴ, ㄷ

## 167

그림 (가)와 (나)는 지각을 구성하는 원소의 질량비와 생명체를 구성하는 원소의 질량비를 순서 없이 나타낸 것이다.

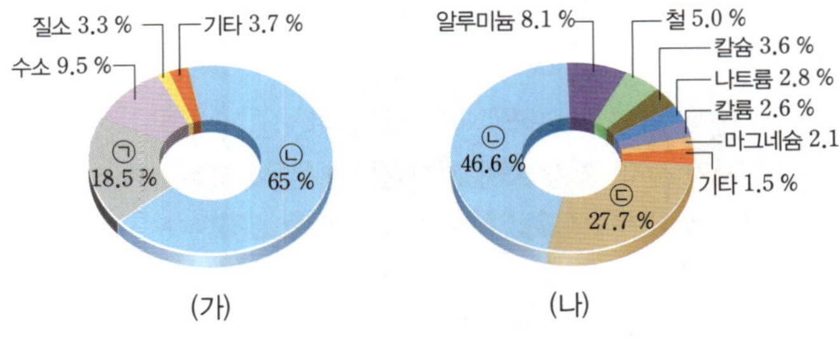


이에 대한 설명으로 옳은 것만을 보기 에서 있는 대로 고른 것은?

보기

ㄱ. (가)는 지각을 구성하는 원소의 질량비이다.
ㄴ. ㉠과 ㉢은 최대 4개의 공유 결합이 가능하다.
ㄷ. ㉠, ㉡, ㉢은 모두 질량이 태양 정도인 별의 내부에서 핵융합 반응에 의해 생성될 수 있다.

① ㄱ    ② ㄴ    ③ ㄱ, ㄷ
④ ㄴ, ㄷ    ⑤ ㄱ, ㄴ, ㄷ



## 168

다음은 어느 시기에 우주에서 일어난 변화를 설명한 것이다.

> 빅뱅 이후 약 ( ㉠ ) 년이 되었을 때, 우주의 온도는 약 3000 K으로 낮아져 원자가 만들어졌고, 빛은 전기를 띤 입자의 방해를 받지 않고 자유롭게 우주 공간으로 퍼져 나갈 수 있게 되었다. 이때의 빛이 현재 ( ㉡ )(으)로 관측된다.

(1) ㉠과 ㉡에 알맞은 숫자와 용어를 각각 쓰시오.

(2) ㉡이 빅뱅 우주론을 뒷받침하는 증거가 되는 까닭을 서술하시오.

## 169

그림은 어느 핵융합 반응을 나타낸 것이다.

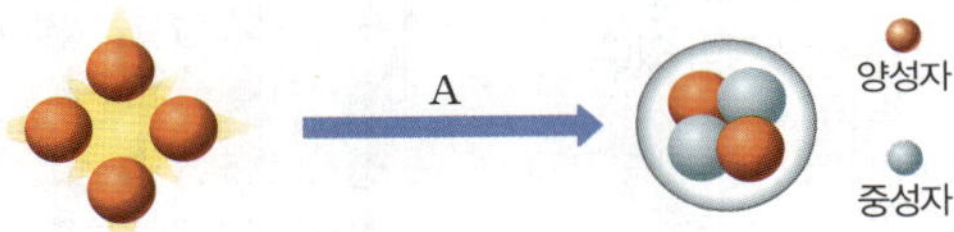


별의 중심부에서 A의 변화가 일어나는 별의 크기 변화는 어떤 특징이 있는지를 별의 내부에서 작용하는 힘과 관련지어 서술하시오.

## 170

그림은 지구 형성 과정의 일부를 나타낸 것이다.

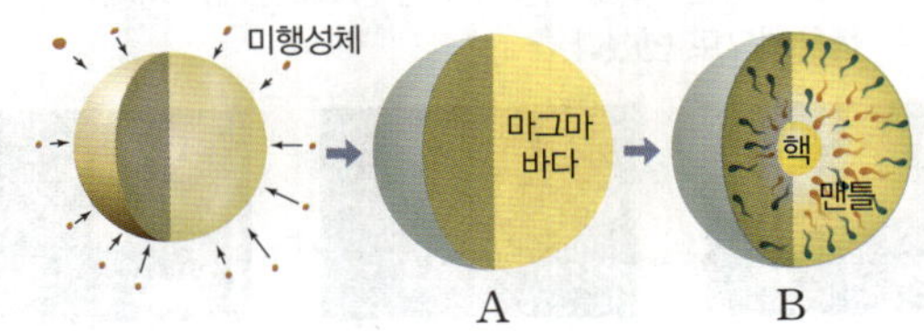


A에서 마그마 바다가 형성된 까닭과 B에서 맨틀과 핵이 형성된 까닭을 각각 서술하시오.

# 05 원소의 주기성

## 1 원소와 주기율표

(1) **원소**: 물질을 이루는 기본적인 성분으로, 우리 주변은 다양한 원소로 이루어져 있다.

(2) **주기율표**: 화학적 성질이 비슷한 원소가 주기적으로 나타나도록 원소들을 배열한 표로, 현대의 주기율표는 원소들을 원자 번호 순서로 나열하고, 세로줄에 화학적 성질이 비슷한 원소들이 오도록 배열되어 있다.

| 주기 | 주기율표의 가로줄로, 1~7주기까지 있다. |
| --- | --- |
| 족 | 주기율표의 세로줄로, 1~18족까지 있다. |

(3) **원소의 분류** 자료❶

| 구분 | 금속 원소 | 비금속 원소 |
| --- | --- | --- |
| 성질 | • 주로 주기율표의 왼쪽과 가운데에 위치한다.<br>• 전자를 잃어 양이온이 되기 쉽다.<br>• 실온에서 대부분 고체이다. (단, 수은은 액체)<br>• 열, 전기가 잘 통한다.<br>• 특유의 광택이 있다. | • 주로 주기율표의 오른쪽에 위치한다.<br>• 전자를 얻어 음이온이 되기 쉽다.<br>• 실온에서 대부분 기체 또는 고체이다.(단, 브로민은 액체)<br>• 열, 전기가 잘 통하지 않는다.<br>• 광택이 없고, 외부에서 힘을 가하면 부서진다. |
| 이용 | 구리: 전선, 철 : 건축 자재,<br>금: 귀금속, 반도체 | 질소: 포장용 충전재,<br>산소: 생명체의 호흡 |

(4) **알칼리 금속과 할로젠**

 **알칼리 금속의 공통적 성질**

**실험 과정 〉**

(가) 리튬, 나트륨, 칼륨을 각각 페트리 접시에 올려놓고 칼로 잘라 단면을 관찰한다.

(나) 수조에 물을 넣고 페놀프탈레인 용액을 2~3방울씩 떨어뜨린 후, 쌀알 크기의 리튬, 나트륨, 칼륨 조각을 각각 물에 넣고 변화를 관찰한다.

**실험 결과 및 정리 〉**

1 리튬, 나트륨, 칼륨은 칼로 쉽게 잘라졌고 단면의 광택이 사라졌다.

2 리튬, 나트륨, 칼륨은 물과 격렬하게 반응하여 수소 기체가 발생했고, 수용액은 붉은색으로 변했다.

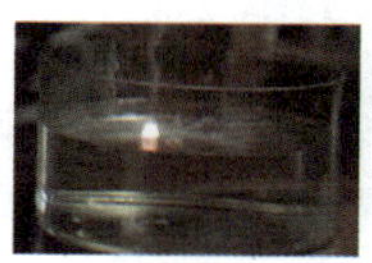  

| 리튬 | 나트륨 | 칼륨 |
| --- | --- | --- |

➡ 알칼리 금속은 칼로 쉽게 잘릴 정도로 무른 금속이며, 알칼리 금속을 자른 단면의 광택이 사라지는 것으로 보아 공기 중 산소와 잘 반응한다.

➡ 알칼리 금속은 물과 반응하면 수소 기체가 발생하며, 수용액은 염기성을 나타낸다. 물과 반응하는 정도는 리튬 < 나트륨 < 칼륨이다.

| 구분 | 알칼리 금속 자료❷ | 할로젠 |
| --- | --- | --- |
| 종류 | 수소(H)를 제외한 1족 금속 원소이다. 📌 Li, Na, K 등 | 17족에 속하는 비금속 원소이다. 📌 F, Cl, Br, I |
| 성질 | • 실온에서 고체 상태이다.<br>• 칼에 잘릴 정도로 무르다.<br>• 공기 중에서 산소와 반응하여 산화물을 형성한다.<br>• 물과 격렬하게 반응하며, 반응 후 수용액은 염기성을 띤다.<br>• 반응성 : Li<Na<K | • 실온에서 이원자 분자($F_2$, $Cl_2$, $Br_2$, $I_2$)로 존재한다.<br>• 실온에서 $F_2$, $Cl_2$는 기체, $Br_2$은 액체, $I_2$은 고체로 존재한다.<br>• 반응성이 커서 금속, 수소와 잘 반응한다.<br>• 반응성 : $F_2>Cl_2>Br_2>I_2$ |

## 2 원자의 전자 배치

(1) **원자의 구조**: 원자는 원자핵과 전자로 이루어져 있고, 원자핵은 양성자와 중성자로 이루어져 있다. 원자는 양성자수와 전자 수가 같아 전기적으로 중성이고, 양성자수로 원자 번호를 정한다.

(2) **원자의 전자 배치** 자료❸ 자료❹

① **전자 껍질**: 특정한 에너지 준위를 갖는 궤도로, 전자는 전자 껍질에만 존재한다.

② 전자는 원자핵과 가까운 전자 껍질부터 차례로 채워지며, 첫 번째 전자 껍질에는 전자가 최대 2개, 두 번째 전자 껍질에는 전자가 최대 8개 채워질 수 있다.

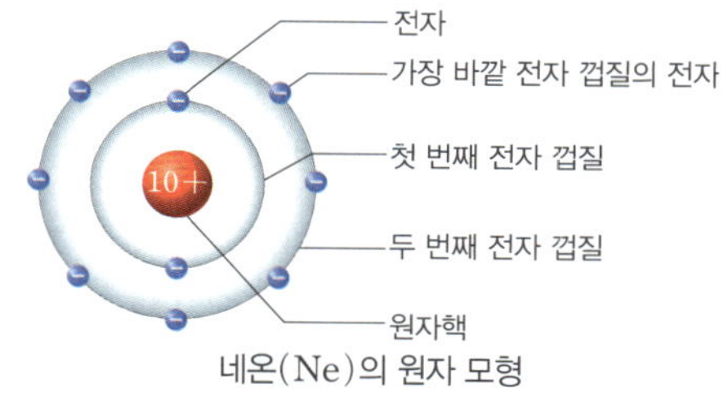


네온(Ne)의 원자 모형

③ **원자가 전자**: 가장 바깥 전자 껍질에 들어 있는 전자로, 화학 반응에 참여하여 원소의 화학적 성질을 결정한다.

• 1, 2, 13~17족 원소의 원자가 전자 수는 족 번호의 끝자리 수와 같다.(단, 18족 원소의 원자가 전자 수는 0)

| 족 | 1 | 2 | 13 | 14 | 15 | 16 | 17 | 18 |
| --- | --- | --- | --- | --- | --- | --- | --- | --- |
| 원자가 전자 수 | 1 | 2 | 3 | 4 | 5 | 6 | 7 | 0 |

• 원소의 화학적 성질을 결정하는 원자가 전자 수가 주기적으로 나타나므로 화학적 성질이 비슷한 원소가 주기적으로 나타난다.

④ 같은 족 원소는 원자가 전자 수가 같아 화학적 성질이 비슷하다.

⑤ 같은 주기 원소는 전자가 들어 있는 전자 껍질 수가 같다.

다음 자료에 대한 설명으로 옳은 것은 ○표, 옳지 **않은** 것은 ✕표 하시오.

## 자료 **1** 금속 원소와 비금속 원소

동아, 미래엔, 비상

다음은 몇 가지 금속 원소와 비금속 원소가 이용되는 사례이다.

철

구리

산소

헬륨

**171** 금속 원소는 실온에서 대부분 고체 상태이다. ○/✕

**172** 금속 원소는 광택이 있고, 외부에서 힘을 가하면 부서진다. ○/✕

**173** 금속 원소는 전기가 잘 통하고 열을 잘 전달한다. ○/✕

**174** 비금속 원소는 실온에서 대부분 액체 상태이다. ○/✕

**175** 비금속 원소는 전기가 잘 통하고, 열을 잘 전달하지 않는다. ○/✕

## 자료 **2** 알칼리 금속의 성질

동아, 미래엔, 비상, 지학사, 천재

그림 (가)는 리튬을 칼로 자르는 모습을, (나)는 칼륨을 페놀프탈레인 용액을 떨어뜨린 물에 넣었을 때의 모습을 나타낸 것이다.

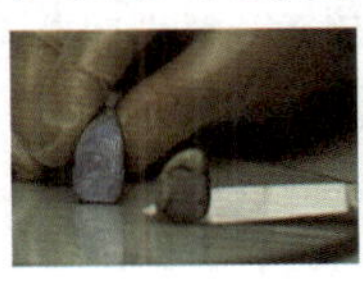
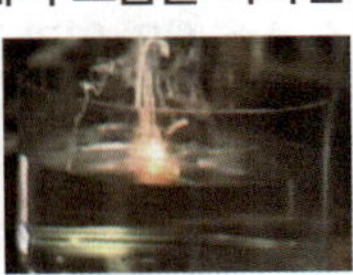
(가)　　　　(나)

**176** (가)에서 리튬을 자른 단면의 광택은 빠르게 사라진다. ○/✕

**177** (가)에서 리튬 대신 나트륨을 사용해도 실험 결과는 비슷하게 나타난다. ○/✕

**178** (나)에서 수용액은 붉은색을 나타낸다. ○/✕

**179** (나)에서 칼륨 대신 나트륨을 사용하면 수용액의 색은 변하지 않는다. ○/✕

**180** 알칼리 금속은 공기 중의 산소, 물과 잘 반응한다. ○/✕

## 자료 **3** 원자의 구조와 전자 배치

동아, 미래엔, 지학사, 천재

그림 (가)는 탄소 원자의 구조를, (나)는 나트륨 원자의 전자 배치를 나타낸 것이다.

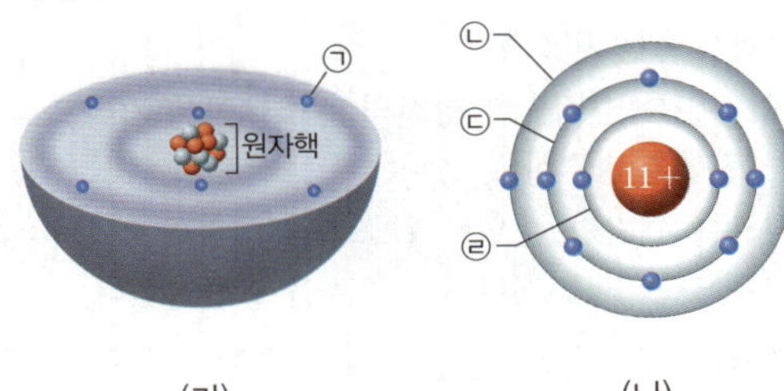

(가)　　　　　　(나)

**181** (가)에서 ㉠은 전자이다. ○/✕

**182** 탄소의 원자 번호는 12이다. ○/✕

**183** 나트륨 원자의 전자는 11개이다. ○/✕

**184** (나)에서 전자가 채워지는 순서는 ㉡ → ㉢ → ㉣이다. ○/✕

**185** (나)에서 ㉢에는 전자가 최대 8개 배치된다. ○/✕

## 자료 **4** 원자의 전자 배치

동아, 미래엔, 비상, 지학사, 천재

그림은 원자 번호 1~20까지 원자의 전자 배치를 나타낸 것이다.

| 족<br>주기 | 1 | | | | | | | 18 |
|---|---|---|---|---|---|---|---|---|
| | | ● 원자핵　　• 전자 | | | | | | |
| 1 | H | | | | | | | He |
| | | 2 | 13 | 14 | 15 | 16 | 17 | |
| 2 | Li | Be | B | C | N | O | F | Ne |
| 3 | Na | Mg | Al | Si | P | S | Cl | Ar |
| 4 | K | Ca | | | | | | |

**186** Li의 원자가 전자는 1개이다. ○/✕

**187** O는 전자가 들어 있는 전자 껍질이 6개이다. ○/✕

**188** Mg의 가장 바깥 전자 껍질에 들어 있는 전자는 12개이다. ○/✕

**189** H와 Na은 화학적 성질이 비슷하다. ○/✕

**190** F과 Cl는 화학적 성질이 비슷하다. ○/✕

# STEP 2 학교 기출 문제로 **내신 대비하기**

## 1 원소와 주기율표

## 191

다음은 주기율의 발견 과정에 대한 자료이다.

> (가) 멘델레예프는 원소를 [ ㉠ ] 이/가 증가하는 순서로 배열하면 비슷한 성질의 원소들이 주기적으로 나타나는 현상을 발견하였다.
> (나) 뉴랜즈는 원자량 순으로 원소를 배열하면 8번째마다 성질이 비슷한 원소가 나타나는 것을 발견하였다.
> (다) 모즐리는 [ ㉡ ] 을/를 결정하여 현대 주기율표의 틀을 만들었다.

이에 대한 설명으로 옳은 것만을 **보기** 에서 있는 대로 고른 것은?

— 보기 —

ㄱ. ㉠과 ㉡은 모두 '원자량'이다.
ㄴ. 모즐리는 멘델레예프가 만든 주기율표의 단점을 보완하여 새로운 주기율표를 제시하였다.
ㄷ. (가)와 (나)로부터 주기율은 화학적 성질이 비슷한 원소가 주기적으로 나타나는 성질임을 알 수 있다.

① ㄱ  ② ㄴ  ③ ㄱ, ㄷ
④ ㄴ, ㄷ  ⑤ ㄱ, ㄴ, ㄷ

## 192

교빈출

다음은 주기율표에 대한 세 학생의 대화이다.

제시한 내용이 옳은 학생만을 있는 대로 고른 것은?

① A  ② C  ③ A, B
④ B, C  ⑤ A, B, C

## 193

그림은 주기율표의 일부를 나타낸 것이다.

이에 대한 설명으로 옳은 것은?

① (가)는 금속 원소이다.
② (나)에 속하는 원소는 (다)에 속하는 원소보다 전자를 잃기 쉽다.
③ (다)에 속하는 원소는 금속과 비금속의 중간 성질을 갖는다.
④ (라)에 속하는 원소는 전자를 얻어 음이온이 되기 쉽다.
⑤ (나)에 속하는 원소와 (라)에 속하는 원소는 실온에서 모두 기체로 존재한다.

## 194

표는 3가지 원소 A∼C의 열과 전기 전도성에 대한 자료이다. A∼C는 각각 철(Fe), 구리(Cu), 황(S) 중 하나이다.

| 원소 | A | B | C |
| --- | --- | --- | --- |
| 열 전도성 | 있음 | 없음 | 있음 |
| 전기 전도성 | 있음 | 없음 | 있음 |

A∼C에 대한 설명으로 옳은 것만을 **보기** 에서 있는 대로 고른 것은?

— 보기 —

ㄱ. B는 황(S)이다.
ㄴ. 광택이 있는 원소는 2가지이다.
ㄷ. 전자를 얻어 음이온이 되기 쉬운 원소는 2가지이다.

① ㄱ  ② ㄷ  ③ ㄱ, ㄴ
④ ㄴ, ㄷ  ⑤ ㄱ, ㄴ, ㄷ

## 195

그림은 주기율표의 일부를 나타낸 것이다.

이에 대한 설명으로 옳은 것만을 보기 에서 있는 대로 고른 것은?

보기
ㄱ. 원소를 양성자수 순서대로 배열한 것이다.
ㄴ. Mg과 Cl는 주기가 같다.
ㄷ. H, Li, Na은 같은 족 원소로 화학적 성질이 비슷하다.

① ㄱ        ② ㄴ        ③ ㄷ
④ ㄱ, ㄴ    ⑤ ㄴ, ㄷ

## ☆고빈출
## 196

그림은 금속 나트륨의 성질을 알아보기 위한 실험 (가)~(다)를 나타낸 것이다.

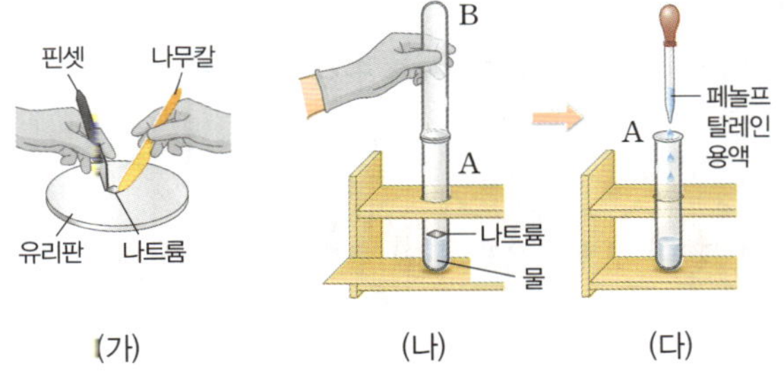


이 실험 결과에 대한 설명으로 옳은 것만을 보기 에서 있는 대로 고른 것은?

보기
ㄱ. (가)에서 칼로 자른 단면의 광택이 바로 사라졌다.
ㄴ. (나)에서 나트륨은 물 위에 떠서 반응하며 산소 기체가 발생하였다.
ㄷ. (다)에서 수용액의 색깔이 붉은색으로 변하였다.

① ㄱ        ② ㄴ        ③ ㄱ, ㄴ
④ ㄱ, ㄷ    ⑤ ㄴ, ㄷ

## 197

다음은 리튬을 이용한 실험이다.

[실험 과정 및 결과]
(가) 물이 들어 있는 삼각 플라스크에 소량의 리튬을 넣었더니 기체가 발생하였다.
(나) (가)에 페놀프탈레인 용액을 2~3 방울 넣었더니 수용액은 붉은색으로 변하였다.

이에 대한 설명으로 옳은 것만을 보기 에서 있는 대로 고른 것은?

보기
ㄱ. (가)에서 발생한 기체는 수소이다.
ㄴ. (나)에서 수용액은 염기성이다.
ㄷ. 리튬 대신 칼륨으로 과정 (가)와 (나)를 반복하면 위의 실험 결과와 비슷하게 나타난다.

① ㄱ        ② ㄴ        ③ ㄱ, ㄷ
④ ㄴ, ㄷ    ⑤ ㄱ, ㄴ, ㄷ

## 198  서술형

다음은 같은 족 원소인 리튬(Li), 나트륨(Na), 칼륨(K)의 공통적인 성질을 조사한 자료이다.

Li, Na, K은 산소와 쉽게 반응하여 광택이 사라진다.

조사한 성질을 확인하기 위한 실험 과정을 설계하시오.

_______________________________________

_______________________________________

## 199

표는 원소 (가)~(다)가 일상생활에 이용되는 사례를 나타낸 것이다. (가)~(다)는 각각 리튬, 나트륨, 염소 중 하나이다.

| 원소 | (가) | (나) | (다) |
|---|---|---|---|
| 이용 | 수영장 물의 소독제 | 휴대 전화의 배터리 | 터널 안의 조명 |

이에 대한 설명으로 옳은 것만을 보기 에서 있는 대로 고른 것은?

보기
ㄱ. (가)는 전자를 얻어 음이온이 되기 쉽다.
ㄴ. (가)와 (나)는 전자가 들어 있는 전자 껍질 수가 같다.
ㄷ. (나)와 (다)는 물과 반응하여 수소 기체를 발생시킨다.

① ㄱ        ② ㄴ        ③ ㄱ, ㄷ
④ ㄴ, ㄷ    ⑤ ㄱ, ㄴ, ㄷ

## STEP 2 학교 기출 문제로 내신 대비하기

### 2 원자의 전자 배치

## 200

표는 원자 A~C에 대한 자료이다.

| 원자 | A | B | C |
|---|---|---|---|
| 원자 번호 | 2 | 4 | $y$ |
| 양성자수 | 2 | | 12 |
| 전자 수 | | $x$ | 12 |

이에 대한 설명으로 옳은 것만을 보기 에서 있는 대로 고른 것은? (단, A~C는 임의의 원소 기호이다.)

보기
ㄱ. $y=3x$이다.
ㄴ. A와 B는 화학적 성질이 비슷하다.
ㄷ. A와 C는 가장 바깥 전자 껍질의 전자 수가 모두 2이다.

① ㄱ  ② ㄴ  ③ ㄱ, ㄴ
④ ㄱ, ㄷ  ⑤ ㄴ, ㄷ

## 201

그림은 원자 A의 전자 배치를 모형으로 나타낸 것이다.

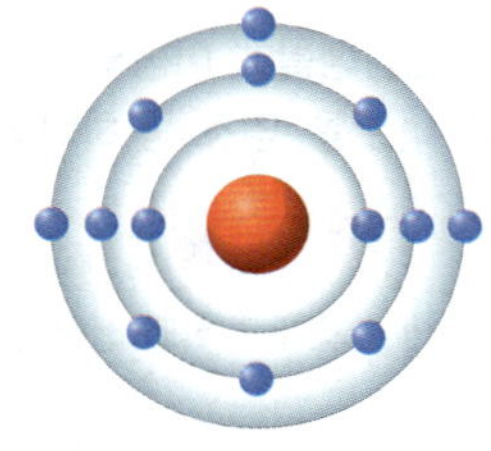

A에 대한 설명으로 옳지 않은 것은? (단, A는 임의의 원소 기호이다.)

① 3족 원소이다.
② 3주기 원소이다.
③ 원자 번호는 13이다.
④ 전자 껍질 수는 3이다.
⑤ 전자를 잃고 양이온이 되기 쉽다.

## 202

그림은 원자 A~C의 전자 배치를 모형으로 나타낸 것이다.

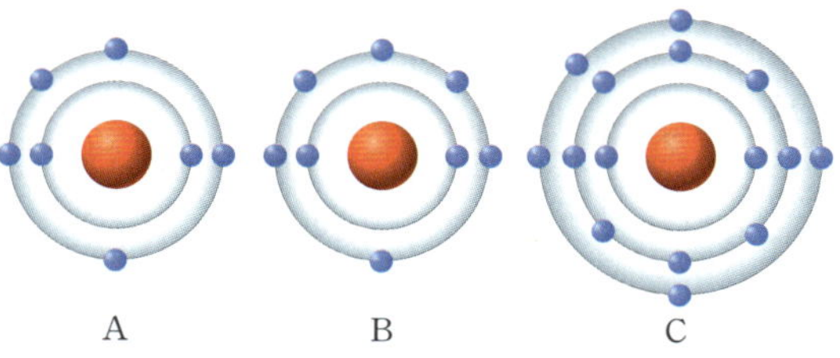


A~C에 대한 설명으로 옳은 것만을 보기 에서 있는 대로 고른 것은? (단, A~C는 임의의 원소 기호이다.)

보기
ㄱ. A와 B는 같은 주기 원소이다.
ㄴ. A와 C는 화학적 성질이 비슷하다.
ㄷ. 양성자수는 C가 가장 크다.

① ㄱ  ② ㄷ  ③ ㄱ, ㄴ
④ ㄴ, ㄷ  ⑤ ㄱ, ㄴ, ㄷ

## 203

그림은 원자 A~C의 전자 배치를 모형으로 나타낸 것이다.

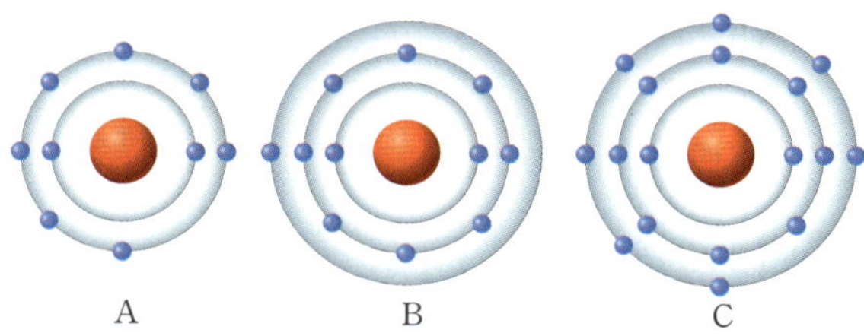


A~C에 대한 설명으로 옳은 것만을 보기 에서 있는 대로 고른 것은? (단, A~C는 임의의 원소 기호이다.)

보기
ㄱ. A와 B는 전자가 들어 있는 전자 껍질 수가 같다.
ㄴ. 원자 번호는 C가 가장 크다.
ㄷ. 수소와의 반응성은 A>C이다.

① ㄱ  ② ㄴ  ③ ㄱ, ㄷ
④ ㄴ, ㄷ  ⑤ ㄱ, ㄴ, ㄷ

## 204

그림은 원자 A∼C의 전자 배치를 모형으로 나타낸 것이다.

 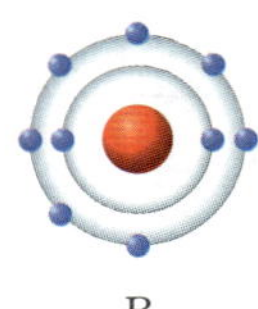 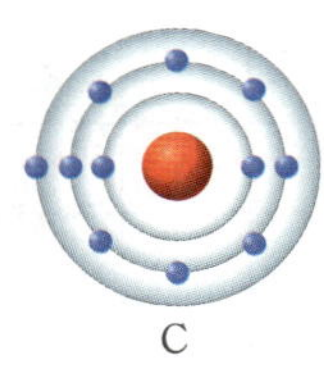


이에 대한 설명으로 옳은 것만을 보기 에서 있는 대로 고른 것은?
(단, A∼C는 임의의 원소 기호이다.)

**보기**

ㄱ. A는 2주기 13족 원소이다.
ㄴ. A와 B는 같은 주기에 속한다.
ㄷ. A와 C는 물과 반응하여 수소 기체를 발생시킨다.

① ㄱ    ② ㄴ    ③ ㄱ, ㄷ
④ ㄴ, ㄷ    ⑤ ㄱ, ㄴ, ㄷ

## 205

표는 원소 A∼D에 대한 자료이다.

| 원소 | A | B | C | D |
|---|---|---|---|---|
| 전자가 들어 있는 전자 껍질 수 | 1 | 2 | 3 | 3 |
| 원자가 전자 수 | 1 | 1 | 6 | 7 |

A∼D에 대한 설명으로 옳은 것만을 보기 에서 있는 대로 고른 것은? (단, A∼D는 임의의 원소 기호이다.)

**보기**

ㄱ. 비금속 원소는 2가지이다.
ㄴ. 원자 번호는 D>C이다.
ㄷ. 3주기 원소는 2가지이다.

① ㄱ    ② ㄴ    ③ ㄷ
④ ㄱ, ㄴ    ⑤ ㄴ, ㄷ

## 206 서술형

표는 원자 A∼D의 전자 껍질에 들어 있는 전자 수를 나타낸 것이다. (단, A∼D는 임의의 원소 기호이다.)

| 원자 | A | B | C | D |
|---|---|---|---|---|
| 첫 번째 전자 껍질의 전자 수 | 1 | 2 | 2 | 2 |
| 두 번째 전자 껍질의 전자 수 | − | 1 | 7 | 8 |
| 세 번째 전자 껍질의 전자 수 | − | − | − | 1 |

(1) A∼D 중 원자가 전자 수가 가장 큰 원소를 쓰시오.

(2) A∼D에서 화학적 성질이 비슷한 원소를 모두 찾아 쓰고, 그렇게 생각한 까닭을 서술하시오.

## 207

표는 원자 A∼D에 대한 자료이다.

| 원자 | A | B | C | D |
|---|---|---|---|---|
| 원자 번호 | 1 | 2 | 4 | 12 |
| ㉠ | 1 | 2 | 2 | 2 |

이에 대한 설명으로 옳은 것만을 보기 에서 있는 대로 고른 것은? (단, A∼D는 임의의 원소 기호이다.)

**보기**

ㄱ. '원자가 전자 수'는 ㉠으로 적절하다.
ㄴ. A와 B는 모두 비금속 원소이다.
ㄷ. C와 D는 화학적 성질이 비슷하다.

① ㄱ    ② ㄴ    ③ ㄷ
④ ㄱ, ㄴ    ⑤ ㄴ, ㄷ

STEP 2 학교 기출 문제로 내신 대비하기

## 208

그림은 주기율표의 일부를 나타낸 것이다.

| 주기＼족 | 1 | 2 | 13 | 14 | 15 | 16 | 17 | 18 |
|---|---|---|---|---|---|---|---|---|
| 1 |  |  |  |  |  |  |  |  |
| 2 |  | ⊙ |  |  |  |  |  | ⓛ |
| 3 |  |  |  |  |  |  |  |  |

이에 대한 설명으로 옳은 것만을 보기 에서 있는 대로 고른 것은?

**보기**

ㄱ. 현대의 주기율표는 원자량이 증가하는 순으로 배열한다.
ㄴ. 영역 ⊙에 해당하는 원소는 전자가 들어 있는 전자 껍질 수가 같다.
ㄷ. 영역 ⓛ에 해당하는 원소는 화학적 성질이 비슷하다.

① ㄱ  ② ㄴ  ③ ㄱ, ㄷ
④ ㄴ, ㄷ  ⑤ ㄱ, ㄴ, ㄷ

## 고빈출
## 209

그림은 주기율표의 일부를 나타낸 것이다.

| 주기＼족 | 1 | 2 | 13 | 14 | 15 | 16 | 17 | 18 |
|---|---|---|---|---|---|---|---|---|
| 1 |  |  |  |  |  |  |  |  |
| 2 |  |  |  |  |  |  |  |  |
| 3 | (가) |  |  |  |  |  | (나) |  |
| 4 |  |  |  |  |  |  |  |  |

영역 (가)와 (나)에 해당하는 원소에 대한 설명으로 옳은 것만을 보기 에서 있는 대로 고른 것은?

**보기**

ㄱ. (가)에 해당하는 원소는 공기 중 산소와 쉽게 반응한다.
ㄴ. (나)에 해당하는 원소는 모두 실온에서 기체로 존재한다.
ㄷ. 원자가 전자 수는 (나)에 해당하는 원소가 (가)에 해당하는 원소보다 크다.

① ㄱ  ② ㄴ  ③ ㄱ, ㄴ
④ ㄱ, ㄷ  ⑤ ㄴ, ㄷ

## 210

그림은 주기율표의 일부를 나타낸 것이다.

| 주기＼족 | 1 | 2 | 13 | 14 | 15 | 16 | 17 | 18 |
|---|---|---|---|---|---|---|---|---|
| 1 | A |  |  |  |  |  |  |  |
| 2 |  |  |  |  |  | B | C |  |
| 3 |  | D |  |  |  |  | E |  |

다음은 원소 (가)에 대한 자료이다. (가)는 A~E 중 하나이다.

- 전자를 얻어 음이온이 되기 쉽다.
- A~E 중 원자가 전자 수가 가장 크다.
- 전자가 들어 있는 전자 껍질 수는 3이다.

(가)는? (단, A~E는 임의의 원소 기호이다.)

① A  ② B  ③ C
④ D  ⑤ E

## 고빈출
## 211 · 서술형

그림은 주기율표의 일부를 나타낸 것이다.

| 주기＼족 | 1 | 2 | 13 | 14 | 15 | 16 | 17 | 18 |
|---|---|---|---|---|---|---|---|---|
| 1 |  |  |  |  |  |  |  |  |
| 2 |  | (가) |  |  |  |  |  |  |
| 3 |  | (나) |  |  |  | (다) |  |  |
| 4 |  |  |  |  |  |  | (라) |  |

(1) (가)~(라) 중 전자가 들어 있는 전자 껍질 수가 같은 원소를 있는 대로 쓰시오.

(2) 원소를 [(가), (나)]와 [(다), (라)]로 분류할 때, 분류 기준으로 적절한 것을 1가지 서술하시오.

## 212

그림은 주기율표의 일부를 나타낸 것이다.

| 주기＼족 | 1 | 2 | 13 | 14 | 15 | 16 | 17 | 18 |
|---|---|---|---|---|---|---|---|---|
| 1 | | | | | | | | |
| 2 | A | | | | | D | | |
| 3 | B | | | C | | | | E |

A~E에 대한 설명으로 옳지 <u>않은</u> 것은? (단, A~E는 임의의 원소 기호이다.)

① 원자 번호가 가장 큰 것은 E이다.

② A와 D는 화학적 성질이 비슷하다.

③ A와 B의 원자가 전자 수는 모두 1이다.

④ D와 E는 실온에서 기체 상태로 존재한다.

⑤ B와 C는 전자가 들어 있는 전자 껍질 수가 모두 3이다.

## 213

그림은 원자 번호가 1~20인 원소의 원자가 전자 수를 나타낸 것이다.

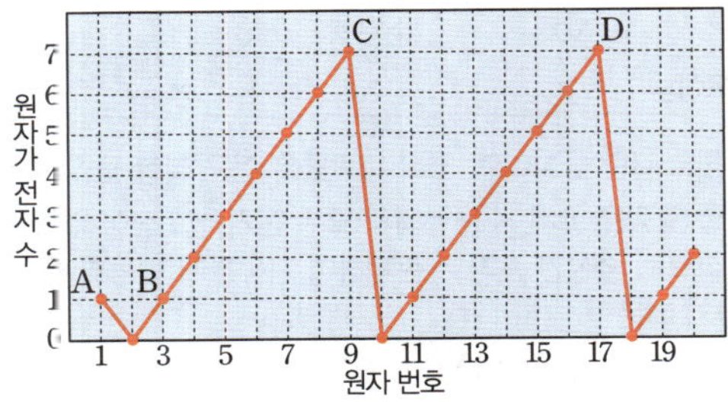


A~D에 대한 설명으로 옳은 것만을 보기 에서 있는 대로 고른 것은? (단, A~D는 임의의 원소 기호이다.)

보기

ㄱ. A와 B는 같은 족 원소이다.

ㄴ. B와 C는 같은 주기 원소이다.

ㄷ. C와 D는 전자가 들어 있는 전자 껍질 수가 같다.

① ㄱ  ② ㄷ  ③ ㄱ, ㄴ

④ ㄴ, ㄷ  ⑤ ㄱ, ㄴ, ㄷ


## 214

그림은 원자 A와 이온 $B^+$, $C^-$의 전자 배치를 모형으로 나타낸 것이다.

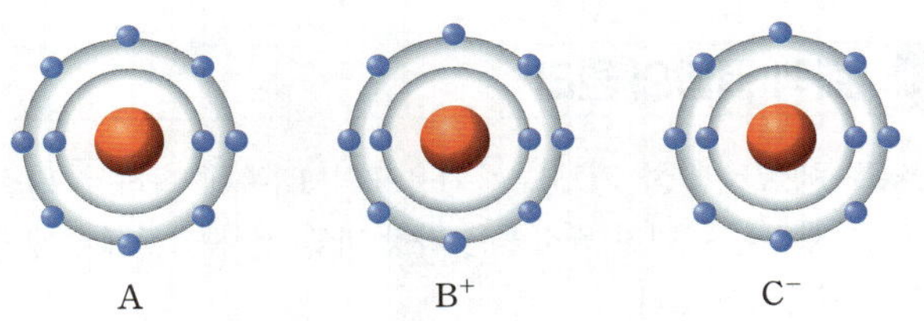


이에 대한 설명으로 옳은 것만을 보기 에서 있는 대로 고른 것은? (단, A~C는 임의의 원소 기호이다.)

보기

ㄱ. 원자가 전자 수는 A가 B보다 크다.

ㄴ. B는 칼륨과 화학적 성질이 비슷하다.

ㄷ. A와 C는 전자가 들어 있는 전자 껍질 수가 같다.

① ㄱ  ② ㄴ  ③ ㄱ, ㄷ

④ ㄴ, ㄷ  ⑤ ㄱ, ㄴ, ㄷ

## 215



표는 3가지 원소와 이 원소들을 분류하기 위한 분류 기준 (가)와 (나)이다.

| 원소 | He, Mg, Ar |
|---|---|
| 분류 기준 | (가) 3주기 원소이다. <br> (나) 가장 바깥 전자 껍질에 들어 있는 전자 수는 2이다. |

그림은 이 기준에 따라 표에서 주어진 화합물을 분류한 벤다이어그램이다.

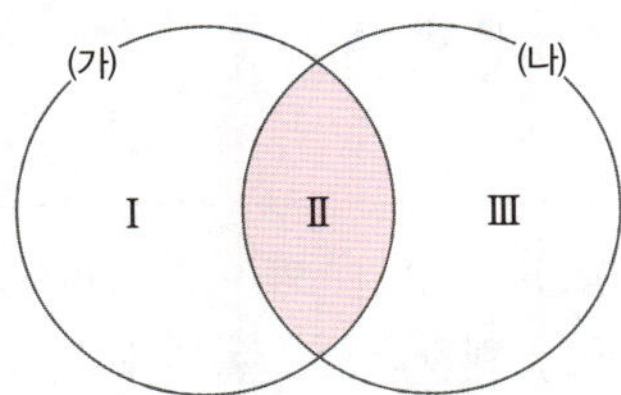


이에 대한 설명으로 옳은 것만을 보기 에서 있는 대로 고른 것은?

보기

ㄱ. 영역 Ⅰ에 해당하는 원소는 전자를 얻어 음이온이 되기 쉽다.

ㄴ. 영역 Ⅱ와 Ⅲ에 해당하는 원소의 원자가 전자 수는 2이다.

ㄷ. 영역 Ⅰ과 Ⅲ에 해당하는 원소의 화학적 성질은 비슷하다.

① ㄱ  ② ㄷ  ③ ㄱ, ㄴ

④ ㄴ, ㄷ  ⑤ ㄱ, ㄴ, ㄷ

# 06 화학 결합과 물질의 성질

## 1 화학 결합의 원리

(1) **18족 원소(비활성 기체):** 주기율표의 18족에 속하는 원소로, He을 제외한 나머지 원소들은 가장 바깥 전자 껍질에 8 개의 전자가 배치되어 있다.
→ 매우 안정한 전자 배치로, 다른 원자와 반응하여 전자를 얻거나 잃으려 하지 않는다.

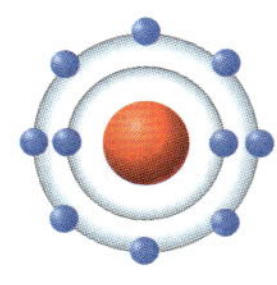
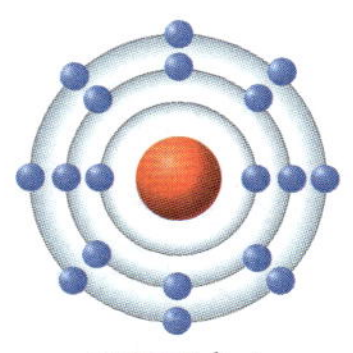

헬륨(He)　　　네온(Ne)　　　아르곤(Ar)

★(2) **화학 결합의 원리:** 18족 원소에 속하지 않는 원소들은 18족 원소와 같이 가장 바깥 전자 껍질에 2 개 또는 8 개의 전자를 채워 안정한 전자 배치를 이루려는 경향이 있다. 원소들은 안정해지기 위해 전자를 잃거나 얻어서 또는 원자들끼리 전자를 공유하여 화학 결합을 형성한다. 자료❶

## 2 화학 결합의 종류

★(1) **이온 결합:** 금속 원소의 양이온과 비금속 원소의 음이온 사이의 정전기적 인력으로 형성되는 화학 결합 자료❷

① **이온의 생성**

| 양이온 | 음이온 |
|---|---|
| 금속 원소는 원자가 전자를 잃어 양이온이 된다. | 비금속 원소는 가장 바깥 전자 껍질에 전자를 얻어 음이온이 된다. |

마그네슘 원자 → 마그네슘 이온　　산소 원자 → 산화 이온

② **이온 결합의 형성:** 금속 원소와 비금속 원소의 원자들은 18족 원소와 같은 전자 배치를 이루기 위해 서로의 전자를 주고받아 각각 양이온과 음이온이 되어 결합한다.

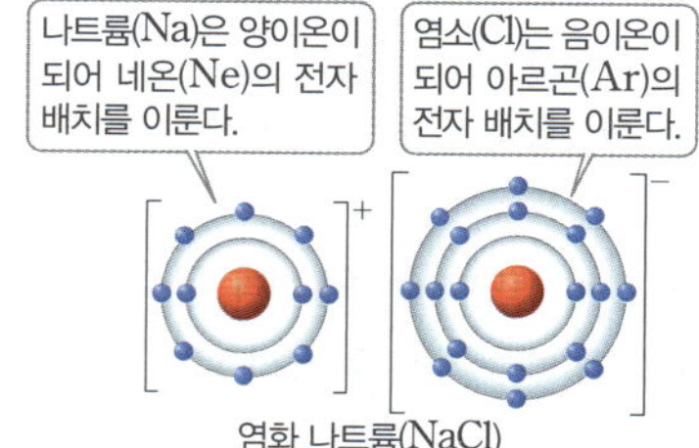


★(2) **공유 결합:** 비금속 원소 사이에 전자쌍을 공유하여 형성되는 화학 결합 자료❸

- **공유 결합의 형성:** 비금속 원소의 원자들은 18족 원소와 같은 전자 배치를 이루기 위해 각각 전자를 내놓아 전자쌍을 만들고, 이 전자쌍을 공유하여 결합한다.
  예 물($H_2O$) 분자의 형성

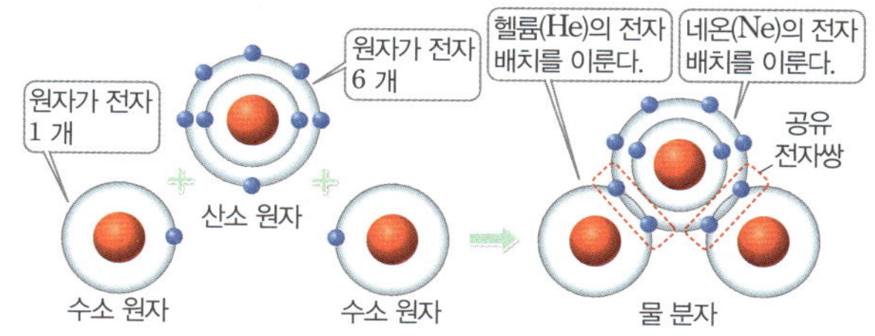


## 3 화학 결합에 따른 물질의 성질 자료❹

★(1) **이온 결합 물질의 성질**

① 전기적으로 중성이기 때문에 양이온의 총 전하량과 음이온의 총 전하량의 합이 0이 되는 개수비로 결합한다.

$$(\text{양이온의 전하} \times \text{양이온의 수}) + (\text{음이온의 전하} \times \text{음이온의 수}) = 0$$

② 대부분 물에 녹아 양이온과 음이온으로 이온화된다.
③ 전기 전도성은 고체 상태에서 없고, 수용액 상태에서 있다.

★(2) **공유 결합 물질의 성질**

① 공유 결합 물질은 일반적으로 분자로 이루어져 있다.
② 일반적으로 고체와 수용액 상태에서 모두 전기 전도성이 없다. (단, 흑연 제외)

**자료 분석**　화학 결합의 종류와 상태에 따른 물질의 전기 전도성

| 물질 | 설탕 | | 염화 나트륨 | |
|---|---|---|---|---|
| 상태 | 고체 | 수용액 | 고체 | 수용액 |
| 전기 전도성 | × | × | × | ○ |

**1** 설탕은 공유 결합 물질이고, 염화 나트륨은 이온 결합 물질이다.

**2** 공유 결합 물질은 고체, 수용액에서 모두 전기 전도성이 없다.
→ 전기적으로 중성인 분자로 존재하여 자유롭게 이동할 수 있는 이온이 없기 때문

**3** 이온 결합 물질은 고체 상태에서 전기 전도성이 없지만 수용액 상태에서 전기 전도성이 있다.
→ 고체 상태에서는 이온 사이의 거리가 가까워 이온이 자유롭게 움직일 수 없지만, 수용액 상태에서는 이온화되어 이온이 자유롭게 움직일 수 있기 때문

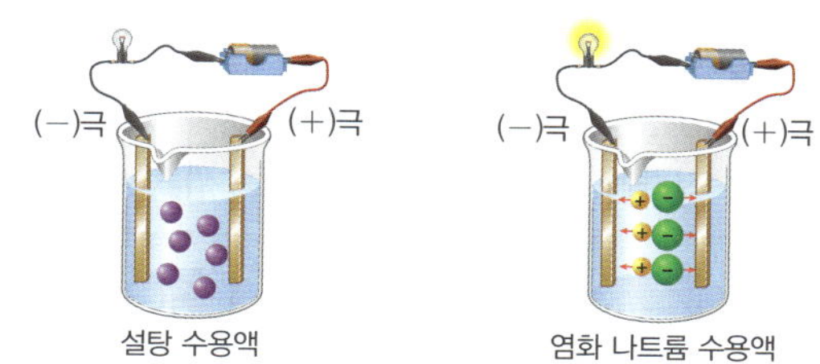

다음 자료에 대한 설명으로 옳은 것은 ○표, 옳지 <u>않은</u> 것은 ✕표 하시오.

## 자료 1  화학 결합의 원리
동아, 미래엔, 비상, 지학사, 천재

그림은 원자 $A \sim D$의 전자 배치를 모형으로 나타낸 것이다.

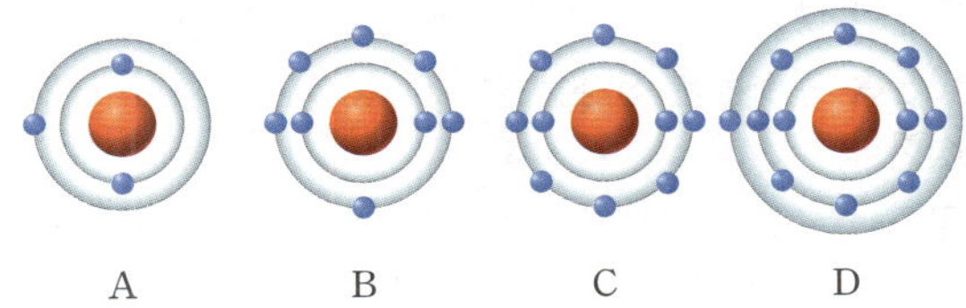


**216** A는 전자 1 개를 얻어 18족 원소와 같은 전자 배치를 이룬다.  ○/✕

**217** B는 전자 2 개를 얻거나 공유하여 18족 원소와 같은 전자 배치를 이룬다.  ○/✕

**218** C의 원자가 전자 수는 8이다.  ○/✕

**219** C는 전자를 공유하여 결합을 형성한다.  ○/✕

**220** D는 전자 1 개를 잃고 양이온이 되어 18족 원소와 같은 전자 배치를 이룬다.  ○/✕

## 자료 2  이온 결합
동아, 미래엔, 비상, 지학사, 천재

그림은 화합물 $AB$의 화학 결합 모형을 나타낸 것이다.

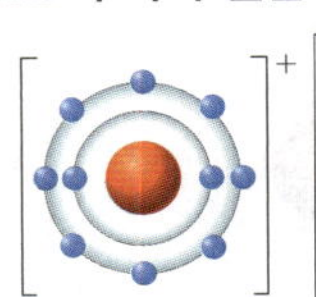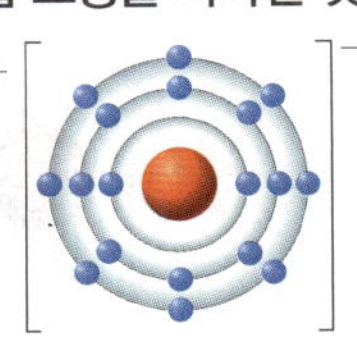

**221** AB는 양이온과 음이온 AB 사이의 정전기적 인력에 의해 결합을 형성한다.  ○/✕

**222** A는 금속 원소, B는 비금속 원소이다.  ○/✕

**223** AB의 구성 입자는 모두 18족 원소의 전자 배치를 이룬다.  ○/✕

**224** A는 2주기 원소이다.  ○/✕

**225** B는 3주기 원소이다.  ○/✕

## 자료 3  공유 결합
동아, 미래엔, 비상, 지학사, 천재

그림은 화합물 $A_2B$의 화학 결합 모형을 나타낸 것이다.

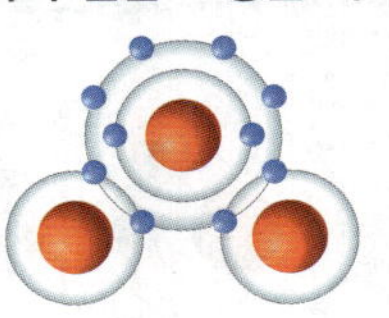

**226** $A_2B$는 금속 원소와 비금속 원소가 전자를 공유하여 결합한다.  ○/✕

**227** A의 원자가 전자는 1 개이다.  ○/✕

**228** B는 전자를 2 개 잃고 18족 원소와 같은 전자 배치를 이룬다.  ○/✕

**229** A와 B는 같은 주기 원소이다.  ○/✕

**230** $A_2B$의 공유 전자쌍은 2 개이다.  ○/✕

## 자료 4  화학 결합에 따른 물질의 성질
동아, 미래엔, 비상, 지학사, 천재

그림은 물질 (가)와 (나)를 물에 녹인 후 전원 장치를 연결한 모습을 나타낸 것이다. (가)와 (나)는 각각 설탕과 염화 나트륨 중 하나이다.

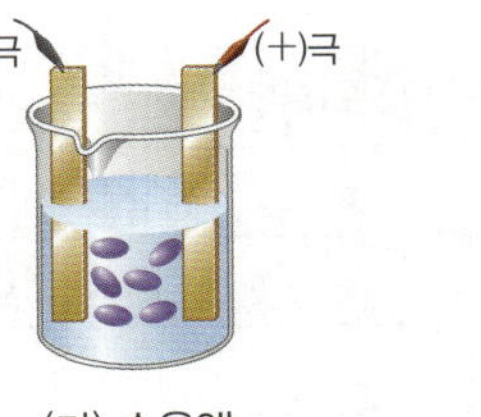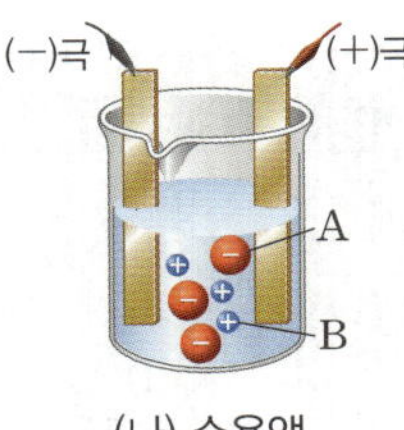

**231** (가)는 금속 원소와 비금속 원소가 결합하여 생성된다.  ○/✕

**232** (나)에 전류를 흘려 주면 A는 ( + )극으로 이동한다.  ○/✕

**233** (나)의 B는 금속 원소가 원자가 전자를 잃어 형성된다.  ○/✕

**234** (가)는 고체 상태에서 전기 전도성이 있다.  ○/✕

**235** (나)는 고체 상태에서 전기 전도성이 없다.  ○/✕

## 1 화학 결합의 원리

**236**

그림은 원자 A~C의 전자 배치를 모형으로 나타낸 것이다.

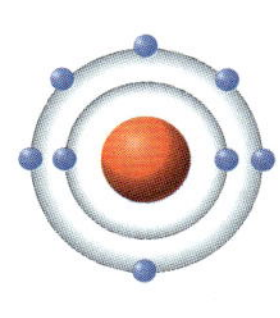 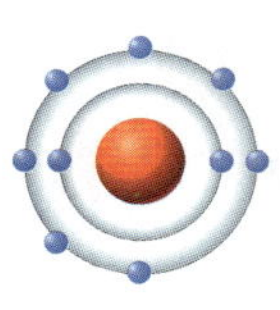 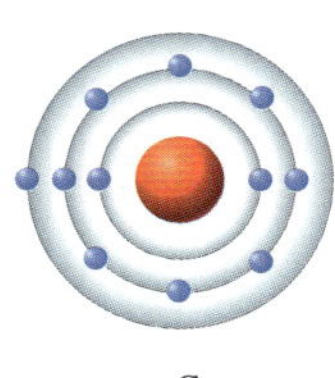



이에 대한 설명으로 옳은 것만을 보기 에서 있는 대로 고른 것은?
(단, A~C는 임의의 원소 기호이다.)

보기

ㄱ. A는 전자 2 개를 얻거나 공유하여 안정한 전자 배치가 된다.
ㄴ. B와 C가 가장 안정한 이온이 되면 네온(Ne)과 같은 전자 배치를 가진다.
ㄷ. A~C는 모두 안정해지기 위해 화학 결합을 형성한다.

① ㄱ     ② ㄷ     ③ ㄱ, ㄴ
④ ㄴ, ㄷ     ⑤ ㄱ, ㄴ, ㄷ

**237**

그림은 주기율표의 일부를 나타낸 것이다.

| 족<br>주기 | 1 | 2 | 13 | 14 | 15 | 16 | 17 | 18 |
|---|---|---|---|---|---|---|---|---|
| 1 | | | | | | | | |
| 2 | A | | | | | | B | C |
| 3 | | D | | | | | | |

A~D에 대한 설명으로 옳지 <u>않은</u> 것은? (단, A~D는 임의의 원소 기호이다.)

① C는 비활성 기체이다.
② A는 전자 1 개를 잃고 양이온이 되기 쉽다.
③ B가 전자 1 개를 얻으면 C와 전자 배치가 같아진다.
④ D는 전자 2 개를 공유하여 18족 원소의 전자 배치와 같아진다.
⑤ A와 B는 서로 전자를 주고받아 각각 18족 원소의 전자 배치와 같아진다.

**238**

화학 결합의 형성에 대한 설명으로 옳은 것만을 보기 에서 있는 대로 고른 것은?

보기

ㄱ. 가능한 많은 전자를 얻기 위해 화학 결합이 이루어진다.
ㄴ. 비금속 원소들은 전자를 얻거나 공유하여 화학 결합을 형성한다.
ㄷ. 원소들은 18족 원소와 같은 전자 배치를 가지려고 화학 결합을 형성한다.

① ㄱ     ② ㄴ     ③ ㄱ, ㄷ
④ ㄴ, ㄷ     ⑤ ㄱ, ㄴ, ㄷ

**239**

그림은 원자 A와 이온 $B^{3+}$, $C^{2-}$의 전자 배치를 모형으로 나타낸 것이다.

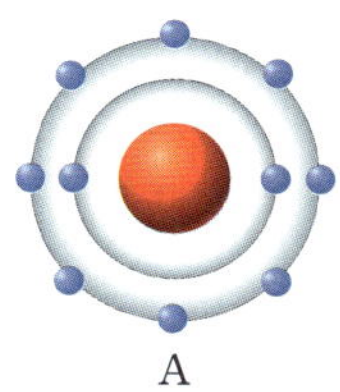 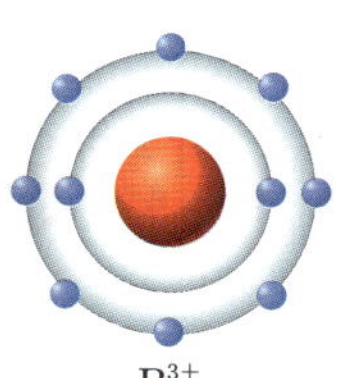 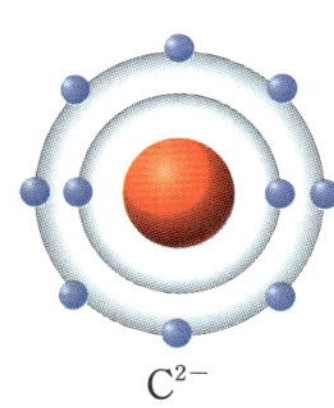



이에 대한 설명으로 옳은 것만을 보기 에서 있는 대로 고른 것은?
(단, A~C는 임의의 원소 기호이다.)

보기

ㄱ. A는 18족 원소이다.
ㄴ. 원자가 전자 수는 B가 C보다 크다.
ㄷ. B와 C는 같은 주기 원소이다.

① ㄱ     ② ㄴ     ③ ㄱ, ㄴ
④ ㄱ, ㄷ     ⑤ ㄴ, ㄷ

## 240 •서술형

그림은 원자 A~C의 전자 배치 모형을 나타낸 것이다.

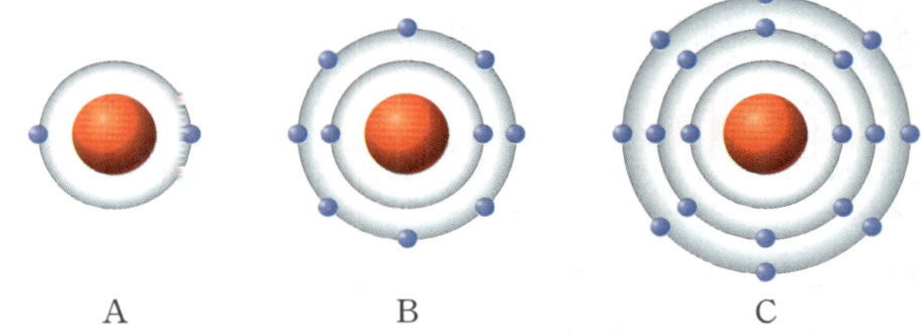

A~C는 다른 원소와 거의 반응하지 않아 비활성 기체라고 하는데, 그 까닭을 전자 배치와 관련지어 서술하시오. (단, A~C는 임의의 원소 기호이다.)

---



## 241

그림은 원자 A와 B의 전자 배치를 모형으로 나타낸 것이다.

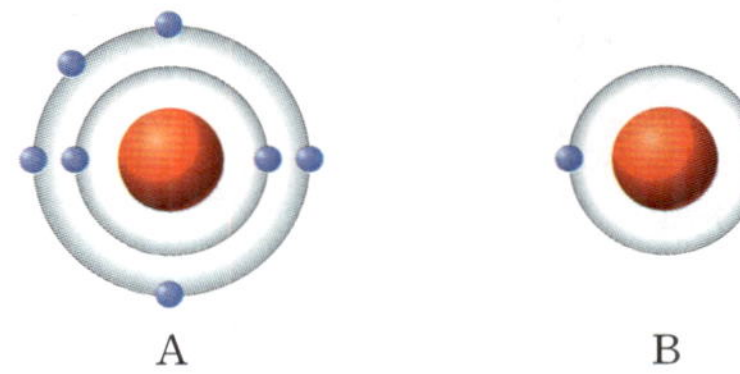

A 원자 1 개오· B 원자 $x$ 개가 결합하여 형성된 화합물에 대한 설명으로 옳지 않은 것은? (단, A와 B는 임의의 원소 기호이다.)

① $x=3$이다.
② 삼중 결합이 있다.
③ 공유 전자쌍 수는 3이다.
④ A 원자의 전자 배치는 Ne과 같다.
⑤ B 원자의 전자 배치는 He과 같다.

## ★고빈출 242

그림은 화합물 AB가 생성되는 과정을 모형으로 나타낸 것이다.

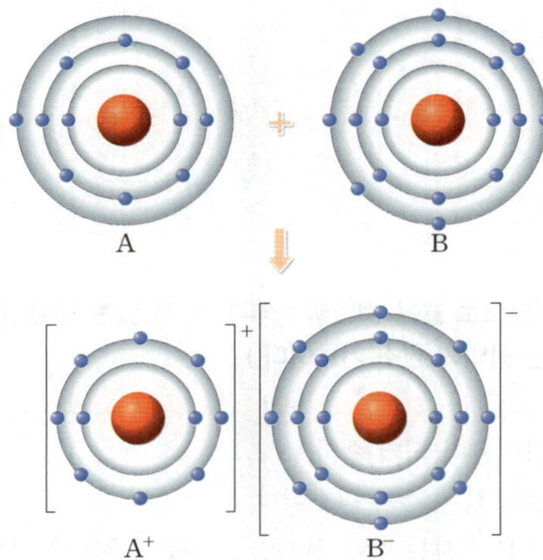

이에 대한 설명으로 옳은 것만을 [보기]에서 모두 고른 것은? (단, A와 B는 임의의 원소 기호이다.)

**[보기]**
ㄱ. AB가 생성될 때 A는 전자를 잃는다.
ㄴ. $A^+$과 $B^-$은 정전기적 인력에 의해 결합한다.
ㄷ. AB에서 $A^+$과 $B^-$의 전자 배치는 각각 18족 원소의 전자 배치와 같다.

① ㄱ  　② ㄷ  　③ ㄱ, ㄴ
④ ㄴ, ㄷ  　⑤ ㄱ, ㄴ, ㄷ

## ★고빈출 243

표는 A~D 이온의 전자 배치를 모형으로 나타낸 것이다.

| 이온 | $A^+$, $B^{2-}$ | $C^{2+}$, $D^-$ |
|---|---|---|
| 전자 배치 모형 | | |

이에 대한 설명으로 옳은 것만을 [보기]에서 있는 대로 고른 것은? (단, A~D는 임의의 원소 기호이다.)

**[보기]**
ㄱ. 원자가 전자 수는 D가 B보다 크다.
ㄴ. A는 B와 이온 결합을 하여 화합물을 생성한다.
ㄷ. B는 C와 전자쌍 2 개를 공유하여 결합한다.

① ㄱ  　② ㄷ  　③ ㄱ, ㄴ
④ ㄴ, ㄷ  　⑤ ㄱ, ㄴ, ㄷ

STEP 2 학교 기출 문제로 내신 대비하기

## 244

그림은 원자 A와 B의 전자 배치 모형을 나타낸 것이다.

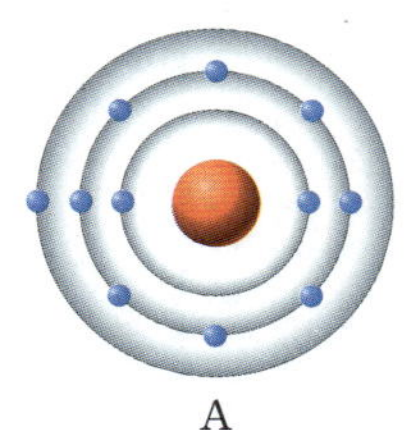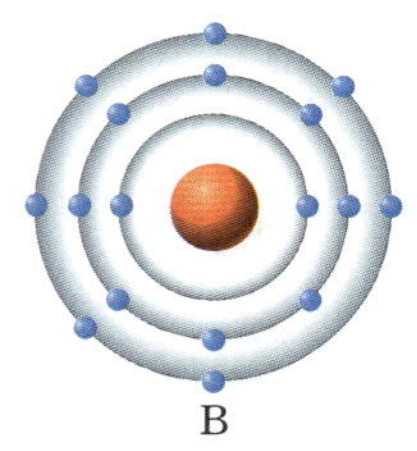

이에 대한 설명으로 옳은 것만을 〈보기〉에서 있는 대로 고른 것은? (단, A와 B는 임의의 원소 기호이다.)

― 보기 ―
ㄱ. A는 양이온이 되기 쉽다.
ㄴ. A와 B는 같은 주기 원소이다.
ㄷ. $B_2$에서 B 원자는 각각 전자쌍 1 개를 공유하여 결합한다.

① ㄱ    ② ㄷ    ③ ㄱ, ㄴ
④ ㄴ, ㄷ    ⑤ ㄱ, ㄴ, ㄷ

## 245

그림은 화합물 (가)와 (나)의 화학 결합 모형을 나타낸 것이다.

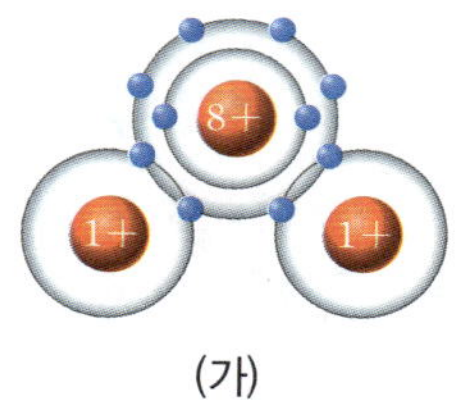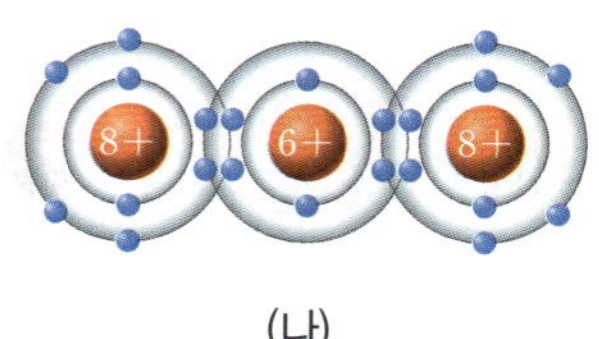

(가)      (나)

(가)와 (나)의 공통점으로 옳은 것만을 〈보기〉에서 있는 대로 고른 것은?

― 보기 ―
ㄱ. 구성 원소가 모두 비금속 원소이다.
ㄴ. 공유 전자쌍 수가 4이다.
ㄷ. 모든 원자가 Ne과 같은 전자 배치를 한다.

① ㄱ    ② ㄴ    ③ ㄱ, ㄷ
④ ㄴ, ㄷ    ⑤ ㄱ, ㄴ, ㄷ

## 246

★고빈출

그림은 주기율표의 일부를 나타낸 것이다.

| 주기＼족 | 1 | 2 | 13 | 14 | 15 | 16 | 17 | 18 |
|---|---|---|---|---|---|---|---|---|
| 1 | A | | | | | | | B |
| 2 | | | | C | | D | E | |

이에 대한 설명으로 옳은 것만을 〈보기〉에서 있는 대로 고른 것은? (단, A ～ E는 임의의 원소 기호이다.)

― 보기 ―
ㄱ. A는 E와 이온 결합을 형성한다.
ㄴ. $A_2D$와 $CD_2$의 공유 전자쌍 수는 같다.
ㄷ. C 원자 1 개는 E 원자 4 개와 각각 1 개의 전자쌍을 공유하여 결합을 한다.

① ㄱ    ② ㄷ    ③ ㄱ, ㄴ
④ ㄴ, ㄷ    ⑤ ㄱ, ㄴ, ㄷ

## 247

★고빈출

그림은 원소 A와 C로 이루어진 화합물 (가)와, 원소 B와 C로 이루어진 화합물 (나)의 화학 결합 모형을 나타낸 것이다.

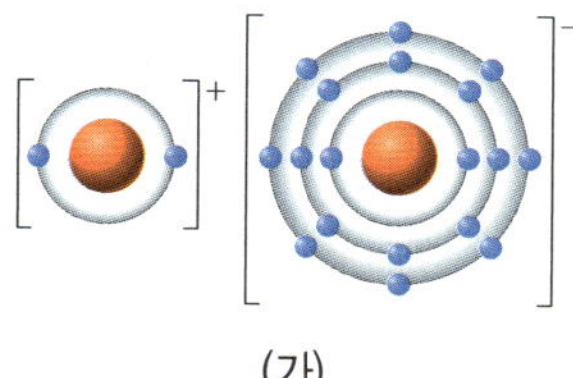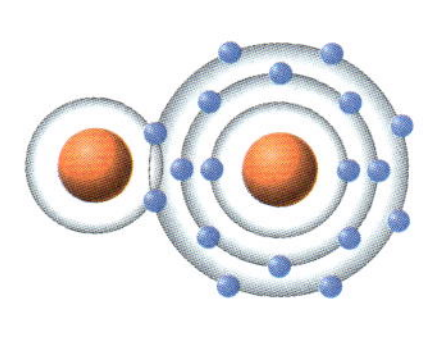

(가)      (나)

이에 대한 설명으로 옳은 것만을 〈보기〉에서 있는 대로 고른 것은? (단, A ～ C는 임의의 원소 기호이다.)

― 보기 ―
ㄱ. A와 B는 같은 주기 원소이다.
ㄴ. A와 B가 결합할 때 이온 결합을 형성한다.
ㄷ. $B_2$와 $C_2$의 공유 전자쌍 수는 1로 같다.

① ㄱ    ② ㄴ    ③ ㄱ, ㄷ
④ ㄴ, ㄷ    ⑤ ㄱ, ㄴ, ㄷ

## 248

그림은 원자 A~C의 전자 배치를 모형으로 나타낸 것이고, 표는 A~C로 이루어진 화합물 (가)와 (나)에 대한 자료이다.

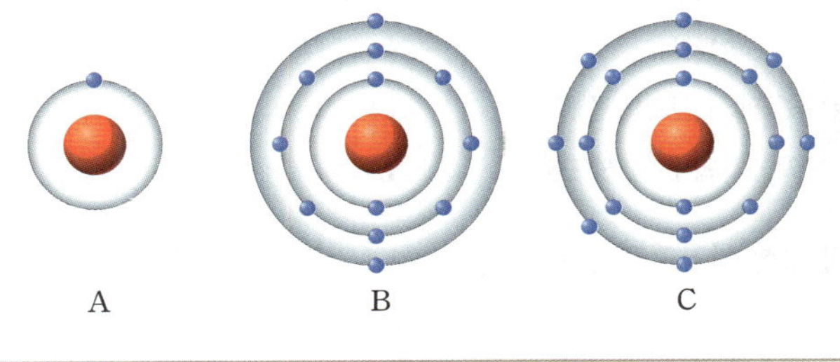

| 화합물 | (가) | (나) |
|---|---|---|
| 구성 원소 | A, C | B, C |

화합물 (가)와 (나)에 대한 설명으로 옳은 것만을 보기 에서 있는 대로 고른 것은? (단, A~C는 임의의 원소 기호이다.)

보기
ㄱ. (가)에서 A는 헬륨과 전자 배치가 같다.
ㄴ. (나)에서 구성 입자의 전자 배치는 서로 같다.
ㄷ. (가)와 (나)는 모두 이온 결합 물질이다.

① ㄱ     ② ㄴ     ③ ㄱ, ㄷ
④ ㄴ, ㄷ     ⑤ ㄱ, ㄴ, ㄷ

## 249 고빈출

그림은 화합물 AB와 $BC_2$의 화학 결합 모형을 나타낸 것이다.

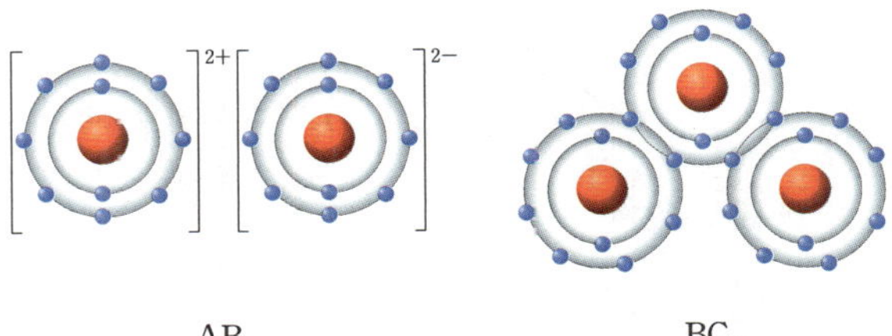

이에 대한 설명으로 옳은 것만을 보기 에서 있는 대로 고른 것은? (단, A~C는 임의의 원소 기호이다.)

보기
ㄱ. 원자가 전자 수는 C가 A보다 크다.
ㄴ. A는 C와 공유 결합하여 화합물을 생성한다.
ㄷ. AB와 $BC_2$에서 구성 입자는 모두 네온(Ne)과 전자 배치가 같다.

① ㄱ     ② ㄴ     ③ ㄱ, ㄷ
④ ㄴ, ㄷ     ⑤ ㄱ, ㄴ, ㄷ

## 250 고빈출 · 서술형

그림은 원자 A~C의 전자 배치를 모형으로 나타낸 것이다. (단, A~C는 임의의 원소 기호이다.)

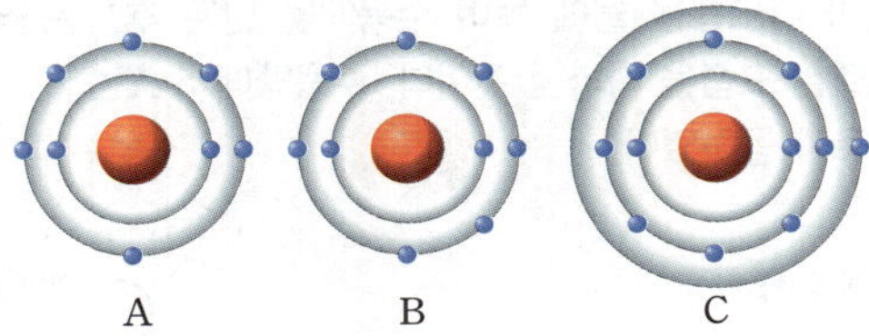

(1) A와 C가 화합물을 생성하는 과정을 서술하시오.(단, 생성된 화합물의 화학식을 포함한다.)

_______________________________________

_______________________________________

(2) A 원자 1개와 B 원자 2개가 결합하여 생성된 화합물을 화학 결합 모형으로 나타내시오.

## 251

난이도 상

표는 원소 A~C로 이루어진 안정한 화합물 (가)와 (나)에 대한 자료이다. A~C는 각각 수소(H), 산소(O), 마그네슘(Mg) 중 하나이고, 전자가 들어 있는 전자 껍질 수는 A가 B보다 크다.

| 화합물 | (가) | (나) |
|---|---|---|
| 화학식의 구성 원자 수 | 2 | 3 |
| 구성 원자 수비 | 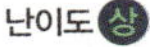 A   B | B   C |

이에 대한 설명으로 옳은 것만을 보기 에서 있는 대로 고른 것은?

보기
ㄱ. 원자가 전자 수는 A가 C보다 크다.
ㄴ. (가)에서 구성 입자의 전자 배치는 모두 Ne과 같다.
ㄷ. $AC_2$는 이온 결합 물질이다.

① ㄱ     ② ㄷ     ③ ㄱ, ㄴ
④ ㄴ, ㄷ     ⑤ ㄱ, ㄴ, ㄷ

### 3 화학 결합에 따른 물질의 성질

**★고빈출**
## 252

그림은 염화 나트륨을 물에 녹여 수용액을 만든 후, 수용액에 전원 장치를 연결한 모습을 나타낸 것이다. 수용액에서 A는 ( + )극, B는 ( − )극으로 이동하였다.

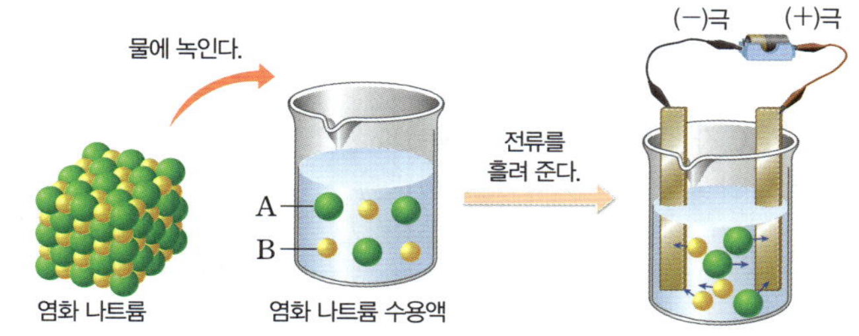


**A와 B에 대한 설명으로 옳은 것만을 보기 에서 있는 대로 고른 것은?**

— 보기 —
ㄱ. A는 $Cl^-$이다.
ㄴ. $\left| \dfrac{A의\ 전하량}{B의\ 전하량} \right| = 1$이다.
ㄷ. A와 B의 가장 바깥 전자 껍질에 들어 있는 전자 수는 같다.

① ㄱ  ② ㄷ  ③ ㄱ, ㄴ
④ ㄴ, ㄷ  ⑤ ㄱ, ㄴ, ㄷ

## 253

그림은 이온 결합 물질 (가)를 물에 녹여 수용액 (나)를 만드는 과정을 나타낸 것이다.

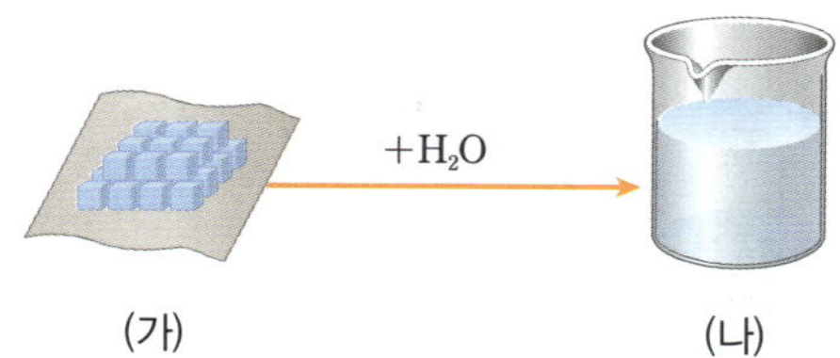


**(나)에서가 (가)에서보다 큰 값을 나타내는 것만을 보기 에서 있는 대로 고른 것은?**

— 보기 —
ㄱ. 전기 전도성
ㄴ. 전체 이온의 수
ㄷ. 이온 사이의 인력

① ㄱ  ② ㄴ  ③ ㄱ, ㄷ
④ ㄴ, ㄷ  ⑤ ㄱ, ㄴ, ㄷ

**★고빈출**
## 254

표는 염화 나트륨과 설탕에 대한 자료이다.

| 물질 | 염화 나트륨 | 설탕 |
|---|---|---|
| 화학식 | NaCl | $C_{12}H_{22}O_{11}$ |
| 수용액에서 입자의 종류 | (가) | (나) |
| 수용액에서의 전기 전도성 | 있음 | 없음 |

**이에 대한 설명으로 옳은 것만을 보기 에서 있는 대로 고른 것은?**

— 보기 —
ㄱ. (가)는 '이온', (나)는 '분자'이다.
ㄴ. 염화 나트륨은 고체 상태에서 전기 전도성이 없다.
ㄷ. 설탕은 공유 결합 물질이다.

① ㄱ  ② ㄷ  ③ ㄱ, ㄴ
④ ㄴ, ㄷ  ⑤ ㄱ, ㄴ, ㄷ

**★고빈출**
## 255

그림은 물질 (가)와 (나)의 수용액에 전원을 연결했을 때를 모형으로 나타낸 것이다. (가)와 (나)는 설탕과 염화 나트륨을 순서 없이 나타낸 것이다.

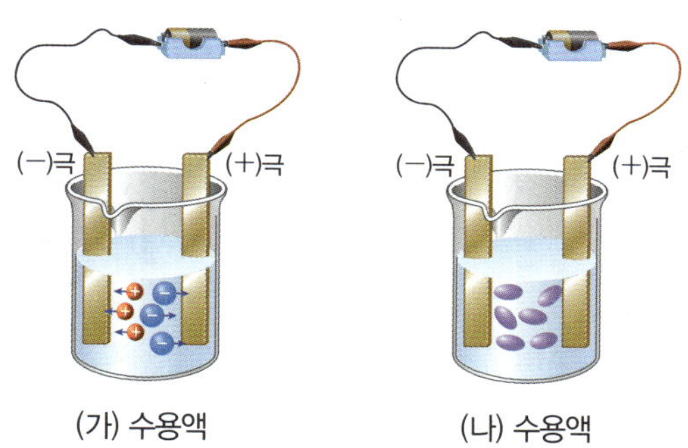


**이에 대한 설명으로 옳은 것만을 보기 에서 있는 대로 고른 것은?**

— 보기 —
ㄱ. (가)는 고체 상태에서 양이온과 음이온이 자유롭게 이동할 수 있다.
ㄴ. (나)는 구성 원자가 공유 결합을 이루고 있다.
ㄷ. (나)는 고체 상태에서 전기 전도성이 있다.

① ㄱ  ② ㄴ  ③ ㄱ, ㄷ
④ ㄴ, ㄷ  ⑤ ㄱ, ㄴ, ㄷ

## 256

그림은 주기율표의 일부를 나타낸 것이다.

| 족<br>주기 | 1 | 2 | 13 | 14 | 15 | 16 | 17 | 18 |
|---|---|---|---|---|---|---|---|---|
| 1 | A | | | | | | | |
| 2 | | | | B | C | D | | |
| 3 | E | | | | | | F | |

다음은 물질 (가)에 대한 자료이다. (가)는 원소 A~F로 이루어진 물질 중 하나이다.

- 구성 입자의 전자 배치는 서로 같다.
- 수용액 상태에서 전기 전도성이 있다.

(가)의 화학식으로 가장 적절한 것은? (단, A~F는 임의의 원소 기호이다.)

① AF      ② $BD_2$      ③ $CF_3$      ④ $E_2D$      ⑤ EF

## 257

그림 (가)는 염화 나트륨($NaCl$)의 결정 모형을, (나)는 염화 나트륨 수용액에 전원을 연결하였을 때 이온이 이동하는 모습을 나타낸 것이다.

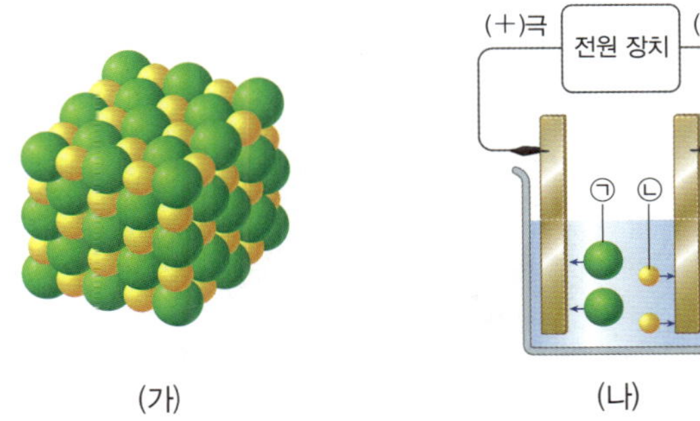


이에 대한 설명으로 옳은 것만을 보기 에서 있는 대로 고른 것은?

**보기**

ㄱ. (가)는 전기 전도성이 있다.
ㄴ. ㉠은 $Cl^-$이다.
ㄷ. (나)의 결과로부터 땀에 젖은 손으로 전기 기구를 만졌을 때 감전될 위험이 있는 까닭을 설명할 수 있다.

① ㄱ      ② ㄴ      ③ ㄷ
④ ㄱ, ㄴ      ⑤ ㄴ, ㄷ

## 258 ●서술형

표는 물질 (가)와 (나)에 대한 자료이다. (가)와 (나)는 설탕과 염화 칼슘을 순서 없이 나타낸 것이다.

| 물질 | | (가) | (나) |
|---|---|---|---|
| 전기<br>전도성 | 고체 | 없음 | 없음 |
| | 수용액 | 있음 | 없음 |

(가)는 무엇인지 그 까닭과 함께 서술하시오.

## ☆고빈출
## 259

표는 설탕($C_{12}H_{22}O_{11}$), 염화 나트륨($NaCl$), 염화 칼슘($CaCl_2$), 뷰테인($C_4H_{10}$)을 분류 기준에 따라 분류한 자료이다.

| 분류 기준 | 예 | 아니요 |
|---|---|---|
| ㉠ | 설탕($C_{12}H_{22}O_{11}$),<br>뷰테인($C_4H_{10}$) | 염화 나트륨($NaCl$),<br>염화 칼슘($CaCl_2$) |

㉠으로 적절한 것만을 보기 에서 있는 대로 고른 것은?

**보기**

ㄱ. 고체 상태에서 전기 전도성이 있는가?
ㄴ. 수용액 상태에서 전기 전도성이 있는가?
ㄷ. 공유 결합으로 이루어진 물질인가?

① ㄱ      ② ㄴ      ③ ㄷ
④ ㄱ, ㄷ      ⑤ ㄴ, ㄷ

## ☆고빈출
## 260 ●서술형

표는 물질 (가)와 (나)에 대한 자료이다. (가)와 (나)는 염화 나트륨과 포도당을 순서 없이 나타낸 것이다.

| 물질 | 전기 전도성 | |
|---|---|---|
| | 고체 상태 | 수용액 상태 |
| (가) | 없음 | ㉠ |
| (나) | ㉡ | 있음 |

(1) ㉠과 ㉡으로 적절한 것을 쓰시오.

(2) (가)와 (나)에 해당하는 물질은 무엇인지 그 까닭과 함께 서술하시오.

# STEP 3 수능 유형 문제로 만점 도전하기

## 05 원소의 주기성

### 261

다음은 주기율표의 일부와 원소 A~D에 대한 자료이다.

| 주기＼족 | 1 | 2 | 13 | 14 | 15 | 16 | 17 | 18 |
|---|---|---|---|---|---|---|---|---|
| 1 | | | | | | | | A |
| 2 | | | | | B | C | | |
| 3 | D | | | | | | | |

- A의 원자가 전자 수는 $a$이다.
- 원자 B와 C의 전자 수 차는 $b$이다.
- C의 원자 번호는 $c$이다.
- D의 전자 껍질 수는 $d$이다.

$a+b+c+d$는? (단, A~D는 임의의 원소 기호이다.)

① 10　　② 12　　③ 14　　④ 18　　⑤ 20

✔최다 오답
### 262

표는 2~4주기 1, 17, 18족 원소를 분류 기준에 따라 각각 분류한 것이다.

| 분류 기준 | 예 | 아니요 |
|---|---|---|
| 반응성이 거의 없는가? | ㉠ | |
| 비금속 원소인가? | ㉡ | ㉢ |

이에 대한 설명으로 옳은 것만을 [보기]에서 있는 대로 고른 것은?

[보기]
ㄱ. ㉠에 해당하는 원소는 모두 가장 바깥 전자 껍질에 들어 있는 전자 수가 8이다.
ㄴ. ㉡에 해당하는 원소는 모두 전자를 얻어 음이온이 되기 쉽다.
ㄷ. ㉢에 해당하는 원소는 물과 격렬하게 반응한다.

① ㄱ　　　② ㄷ　　　③ ㄱ, ㄴ
④ ㄱ, ㄷ　　⑤ ㄴ, ㄷ

### 263

다음은 원소 A~C에 대한 자료이다. A~C는 각각 He, Be, Ne 중 하나이다.

- 가장 바깥 전자 껍질에 들어 있는 전자 수는 A>C이다.
- 전자가 들어 있는 전자 껍질 수는 B>C이다.

이에 대한 설명으로 옳은 것만을 [보기]에서 있는 대로 고른 것은?

[보기]
ㄱ. A는 전자를 얻어 음이온이 되기 쉽다.
ㄴ. 고체 상태에서 B는 전기 전도성이 있다.
ㄷ. C의 원자가 전자 수는 0이다.

① ㄱ　　　② ㄷ　　　③ ㄱ, ㄴ
④ ㄴ, ㄷ　　⑤ ㄱ, ㄴ, ㄷ

### 264
난이도 (상)

그림은 원자 A~E의 전자가 들어 있는 전자 껍질 수와 원자가 전자 수를 나타낸 것이다.

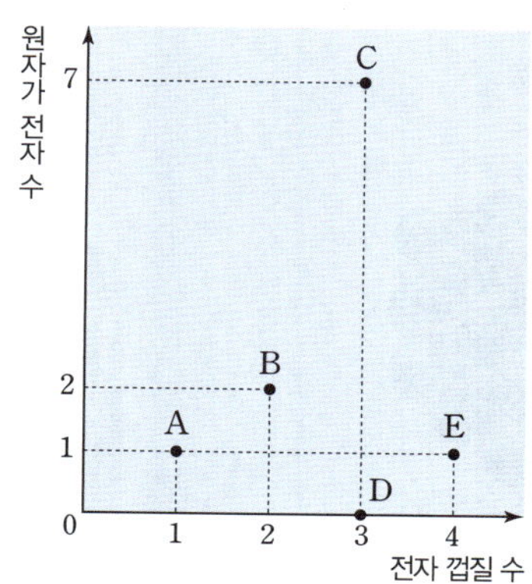


이에 대한 설명으로 옳은 것만을 [보기]에서 있는 대로 고른 것은? (단, A~E는 임의의 원소 기호이다.)

[보기]
ㄱ. A와 E는 모두 알칼리 금속이다.
ㄴ. 양성자수비는 A : B=1 : 4이다.
ㄷ. 원자 번호는 C가 D보다 크다.

① ㄱ　　　② ㄴ　　　③ ㄱ, ㄴ
④ ㄱ, ㄷ　　⑤ ㄴ, ㄷ

## 265

난이도 상

다음은 주기율표의 일부와 원소 A~D에 대한 자료이다.

| 주기 \ 족 | 1 | 2 | 13 | 14 | 15 | 16 | 17 | 18 |
|---|---|---|---|---|---|---|---|---|
| 1 | | | | | | | | |
| 2 | | | | | | | | |
| 3 | | | | | | | | |

- A~D는 각각 주기율표의 빗금 친 부분 중 한 곳에 위치한다.
- 가장 바깥 전자 껍질에 들어 있는 전자 수는 A>B>C이다.
- 원자가 전자 수는 D>B이다.

A~D에 대한 설명으로 옳은 것만을 보기 에서 있는 대로 고른 것은? (단, A~D는 임의의 원소 기호이다.)

보기
ㄱ. 원자가 전자 수는 B가 가장 작다.
ㄴ. 원자 번호는 A가 D보다 크다.
ㄷ. C와 D는 모두 고체 상태에서 전기 전도성이 있다.

① ㄱ   ② ㄴ   ③ ㄱ, ㄴ
④ ㄱ, ㄷ   ⑤ ㄴ, ㄷ

## 266

최다 오답

표는 원소 A~D의 원자가 전자 수와 18족 원소와 전자 배치가 같은 이온이 되었을 때 전자 수에 대한 자료이다.

| 원소 | A | B | C | D |
|---|---|---|---|---|
| 원자가 전자 수 | 7 | 3 | 6 | 1 |
| 이온의 전자 수 | 10 | 10 | 18 | 18 |

A~D에 대한 설명으로 옳은 것만을 보기 에서 있는 대로 고른 것은? (단, A~D는 임의의 원소 기호이다.)

보기
ㄱ. 3주기 원소는 2가지이다.
ㄴ. 양성자수가 가장 큰 원소는 D이다.
ㄷ. |이온의 전하|는 B가 C보다 크다.

① ㄱ   ② ㄷ   ③ ㄱ, ㄴ
④ ㄴ, ㄷ   ⑤ ㄱ, ㄴ, ㄷ

## 267

최다 오답

그림은 원소 X~Z의 주기와, 주기+㉠을 나타낸 것이다. X~Z는 원자 번호 차가 $a$로 일정하고, ㉠은 전자 수와 원자가 전자 수 중 하나이다.

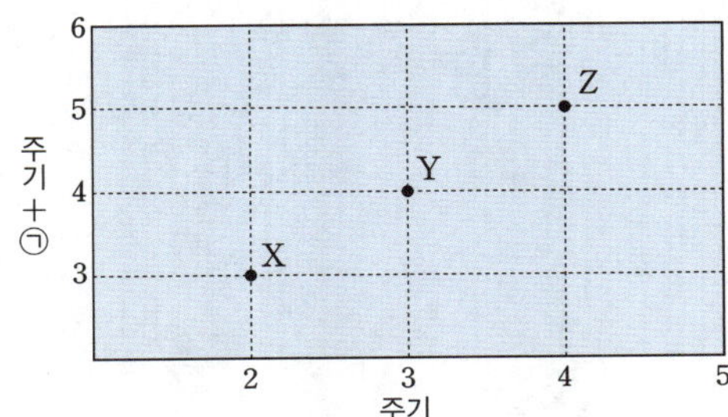


이에 대한 설명으로 옳은 것만을 보기 에서 있는 대로 고른 것은? (단, X~Z는 임의의 원소 기호이다.)

보기
ㄱ. '전자 수'는 ㉠으로 적절하다.
ㄴ. $a=8$이다.
ㄷ. X~Z는 모두 할로젠 원소이다.

① ㄱ   ② ㄴ   ③ ㄱ, ㄷ
④ ㄴ, ㄷ   ⑤ ㄱ, ㄴ, ㄷ

## 268

고빈출

그림은 주기율표의 일부를 나타낸 것이다.

| 주기 \ 족 | 1 | 2 | 13 | 14 | 15 | 16 | 17 | 18 |
|---|---|---|---|---|---|---|---|---|
| 2 | A | | | | | B | C | |
| 3 | | | D | | | | E | |

표는 원소 A~E를 주어진 기준에 따라 각각 분류한 것이다.

| 분류 기준 | 예 | 아니요 |
|---|---|---|
| (가) | A, D | B, C, E |
| 17족 원소인가? | ㉠ | ㉡ |
| 3주기 원소인가? | | ㉢ |

이에 대한 설명으로 옳은 것만을 보기 에서 있는 대로 고른 것은? (단, A~E는 임의의 원소 기호이다.)

보기
ㄱ. '금속 원소인가?'는 (가)로 적절하다.
ㄴ. ㉠에 해당하는 원소는 2가지이다.
ㄷ. ㉡과 ㉢에 공통으로 해당하는 원소는 2가지이다.

① ㄱ   ② ㄷ   ③ ㄱ, ㄴ
④ ㄴ, ㄷ   ⑤ ㄱ, ㄴ, ㄷ

## 269

난이도 상

그림은 원소 X~Z의 정보를 카드에 나타낸 것이다.

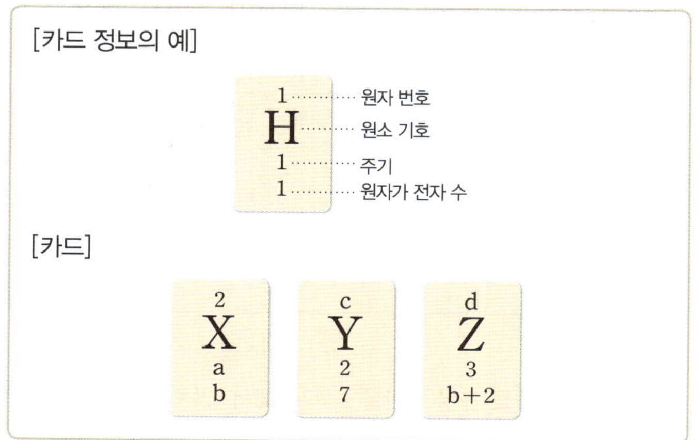



X~Z에 대한 설명으로 옳은 것만을 보기 에서 있는 대로 고른 것은? (단, X~Z는 임의의 원소 기호이다.)

―――― 보기 ――――

ㄱ. $a+b+c=d$이다.
ㄴ. 가장 바깥 전자 껍질에 들어 있는 전자 수는 X와 Z가 같다.
ㄷ. 18족 원소의 전자 배치를 갖는 안정한 이온이 되었을 때 전자 수는 Y가 Z보다 크다.

① ㄴ　　　　② ㄷ　　　　③ ㄱ, ㄴ
④ ㄱ, ㄷ　　　⑤ ㄱ, ㄴ, ㄷ

## 270

난이도 상

다음은 2, 3주기 원소 (가)~(다)에 대한 자료이다.

- (가)~(다)의 원자가 전자 수는 1, 7 중 하나이다.
- 가장 바깥 전자 껍질에 들어 있는 전자 수는 (가)가 (다)보다 크다.
- 전자가 들어 있는 전자 껍질 수는 (다)가 (나)보다 크다.
- (가)와 (나)는 같은 족 원소이다.

(가)~(다)에 대한 설명으로 옳은 것만을 보기 에서 있는 대로 고른 것은?

―――― 보기 ――――

ㄱ. 원자 번호는 (가)가 가장 크다.
ㄴ. (가)와 (다)는 같은 주기 원소이다.
ㄷ. (나)와 (다)는 모두 알칼리 금속이다.

① ㄱ　　　　② ㄷ　　　　③ ㄱ, ㄴ
④ ㄴ, ㄷ　　　⑤ ㄱ, ㄴ, ㄷ

## 271

다음은 학생 A가 가설을 세우고 수행한 탐구 활동이다.

[가설]
- 　　　　　　　　㉠

[탐구 과정 및 결과]
(가) 증류수가 들어 있는 시험관에 Li 조각을 넣었더니 격렬하게 반응하면서 ㉡ 기체가 발생하였다.
(나) (가)의 시험관에 페놀프탈레인 용액을 2~3 방울 떨어뜨렸더니 붉은색으로 변하였다.
(다) Na과 K 조각으로 과정 (가)와 (나)를 반복하였더니 같은 결과를 얻었다.

[결론]
- 가설은 옳다.

학생 A의 결론이 타당할 때, 이에 대한 설명으로 옳은 것만을 보기 에서 있는 대로 고른 것은?

―――― 보기 ――――

ㄱ. '알칼리 금속은 물과 반응하여 기체를 발생시키고, 수용액은 산성이 된다.'는 ㉠으로 적절하다.
ㄴ. ㉡을 구성하는 원소는 Na과 같은 족 원소이다.
ㄷ. Li과 반응한 수용액에 존재하는 양이온의 전자 배치는 Ne과 같다.

① ㄴ　　　　② ㄷ　　　　③ ㄱ, ㄴ
④ ㄱ, ㄷ　　　⑤ ㄱ, ㄴ, ㄷ

## 272

난이도 상

다음은 1, 2주기 원자 A~C에 대한 자료이다.

- 원자 A~C의 전자 수

| 원자 | A | B | C |
| --- | --- | --- | --- |
| 전자 수 | $x$ | $x+2$ | $x+7$ |

- 같은 족에 속한 원소는 2가지이다.

A~C에 대한 설명으로 옳은 것만을 보기 에서 있는 대로 고른 것은? (단, A~C는 임의의 원소 기호이다.)

―――― 보기 ――――

ㄱ. 비금속 원소는 2가지이다.
ㄴ. B의 원자가 전자 수는 3이다.
ㄷ. A는 B, C와 모두 공유 결합을 형성한다.

① ㄱ　　　　② ㄷ　　　　③ ㄱ, ㄴ
④ ㄱ, ㄷ　　　⑤ ㄴ, ㄷ

## 06 화학 결합과 물질의 성질



### 273

그림은 화합물 $A_2$와 $AB_3$의 화학 결합 모형을 나타낸 것이다.

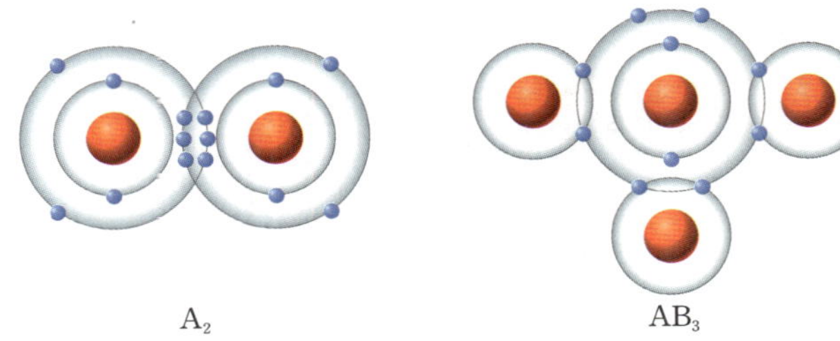


이에 대한 설명으로 옳은 것만을 보기 에서 있는 대로 고른 것은? (단, A와 B는 임의의 원소 기호이다.)

보기
ㄱ. A는 2주기 원소이다.
ㄴ. B의 원자가 전자 수는 1이다.
ㄷ. 공유 전자쌍 수는 $A_2$가 $AB_3$보다 크다.

① ㄱ　　　　② ㄷ　　　　③ ㄱ, ㄴ
④ ㄴ, ㄷ　　　⑤ ㄱ, ㄴ, ㄷ

### 274

그림은 화합물 $AB_2$의 화학 결합 모형을 나타낸 것이다.

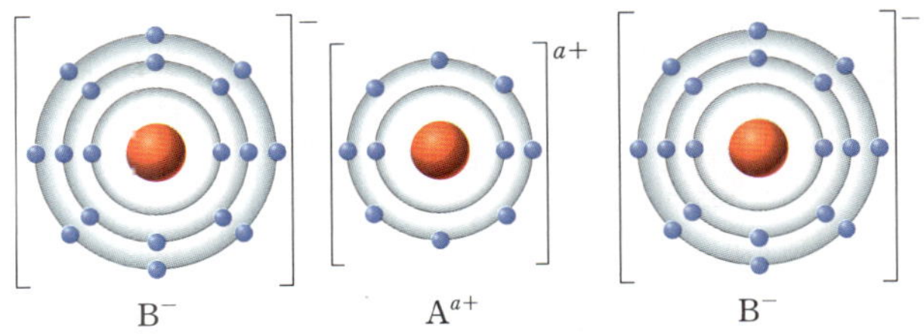


이에 대한 설명으로 옳은 것만을 보기 에서 있는 대로 고른 것은? (단, A와 B는 임의의 원소 기호이다.)

보기
ㄱ. $a=2$이다.
ㄴ. A와 B는 같은 주기 원소이다.
ㄷ. $B_2$의 공유 전자쌍 수는 2이다.

① ㄱ　　　　② ㄷ　　　　③ ㄱ, ㄴ
④ ㄴ, ㄷ　　　⑤ ㄱ, ㄴ, ㄷ



### 275

그림은 주기율표의 일부를 나타낸 것이다.

| 주기＼족 | 1 | 2 | 13 | 14 | 15 | 16 | 17 | 18 |
|---|---|---|---|---|---|---|---|---|
| 2 | A |  |  |  |  | B |  |  |
| 3 |  | C |  |  |  |  | D |  |

이에 대한 설명으로 옳은 것만을 보기 에서 있는 대로 고른 것은? (단, A~D는 임의의 원소 기호이다.)

보기
ㄱ. A와 C는 금속 원소이다.
ㄴ. B와 D로 이루어진 화합물은 수용액 상태에서 전기 전도성이 있다.
ㄷ. C와 D로 이루어진 화합물에서 구성 원소의 전자 배치는 같다.

① ㄱ　　　　② ㄴ　　　　③ ㄱ, ㄷ
④ ㄴ, ㄷ　　　⑤ ㄱ, ㄴ, ㄷ

### 276

그림은 H, C, O 원자가 결합하여 화합물 (가)와 (나)를 생성하는 과정을 모형으로 나타낸 것이다. 모형에서 H, C, O의 원자가 전자만을 나타내었고, (가)와 (나)의 모형은 나타내지 않았다.

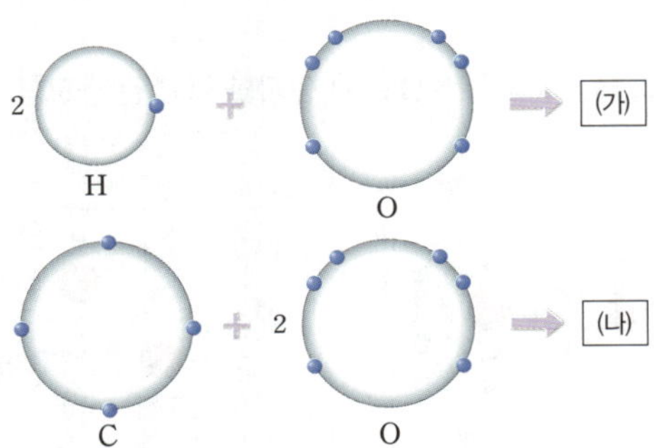


(가)와 (나)의 공통점으로 옳은 것만을 보기 에서 있는 대로 고른 것은?

보기
ㄱ. 이중 결합이 있다.
ㄴ. 공유 전자쌍 수가 4이다.
ㄷ. 모든 구성 원자는 18족 원소의 전자 배치를 가진다.

① ㄴ　　　　② ㄷ　　　　③ ㄱ, ㄴ
④ ㄱ, ㄷ　　　⑤ ㄱ, ㄴ, ㄷ

## 277

그림은 $A^{2+}$과 $B^-$의 전자 배치를 모형으로 나타낸 것이다.

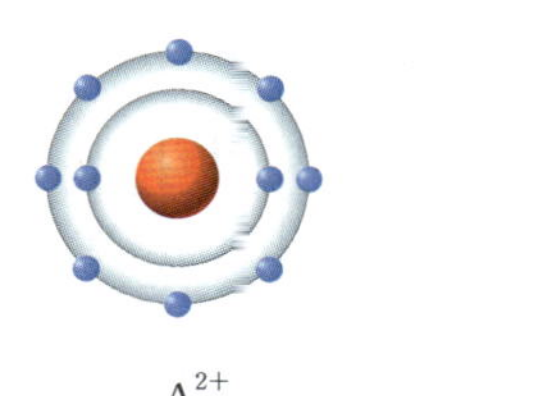

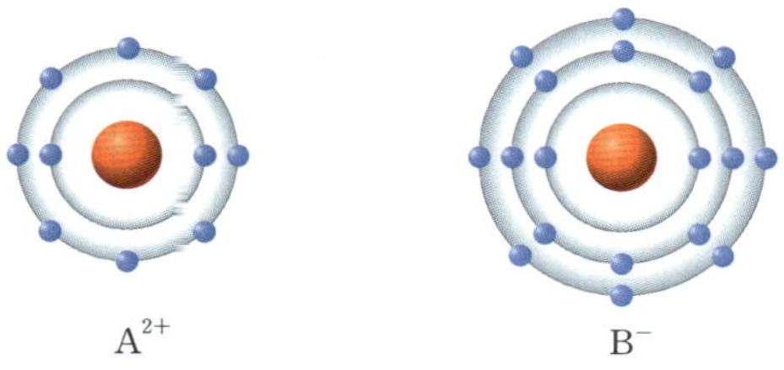

이에 대한 설명으로 옳은 것만을 보기 에서 있는 대로 고른 것은?
(단, A와 B는 임의의 원소 기호이다.)

보기

ㄱ. B는 비금속 원소이다.
ㄴ. A와 B는 모두 3주기 원소이다.
ㄷ. 화합물 $AB_2$는 수용액 상태에서 전기 전도성이 있다.

① ㄱ　　　　　② ㄴ　　　　　③ ㄱ, ㄷ
④ ㄴ, ㄷ　　　　⑤ ㄱ, ㄴ, ㄷ

## 278

그림은 산소($O_2$) 분자와 물($H_2O$) 분자를 화학 결합 모형으로 나타낸 것이다.

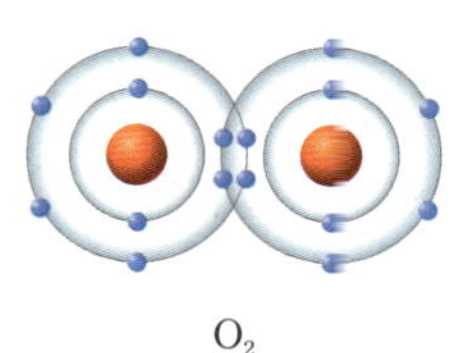

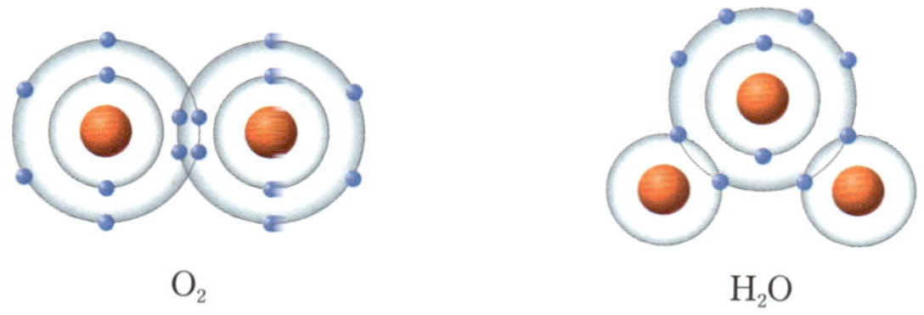

$O_2$와 $H_2O$의 공통점으로 옳은 것만을 보기 에서 있는 대로 고른 것은?

보기

ㄱ. 다중 결합이 있다.
ㄴ. 공유 전자쌍 수는 2이다.
ㄷ. O 원자는 네온(Ne)과 같은 전자 배치를 가진다.

① ㄱ　　　　　② ㄴ　　　　　③ ㄱ, ㄷ
④ ㄴ, ㄷ　　　　⑤ ㄱ, ㄴ, ㄷ

## 279

난이도 상

그림은 2, 3주기 원소 X~Z로 이루어진 화합물 (가), (나)를 구성하는 $\dfrac{\text{양이온 수}}{\text{음이온 수}}$ 를 나타낸 것이다. 원자가 전자 수는 $X > Y > Z$이고, X~Z 중 3주기 원소는 1가지이며, X~Z 이온의 전자 배치는 모두 네온(Ne)과 같다.

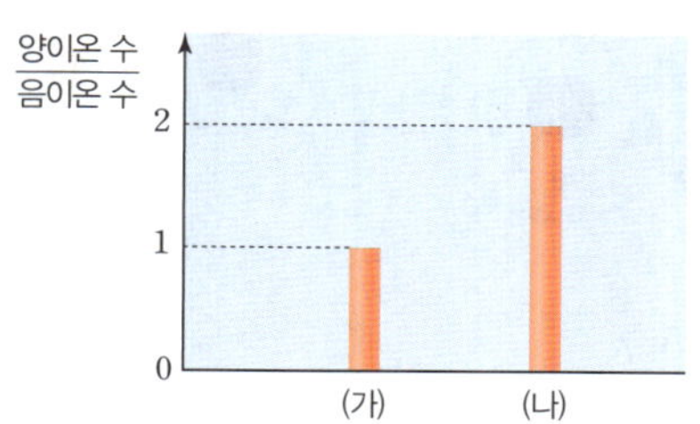


이에 대한 설명으로 옳은 것만을 보기 에서 있는 대로 고른 것은?
(단, X~Z는 임의의 원소 기호이다.)

보기

ㄱ. X 이온은 $O^{2-}$이다.
ㄴ. (가)와 (나)에 공통으로 포함된 원소는 Z이다.
ㄷ. |음이온 전하|는 (나)에서가 (가)에서의 2배이다.

① ㄱ　　　　　② ㄴ　　　　　③ ㄱ, ㄷ
④ ㄴ, ㄷ　　　　⑤ ㄱ, ㄴ, ㄷ

★ 고빈출
## 280

난이도 상

그림 (가)는 Si−O 사면체의 구조를, (나)는 뉴클레오타이드의 구조를 나타낸 것이다. A와 B는 각각 산소(O)와 규소(Si) 중 하나이고, ㉠은 A와 B 중 하나이다.

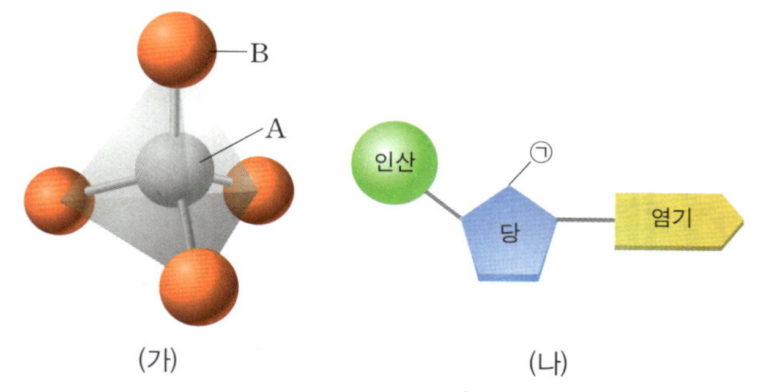


이에 대한 설명으로 옳은 것만을 보기 에서 있는 대로 고른 것은?

보기

ㄱ. (나)의 ㉠은 B이다.
ㄴ. (가)와 (나) 중 얇은 판 모양으로 결합할 수 있는 것은 (나)이다.
ㄷ. 생명체를 구성하는 물질에서는 (나)의 인산이 다른 뉴클레오타이드의 염기와 공유 결합을 형성한다.

① ㄱ　　　　　② ㄴ　　　　　③ ㄱ, ㄷ
④ ㄴ, ㄷ　　　　⑤ ㄱ, ㄴ, ㄷ

## 281

표는 원자 A~D의 전자 껍질에 들어 있는 전자 수를 나타낸 것이다. (단, A~D는 임의의 원소 기호이다.)

| 원자 | A | B | C | D |
| --- | --- | --- | --- | --- |
| 첫 번째 전자 껍질의 전자 수 | 2 | $x$ | 2 | 2 |
| 두 번째 전자 껍질의 전자 수 | 1 | 7 | 8 | $y$ |
| 세 번째 전자 껍질의 전자 수 | − | − | 1 | 7 |

$x+y$의 값을 구하고, 그 까닭을 서술하시오.

## 282

다음은 나트륨(Na)의 성질을 알아보는 실험이다.

> 증류수가 들어 있는 시험관에 Na 조각을 넣었더니 Na이 격렬하게 반응하면서 기체 X가 발생하였다.

X가 무엇인지 쓰고, X를 확인하기 위한 실험 방법을 서술하시오.

## 283

다음은 2, 3주기 원소 A~C에 대한 자료이다.

> • A~C는 각각 1족, 16족, 17족 원소 중 하나이다.
> • 양성자수는 A>B>C이다.
> • 원자가 전자 수는 B>C>A이다.

A와 B로 구성된 화합물의 결합 종류를 쓰고, 그 까닭을 서술하시오.

## 284

그림은 원자 A와 B가 결합하여 화합물 AB를 생성하는 과정을 모형으로 나타낸 것이다.

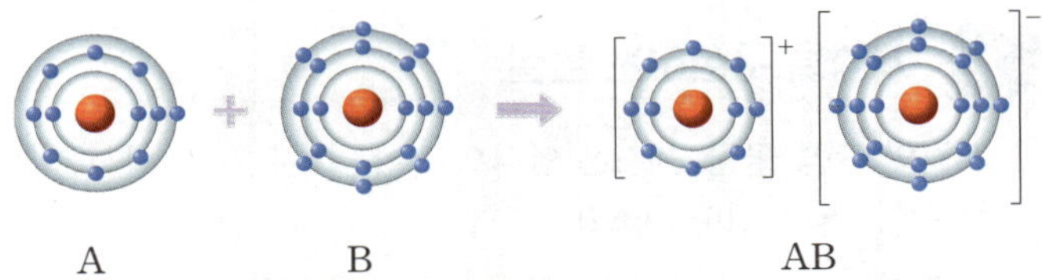


AB를 물에 녹인 수용액의 전기 전도성을 쓰고, 그 까닭을 구성 입자의 이동과 관련지어 서술하시오.

## 285

그림은 3가지 물질을 몇 가지 기준에 따라 분류한 것이다.

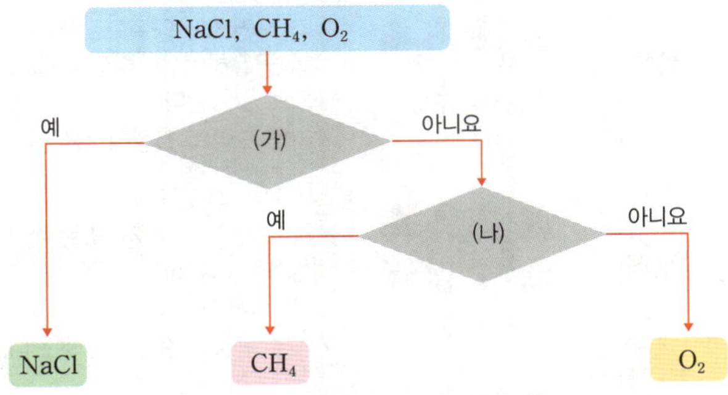


(가)와 (나)로 적절한 분류 기준을 다음 조건 을 참고하여 까닭과 함께 각각 서술하시오.

> **조건**
> • (가)는 전기 전도성을 포함하여 서술한다.
> • (나)는 공유 전자쌍을 포함하여 서술한다.

# 07 지각과 생명체를 구성하는 물질

## 1 지각을 구성하는 물질

(1) **지각의 구성 물질**: 지각은 암석으로 이루어져 있고, 암석은 광물로 이루어져 있다. 자료①

① **지각의 구성 원소**: 산소>규소>알루미늄>철 등

② **광물**: 지각의 구성 원소가 결합하여 규산염 광물을 비롯한 여러 종류의 광물이 만들어지며 규산염 광물이 전체 광물의 약 92 %를 차지한다.

(2) **규산염 사면체**: 규소(Si)와 산소(O)가 결합하여 사면체 구조를 갖는 규산염 광물의 **기본 단위체** 자료②
— Si−O 사면체라고도 한다.

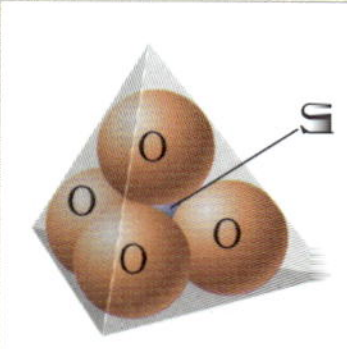

① 규소는 주기율표의 14족 원소로 원자가 전자가 4 개이다. ➡ 최대 4 개의 원자와 결합 가능

② 규소 1개를 중심으로 4 개의 산소가 공유 결합하여 사면체를 이룬다. ➡ 규산염 사면체

③ 규산염 사면체는 음전하를 띠므로 금속 원소의 양이온과 결합하거나 다른 규산염 사면체와 산소를 공유하면서 결합할 수 있다.

(3) **규산염 광물**: 규산염 사면체는 독립적으로 골격을 형성하거나 규산염 사면체 간에 산소를 공유 결합하는 방식에 따라 다양한 결합 구조를 형성한다. 자료③

| 광물명 | 결합 구조 | 특징 |
|---|---|---|
| **감람석** <br> 독립형 구조 | | • $Si : O = 1 : 4$ <br> • 사면체는 다른 사면체와 결합되지 않아 공유하는 산소가 없다. <br> • 깨짐이 나타나고, 풍화에 약하다. |
| **휘석** <br> 단사슬 구조 | | • $Si : O = 1 : 3$ <br> • 각 사면체가 양쪽으로 산소 2 개를 공유하여 한 줄의 사슬 모양으로 결합한다. <br> • 기둥 모양의 결정이 형성된다. |
| **각섬석** <br> 복사슬 구조 | | • $Si : O = 4 : 11$ <br> • 각 사면체가 2 개 또는 3 개의 산소를 공유하여 2 개의 사슬 모양이 결합한다. <br> • 기둥 모양의 결정이 형성된다. |
| **흑운모** <br> 판상 구조 | | • $Si : O = 2 : 5$ <br> • 각 사면체가 3 개의 산소를 공유하여 얇은 판 모양으로 결합한다. |
| **석영** <br> (또는 장석) <br> 망상 구조 | | • $Si : O = 1 : 2$ <br> • 각 사면체가 산소 4 개를 모두 공유하여 3차원으로 결합한다. <br> • 풍화에 강하다. |

쪼개짐 발달해~ (휘석·각섬석·흑운모)

깨짐이 나타나~ / 쪼개짐이 나타나~ (석영)

---



**실험 과정**

(가) 그림과 같은 규산염 사면체를 여러 개 만든다.

(나) (가)의 규산염 사면체끼리 다양한 방법으로 연결한다. 이때 연결한 규산염 사면체는 어느 방향에서 보더라도 대칭이 되도록 한다.

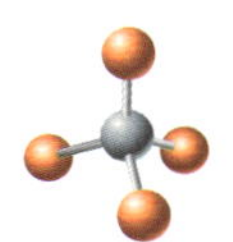
규산염 사면체

(다) (나)에서 만든 연결 구조는 감람석, 휘석, 각섬석, 흑운모, 석영(또는 장석) 중 어느 것에 해당하는지 결정하고, 광물의 특징을 조사한다.

**실험 결과**

**1** 1 개의 규산염 사면체를 만들기 위해서는 규소 원자 모형 1 개와 산소 원자 모형 4 개가 필요하다.

**2** 규산염 사면체를 서로 연결하기 위해서는 산소 원자 모형을 공유해야 한다.

➡ 규산염 사면체끼리의 결합력이 약한 면을 따라 쪼개짐이 나타나고, 모든 방향으로 결합력이 고르면 깨짐이 나타난다.

**3** 감람석 → 휘석 → 각섬석 → 흑운모 → 석영(또는 장석)으로 갈수록 규산염 사면체끼리 공유하는 산소의 개수가 증가한다.

➡ 감람석에서 석영(또는 장석)으로 갈수록 광물의 화학적 결합이 단단해진다.

➡ 감람석에서 석영으로 갈수록 풍화에 강하다.

## 2 단백질

(1) **생명체를 구성하는 물질**: 산소, 탄소, 수소, 질소, 인 등의 다양한 원소가 결합하여 만들어지는 물질이다.

| 구성 물질 | 주요 기능 |
|---|---|
| **물** <br> 85 % | • 생명체 구성 물질 중 비율이 가장 높다. <br> • 비열이 커 체온 유지에 유리하다. |
| **무기염류** 1.5 % | 생명체의 다양한 생리작용을 조절한다. |
| **단백질** <br> 10 % | • 에너지원으로 이용된다. <br> • 효소와 호르몬의 성분으로 생리작용을 조절하며, 근육, 항체, 세포막 등을 구성한다. |
| **핵산** 1 % | 유전정보 저장 및 전달에 관여한다. |
| **탄수화물** 0.5 % | 생명체의 주에너지원이다. |
| **지질** 2 % | 에너지원으로 이용되며, 세포막의 성분이다. |

(2) **단백질**

① **기본 단위체**: 단백질의 기본 단위체는 **아미노산**이다. ➡ 탄소를 중심으로 수소, 아미노기, 카복실기, 곁사슬이 결합되어 있으며, 곁사슬에 따라 **20 종류**가 있다.

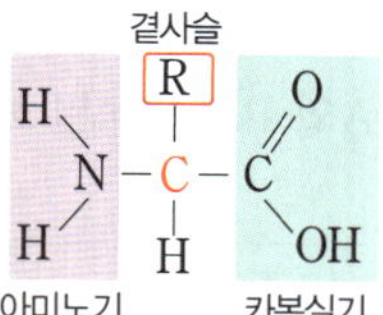

② **단백질의 형성**: 많은 수의 아미노산이 펩타이드결합으로 연결되어 긴 사슬 모양의 폴리펩타이드가 만들어지고, 폴리펩타이드가 접히고 구부러져 고유의 입체 구조를 가진 단백질이 형성된다. 자료 ④

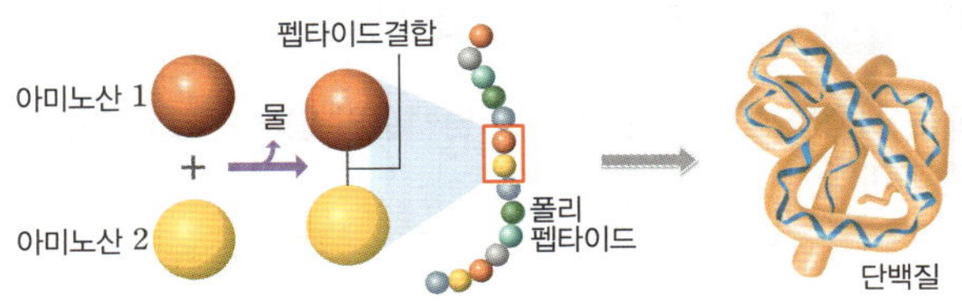



③ **단백질의 입체 구조와 기능**: 아미노산의 종류와 수, 배열 순서에 따라 단백질의 입체 구조가 결정되고, 단백질의 입체 구조에 따라 단백질의 기능이 결정된다. 자료 ⑤

➡ 단백질이 변성되면 입체 구조가 변해 고유의 기능을 잃는다.

## 3 핵산

(1) **기본 단위체**: 핵산의 기본 단위체는 뉴클레오타이드이다.

➡ 당, 인산, 염기가 1 : 1 : 1로 결합되어 있다.

★ (2) **핵산의 종류**: DNA와 RNA가 있다. 자료 ⑥

| 구분 | DNA | RNA |
|---|---|---|
| 모형 | DNA를 구성하는 뉴클레오타이드 | RNA를 구성하는 뉴클레오타이드 |
| 구조 | 이중나선구조 | 단일 가닥 구조 |
| 당 | 디옥시라이보스 | 라이보스 |
| 염기 | 아데닌(A), 구아닌(G), 사이토신(C), 타이민(T) | 아데닌(A), 구아닌(G), 사이토신(C), 유라실(U) |
| 기능 | 유전정보 저장 | 유전정보 전달 및 단백질합성 |

(3) **핵산의 형성**

① **당과 인산의 결합**: 한 뉴클레오타이드의 당이 다른 뉴클레오타이드의 인산과 반복적으로 결합하여 긴 폴리뉴클레오타이드 사슬이 만들어진다.

② **DNA의 상보적 결합**: 아데닌(A)은 타이민(T)과, 구아닌(G)은 사이토신(C)과 결합한다.

---



**다음 자료에 대한 설명으로 옳은 것은 ○표, 옳지 않은 것은 ✕표 하시오.**

### 자료 ① 생명체와 지각을 구성하는 원소
비상, 지학사, 천재

그림은 생명체와 지각의 구성 원소를 질량비로 나타낸 것이다.

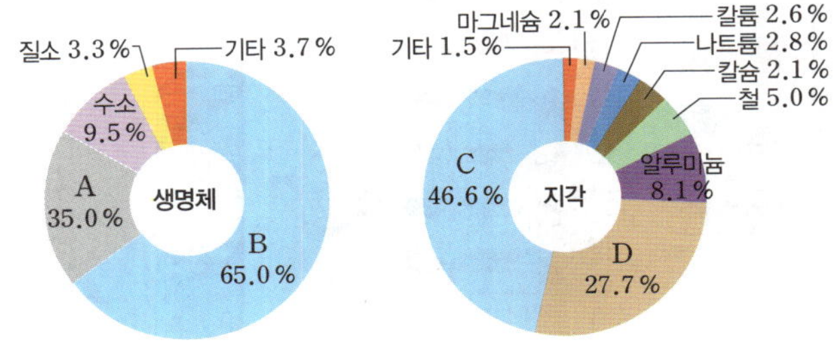



**286** A는 원자가 전자가 4 개이다. ○/✕

**287** 1개의 A는 최대 2 개의 수소와 공유 결합을 이룬다. ○/✕

**288** 생명체와 지각에 각각 가장 많이 포함된 원소인 B와 C는 동일한 원소이다. ○/✕

**289** 1 개의 D는 최대 4 개의 C와 공유 결합을 이룬다. ○/✕

**290** C와 D가 결합하여 만들어진 사면체는 규산염 광물의 기본 단위체가 된다. ○/✕

### 자료 ② 규산염 사면체의 구조
동아, 미래엔, 비상, 지학사, 천재

그림은 규산염 사면체의 구조를 나타낸 것이다.

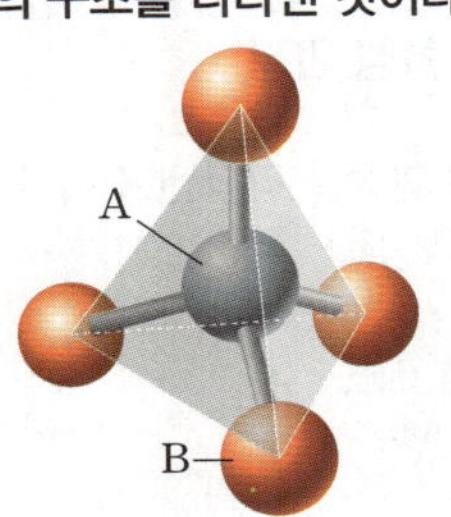



**291** A는 산소, B는 규소이다. ○/✕

**292** A는 원자가 전자가 4 개이다. ○/✕

**293** A가 공유 결합할 수 있는 원자의 최대 개수는 2 개이다. ○/✕

**294** A와 B가 공유 결합한 사면체는 음전하를 띤다. ○/✕

**295** 규산염 사면체 간에는 B가 공유되면서 다양한 광물이 만들어진다. ○/✕

다음 자료에 대한 설명으로 옳은 것은 ○표, 옳지 <u>않은</u> 것은 ✕표 하시오.

### 자료 ❸ 규산염 광물의 결합 구조
동아, 미래엔, 비상, 지학사, 천재

그림 (가)~(다)는 서로 다른 광물에서 규산염 사면체의 결합을 나타낸 것이다.

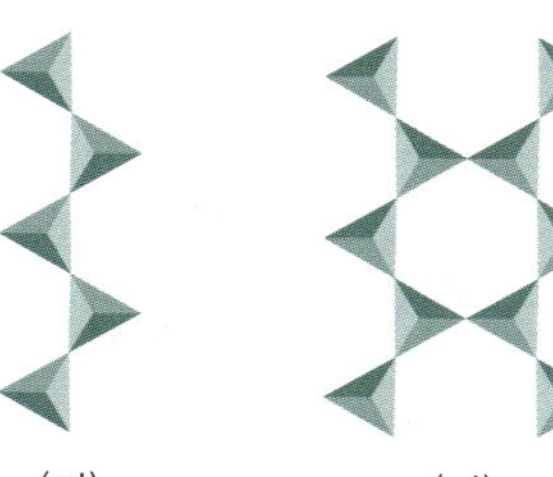
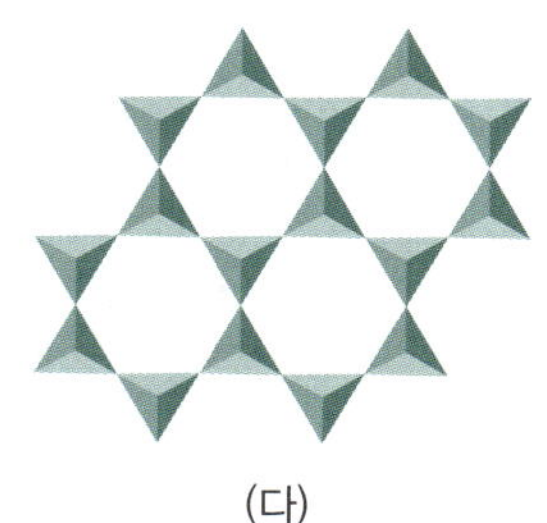

(가)  (나)  (다)

**296** 감람석은 (가)에 해당한다. ○/✕

**297** 흑운모는 (다)에 해당한다. ○/✕

**298** (가)와 (나)는 깨짐이 발달한다. ○/✕

**299** (다)는 쪼개짐이 발달한다. ○/✕

**300** (가) → (나) → (다)로 갈수록 규소 1 개당 결합하는 산소의 개수가 증가한다. ○/✕

**301** (가) → (나) → (다)로 갈수록 풍화에 약해진다. ○/✕

### 자료 ❹ 단백질의 형성 과정
동아, 미래엔, 비상, 지학사, 천재

그림은 단백질의 형성 과정을 나타낸 것이다.

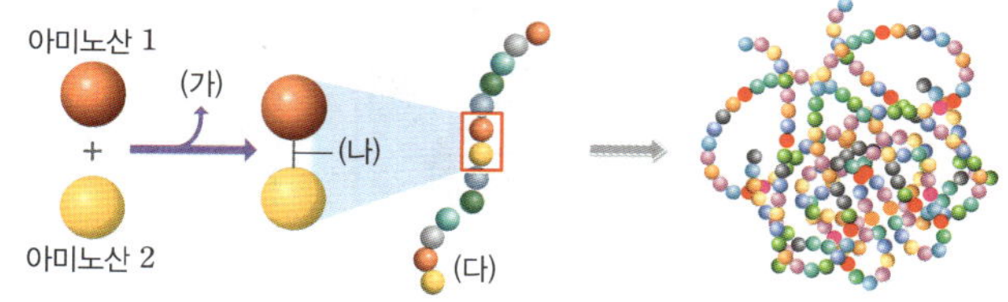


**302** 단백질의 기본 단위체는 아미노산이다. ○/✕

**303** (가)는 산소이다. ○/✕

**304** (나)는 이온 결합이다. ○/✕

**305** (다)를 구성하는 아미노산의 종류와 수, 배열 순서는 단백질의 입체 구조를 결정한다. ○/✕

**306** 단백질의 입체 구조가 변형되면 고유의 기능을 잃는다. ○/✕

### 자료 ❺ 단백질의 입체 구조와 기능
미래엔, 비상, 지학사, 천재

표는 사람의 몸에 있는 2 가지 단백질의 입체 구조와 기능을 나타낸 것이다.

| 헤모글로빈 | 케라틴 |
|---|---|
| 온몸의 조직 세포로 산소를 운반한다. | 머리카락과 손톱 등 몸의 일부를 이룬다. |

**307** 헤모글로빈과 케라틴은 모두 아미노산이 펩타이드결합으로 연결되어 만들어진 것이다. ○/✕

**308** 두 단백질의 기능은 각각의 입체 구조에 의해 결정된다. ○/✕

**309** 두 단백질을 구성하는 기본 단위체의 종류와 수는 같다. ○/✕

**310** 두 단백질을 구성하는 기본 단위체의 배열 순서가 달라지면 단백질의 기능이 달라진다. ○/✕

### 자료 ❻ 핵산의 구조
동아, 미래엔, 비상, 지학사, 천재

그림은 핵산의 구조를 나타낸 것이다.

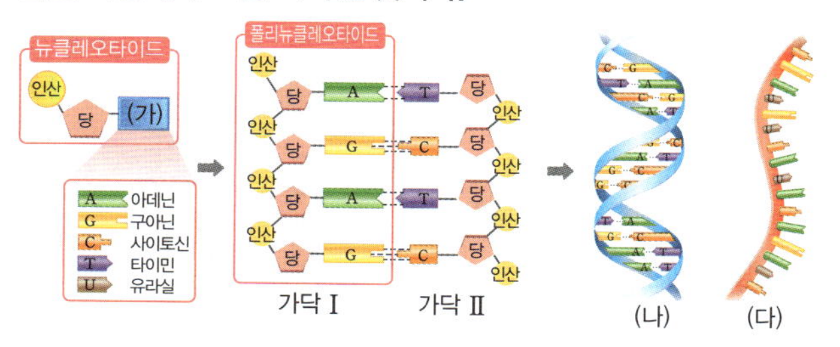


**311** (가)는 염기이다. ○/✕

**312** DNA와 RNA는 각각 5 종류의 (가)를 갖는다. ○/✕

**313** 가닥 Ⅰ과 가닥 Ⅱ는 염기의 상보적 결합으로 이중나선구조를 이룬다. ○/✕

**314** (나)는 RNA, (다)는 DNA이다. ○/✕

**315** (나)를 구성하는 당은 라이보스이고, (다)를 구성하는 당은 디옥시라이보스이다. ○/✕

# STEP 2 학교 기출 문제로 **내신 대비하기**

## 1 지각을 구성하는 물질

### 316

표는 지각을 구성하는 주요 원소의 질량비를 나타낸 것이다.

| 원소 | ㉠ | ㉡ | 알루미늄 | 철 | 기타 |
|------|------|------|----------|------|------|
| 비율(%) | 46.6 | 27.7 | 8.1 | 5.0 | 12.6 |

이에 대한 설명으로 옳은 것만을 보기 에서 있는 대로 고른 것은?

보기
ㄱ. ㉠과 ㉡은 주기율표에서 같은 주기에 속한다.
ㄴ. 철의 비율은 지각보다 핵에서 높다.
ㄷ. ㉠과 ㉡은 규산염 사면체를 형성한다.

① ㄱ  　　② ㄷ  　　③ ㄱ, ㄴ
④ ㄴ, ㄷ  　　⑤ ㄱ, ㄴ, ㄷ

### 317 서술형

그림은 지각을 이루는 원소의 질량비를 나타낸 것이다.

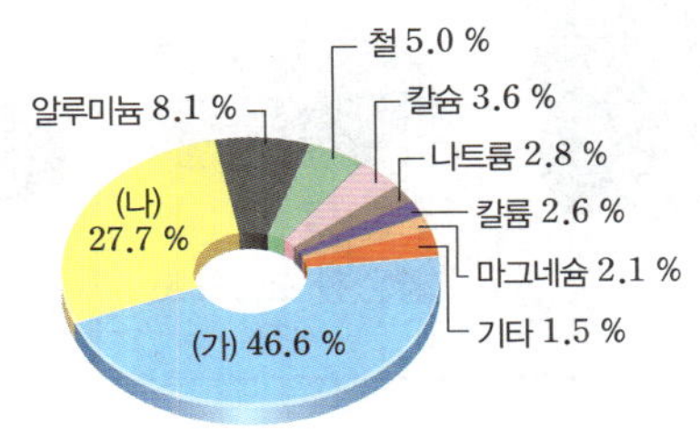


(1) (가)와 (나)에 알맞은 원소를 쓰시오.

(2) (가)와 (나)가 결합하여 만드는 규산염 광물의 기본 단위체를 쓰고, 그 기본 단위체의 모양을 서술하시오.

### 318

그림은 규산염 사면체의 구조를 나타낸 것이다.

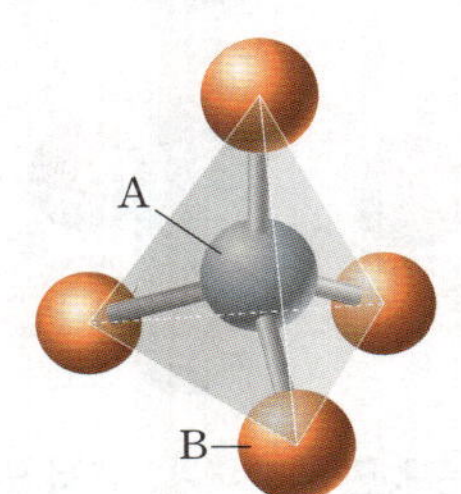


이에 대한 설명으로 옳은 것만을 보기 에서 있는 대로 고른 것은?

보기
ㄱ. A는 산소이다.
ㄴ. B의 원자가 전자 수는 4이다.
ㄷ. A와 B는 공유 결합을 한다.

① ㄱ  　　② ㄷ  　　③ ㄱ, ㄴ
④ ㄴ, ㄷ  　　⑤ ㄱ, ㄴ, ㄷ

### 319

다음은 규산염 사면체에 대한 설명이다.

규산염 사면체는 중심부에 (　A　) 원자 1개가 위치하고, 사면체의 꼭짓점에서 (　B　) 원자 1개와 결합하는 구조를 이룬다. 한편 규산염 사면체는 이웃하는 다른 규산염 사면체와 (　C　)를 공유하면서 결합하여 ㉠ 다양한 규산염 광물을 만든다.

이에 대한 설명으로 옳은 것만을 보기 에서 있는 대로 고른 것은?

보기
ㄱ. 지각의 구성 원소 중 질량비는 A가 B보다 작다.
ㄴ. B는 C보다 원자가 전자의 수가 많다.
ㄷ. ㉠은 $\dfrac{\text{O의 개수}}{\text{Si의 개수}}$ 가 모두 같다.

① ㄱ  　　② ㄴ  　　③ ㄱ, ㄷ
④ ㄴ, ㄷ  　　⑤ ㄱ, ㄴ, ㄷ

## 320

그림은 규산염 사면체 구조의 모형을 나타낸 것이다.

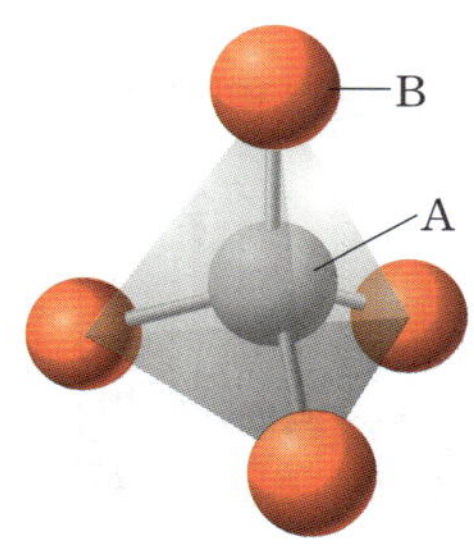

이에 대한 설명으로 옳은 것만을 〈보기〉에서 있는 대로 고른 것은?

**― 보기 ―**

ㄱ. A의 원자가 전자 수는 4이다.

ㄴ. 1개의 규산염 사면체는 음전하를 띤다.

ㄷ. 인접한 규산염 사면체는 B를 공유하여 규산염 광물을 만들기도 한다.

① ㄱ  ② ㄴ  ③ ㄱ, ㄷ

④ ㄴ, ㄷ  ⑤ ㄱ, ㄴ, ㄷ

## 321

그림 (가)와 (나)는 서로 다른 규산염 광물의 결합 구조를 나타낸 것이다.

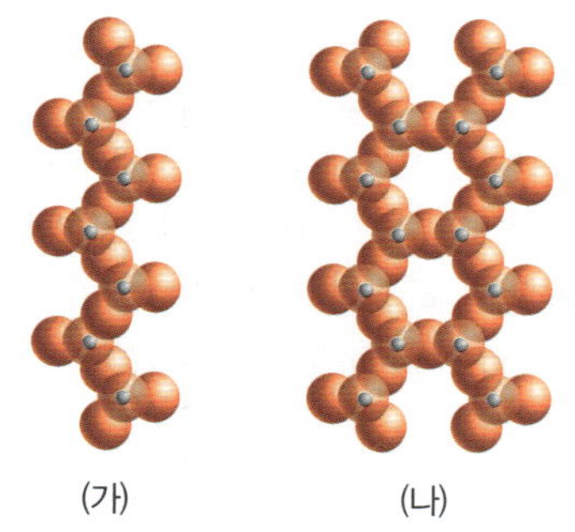

(가)　　　(나)

이에 대한 설명으로 옳은 것만을 〈보기〉에서 있는 대로 고른 것은?

**― 보기 ―**

ㄱ. (가), (나)는 모두 사슬 구조를 갖고 있다.

ㄴ. 규산염 사면체 간에 공유하는 산소 수는 (가)와 (나)가 같다.

ㄷ. (가), (나)는 모두 규산염 사면체를 기본 단위체로 하고 있다.

① ㄱ  ② ㄴ  ③ ㄱ, ㄷ

④ ㄴ, ㄷ  ⑤ ㄱ, ㄴ, ㄷ

## 322

그림 (가)는 휘석의 모습을, (나)는 휘석의 결합 구조를 나타낸 것이다.

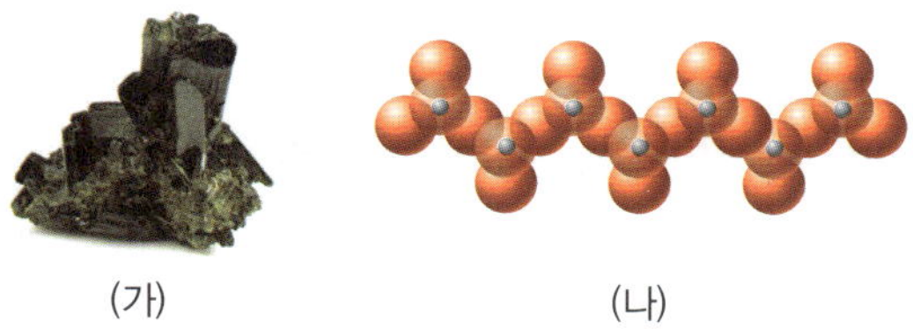

(가)　　　(나)

이에 대한 설명으로 옳은 것만을 〈보기〉에서 있는 대로 고른 것은?

**― 보기 ―**

ㄱ. 특정한 방향으로 쪼개지는 성질이 있다.

ㄴ. 휘석의 결정은 얇은 판 모양으로 나타난다.

ㄷ. 규산염 사면체 사이에 공유되는 산소 원자의 비율은 석영보다 높다.

① ㄱ  ② ㄷ  ③ ㄱ, ㄴ

④ ㄴ, ㄷ  ⑤ ㄱ, ㄴ, ㄷ

## 323

난이도 상

그림은 세 종류의 규산염 광물을 나타낸 것이다. (가), (나), (다)는 각각 감람석, 휘석, 흑운모 중 하나이다.

| 광물 | (가) | (나) | (다) |
|---|---|---|---|
| 사진 | | | |
| 특징 | 깨짐이 발달함 | 얇은 판 모양의 쪼개짐 | 기둥 모양의 결정 |

이에 대한 설명으로 옳은 것만을 〈보기〉에서 있는 대로 고른 것은?

**― 보기 ―**

ㄱ. (가)는 규산염 광물의 결합 구조가 독립형 구조이다.

ㄴ. (나)는 (다)보다 풍화에 강하다.

ㄷ. $\dfrac{\text{O의 개수}}{\text{Si의 개수}}$ 는 (나)가 가장 작다.

① ㄱ  ② ㄴ  ③ ㄱ, ㄷ

④ ㄴ, ㄷ  ⑤ ㄱ, ㄴ, ㄷ

## ★고빈출
## 324

규산염 광물에 대한 설명으로 옳은 것만을 보기 에서 있는 대로 고른 것은?



ㄱ. 규소와 산소가 결합된 규산염 사면체를 기본 단위체로 이루어져 있다.
ㄴ. 전체적으로 양전하를 띠고 있어 음이온과 결합할 수 있다.
ㄷ. 규산염 사면체들이 서로 결합할 경우에는 산소를 공유하는 결합을 한다.

① ㄱ      ② ㄷ      ③ ㄱ, ㄴ
④ ㄱ, ㄷ      ⑤ ㄴ, ㄷ

## 325 ●서술형

그림은 두 광물의 결정을 나타낸 것이다.

 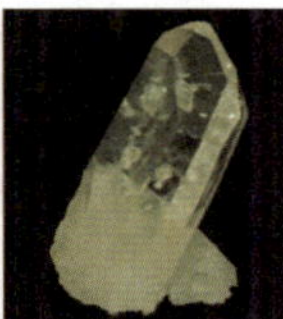

감람석      석영

두 광물에 망치로 강한 충격을 주었을 때 광물 표면에서 관찰되는 공통적인 특징을 서술하고, 그러한 특징이 나타나는 까닭을 규산염 광물의 결합 구조와 관련지어 서술하시오.

## 326 ●서술형

그림 (가)~(다)는 각각 각섬석, 흑운모, 석영의 결합 구조를 순서 없이 나타낸 것이다.

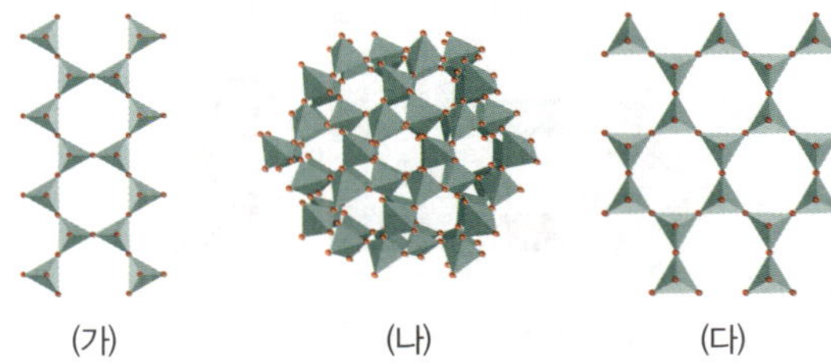

(가)      (나)      (다)

(1) (가)~(다)에 해당하는 규산염 광물을 쓰시오.

(2) (가)~(다) 중 풍화에 대한 안정도가 가장 큰 결합 구조를 쓰고, 그렇게 생각한 까닭을 서술하시오.

---

### 2   단백질

## ★고빈출
## 327

그림은 생명체를 구성하는 물질 X의 형성을 나타낸 것이다. ㉠은 결합을 나타낸다.

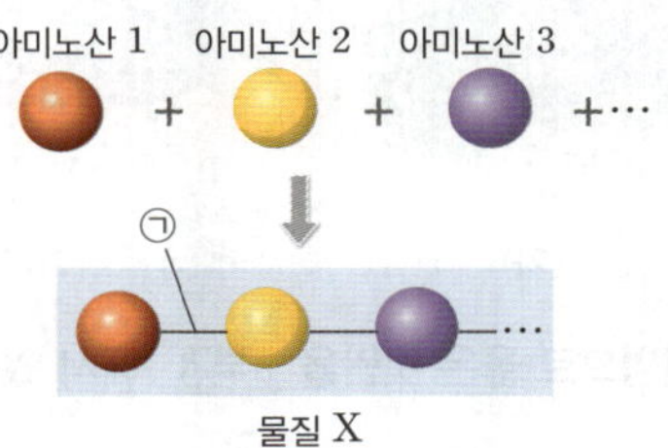



이에 대한 설명으로 옳지 않은 것은?

① ㉠은 펩타이드결합이다.
② ㉠이 형성될 때 물이 생성된다.
③ X는 폴리펩타이드이다.
④ X는 몸의 구성 성분이다.
⑤ X는 유전정보를 저장하거나 전달한다.

## ★고빈출
## 328

그림은 생명체를 구성하는 물질 (가)의 입체 구조 형성 과정을 나타낸 것이다. ㉠은 결합을 나타내고, ㉡은 A를 구성하는 기본 단위체이다.

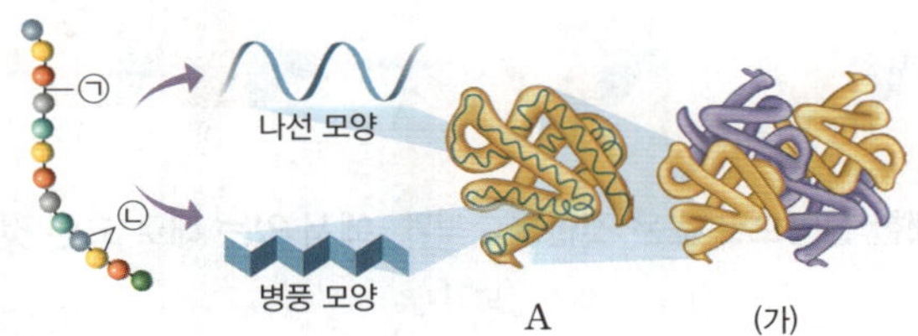



이에 대한 설명으로 옳지 않은 것은?

① ㉠은 펩타이드결합이다.
② ㉡은 뉴클레오타이드이다.
③ A의 입체 구조는 A의 기능을 결정한다.
④ A의 입체 구조는 ㉡의 종류와 배열 순서에 의해 결정된다.
⑤ 헤모글로빈은 (가)와 같은 구조를 갖는 물질의 예이다.

## 329

그림 (가)는 적혈구 속 헤모글로빈을, (나)는 피부 속 콜라젠을 나타낸 것이다.

이에 대한 설명으로 옳은 것만을 ┃보기┃에서 있는 대로 고른 것은?

┌─────────── 보기 ───────────┐
ㄱ. (가)는 여러 개의 폴리뉴클레오타이드로 구성된다.
ㄴ. (가)와 (나)를 구성하는 기본 단위체의 수와 종류는 동일하다.
ㄷ. (가)와 (나)의 고유한 입체 구조는 아미노산의 종류와 수, 배열 순서에 의해 결정된다.
└────────────────────────────┘

① ㄱ  ② ㄷ  ③ ㄱ, ㄴ
④ ㄱ, ㄷ  ⑤ ㄴ, ㄷ

## ★고빈출
## 330

그림은 폴리펩타이드가 형성되는 과정을 나타낸 것이다. ㉠과 ㉡은 기본 단위체이다.

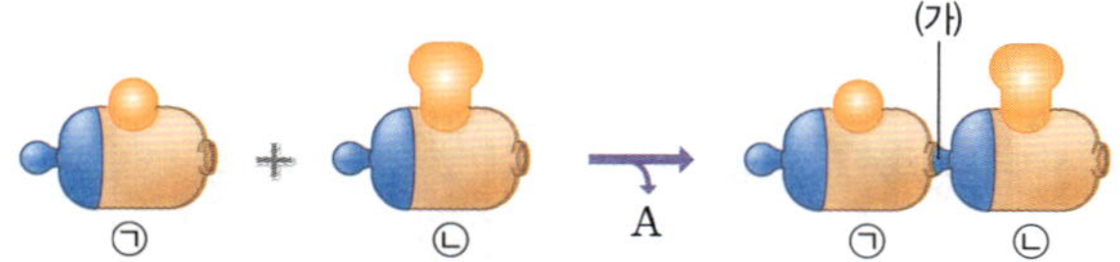



이에 대한 설명으로 옳은 것만을 ┃보기┃에서 있는 대로 고른 것은?

┌─────────── 보기 ───────────┐
ㄱ. (가)는 펩타이드결합이다.
ㄴ. A는 수소이다.
ㄷ. 5개의 아미노산으로 구성된 폴리펩타이드에는 5개의 펩타이드결합이 존재한다.
└────────────────────────────┘

① ㄱ  ② ㄴ  ③ ㄱ, ㄷ
④ ㄴ, ㄷ  ⑤ ㄱ, ㄴ, ㄷ

## 3 핵산

## ★고빈출
## 331

그림은 생명체를 구성하는 물질 X의 기본 단위체를 나타낸 것이다.

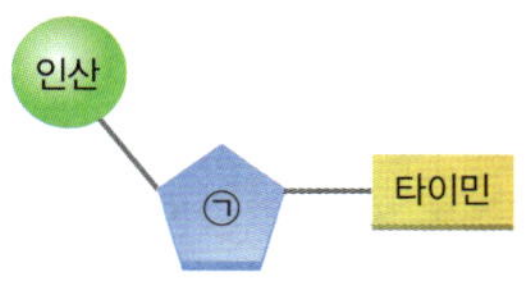



이에 대한 설명으로 옳은 것만을 ┃보기┃에서 있는 대로 고른 것은?

┌─────────── 보기 ───────────┐
ㄱ. ㉠은 라이보스이다.
ㄴ. X는 생리작용을 조절한다.
ㄷ. X는 두 가닥의 사슬이 결합하여 이중나선구조를 이룬다.
└────────────────────────────┘

① ㄱ  ② ㄷ  ③ ㄱ, ㄴ
④ ㄴ, ㄷ  ⑤ ㄱ, ㄴ, ㄷ

## 332

그림은 DNA의 일부 구조를 나타낸 것이다. (가)는 기본 단위체이고, (나)는 결합을 나타낸다.

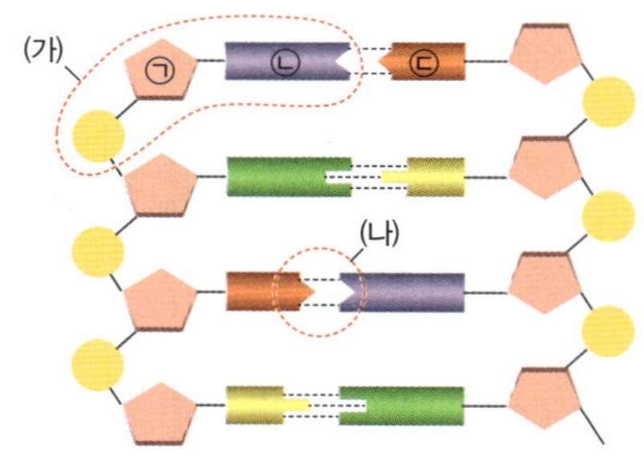



이에 대한 설명으로 옳은 것을 모두 고르면?

① (가)는 폴리뉴클레오타이드이다.
② (나)는 펩타이드결합이다.
③ ㉠은 라이보스이다.
④ ㉡이 아데닌(A)이면 ㉢은 타이민(T)이다.
⑤ 한쪽 가닥의 염기서열을 알면 나머지 가닥의 염기서열을 알 수 있다.

## 333

난이도 **상**

표는 생물 (가), (나)의 DNA에 포함된 염기 조성 비율을 나타낸 것이다.

| DNA | 염기 조성 비율(%) | | | |
|---|---|---|---|---|
| | A | G | C | T |
| (가) | 24 | ㉠ | 26 | ? |
| (나) | 30 | ? | ㉡ | ? |

이에 대한 설명으로 옳은 것만을 | 보기 | 에서 있는 대로 고른 것은?

**보기**

ㄱ. ㉠+㉡=46이다.

ㄴ. 아데닌(A)은 구아닌(G)과 상보적 결합을 한다.

ㄷ. (가)와 (나)에서 모두 $\dfrac{C+T}{A+G}=1$이다.

① ㄱ      ② ㄴ      ③ ㄱ, ㄷ

④ ㄴ, ㄷ      ⑤ ㄱ, ㄴ, ㄷ

## 334 · 서술형

그림은 생명체를 구성하는 물질의 기본 단위체 (가)와 (나)를 나타낸 것이다.

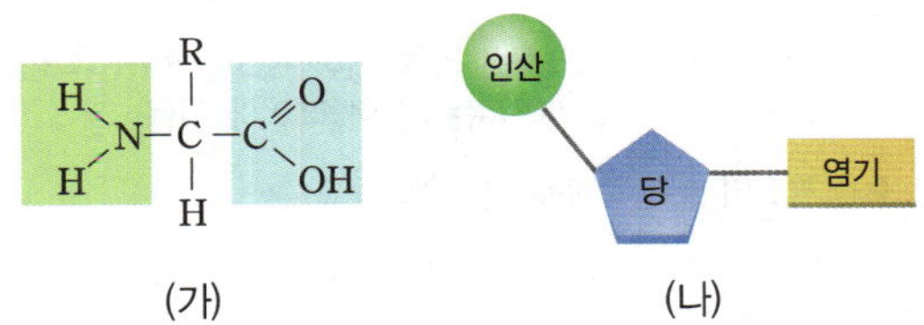


(1) (가)와 (나)의 이름을 각각 쓰시오.

(2) (가)와 (나) 각각의 기본 단위체가 결합하여 만들어지는 고분자 화합물을 쓰고, 그 화합물의 기능을 <u>1가지만</u> 서술하시오.

## 335

그림 (가)와 (나)는 DNA와 RNA의 구조를 순서 없이 나타낸 것이다.

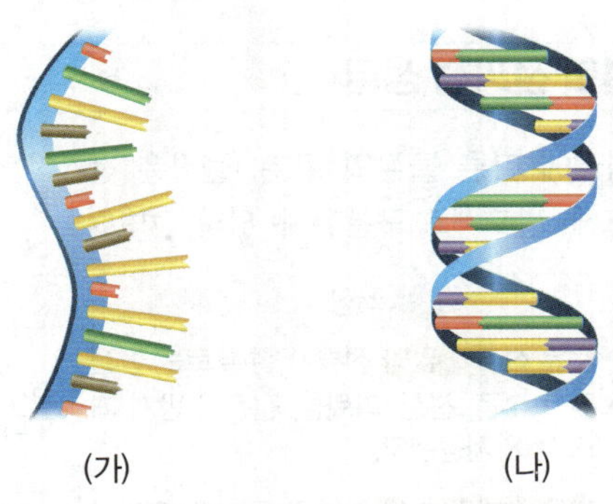

(가)        (나)

이에 대한 설명으로 옳은 것만을 | 보기 | 에서 있는 대로 고른 것은?

**보기**

ㄱ. (가)는 RNA이다.

ㄴ. (나)는 유전정보를 전달한다.

ㄷ. (가)의 염기에는 타이민(T)이 있고, (나)의 염기에는 유라실(U)이 있다.

① ㄱ      ② ㄴ      ③ ㄱ, ㄴ

④ ㄱ, ㄷ      ⑤ ㄴ, ㄷ

## 336 · 서술형

그림은 DNA와 RNA의 공통점과 차이점을 나타낸 것이다.

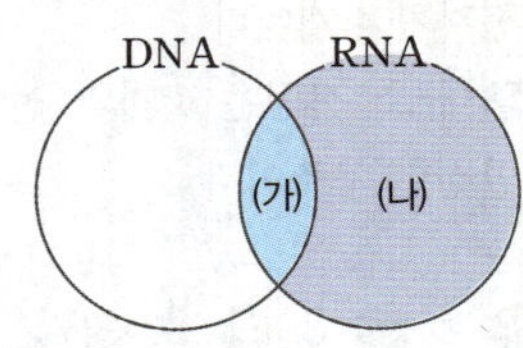


(가)와 (나)에 해당하는 특징을 각각 <u>1가지씩</u> 서술하시오.

# 08 물질의 전기적 성질과 첨단 기술의 활용

## 1 물질의 전기적 성질

**(1) 전기적 성질에 따른 물질의 구분**: 물질은 전기적 성질에 따라 도체, 부도체, 반도체로 구분할 수 있다. 자료❶

| 구분 | 특징 | 종류 |
|---|---|---|
| 도체 | • 자유 전자가 많아 전류가 잘 흐르는 물질<br>• 전기 부품, 전선, 피뢰침, 정전기 방지 패드 등에 사용된다. | 금, 은, 구리, 알루미늄, 철 등 |
| 부도체 | • 자유 전자가 거의 없어 전류가 잘 흐르지 않는 물질<br>• 절연 장갑, 전선의 피복 등에 사용된다. | 유리, 고무, 나무, 플라스틱 등 |
| 반도체 | • 전기적 성질이 도체와 부도체의 중간 정도인 물질<br>• 순수한 반도체인 규소, 저마늄 결정은 자유 전자가 적어 전류가 잘 흐르지 않는다.<br>• 순수한 반도체 결정에 약간의 특정 불순물을 섞으면 전류가 잘 흐른다.<br>• 전자 기기나 첨단 기술의 핵심 부품으로 사용된다. | 순수한 반도체: 규소, 저마늄 |

**(2) 원자와 자유 전자**

① **원자의 구조**: 물질을 이루는 원자는 원자핵과 원자핵과의 전기력에 의해 속박된 전자로 이루어져 있다.

② **자유 전자**: 원자들이 결합할 때 원자 간의 상호작용으로 원자에서 떨어져 나와 물질 내를 자유롭게 이동할 수 있는 전자이다.

③ 도체는 자유 전자가 많아 전류가 잘 흐른다.

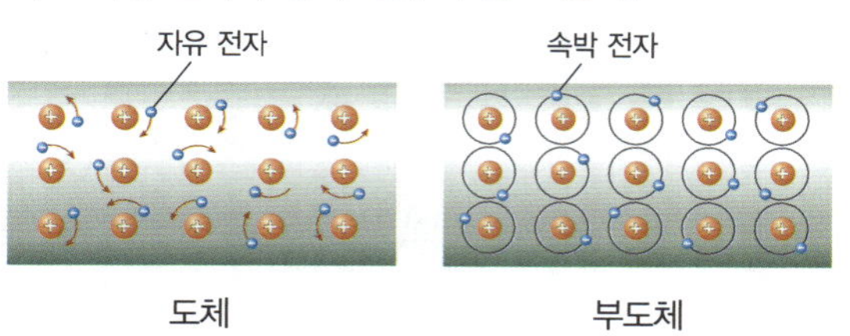


**(3) 반도체의 전기적 성질** 자료❷

① **규소**: 대표적인 반도체 물질인 규소는 지각에 풍부한 규산염 광물로부터 쉽게 얻을 수 있다.

• 규소는 원자가 전자가 4 개이다.

• **순수한 규소 결정**: 규소 결정은 4 개의 전자쌍을 공유해 공유 결합을 형성한 안정한 구조이다.

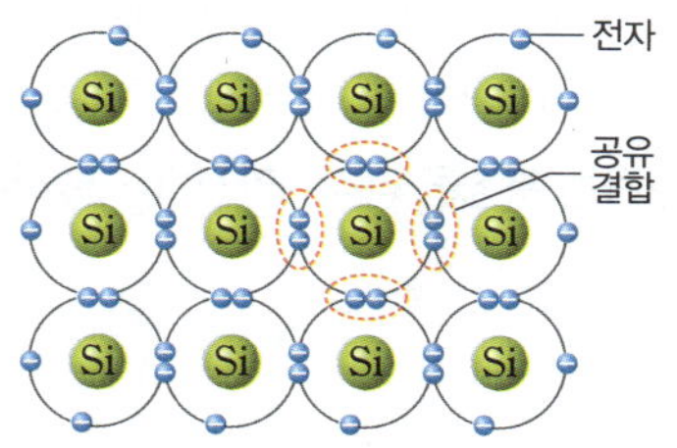


② **불순물 반도체**: 순수한 반도체인 규소나 저마늄에 붕소(B), 인(P) 등의 불순물을 첨가하면 전기 전도성이 좋아져서 전류가 잘 흐르게 된다.

• **불순물 반도체의 종류**: 첨가하는 불순물의 종류에 따라 p형 반도체와 n형 반도체로 구분한다.

**자료 분석** **p형 반도체와 n형 반도체** 자료❸

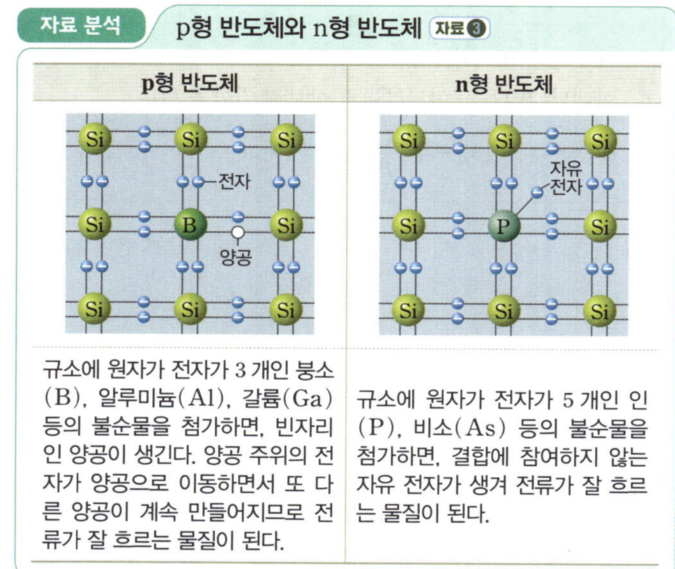


| p형 반도체 | n형 반도체 |
|---|---|
| 규소에 원자가 전자가 3 개인 붕소(B), 알루미늄(Al), 갈륨(Ga) 등의 불순물을 첨가하면, 빈자리인 양공이 생긴다. 양공 주위의 전자가 양공으로 이동하면서 또 다른 양공이 계속 만들어지므로 전류가 잘 흐르는 물질이 된다. | 규소에 원자가 전자가 5 개인 인(P), 비소(As) 등의 불순물을 첨가하면, 결합에 참여하지 않는 자유 전자가 생겨 전류가 잘 흐르는 물질이 된다. |

## 2 반도체의 기능과 활용

**(1) 전기 신호 처리 기능이 있는 반도체** 자료❹

| 반도체 | 기능 |
|---|---|
| 다이오드 | 교류를 직류로 전환 |
| 발광 다이오드(LED) | 전류가 흐르면 빛을 방출 |
| 유기 발광 다이오드(OLED) | 스스로 빛을 내며, 얇고 가벼운 특징이 있어 휘어지는 디스플레이에 이용 |
| 트랜지스터 | 전기 신호를 증폭 |
| 태양 전지 | 빛에너지를 전기 에너지로 전환 |

**(2) 데이터 처리 기능이 있는 반도체**

① **메모리 반도체**: 데이터를 저장하고 기억하는 역할을 하는 반도체

② **시스템 반도체**: 연산, 제어 등 정보처리 역할을 수행하는 반도체

메모리 반도체　　　　시스템 반도체

# ○/× 문제로 5종 교과서 핵심 자료 보기



다음 자료에 대한 설명으로 옳은 것은 ○표, 옳지 <u>않은</u> 것은 ×표 하시오.

## 자료 ① 도체와 부도체

동아, 미래엔, 비상, 지학사, 천재

그림은 전선에 사용되는 물질 A, B를 나타낸 것이다.

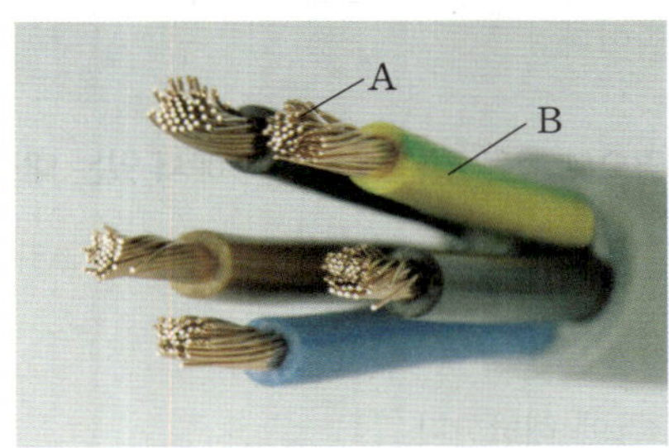


**337** A에는 자유 전자가 많다. ○/×

**338** B는 반도체이다. ○/×

**339** 전기 전도도는 A가 B보다 크다. ○/×

## 자료 ② 반도체 소자 제작 과정

미래엔, 비상

그림은 규산염 광물에서 추출한 소재로 웨이퍼를 만든 후, 여러 가지 공정을 거쳐 반도체 소자가 제작되는 과정을 나타낸 것이다.

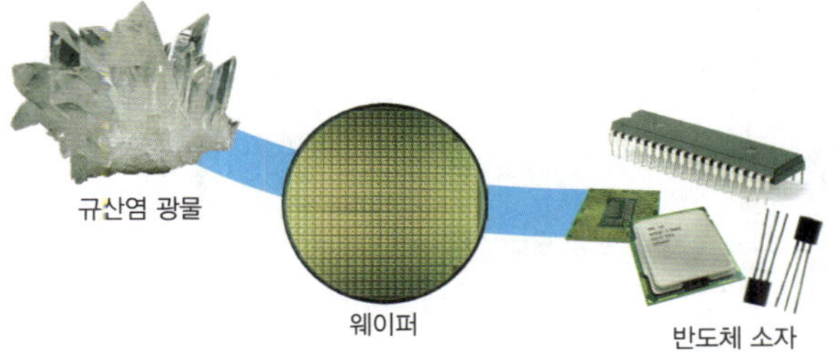


**340** 웨이퍼는 규산염 광물로부터 추출한 산소를 이용하여 제작한다. ○/×

**341** 웨이퍼에 사용되는 원소의 원자가 전자는 4 개이다. ○/×

**342** 웨이퍼에 사용되는 원소는 지각에 가장 풍부하게 존재하는 원소이다. ○/×

**343** 반도체 소자에 들어 있는 반도체는 순수한 반도체이다. ○/×

## 자료 ③ p형 반도체와 n형 반도체

동아, 미래엔, 비상, 지학사, 천재

그림은 순수한 규소(Si) 결정에 각각 인(P)과 알루미늄(Al)을 첨가한 반도체 A, B의 원자가 전자의 배열을 나타낸 것이다. A에는 결합에 참여하지 않는 전자 X가, B에는 빈자리인 Y가 생긴다.

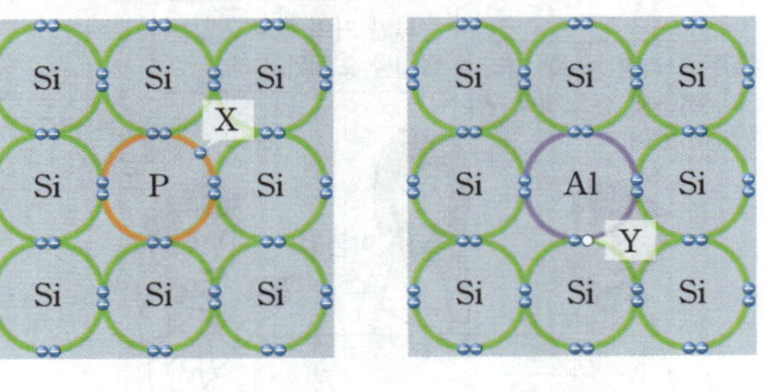


**344** 인의 원자가 전자는 5 개이다. ○/×

**345** 알루미늄의 원자가 전자는 4 개이다. ○/×

**346** X는 속박 전자이다. ○/×

**347** Y는 양공이다. ○/×

**348** A, B 모두 순수한 규소 결정보다 전류가 잘 흐른다. ○/×

## 자료 ④ 디스플레이와 태양 전지

동아, 비상, 지학사, 천재

그림 (가)는 유기 발광 다이오드(OLED)를 사용하는 디스플레이를, (나)는 태양 전지를 나타낸 것이다.

(가)

(나)

**349** OLED에는 전기 신호를 빛으로 전환하는 반도체가 사용된다. ○/×

**350** (가)의 OLED에는 빛을 비추는 또 다른 광원이 사용된다. ○/×

**351** (나)에는 교류를 직류로 전환하는 반도체가 사용된다. ○/×

## STEP 2 학교 기출 문제로 내신 대비하기

### 1 물질의 전기적 성질

#### 352

그림은 물질의 구분과 관련하여 학생들이 대화하는 모습을 나타낸 것이다.

제시한 내용이 옳은 학생만을 있는 대로 고른 것은?

① A      ② B      ③ C
④ A, C      ⑤ B, C

#### 353

그림은 물질 A, B를 사용하여 만든 전선의 구조를 나타낸 것이다. 전류는 A를 통해 흐르고, B는 감전이나 합선을 방지하기 위해 사용한다.

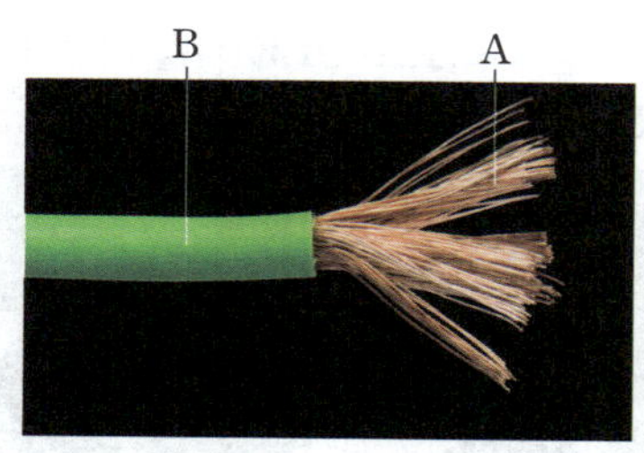


이에 대한 설명으로 옳은 것만을 보기 에서 있는 대로 고른 것은?

보기
ㄱ. A는 부도체이다.
ㄴ. B에는 자유 전자가 거의 없다.
ㄷ. B에 소량의 불순물을 섞어 전류가 잘 흐르는 전기 소자를 만들 수 있다.

① ㄱ      ② ㄴ      ③ ㄷ
④ ㄱ, ㄴ      ⑤ ㄴ, ㄷ

#### 354

다음은 전기적 성질에 따라 구분한 어떤 물질에 대한 설명이다.

> ⊙ 은/는 ⓛ 이/가 많아 전류가 잘 흐르는 물질이다.

이에 대한 설명으로 옳은 것만을 보기 에서 있는 대로 고른 것은?

보기
ㄱ. '도체'는 ⊙으로 적절하다.
ㄴ. '구속 전자'는 ⓛ으로 적절하다.
ㄷ. 고무는 ⊙에 해당한다.

① ㄱ      ② ㄷ      ③ ㄱ, ㄴ
④ ㄱ, ㄷ      ⑤ ㄴ, ㄷ

#### 고빈출
#### 355

물질을 전기적 성질에 따라 분류한 도체, 반도체, 부도체에 해당하는 예를 옳게 짝 지은 것은?

| | 도체 | 반도체 | 부도체 |
|---|---|---|---|
| ① | 철 | 고무 | 규소 |
| ② | 구리 | 저마늄 | 고무 |
| ③ | 유리 | 규소 | 알루미늄 |
| ④ | 나무 | 철 | 유리 |
| ⑤ | 저마늄 | 구리 | 규소 |

#### 356 서술형

물질은 전기적 성질에 따라 도체, 부도체, 반도체로 구분할 수 있다. 도체의 전기적 성질을 설명하고, 도체가 그러한 성질을 갖는 까닭을 서술하시오.

## 357

그림은 반도체의 주원료로 사용하는 규소(Si) 결정의 원자가 전자의 배열을 나타낸 것이다.

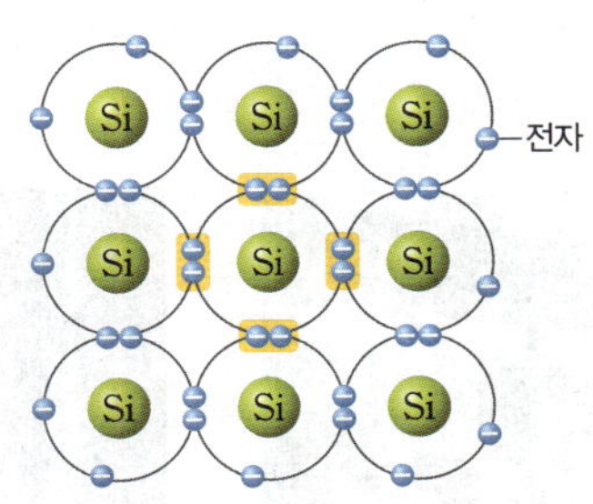


이에 대한 설명으로 옳은 것만을 보기 에서 있는 대로 고른 것은?



ㄱ. 규소의 원자가 전자는 4 개이다.
ㄴ. 규소 결정은 전류가 잘 흐르는 물질이다.
ㄷ. 규소 결정은 양(＋)이온과 음(－)이온의 정전기적 인력에 의해 결합을 형성한다.

① ㄱ  　② ㄴ  　③ ㄷ
④ ㄱ, ㄴ  　⑤ ㄴ, ㄷ

## 358

다음은 규소(Si)의 전기적 성질에 대한 설명이다.

규소로단 이루어진 순수한 반도체에 약간의 ⓐ 을/를 첨가하면 양공이나 ⓑ 이/가 생겨 전류가 잘 흐르는 물질이 될 수 있다.

이에 대한 설명으로 옳은 것만을 보기 에서 있는 대로 고른 것은?



ㄱ. '불순물'은 ⓐ으로 적절하다.
ㄴ. '자유 전자'는 ⓑ으로 적절하다.
ㄷ. 규소역 원자가 전자는 3 개이다.

① ㄱ  　② ㄷ  　③ ㄱ, ㄴ
④ ㄴ, ㄷ  　⑤ ㄱ, ㄴ, ㄷ

## 359

그림은 순수한 규소에 소량의 불순물 원소 X를 첨가한 반도체 A의 원자가 전자의 배열을 나타낸 것이다.

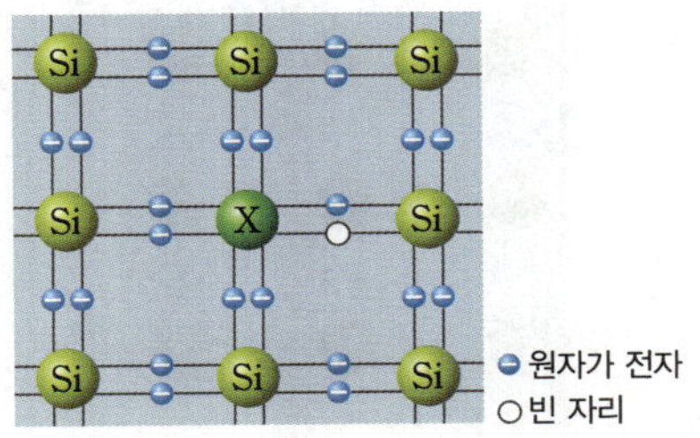


이에 대한 설명으로 옳은 것만을 보기 에서 있는 대로 고른 것은?



ㄱ. X의 원자가 전자는 3 개이다.
ㄴ. 빈자리에는 다른 전자가 들어올 수 없다.
ㄷ. A는 순수한 규소 결정보다 전류가 잘 흐르는 물질이다.

① ㄱ  　② ㄴ  　③ ㄱ, ㄴ
④ ㄱ, ㄷ  　⑤ ㄴ, ㄷ

## ☆고빈출
## 360

그림 (가)는 순수한 규소(Si)의 원자가 전자의 배열을, (나)는 순수한 규소에 소량의 불순물 원소 Y를 첨가한 물질의 원자가 전자의 배열을 나타낸 것이다.

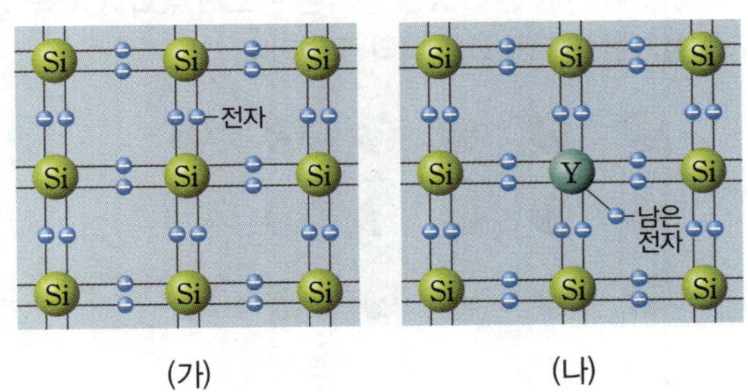


이에 대한 설명으로 옳은 것만을 보기 에서 있는 대로 고른 것은?



ㄱ. (가)에서 규소는 공유 결합을 한다.
ㄴ. (나)의 물질은 순수한 규소 결정보다 전류가 잘 흐른다.
ㄷ. (나)의 물질에는 순수한 규소 결정보다 자유 전자가 많다.

① ㄱ  　② ㄷ  　③ ㄱ, ㄴ
④ ㄴ, ㄷ  　⑤ ㄱ, ㄴ, ㄷ

## 361 서술형

그림은 순수한 규소(Si)에 소량의 붕소(B)를 첨가한 물질의 원자가 전자의 배열을 나타낸 것이다.

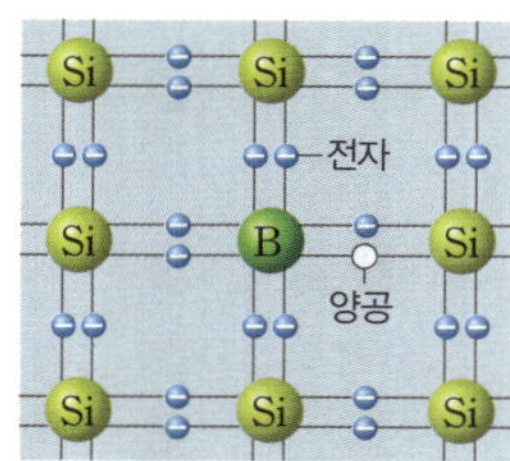

이 물질이 규소로만 이루어진 물질보다 전류가 잘 흐르는 까닭을 서술하시오.

## 362

난이도 상

그림은 저마늄(Ge)에 원소 X를 첨가한 반도체 A와 저마늄(Ge)에 원소 Y를 첨가한 반도체 B를 나타낸 것이다.

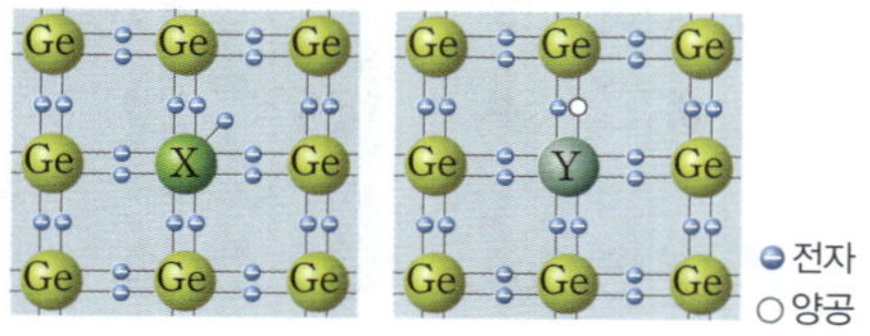

반도체 A          반도체 B

이에 대한 설명으로 옳은 것만을 보기 에서 있는 대로 고른 것은?

보기
ㄱ. A는 n형 반도체이다.
ㄴ. B에서는 주로 자유 전자가 전류를 흐르게 한다.
ㄷ. 원자가 전자는 X가 Y보다 2 개 더 많다.

① ㄱ          ② ㄴ          ③ ㄷ
④ ㄱ, ㄷ          ⑤ ㄴ, ㄷ

## 2 반도체의 기능과 활용

고빈출
## 363

그림 (가)는 태양 전지를, (나)는 빛을 방출하는 발광 다이오드(LED)를 나타낸 것이다.

 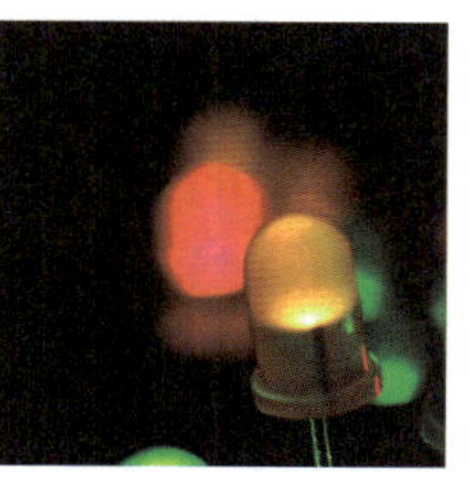

(가)          (나)

이에 대한 설명으로 옳은 것만을 보기 에서 있는 대로 고른 것은?

보기
ㄱ. (가)에는 열에너지를 전기 에너지로 전환하는 반도체가 사용된다.
ㄴ. (나)에는 전기 에너지를 빛에너지로 전환하는 반도체가 사용된다.
ㄷ. (가)와 (나) 모두 데이터 처리 기능이 있는 반도체가 활용되는 예이다.

① ㄱ          ② ㄴ          ③ ㄷ
④ ㄱ, ㄷ          ⑤ ㄴ, ㄷ

## 364

난이도 상

그림은 p형 반도체와 n형 반도체를 접합하여 만든 발광 다이오드(LED)를 전원에 연결했을 때 LED에서 빛이 방출되는 것을 나타낸 것이다.

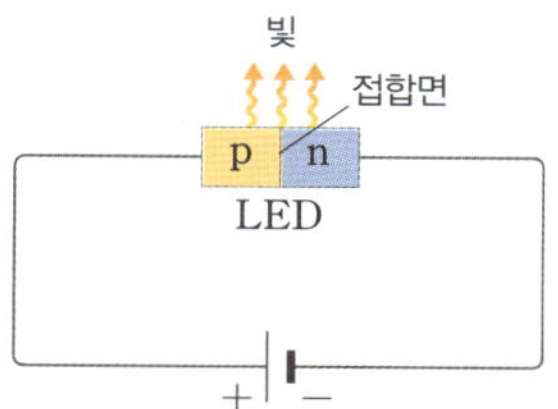


이에 대한 설명으로 옳은 것만을 보기 에서 있는 대로 고른 것은?

보기
ㄱ. LED에서 전기 에너지가 빛에너지로 전환된다.
ㄴ. p형 반도체의 양공은 접합면 쪽으로 이동한다.
ㄷ. n형 반도체의 자유 전자는 접합면으로부터 멀어지는 방향으로 이동한다.

① ㄱ          ② ㄷ          ③ ㄱ, ㄴ
④ ㄴ, ㄷ          ⑤ ㄱ, ㄴ, ㄷ

## 365

다음은 반도체 소자가 만들어지기까지의 과정을 나타낸 것이다.

지각에 풍부한 [ ㉠ ] 광물에서 순수한 [ ㉡ ] 원소만을 분리하여 웨이퍼를 만들고, 웨이퍼에 여러 가지 처리를 하여 ㉢ 반도체 소자를 만들 수 있다.

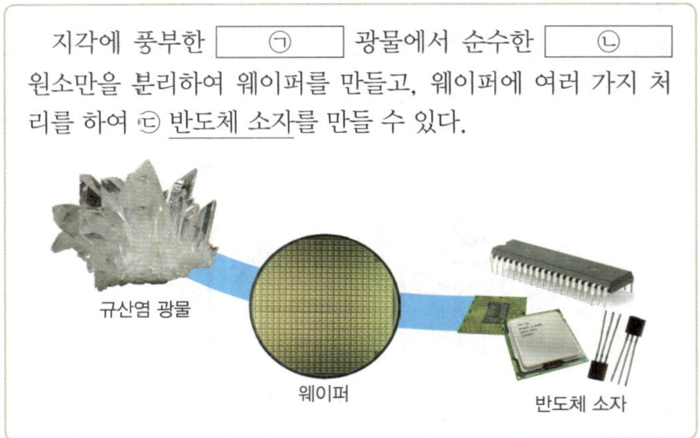


이에 대한 설명으로 옳은 것만을 보기 에서 있는 대로 고른 것은?

보기
ㄱ. '규산옅'은 ㉠으로 적절하다.
ㄴ. '산소'는 ㉡으로 적절하다.
ㄷ. ㉢은 순수한 ㉡ 결정으로 이루어져 있다.

① ㄱ
② ㄴ
③ ㄷ
④ ㄱ, ㄷ
⑤ ㄴ, ㄷ

## 366

그림은 유기 발광 다이오드(OLED)를 이용하여 만든 돌돌 말리는 롤러블 디스플레이를 나타낸 것이다.

OLED에 대한 설명으로 옳은 것만을 보기 에서 있는 대로 고른 것은?

보기
ㄱ. 잘 휘어지는 성질이 있다.
ㄴ. 빛을 전기 신호로 전환하는 성질이 있다.
ㄷ. 전류가 흐르면 스스로 빛을 방출하는 성질이 있다.

① ㄱ
② ㄴ
③ ㄷ
④ ㄱ, ㄷ
⑤ ㄴ, ㄷ

## 367

그림 (가)는 메모리 반도체를, (나)는 시스템 반도체를 나타낸 것이다.

(가) 메모리 반도체 　　　　 (나) 시스템 반도체

이에 대한 설명으로 옳은 것만을 보기 에서 있는 대로 고른 것은?

보기
ㄱ. (가)는 데이터를 저장하고 기억하는 역할을 한다.
ㄴ. (나)는 연산, 제어 등 정보처리 역할을 한다.
ㄷ. (가)와 (나) 모두 데이터 처리 기능이 없다.

① ㄱ
② ㄷ
③ ㄱ, ㄴ
④ ㄴ, ㄷ
⑤ ㄱ, ㄴ, ㄷ

## 368 서술형

그림은 다이오드를 이용하여 방향과 세기가 변하는 교류 전압을 방향이 일정한 전압으로 바꾸는 것을 나타낸 것이다.

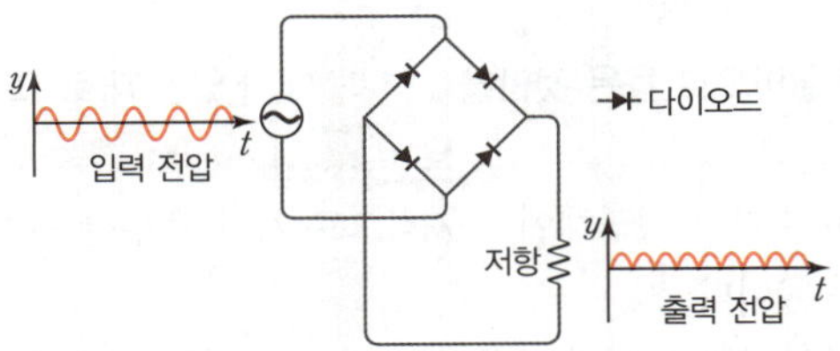


이러한 기능을 하기 위해 필요한 다이오드의 성질을 서술하시오.

# 수능 유형 문제로 만점 도전하기

## 07 지각과 생명체를 구성하는 물질

### 369

그림 (가)는 지각을, (나)는 지구를 구성하고 있는 원소의 질량비를 나타낸 것이다.

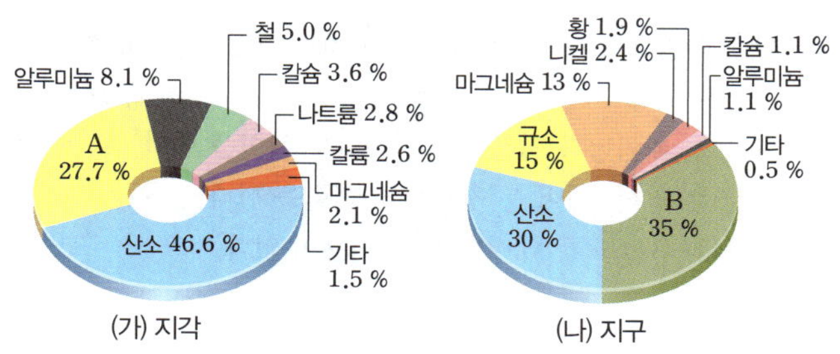


이에 대한 설명으로 옳은 것만을 보기 에서 있는 대로 고른 것은?

보기
ㄱ. A는 반도체의 원료로 이용된다.
ㄴ. 지구 내부로 갈수록 B의 함량(%)이 많아진다.
ㄷ. 지구의 평균 밀도는 지각의 평균 밀도보다 크다.

① ㄱ  　 ② ㄷ 　 ③ ㄱ, ㄴ
④ ㄴ, ㄷ 　 ⑤ ㄱ, ㄴ, ㄷ

### 370

그림 (가)는 지각을 구성하는 주요 원소의 질량비를, (나)는 규산염 사면체의 구조를 나타낸 것이다.

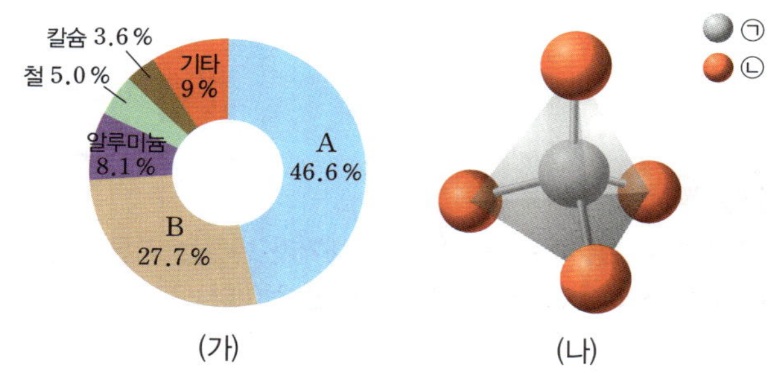


이에 대한 설명으로 옳은 것만을 보기 에서 있는 대로 고른 것은?

보기
ㄱ. A는 지각과 생명체에 공통적으로 가장 풍부한 원소이다.
ㄴ. B는 ㉡이다.
ㄷ. 규산염 사면체끼리 B를 공유하여 다양한 규산염 광물을 만들 수 있다.

① ㄱ  　 ② ㄴ 　 ③ ㄱ, ㄷ
④ ㄴ, ㄷ 　 ⑤ ㄱ, ㄴ, ㄷ

### 371

그림 (가)와 (나)는 지각을 이루는 두 원소의 전자 배치를 모형으로 나타낸 것이다.

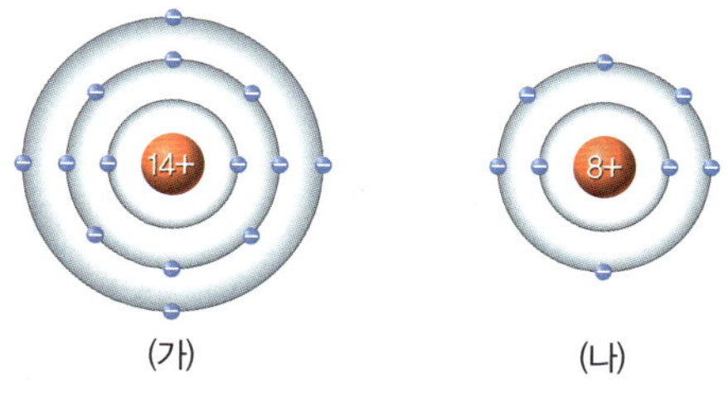


이에 대한 설명으로 옳은 것만을 보기 에서 있는 대로 고른 것은?

보기
ㄱ. (가)는 최대 4 개의 원자와 공유 결합할 수 있다.
ㄴ. 지각에서 차지하는 비율은 (가)가 (나)보다 크다.
ㄷ. 규산염 사면체는 1 개의 (가)와 4 개의 (나)가 결합한 형태이다.

① ㄴ  　 ② ㄷ 　 ③ ㄱ, ㄴ
④ ㄱ, ㄷ 　 ⑤ ㄱ, ㄴ, ㄷ

### 372

다음은 규산염 광물의 결합 구조를 알아보는 탐구 활동이다.

[탐구 과정]
(가) 쇠구슬과 자석으로 된 막대를 이용하여 ㉠ 규산염 사면체 모형을 여러 개 만든다.
(나) ㉡ 여러 개의 규산염 사면체 모형을 한 줄로 연결한 결합 구조를 만든다.
(다) ㉢ (나)에서 만든 결합 구조를 다시 두 줄로 연결하여 새로운 결합 구조를 만든다.

이에 대한 설명으로 옳은 것만을 보기 에서 있는 대로 고른 것은?

보기
ㄱ. ㉠은 사면체의 꼭짓점에 각각 쇠구슬이 위치한다.
ㄴ. ㉡을 위해 중복되는 쇠구슬 중 하나를 빼야 한다.
ㄷ. 흑운모는 ㉢의 결합 구조를 가진다.

① ㄱ  　 ② ㄷ 　 ③ ㄱ, ㄴ
④ ㄴ, ㄷ 　 ⑤ ㄱ, ㄴ, ㄷ

## 373

난이도 상

그림 (가)~(다)는 여러 가지 규산염 광물의 결합 구조를 나타낸 것이다.

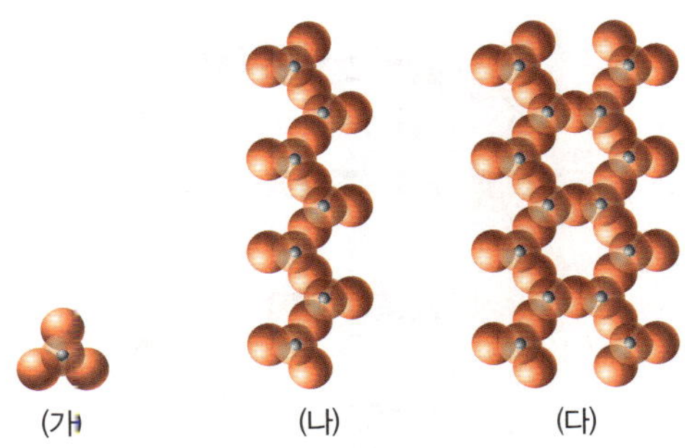

(가)    (나)    (다)

이에 대한 설명으로 옳은 것만을 보기 에서 있는 대로 고른 것은?

**보기**

ㄱ. (가)는 +2가의 양이온 2 개와 결합하여 전기적으로 중성이 될 수 있다.

ㄴ. (나)는 단사슬 구조, (다)는 판상 구조이다.

ㄷ. $\dfrac{\text{O 원자 수}}{\text{Si 원자 수}}$ 는 (가)>(나)>(다)이다.

① ㄱ          ② ㄷ          ③ ㄱ, ㄴ
④ ㄱ, ㄷ          ⑤ ㄴ, ㄷ

## 374

난이도 상

그림은 두 규산염 광물 A, B에서 규소 원자의 개수에 대한 산소 원자의 개수를 나타낸 것이다. A와 B는 각각 흑운모와 감람석 중 하나이다.

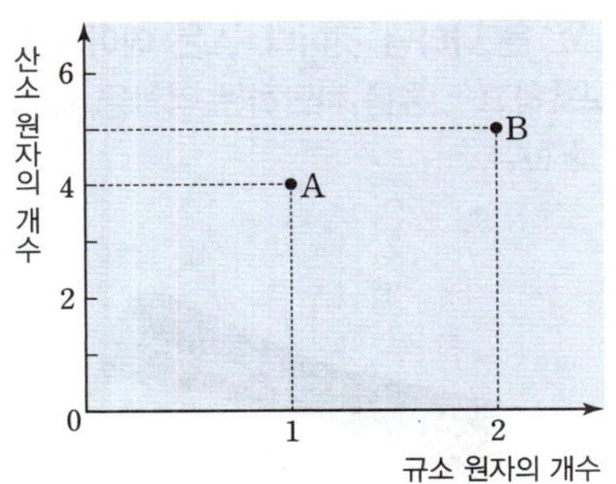

이에 대한 설명으로 옳은 것만을 보기 에서 있는 대로 고른 것은?

**보기**

ㄱ. A는 B보다 풍화에 약하다.

ㄴ. 쪼개짐은 A가 B보다 뚜렷하게 나타난다.

ㄷ. A는 규산염 사면체의 결합이 단사슬 구조로 나타난다.

① ㄱ          ② ㄴ          ③ ㄱ, ㄷ
④ ㄴ, ㄷ          ⑤ ㄱ, ㄴ, ㄷ

## 375

표는 생명체를 구성하는 물질의 특징과 기능을 나타낸 것이다. A와 B는 핵산과 지질을 순서 없이 나타낸 것이다.

| 물질 | 특징과 기능 |
|---|---|
| A | 세포막의 구성 성분이다. |
| B | 유전정보를 저장하거나 전달한다. |
| 단백질 | ㉠ |

이에 대한 설명으로 옳은 것만을 보기 에서 있는 대로 고른 것은?

**보기**

ㄱ. A의 기본 단위체는 아미노산이다.

ㄴ. B의 기본 단위체는 인산, 당, 염기로 구성된다.

ㄷ. '생리작용을 조절한다.'는 ㉠에 해당한다.

① ㄱ          ② ㄴ          ③ ㄱ, ㄷ
④ ㄴ, ㄷ          ⑤ ㄱ, ㄴ, ㄷ

## 376

그림 (가)는 적혈구 속 단백질(헤모글로빈)을, (나)는 근육 속 단백질(마이오글로빈)을 나타낸 것이다.

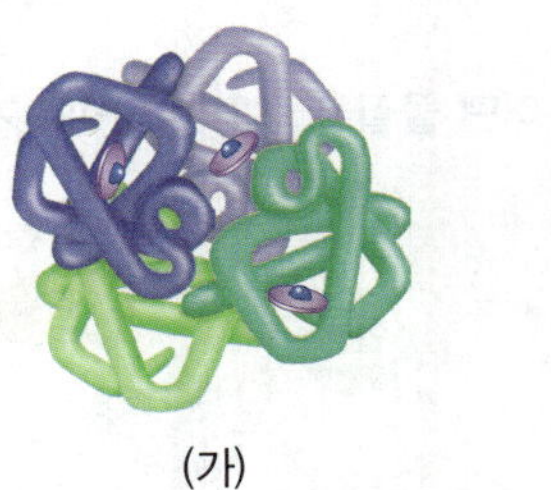

(가)    (나)

이에 대한 설명으로 옳은 것만을 보기 에서 있는 대로 고른 것은?

**보기**

ㄱ. (가)의 기본 단위체는 뉴클레오타이드이다.

ㄴ. (나)의 기본 단위체는 펩타이드결합에 의해 연결된다.

ㄷ. (가)와 (나)를 구성하는 기본 단위체의 배열 순서는 서로 다르다.

① ㄱ          ② ㄴ          ③ ㄷ
④ ㄴ, ㄷ          ⑤ ㄱ, ㄴ, ㄷ

## 377

난이도 상

다음은 단백질의 구조를 알아보는 모의실험이다.

(가) 단백질의 기본 단위체 부품 ㉠, ㉡과 펩타이드결합 막대 부품을 표와 같이 준비하였다.

| 부품 | 모양 | 개수(개) |
| --- | --- | --- |
| 기본 단위체 ㉠ | | 10 |
| 기본 단위체 ㉡ | | 8 |
| 펩타이드결합 막대 | | ? |

(나) 그림과 같이 ㉠과 펩타이드결합 막대로만 모형 X를, ㉡과 펩타이드결합 막대로만 모형 Y를 만들었다. X와 Y를 만들고 남은 부품은 없다.

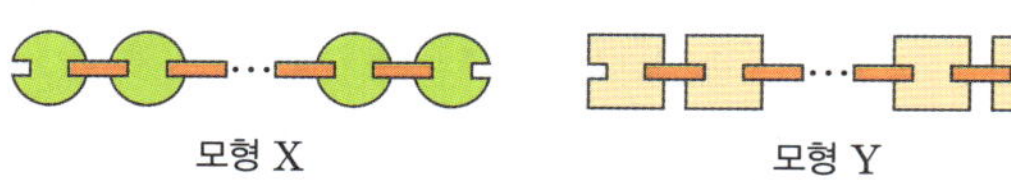

모형 X          모형 Y

이에 대한 설명으로 옳은 것만을 보기 에서 있는 대로 고른 것은?

보기
ㄱ. ㉠과 ㉡은 아미노산에 해당한다.
ㄴ. X와 Y는 폴리펩타이드에 해당한다.
ㄷ. 펩타이드결합 막대의 개수는 16 개이다.

① ㄱ
② ㄷ
③ ㄱ, ㄴ
④ ㄴ, ㄷ
⑤ ㄱ, ㄴ, ㄷ

## 378

고빈출

그림 (가)는 생명체를 구성하는 어떤 물질을, (나)는 (가)의 기본 단위체를 나타낸 것이다.

이에 대한 설명으로 옳은 것만을 보기 에서 있는 대로 고른 것은?

보기
ㄱ. (가)는 RNA이다.
ㄴ. (나)를 구성하는 염기는 4 종류이다.
ㄷ. ㉠은 디옥시라이보스이다.

① ㄱ
② ㄷ
③ ㄱ, ㄴ
④ ㄴ, ㄷ
⑤ ㄱ, ㄴ, ㄷ

## 379

난이도 상

그림은 어떤 핵산의 구조를 나타낸 것이다.

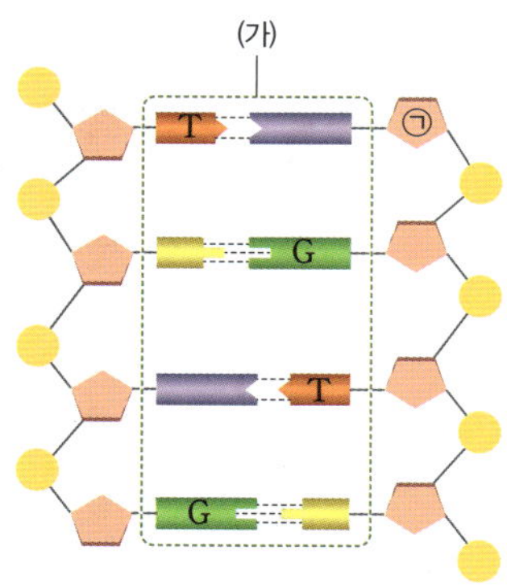


이에 대한 설명으로 옳은 것만을 보기 에서 있는 대로 고른 것은?

보기
ㄱ. ㉠은 라이보스이다.
ㄴ. (가)에서 아데닌(A)의 개수는 사이토신(C)의 개수보다 많다.
ㄷ. 당과 인산 사이의 결합에 의해 폴리뉴클레오타이드가 만들어진다.

① ㄱ
② ㄴ
③ ㄷ
④ ㄱ, ㄴ
⑤ ㄴ, ㄷ

## 08 물질의 전기적 성질과 첨단 기술의 활용

## 380

그림은 램(RAM)을 나타낸 것이다. A는 데이터를 저장하는 역할을, B는 램을 보호하고 전류를 차단하는 역할을, C는 데이터가 출입하는 통로 역할을 한다.

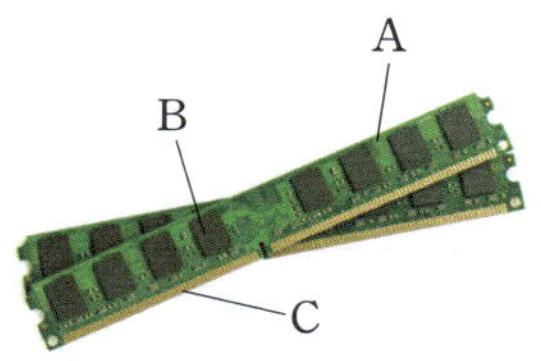


이에 대한 설명으로 옳은 것만을 보기 에서 있는 대로 고른 것은?

보기
ㄱ. A는 순수한 반도체로 이루어져 있다.
ㄴ. B는 부도체를 이용하여 만든다.
ㄷ. C에는 자유 전자가 거의 없다.

① ㄱ
② ㄴ
③ ㄷ
④ ㄱ, ㄴ
⑤ ㄴ, ㄷ

고빈출
## 381

그림 (가)는 순수한 규소($Si$)로 이루어진 물질의 원자가 전자의 배열을, (나)는 순수한 규소에 소량의 불순물 원소 $X$를 첨가한 물질의 원자가 전자의 배열을 나타낸 것이다.

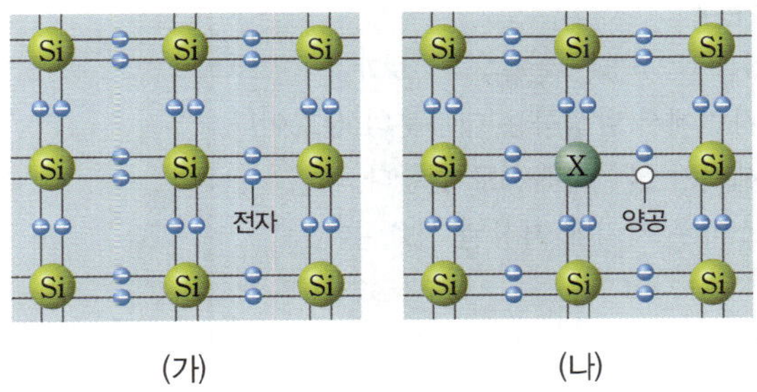


이에 대한 설명으로 옳은 것만을 보기 에서 있는 대로 고른 것은?

보기

ㄱ. (가)에서 규소는 이온 결합을 한다.
ㄴ. $X$의 원자가 전자는 규소보다 1 개 더 적다.
ㄷ. 전기 전도도는 (나)의 물질이 (가)의 물질보다 크다.

① ㄱ  　　② ㄴ  　　③ ㄱ, ㄴ
④ ㄱ, ㄷ  　　⑤ ㄴ, ㄷ

## 382

난이도 상

그림은 $p$형 반도체와 $n$형 반도체를 접합하여 만든 태양 전지에 태양 빛을 비출 때, 화살표 방향으로 전류가 흐르는 것을 나타낸 것이다. A, B는 $p$형 반도체와 $n$형 반도체를 순서 없이 나타낸 것이다.

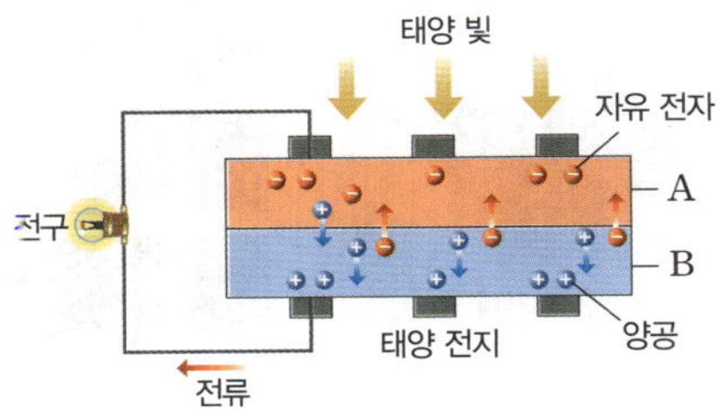


이에 대한 설명으로 옳은 것만을 보기 에서 있는 대로 고른 것은?

보기

ㄱ. A는 $p$형 반도체이다.
ㄴ. 태양 전지 내부에서 전자는 A에서 B 쪽으로 이동한다.
ㄷ. 태양 전지에서 빛에너지가 전기 에너지로 전환된다.

① ㄱ  　　② ㄴ  　　③ ㄷ
④ ㄱ, ㄷ  　　⑤ ㄴ, ㄷ



## 383

난이도 상

다음은 규산염 사면체의 결합 구조를 만드는 탐구 활동의 일부이다.

(가) 산소 원자 모형, 규소 원자 모형, 연결 막대를 여러 개 준비한다.
(나) 산소 원자 모형과 규소 원자 모형을 연결 막대로 결합하여 여러 개의 규산염 사면체를 만든다.
(다) 규산염 사면체끼리 연결하여 그림과 같은 결합 구조를 가지는 규산염 광물을 만든다.

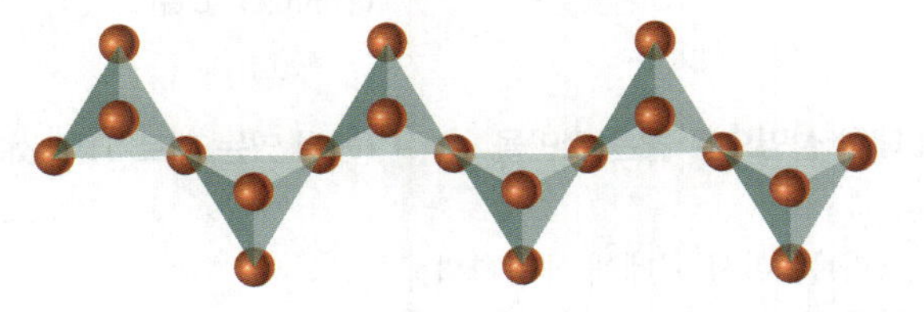

(다)의 규산염 광물을 만들 때 규소 원자 모형 1 개당 필요한 산소 원자 모형의 개수를 쓰고, 판단한 근거를 서술하시오.

_______________________________________

_______________________________________

## 384

그림 (가)는 적혈구 속 헤모글로빈을, (나)는 피부 속 콜라젠을 나타낸 것이다.

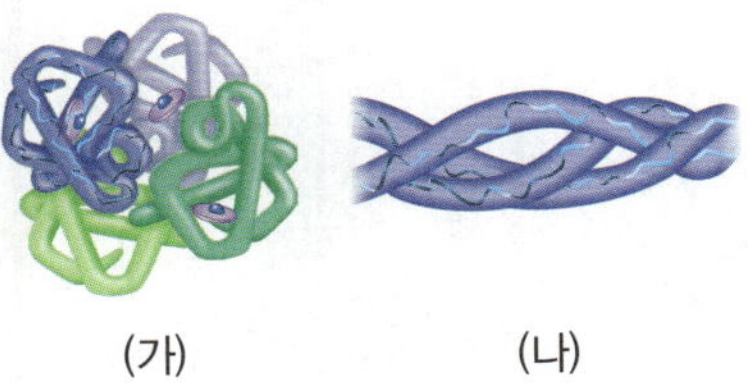


(1) (가)와 (나)의 기능에 대해 각각 서술하시오.

_______________________________________

_______________________________________

(2) (가)와 (나)의 기능에 차이가 생기는 까닭을 서술하시오.

_______________________________________

_______________________________________

## 385

데이터 처리 기능이 있는 반도체는 메모리 반도체와 시스템 반도체로 구분할 수 있다. 메모리 반도체와 시스템 반도체의 역할을 서술하시오.

_______________________________________

_______________________________________

# 단원 종합 문제로 만점 완성하기

## 386

그림 (가)와 (나)는 각각 태양 주위를 공전하는 지구와 수소 원자를 공간의 차원에서 비교한 것이다.

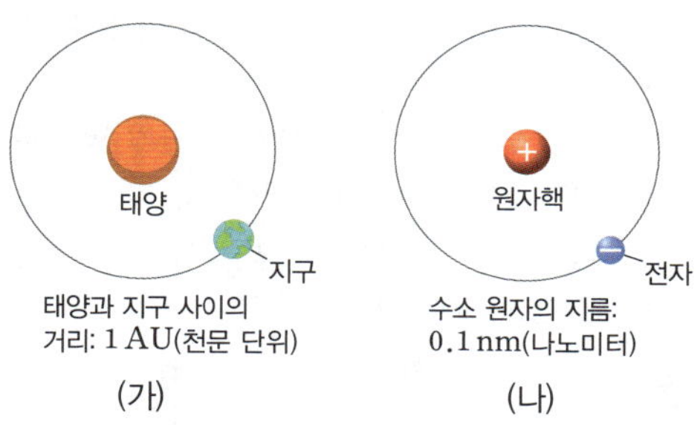



이에 대한 설명으로 옳은 것만을 보기 에서 있는 대로 고른 것은?

> **보기**
> ㄱ. (가)는 미시 세계에 해당한다.
> ㄴ. (나)에서 0.1 nm는 $10^{-9}$ m와 같다.
> ㄷ. 공간의 규모는 (가)가 (나)보다 크다.

① ㄱ　　　　② ㄴ　　　　③ ㄷ
④ ㄱ, ㄴ　　　⑤ ㄴ, ㄷ

## 387

여러 가지 물리량의 종류 및 구분과 국제단위계의 기본 단위를 옳게 짝 지은 것은?

| | 물리량 | 구분 | 단위 |
|---|---|---|---|
| ① | 시간 | 기본량 | s |
| ② | 속력 | 기본량 | kg/s |
| ③ | 질량 | 유도량 | kg |
| ④ | 부피 | 유도량 | $m^2$ |
| ⑤ | 온도 | 유도량 | °C |

## 388

아날로그 신호에 대한 설명으로 옳은 것만을 보기 에서 있는 대로 고른 것은?

> **보기**
> ㄱ. 자연에서 발생하는 대부분의 신호이다.
> ㄴ. 세기가 불연속적으로 변한다.
> ㄷ. 스마트 기기에 저장된 신호이다.

① ㄱ　　　　② ㄴ　　　　③ ㄷ
④ ㄱ, ㄴ　　　⑤ ㄴ, ㄷ

## 고빈출 389

그림 (가)는 광원에서 나온 빛이 저온의 기체를 통과한 모습을, (나)는 스펙트럼 A, B, C를 나타낸 것이다.

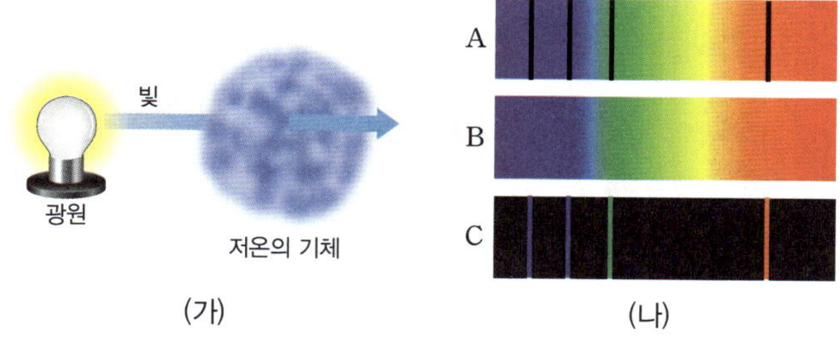



이에 대한 설명으로 옳은 것만을 보기 에서 있는 대로 고른 것은?

> **보기**
> ㄱ. (가)에서 나타나는 스펙트럼의 종류는 B와 같다.
> ㄴ. 햇빛을 자세히 관찰하면 A와 같은 스펙트럼이 나타난다.
> ㄷ. A와 C는 동일한 종류의 원소를 관찰한 스펙트럼이다.

① ㄱ　　　　② ㄷ　　　　③ ㄱ, ㄴ
④ ㄴ, ㄷ　　　⑤ ㄱ, ㄴ, ㄷ

## ★고빈출
# 390

난이도 상

그림은 빅뱅 이후 시간에 따른 입자의 생성을 나타낸 것이다.

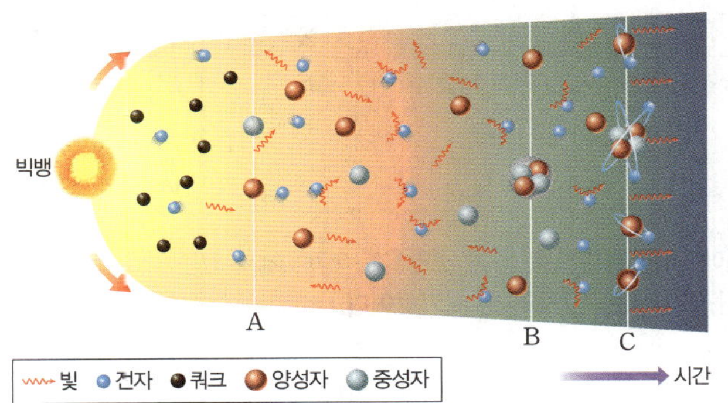


이에 대한 설명으로 옳은 것만을 보기 에서 있는 대로 고른 것은?

**보기**

ㄱ. A 시기 전후의 변화는 우주의 온도 하강에 의해 일어났다.

ㄴ. B 시기 직후부터 빛은 우주 공간을 자유롭게 이동하였다.

ㄷ. B와 C 시기 사이에 $\dfrac{\text{수소 원자핵의 질량}}{\text{헬륨 원자핵의 질량}}$ 은 약 12이다.

① ㄱ      ② ㄴ      ③ ㄱ, ㄷ

④ ㄴ, ㄷ      ⑤ ㄱ, ㄴ, ㄷ

# 391

그림은 현재 우주를 구성하는 원소의 질량비를 나타낸 것이다.

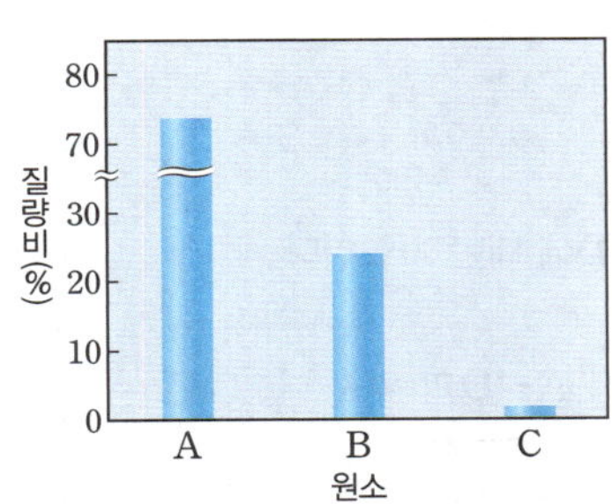


빅뱅 이후 우주에서 A, B, C의 생성에 대한 설명으로 옳은 것만을 보기 에서 있는 대로 고른 것은?

**보기**

ㄱ. 원자핵의 생성 시기는 A가 B보다 빠르다.

ㄴ. C는 A와 B의 생성 시기 사이에 생성되었다.

ㄷ. B의 총 질량에 대한 A의 총 질량은 현재까지 계속 증가하였다.

① ㄱ      ② ㄷ      ③ ㄱ, ㄴ

④ ㄴ, ㄷ      ⑤ ㄱ, ㄴ, ㄷ

## ★고빈출
# 392

그림은 어느 별의 탄생과 진화 과정을 나타낸 것이다. 이 별은 (나)의 중심부에서는 수소와 헬륨이, (다)의 중심부에서는 철이 분포한다.

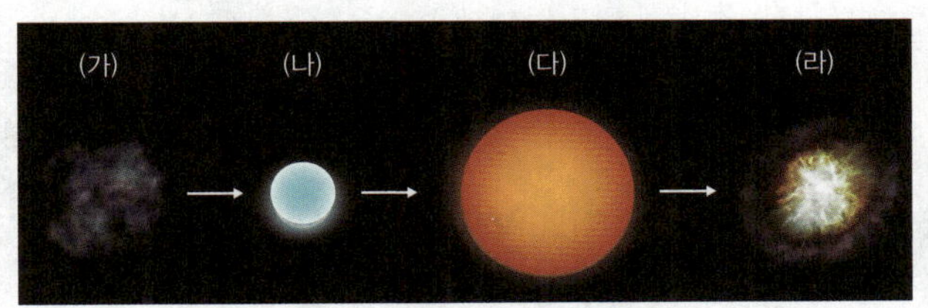


이에 대한 설명으로 옳은 것만을 보기 에서 있는 대로 고른 것은?

**보기**

ㄱ. 성운 내에서 철보다 무거운 원소의 함량은 (가)가 (라)보다 많다.

ㄴ. (가) → (나) 과정에서 중력 수축이 일어난다.

ㄷ. (다) → (라) 과정에서 초신성 폭발이 일어난다.

① ㄱ      ② ㄴ      ③ ㄱ, ㄷ

④ ㄴ, ㄷ      ⑤ ㄱ, ㄴ, ㄷ

## ★고빈출
# 393

난이도 상

다음은 지구의 형성 과정 중 일부를 나타낸 것이다.

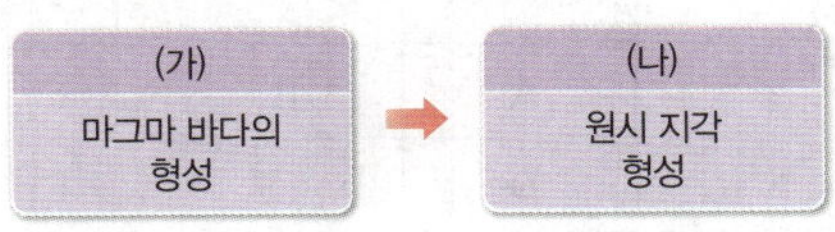


이에 대한 설명으로 옳은 것만을 보기 에서 있는 대로 고른 것은?

**보기**

ㄱ. 지구 중심부의 밀도는 (가) 시기 이전보다 (나) 시기가 컸다.

ㄴ. 지구에 원시 바다가 형성된 것은 (가)와 (나) 사이의 시기이다.

ㄷ. 원시 지각의 구성 성분은 맨틀보다 핵에 가깝다.

① ㄱ      ② ㄷ      ③ ㄱ, ㄴ

④ ㄴ, ㄷ      ⑤ ㄱ, ㄴ, ㄷ

# 단원 종합 문제로 만점 완성하기

## 고빈출
## 394

그림 (가), (나), (다)는 지구, 생명체, 우주를 이루는 주요 성분의 질량비를 순서 없이 나타낸 것이다.

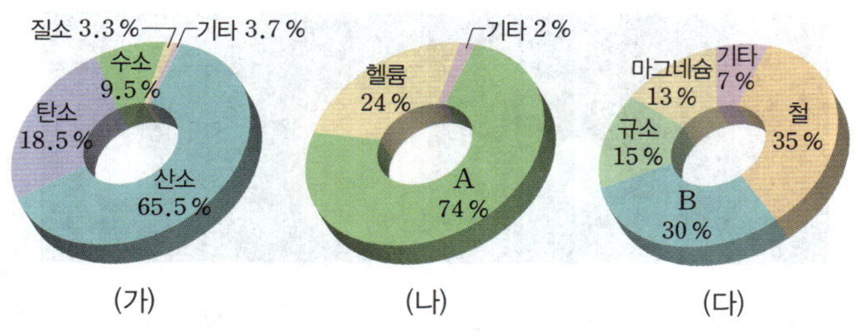


이에 대한 설명으로 옳은 것만을 보기 에서 있는 대로 고른 것은?

**보기**

ㄱ. A는 현재 우주에서 가장 풍부한 원소이다.
ㄴ. B는 초신성 폭발 과정에서 생성된다.
ㄷ. (가)는 지구, (다)는 생명체에 해당한다.

① ㄱ    ② ㄷ    ③ ㄱ, ㄴ
④ ㄴ, ㄷ    ⑤ ㄱ, ㄴ, ㄷ

## 고빈출 · 최다 오답
## 395

그림은 주기율표의 일부를 나타낸 것이다. $C^-$과 $D^+$의 전자 배치는 Ne과 같고, $x+z=y+4$이다.

| 주기＼족 | $x$ | $y$ | $z$ |
|---|---|---|---|
| 2 | A | B | C |
| 3 | D |  | E |

이에 대한 설명으로 옳은 것만을 보기 에서 있는 대로 고른 것은? (단, A ~ E는 임의의 원소 기호이다.)

**보기**

ㄱ. $x+y+z=12$이다.
ㄴ. A와 D는 모두 물과 격렬하게 반응한다.
ㄷ. $BE_4$의 공유 전자쌍 수는 4이다.

① ㄱ    ② ㄴ    ③ ㄱ, ㄷ
④ ㄴ, ㄷ    ⑤ ㄱ, ㄴ, ㄷ

## 396

난이도 상

표는 2, 3주기 원소 X ~ Z에 대한 자료이다.

| 원소 | X | Y | Z |
|---|---|---|---|
| 전자가 들어 있는 전자 껍질 수 | $a$ | $a$ | $a+1$ |
| 원자가 전자 수 | $2a$ | $2a+3$ | $2a-1$ |
| 원자 번호 | $x$ | $y$ | $z$ |

이에 대한 설명으로 옳은 것만을 보기 에서 있는 대로 고른 것은? (단, X ~ Z는 임의의 원소 기호이다.)

**보기**

ㄱ. X ~ Z는 모두 비금속 원소이다.
ㄴ. $Y^-$과 $Z^{3+}$의 전자 배치는 모두 Ne과 같다.
ㄷ. $x+y>z$이다.

① ㄱ    ② ㄴ    ③ ㄷ
④ ㄱ, ㄴ    ⑤ ㄴ, ㄷ

## 최다 오답
## 397

난이도 상

다음은 원소 A ~ D에 대한 자료이다.

- 주기율표에서 A ~ D의 위치

| 주기＼족 | 1 | 2 | 13 | 14 | 15 | 16 | 17 | 18 |
|---|---|---|---|---|---|---|---|---|
| 1 |  |  |  |  |  |  |  | A |
| 2 |  |  |  |  | B | C |  |  |
| 3 | D |  |  |  |  |  |  |  |

- A의 원자 번호는 $a$이다.
- B의 전자가 들어 있는 전자 껍질 수는 $b$이다.
- 원자가 전자 수는 C가 D보다 $c$만큼 크다.

$a+b+c$는? (단, A ~ D는 임의의 원소 기호이다.)

① 8    ② 9    ③ 10    ④ 12    ⑤ 19

## 398

다음은 알칼리 금속 X의 성질을 알아보기 위한 실험이다.

[실험 과정 및 결과]
(가) X를 칼로 자른 후 단면을 살펴보았더니 은백색의 광택이 곧 사라졌다.
(나) 물이 들어 있는 시험관에 X의 작은 조각을 넣었더니 기체가 발생하면서 격렬하게 반응하였다.
(다) (나)의 시험관에 페놀프탈레인 용액을 2~3 방울 떨어뜨렸더니 붉은색으로 변했다.

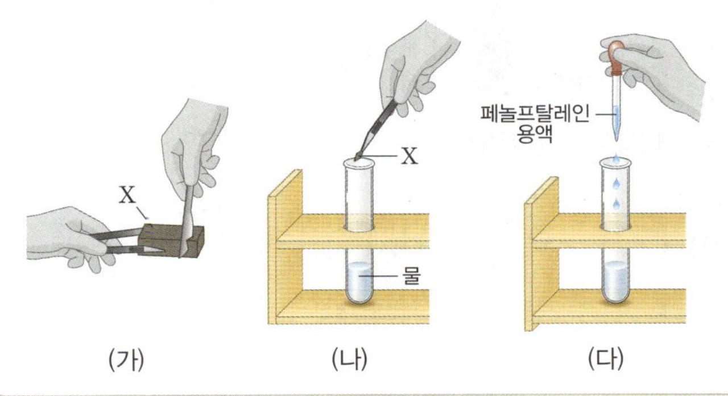


이 실험에 대한 설명으로 옳은 것만을 보기 에서 있는 대로 고른 것은? (단, X는 임의의 원소 기호이다.)

보기
ㄱ. (가)의 X 표면에 생성된 물질은 이온 결합 물질이다.
ㄴ. (나)에서 발생한 기체는 물과 쉽게 반응한다.
ㄷ. 전기 전도성은 (다) 과정 후 수용액이 (나)의 물보다 크다.

① ㄱ　　② ㄴ　　③ ㄱ, ㄷ　　④ ㄴ, ㄷ　　⑤ ㄱ, ㄴ, ㄷ

## 399

난이도 상

그림은 화합물 AB와 CD를 화학 결합 모형으로 나타낸 것이다.

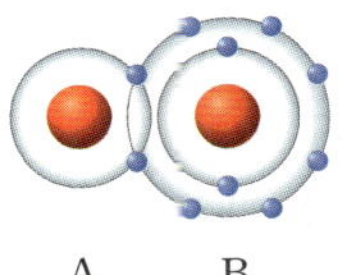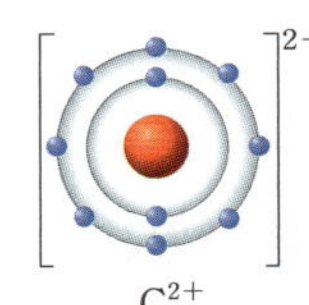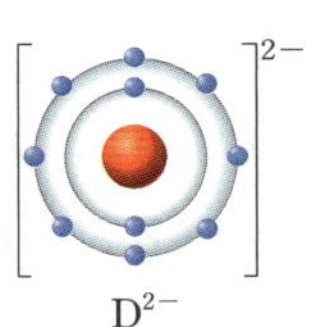


이에 대한 설명으로 옳은 것만을 보기 에서 있는 대로 고른 것은? (단, A~D는 임의의 원소 기호이다.)

보기
ㄱ. 원자 번호는 C>B이다.
ㄴ. 수용액 상태에서의 전기 전도성은 $A_2D>CB_2$이다.
ㄷ. 공유 전자쌍 수는 $DB_2>A_2D$이다.

① ㄱ　　② ㄷ　　③ ㄱ, ㄴ　　④ ㄴ, ㄷ　　⑤ ㄱ, ㄴ, ㄷ

## 400

난이도 상

표는 화합물 (가)와 (나)에 대한 자료이다. A~D는 각각 H, O, F, Na 중 하나이고, 원자 번호는 B>A이다.

| 화합물 | (가) | (나) |
|---|---|---|
| 화학 결합 | 공유 결합 | 이온 결합 |
| 원자 수비 | A : B = 1 : 1 | C : D = 2 : 1 |

이에 대한 설명으로 옳은 것만을 보기 에서 있는 대로 고른 것은?

보기
ㄱ. (가)의 공유 전자쌍 수는 2이다.
ㄴ. (나)에서 C와 D는 모두 Ne과 같은 전자 배치를 한다.
ㄷ. 고체 상태에서의 전기 전도성은 $CB>A_2D$이다.

① ㄱ　　② ㄴ　　③ ㄷ
④ ㄱ, ㄴ　　⑤ ㄱ, ㄷ

## 401

다음은 규산염 광물에 대한 설명이다.

지각의 대부분을 구성하는 규산염 광물은 ㉠ 규소와 산소가 결합한 규산염 사면체를 기본 단위체로 하여 만들어진다. 규산염 사면체는 ㉡ 하나씩 독립적으로 존재하거나 한 줄이나 ㉢ 두 줄로 길게 직선형으로 결합하기도 하고, 평면 또는 ㉣ 입체적으로 결합하여 다양한 구조의 광물을 만든다.

이에 대한 설명으로 옳은 것만을 보기 에서 있는 대로 고른 것은?

보기
ㄱ. ㉠은 원자가 전자의 개수가 탄소와 같다.
ㄴ. ㉡, ㉢, ㉣의 광물 중 깨짐이 발달하는 것은 ㉢이다.
ㄷ. ㉡ → ㉢ → ㉣의 광물로 갈수록 풍화에 견디는 정도가 강해진다.

① ㄱ　　② ㄴ　　③ ㄱ, ㄷ
④ ㄴ, ㄷ　　⑤ ㄱ, ㄴ, ㄷ

# 단원 종합 문제로 만점 완성하기

## 402

난이도 상

그림 (가)와 (나)는 규산염 사면체의 결합 구조를 나타낸 것이다. (가)와 (나)는 각각 휘석과 각섬석 중 하나이다.

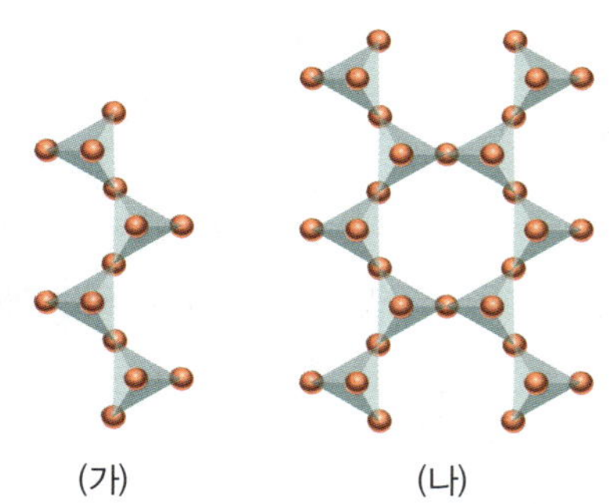

(가)　　　　　(나)

이에 대한 설명으로 옳은 것만을 보기 에서 있는 대로 고른 것은?

보기
ㄱ. (가)는 Si : O＝1 : 3이다.
ㄴ. (가)의 규산염 사면체에 ＋2가의 금속 이온이 결합하면 규산염 광물이 된다.
ㄷ. (가)는 깨짐, (나)는 쪼개짐이 발달한다.

① ㄱ　　　　　② ㄷ　　　　　③ ㄱ, ㄴ
④ ㄴ, ㄷ　　　　⑤ ㄱ, ㄴ, ㄷ

## 403

그림은 항체 X의 구조를 나타낸 것이다. ㉠은 기본 단위체이다.

이에 대한 설명으로 옳은 것만을 보기 에서 있는 대로 고른 것은?

보기
ㄱ. ㉠에는 4 종류가 있다.
ㄴ. ㉠의 구성 원소에 탄소(C)가 포함된다.
ㄷ. X의 주성분은 핵산이다.

① ㄱ　　　　　② ㄴ　　　　　③ ㄷ
④ ㄱ, ㄴ　　　　⑤ ㄴ, ㄷ

## 404

그림은 반도체에 대하여 학생들이 대화하는 모습을 나타낸 것이다.

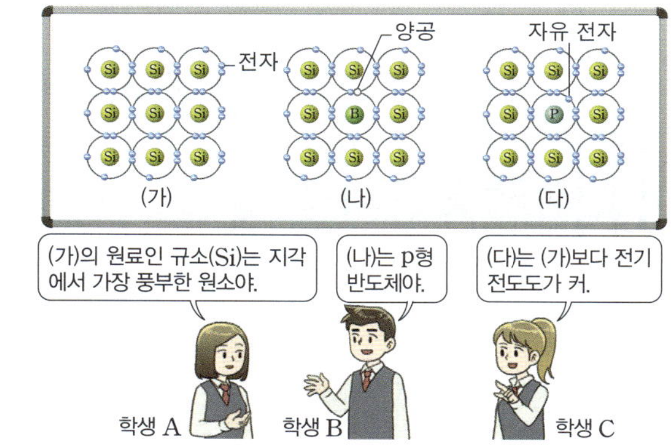


제시한 내용이 옳은 학생만을 있는 대로 고른 것은?

① A　　　　　② C　　　　　③ A, B
④ B, C　　　　⑤ A, B, C



## 405

난이도 상

그림 (가)와 (나)는 p형 반도체와 n형 반도체를 접합하여 만든 다이오드에 전압이 V인 직류 전원을 연결한 것을 나타낸 것이다. (가)에서는 다이오드에 전류가 흐르고, (나)에서는 다이오드에 전류가 흐르지 않는다.

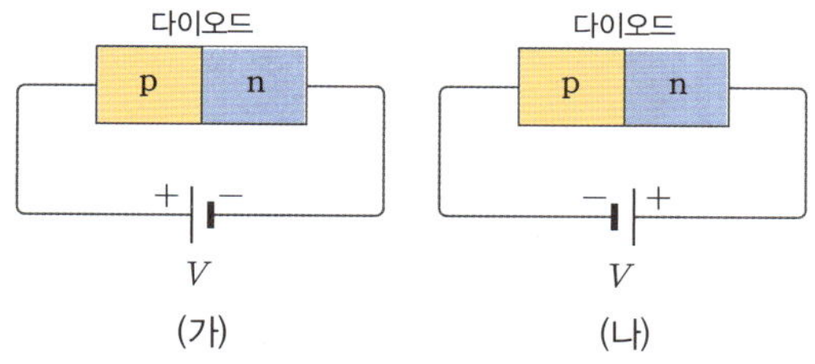


이에 대한 설명으로 옳은 것만을 보기 에서 있는 대로 고른 것은?

보기
ㄱ. (가)의 다이오드 내에서 전자는 n형 반도체에서 p형 반도체 쪽으로 이동한다.
ㄴ. (가)의 p형 반도체에서 전자가 양공으로 이동하면서 전류가 흐른다.
ㄷ. 다이오드는 직류를 교류로 만드는 회로에 사용된다.

① ㄱ　　　　　② ㄷ　　　　　③ ㄱ, ㄴ
④ ㄱ, ㄷ　　　　⑤ ㄱ, ㄴ, ㄷ

## 406

그림은 빅뱅 이후 우주에서 입자가 생성되는 과정을 나타낸 것이다.

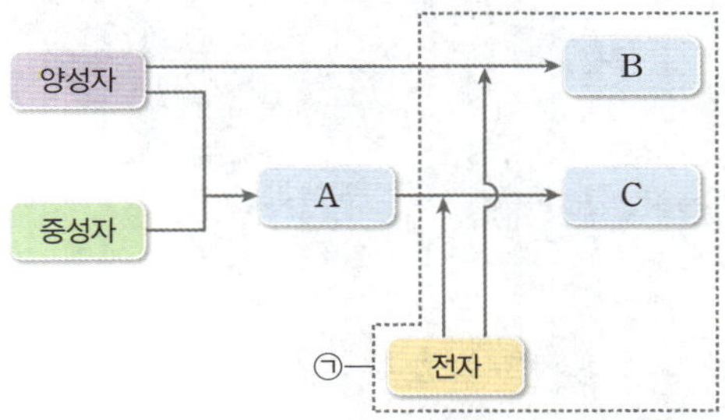


(1) A, B, C에 알맞은 단어를 쓰시오.

(2) ㉠ 시기에 우주에서 일어난 변화를 빛과 관련지어 서술하시오.

## 407

다음은 화합물 AB와 CD의 반응을 화학 반응식으로 나타낸 것이다.

$$2AB + CD \longrightarrow \boxed{\quad (가) \quad} + A_2D$$

그림은 AB와 CD를 화학 결합 모형으로 나타낸 것이다.

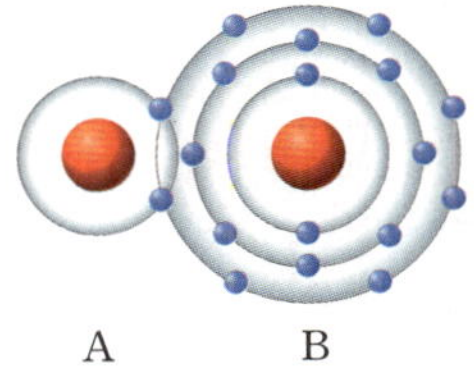
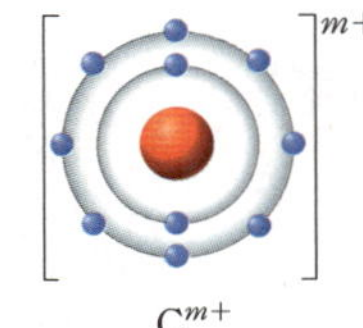
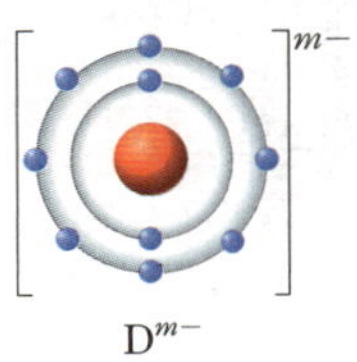


(1) $m$을 구하시오.

(2) (가)의 화학식과 화학 결합의 종류를 서술하시오.

## 408

그림 (가)는 어느 규산염 광물의 결합 구조를, (나)는 이 광물이 쪼개지는 면을 나타낸 것이다.

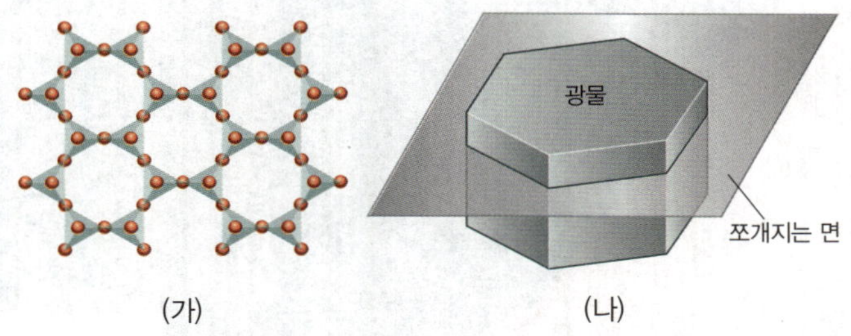


이 광물이 (나)와 같은 면으로 쪼개지는 까닭을 (가)와 관련지어 설명하고, 이 광물은 무엇인지 쓰시오.

## 409

표 (가)는 생명체를 구성하는 물질 A 또는 B가 가질 수 있는 특징 2가지를, (나)는 (가)의 특징 중 물질 A와 B의 해당 여부를 나타낸 것이다. A와 B는 지질과 단백질을 순서 없이 나타낸 것이고, ⓐ와 ⓑ는 특징 ㉠과 ㉡을 순서 없이 나타낸 것이다.

| 특징 | 물질 | ⓐ | ⓑ |
|---|---|---|---|
| ㉠ 세포막의 구성 성분이다. | A | ○ | ○ |
| ㉡ 효소의 주성분이다. | B | × | ○ |

(○: 해당됨, ×: 해당 안 됨)

(가) (나)

(1) A와 B는 각각 무엇인지 쓰시오.

(2) A의 기본 단위체를 쓰고, A의 기능을 한 가지만 서술하시오.

## 410

n형 반도체에 첨가하는 불순물 원소의 원자가 전자에 대해 서술하고, n형 반도체에서 전류를 흐르게 하는 입자가 무엇인지 서술하시오.

# III

# 시스템과 상호작용

# 1 지구시스템

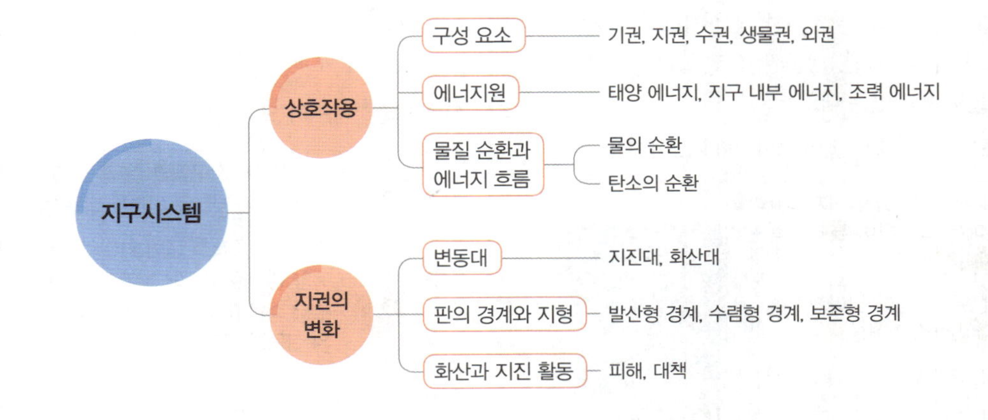



# 2 역학 시스템

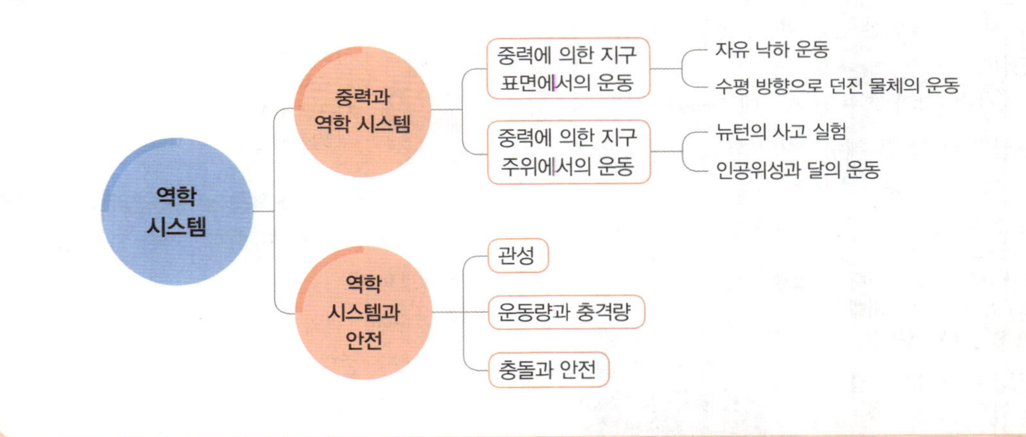



# 3 생명 시스템

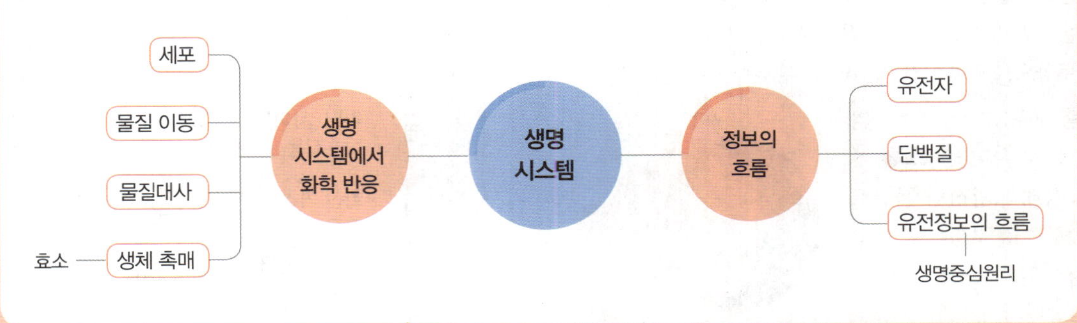

# 09 지구시스템의 에너지와 물질 순환

## 1 지구시스템의 구성 요소

**(1) 지구시스템 구성 요소의 특징**

① 태양계는 태양을 중심으로 하는 거대한 역학 시스템이다.

② 지구시스템은 기권, 수권, 지권, 생물권, 외권으로 구성된다.

**(2) 기권**: 지구 표면을 둘러싸고 있는 대기

★ ① **기권의 성층 구조**: 지표면에서 높이 약 1000 km까지 분포

| 열권 | 위로 올라갈수록 기온이 높아지고, 대기가 매우 희박하여 낮과 밤의 온도 차이가 매우 큼 | **자료 ①** |
|---|---|---|
| 중간권 | 위로 올라갈수록 기온이 낮아지고, 대류가 나타남(기상 현상 ×) | |
| 성층권 | 오존이 자외선을 흡수하므로 위로 올라갈수록 기온이 높아지고, 오존층에서 유해한 자외선이 흡수됨 | |
| 대류권 | 위로 올라갈수록 기온이 낮아지고, 대류와 기상 현상이 나타남 | |

② **기권의 역할**: 자외선 차단에 의한 지표 생물 보호, 온실 효과에 의한 생물체 서식에 적합한 온도 유지, 생물에게 산소와 이산화 탄소 공급 등

**(3) 수권**: 해수, 빙하, 지하수, 강과 호수 등 지구에 분포하는 물

① **수권의 구분**: 수권의 대부분은 해수가 차지하고, 육수의 양은 빙하＞지하수＞강과 호수 등의 순으로 많다.

★ ② **수권의 성층 구조**: 혼합층, 수온 약층, 심해층으로 구분한다.

| 혼합층 | 태양 복사 에너지를 흡수하여 수온이 높고, 바람에 의해 혼합되어 수온이 일정한 층 | **자료 ①** |
|---|---|---|
| 수온 약층 | 깊이가 깊어질수록 수온이 급격하게 낮아지는 안정한 층 | |
| 심해층 | 태양 복사 에너지가 거의 도달하지 않아 수온이 낮고, 수온 변화가 거의 없는 층 | |

③ **수권의 역할**: 생물에게 서식 공간과 물질 제공, 태양으로부터 열에너지 흡수와 분산으로 지구 온도 유지, 지형 변화 등

**(4) 지권**: 암석과 토양으로 이루어진 지구의 겉 부분과 지구 내부 전체

★ ① **지권의 성층 구조**: 지각, 맨틀, 외핵, 내핵으로 구분한다. **자료 ②**

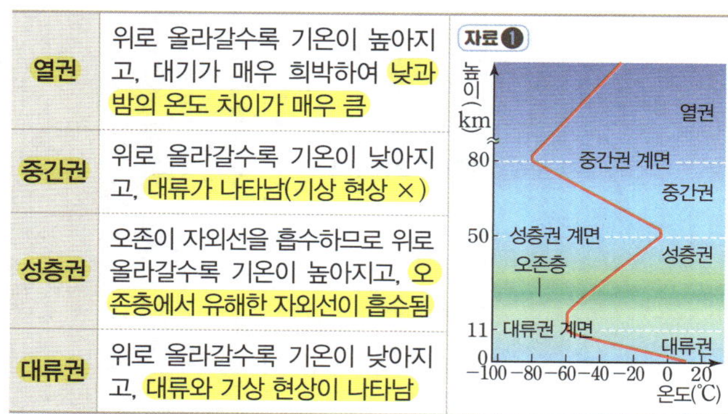


- **지각**: 고체 상태의 규산염 물질로 이루어진 지구의 겉 부분으로, 대륙 지각과 해양 지각으로 구분한다.
- **맨틀**: 고체 상태의 규산염 물질로 이루어져 있으나 일부는 유동성이 있으며, 지권 전체 부피의 약 80 %를 차지한다.

- **외핵**: 액체 상태의 철과 니켈로 이루어져 있어 대류에 의해 지구 자기장이 형성된다.
- **내핵**: 고체 상태의 철과 니켈로 이루어져 있다.

② **지권의 역할**: 생물이 살아가는 데 필요한 공간과 물질 공급, 화산 활동에 의한 기후 변화, 수권에 염류의 근원 물질 공급 등

**(5) 생물권**: 지구의 모든 생물

| 특징 | • 태양계에서 지구에만 존재하는 영역이다.<br>• 기권, 수권, 지권에 이르는 넓은 영역에 걸쳐 분포한다. |
|---|---|
| 역할 | • 광합성과 호흡을 통해 기권의 성분을 변화시킨다.<br>• 해양 생물은 해수에 녹아 있는 성분을 흡수한다.<br>• 토양 속의 미생물은 생물의 사체나 배설물을 분해하여 토양의 성분을 변화시킨다. |

**(6) 외권**: 기권 바깥의 영역인 우주 환경

| 특징 | • 태양계 내 천체, 별, 은하 등을 모두 포함하며, 태양은 지구 환경에 가장 큰 영향을 미친다.<br>• 외권에는 유해한 우주선이 많이 존재한다. |
|---|---|
| 역할 | • 태양 에너지는 식물의 광합성에 이용되고, 대기와 해수를 순환시킨다.<br>• 지표에 떨어진 운석은 생물권을 포함한 지구시스템에 영향을 준다.<br>• 지구 자기장은 지구로 들어오는 유해한 우주선이나 태양에서 방출되는 고에너지 입자를 차단하여 생명체를 보호한다. |

★ **(7) 지구시스템의 상호작용**: 지구시스템의 각 권은 서로 영향을 주고받으며 균형을 이루는데, 이를 지구시스템의 상호작용이라고 한다. **자료 ③**

① 지구시스템의 어느 한 권에서 일어나는 변화는 다른 권에도 영향을 준다.

② 지구시스템의 구성 요소들은 끊임없이 상호작용하여 현재의 지구시스템을 형성하였다.

③ 최근에는 인간 활동으로 지구시스템의 균형이 깨지면서 지구 온난화, 환경오염 등의 문제가 발생하고 있다.

④ **상호작용의 예**

| 영향<br>근원 | 기권 | 지권 | 수권 | 생물권 |
|---|---|---|---|---|
| 기권 | 기단 사이의 상호작용 | 풍화, 침식 작용 | 엘니뇨, 파도, 해류 발생 | 기체 공급, 종자와 포자 운반 |
| 지권 | 화산 가스 공급 | 판의 운동 | 지진 해일 발생 | 육상 생물의 서식처 제공 |
| 수권 | 수증기 공급, 태풍 | 퇴적물 운반 | 해수의 혼합과 순환 | 수중 생물의 서식처 제공 |
| 생물권 | 호흡, 광합성, 증산 작용 | 미생물에 의한 풍화 | 생물체의 부패로 수질 오염 | 먹이 사슬 형성 |

## ② 지구시스템의 에너지와 물질 순환 자료❹ 자료❺

**(1) 지구시스템의 에너지원**

① **종류**: 태양 에너지, 지구 내부 에너지, 조력 에너지
② **특징**: 에너지양은 태양 에너지≫지구 내부 에너지>조력 에너지이고, 서로 전환되지 않는다.

**(2) 지구시스템의 물질 순환**

★ ① **물의 순환**: 물은 지구시스템의 각 권역 사이를 순환한다.

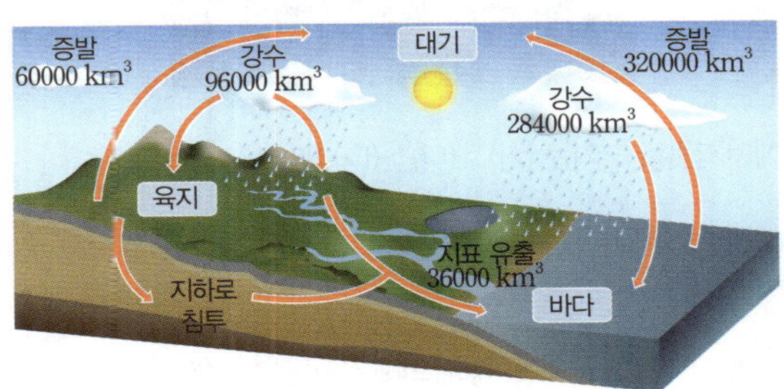


② **물 순환의 주요 에너지원**: 태양 에너지
③ 수권의 물은 태양 에너지를 흡수하여 대기로 이동 → 에너지를 방출하면서 수증기로 응결 → 구름 형성 → 비나 눈이 되어 수권이나 지권으로 이동

④ **탄소의 순환**: 탄소는 지구시스템의 각 권역 사이를 순환한다.

자료 분석 **탄소의 순환** 자료❻

**1 탄소의 존재 형태**

| 기권 | 수권 | 지권 | 생물권 |
|---|---|---|---|
| 이산화 탄소 | 탄산 이온 | 탄산염암(석회암), 화석 연료 | 유기물 |

**2 탄소의 순환**

| | |
|---|---|
| 기권 → 수권 | 기권의 이산화 탄소가 해수에 녹는다. |
| 수권 → 지권 | 해수의 탄산 이온이 해저에 퇴적되어 탄산염암(석회암)이 된다. |
| 지권 → 기권 | 화산 분출 때 이산화 탄소가 기권으로 방출된다. |
| 기권 → 생물권 | 광합성에 의해 이산화 탄소가 식물로 이동한다. |
| 생물권 → 기권 | 호흡에 의해 이산화 탄소가 기권으로 방출된다. |
| 생물권 → 지권 | 생물의 사체가 퇴적되어 화석 연료가 된다. |

---

## STEP 1 ○/✕ 문제로 5종 교과서 핵심 자료 보기

정답 및 해설 35쪽

**다음 자료에 대한 설명으로 옳은 것은 ○표, 옳지 않은 것은 ✕표 하시오.**

### 자료 ① 기권과 수권의 성층 구조

동아, 미래엔, 비상, 지학사, 천재

그림 (가)와 (나)는 기권과 수권의 성층 구조를 나타낸 것이다.

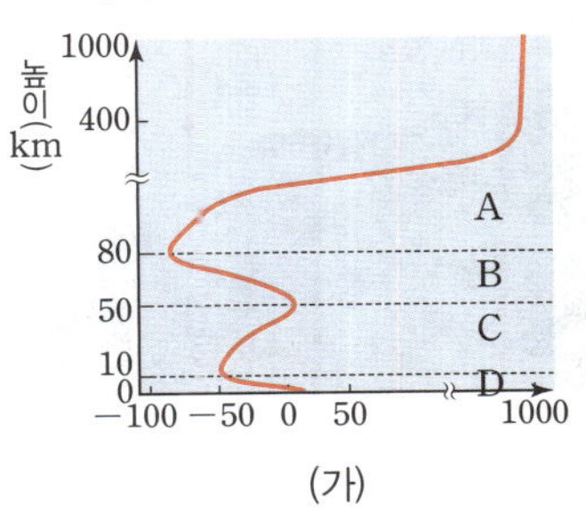
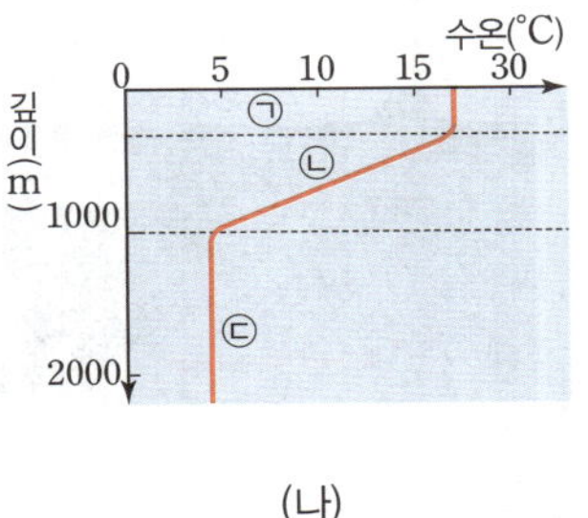


**411** (가)에서 대류 현상은 B와 D에서 활발하다. ○/✕

**412** (가)에서 일교차가 가장 큰 층은 D이다. ○/✕

**413** (나)에서 ㉠은 혼합층, ㉡은 수온 약층, ㉢은 심해층이다. ○/✕

**414** (나)에서 ㉠은 바람이 강할수록 두껍게 형성된다. ○/✕

**415** (가)에서 안정한 층은 B와 D이고, (나)에서 안정한 층은 ㉢이다. ○/✕

### 자료 ② 지권의 성층 구조

동아, 미래엔, 비상, 지학사, 천재

그림은 지권의 성층 구조를 나타낸 것이다.

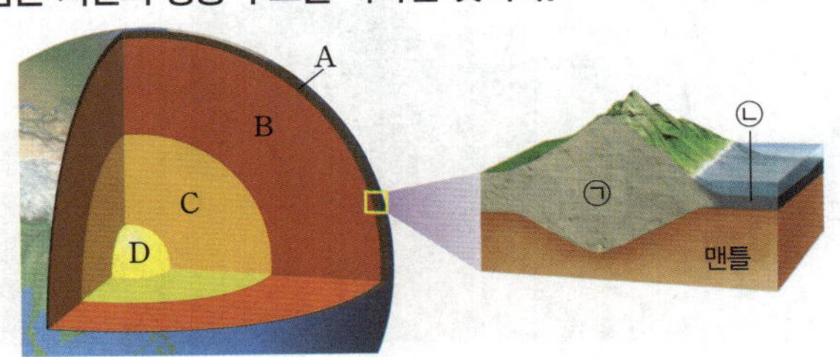


**416** 지권의 성층 구조는 깊이에 따른 온도 분포를 기준으로 구분된다. ○/✕

**417** A에서 ㉠은 대륙 지각, ㉡은 해양 지각이다. ○/✕

**418** A, B, D는 고체 상태, C는 액체 상태이다. ○/✕

**419** 대류가 일어나는 층은 B와 C이다. ○/✕

**420** 지권의 성층 구조에서 온도가 가장 높은 층은 C이다. ○/✕

다음 자료에 대한 설명으로 옳은 것은 ◯표, 옳지 <u>않은</u> 것은 ✕표 하시오.

## 자료 ❸ 지구시스템의 상호작용

미래엔, 비상

그림은 지구시스템의 상호작용을 나타낸 것이다.

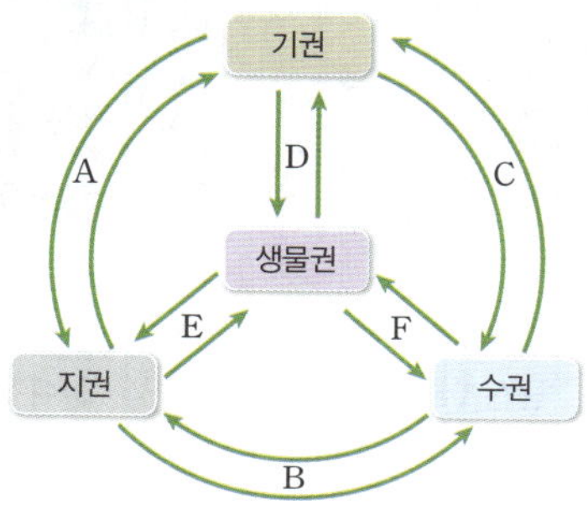


**421** 지구시스템의 구성 요소 사이에서 상호작용이 일어날 때 에너지의 흐름도 함께 나타난다. ◯/✕

**422** 지구시스템에서 다른 권역과의 물질 교환이 가장 활발한 권역은 외권이다. ◯/✕

**423** 화산 가스 분출은 상호작용 A에 해당한다. ◯/✕

**424** 태풍의 발생은 상호작용 B에 해당한다. ◯/✕

## 자료 ❹ 물의 순환

동아, 미래엔, 비상, 지학사, 천재

그림은 육지, 바다, 대기 사이에 일어나는 물의 이동을 나타낸 것이다.

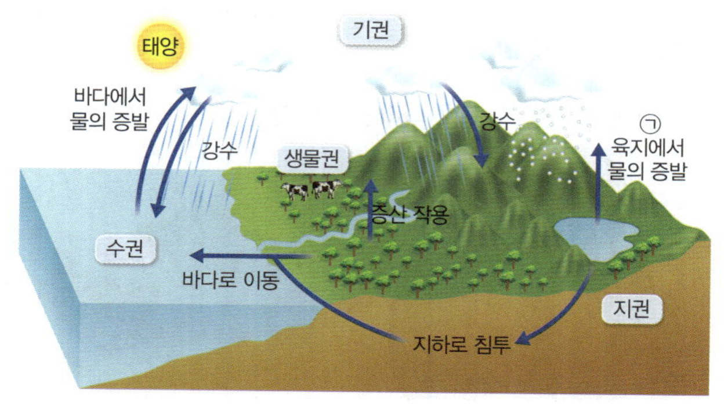


**425** 물의 순환을 일으키는 주요 에너지원은 태양 에너지이다. ◯/✕

**426** ㉠ 과정에서 물은 에너지를 방출한다. ◯/✕

**427** 지구 전체에서 연간 증발량은 연간 강수량보다 많다. ◯/✕

**428** 육지와 바다는 각각 물 수지 평형 상태이다. ◯/✕

**429** 지하수와 하천수를 통해 육지에서 바다로 물이 유출된다. ◯/✕

**430** 생물권은 물의 순환에 거의 영향을 미치지 않는다. ◯/✕

## 자료 ❺ 지구시스템의 에너지원

동아, 미래엔, 비상

그림은 지구시스템의 에너지원을 나타낸 것이다.

**431** 에너지원의 크기는 (가)>(나)>(다)이다. ◯/✕

**432** (가)는 날씨 변화, 해류 발생, 풍화·침식 작용을 일으키는 근원 에너지이다. ◯/✕

**433** (나)는 태양과 달의 인력에 의해 형성된 에너지이다. ◯/✕

**434** (다)는 화산 활동과 지진을 일으키는 에너지이다. ◯/✕

**435** 생명 활동 유지에 가장 큰 영향을 미치는 에너지원은 (나)이다. ◯/✕

## 자료 ❻ 탄소의 순환

동아, 미래엔, 비상, 지학사, 천재

그림은 지구시스템에서 일어나는 탄소 순환 과정의 일부를 나타낸 것이다.

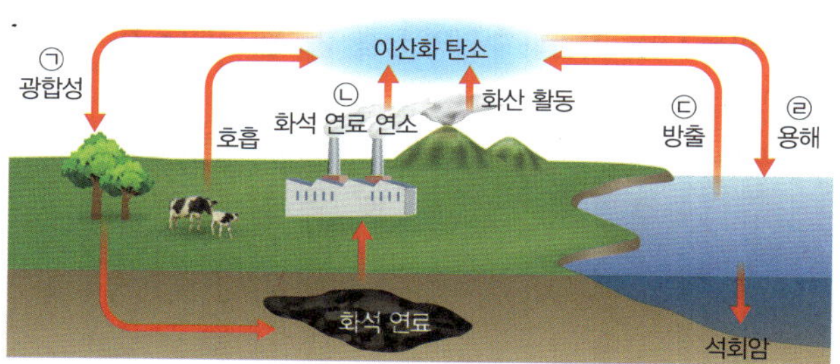


**436** ㉠에 의해 기권의 탄소가 생물권으로 이동한다. ◯/✕

**437** ㉡에 의해 기권의 탄소량이 증가한다. ◯/✕

**438** 수권의 탄소는 대부분 유기물 형태로 존재한다. ◯/✕

**439** 지구의 평균 기온이 높아지면 ㉢보다 ㉣이 활발해진다. ◯/✕

**440** 지구시스템의 탄소는 거의 대부분 지권에 분포한다. ◯/✕

**441** 탄소 순환이 활발해지면 지구시스템의 총 탄소량이 감소한다. ◯/✕

# STEP 2 학교 기출 문제로 내신 대비하기

## 1 지구시스템의 구성 요소

### 442 ☆고빈출

다음은 지구시스템을 구성하는 하부 권역에 대한 설명이다.

> (가) 지구시스템의 구성 요소 중 가장 늦게 형성되었다.
> (나) 태양의 자외선을 막아주고 적절한 온실 효과를 일으킨다.
> (다) 비열이 높은 물질로 이루어져 있어 지구의 평균 기온을 유지하는 데 중요한 역할을 한다.

(가)~(다)에 해당하는 지구시스템의 하부 권역을 옳게 짝 지은 것은?

| | (가) | (나) | (다) |
|---|---|---|---|
| ① | 수권 | 지권 | 기권 |
| ② | 수권 | 기권 | 지권 |
| ③ | 외권 | 수권 | 기권 |
| ④ | 생물권 | 기권 | 수권 |
| ⑤ | 생물권 | 기권 | 지권 |

### 443

지구시스템의 각 권이 생명체에 미치는 역할에 대한 설명으로 옳은 것만을 보기 에서 있는 대로 고른 것은?

> 보기
> ㄱ. 기권은 태양에서 방출된 고에너지 입자를 차단한다.
> ㄴ. 지권은 생명체가 살아가는 데 필요한 공간을 제공한다.
> ㄷ. 수권은 온실 효과에 의해 생물이 살기에 적합한 환경을 만든다.

① ㄱ  ② ㄴ  ③ ㄱ, ㄷ
④ ㄴ, ㄷ  ⑤ ㄱ, ㄴ, ㄷ

### 444 ● 서술형

그림은 높이에 따른 기온 분포를 나타낸 것이다. A 층과 B 층은 모두 높이 올라갈수록 기온이 낮아지는데, B 층에서는 기상 현상이 일어나지 않는다. 그 까닭이 무엇인지 두 층의 특징을 비교하여 서술하시오.

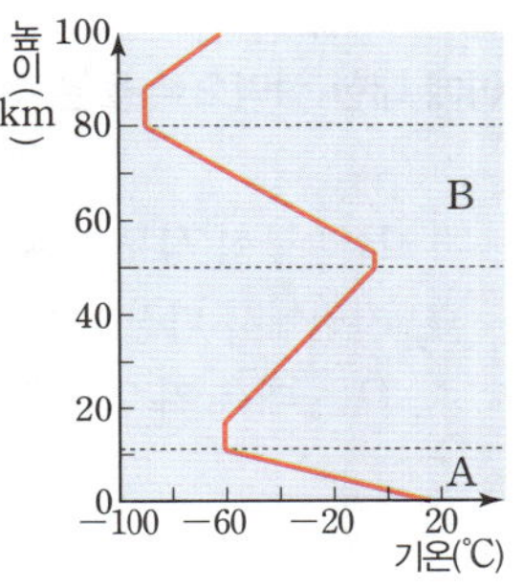

### 445~446

【445~446】 그림은 높이에 따른 기온 분포를 기준으로 기권을 A~D 층으로 나타낸 것이다.

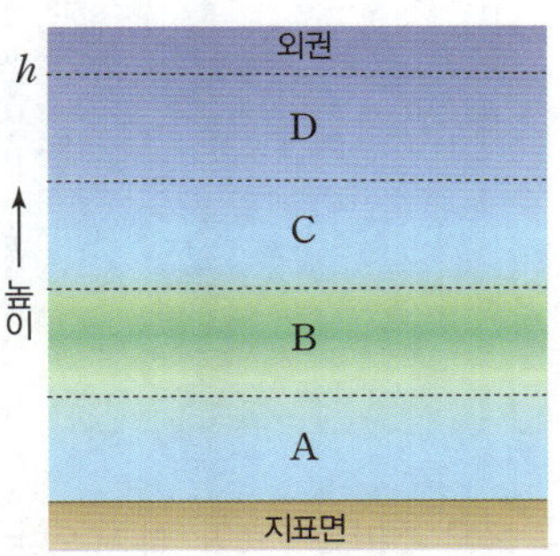

### 445

이에 대한 설명으로 옳은 것만을 보기 에서 있는 대로 고른 것은?

> 보기
> ㄱ. $h$는 100 km보다 높다.
> ㄴ. 공기의 대류는 B 층에서 가장 활발하게 일어난다.
> ㄷ. 기권에서 기온이 가장 낮은 높이는 C와 D 층의 경계이다.

① ㄱ  ② ㄴ  ③ ㄱ, ㄷ
④ ㄴ, ㄷ  ⑤ ㄱ, ㄴ, ㄷ

### 446

그림 (가)와 (나)는 기권의 서로 다른 높이에서 일어나는 현상을 나타낸 것이다.

(가)          (나)

이에 대한 설명으로 옳은 것만을 보기 에서 있는 대로 고른 것은?

> 보기
> ㄱ. (가)는 공기의 밀도가 높은 B 층에서 주로 일어난다.
> ㄴ. 지구에 자기장이 없다면 (가)는 형성되지 않는다.
> ㄷ. (나)가 형성되는 가장 높은 고도는 C 층이다.

① ㄱ  ② ㄴ  ③ ㄱ, ㄷ
④ ㄴ, ㄷ  ⑤ ㄱ, ㄴ, ㄷ

[447~448] 그림은 해수의 깊이에 따른 수온 분포를 나타낸 것이다.

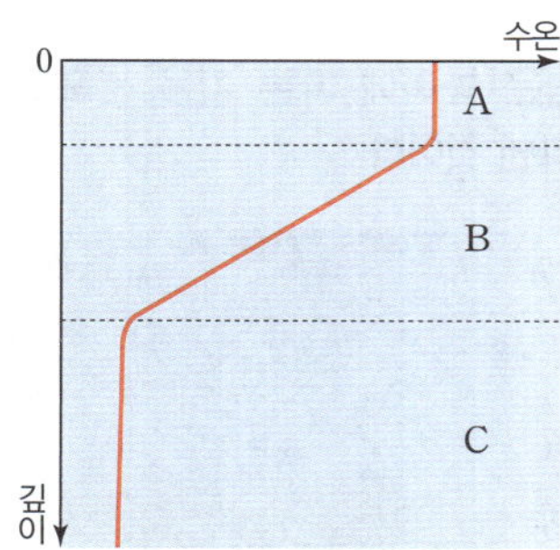



## ⭐고빈출
## 447

이에 대한 설명으로 옳은 것만을 〈보기〉에서 있는 대로 고른 것은?

**보기**
ㄱ. A 층은 바람이 강할수록 두께가 두꺼워진다.
ㄴ. B 층은 A 층과 C 층의 물질 교환을 차단한다.
ㄷ. 계절에 따른 수온 변화는 C 층이 A 층보다 크다.

① ㄱ　　　　② ㄷ　　　　③ ㄱ, ㄴ
④ ㄴ, ㄷ　　　⑤ ㄱ, ㄴ, ㄷ

## 448

다음은 A~C층의 특징을 순서 없이 설명한 것이다.

(가) 기권과의 상호작용이 가장 활발하게 일어나는 층이다.
(나) 깊이에 따른 수온 변화가 가장 크게 나타나는 층이다.
(다) 단위 질량당 열에너지 저장량이 가장 적은 층이다.
(라) A~C 층 중에서 가장 안정한 층이다.

(가)~(라)의 특징이 나타나는 층을 옳게 짝 지은 것은?

| | (가) | (나) | (다) | (라) |
|---|---|---|---|---|
| ① | A | B | B | C |
| ② | A | B | C | B |
| ③ | B | A | C | B |
| ④ | B | C | A | C |
| ⑤ | C | A | B | A |

## ⭐고빈출
## 449

그림은 수권의 구성을 나타낸 것이다.

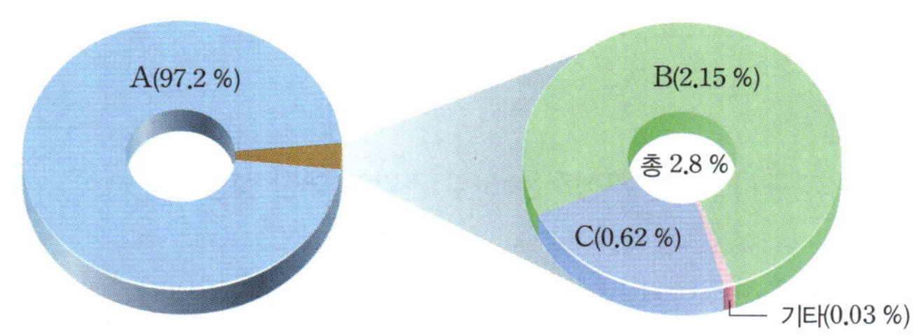



이에 대한 설명으로 옳은 것만을 〈보기〉에서 있는 대로 고른 것은?

**보기**
ㄱ. 지구의 평균 기온이 상승하면 A의 부피가 증가한다.
ㄴ. B는 주로 극지방이나 고산 지대에 분포한다.
ㄷ. B와 C는 지형의 변화를 일으킨다.

① ㄱ　　　　② ㄷ　　　　③ ㄱ, ㄴ
④ ㄴ, ㄷ　　　⑤ ㄱ, ㄴ, ㄷ

## ⭐고빈출
## 450

그림은 지권의 성층 구조를 나타낸 것이다.

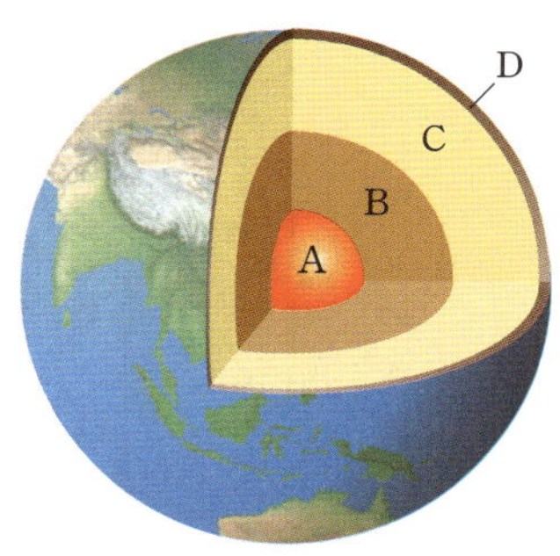



이에 대한 설명으로 옳은 것만을 〈보기〉에서 있는 대로 고른 것은?

**보기**
ㄱ. B의 구성 성분은 A보다 C에 가깝다.
ㄴ. 지권에서 가장 큰 부피를 차지하는 것은 C이다.
ㄷ. D는 대륙 지각과 해양 지각으로 구분된다.

① ㄱ　　　　② ㄴ　　　　③ ㄱ, ㄷ
④ ㄴ, ㄷ　　　⑤ ㄱ, ㄴ, ㄷ

## 451

그림은 지권을 구성하는 성층 구조를 나타낸 것이다.

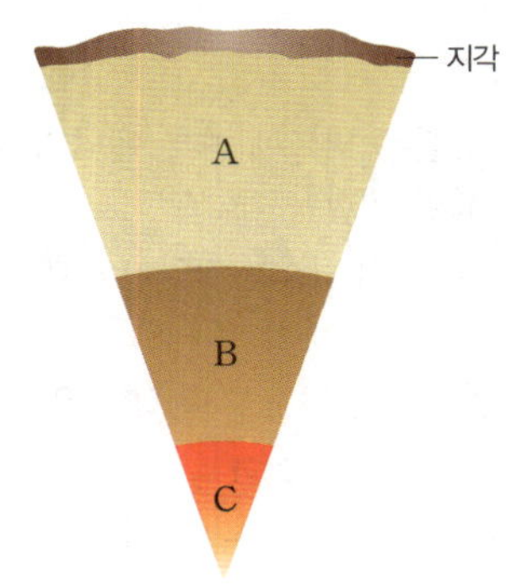


이에 대한 설명으로 옳은 것만을 보기 에서 있는 대로 고른 것은?

**보기**

ㄱ. A는 B보다 밀도가 크다.
ㄴ. B는 액체 상태로 존재한다.
ㄷ. C에서는 물질의 대류에 의해 지구 자기장이 형성된다.

① ㄱ　　　　② ㄴ　　　　③ ㄱ, ㄷ
④ ㄴ, ㄷ　　　⑤ ㄱ, ㄴ, ㄷ

## 고빈출
## 452

그림은 지구시스템을 구성하는 요소들의 상호작용을 나타낸 것이다.

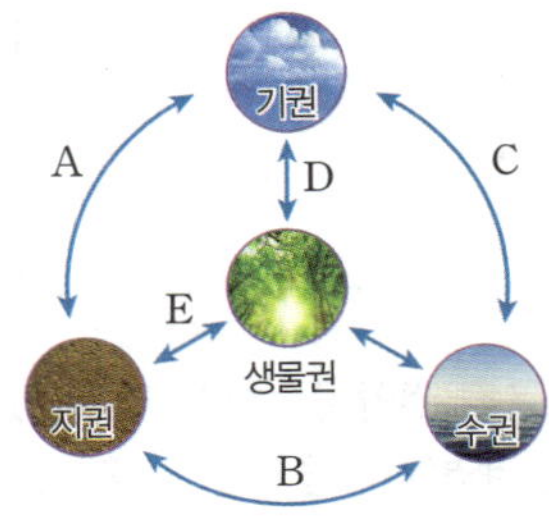


**A~E에 해당하는 상호작용의 예로 옳은 것은?**

① A: 유성이 대기 안으로 들어오면서 타서 없어진다.
② B: 지하수가 흐르면서 석회 동굴이 만들어진다.
③ C: 해저에서 화산이 폭발하면서 쓰나미가 발생한다.
④ D: 동물의 사체가 분해된 유기물이 토양 성분으로 된다.
⑤ E: 해양 생물이 해수에 녹은 물질을 흡수하여 성장한다.

## 453

표는 지구시스템 구성 요소의 상호작용을 나타낸 것이다.

| 근원＼영향 | 기권 | 수권 | 지권 | 생물권 |
|---|---|---|---|---|
| 기권 | 기단의 상호작용 | | 사구의 생성, 풍화·침식 | A |
| 수권 | | 해수의 순환 | B | |
| 지권 | 화석 연료의 연소 | 쓰나미의 발생 | | C |
| 생물권 | | D | | 먹이 사슬 형성 |

**A~D 중 ㉠ 광합성 물질의 공급과 ㉡ 해식 동굴의 형성이 들어갈 수 있는 위치를 옳게 짝 지은 것은?**

|  | ㉠ | ㉡ |  |  | ㉠ | ㉡ |
|---|---|---|---|---|---|---|
| ① | A | B | | ② | A | C |
| ③ | A | D | | ④ | D | A |
| ⑤ | D | B | | | | |

## 454

그림 (가)~(다)는 지구시스템에서 일어나는 현상들이다.

(가) U자곡　　　(나) 해식 동굴　　　(다) 버섯 바위

이에 대한 설명으로 옳은 것만을 보기 에서 있는 대로 고른 것은?

**보기**

ㄱ. (가) ~ (다)의 형성 과정에서는 공통적으로 지권이 관여한다.
ㄴ. (가)와 (나)의 형성 과정에 관여하는 수권의 물은 육수에 해당한다.
ㄷ. (다)의 형성 과정에서는 기권이 관여한다.

① ㄱ　　　　② ㄴ　　　　③ ㄱ, ㄷ
④ ㄴ, ㄷ　　　⑤ ㄱ, ㄴ, ㄷ

## 2  지구시스템의 에너지와 물질 순환

### 고빈출
### 455

표는 지구시스템의 에너지원 (가)~(다)의 에너지양과 관련 현상을 나타낸 것이다.

| 에너지원 | (가) | (나) | (다) |
|---|---|---|---|
| 에너지양(W) | $1.7 \times 10^{17}$ | $2.7 \times 10^{12}$ | ( ㉠ ) |
| 관련 현상 | 해류의 발생 | ( ㉡ ) | 지진 해일 |

이에 대한 설명으로 옳은 것만을 ⟨보기⟩에서 있는 대로 고른 것은?

**⟨보기⟩**
ㄱ. ㉠은 $2.7 \times 10^{12}$보다 크다.
ㄴ. 맨틀 대류는 ㉡의 예에 해당한다.
ㄷ. (가), (나), (다)는 서로 전환되면서 다양한 자연 현상을 일으킨다.

① ㄱ    ② ㄴ    ③ ㄷ
④ ㄱ, ㄴ    ⑤ ㄱ, ㄷ

### 456  서술형

다음은 쓰나미가 발생하는 과정을 설명한 것이다.

> 해저에서 지진이나 화산 폭발이 일어나면 해수 표면에서 작은 파동이 생기고, 이 파동이 이동하는 동안 파고가 점차 높아져 해안에 도달하면 파고가 수 m~수십 m까지 증가하여 높은 파도로 변하게 된다.

쓰나미를 발생시킨 지구시스템의 에너지원을 쓰고, 쓰나미의 발생 과정을 지구시스템의 구성 요소의 상호작용과 연관지어 서술하시오.

### 457

다음은 지구시스템에서 일어나는 다양한 물질의 순환에 대해 학생들이 나눈 대화 내용이다.

> 학생 A: ㉠ 물의 순환은 위도에 따른 에너지 불균형을 해소하는 데 중요한 역할을 해.
> 학생 B: ㉡ 탄소 순환에서 탄소는 다양한 형태로 전환될 수 있어.

이에 대한 설명으로 옳은 것만을 ⟨보기⟩에서 있는 대로 고른 것은?

**⟨보기⟩**
ㄱ. ㉠의 주요 에너지원은 지구 내부 에너지이다.
ㄴ. ㉡이 지속되면 지구시스템의 탄소량은 증가한다.
ㄷ. ㉠, ㉡에서 모두 에너지의 흐름도 함께 나타난다.

① ㄱ    ② ㄴ    ③ ㄷ
④ ㄱ, ㄴ    ⑤ ㄱ, ㄷ

### 458

그림은 물의 순환 과정에서 대기, 육지, 바다에서 이동하는 물의 양을 A~E로 나타낸 것이다.

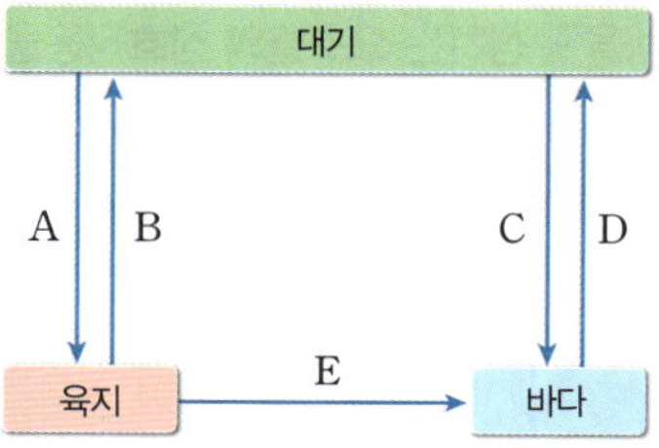


이에 대한 설명으로 옳은 것만을 ⟨보기⟩에서 있는 대로 고른 것은? (단, 지구시스템의 각 권역에서 물의 양은 평형을 이룬다.)

**⟨보기⟩**
ㄱ. A>B이다.
ㄴ. D=C+E이다.
ㄷ. 물은 증발 과정에서 에너지를 흡수한다.

① ㄱ    ② ㄴ    ③ ㄱ, ㄷ
④ ㄴ, ㄷ    ⑤ ㄱ, ㄴ, ㄷ

## 459

그림은 지구시스템에서 물의 순환 과정을 나타낸 것이다.

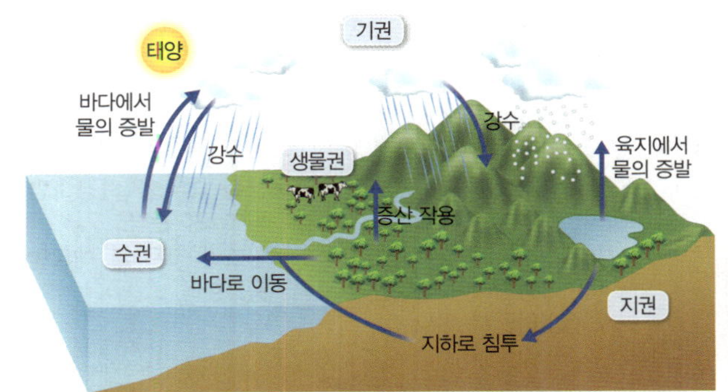


이에 대한 설명으로 옳은 것만을 보기 에서 있는 대로 고른 것은?

보기
ㄱ. 수온이 상승하면 지구 전체의 강수량은 감소한다.
ㄴ. 물의 순환은 주로 지구 내부 에너지에 의해 일어난다.
ㄷ. 육지에서 바다로 유출되는 물은 지형 변화를 일으킨다.

① ㄱ   ② ㄴ   ③ ㄷ
④ ㄱ, ㄴ   ⑤ ㄱ, ㄷ

## 460

그림은 지구시스템에서 탄소 순환 과정의 일부를 나타낸 것이다.

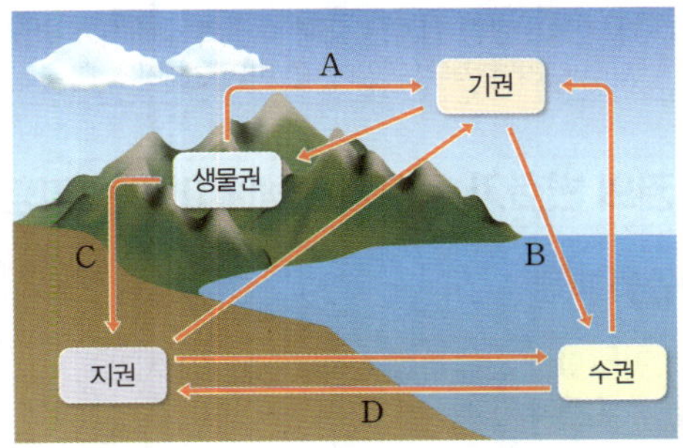


A~D 과정을 각각 거친 후 탄소의 존재 형태로 옳은 것만을 보기 에서 고른 것은?

보기
ㄱ. A: 이산화 탄소   ㄴ. B: 탄산 이온
ㄷ. C: 유기물   ㄹ. D: 화석 연료

① ㄱ, ㄴ   ② ㄱ, ㄷ   ③ ㄴ, ㄷ
④ ㄴ, ㄹ   ⑤ ㄷ, ㄹ

## 461 고빈출

그림은 지구시스템에서 탄소 순환 과정의 일부를 나타낸 것이다.

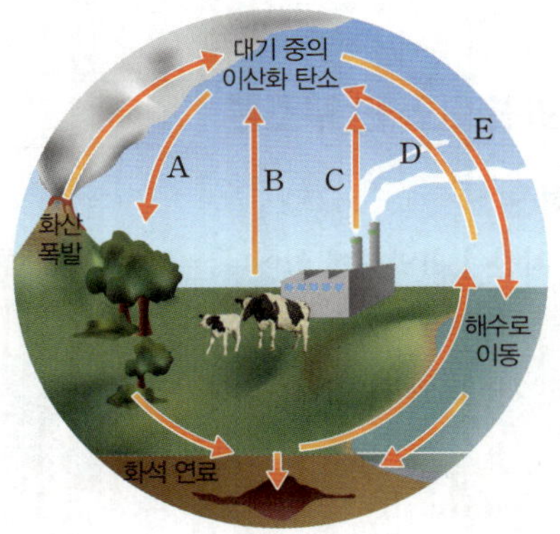


이에 대한 설명으로 옳은 것만을 보기 에서 있는 대로 고른 것은?

보기
ㄱ. 식물의 광합성은 A, 동물의 호흡은 B에 해당한다.
ㄴ. C를 거치면 탄소의 주된 존재 형태는 이온이 된다.
ㄷ. 수온이 상승하면 D보다 E의 이동량이 많아진다.

① ㄱ   ② ㄷ   ③ ㄱ, ㄴ
④ ㄴ, ㄷ   ⑤ ㄱ, ㄴ, ㄷ

## 462 서술형

다음은 지구시스템에서 화석 연료가 생성되는 과정의 예를 나타낸 것이다.

(가) 식물이 광합성을 하면서 크게 번성하여 숲을 형성한다.
(나) 지각 변동으로 많은 식물이 땅에 묻힌다.
(다) 땅에 묻힌 식물이 높은 열과 압력을 받아 화석 연료가 만들어진다.

(1) (가) 과정에서 숲을 형성한 주요 에너지원은 무엇인지 서술하시오.

(2) (가) 과정, (나)→(다) 과정에서 탄소는 각각 어느 권역 사이를 이동했는지 서술하시오.

# 10 지권의 변화와 지구시스템

## 1 지권의 변화와 판 구조론

### (1) 지진대와 화산대
① **지진대**: 지진이 활발하게 일어나는 좁고 긴 띠 모양의 지역
② **화산대**: 화산 활동이 활발하게 일어나는 좁고 긴 띠 모양의 지역

**자료 분석**　지진대와 화산대의 특징

**1** 지진대: 태평양의 가장자리, 대서양의 중앙부, 알프스―히말라야산맥 일대 등에서 지진이 발생한다.
**2** 화산대: 지진대의 분포와 대체로 일치한다.
**3** 지진대와 화산대의 분포: 판의 경계와 대체로 일치한다.

### (2) 판 구조론 [자료①] [자료②]
① **암석권**: 지표에서부터 깊이 약 100 km까지의 단단한 부분으로, 지각과 상부 맨틀의 일부를 포함한다.
② **연약권**: 암석권 아래에서 맨틀의 대류가 일어나는 부분
③ **판**: 암석권을 이루는 각각의 조각
  • 대륙판: 대륙 지각을 포함하는 판, 해양판보다 두껍고, 밀도가 작다.
  • 해양판: 해양 지각을 포함하는 판, 대륙판보다 얇고, 밀도가 크다.
④ **판 구조론**: 맨틀 대류에 의한 판의 상대적인 운동으로 판의 경계에서 지진, 화산 활동 등의 지각 변동이 일어난다는 이론

## 2 판의 경계와 지형 [자료③]

### (1) 발산형 경계: 두 판이 서로 멀어지는 경계

|  |  |
|---|---|
| 판의 이동 | • 맨틀 대류가 상승하면서 판이 양쪽으로 멀어진다.<br>• **맨틀 물질의 상승으로 마그마가 생성되어 새로운 판이 생성**<br>• 해령에서 양쪽으로 멀어짐에 따라 해양 지각의 나이가 대칭적으로 증가한다. |
| 지각 변동 | • **화산 활동**이 활발하여 새로운 판이 생성된다.<br>• 판이 멀어지면서 **천발 지진**이 활발하게 일어난다. |
| 지형과 특징 | 해양판과 해양판: • **해령**: 해저 산맥인 해령이 발달한다. • **열곡**: 해령에는 V자 모양의 열곡이 발달한다.<br>대륙판과 대륙판: • 열곡대: 대륙판과 대륙판의 경계에서는 열곡대가 발달한다. 예 **동아프리카 열곡대** • 열곡대가 점차 넓어지면 새로운 바다가 형성된다. |

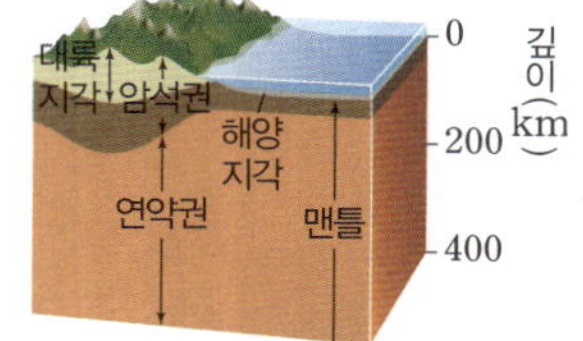


### (2) 수렴형 경계: 두 판이 서로 가까워지는 경계

| 구분 | 섭입형 경계 | 충돌형 경계 |
|---|---|---|
| 판의 이동 | • 맨틀 대류가 하강하면서 판이 모여든다.<br>• 밀도가 큰 해양판이 밀도가 작은 해양판이나 대륙판 아래로 **섭입**하면서 소멸한다. | • 맨틀 대류가 하강하면서 판이 모여든다.<br>• 밀도가 작은 두 대륙판이 **충돌**한다. |
| 지각 변동 | • 해양판이 소멸하면서 **화산 활동**이 활발하게 일어난다.<br>• **천발~심발 지진**이 발생한다. | • 화산 활동이 거의 일어나지 않는다.<br>• **천발~중발 지진**이 발생한다. |
| 지형과 특징 | • **해구**: 판의 경계에 발달한다.<br>• **호상열도**: 화산 활동에 의해 밀도가 작은 판 쪽에 형성된다.<br>• **습곡 산맥**: 해양판과 대륙판의 경계에 형성된다. | • 해구와 호상열도는 형성되지 않는다.<br>• **습곡 산맥**: 대륙판과 대륙판의 경계에 형성한다.<br>예 히말라야산맥 |

### (3) 보존형 경계: 두 판이 서로 어긋나면서 이동하는 경계

|  |  |
|---|---|
| 판의 이동 | • 맨틀 대류가 상승하거나 하강하는 경계가 아니다.<br>• 판이 생성되거나 소멸되지 않고 **보존**된다. |
| 지각 변동 | • 화산 활동이 일어나지 않는다.<br>• 두 판이 서로 어긋나면서 **천발 지진**이 일어난다. |
| 지형과 특징 | • 단층은 해령을 거의 수직으로 절단하며, 해령과 해령 사이에 **변환 단층**이 발달한다.<br>• 대부분의 변환 단층은 해령 부근의 심해저에 발달하지만 육지로 드러난 경우도 있다. 예 **산안드레아스 단층** |

## 3 지권의 변화가 지구시스템에 미치는 영향 [자료④]

### (1) 화산 활동의 피해

| 용암 | 산불 발생, 건물 파괴, 산사태 등을 발생시킨다. → **지권**에 영향 |
|---|---|
| 화산 쇄설물 | 대기로 방출된 화산재는 햇빛을 차단하여 지구 기온을 일시적으로 낮추고, 항공기 운항에 피해를 준다. → **기권**에 영향 |
| 화산 가스 | • 유독한 화산 가스는 주변의 생물을 폐사시킨다. → **생물권**에 영향<br>• 대기로 방출된 이산화 황에 의해 산성비가 내린다. → **기권**에 영향 |

### (2) 지진의 피해
건물과 구조물의 붕괴, 산사태 발생, 쓰나미(지진 해일) 등의 피해가 발생한다. 수권에 영향

### (3) 지진의 이용
지구 내부 구조 연구, 지하자원 탐사 등

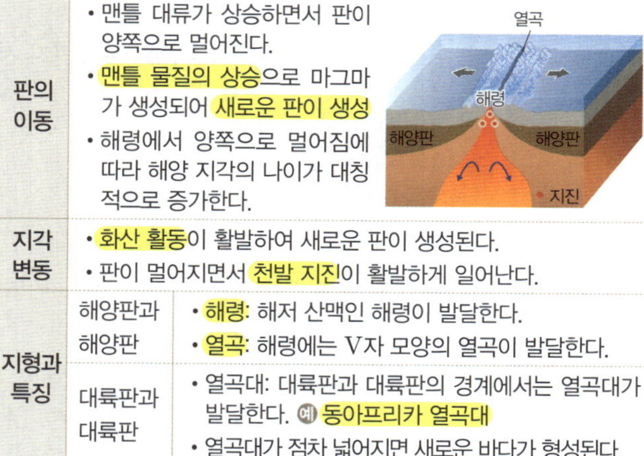

다음 자료에 대한 설명으로 옳은 것은 ○표, 옳지 <u>않은</u> 것은 ✕표 하시오.

## 자료 ❶ 판의 구조
동아, 미래엔, 비상, 지학사, 천재

그림은 판의 구조를 나타낸 것이다.

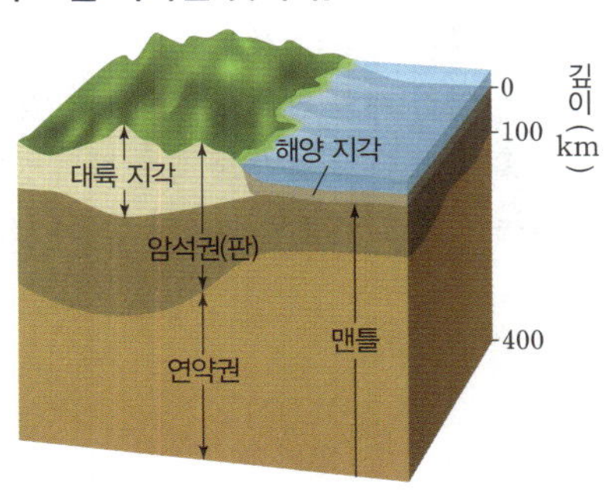


**463** 판은 지각과 맨틀의 최상부층으로 이루어져 있다.  ○/✕

**464** 판은 암석권의 조각으로 두께가 약 100 km이다.  ○/✕

**465** 해양판은 대륙판보다 밀도가 작고, 두께가 두껍다.  ○/✕

**466** 맨틀 대류는 연약권에서 일어난다.  ○/✕

## 자료 ❷ 전 세계 판의 분포
동아, 미래엔, 비상, 지학사, 천재

그림은 전 세계 판의 분포와 상대적 이동 방향을 나타낸 것이다.

**467** 판을 이동시키는 에너지원은 태양 에너지이다.  ○/✕

**468** 지구의 겉 부분은 10여 개의 크고 작은 판으로 이루어져 있다.  ○/✕

**469** 화산대와 지진대는 주로 판의 경계를 따라 좁고 긴 띠 모양으로 분포한다.  ○/✕

**470** 태평양 가장자리는 지각 변동이 대서양 가장자리보다 활발하다.  ○/✕

**471** 태평양 가장자리에는 주로 발산형 경계가 발달한다.  ○/✕

**472** 대서양 중앙부에는 주로 수렴형 경계가 발달한다.  ○/✕

## 자료 ❸ 판 경계의 종류와 지각 변동
동아, 미래엔, 비상, 지학사, 천재

그림은 판 경계의 종류와 지형을 나타낸 모식도이다.

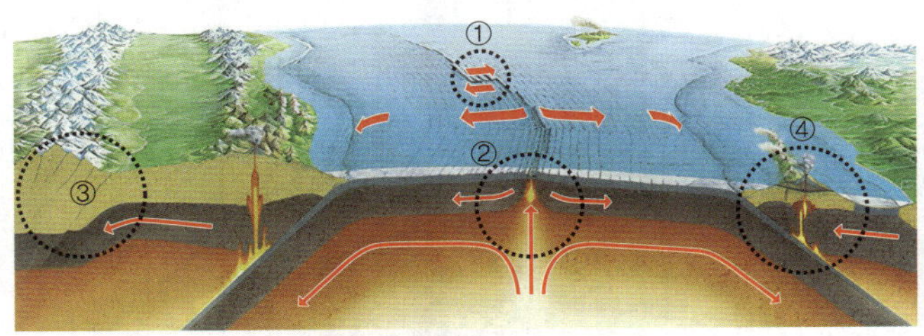


**473** ①에서는 변환 단층이 발달한다.  ○/✕

**474** ②에서는 오래된 해양 지각이 소멸한다.  ○/✕

**475** ③에서는 화산 활동과 지진이 모두 활발하다.  ○/✕

**476** ④는 해구와 나란하게 발달한 호상열도이다.  ○/✕

**477** ②는 맨틀 대류의 하강부, ③은 맨틀 대류의 상승부에 위치한다.  ○/✕

## 자료 ❹ 지권의 변화
동아, 미래엔, 비상, 지학사, 천재

그림 (가), (나)는 지진과 화산 분출 사례를 나타낸 것이다.

(가)          (나)

**478** (가)의 지진을 통해 지구 내부 에너지가 지표로 방출된다.  ○/✕

**479** (나)에서 분출된 용암은 햇빛을 차단하여 지구의 평균 기온을 낮추는 역할을 한다.  ○/✕

**480** (가)에 의해 건물과 도로 파괴, 산사태와 화재 등의 피해가 발생한다.  ○/✕

**481** 해저 화산 분출로 지진 해일이 발생할 수도 있다.  ○/✕

**482** 화산 활동과 지진에 의한 지권의 변화는 지구시스템의 상호작용을 통해 다른 권역에 영향을 준다.  ○/✕

# STEP 2 학교 기출 문제로 **내신 대비하기**

## 1 지권의 변화와 판 구조론

### 483

그림은 지표 부근의 지구 내부 구조를 나타낸 것이다.

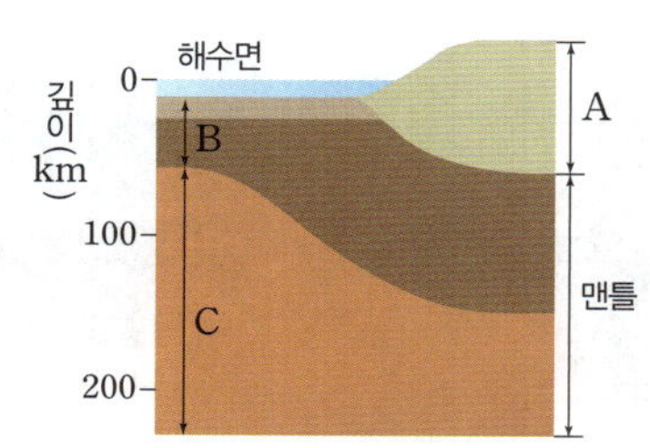


이에 대한 설명으로 옳은 것만을 보기 에서 있는 대로 고른 것은?

보기
ㄱ. A는 암석권이고, B는 연약권이다.
ㄴ. B는 여러 개의 조각으로 이루어져 있다.
ㄷ. C는 부분적으로 용융되어 있어 대류가 일어난다.

① ㄱ　　　　② ㄴ　　　　③ ㄱ, ㄷ
④ ㄴ, ㄷ　　　⑤ ㄱ, ㄴ, ㄷ

### ☆고빈출
### 484

그림은 전 세계 주요 지진대와 화산대를 나타낸 것이다.

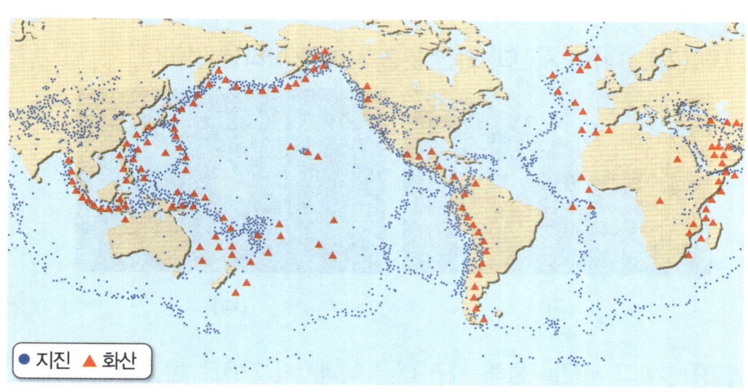


이에 대한 설명으로 옳은 것만을 보기 에서 있는 대로 고른 것은?

보기
ㄱ. 지진이 활발한 곳에서는 모두 화산 활동이 일어난다.
ㄴ. 대서양에서는 주변부보다 중앙부에서 지진이 활발하게 일어난다.
ㄷ. 화산 활동은 대서양 주변부보다 태평양 주변부에서 발생 빈도가 높다.

① ㄱ　　　　② ㄷ　　　　③ ㄱ, ㄴ
④ ㄴ, ㄷ　　　⑤ ㄱ, ㄴ, ㄷ

### 485

판 구조론에 대한 설명으로 옳은 것만을 보기 에서 있는 대로 고른 것은?

보기
ㄱ. 판의 경계는 대륙과 해양의 경계와 일치한다.
ㄴ. 지구의 표면은 여러 개의 판으로 이루어져 있다.
ㄷ. 지진과 화산 활동이 가장 활발한 곳은 판의 중앙부이다.
ㄹ. 판이 이동하는 것은 맨틀에서 대류가 일어나기 때문이다.

① ㄱ, ㄷ　　　② ㄱ, ㄹ　　　③ ㄴ, ㄹ
④ ㄱ, ㄴ, ㄷ　　⑤ ㄴ, ㄷ, ㄹ

## 2 판의 경계와 지형

### ☆고빈출
### 486

그림 (가)~(다)는 두 판의 상대적인 이동 방향을 나타낸 것이다.

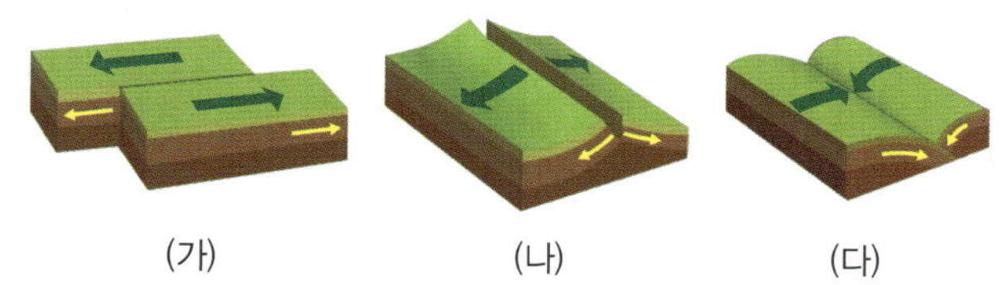


이에 대한 설명으로 옳은 것만을 보기 에서 있는 대로 고른 것은? (단, (가)~(다)의 판은 모두 해양판이다.)

보기
ㄱ. (가)는 발산형 경계이다.
ㄴ. (나)에서는 해저 산맥이 발달한다.
ㄷ. (다)에서는 밀도가 작은 판이 지구 내부로 섭입한다.

① ㄱ　　　　② ㄴ　　　　③ ㄷ
④ ㄱ, ㄴ　　　⑤ ㄴ, ㄷ

## 487

그림은 판의 경계 A, B, C와 판의 이동 방향을 나타낸 것이다.

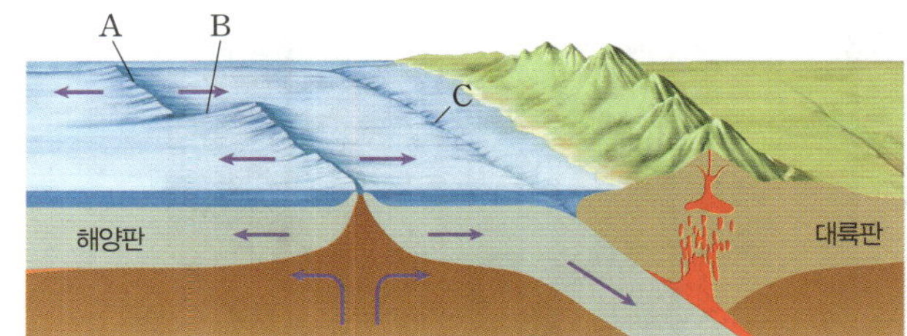


A, B, C에서 발달하는 지형을 옳게 짝 지은 것은?

| | A | B | C |
|---|---|---|---|
| ① | 해령 | 해구 | 변환 단층 |
| ② | 해령 | 변환 단층 | 해구 |
| ③ | 변환 단층 | 해구 | 해령 |
| ④ | 해구 | 변환 단층 | 해령 |
| ⑤ | 해구 | 해령 | 변환 단층 |

## 488

그림은 판의 경계에서 발달하는 지형을 구분하는 과정을 나타낸 것이다.

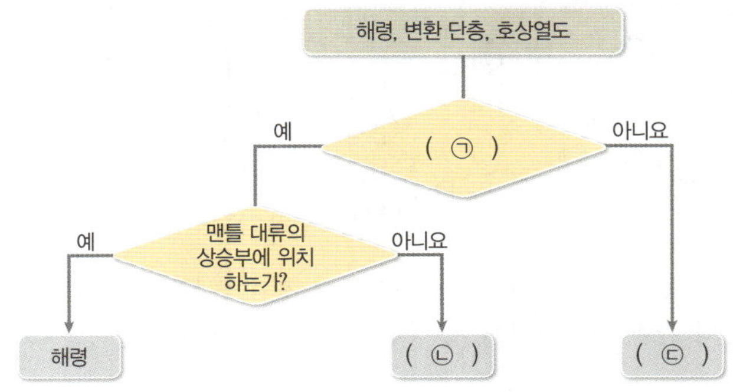


㉠에 들어갈 질문과 ㉡, ㉢에 들어갈 지형을 옳게 짝 지은 것은?

| | ㉠ | ㉡ | ㉢ |
|---|---|---|---|
| ① | 화산 활동이 활발한가? | 호상열도 | 변환 단층 |
| ② | 화산 활동이 활발한가? | 변환 단층 | 호상열도 |
| ③ | 새로운 판이 생성되는가? | 변환 단층 | 호상열도 |
| ④ | 지진이 활발한가? | 변환 단층 | 호상열도 |
| ⑤ | 지진이 활발한가? | 호상열도 | 변환 단층 |

## ★고빈출 489

그림은 전 세계 판의 분포와 경계를 나타낸 것이다.

이에 대한 설명으로 옳은 것만을 보기 에서 있는 대로 고른 것은?

보기
- ㄱ. A와 D는 수렴형 경계이다.
- ㄴ. B에는 산안드레아스 단층이 발달한다.
- ㄷ. C에는 해령과 열곡이 발달한다.

① ㄱ     ② ㄷ     ③ ㄱ, ㄴ
④ ㄴ, ㄷ     ⑤ ㄱ, ㄴ, ㄷ

## ★고빈출 490

그림은 두 해양판의 이동 방향을 나타낸 것이다.

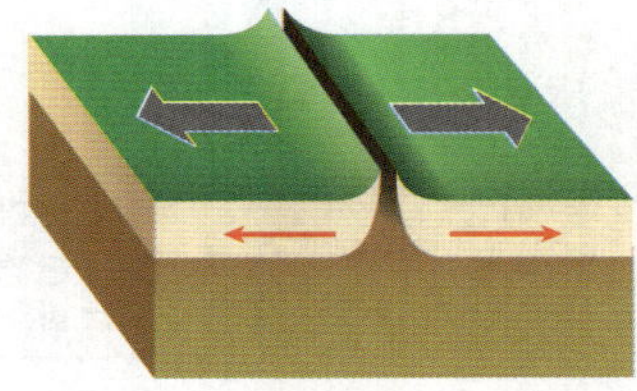

이에 대한 설명으로 옳은 것만을 보기 에서 있는 대로 고른 것은?

보기
- ㄱ. 판의 경계에 해령이 발달한다.
- ㄴ. 열곡대를 따라 호상열도가 형성된다.
- ㄷ. 판의 경계에서 심발 지진이 발생한다.

① ㄱ     ② ㄴ     ③ ㄱ, ㄷ
④ ㄴ, ㄷ     ⑤ ㄱ, ㄴ, ㄷ

## 491

그림 (가)와 (나)는 서로 다른 지역에서 두 판의 이동 방향을 나타낸 것이다.

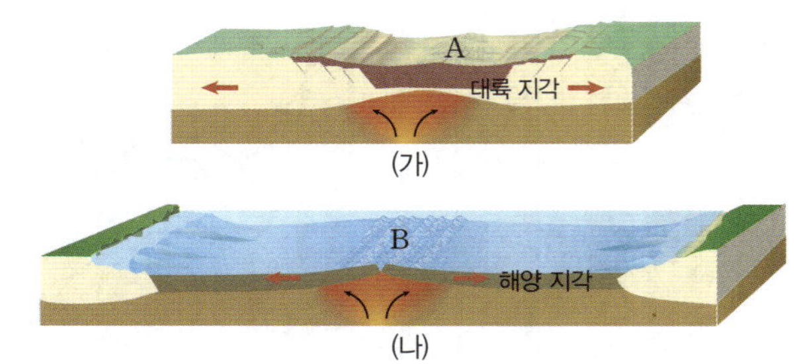


이에 대한 설명으로 옳은 것만을 보기 에서 있는 대로 고른 것은?

보기
ㄱ. A에서는 천발 지진과 심발 지진이 발생한다.
ㄴ. A와 B에서는 모두 화산 활동이 일어난다.
ㄷ. (가)에서 판의 이동이 계속되면 (나)의 B 지형이 형성된다.

① ㄱ      ② ㄷ      ③ ㄱ, ㄴ
④ ㄴ, ㄷ      ⑤ ㄱ, ㄴ, ㄷ

## 492

그림은 동아프리카 열곡대 주변의 판 경계와 화산 분포를 나타낸 것이다.

A 지역에 대한 설명으로 옳은 것만을 보기 에서 있는 대로 고른 것은?

보기
ㄱ. 심발 지진이 자주 발생한다.
ㄴ. 지하에 맨틀 대류의 상승류가 있다.
ㄷ. 북동 - 남서 방향으로 습곡 산맥이 분포한다.

① ㄱ      ② ㄴ      ③ ㄱ, ㄷ
④ ㄴ, ㄷ      ⑤ ㄱ, ㄴ, ㄷ

## 493 고빈출

그림은 대륙판과 해양판의 이동 방향과 판의 경계를 나타낸 것이다.

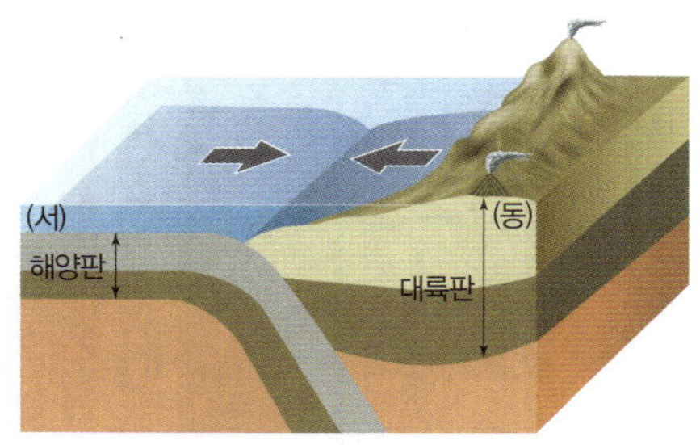


이에 대한 설명으로 옳은 것만을 보기 에서 있는 대로 고른 것은?

보기
ㄱ. 해양판의 밀도가 대륙판의 밀도보다 크다.
ㄴ. 화산 활동은 대륙판 쪽에서 일어난다.
ㄷ. 판의 경계에서 대륙 쪽으로 갈수록 진원의 깊이가 깊어진다.
ㄹ. 해구의 서쪽에는 해구와 나란하게 호상열도가 발달한다.

① ㄱ, ㄷ      ② ㄱ, ㄹ      ③ ㄴ, ㄹ
④ ㄱ, ㄴ, ㄷ      ⑤ ㄴ, ㄷ, ㄹ

## 494 서술형

그림은 전 세계 판의 분포와 경계를 나타낸 것이다.

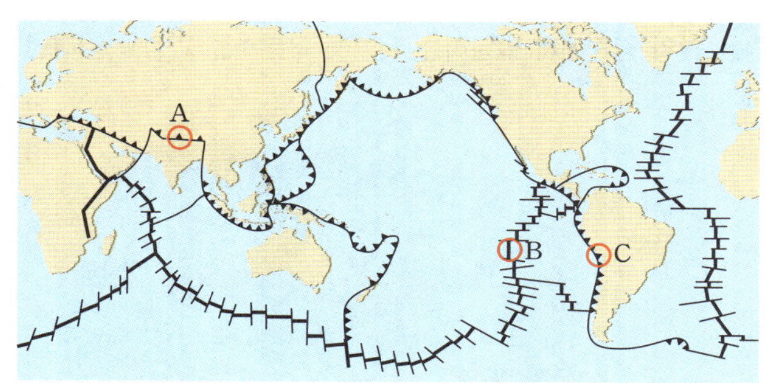


(1) A, C 지역에서 나타나는 수렴형 경계의 특징을 판의 종류와 관련지어 비교하고, 공통적으로 형성된 지형을 쓰시오.

(2) B에서 C로 갈수록 해양판의 나이가 많아진다. 그 까닭을 판의 생성, 소멸과 관련지어 서술하시오.

## 495

그림은 어느 판의 경계 부근에서 지진이 발생한 깊이를 나타낸 것이다. B에는 판의 경계가 형성되어 있다.

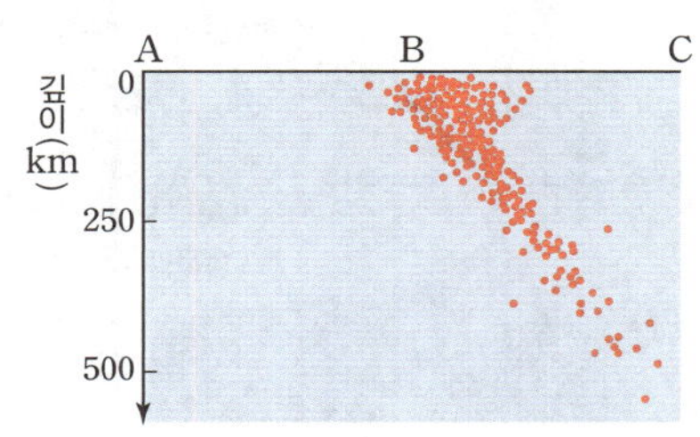

이에 대한 설명으로 옳은 것만을 보기 에서 있는 대로 고른 것은?

보기
ㄱ. 판의 밀도는 A의 판보다 C의 판이 크다.
ㄴ. 화산 활동은 A 부근보다 C 부근에서 활발하다.
ㄷ. B에서는 맨틀 대류가 상승하여 열곡이 발달한다.

① ㄱ  　② ㄴ  　③ ㄱ, ㄴ
④ ㄴ, ㄷ  　⑤ ㄱ, ㄴ, ㄷ

## 496

난이도 상

그림은 우리나라 주변의 판의 경계 모습을 나타낸 것이다.

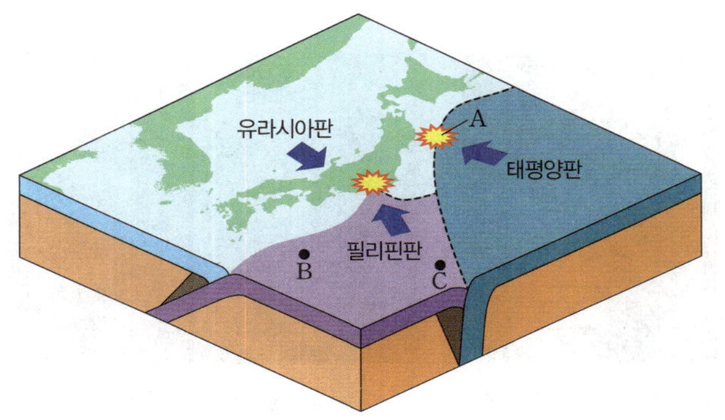


이에 대한 설명으로 옳은 것만을 보기 에서 있는 대로 고른 것은?

보기
ㄱ. A에는 수심이 깊은 해저 골짜기가 발달한다.
ㄴ. 화산 활동은 B 부근이 C 부근보다 활발하다.
ㄷ. 일본에서는 천발 지진과 심발 지진이 모두 일어난다.

① ㄱ  　② ㄴ  　③ ㄱ, ㄷ
④ ㄴ, ㄷ  　⑤ ㄱ, ㄴ, ㄷ

## 497

그림은 어느 지역에서 발생한 지진의 진원 깊이를 등치선으로 나타낸 것이다.

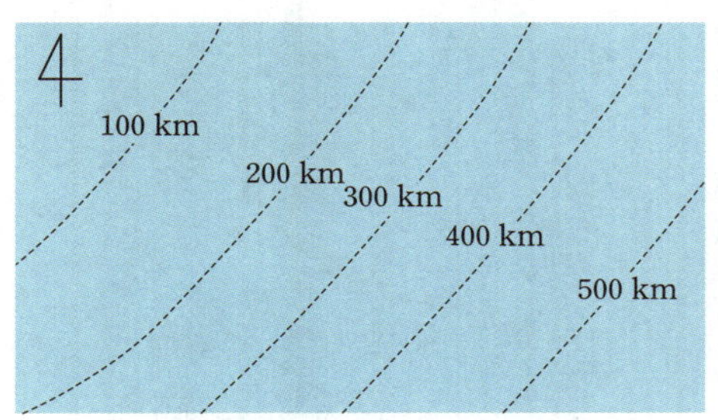


이에 대한 설명으로 옳은 것만을 보기 에서 있는 대로 고른 것은?

보기
ㄱ. 이 지역의 북서쪽에는 해구가 발달한다.
ㄴ. 이 지역에서는 맨틀 대류가 상승하여 새로운 해양판이 생성된다.
ㄷ. 판의 경계보다 남동쪽에 있는 판이 북서쪽에 있는 판보다 밀도가 크다.

① ㄱ  　② ㄷ  　③ ㄱ, ㄴ
④ ㄴ, ㄷ  　⑤ ㄱ, ㄴ, ㄷ

## 498

그림은 어느 지역의 두 해양판 A와 B 사이에서 발생한 지진의 진앙과 진원의 깊이를 나타낸 것이다.

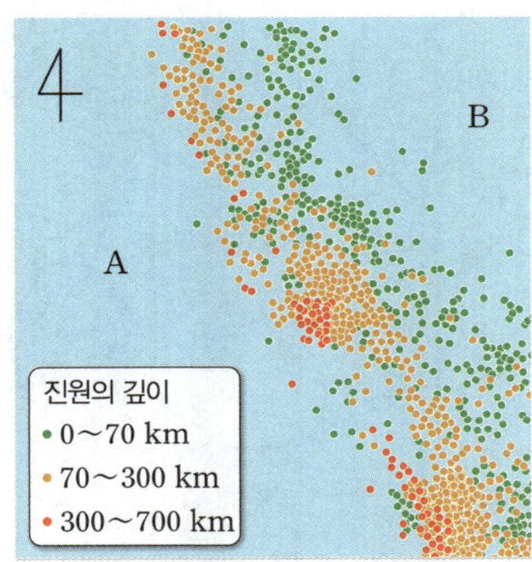


이에 대한 설명으로 옳은 것만을 보기 에서 있는 대로 고른 것은?

보기
ㄱ. 판의 경계에서 맨틀 대류가 하강한다.
ㄴ. 판 A와 B의 경계를 따라 습곡 산맥이 분포한다.
ㄷ. 화산 활동은 판 B보다 판 A에서 활발하게 일어난다.

① ㄱ  　② ㄴ  　③ ㄱ, ㄷ
④ ㄴ, ㄷ  　⑤ ㄱ, ㄴ, ㄷ

## 499

그림은 알래스카 부근에서 경계를 이루는 두 판과 화산의 분포를 나타낸 것이다.

이에 대한 설명으로 옳은 것만을 보기 에서 있는 대로 고른 것은?

보기
ㄱ. 판의 경계를 따라 해구가 발달한다.
ㄴ. 천발 지진과 심발 지진이 모두 발생한다.
ㄷ. 북아메리카판이 태평양판 아래로 섭입한다.

① ㄱ  　② ㄷ  　③ ㄱ, ㄴ
④ ㄴ, ㄷ  　⑤ ㄱ, ㄴ, ㄷ

## 고빈출
## 500

그림은 전 세계 판의 분포와 경계를 나타낸 것이다.

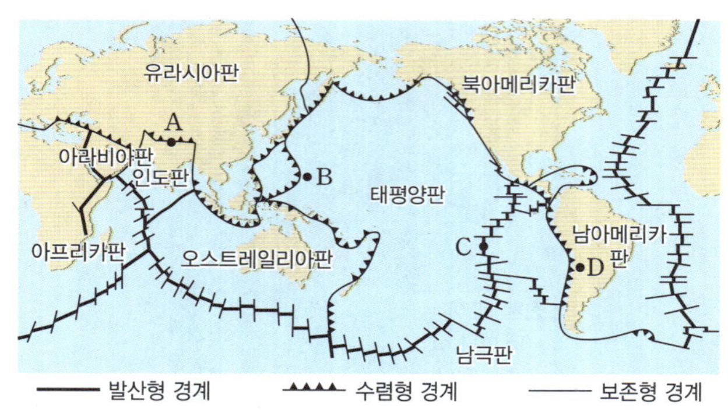


A~D 지역에 대한 설명으로 옳은 것만을 보기 에서 있는 대로 고른 것은?

보기
ㄱ. A~D에서는 모두 화산 활동이 활발하게 일어난다.
ㄴ. A와 D에서는 판의 경계 부근에 습곡 산맥이 발달한다.
ㄷ. 해양 지각의 나이는 B 부근보다 C 부근에서 많다.

① ㄱ  　② ㄴ  　③ ㄱ, ㄷ
④ ㄴ, ㄷ  　⑤ ㄱ, ㄴ, ㄷ

## 고빈출
## 501

그림은 해령 부근에서 판의 이동을 나타낸 것이다.

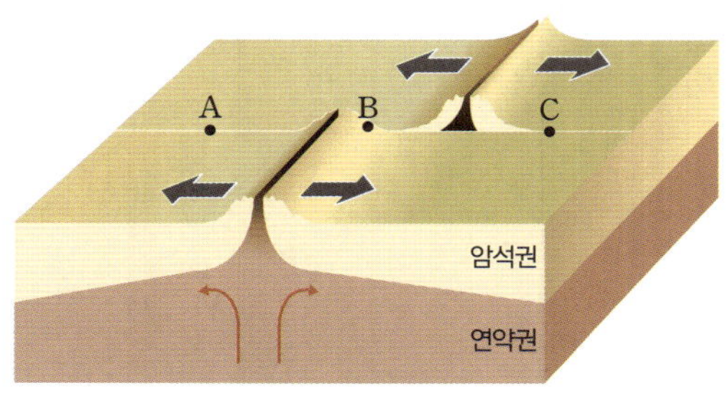


A~C 지역에 대한 설명으로 옳은 것만을 보기 에서 있는 대로 고른 것은?

보기
ㄱ. A, B, C에는 보존형 경계가 나타난다.
ㄴ. B에서는 화산 활동이 활발하게 일어난다.
ㄷ. 지진은 C보다 B에서 자주 발생한다.

① ㄱ  　② ㄷ  　③ ㄱ, ㄴ
④ ㄴ, ㄷ  　⑤ ㄱ, ㄴ, ㄷ

## 502  서술형

그림 (가)와 (나)는 판의 경계 부근에서 생성된 두 지역의 모습을 나타낸 것이다.

(가) 산안드레아스 단층　　(나) 동아프리카 열곡대

(1) (가)와 (나)에서 발달하는 판 경계의 종류를 쓰시오.

(2) (가)와 (나)에서 발생하는 지각 변동의 공통점과 차이점을 각각 한 가지씩 서술하시오.

## 503

그림은 북아메리카 대륙의 태평양 연안에서 판의 이동과 경계를 나타낸 것이다.

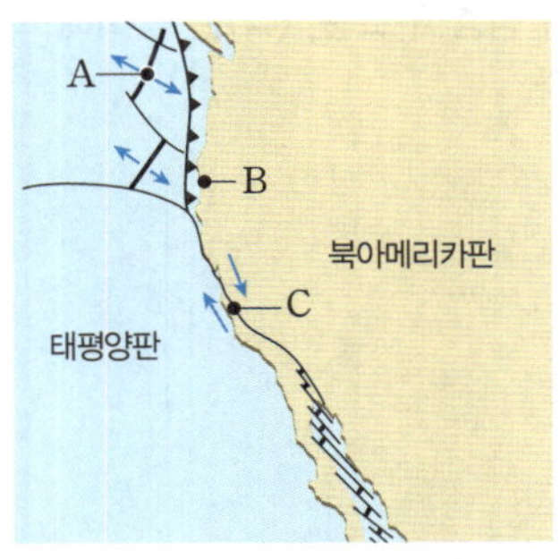


A~C 지역에 대한 설명으로 옳은 것만을 보기 에서 있는 대로 고른 것은?

보기

ㄱ. A에서는 화산 활동에 의해 새로운 해양 지각이 생성된다.
ㄴ. 진원의 평균 깊이는 A 부근보다 B 부근에서 깊다.
ㄷ. C에서는 화산 활동이 활발하지만 지진은 거의 발생하지 않는다.

① ㄱ     ② ㄷ     ③ ㄱ, ㄴ
④ ㄴ, ㄷ     ⑤ ㄱ, ㄴ, ㄷ

---

**3   지권의 변화가 지구시스템에 미치는 영향**

## 504

다음은 화산 활동과 관련된 여러 가지 현상들을 나열한 것이다.

(가) 화산 활동으로 다량의 화산재가 성층권까지 상승하여 퍼졌다.
(나) 화산 지대 주변의 토양에 화산재가 쌓인다.
(다) 화산 활동으로 분출된 용암은 독특한 형태의 암석을 만든다.

이에 대한 설명으로 옳은 것만을 보기 에서 있는 대로 고른 것은?

보기

ㄱ. (가)는 지구의 평균 기온을 낮추는 역할을 한다.
ㄴ. (나)의 토양은 오랜 세월이 지나면 식물이 자랄 수 없게 된다.
ㄷ. (다)는 관광 자원으로 활용될 수 있다.

① ㄱ     ② ㄴ     ③ ㄱ, ㄷ
④ ㄴ, ㄷ     ⑤ ㄱ, ㄴ, ㄷ

## 505 ●서술형

그림은 1991년 피나투보 화산이 분출하기 전후의 지구 기온 편차를 나타낸 것이다.

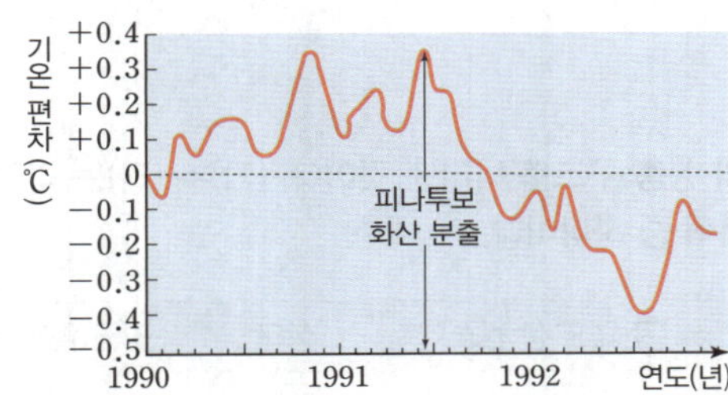


피나투보 화산이 지구 기온에 미친 영향과 그 원인을 서술하시오.

## 506

그림 (가)와 (나)는 화산 분출물을 나타낸 것이다.

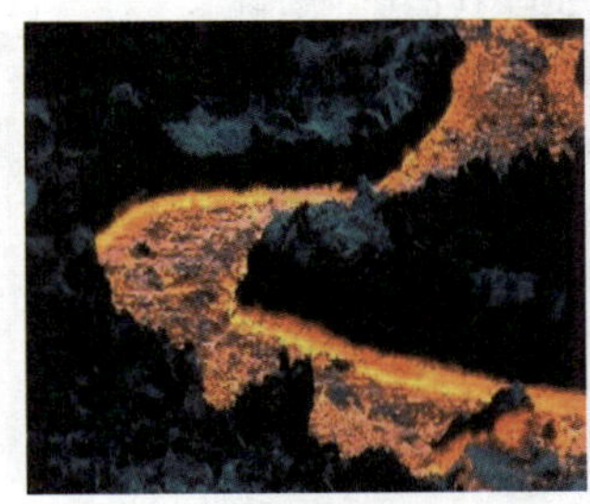 

(가) 용암         (나) 화산 쇄설물

이에 대한 설명으로 옳은 것만을 보기 에서 있는 대로 고른 것은?

보기

ㄱ. (가)는 유동성이 클수록 넓은 지역에 피해를 준다.
ㄴ. (나)는 수증기를 포함하는 기체로 이루어져 있다.
ㄷ. (나)에 의해 항공기 운항이 중단되는 경우가 있다.

① ㄱ     ② ㄴ     ③ ㄱ, ㄷ
④ ㄴ, ㄷ     ⑤ ㄱ, ㄴ, ㄷ

## 507

지진의 피해에 대한 설명으로 옳은 것만을 보기 에서 있는 대로 고른 것은?

보기

ㄱ. 산성비가 내릴 수 있다.
ㄴ. 산사태가 발생할 수 있다.
ㄷ. 해저에서 지진이 발생하면 해안 지역에서 쓰나미의 피해가 생길 수 있다.

① ㄱ     ② ㄷ     ③ ㄱ, ㄴ
④ ㄴ, ㄷ     ⑤ ㄱ, ㄴ, ㄷ

# STEP 3 수능 유형 문제로 만점 도전하기

## 09 지구시스템의 에너지와 물질 순환

### 508

난이도 상

표는 지권의 성층 구조를 나타낸 것이다. (가)~(라)는 각각 지각, 맨틀, 외핵, 내핵 중 하나이다.

| 구분 | 주요 구성 원소 | 상태 | 평균 밀도($g/cm^3$) |
|---|---|---|---|
| (가) | ( ) | 액체 | 약 11.8 |
| (나) | Fe, Ni | 고체 | ( ) |
| (다) | O, Si, Mg | 고체 | 약 4.5 |
| (라) | ( ) | ( ) | 약 3.0 |

(가)~(라)에 대한 설명으로 옳은 것만을 보기 에서 있는 대로 고른 것은?

보기
ㄱ. (가)의 주요 구성 원소는 (나)보다 (다)에 가깝다.
ㄴ. (가)~(라) 중 평균 온도는 (나)가 가장 높다.
ㄷ. 대류 현상은 (다)보다 (라)에서 활발하다.

① ㄱ  ② ㄴ  ③ ㄷ
④ ㄱ, ㄴ  ⑤ ㄱ, ㄷ

### 509

그림은 지권의 성층 구조를 나타낸 것이다.

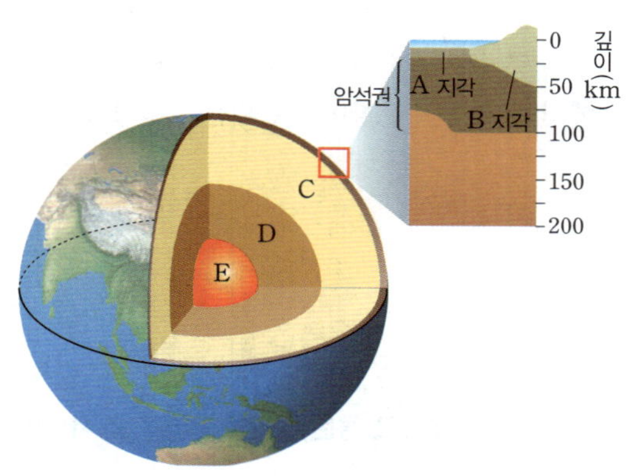


이에 대한 설명으로 옳은 것만을 보기 에서 있는 대로 고른 것은?

보기
ㄱ. A 지각은 B 지각보다 밀도가 크다.
ㄴ. D의 구성 물질은 C보다 E와 비슷하다.
ㄷ. E에서 물질의 유동에 의해 지구 자기장이 형성된다.

① ㄱ  ② ㄷ  ③ ㄱ, ㄴ
④ ㄴ, ㄷ  ⑤ ㄱ, ㄴ, ㄷ

### 고빈출

### 510

그림 (가)는 기권의 성층 구조를, (나)는 높이에 따른 오존 농도의 변화를 나타낸 것이다.

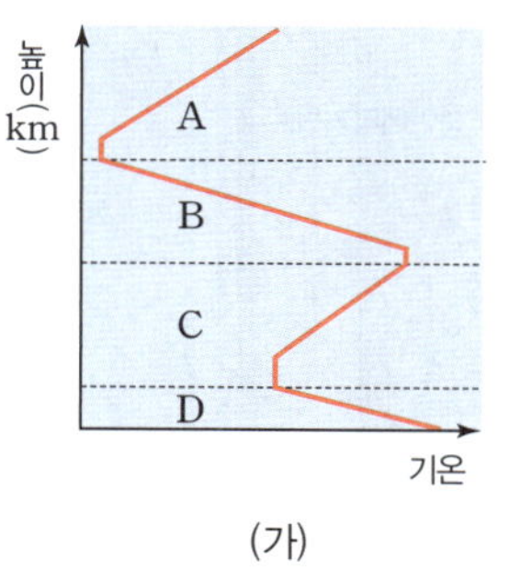

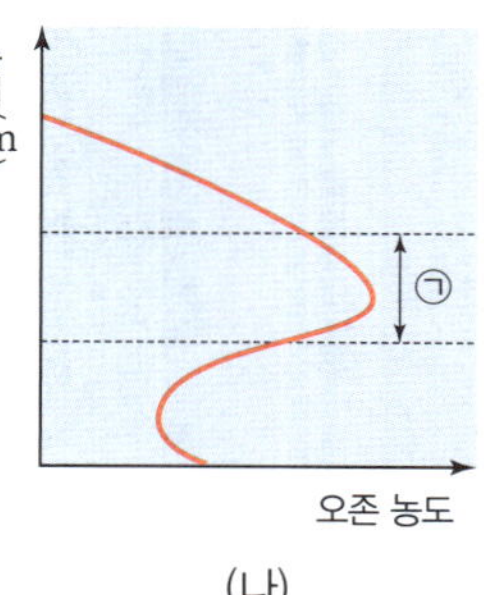


이에 대한 설명으로 옳은 것만을 보기 에서 있는 대로 고른 것은?

보기
ㄱ. 공기의 밀도는 D에서 A로 갈수록 감소한다.
ㄴ. (나)에서 ㉠ 구간은 B와 C의 경계 높이보다 높은 곳에 위치한다.
ㄷ. 날씨 변화는 주로 D에서 나타난다.

① ㄱ  ② ㄴ  ③ ㄷ
④ ㄱ, ㄴ  ⑤ ㄱ, ㄷ

### 511

그림 (가)는 지구시스템에서 수권의 분포를, (나)는 해수의 깊이에 따른 수온 분포를 나타낸 것이다.

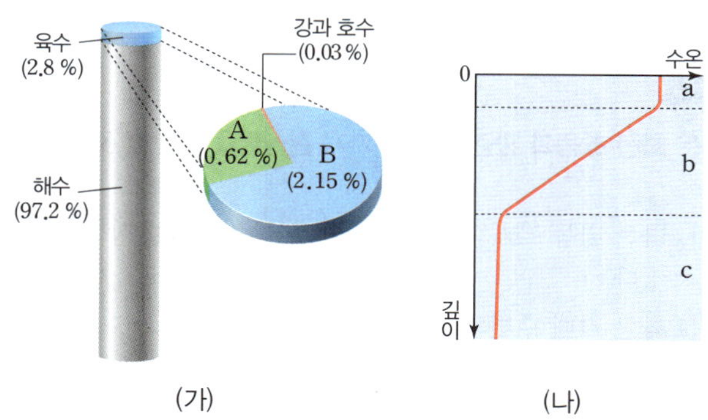


이에 대한 설명으로 옳은 것만을 보기 에서 있는 대로 고른 것은?

보기
ㄱ. 열대 지방에서 지형의 변화는 A보다 B의 영향을 크게 받는다.
ㄴ. a 층의 수온 분포는 주로 태양 에너지와 바람의 영향을 받는다.
ㄷ. b 층이 발달하면 a 층과 c 층 사이의 물질 교환이 촉진된다.

① ㄱ  ② ㄴ  ③ ㄱ, ㄷ
④ ㄴ, ㄷ  ⑤ ㄱ, ㄴ, ㄷ

## 512

표는 지구시스템을 구성하는 각 권의 물질을 나타낸 것이다.

| 권 | 물질 |
| --- | --- |
| (가) | 토양, 암석 등 |
| (나) | 동물, 식물, 미생물 등 |
| (다) | 질소, 산소, 이산화 탄소 등 |
| (라) | 해수, 지하수, 빙하 등 |

이에 대한 설명으로 옳은 것만을 보기 에서 있는 대로 고른 것은?

보기
ㄱ. (가)는 (나)에 필요한 물질을 공급한다.
ㄴ. (나)와 (다) 사이에는 기체의 교환이 활발하게 일어난다.
ㄷ. (라)는 태양 에너지를 흡수하고, 지구 전체에 고르게 에너지를 분산하는 역할을 한다.

① ㄱ   ② ㄷ   ③ ㄱ, ㄴ
④ ㄴ, ㄷ   ⑤ ㄱ, ㄴ, ㄷ

## 513

난이도 상

다음은 지구시스템에서 일어나는 상호작용의 예 ㉠, ㉡, ㉢을 나타낸 것이다. A, B, C는 각각 지권, 기권, 수권 중의 하나이다.

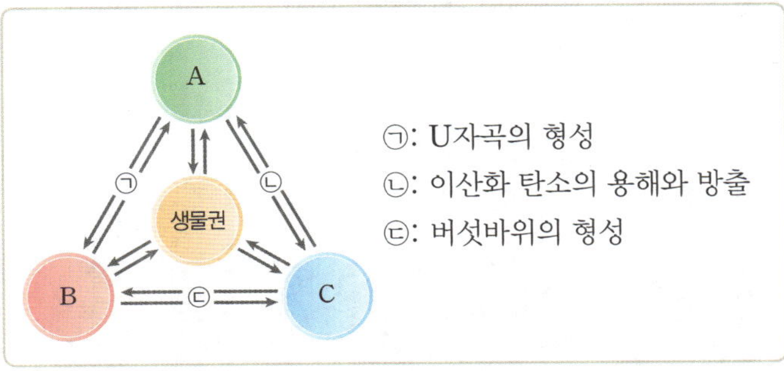


이에 대한 설명으로 옳은 것만을 보기 에서 있는 대로 고른 것은?

보기
ㄱ. A는 수권, C는 기권이다.
ㄴ. 쓰나미는 ㉠에 해당한다.
ㄷ. 해양 생물에 의한 해수 용해 성분의 흡수는 생물권과 B의 상호작용에 해당한다.

① ㄱ   ② ㄷ   ③ ㄱ, ㄴ
④ ㄴ, ㄷ   ⑤ ㄱ, ㄴ, ㄷ

## 514

그림 (가)와 (나)는 지구시스템에서 일어나는 서로 다른 현상을 나타낸 것이다.

(가)　　　　　(나)

(가)와 (나)의 공통점으로 옳은 것만을 보기 에서 있는 대로 고른 것은?

보기
ㄱ. 물의 순환 과정과 관련이 있다.
ㄴ. 주요 에너지는 태양 에너지이다.
ㄷ. 수권과 지권이 상호작용하여 생긴다.

① ㄱ   ② ㄷ   ③ ㄱ, ㄴ
④ ㄴ, ㄷ   ⑤ ㄱ, ㄴ, ㄷ

## 515

난이도 상

그림 (가)~(다)는 원시 지구의 형성과 진화에 따른 지구시스템의 구성 요소가 생성되는 과정을 나타낸 것이다.

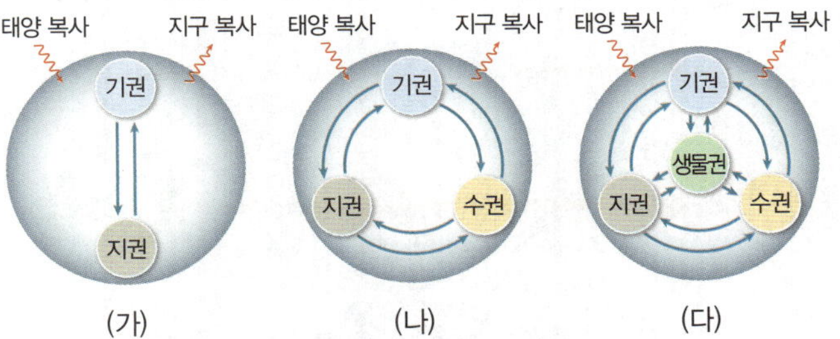


이에 대한 설명으로 옳은 것만을 보기 에서 있는 대로 고른 것은?

보기
ㄱ. (가)→(나) 과정에서 지표면의 온도는 높아졌다.
ㄴ. (다)에서 최초의 생명체는 수권에서 출현하였다.
ㄷ. 단위 시간당 지구 내부 에너지의 방출량은 (나)보다 (다)에서 많다.

① ㄱ   ② ㄴ   ③ ㄷ
④ ㄱ, ㄴ   ⑤ ㄱ, ㄷ

## 516

난이도 상

그림은 지구시스템에서 물의 순환 과정과 연간 이동량을 육지와 바다로 구분하여 나타낸 것이다.

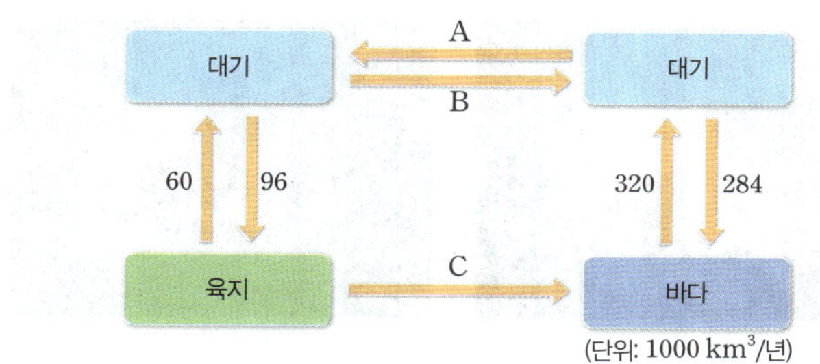


이에 대한 설명으로 옳은 것만을 보기 에서 있는 대로 고른 것은? (단, A, B, C는 물의 이동량이다.)

**〈 보기 〉**

ㄱ. $(A-B) > C$이다.

ㄴ. 물이 바다 → 대기 → 육지로 순환하는 과정에서 물은 열에너지를 방출하였다가 흡수한다.

ㄷ. 지구의 연평균 기온이 현재보다 높아지면 지구 전체의 연간 증발량은 380보다 많아질 것이다.

① ㄱ      ② ㄷ      ③ ㄱ, ㄴ
④ ㄴ, ㄷ      ⑤ ㄱ, ㄴ, ㄷ

## 517

그림은 지구시스템에서 탄소 순환 과정의 일부를 나타낸 것이다.

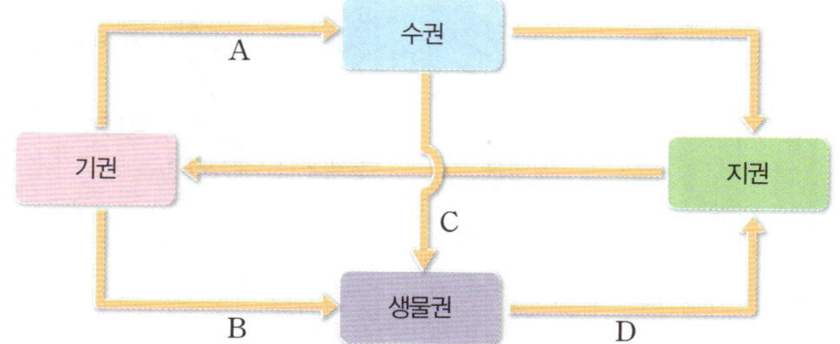


이에 대한 설명으로 옳은 것만을 보기 에서 있는 대로 고른 것은?

**〈 보기 〉**

ㄱ. A 과정을 거치면 탄소는 주로 탄산염 물질로 존재한다.

ㄴ. (B+D) 과정을 거치면 태양 에너지가 지권에 저장된다.

ㄷ. (C+D) 과정을 거치면 석회암이 생성된다.

① ㄱ      ② ㄷ      ③ ㄱ, ㄴ
④ ㄴ, ㄷ      ⑤ ㄱ, ㄴ, ㄷ

## 10 지권의 변화와 지구시스템

## 518

난이도 상

그림은 어느 해역에 분포하는 판 A~C와 판의 이동 방향을 화살표로 나타낸 것이다.

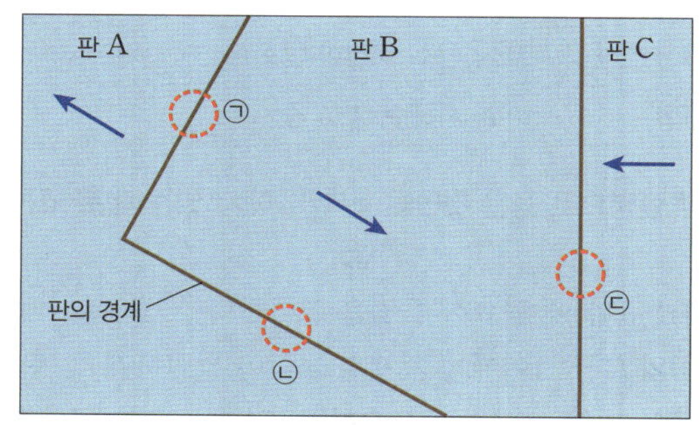


㉠~㉢에 대한 설명으로 옳은 것만을 보기 에서 있는 대로 고른 것은? (단, A와 B는 해양판이고, C는 대륙판이다.)

**〈 보기 〉**

ㄱ. ㉠에서 새로운 해양 지각이 생성된다.

ㄴ. 수심은 ㉢ 부근에서 가장 깊다.

ㄷ. ㉡에서는 심발 지진이 일어날 수 있다.

① ㄱ      ② ㄷ      ③ ㄱ, ㄴ
④ ㄴ, ㄷ      ⑤ ㄱ, ㄴ, ㄷ

⭐고빈출
## 519

그림은 태평양과 대서양에 분포하는 판의 단면과 이동 방향을 나타낸 것이다.

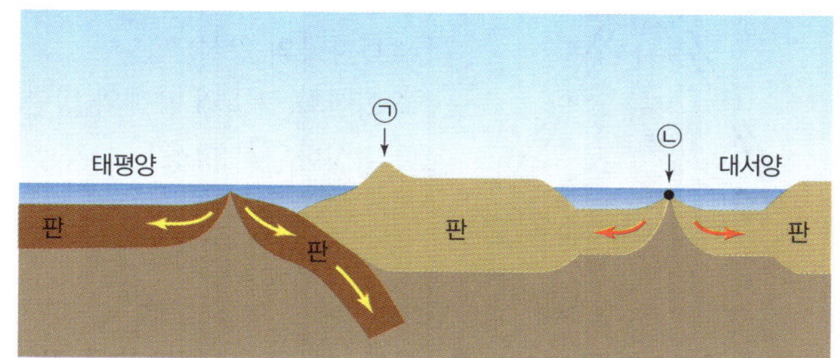


이에 대한 설명으로 옳은 것만을 보기 에서 있는 대로 고른 것은?

**〈 보기 〉**

ㄱ. ㉠에서는 화산 활동이 일어날 것이다.

ㄴ. ㉡에서는 V자 모양의 열곡이 발달한다.

ㄷ. 판이 이동함에 따라 대서양의 면적은 넓어질 것이다.

① ㄱ      ② ㄴ      ③ ㄱ, ㄷ
④ ㄴ, ㄷ      ⑤ ㄱ, ㄴ, ㄷ

## 520

그림은 판의 경계를 모식적으로 나타낸 것이다.

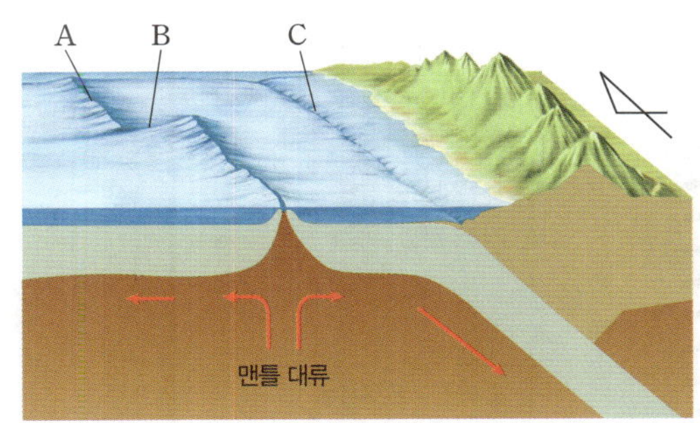


이에 대한 설명으로 옳은 것만을 보기 에서 있는 대로 고른 것은?

─── 보기 ───
ㄱ. A는 맨틀 대류의 하강부, C는 맨틀 대류의 상승부에 위치한다.
ㄴ. 화산 활동은 A보다 B에서 활발하게 일어난다.
ㄷ. C 부근의 화산 활동은 주로 C의 동쪽에서 일어난다.

① ㄱ           ② ㄷ           ③ ㄱ, ㄴ
④ ㄴ, ㄷ        ⑤ ㄱ, ㄴ, ㄷ

## 521

난이도 상

그림은 판의 경계를 구분하는 과정을 나타낸 것이다.

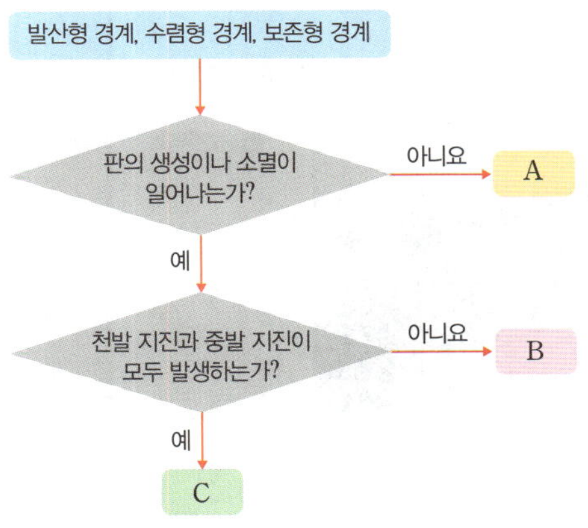


이에 대한 설명으로 옳은 것만을 보기 에서 있는 대로 고른 것은?

─── 보기 ───
ㄱ. A에서는 열곡대가 발달한다.
ㄴ. 안데스산맥은 B의 경계에서 발달하는 지형에 해당한다.
ㄷ. 맨틀 대류는 B에서 상승하고, C에서 하강한다.

① ㄱ           ② ㄷ           ③ ㄱ, ㄴ
④ ㄴ, ㄷ        ⑤ ㄱ, ㄴ, ㄷ

## 522

그림은 전 세계 진원의 깊이에 따른 진앙 분포를 나타낸 것이다.

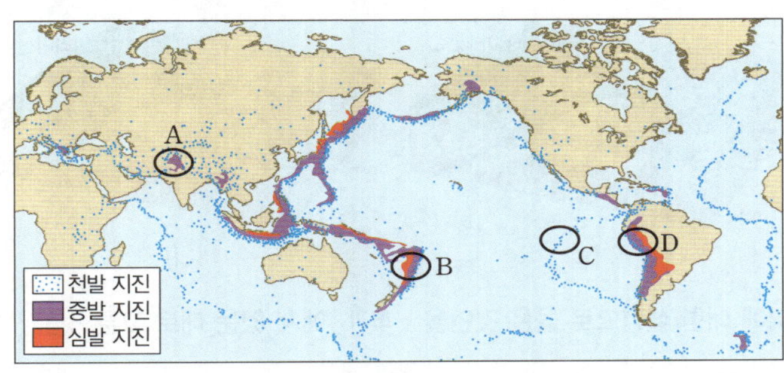


A~D의 공통점에 대한 설명으로 옳은 것만을 보기 에서 있는 대로 고른 것은?

─── 보기 ───
ㄱ. 판의 경계에 위치한다.
ㄴ. 화산 활동이 활발하다.
ㄷ. 맨틀 대류의 하강부에 위치한다.

① ㄱ           ② ㄴ           ③ ㄷ
④ ㄱ, ㄴ        ⑤ ㄱ, ㄷ

## 523

난이도 상

그림은 판의 경계와 각 판의 이동 속도를 나타낸 것이다.

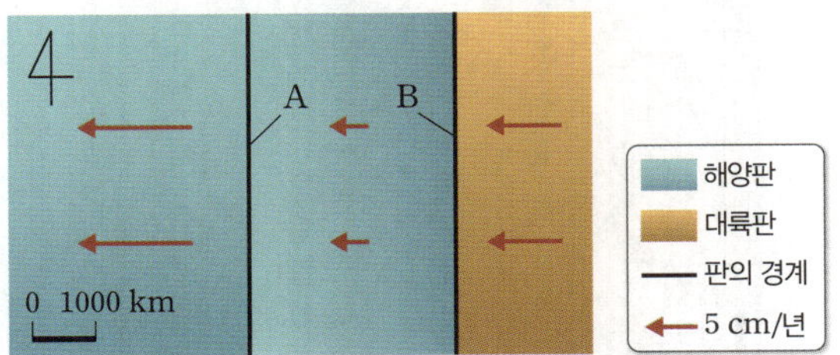


이에 대한 설명으로 옳은 것만을 보기 에서 있는 대로 고른 것은?

─── 보기 ───
ㄱ. A에서는 호상열도가 형성된다.
ㄴ. B 부근의 화산 활동은 해양판 쪽에서 일어난다.
ㄷ. 진원의 평균 깊이는 A 부근보다 B 부근에서 깊다.

① ㄱ           ② ㄷ           ③ ㄱ, ㄴ
④ ㄴ, ㄷ        ⑤ ㄱ, ㄴ, ㄷ

## ✔최다 오답
## 524

그림 (가)와 (나)는 히말라야산맥이 형성되는 과정을 나타낸 것이다.

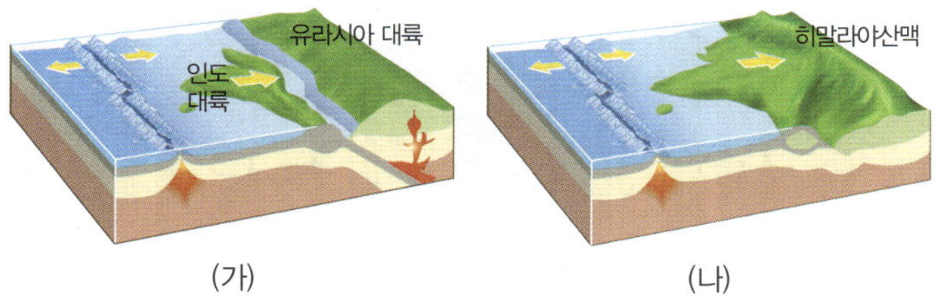


이에 대한 설명으로 옳은 것만을 보기 에서 있는 대로 고른 것은?

보기

ㄱ. 히말라야산맥은 인도 대륙과 함께 오랜 기간 동안 이동하였다.
ㄴ. 인도 대륙과 유라시아 대륙 사이의 바다는 현재 소멸하였다.
ㄷ. 히말라야산맥에서는 현재 화산 활동이 활발하게 일어난다.

① ㄱ　　　　② ㄴ　　　　③ ㄱ, ㄷ
④ ㄴ, ㄷ　　　　⑤ ㄱ, ㄴ, ㄷ

## 525

그림은 해령 부근의 A~E 지점을 나타낸 것이다. 해령 부근에서 판의 이동 속도는 모두 같다.

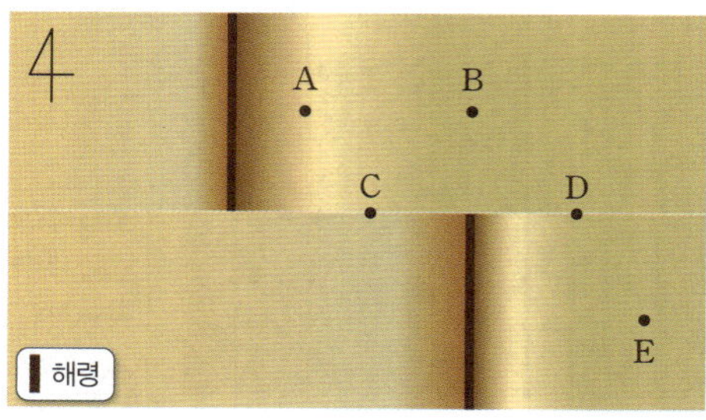


이에 대한 설명으로 옳은 것만을 보기 에서 있는 대로 고른 것은?

보기

ㄱ. 해양 지각의 연령은 A 지점이 B 지점보다 적다.
ㄴ. A 지점과 E 지점은 동일한 해양판에 속한다.
ㄷ. C와 D에서는 모두 화산 활동이 일어나지 않는다.

① ㄱ　　　　② ㄷ　　　　③ ㄱ, ㄴ
④ ㄴ, ㄷ　　　　⑤ ㄱ, ㄴ, ㄷ

## ✔최다 오답
## 526

다음은 화산 활동에 의해 생기는 피해와 혜택을 정리한 것이다.

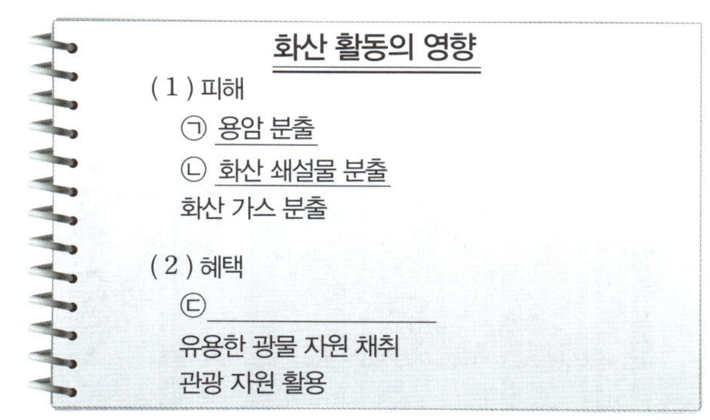


이에 대한 설명으로 옳은 것만을 보기 에서 있는 대로 고른 것은?

보기

ㄱ. 화산 분출물에 직접 물을 뿌리면 ㉠의 피해를 줄일 수 있다.
ㄴ. ㉡에 의해 항공기의 운항이 중단되는 경우가 있다.
ㄷ. '기름진 토양 형성'은 ㉢에 해당한다.

① ㄱ　　　　② ㄴ　　　　③ ㄱ, ㄷ
④ ㄴ, ㄷ　　　　⑤ ㄱ, ㄴ, ㄷ

## 527

그림은 지진의 피해와 이용을 나타낸 것이다.

(가) 쓰나미(지진 해일)

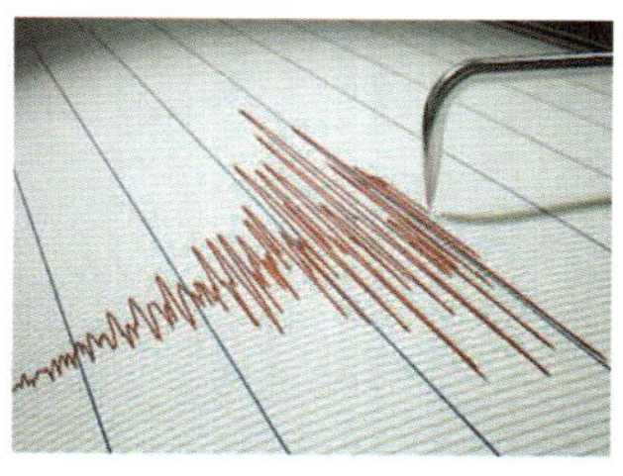

(나) 지진파 관측

이에 대한 설명으로 옳은 것만을 보기 에서 있는 대로 고른 것은?

보기

ㄱ. (가)는 해안 지역의 육지에서 발생한 지진에 의해 생긴다.
ㄴ. (가)의 피해를 발생시키는 지구시스템의 에너지원은 조력 에너지이다.
ㄷ. (나)를 분석하면 지하자원의 매장 지역을 찾을 수 있다.

① ㄱ　　　　② ㄷ　　　　③ ㄱ, ㄴ
④ ㄴ, ㄷ　　　　⑤ ㄱ, ㄴ, ㄷ

## 528

지권의 성층 구조 중에서 지구 자기장을 형성하는 층의 이름을 쓰고, 이 층의 어떤 특징이 지구 자기장을 형성하는 데 영향을 주는지 서술하시오.

## 529

그림은 지구시스템의 구성 요소 (가)~(라)에 분포하는 탄소의 주요 형태와 각 권역 사이에서 일어나는 탄소 이동을 나타낸 것이다.

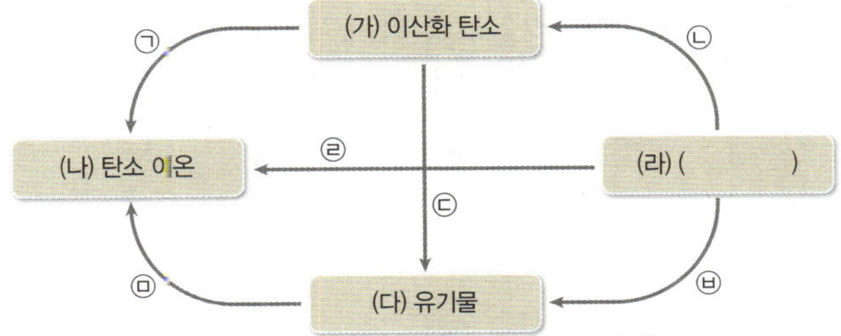


(1) (라)에 분포하는 탄소의 주요 형태 두 가지를 쓰시오.

(2) '석회 동굴의 형성'에 따른 탄소 이동은 ㉠~㉥ 중 어디에 해당하는지 서술하시오.

## 530

그림은 전 세계 지진과 화산의 분포를 나타낸 것이다.

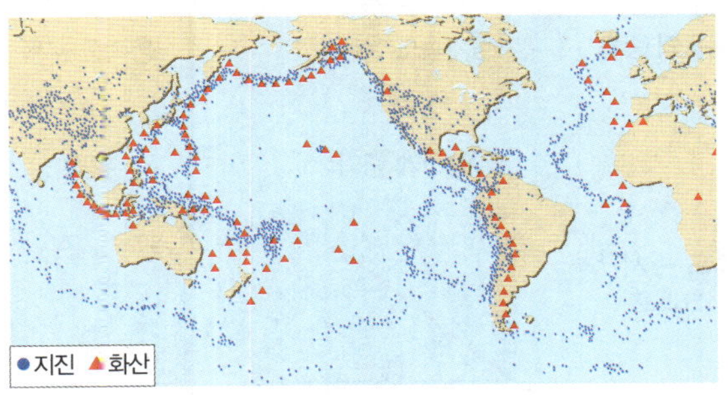


태평양 주변부와 대서양 주변부를 비교할 때 주로 태평양 주변부에서 지진과 화산 활동이 활발한 까닭을 판 구조론의 관점에서 서술하시오.

## 531

그림 (가)와 (나)는 서로 다른 두 판 경계를 나타낸 것이다.

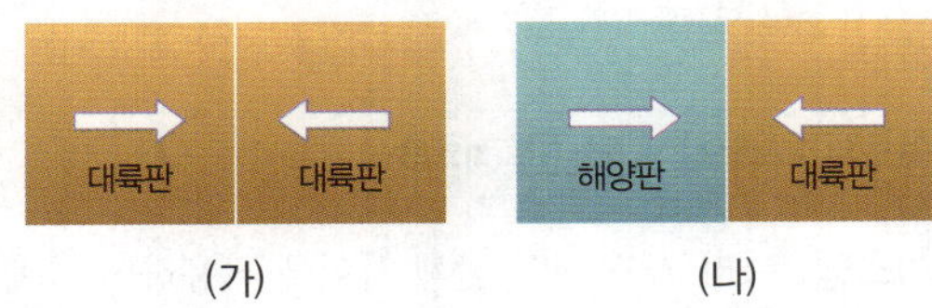


(가)와 (나)에서 공통적으로 형성될 수 있는 지형을 쓰고, 두 지역에서 발생하는 지진의 특징을 진원의 깊이와 관련지어 서술하시오.

## 532

그림은 A, B 해역에서 측정한 기준점으로부터의 거리에 따른 해양 지각의 나이를 나타낸 것이다. 기준점에는 판의 경계가 존재하며, 거리는 판의 이동 방향과 나란하게 측정하였다.

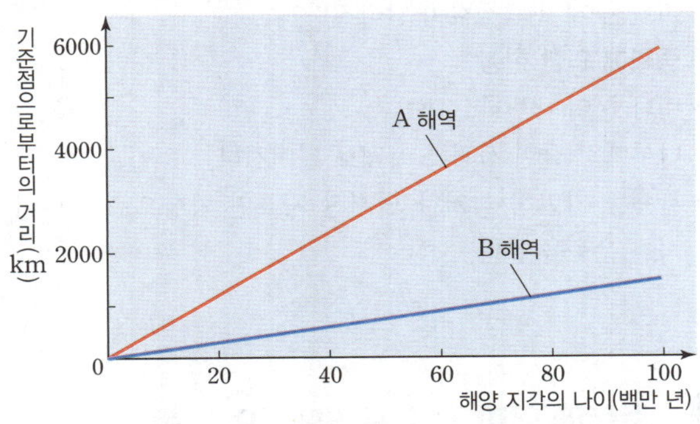


(1) 기준점에 발달하는 지형은 무엇인지 쓰고, 그 까닭을 근거를 들어 서술하시오.

(2) A와 B 해역에서 판의 이동 속력을 비교하여 서술하시오.

# 11 중력과 역학 시스템

## 1 중력과 역학 시스템 자료①

(1) **역학 시스템**: 여러 가지 힘이 물체 사이에 작용하며 물체의 운동 질서가 유지되는 체계

(2) **중력**: 질량이 있는 모든 물체 사이에서 상호작용하는 힘

① **중력의 크기**: 물체의 질량이 클수록, 두 물체 사이의 거리가 가까울수록 중력이 커진다.

② **중력의 방향**: 서로 당기는 방향으로 작용한다.

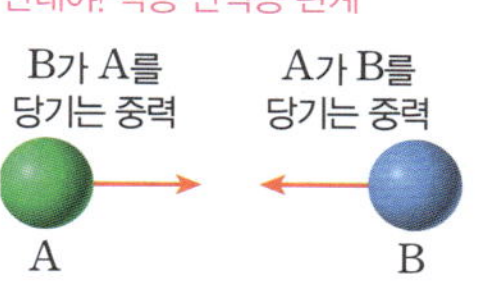


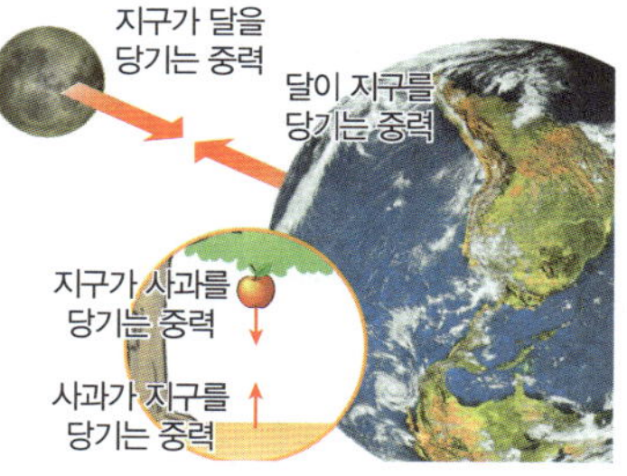


③ **중력의 특징**: 물체가 서로 붙어 있거나 떨어져 있어도 항상 작용하고, 지구가 물체에 작용하는 중력의 방향은 지구 중심 방향이다.

④ **무게**: 물체에 작용하는 중력의 크기
- 지구 표면에서 질량 $1\,kg$인 물체에 작용하는 중력의 크기는 $9.8\,N$이다.
- 천체의 질량과 크기에 따라 천체가 물체를 당기는 중력의 크기가 다르기 때문에 같은 질량의 물체라도 측정하는 장소에 따라 무게의 측정값이 달라진다.

⑤ **중력에 의한 현상**
- 비나 눈이 내린다.
- 나무에 매달린 사과가 아래로 떨어진다.
- 물체를 가만히 놓거나 던지면 지표면 방향으로 속력이 빨라지는 운동을 한다.

## 2 중력에 의한 지구 표면에서의 운동

(1) **자유 낙하 운동**: 지표면 근처의 높은 곳에서 물체를 가만히 놓았을 때 중력만을 받아 낙하하는 운동

① **가속도**: 물체의 속도가 변할 때 단위 시간 동안 물체의 속도 변화량
- 가속도의 크기: 물체의 속도 변화량을 걸린 시간으로 나누어 구한다.

물체의 운동 방향과 가속도의 방향이 같을 때 물체의 속력은 증가하고, 반대일 때 물체의 속력은 감소해.

$$가속도 = \frac{나중\ 속도 - 처음\ 속도}{걸린\ 시간} = \frac{속도\ 변화량}{걸린\ 시간}\ (단위: m/s^2)$$

② **중력 가속도**: 지구 중력에 의해 생기는 가속도로, 지표면 근처에서는 물체의 질량과 관계없이 $9.8\,m/s^2$으로 모두 같다.

**자료 분석①** 자유 낙하 운동 자료②

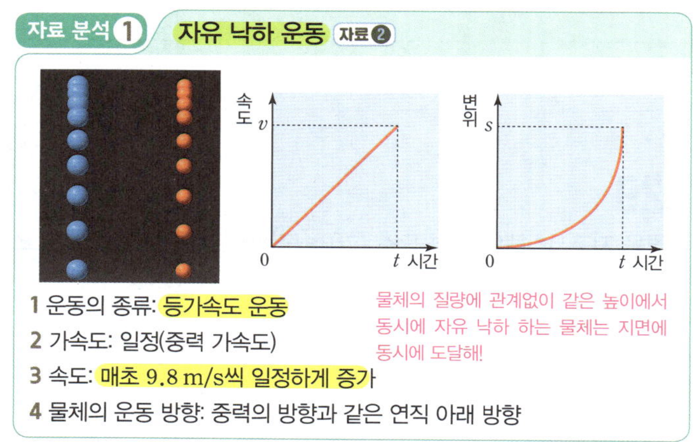

1 **운동의 종류**: 등가속도 운동
2 **가속도**: 일정(중력 가속도)
3 **속도**: 매초 $9.8\,m/s$씩 일정하게 증가
4 **물체의 운동 방향**: 중력의 방향과 같은 연직 아래 방향

물체의 질량에 관계없이 같은 높이에서 동시에 자유 낙하 하는 물체는 지면에 동시에 도달해!

(2) **수평 방향으로 던진 물체의 운동**(단, 공기 저항 무시) 자료③

① **수평 방향**: 힘이 작용하지 않으므로 처음 던진 속도로 등속 직선 운동을 한다.

② **연직 방향**: 중력만 작용하므로 자유 낙하 운동과 같이 등가속도 운동을 한다.

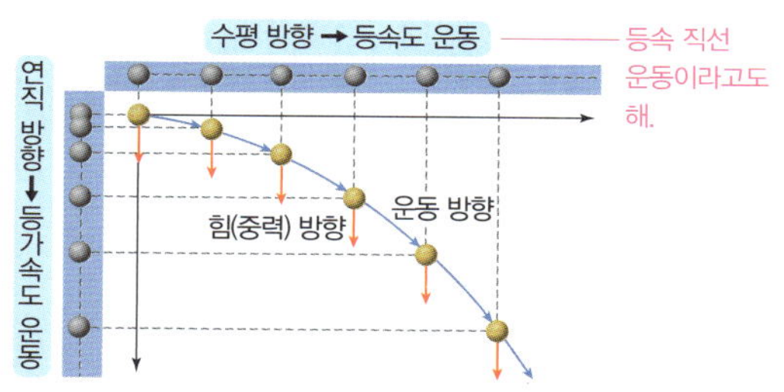


| 구분 | 연직 방향 | 수평 방향 |
|---|---|---|
| 운동의 종류 | 등가속도 운동 | 등속도 운동 |
| 힘 | 중력 | 0 |
| 속도 − 시간 그래프 | 일정하게 증가 | 일정 |
| 가속도 | 일정(중력 가속도) | 0 |

등속도 운동과 등가속도 운동
① 등속도 운동: 빠르기와 운동 방향이 모두 일정한 운동
② 등가속도 운동: 가속도가 일정한 운동, 속도가 일정하게 증가하거나 감소한다.

**(1) 수평 방향으로 던진 물체의 속력이 다를 때 운동(단, 공기 저항 무시)** 자료❹ 자료❺

① 수평 방향으로 던진 물체의 속력($v_A$, $v_B$, $v_C$)이 빠를수록 더 멀리 날아가서 떨어진다.

② 연직 방향의 가속도가 같으므로 바닥에 떨어질 때까지 걸린 시간은 같다.

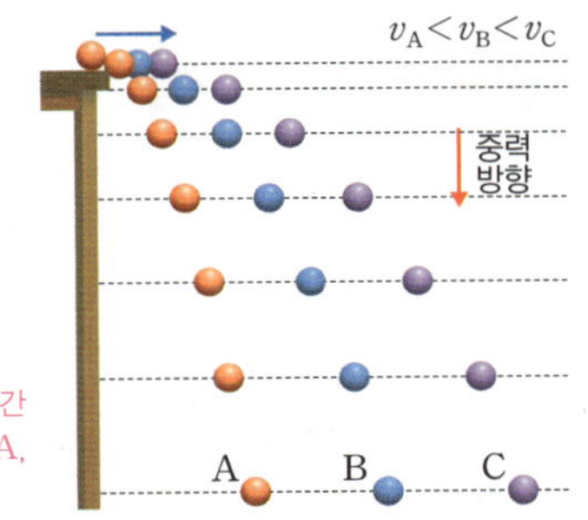


**(2) 뉴턴의 사고 실험:** 뉴턴은 사고 실험을 통해 달이 지구로 떨어지지 않고 지구 주위를 공전하는 까닭을 중력에 의한 운동으로 설명했고, 지표면에서의 자유 낙하 운동뿐만 아니라 지구 주위를 공전하는 원운동도 모두 중력에 의한 운동임을 밝혔다.

**자료 분석 ❷  뉴턴의 사고 실험**

**1** 지구 표면에서 포탄을 수평 방향으로 발사할 때 속력이 클수록 포탄은 더 먼 곳에 떨어진다.

**2** 공기 저항을 무시할 때, 포탄을 충분히 큰 속력으로 발사하면 포탄은 지구 표면에 닿지 않고 지구 주위를 원운동할 수 있다.

**3** 지구 주위를 공전하는 달과 인공위성은 속력은 일정하지만 방향이 계속 변하는 가속도 운동을 한다.

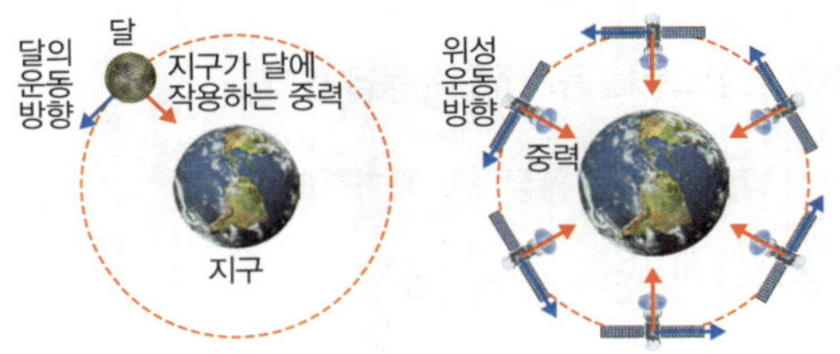

**(3) 지구 주위를 공전하는 물체의 운동** 자료❻

① 지표면에서 물체의 가속도 방향이 중력 방향인 것처럼 달과 인공위성의 가속도 방향도 중력 방향이다.

② 달과 인공위성에 작용하는 중력 방향이 지구 중심 방향이므로 달과 인공위성의 원운동은 지구 중심 방향의 가속도 운동이다.

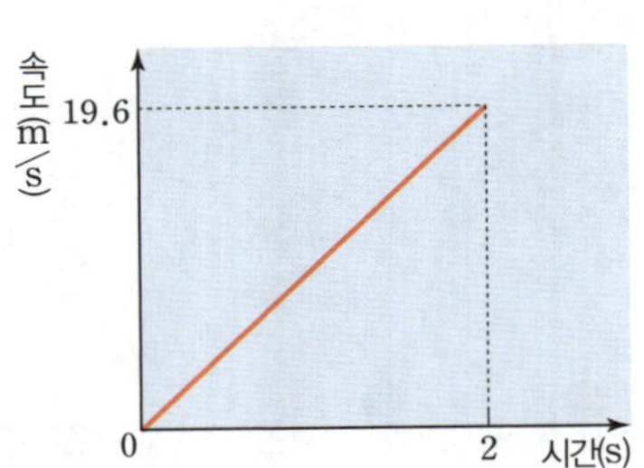


---



다음 자료에 대한 설명으로 옳은 것은 ○표, 옳지 않은 것은 ✕표 하시오.

**자료 ❶ 중력과 역학 시스템**    동아, 미래엔, 비상, 천재

그림 (가)는 손으로 잡고 있는 사과가 정지해 있는 모습을, (나)는 (가)에서 사과를 가만히 놓았더니 사과가 지면으로 떨어지고 있는 모습을 나타낸 것이다. (단, 공기 저항은 무시한다.)

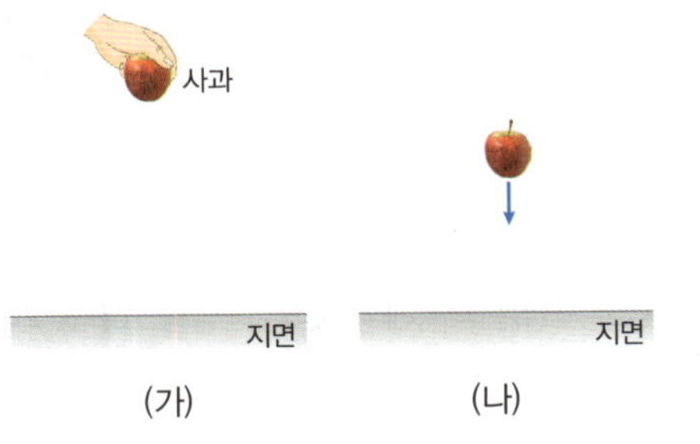


**533** (가)에서 사과에 작용하는 알짜힘은 0이다.    ○/✕

**534** (나)에서의 사과는 중력에 의해 연직 방향으로 속력이 일정하게 증가하는 운동을 한다.    ○/✕

**535** (나)에서 사과가 지구를 당기는 중력과 지구가 사과를 당기는 중력의 방향은 서로 같다.    ○/✕

**자료 ❷ 자유 낙하 운동**    동아, 미래엔

그림은 자유 낙하 하는 물체의 속도를 시간에 따라 나타낸 그래프이다.



**536** 물체는 등가속도 운동을 한다.    ○/✕

**537** 가속도의 크기는 그래프의 기울기보다 크다.    ○/✕

**538** 0 초부터 2 초까지 물체의 평균 속력은 9.8 m/s이다.    ○/✕

**539** 자유 낙하 하는 물체의 질량이 더 커지면 그래프의 기울기는 더 커진다.    ○/✕

**다음 자료에 대한 설명으로 옳은 것은 ○표, 옳지 않은 것은 ✕표 하시오.**

### 자료 **3** 수평 방향으로 던진 물체의 운동
동아, 미래엔, 비상, 지학사, 천재

그림은 수평 방향으로 던진 물체의 위치를 일정한 시간 간격으로 나타낸 것이다. (단, 공기 저항은 무시한다.)

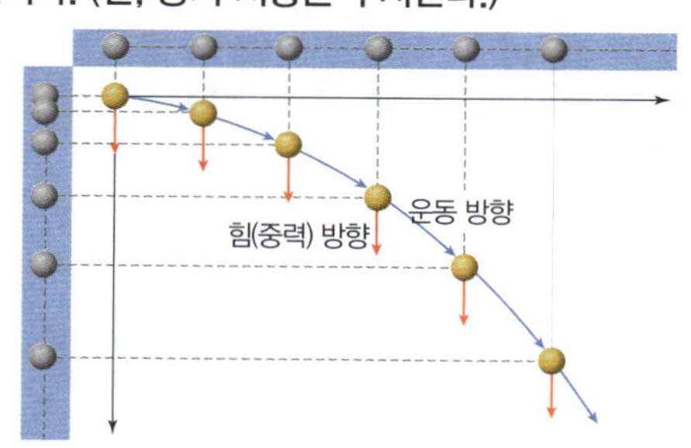


**540** 수평 방향으로는 등가속도 운동을 한다. ○/✕

**541** 연직 방향 속도는 일정하게 증가한다. ○/✕

**542** 가속도의 방향은 운동 방향과 같다. ○/✕

**543** 같은 높이에서 수평 방향으로 던지는 속력이 빠를수록 바닥에 떨어질 때까지 걸리는 시간이 길다. ○/✕

### 자료 **4** 수평 방향으로 던진 물체의 속력이 다를 때 운동
기출 자료

그림은 질량이 동일한 물체 A와 B를 수평면으로부터 같은 높이에서 수평 방향으로 각각 속력 $v_A$, $v_B$로 동시에 던졌더니, A와 B가 포물선 경로를 따라 운동한 모습을 나타낸 것이다. 물체는 수평 방향으로 각각 $d$, $3d$만큼 이동하였다.

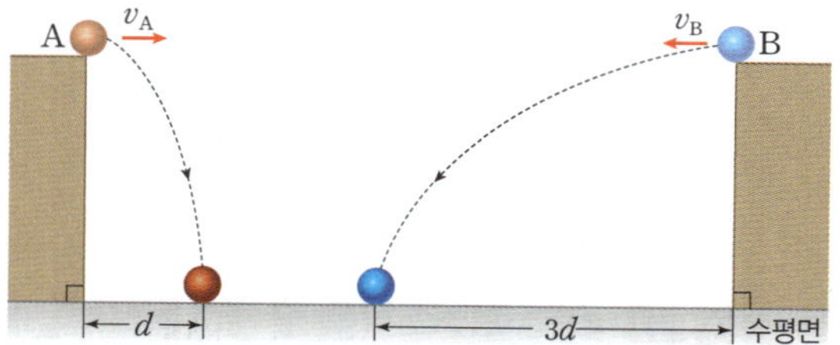


**544** 물체 A와 B가 운동하는 동안 물체에 작용한 중력의 크기는 같다. ○/✕

**545** 물체 A와 B가 운동하는 동안 가속도의 크기는 같다. ○/✕

**546** 물체 A와 B가 운동하는 동안 물체에 작용하는 알짜힘의 방향은 항상 일정하다. ○/✕

**547** $v_B$는 $v_A$의 2 배이다. ○/✕

### 자료 **5** 수평 방향으로 던진 물체의 높이가 다를 때 운동
기출 자료

그림은 지표면 근처에서 가만히 놓은 물체 A, A와 같은 높이에서 수평 방향으로 던진 물체 B, B보다 낮은 높이에서 수평 방향으로 던진 물체 C의 운동 경로를 나타낸 것이다.

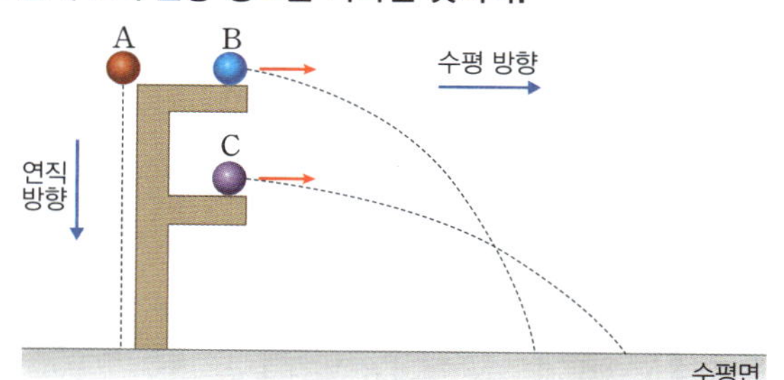


**548** A와 B가 수평면에 도달하는 순간 연직 방향의 속력은 서로 같다. ○/✕

**549** 수평면에는 A가 B보다 먼저 도달한다. ○/✕

**550** 수평면에 도달하는 순간 연직 방향의 속력은 B가 C보다 크다. ○/✕

**551** 수평 방향의 속력은 C가 B보다 크다. ○/✕

### 자료 **6** 중력에 의한 지구 주위에서의 운동
미래엔, 비상, 지학사, 천재

그림 (가)는 사과를 수평 방향으로 던진 모습을, (나)는 달이 지구 주위를 등속 원운동하는 모습을 나타낸 것이다.

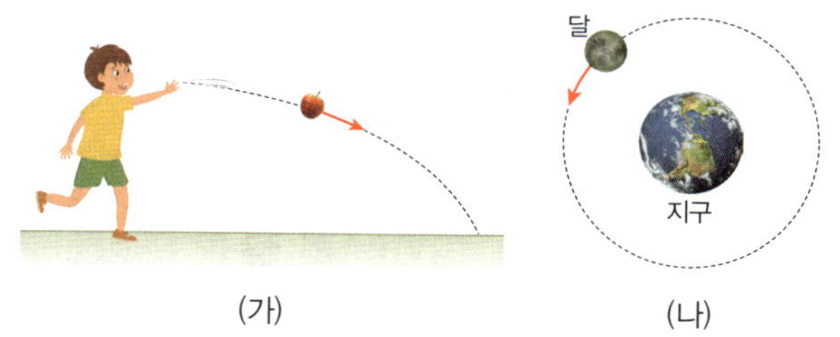


**552** (가)에서의 사과는 중력에 의해 연직 방향으로 속력이 일정한 운동을 한다. ○/✕

**553** (가)에서 사과가 운동하는 동안 사과의 운동 방향은 계속 변하고, 사과에 작용하는 중력의 방향은 일정하다. ○/✕

**554** (나)에서 원운동하는 달에는 지구를 향하는 방향으로 중력이 작용한다. ○/✕

**555** (나)에서 달의 운동 방향과 달에 작용하는 중력의 방향은 매 순간 수직이다. ○/✕

# STEP 2 학교 기출 문제로 내신 대비하기

**1 중력과 역학 시스템**

## 556

다음은 지구 중력에 대한 설명이다.

> 지구상의 모든 물체와 생명체에는 지속적으로 ㉠지구 중력이 작용하고 있다. 이때 지구 중력의 방향은 ⎡ (가) ⎤ 방향이고, 지구 중력의 크기는 물체의 질량에 ⎡ (나) ⎤ 한다.

이에 대한 설명으로 옳은 것만을 〈보기〉에서 있는 대로 고른 것은?

〈보기〉
ㄱ. (가)는 '지구 중심'이 적절하다.
ㄴ. (나)는 '비례'이다.
ㄷ. 지표면 위의 모든 지점에서 ㉠의 방향은 같다.

① ㄱ　　　　② ㄷ　　　　③ ㄱ, ㄴ
④ ㄱ, ㄷ　　　⑤ ㄴ, ㄷ

## 557

다음은 물체에 작용하는 힘 A에 대한 설명이다.

> 질량이 있는 모든 물체 사이에 상호작용하는 힘이다. 일반적인 행성 표면에서는 물체가 행성 중심 방향으로 이 힘을 받으므로 행성 표면 근처에서는 물체가 낙하하며 속력이 ⎡ ㉠ ⎤ 하는 운동을 한다.

이에 대한 설명으로 옳은 것만을 〈보기〉에서 있는 대로 고른 것은?

〈보기〉
ㄱ. A는 중력이다.
ㄴ. 두 물체 사이의 거리가 가까워지면 물체에 작용하는 A의 크기는 커진다.
ㄷ. '감소'는 ㉠으로 적절하다.

① ㄱ　　　　② ㄷ　　　　③ ㄱ, ㄴ
④ ㄴ, ㄷ　　　⑤ ㄱ, ㄴ, ㄷ

## 558

그림은 중력에 대해 학생들이 대화하는 모습이다.

제시한 내용이 옳은 학생만을 있는 대로 고른 것은?

① A　　　　② B　　　　③ A, C
④ B, C　　　⑤ A, B, C

## 559

난이도 상

그림은 지구 반대편에서 사과 A, B가 각각 자유 낙하 하는 것을 나타낸 것이다. 질량은 A가 B의 2배이고, A, B가 낙하한 높이는 같다.

이에 대한 설명으로 옳은 것만을 〈보기〉에서 있는 대로 고른 것은? (단, A, B의 위치에서 중력 가속도는 같고, 공기 저항은 무시한다.)

〈보기〉
ㄱ. A, B에 작용하는 중력의 방향은 같다.
ㄴ. 사과가 받는 중력의 크기는 A가 B보다 크다.
ㄷ. 낙하하는 데 걸리는 시간은 B가 A보다 크다.

① ㄱ　　　　② ㄴ　　　　③ ㄷ
④ ㄱ, ㄴ　　　⑤ ㄴ, ㄷ

## 2 중력에 의한 지구 표면에서의 운동

## 560

그림과 같이 화살을 수평 방향으로 발사하였다.

화살을 발사한 후 바닥에 떨어질 때까지, 화살의 운동과 화살에 작용하는 힘에 대한 설명으로 옳은 것만을 보기 에서 있는 대로 고른 것은? (단, 공기 저항은 무시한다.)

보기
ㄱ. 화살의 속력은 점점 증가한다.
ㄴ. 수평 방향으로는 속도가 일정하다.
ㄷ. 연직 방향으로는 가속도가 점점 증가한다.

① ㄱ      ② ㄷ      ③ ㄱ, ㄴ
④ ㄴ, ㄷ      ⑤ ㄱ, ㄴ, ㄷ

## 561

그림과 같이 물체를 가만히 놓았더니, 시간 $t$ 후 속력 $v$로 수평면에 충돌하였다.

물체의 운동에 대한 설명으로 옳은 것만을 보기 에서 있는 대로 고른 것은? (단, 물체의 크기와 공기 저항은 무시한다.)

보기
ㄱ. 가속도의 크기가 점점 증가한다.
ㄴ. 시간이 $\frac{1}{2}t$일 때 속력은 $\frac{1}{2}v$이다.
ㄷ. 낙하하는 동안 중력의 크기는 증가한다.

① ㄱ      ② ㄴ      ③ ㄱ, ㄴ
④ ㄴ, ㄷ      ⑤ ㄱ, ㄴ, ㄷ

## 562

그림 (가)는 물체 A가 실에 매달린 모습을, (나)는 물체 B가 실에 매달려 있다가 실이 끊어져 연직 아래 방향으로 운동하는 모습을 나타낸 것이다. A, B의 질량은 각각 $m_A$, $m_B$이고, $m_A > m_B$이다.
이에 대한 설명으로 옳은 것만을 보기 에서 있는 대로 고른 것은? (단, 공기 저항은 무시한다.)

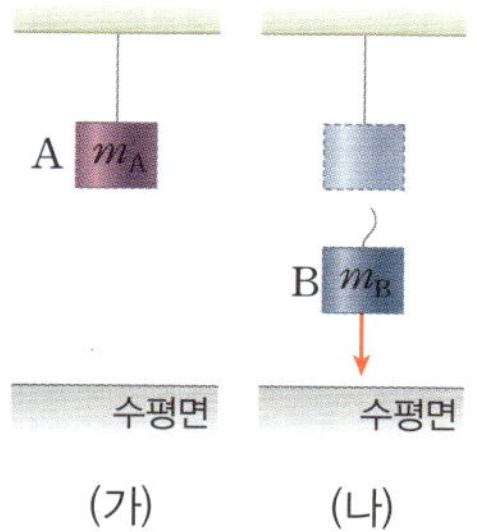

보기
ㄱ. A에 작용하는 중력의 크기는 B에 작용하는 중력의 크기보다 크다.
ㄴ. 낙하하는 동안 B의 운동 방향과 B의 가속도 방향은 같다.
ㄷ. 낙하하는 동안 B의 속력은 증가한다.

① ㄱ      ② ㄴ      ③ ㄱ, ㄷ
④ ㄴ, ㄷ      ⑤ ㄱ, ㄴ, ㄷ

## 563

그림은 물체를 가만히 놓았을 때 물체가 자유 낙하 운동을 하여 수평면에 도달하는 모습을 나타낸 것이다.
물체를 놓은 순간부터 수평면에 도달할 때까지 물체의 속력을 시간에 따라 나타낸 것으로 가장 적절한 것은? (단, 공기 저항은 무시한다.)

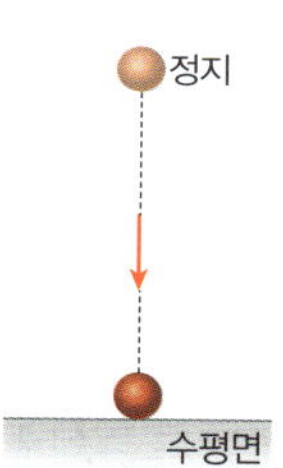

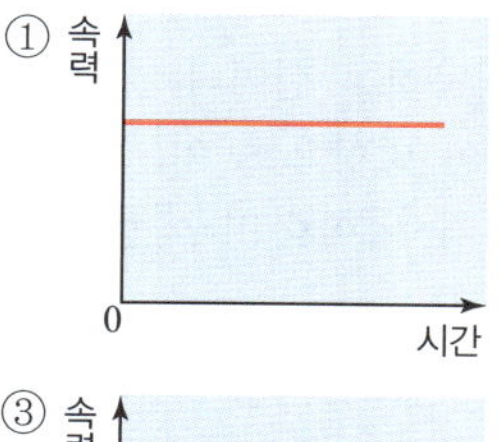

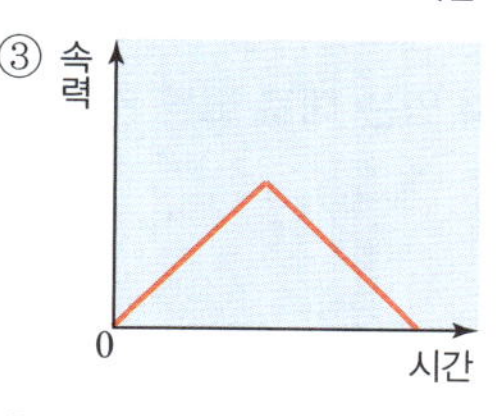

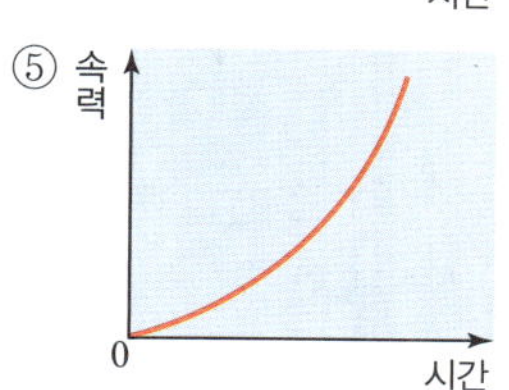

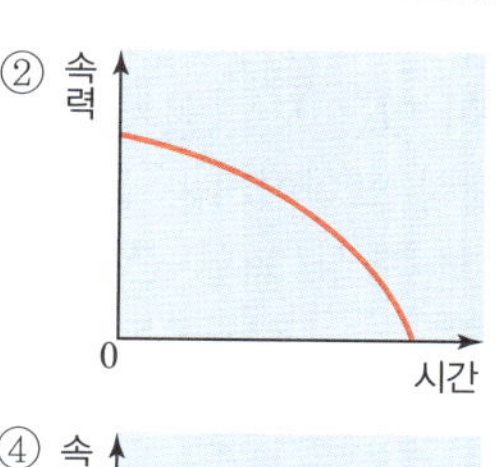

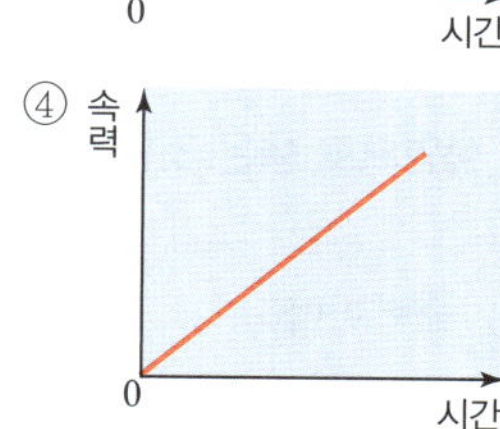

## 564

난이도 상

그림 (가)와 (나)는 각각 수평면으로부터 같은 높이인 지점에서 질량이 각각 $m$, $2m$인 물체 A, B를 손으로 잡고 있다가 가만히 놓았더니 A, B가 자유 낙하 운동을 하여 수평면에 도달하는 모습을 나타낸 것이다. 이에 대한 설명으로 옳은 것만을 보기에서 있는 대로 고른 것은? (단, 물체의 크기, 공기 저항은 무시한다.)

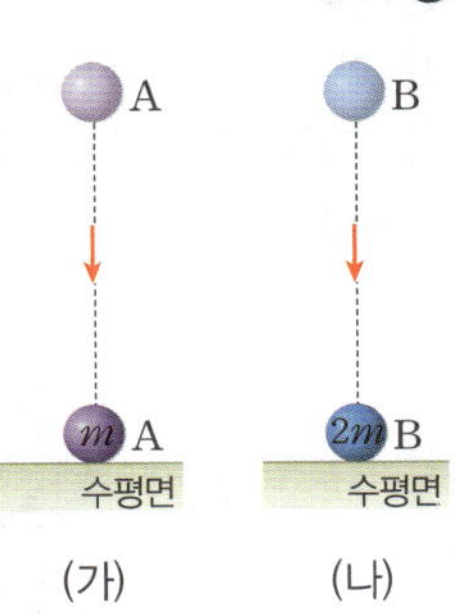


보기

ㄱ. (가)에서 A를 손으로 잡고 있을 때, A에는 중력이 작용하지 않는다.
ㄴ. 낙하하는 동안 A에 작용하는 중력의 크기는 B에 작용하는 중력의 크기보다 작다.
ㄷ. 물체를 놓은 순간부터 수평면에 도달할 때까지 걸린 시간은 (가)에서가 (나)에서보다 길다.

① ㄱ  　② ㄴ  　③ ㄱ, ㄷ
④ ㄴ, ㄷ  　⑤ ㄱ, ㄴ, ㄷ

## 565

난이도 상

그림 (가)와 (나)는 각각 수평 방향으로 던진 물체의 수평 방향의 속력과 연직 방향의 속력을 시간에 따라 순서 없이 나타낸 것이다.

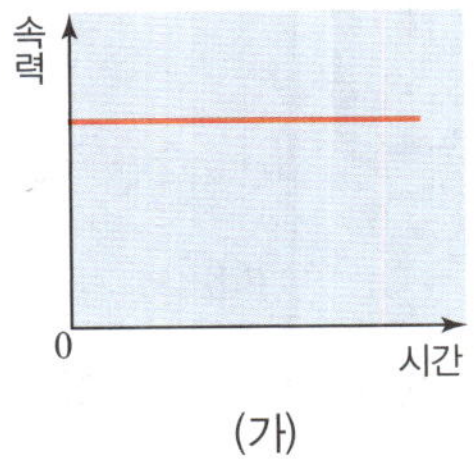
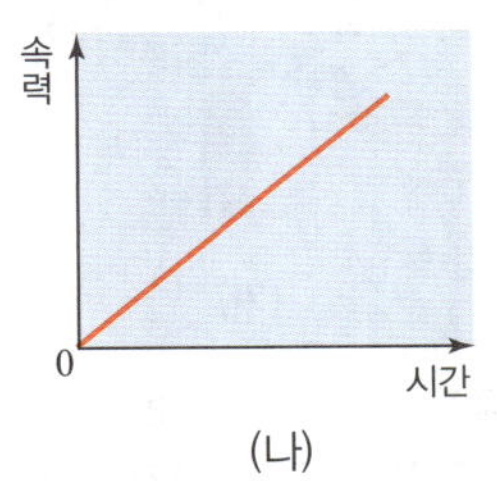


이에 대한 설명으로 옳은 것만을 보기에서 있는 대로 고른 것은? (단, 공기 저항은 무시한다.)

보기

ㄱ. (가)는 수평 방향의 속력이다.
ㄴ. 물체에 작용하는 힘의 크기는 일정하게 증가한다.
ㄷ. (나)에서 직선의 기울기는 중력 가속도이다.

① ㄱ  　② ㄴ  　③ ㄱ, ㄷ
④ ㄴ, ㄷ  　⑤ ㄱ, ㄴ, ㄷ

## 566

그림은 책상 위에 놓인 동전을 수평 방향으로 튕겼을 때 수평면까지 포물선 운동을 하는 동전의 위치를 일정한 시간 간격으로 나타낸 것이다.

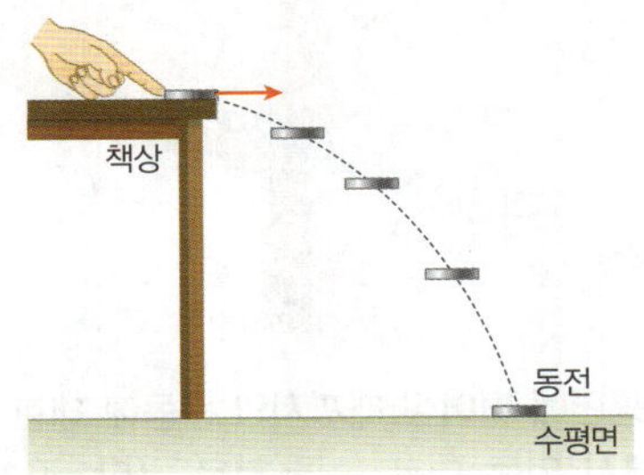


책상에서 수평면까지 낙하하는 동안, 동전의 운동에 대한 설명으로 옳은 것만을 보기에서 있는 대로 고른 것은? (단, 공기 저항은 무시한다.)

보기

ㄱ. 속력이 증가한다.
ㄴ. 일정한 시간 간격 동안 수평 방향으로 이동한 거리가 증가한다.
ㄷ. 운동 방향과 가속도 방향이 같다.

① ㄱ  　② ㄴ  　③ ㄱ, ㄷ
④ ㄴ, ㄷ  　⑤ ㄱ, ㄴ, ㄷ

## 고빈출

## 567 서술형

그림은 자유 낙하 하는 공 A와 수평 방향으로 던진 공 B의 위치를 일정한 시간 간격으로 나타낸 것이다. 질량은 A가 B의 2배이다.

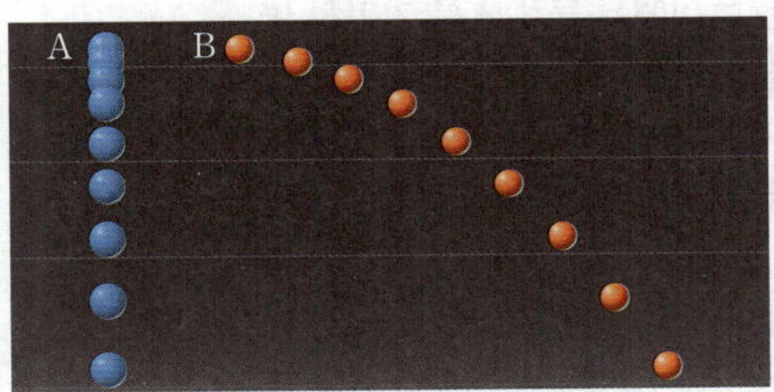


(1) A와 B의 중력의 크기를 비교하고, 그 까닭을 서술하시오.

(2) A와 B의 연직 방향의 가속도를 비교하고, 그 까닭을 서술하시오.

## 568

난이도 상

그림과 같이 자를 이용하여 같은 동전 A, B를 같은 높이에서 A는 자유 낙하를 시키고, B는 수평 방향으로 운동을 시켰다.

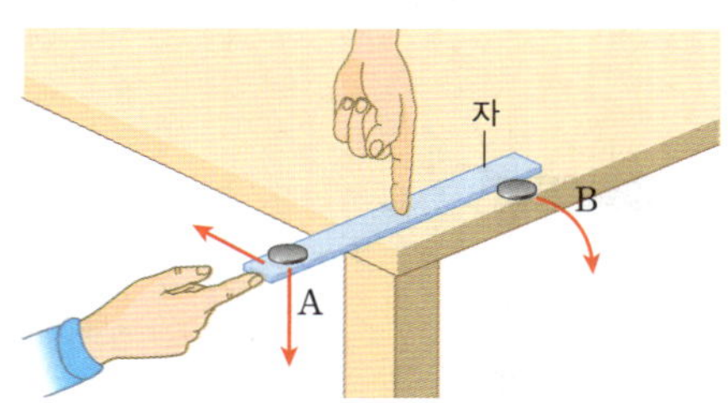


동전 A, B가 수평면에 떨어질 때까지의 운동에 대한 설명으로 옳은 것만을 보기 에서 있는 대로 고른 것은? (단, 공기 저항은 무시한다.)

보기

ㄱ. A, B는 바닥에 동시에 떨어진다.
ㄴ. B의 가속도의 방향은 계속 변한다.
ㄷ. B에 작용하는 중력의 크기는 계속 증가한다.

① ㄱ ② ㄴ ③ ㄷ
④ ㄱ, ㄴ ⑤ ㄱ, ㄷ

## 569

그림은 같은 높이에서 물체 A를 가만히 놓는 순간 물체 B를 수평 방향으로 던졌더니 A와 B가 각각의 경로를 따라 수평면에 도달한 모습을 나타낸 것이다. 질량은 A와 B가 같다.
이에 대한 설명으로 옳은 것만을 보기 에서 있는 대로 고른 것은? (단, A와 B의 크기, 공기 저항은 무시한다.)

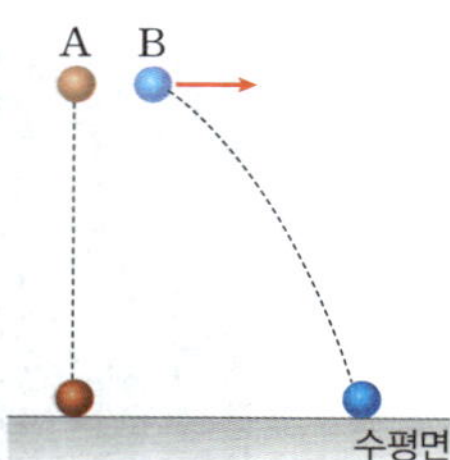


보기

ㄱ. A에 작용하는 중력의 크기는 B에 작용하는 중력의 크기보다 작다.
ㄴ. A가 운동하는 동안 A의 속력은 시간에 따라 일정하게 증가한다.
ㄷ. A와 B는 동시에 수평면에 도달한다.

① ㄱ ② ㄷ ③ ㄱ, ㄴ
④ ㄴ, ㄷ ⑤ ㄱ, ㄴ, ㄷ

## 570

서술형

그림과 같이 동일한 동전 A, B를 장치한 후, 같은 높이에서 동시에 A는 자유 낙하를 시키고 B는 수평 방향으로 운동을 시켰다. (단, 공기 저항은 무시한다.)

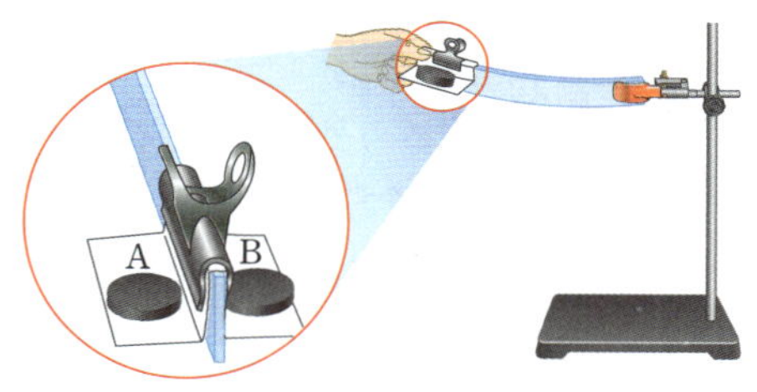


(1) 바닥에 떨어질 때까지 A의 운동을 서술하시오.

(2) B의 수평 방향 운동과 연직 방향 운동을 각각 서술하시오.

(3) A, B 중에서 어느 동전이 바닥에 먼저 떨어지는지 쓰고, 그 까닭을 서술하시오.

## 571

난이도 상

그림 (가)는 책상 위에 올려 놓은 동전을 자로 빠르게 쳐서 동전 A, B가 각각 자유 낙하 운동, 포물선 운동을 동시에 시작하는 것을, (나)는 (가) 이후 A, B가 각각의 경로를 따라 수평면에 도달하는 것을 나타낸 것이다.

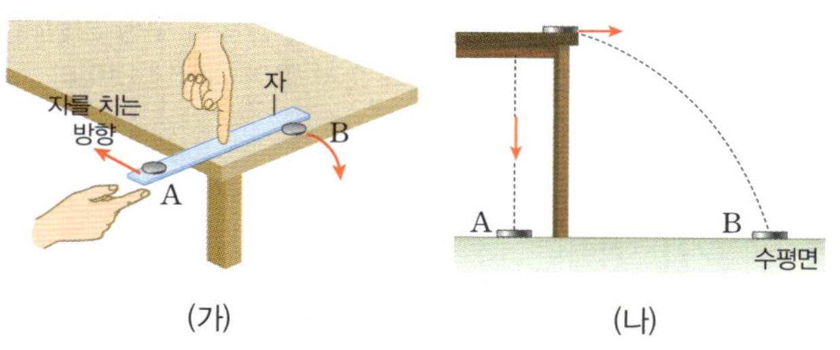


이에 대한 설명으로 옳은 것만을 보기 에서 있는 대로 고른 것은? (단, A와 B의 크기, 공기 저항은 무시한다.)

보기

ㄱ. A가 B보다 먼저 수평면에 도달한다.
ㄴ. 운동하는 동안 A와 B에 작용하는 중력의 방향은 서로 같다.
ㄷ. 자를 세게 칠수록 B가 수평면에 도달하는 데 걸리는 시간은 짧아진다.

① ㄱ ② ㄴ ③ ㄱ, ㄷ
④ ㄴ, ㄷ ⑤ ㄱ, ㄴ, ㄷ

## 572

난이도 상

그림과 같이 질량이 같은 물체 A와 B를 같은 높이에서 수평 방향으로 각각 속력 $v_A$, $v_B$로 동시에 던졌더니, A와 B가 포물선 경로를 따라 운동하여 수평면에 도달하였다. A, B가 던져진 순간부터 수평면까지 운동하는 동안 수평 이동 거리는 각각 $2d$, $3d$이다.

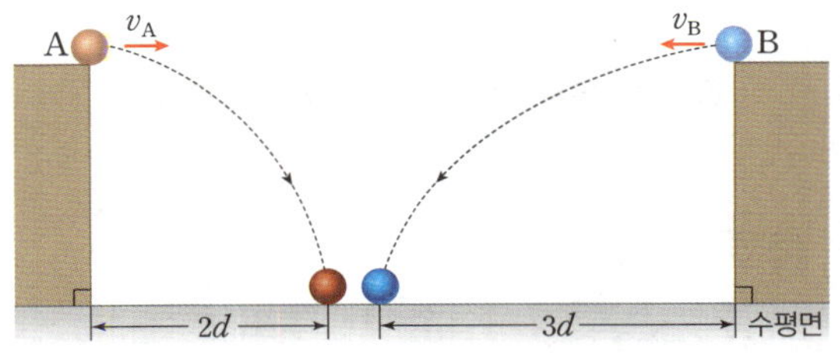


이에 대한 설명으로 옳은 것만을 보기 에서 있는 대로 고른 것은? (단, 물체의 크기, 공기 저항은 무시한다.)

보기
ㄱ. 낙하하는 동안 A와 B에 작용하는 중력의 크기는 같다.
ㄴ. A가 B보다 수평면에 먼저 도달한다.
ㄷ. $\dfrac{v_A}{v_B} = \dfrac{4}{9}$이다.

① ㄱ    ② ㄴ    ③ ㄱ, ㄷ
④ ㄴ, ㄷ    ⑤ ㄱ, ㄴ, ㄷ

---

**3** 중력에 의한 지구 주위에서의 운동

## 573

그림은 지구 표면 근처에서 수평 방향으로 발사한 포탄 A, B, C의 운동 경로를 나타낸 것이다. C는 원 궤도를 따라 운동한다.

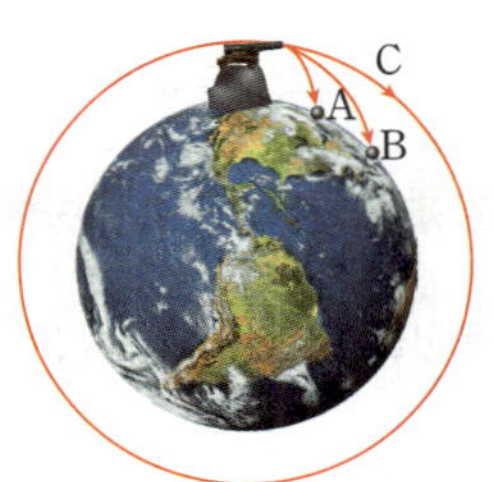


이에 대한 설명으로 옳은 것만을 보기 에서 있는 대로 고른 것은? (단, 공기 저항은 무시한다.)

보기
ㄱ. 발사 속력은 A가 B보다 크다.
ㄴ. 낙하하는 동안 A의 가속도의 크기는 증가한다.
ㄷ. C의 운동과 달이 지구 주위를 공전하는 운동은 같은 원리로 설명할 수 있다.

① ㄱ    ② ㄷ    ③ ㄱ, ㄴ
④ ㄱ, ㄷ    ⑤ ㄴ, ㄷ

---



## 574

그림은 지구 주위를 원운동하는 달의 운동에 대해 발표하는 모습이다.

이에 대한 설명으로 옳은 것만을 보기 에서 있는 대로 고른 것은?

보기
ㄱ. ㉠은 중력이다.
ㄴ. ㉠의 방향은 지구가 달을 미는 방향이다.
ㄷ. ㉡은 달이 지구에 점점 가까워지는 운동이다.

① ㄱ    ② ㄷ    ③ ㄱ, ㄴ
④ ㄴ, ㄷ    ⑤ ㄱ, ㄴ, ㄷ

## 575

난이도 상

그림은 지구 주위를 일정한 속력으로 원운동하고 있는 인공위성의 모습을 나타낸 것이다.

이에 대한 설명으로 옳은 것만을 보기 에서 있는 대로 고른 것은?

보기
ㄱ. 인공위성의 이동 거리는 시간에 비례한다.
ㄴ. 지구가 인공위성에 작용하는 중력의 방향은 매 순간 변한다.
ㄷ. 인공위성의 운동 방향과 지구가 인공위성에 작용하는 중력의 방향은 항상 같다.

① ㄱ    ② ㄷ    ③ ㄱ, ㄴ
④ ㄴ, ㄷ    ⑤ ㄱ, ㄴ, ㄷ

# 12 역학 시스템과 안전

## 1 상호작용이 없을 때의 운동

(1) **관성**: 물체가 현재의 운동 상태를 유지하려는 성질

① **관성의 크기**: 물체의 질량이 클수록 관성이 크다.

② **관성에 의한 현상** 자료❶

버스가 갑자기 출발하면 계속 정지해 있으려는 관성 때문에 몸이 뒤로 쏠린다.

버스가 갑자기 정지하면 버스와 같은 속도로 계속 운동하려는 관성 때문에 몸이 앞으로 쏠린다.

(2) **관성 법칙**: 물체에 작용하는 알짜힘이 0이면 정지해 있는 물체는 계속 정지해 있고, 운동하던 물체는 등속 직선 운동을 한다.

(3) **관성과 안전**: 빠르게 달리던 자동차의 속력이 갑자기 느려질 때 안전띠가 탑승자의 몸이 앞으로 쏠리는 것을 막아준다.

## 2 운동량과 충격량 자료❷

★(1) **운동량**: 운동하는 물체의 운동 효과를 나타내는 물리량

① **운동량의 크기**: 물체의 질량과 속도에 각각 비례한다.

운동량 = 질량 × 속도, $p=mv$ (단위: kg·m/s)

② **운동량의 방향**: 속도의 방향과 같다.

★(2) **충격량**: 물체가 받은 충격의 정도를 나타내는 물리량

① **충격량의 크기**: 충돌하는 동안 물체에 작용한 힘과 힘이 작용한 시간에 각각 비례한다. 충격량의 방향은 힘의 방향과 같다.

충격량 = 힘 × 시간, $I=F\varDelta t$ (단위: N·s)

### 자료 분석 ❶ 힘–시간 그래프와 충격량

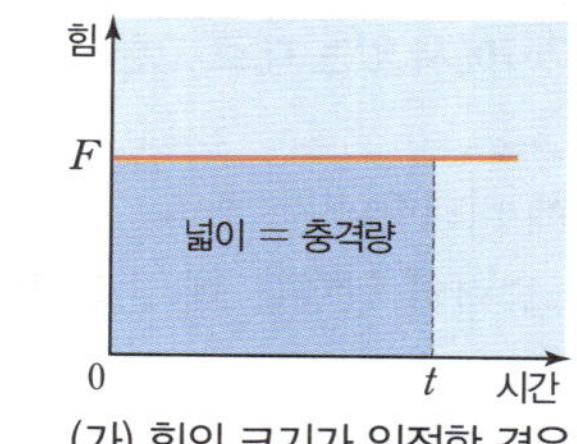

(가) 힘의 크기가 일정한 경우

(나) 힘의 크기가 변하는 경우

**1** (가)에서 그래프 아랫부분의 넓이는 충격량과 같다.

**2** (나)에서 직사각형의 넓이를 모두 더하면 그래프 아랫부분의 넓이와 같으므로, 그래프 아랫부분의 넓이는 전체 충격량과 같다.

➜ 힘 – 시간 그래프 아랫부분의 넓이는 충격량과 같다.

(3) **운동량과 충격량의 관계**: 일정한 시간 동안 물체가 받은 충격량은 물체의 운동량의 변화량과 같다.

충격량 = 운동량 변화량, $I=\varDelta p=mv-mv_0$

## 3 충돌과 안전

(1) **충격력**: 물체가 충돌할 때 받는 평균 힘

① **충격력의 크기**

충격력 = $\dfrac{충격량}{시간}$, $F=\dfrac{I}{\varDelta t}$

② **충격력과 충돌 시간의 관계**
- 충격량이 같을 때 충돌 시간이 길수록 충격력이 작아진다.
- 충격량이 같을 때 충돌 시간이 짧을수록 충격력이 커진다.

(2) **충격 흡수 원리**: 충돌할 때 충격량이 같더라도 충돌 시간을 길게 하면 물체가 받는 힘(충격력)의 크기가 작아진다.

사람에게 발생할 수 있는 부상 위험이 감소해.

### 자료 분석 ❷ 같은 높이에서 떨어뜨린 달걀 비교 자료❸

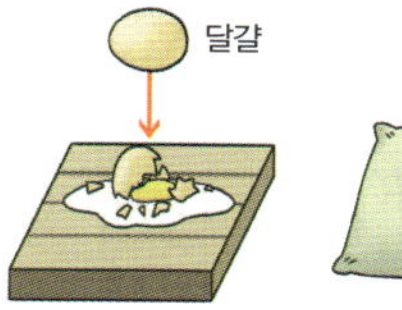
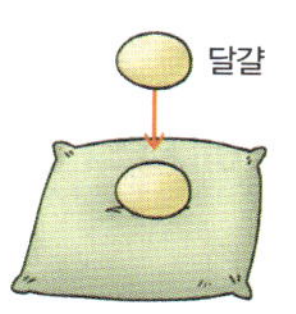
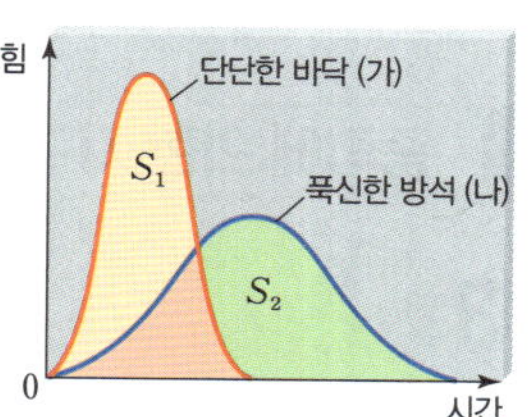


**1** 충격량: 같은 높이에서 떨어졌기 때문에 운동량의 변화량인 충격량은 같다. ➜ $I_{(가)}=I_{(나)}$

**2** 충돌 시간: 달걀이 단단한 바닥과 충돌하는 시간은 짧고, 푹신한 방석과 충돌하는 시간은 길다. ➜ $t_{(가)}<t_{(나)}$

**3** 충격력: 충돌 시간이 길어지면 달걀이 받는 평균 힘(충격력)의 크기는 작아진다. ➜ $F_{(가)}>F_{(나)}$

➜ 단단한 바닥 위에 떨어진 달걀은 깨지고 푹신한 방석 위에 떨어진 달걀은 깨지지 않는다.

(3) **충돌과 안전장치** 자료❹

| 공기가 충전된 포장재 | 보호대 | 자동차 범퍼와 에어백 |
|---|---|---|
| 상품이 외부와의 충돌에 의해 힘을 받는 시간을 길게 하여 상품이 받는 힘의 크기를 줄임 | 태권도나 권투 경기에서 보호대는 몸이 받는 힘을 작게 하여 충격을 완화시킴 | 자동차가 충돌하여 정지할 때까지의 시간을 길게 하여 사람이 받는 힘의 크기를 줄여줌 |

다음 자료에 대한 설명으로 옳은 것은 ○표, 옳지 <u>않은</u> 것은 ✕표 하시오.

## 자료 ❶ 관성에 의한 현상
동아, 미래엔, 비상, 지학사, 천재

그림 (가)~(다)는 일상생활에서 겪을 수 있는 여러 가지 현상을 나타낸 것이다.

| (가) | (나) | (다) |
| --- | --- | --- |
| 버스가 갑자기 출발할 때 손잡이와 몸이 뒤로 쏠린다. | 길을 가다가 돌부리에 걸려 넘어진다. | 노를 저으면 배가 앞으로 나아간다. |

**576** (가)와 (나)는 현재의 운동 상태를 유지하려는 성질에 의한 현상이다.  ○/✕

**577** (가)~(다)는 모두 관성에 의한 현상이다.  ○/✕

**578** 달리던 자전거의 페달을 밟지 않아도 어느 정도 계속 달리는 현상은 (나)와 같은 원리이다.  ○/✕

## 자료 ❷ 운동량과 충격량
동아, 비상

그림은 마찰이 없는 수평면에서 질량이 $m$인 물체 A가 정지해 있는 질량이 $2m$인 물체 B를 향해 속력 $v$로 운동하는 것을 나타낸 것이다. A와 B가 충돌한 후, A는 정지한다.

**579** 충돌 전 A의 운동량의 크기는 $mv$이다.  ○/✕

**580** 충돌하는 동안 A의 운동량 변화량의 크기는 $mv$이다.  ○/✕

**581** 충돌하는 동안 받은 충격량의 크기는 A가 B보다 크다.  ○/✕

**582** A가 받은 충격력의 방향과 B가 받은 충격력의 방향은 서로 반대 방향이다.  ○/✕

## 자료 ❸ 힘이 작용한 시간에 따른 충격의 차이
동아, 미래엔, 비상, 지학사, 천재

그림은 물체 A, B가 충돌할 때 각각 받은 힘을 시간에 따라 나타낸 힘―시간 그래프로, 그래프 아랫부분의 넓이는 $S$로 같다.

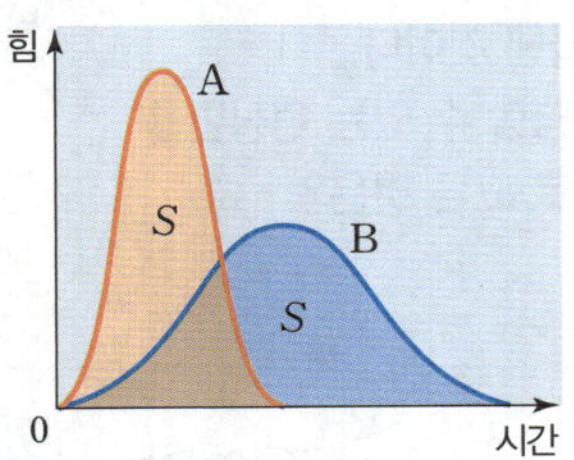


**583** A가 받은 충격량의 크기는 $S$와 같다.  ○/✕

**584** 물체가 받은 충격량의 크기는 A가 B보다 크다.  ○/✕

**585** 물체가 받은 평균 힘의 크기는 A가 B보다 크다.  ○/✕

**586** 힘을 받는 동안 운동량은 A가 B보다 크게 변한다.  ○/✕

## 자료 ❹ 안전장치의 예
동아, 미래엔, 비상, 지학사, 천재

그림 (가)와 (나)는 충돌 사고가 발생할 때 사람의 안전을 지켜주는 에어백과 안전띠를 각각 나타낸 것이다.

| (가) | (나) |
| --- | --- |

**587** (가)는 사람이 받는 충격량을 감소시킨다.  ○/✕

**588** (가)는 사람이 힘을 받는 시간을 길게 한다.  ○/✕

**589** (가)는 사람이 받는 평균 힘의 크기를 감소시킨다.  ○/✕

**590** (나)는 관성에 의해 발생하는 부상 위험을 감소시킨다.  ○/✕

# STEP 2 학교 기출 문제로 내신 대비하기

## 1 상호작용이 없을 때의 운동

### 591

그림은 정지한 두루마리 휴지의 끝부분을 빠르게 잡아당겼을 때, 휴지가 풀리지 않고 끊어지는 모습을 나타낸 것이다.
이와 같은 원리로 설명할 수 있는 현상만을 보기 에서 있는 대로 고른 것은?

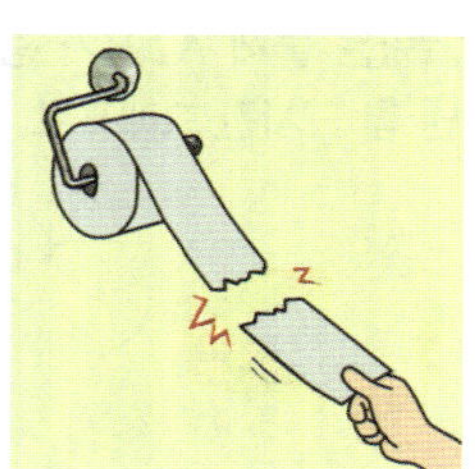

보기

ㄱ. 버스가 갑자기 출발할 때 승객의 몸이 뒤쪽으로 쏠린다.　ㄴ. 이불을 막대기로 두드려 먼지를 턴다.　ㄷ. 수영 선수가 벽을 발로 밀면서 앞으로 나간다.

① ㄱ　　　　② ㄷ　　　　③ ㄱ, ㄴ
④ ㄴ, ㄷ　　　⑤ ㄱ, ㄴ, ㄷ

### 🌟고빈출
### 592

다음은 물체에 상호작용이 없을 때 물체의 운동에 대한 설명이다.

물체가 상호작용을 하지 않아 물체에 작용하는 알짜힘이 0일 때 물체는 현재의 운동 상태를 유지하려고 한다. 이러한 성질을 　⊙　(이)라고 한다. 　⊙　은/는 물체의 ⓛ 질량이 클수록 크게 나타나며, 이때 정지해 있는 물체는 계속 정지해 있고, 운동하던 물체는 　ⓒ　 운동을 한다.

이에 대한 설명으로 옳은 것만을 보기 에서 있는 대로 고른 것은?

보기

ㄱ. '관성'은 ⊙으로 적절하다.
ㄴ. ⓛ의 기본량 단위는 'kg'이다.
ㄷ. '등속 직선'은 ⓒ으로 적절하다.

① ㄱ　　　　② ㄷ　　　　③ ㄱ, ㄴ
④ ㄴ, ㄷ　　　⑤ ㄱ, ㄴ, ㄷ

### 593

그림과 같이 무거운 추에 연결된 실 A를 천장에 연결한 후, 추 아래쪽에 연결된 실 B를 갑자기 당겼더니 B가 끊어졌다.
이와 같은 원리로 설명할 수 있는 현상만을 보기 에서 있는 대로 고른 것은? (단, A, B는 동일한 실이다.)

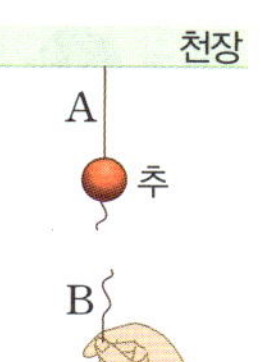


보기

ㄱ. 버스가 갑자기 출발하면 몸이 뒤로 쏠린다.
ㄴ. 로켓이 뒤로 연료를 내뿜으며 앞으로 나아간다.
ㄷ. 자동차의 안전띠는 사고가 발생할 때 안전에 큰 도움을 준다.

① ㄱ　　　② ㄷ　　　③ ㄱ, ㄴ
④ ㄱ, ㄷ　　⑤ ㄴ, ㄷ

### 🌟고빈출
### 594
난이도 상

다음은 운동의 성질을 알아보기 위한 실험과 이에 대한 해석이다.

[실험 과정 및 결과]
그림과 같이 컵 위에 두꺼운 종이를 놓고 그 위에 동전을 올려놓은 후 종이를 손가락으로 튕겼더니, 종이는 옆으로 날아가고 동전은 컵 속으로 떨어졌다.

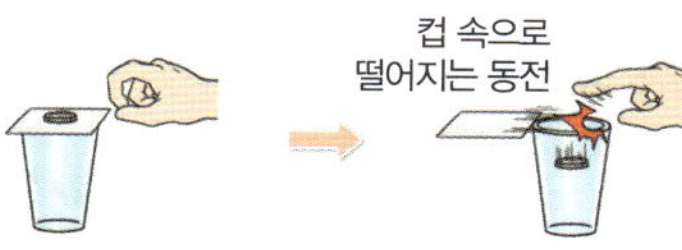


[실험 해석]
동전이 처음 운동 상태를 계속 유지하려는 성질이 있기 때문에 나타나는 현상으로, 이와 같은 현상을 　(가)　(이)라고 한다.

이에 대한 설명으로 옳은 것만을 보기 에서 있는 대로 고른 것은?

보기

ㄱ. (가)의 성질은 질량이 클수록 크다.
ㄴ. (가)는 '작용 반작용'이다.
ㄷ. 로켓이 연료를 뒤로 내뿜으며 앞으로 나아가는 현상은 (가)로 설명할 수 있다.

① ㄱ　　　② ㄴ　　　③ ㄷ
④ ㄱ, ㄴ　　⑤ ㄱ, ㄷ

**2** 운동량과 충격량

## 595

그림은 질량이 각각 $2\,kg$, $3\,kg$인 물체 A, B가 서로 반대 방향으로 각각 $5\,m/s$, $4\,m/s$의 속력으로 운동하는 것을 나타낸 것이다.

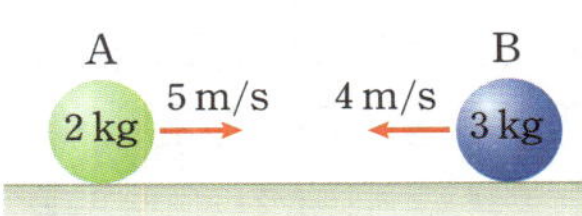


이에 대한 설명으로 옳은 것만을 보기 에서 있는 대로 고른 것은?

보기
ㄱ. A의 운동량의 크기는 $10\,kg\cdot m/s$이다.
ㄴ. A와 B의 운동량의 방향은 서로 반대이다.
ㄷ. A와 B의 운동량의 합의 크기는 $22\,kg\cdot m/s$이다.

① ㄱ      ② ㄴ      ③ ㄱ, ㄴ
④ ㄱ, ㄷ      ⑤ ㄴ, ㄷ

## 596

그림은 $10\,m/s$의 속력으로 날아오는 질량이 $0.2\,kg$인 공을 라켓으로 쳐서 반대 방향으로 $20\,m/s$의 속력으로 운동시키는 것을 나타낸 것이다.

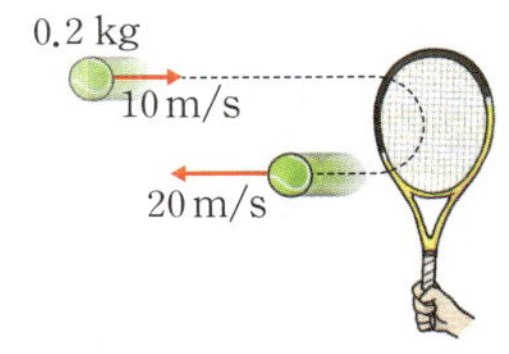


이에 대한 설명으로 옳은 것만을 보기 에서 있는 대로 고른 것은? (단, 공기 저항과 중력의 효과는 무시한다.)

보기
ㄱ. 라켓으로 치기 전 공의 운동량의 크기는 $2\,kg\cdot m/s$이다.
ㄴ. 공의 운동량의 크기는 라켓으로 친 후가 치기 전보다 크다.
ㄷ. 공이 라켓으로부터 받은 충격량의 크기는 $2\,N\cdot s$이다.

① ㄱ      ② ㄷ      ③ ㄱ, ㄴ
④ ㄱ, ㄷ      ⑤ ㄴ, ㄷ

## 597

그림과 같이 질량이 $3\,kg$인 물체가 $+x$ 방향으로 속력 $2\,m/s$로 운동하다가 벽에 충돌한 후 $-x$ 방향으로 속력 $1\,m/s$로 튀어 나왔다.

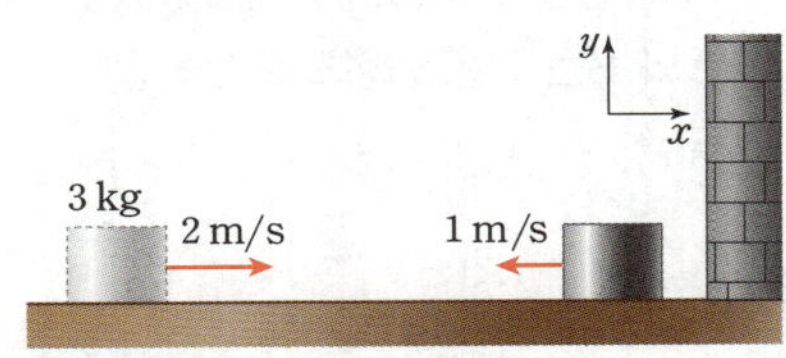


물체의 운동량 변화량의 크기는?

① $1\,kg\cdot m/s$      ② $2\,kg\cdot m/s$      ③ $3\,kg\cdot m/s$
④ $6\,kg\cdot m/s$      ⑤ $9\,kg\cdot m/s$

☆고빈출
## 598

그림 (가)와 같이 수평면에 물체를 놓고 수평 방향으로 힘을 작용하였다. 그림 (나)는 이 물체에 작용한 힘을 시간에 따라 나타낸 것이다.

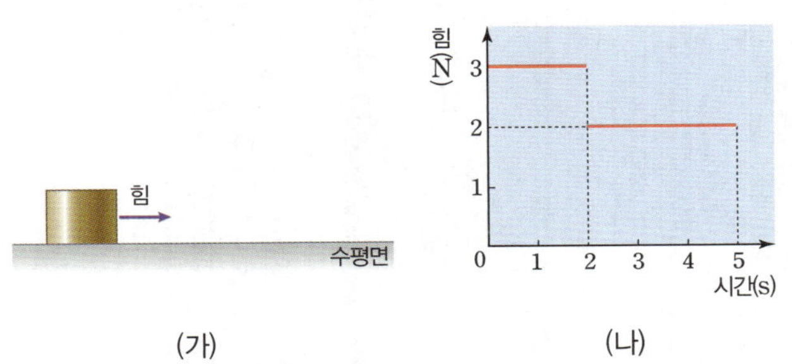


물체가 0초부터 2초까지 받은 충격량의 크기를 $I_A$, 2초부터 5초까지 받은 충격량의 크기를 $I_B$라고 할 때, $I_A : I_B$는?

① $1:1$    ② $1:2$    ③ $2:1$    ④ $2:3$    ⑤ $3:2$

## 599

그림과 같이 학생 A가 학생 B를 향해 질량이 $0.5\,kg$인 공을 던졌다. A가 공에 작용한 힘의 크기는 $30\,N$이고, 힘을 작용한 시간은 $0.2$초이다.

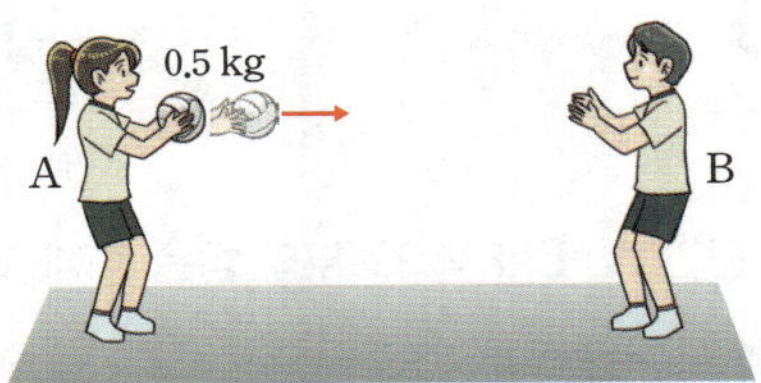


공이 A의 손을 떠나는 순간, 공의 속력은? (단, 공기 저항과 중력의 효과는 무시한다.)

① $3\,m/s$    ② $6\,m/s$    ③ $9\,m/s$    ④ $12\,m/s$    ⑤ $15\,m/s$

## 고빈출
## 600

난이도 상

그림과 같이 질량이 각각 $m_A$, $m_B$인 물체 A, B가 수평면 위의 점 p, q를 같은 크기의 운동량 $p_0$으로 동시에 통과한 후, 등속 직선 운동을 하여 점 r에서 만난다. p와 q 사이의 거리와 q와 r 사이의 거리는 $d$로 같다. 충돌 후 A와 B는 같은 방향으로 운동한다.

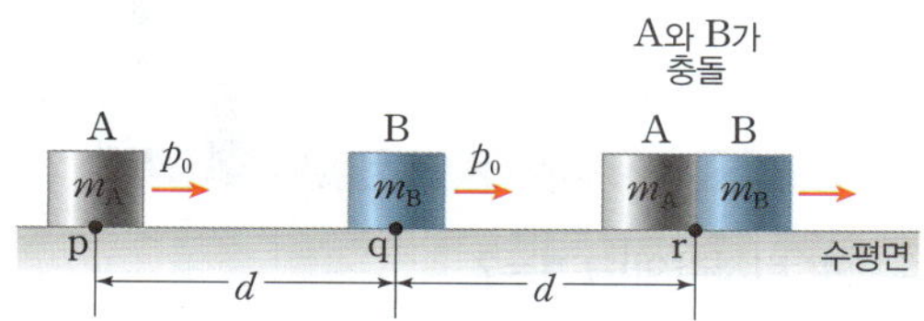


이에 대한 설명으로 옳은 것만을 보기 에서 있는 대로 고른 것은? (단, A와 B의 크기는 무시한다.)

보기
ㄱ. 충돌 전 속력은 A가 B보다 크다.
ㄴ. $\dfrac{m_A}{m_B} = \dfrac{1}{4}$이다.
ㄷ. 충돌 후 운동량의 크기는 A가 B보다 크다.

① ㄱ  ② ㄴ  ③ ㄱ, ㄷ
④ ㄴ, ㄷ  ⑤ ㄱ, ㄴ, ㄷ

## 고빈출
## 601

그림 (가), (나)와 같이 질량이 $m$으로 같은 물체 A, B가 벽을 향해 같은 속력 $4v$로 등속 직선 운동을 하다가 벽에 충돌한 후 처음 운동 방향과 반대 방향으로 각각 속력 $3v$, $2v$로 등속 직선 운동을 한다.

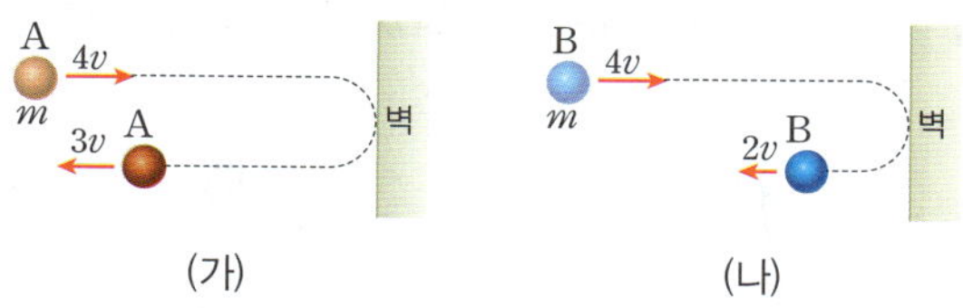


벽과 충돌하는 동안 A, B가 벽으로부터 받은 충격량의 크기를 각각 $I_A$, $I_B$라 할 때, $\dfrac{I_A}{I_B}$는?

① $\dfrac{1}{2}$  ② $\dfrac{3}{4}$  ③ $\dfrac{7}{6}$
④ $\dfrac{3}{2}$  ⑤ $\dfrac{7}{4}$

## 602 서술형

난이도 상

그림 (가)와 같이 시간 $t=0$일 때 점 p에서 물체 A를 가만히 놓는 순간 마찰이 없는 수평면 위의 점 q에 정지해 있던 물체 B에 수평 방향으로 힘을 작용하였더니 $t=2t_0$일 때 A가 수평면에 속력 $v$로 도달하는 순간 B는 점 r를 속력 $v$로 지난다. 그림 (나)는 $t=0$부터 $t=2t_0$까지 B에 작용하는 힘의 크기를 시간에 따라 나타낸 것이다. A와 B의 질량은 $m$으로 같다. (단, 중력 가속도는 $g$이고, A와 B의 크기 및 모든 마찰, 공기 저항은 무시한다.)

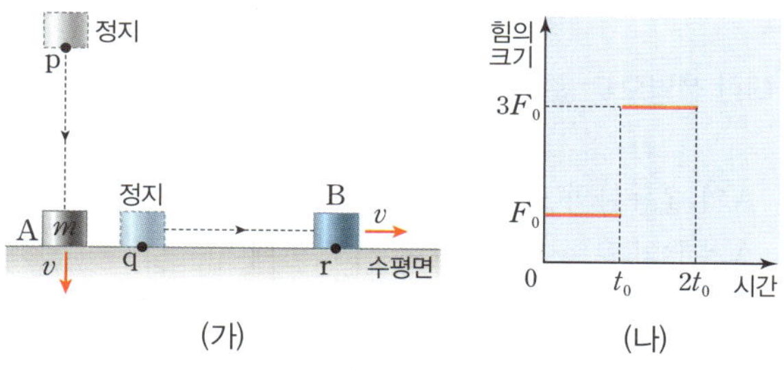


(1) $F_0$을 $mg$를 이용하여 나타내고, 그 까닭을 서술하시오.

(2) $t_0$일 때 B의 속력을 $v$로 나타내고, 그 까닭을 서술하시오.

## 고빈출
## 603

난이도 상

그림 (가)와 같이 수평면 위에 질량이 $3\,kg$인 물체를 가만히 놓은 후, $x$방향으로 힘을 작용하였다. 그림 (나)는 이 물체에 작용한 힘의 크기를 시간에 따라 나타낸 것이다.

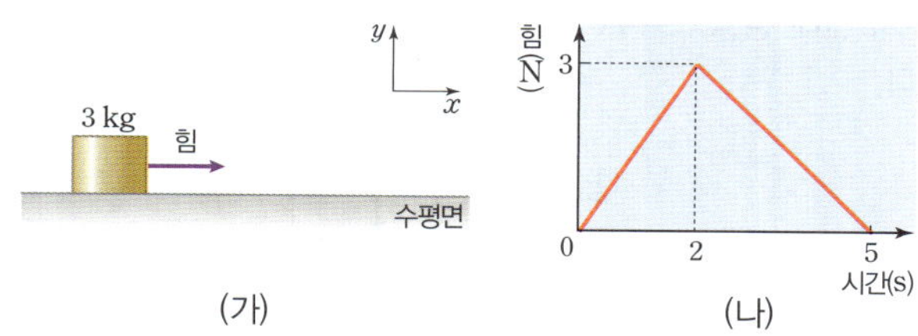


이에 대한 설명으로 옳은 것만을 보기 에서 있는 대로 고른 것은? (단, 모든 마찰은 무시한다.)

보기
ㄱ. 2초일 때 물체의 운동량의 크기는 $3\,kg\cdot m/s$이다.
ㄴ. 0초부터 5초까지 물체가 받은 충격량의 크기는 $15\,N\cdot s$이다.
ㄷ. 5초일 때 물체의 속력은 $2.5\,m/s$이다.

① ㄱ  ② ㄷ  ③ ㄱ, ㄴ
④ ㄱ, ㄷ  ⑤ ㄴ, ㄷ

## 604

다음은 장난감 총알을 멀리 날리는 실험의 과정과 결과이다.

[실험 과정]

(가) 동일한 빨대에 장난감 총알을 넣고, ㉠ 부는 세기를 변화시키면서 장난감 총알이 날아간 거리를 측정한다.

(나) 부는 세기는 일정하게 유지하고 ㉡ 서로 다른 길이의 빨대를 사용하여 빨대를 불어 장난감 총알이 날아간 거리를 측정한다.

[실험 결과]

○ (가)의 결과: 세게 불수록 장난감 총알이 멀리 날아간다.

○ (나)의 결과: [　㉢　] 장난감 총알이 멀리 날아간다.

이에 대한 설명으로 옳은 것만을 보기 에서 있는 대로 고른 것은?

보기

ㄱ. ㉠은 장난감 총알에 가하는 힘의 크기를 변화시키는 과정이다.

ㄴ. ㉡에 의해 힘을 작용하는 시간을 변화시킨다.

ㄷ. ㉢은 '빨대의 길이가 짧을수록'이 적절하다.

① ㄱ  　② ㄷ  　③ ㄱ, ㄴ

④ ㄱ, ㄷ  　⑤ ㄴ, ㄷ

## 605

그림은 골프 선수가 공을 친 후에 골프채를 바로 멈추지 않고 끝까지 스윙을 이어가는 모습을 나타낸 것이다.

이러한 동작에 의한 효과로 옳은 것만을 보기 에서 있는 대로 고른 것은?

보기

ㄱ. 공에 가하는 힘의 크기를 증가시킨다.

ㄴ. 공에 힘을 작용하는 시간을 증가시킨다.

ㄷ. 공에 더 큰 충격량을 가할 수 있다.

① ㄱ  　② ㄷ  　③ ㄱ, ㄴ

④ ㄴ, ㄷ  　⑤ ㄱ, ㄴ, ㄷ

---

### 3　충돌과 안전

## 606

그림은 같은 높이에서 동일한 컵을 각각 단단한 시멘트 바닥과 푹신한 방석에 떨어뜨릴 때, 컵에 작용하는 힘의 크기를 시간에 따라 나타낸 것이다. $S_A$는 그래프 A와 시간 축 사이의 넓이이고, $S_B$는 그래프 B와 시간 축 사이의 넓이이다.

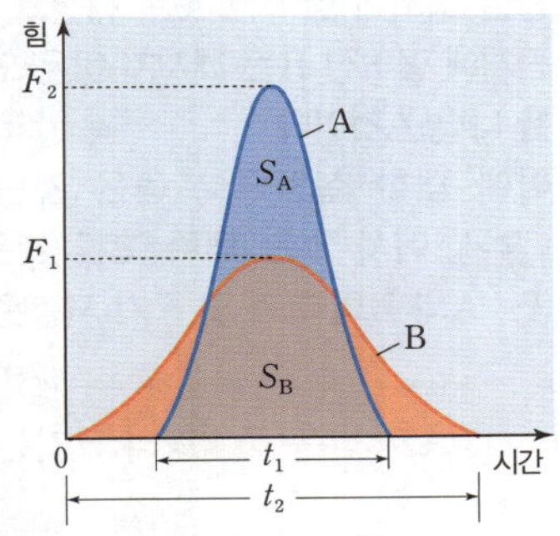

이에 대한 설명으로 옳은 것만을 보기 에서 있는 대로 고른 것은? (단, 바닥에 충돌 후 컵은 정지한다.)

보기

ㄱ. $S_A > S_B$이다.

ㄴ. A는 단단한 시멘트 바닥에 떨어뜨릴 때의 그래프이다.

ㄷ. 컵이 받는 충격량의 크기는 단단한 시멘트 바닥에 떨어뜨릴 때가 푹신한 방석에 떨어뜨릴 때보다 크다.

① ㄴ  　② ㄷ  　③ ㄱ, ㄴ

④ ㄱ, ㄷ  　⑤ ㄴ, ㄷ

## 607

난이도 상

그림 (가)는 같은 높이에서 동일한 달걀을 각각 단단한 바닥과 푹신한 방석에 떨어뜨릴 때, 단단한 바닥에 떨어진 달걀은 깨지고 푹신한 방석에 떨어뜨린 달걀은 깨지지 않은 것을 나타낸 것이다. 그림 (나)는 바닥에 충돌하는 동안 달걀이 받은 힘을 시간에 따라 나타낸 것이다.

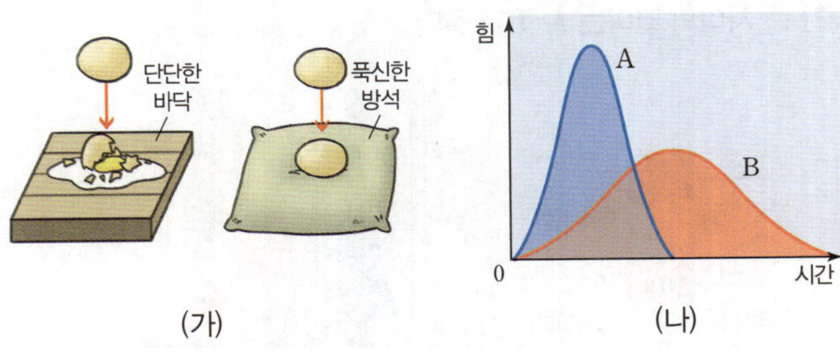



이에 대한 설명으로 옳은 것만을 보기 에서 있는 대로 고른 것은? (단, 바닥에 충돌 후 달걀은 정지한다.)

보기

ㄱ. (나)에서 A는 (가)의 단단한 바닥에 충돌한 경우이다.

ㄴ. 그래프 아랫부분의 넓이는 A가 B보다 크다.

ㄷ. 달걀이 받은 충격량의 크기는 단단한 바닥에서가 푹신한 방석에서보다 크다.

① ㄱ  　② ㄴ  　③ ㄷ

④ ㄱ, ㄴ  　⑤ ㄱ, ㄷ

## 608

그림은 같은 높이에서 질량이 같은 달걀 A, B를 동시에 떨어뜨렸더니 단단한 접시에 떨어진 A는 깨졌고, 스펀지에 떨어진 B는 깨지지 않은 모습을 나타낸 것이다.

이에 대한 설명으로 옳은 것만을 보기 에서 있는 대로 고른 것은?
(단, A와 B의 크기 및 공기 저항은 무시한다.)

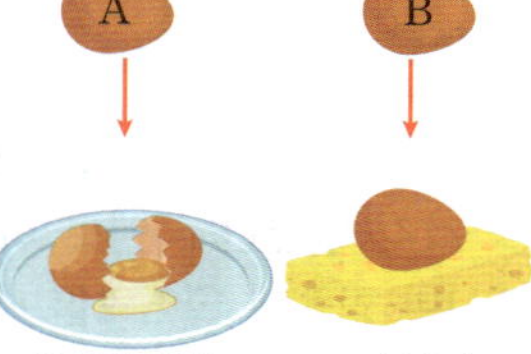

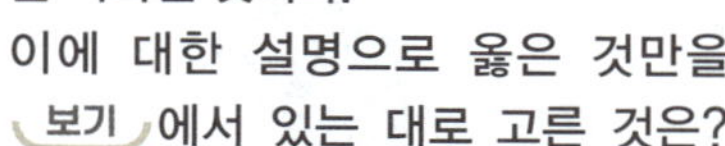



보기

ㄱ. A가 받은 충격량의 크기는 B가 받은 충격량의 크기보다 크다.

ㄴ. A가 접시와 충돌하는 동안 걸린 시간은 B가 스펀지와 충돌하는 동안 걸린 시간보다 짧다.

ㄷ. 충돌 과정에서 A가 받은 평균 힘의 크기는 B가 받은 평균 힘의 크기보다 크다.

① ㄱ      ② ㄷ      ③ ㄱ, ㄴ
④ ㄴ, ㄷ      ⑤ ㄱ, ㄴ, ㄷ

## 609

그림 (가)와 같이 마찰이 없는 수평면 위에 질량이 각각 $m$, $4m$인 물체 A, B를 가만히 놓고 각각 수평 방향으로 힘을 작용하였다. 그림 (나)는 (가)의 A, B에 작용한 힘의 크기를 시간에 따라 나타낸 것으로, 곡선과 시간 축 사이의 넓이는 A, B가 같다.

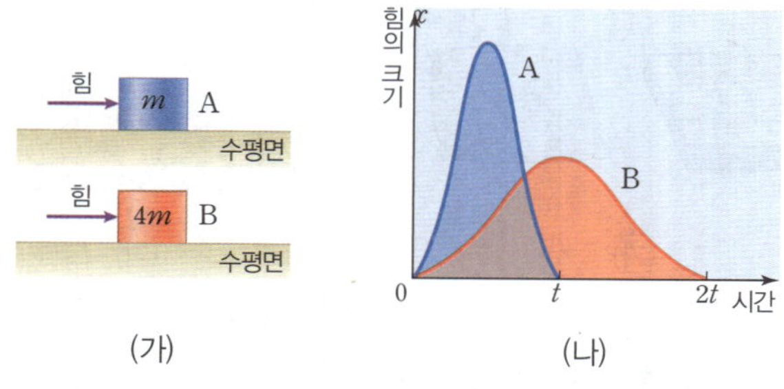



이에 대한 설명으로 옳은 것만을 보기 에서 있는 대로 고른 것은?

보기

ㄱ. A, B가 받은 충격량의 크기는 같다.

ㄴ. 물체가 받은 평균 힘의 크기는 A가 B의 2배이다.

ㄷ. 힘을 작용한 후 물체의 속력은 A가 B의 4배이다.

① ㄱ      ② ㄴ      ③ ㄷ
④ ㄱ, ㄴ      ⑤ ㄱ, ㄴ, ㄷ

## 610

다음은 사자의 착지에 대한 설명이다.

그림과 같이 사자가 높은 곳에서 뛰어내릴 때에는 ㉠ 몸을 최대한 웅크리면서 착지한다. 이렇게 몸을 웅크리면 착지하는 동안 바닥으로부터 힘을 받는 시간을 [ (가) ] 사자가 받는 평균 힘의 크기를 [ (나) ] 시킨다.

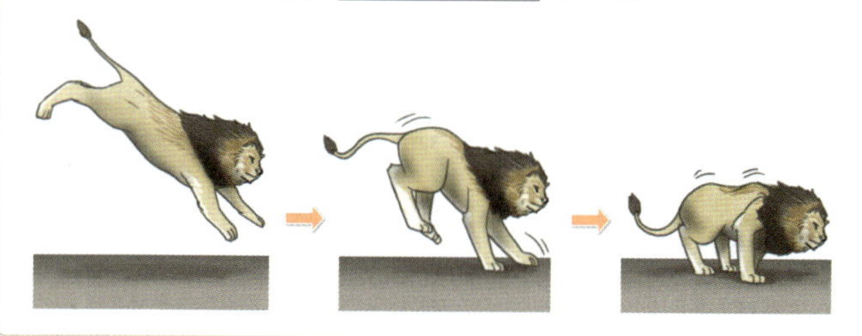

이에 대한 설명으로 옳은 것만을 보기 에서 있는 대로 고른 것은?

보기

ㄱ. ㉠에 의해 바닥으로부터 받는 충격량의 크기를 감소시킨다.

ㄴ. (가)는 '길게 하여'가 적절하다.

ㄷ. (나)는 '감소'가 적절하다.

① ㄱ      ② ㄷ      ③ ㄱ, ㄴ
④ ㄱ, ㄷ      ⑤ ㄴ, ㄷ

## 611

난이도 상

다음은 자동차 에어백에 대한 설명이다.

에어백은 충돌이 가해질 때 힘을 받는 시간을 길게 하여 사람이 받는 충격을 줄여준다.

이와 같은 원리가 적용된 예에 해당하는 것만을 보기 에서 있는 대로 고른 것은?

보기

ㄱ. 
공이 라켓으로부터 힘을 받는 시간을 길게 할수록 공이 빠르게 날아간다.

ㄴ. 
제품의 파손을 방지하기 위해 공기가 든 충전 포장재를 사용한다.

ㄷ. 
포신을 길게 제작할수록 포탄이 더 멀리 날아간다.

① ㄱ      ② ㄴ      ③ ㄱ, ㄷ
④ ㄴ, ㄷ      ⑤ ㄱ, ㄴ, ㄷ

## 612

그림은 화재 등의 위급 상황 때, 인명 피해를 줄이기 위해 사용되는 소방 매트리스에 사람이 떨어진 모습을 나타낸 것이다.

소방 매트리스에 대한 설명으로 옳은 것만을 보기 에서 있는 대로 고른 것은?

보기

ㄱ. 사람이 받는 충격량의 크기를 감소시킨다.
ㄴ. 사람이 받는 평균 힘의 크기를 감소시킨다.
ㄷ. 사람이 힘을 받는 시간을 짧게 한다.

① ㄱ      ② ㄴ      ③ ㄱ, ㄴ
④ ㄱ, ㄷ      ⑤ ㄴ, ㄷ

## 613 고빈출

다음은 자동차에 설치된 에어백이 탑승자의 안전에 도움을 주는 원리에 대한 설명이다.

자동차가 빠른 속력으로 진행하다가 충돌하여 정지하더라도 ⊙ 탑승자는 자동차가 진행하던 방향으로 계속 운동하다가 에어백에 충돌하게 된다. 이때 에어백은 탑승자가 정지할 때까지 충돌 시간을 [ (가) ] 하여 탑승자가 받는 [ (나) ] 을 크게 감소시킨다.

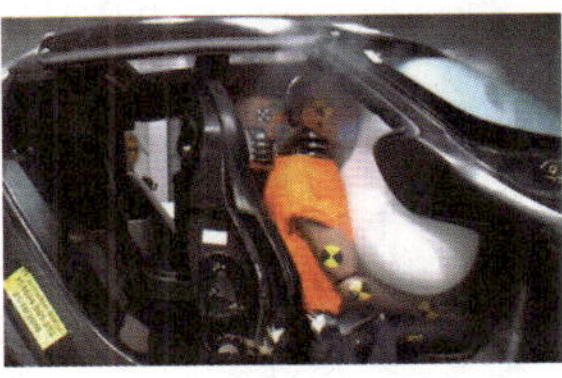

이에 대한 설명으로 옳은 것만을 보기 에서 있는 대로 고른 것은?

보기

ㄱ. ⊙은 관성으로 설명할 수 있다.
ㄴ. (가)는 '짧게'가 적절하다.
ㄷ. (나)는 '충격량'이 적절하다.

① ㄱ      ② ㄷ      ③ ㄱ, ㄴ
④ ㄱ, ㄷ      ⑤ ㄴ, ㄷ

## 614 서술형       난이도 상

그림 (가)는 자동차가 벽에 충돌할 때, 에어백이 작동한 모습을 나타낸 것이다. 그림 (나)는 같은 속력으로 운동하던 자동차가 벽에 충돌하여 정지할 때까지 운전자가 받는 힘의 크기를 시간에 따라 나타낸 것으로, 곡선 A와 B는 에어백이 작동했을 때와 작동하지 않았을 때를 순서 없이 나타낸 것이다.

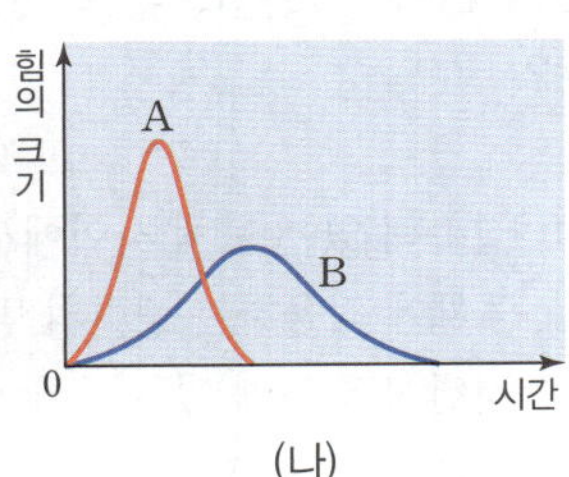


(가)            (나)

(1) (나)에서 A, B가 시간 축과 이루는 넓이를 비교하고, 그 까닭을 서술하시오.

___________________________

___________________________

(2) (나)의 A, B 중 에어백이 작동한 경우를 고르고, 그 까닭을 서술하시오.

___________________________

___________________________

## 615 서술형

그림은 자동차에 사용되는 안전띠를 나타낸 것이다. 자동차 충돌 사고가 발생할 때, 안전띠가 탑승자의 안전에 도움이 되는 까닭을 서술하시오.

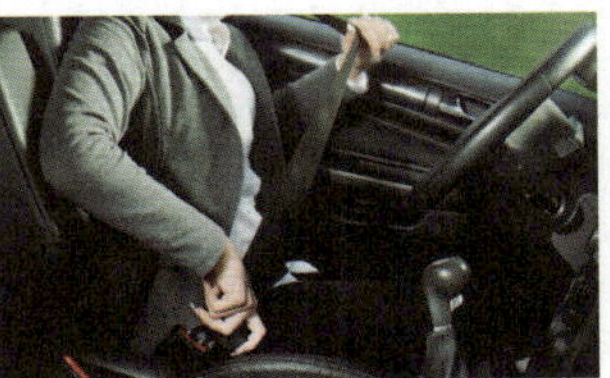

___________________________

___________________________

## 616 서술형

그림은 자동차 충돌 사고가 발생했을 때, 에어백이 작동한 모습을 나타낸 것이다. 에어백이 탑승자의 안전에 도움이 되는 까닭을 서술하시오.

___________________________

___________________________

## 11 중력과 역학 시스템

### 617

중력에 대한 설명으로 옳은 것만을 [보기]에서 있는 대로 고른 것은?

[보기]
ㄱ. 접촉해 있는 물체 사이에서만 작용한다.
ㄴ. 물체에 작용하는 중력의 방향은 항상 지구 중심 방향이다.
ㄷ. 지면에 정지해 있는 물체에 작용하는 중력은 0이다.

① ㄱ     ② ㄴ     ③ ㄷ
④ ㄱ, ㄴ     ⑤ ㄴ, ㄷ

### 618

그림과 같이 정지해 있는 물체 A에 연결된 실을 가위로 자르려고 한다.

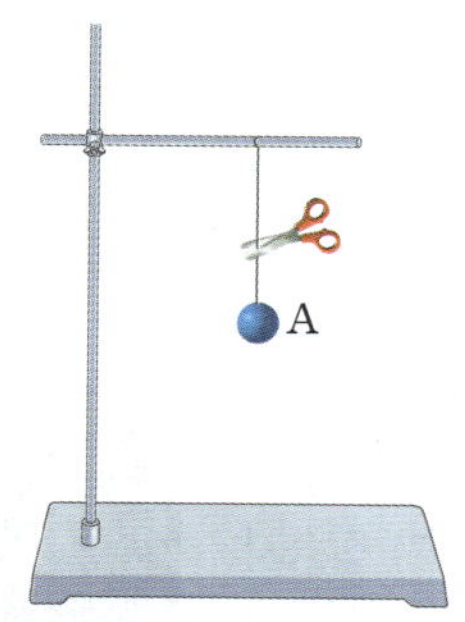

실을 가위로 자른 순간부터 A의 속력을 시간에 따라 나타낸 것으로 가장 적절한 것은? (단, 공기 저항은 무시한다.)

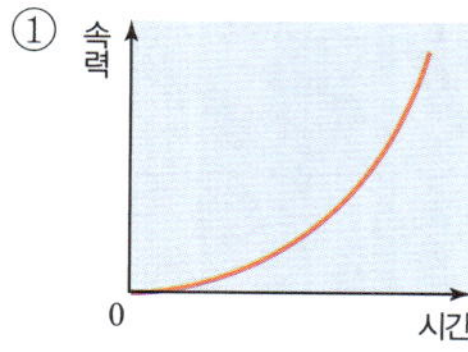
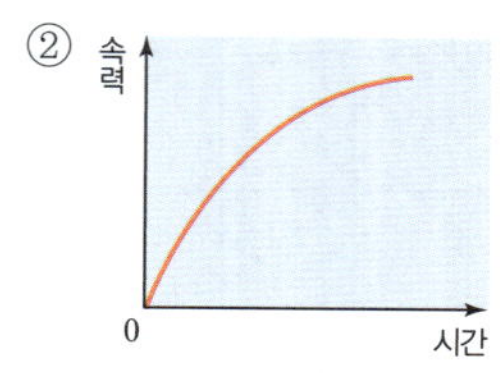
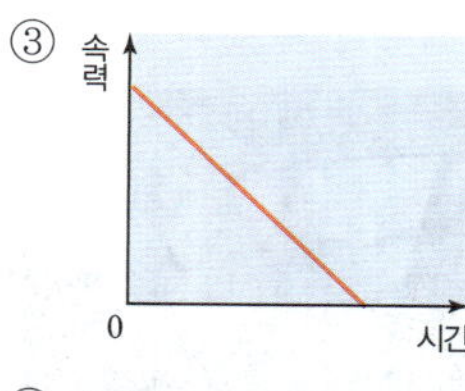
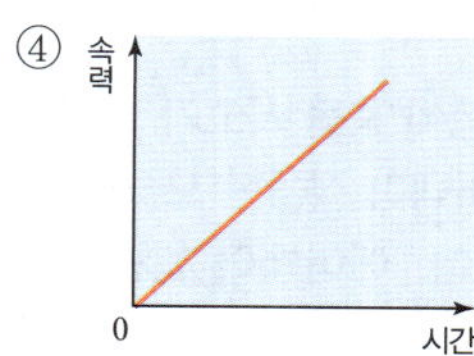
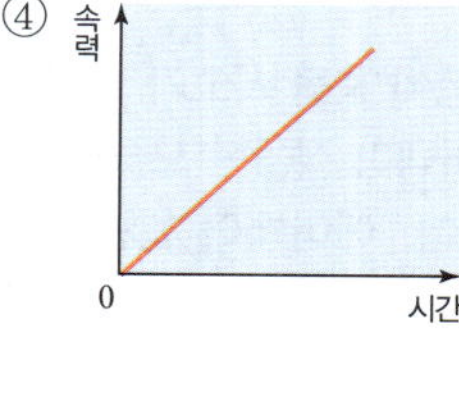

### 619

그림은 기준선 p, q를 지나며 자유 낙하 운동을 하는 물체의 모습을 일정한 시간 간격으로 나타낸 것이다. 이에 대한 설명으로 옳은 것만을 [보기]에서 있는 대로 고른 것은? (단, 공기 저항은 무시한다.)

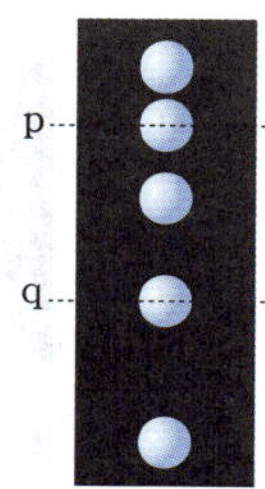

[보기]
ㄱ. 물체의 속력은 p에서가 q에서보다 작다.
ㄴ. 물체에 작용하는 중력의 크기는 p에서가 q에서보다 크다.
ㄷ. 물체에 작용하는 중력의 방향은 p에서와 q에서가 서로 반대 방향이다.

① ㄱ     ② ㄴ     ③ ㄷ
④ ㄱ, ㄴ     ⑤ ㄴ, ㄷ

### 620 고빈출

그림 (가)는 학생 A와 B가 높이 $h$인 곳에서 공 a, b를 들고 있는 모습을 나타낸 것이다. 그림 (나)는 A가 a를 놓고 시간 $t$만큼 지난 후 B가 b를 놓았을 때 a가 수평면에 도달할 때까지 두 공의 속력을 시간에 따라 나타낸 것이다.

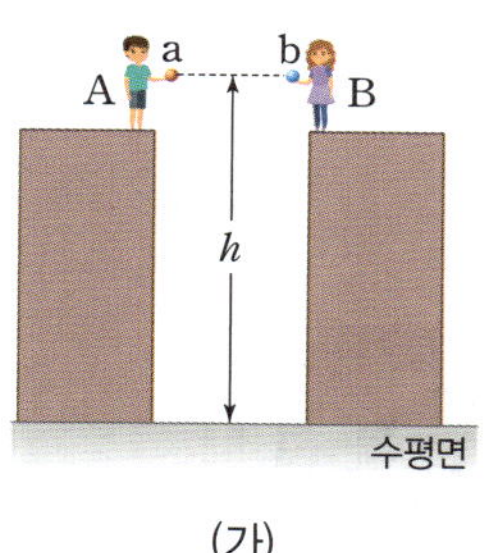
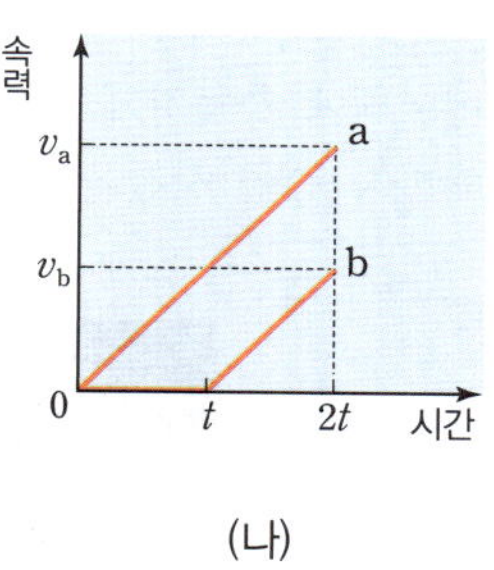

(가)        (나)

이에 대한 설명으로 옳은 것만을 [보기]에서 있는 대로 고른 것은? (단, a와 b의 크기 및 공기 저항은 무시한다.)

[보기]
ㄱ. 낙하하는 동안 가속도의 크기는 a가 b보다 크다.
ㄴ. $\dfrac{v_a}{v_b}=2$이다.
ㄷ. $t$부터 $2t$까지 a와 b 사이의 거리는 일정하다.

① ㄱ     ② ㄴ     ③ ㄱ, ㄷ
④ ㄴ, ㄷ     ⑤ ㄱ, ㄴ, ㄷ

## 621

난이도 상

그림은 건물 옥상에서 질량이 같은 물체 A, B를 같은 지점에서 차례로 가만히 놓았을 때, A와 B가 운동하는 모습을 나타낸 것이다. A가 수평면에 도달하기 전까지, 이에 대한 설명으로 옳은 것만을 보기 에서 있는 대로 고른 것은? (단, 공기 저항은 무시한다.)

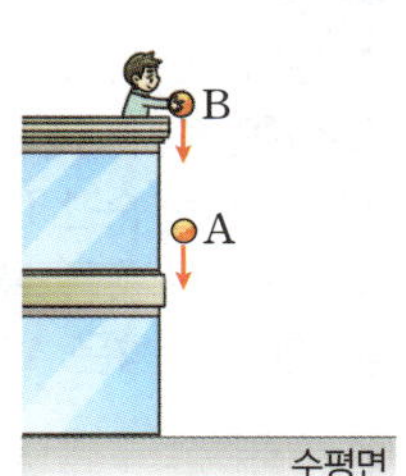


**보기**

ㄱ. A와 B에 작용하는 중력의 크기는 같다.
ㄴ. A와 B의 속력 차는 일정하다.
ㄷ. A와 B 사이의 거리는 일정하다.

① ㄱ　　　　② ㄷ　　　　③ ㄱ, ㄴ
④ ㄴ, ㄷ　　　⑤ ㄱ, ㄴ, ㄷ

## 622

난이도 상

그림은 자유 낙하 하는 질량이 1 kg인 물체의 속력을 시간에 따라 나타낸 그래프이다.

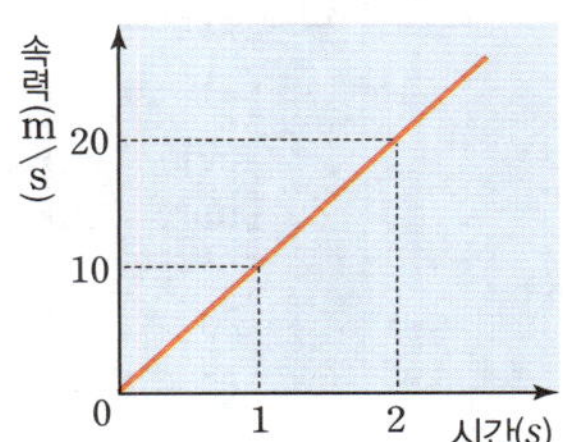


이에 대한 설명으로 옳은 것만을 보기 에서 있는 대로 고른 것은? (단, 물체의 크기 및 공기 저항은 무시한다.)

**보기**

ㄱ. 물체의 가속도의 크기는 10 m/s²이다.
ㄴ. 낙하하는 동안 물체에 작용하는 중력의 크기는 일정하다.
ㄷ. 1 초부터 2 초까지 물체의 낙하 거리는 15 m이다.

① ㄱ　　　　② ㄷ　　　　③ ㄱ, ㄴ
④ ㄴ, ㄷ　　　⑤ ㄱ, ㄴ, ㄷ

## 623

그림과 같이 높이 $h$인 지점에서 물체 A를 가만히 놓는 순간, 등속도 운동을 하는 물체 B가 수평면 위의 점 p를 지난다. A가 자유 낙하 운동을 하여 수평면에 속력 10 m/s로 도달하는 순간 B는 수평면 위의 점 q를 지나고, p와 q 사이의 거리는 $L$이다.

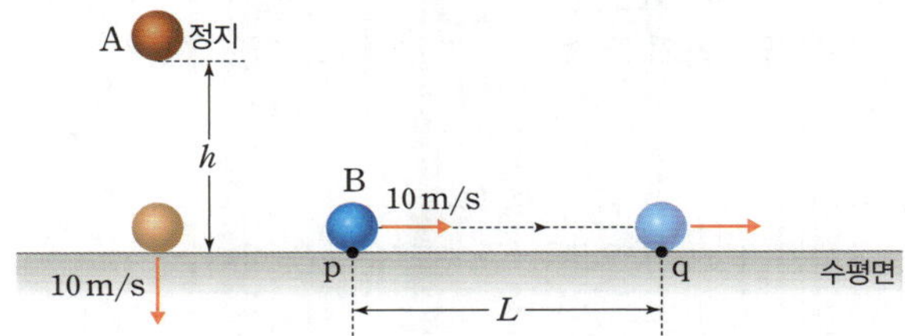


이에 대한 설명으로 옳은 것만을 보기 에서 있는 대로 고른 것은? (단, 중력 가속도는 10 m/s²이고 A와 B의 크기 및 공기 저항은 무시한다.)

**보기**

ㄱ. B가 p에서 q까지 운동하는 데 걸리는 시간은 1 초이다.
ㄴ. A의 속력이 5 m/s일 때, A의 높이는 $\dfrac{h}{2}$이다.
ㄷ. $L=5$ m이다.

① ㄱ　　　　② ㄷ　　　　③ ㄱ, ㄴ
④ ㄴ, ㄷ　　　⑤ ㄱ, ㄴ, ㄷ

## 624

난이도 상

그림과 같이 물체 A를 가만히 놓는 순간 A와 같은 높이에서 물체 B를 수평 방향으로 속력 $v$로 던졌더니, A, B가 각각 경로를 따라 운동하였다.

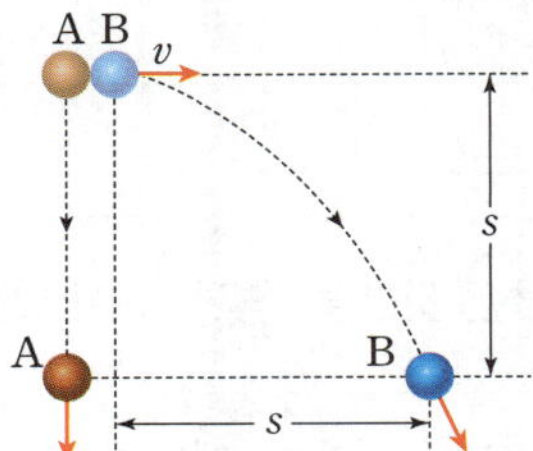


B가 연직 방향과 수평 방향으로 같은 거리 $s$만큼 이동한 순간, A의 속력은? (단, 물체의 크기 및 공기 저항은 무시한다.)

① $\dfrac{1}{2}v$　　　② $\dfrac{\sqrt{2}}{2}v$　　　③ $v$
④ $\sqrt{2}\,v$　　　⑤ $2v$

## 625

그림은 $+x$방향으로 던진 물체의 위치를 일정한 시간 간격으로 나타낸 것이다.
이에 대한 설명으로 옳은 것만을 보기 에서 있는 대로 고른 것은? (단, 공기 저항은 무시한다.)

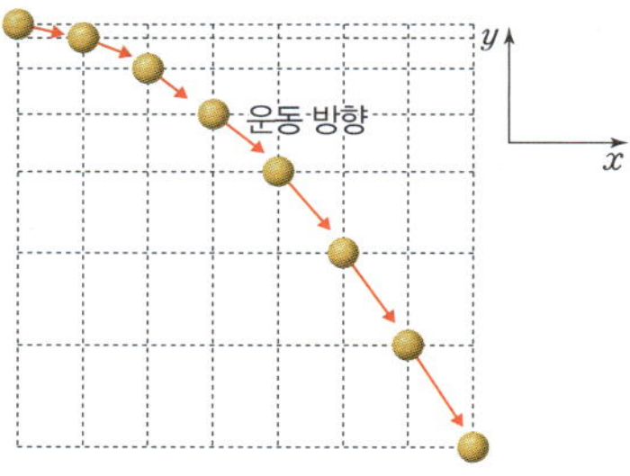


보기

ㄱ. 물체는 $+x$방향으로는 등속도 운동을 한다.
ㄴ. 시간이 지날수록 물체의 가속도의 크기는 증가한다.
ㄷ. 물체에 작용하는 중력의 방향은 $-y$방향이다.

① ㄱ      ② ㄴ      ③ ㄷ
④ ㄱ, ㄴ      ⑤ ㄱ, ㄷ

## 고빈출
## 626

난이도 상

다음은 쇠구슬 A, B의 운동을 비교하는 실험이다.

[실험 과정]

(가) 그림과 같이 A, B를 같은 높이에서 A를 가만히 놓는 순간 B를 수평 방향으로 발사시켜 A, B가 각각 수평면에 도달할 때까지의 낙하 시간과 B의 수평 도달 거리를 측정한다.

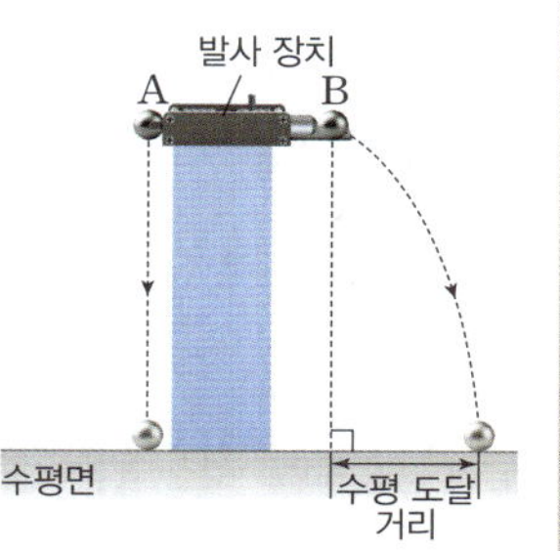


(나) B의 처음 속력만을 [ ㉠ ] 배로 하여 과정 (가)를 반복한다.

[실험 결과]

| 과정 | 낙하 시간 | | B의 수평 도달 거리 |
|---|---|---|---|
| | A | B | |
| (가) | $t$ | $t$ | $R$ |
| (나) | $t$ | ㉡ | $4R$ |

이에 대한 설명으로 옳은 것만을 보기 에서 있는 대로 고른 것은?

보기

ㄱ. B의 가속도의 크기는 (가)일 때와 (나)일 때가 같다.
ㄴ. ㉠은 2이다.
ㄷ. ㉡은 $2t$이다.

① ㄱ      ② ㄴ      ③ ㄱ, ㄷ
④ ㄴ, ㄷ      ⑤ ㄱ, ㄴ, ㄷ

## 627

난이도 상

그림은 시간 $t=0$일 때 수평면으로부터 높이가 $h$로 같고 수평 방향으로 $d$만큼 떨어진 두 지점에서 A를 수평 방향으로 $10 \text{ m/s}$의 속력으로 던지는 순간 B를 가만히 놓는 모습을 나타낸 것이다. A, B는 각각 포물선 운동, 자유 낙하 운동을 하여 $t=2$ 초일 때 수평면에서 충돌한다. 질량은 A가 B의 2 배이다.

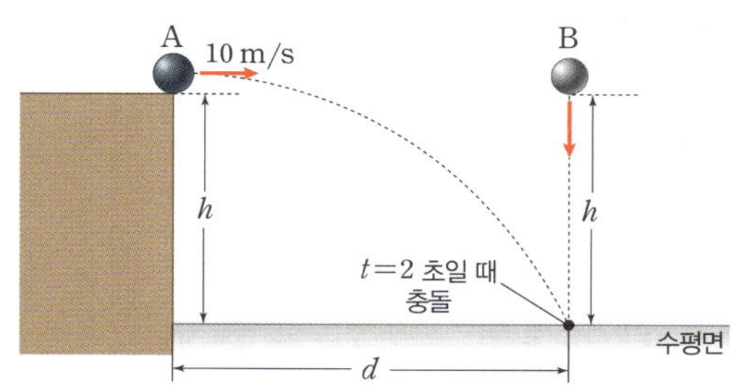


이에 대한 설명으로 옳은 것만을 보기 에서 있는 대로 고른 것은?
(단, 중력 가속도는 $10 \text{ m/s}^2$이고, 공기 저항은 무시한다.)

보기

ㄱ. 물체에 작용하는 중력의 크기는 A가 B보다 크다.
ㄴ. $d$는 20 m이다.
ㄷ. 던지는 순간 A의 속력만을 $20 \text{ m/s}$로 바꿀 때, A와 B가 충돌하는 지점은 높이가 $\dfrac{h}{2}$인 지점이다.

① ㄱ    ② ㄴ    ③ ㄷ    ④ ㄱ, ㄴ    ⑤ ㄴ, ㄷ

## 최다 오답
## 628

그림은 수평면으로부터 높이가 $h$인 지점에서 수평 방향으로 $v$의 속력으로 물체를 던졌을 때 수평 도달 거리가 $R$인 물체의 운동 경로를 나타낸 것이다. 표는 수평면으로부터 물체를 수평 방향으로 던진 높이($h$), 속력($v$), 수평 도달 거리($R$), 물체를 수평 방향으로 던진 순간부터 지면에 도달할 때까지 걸린 시간을 나타낸 것이다.

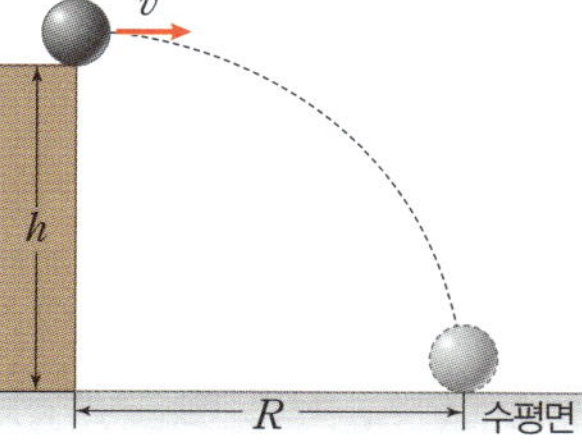


| 높이 (m) | 속력 (m/s) | 수평 도달 거리(m) | 시간 (s) |
|---|---|---|---|
| 20 | 4 | ㉠ | 2 |
| 30 | 4 | 12 | ㉡ |
| 30 | 2 | 6 | ㉢ |

이에 대한 설명으로 옳은 것만을 보기 에서 있는 대로 고른 것은?
(단, 중력 가속도는 $10 \text{ m/s}^2$이고, 공기 저항은 무시한다.)

보기

ㄱ. ㉠은 8이다.
ㄴ. ㉡은 3이다.
ㄷ. ㉢ > ㉡이다.

① ㄱ    ② ㄷ    ③ ㄱ, ㄴ    ④ ㄴ, ㄷ    ⑤ ㄱ, ㄴ, ㄷ

## 629

난이도 상

그림은 수평면으로부터 시간 $t=0$일 때 높이가 같은 지점에서 물체 A를 가만히 놓는 순간 물체 B를 수평 방향으로 속력 10 m/s로 던졌더니, $t=2$ 초일 때 A, B가 각각 기준선 p를 동시에 지나는 모습을 나타낸 것이다. $t=3$ 초일 때 B는 수평면에 도달한다.

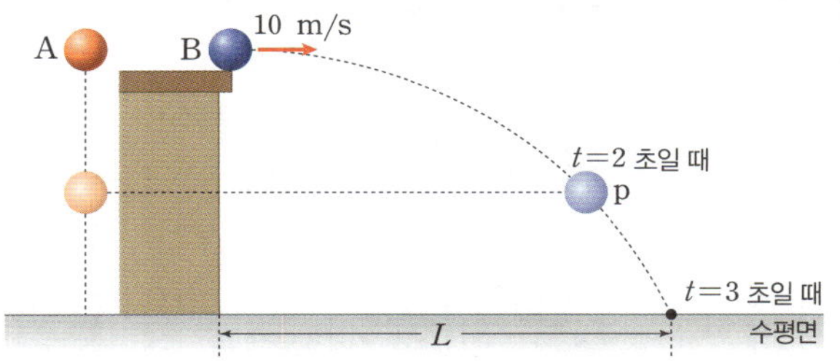


이에 대한 설명으로 옳은 것만을 보기 에서 있는 대로 고른 것은? (단, 중력 가속도는 10 m/s$^2$이고, 물체의 크기, 공기 저항은 무시한다.)

보기

ㄱ. p에서 속력은 A가 B보다 작다.
ㄴ. $t=0$부터 $t=2$ 초까지 A의 낙하 거리는 40 m이다.
ㄷ. $L=45$ m이다.

① ㄱ  　　② ㄷ  　　③ ㄱ, ㄴ
④ ㄴ, ㄷ  　　⑤ ㄱ, ㄴ, ㄷ

## 630

고빈출

그림은 수평면으로부터 같은 높이에서 수평 방향으로 물체 A, B를 각각 속력 $2v$, $v$로 던지는 것을 나타낸 것이다. 질량은 A가 B의 2 배이다.

물체를 던진 순간부터 수평면에 도달할 때까지 이에 대한 설명으로 옳은 것만을 보기 에서 있는 대로 고른 것은? (단, 중력 가속도는 10 m/s$^2$이고, A, B의 크기, 공기 저항은 무시한다.)

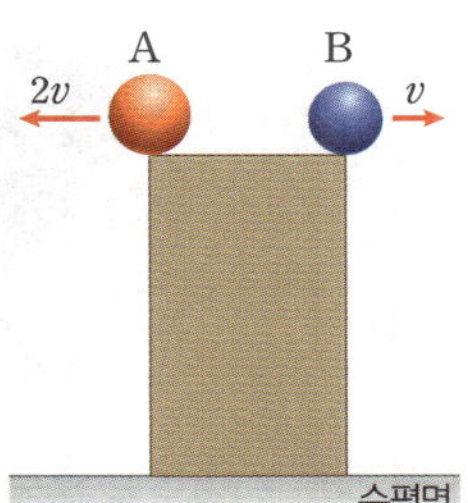


보기

ㄱ. A에 작용하는 중력의 방향은 물체의 운동 방향과 항상 수직이다.
ㄴ. 물체에 작용하는 중력의 크기는 A와 B가 같다.
ㄷ. 던져진 지점으로부터 수평 도달 거리는 A가 B의 2 배이다.

① ㄱ  　　② ㄴ  　　③ ㄷ
④ ㄱ, ㄴ  　　⑤ ㄴ, ㄷ

## 631

난이도 상

그림은 시간 $t=0$일 때 수평 방향으로 던진 물체의 위치를 일정한 시간 간격으로 나타낸 것이다. 0 초부터 2 초까지 물체의 수평 이동 거리는 $s_1$이고, 2 초부터 5 초까지 물체의 수평 이동 거리는 $s_2$이다.

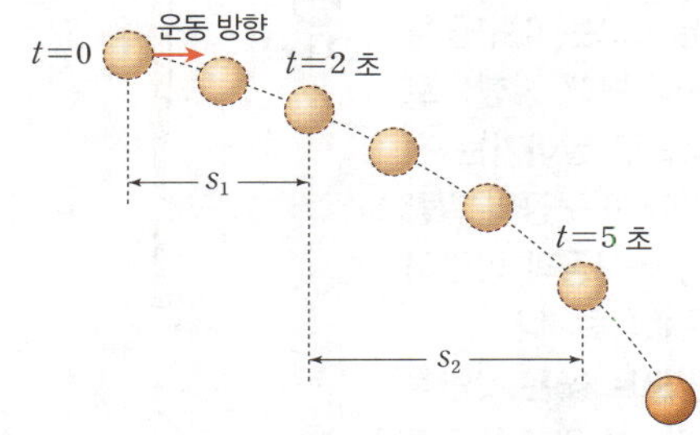


물체의 운동에 대한 설명으로 옳은 것만을 보기 에서 있는 대로 고른 것은? (단, 중력 가속도는 10 m/s$^2$이고, 공기 저항은 무시한다.)

보기

ㄱ. 속력은 2 초일 때가 5 초일 때보다 작다.
ㄴ. 가속도의 크기는 2 초일 때가 5 초일 때보다 작다.
ㄷ. $s_1 : s_2 = 2 : 5$이다.

① ㄱ  　　② ㄴ  　　③ ㄷ
④ ㄱ, ㄴ  　　⑤ ㄴ, ㄷ

## 632

고빈출

난이도 상

그림은 높은 산 정상에서 수평 방향으로 포탄 A, B, C를 발사했을 때, 포탄의 운동 경로를 나타낸 것이다. A, B, C의 질량은 각각 $m_A$, $m_B$, $m_C$이고 $m_A > m_B > m_C$이다.

이에 대한 설명으로 옳은 것만을 보기 에서 있는 대로 고른 것은? (단, 포탄의 크기 및 공기 저항은 무시한다.)

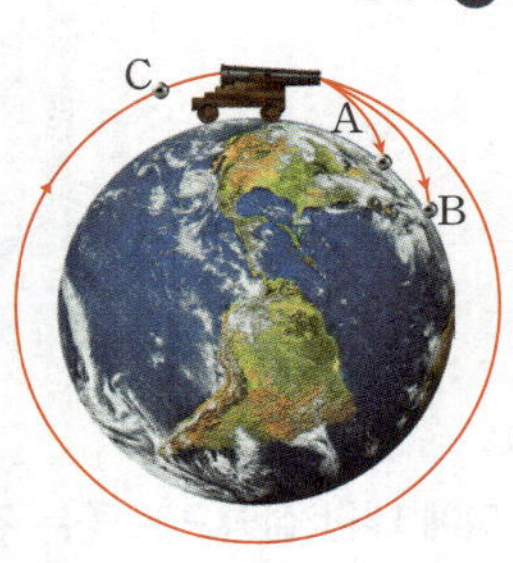


보기

ㄱ. 포탄을 발사할 때의 속력은 A가 B보다 크다.
ㄴ. 운동하는 동안 가속도의 크기는 C가 B보다 크다.
ㄷ. 운동하는 동안 C에 작용하는 중력의 방향은 C의 운동 방향과 항상 수직이다.

① ㄱ  　　② ㄷ  　　③ ㄱ, ㄴ
④ ㄴ, ㄷ  　　⑤ ㄱ, ㄴ, ㄷ

## 12 역학 시스템과 안전

### 633

그림은 수평 방향으로 $10\ \mathrm{m/s}$의 속력으로 날아오는 야구공을 방망이로 쳤더니 반대 방향으로 $15\ \mathrm{m/s}$의 속력으로 날아가는 것을 나타낸 것이다. 야구공의 질량은 $0.1\ \mathrm{kg}$이고, 야구공과 방망이의 충돌 시간은 $0.1$초이다.

이에 대한 설명으로 옳은 것만을 보기 에서 있는 대로 고른 것은?

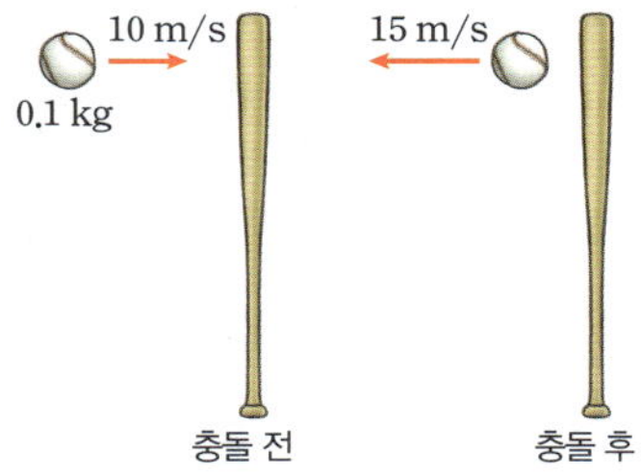



**보기**

ㄱ. 야구공의 운동량의 크기는 충돌 전이 충돌 후의 $\dfrac{2}{3}$ 배이다.

ㄴ. 야구공이 방망이와 충돌하는 동안 야구공이 방망이로부터 받은 충격량의 크기는 $\dfrac{1}{2}$ N·s이다.

ㄷ. 야구공이 방망이로부터 받은 평균 힘의 크기는 25 N이다.

① ㄱ        ② ㄴ        ③ ㄷ
④ ㄱ, ㄷ        ⑤ ㄴ, ㄷ

### 634

그림 (가)는 시간 $t=0$일 때, 수평면에서 질량이 $2\ \mathrm{kg}$인 물체가 일정한 방향으로 속력 $v_0$으로 운동하고 있는 모습을, (나)는 (가) 이후 직선 운동을 하는 물체의 운동량의 크기를 시간에 따라 나타낸 것이다.

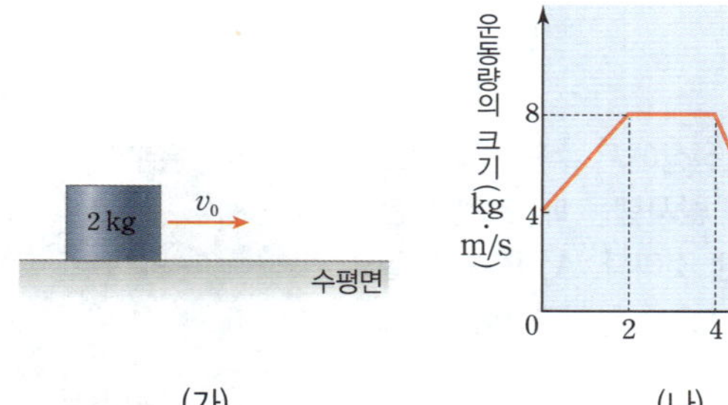



이에 대한 설명으로 옳은 것만을 보기 에서 있는 대로 고른 것은?

**보기**

ㄱ. $v_0=2\ \mathrm{m/s}$이다.

ㄴ. 물체에 작용하는 알짜힘의 크기는 1초일 때가 3초일 때보다 크다.

ㄷ. 5초일 때 물체의 운동 방향과 물체의 가속도 방향은 서로 반대이다.

① ㄱ        ② ㄴ        ③ ㄱ, ㄷ
④ ㄴ, ㄷ        ⑤ ㄱ, ㄴ, ㄷ

### 635

그림은 질량이 같은 두 달걀을 같은 높이에서 떨어뜨렸을 때 달걀이 바닥에 부딪히는 순간부터 정지할 때까지 시간에 따른 두 달걀에 작용하는 힘을 나타낸 그래프 P, Q를 보고 학생 A, B, C가 대화하는 모습을 나타낸 것이다. P, Q는 시멘트 바닥에 떨어뜨렸을 때와 방석에 떨어뜨렸을 때를 순서 없이 나타낸 것이고, P, Q가 시간 축과 이루는 넓이는 서로 같다.

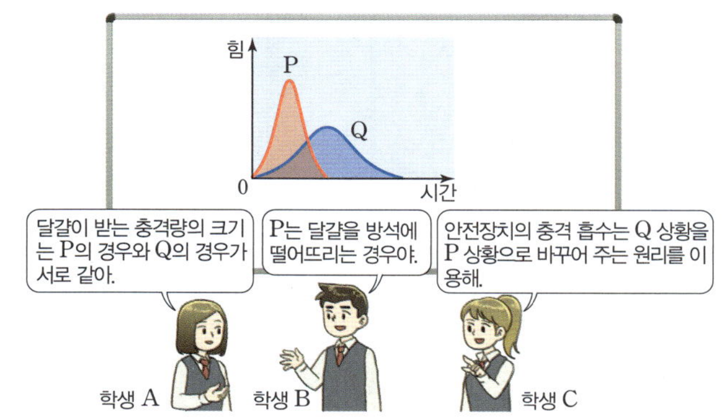



제시한 내용이 옳은 학생만을 있는 대로 고른 것은?

① A        ② B        ③ A, C
④ B, C        ⑤ A, B, C

### 636

그림은 충격을 흡수하는 휴대 전화 케이스가 바닥에 충돌하는 순간의 모습을 나타낸 것이다.

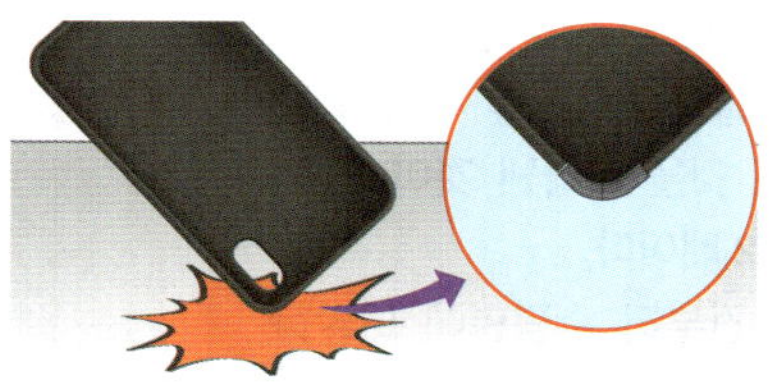

이에 대한 설명으로 옳은 것만을 보기 에서 있는 대로 고른 것은?

**보기**

ㄱ. 케이스는 휴대 전화가 바닥에 직접 부딪힐 때보다 충격을 받는 시간을 짧게 한다.

ㄴ. 케이스가 높은 곳에서 낙하할수록 바닥에 충돌 후 정지할 때까지 케이스가 받는 충격량의 크기는 크다.

ㄷ. 케이스를 사용하면 같은 높이에서 떨어지더라도 바닥에 충돌하기 직전 운동량의 크기가 작아진다.

① ㄱ        ② ㄴ        ③ ㄱ, ㄷ
④ ㄴ, ㄷ        ⑤ ㄱ, ㄴ, ㄷ

## 637

난이도 상

그림 (가)와 (나)는 각각 행성 P, Q 표면의 높이가 $h_A$, $h_B$인 곳에서, 물체 A, B를 가만히 놓았을 때 두 물체가 같은 시간 동안 낙하하여 수평면에 도달하는 모습을 나타낸 것이다.

P, Q에서의 중력 가속도의 크기를 비교하여 서술하시오.

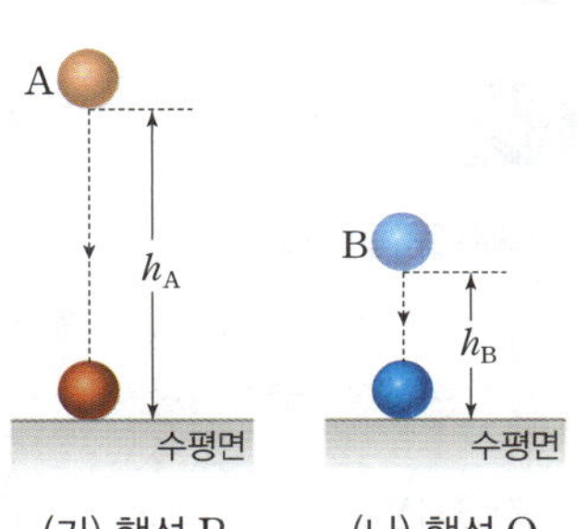


## 638

고빈출

난이도 상

그림은 같은 높이에서 자유 낙하 한 물체 A와 수평 방향으로 속력 $v$로 던진 물체 B의 위치를 1 초 간격으로 나타낸 것이다. (단, 중력 가속도는 $10 \text{ m/s}^2$이고, A, B의 크기 및 공기 저항은 무시한다.)

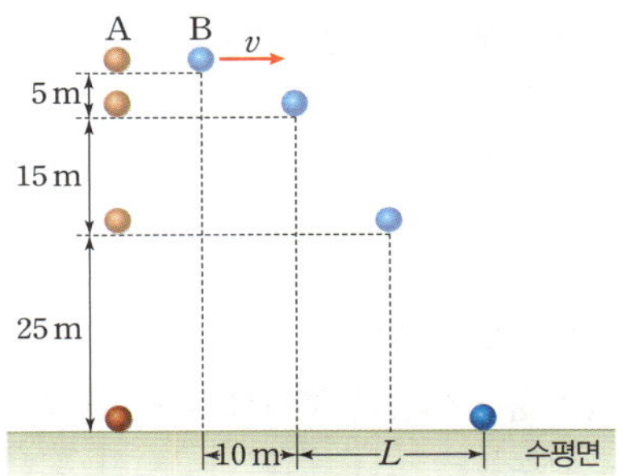


(1) $v$를 구하고, 그 까닭을 서술하시오.

(2) $L$을 구하고, 그 까닭을 서술하시오.

(3) A의 높이가 25 m일 때 A와 B의 속력을 비교하여 서술하시오.

## 639

그림과 같이 질량이 각각 $m$, $2m$인 물체 A, B가 수평면과 나란한 책상 면에서 서로 반대 방향으로 각각 등속도 운동을 한 후 책상 면을 떠나 수평면에 도달한다. A, B가 책상 면을 떠나는 순간부터 수평면에 도달할 때까지 수평 방향으로 이동한 거리는 각각 $L$, $3L$이다. (단, 물체의 크기, 공기 저항은 무시한다.)

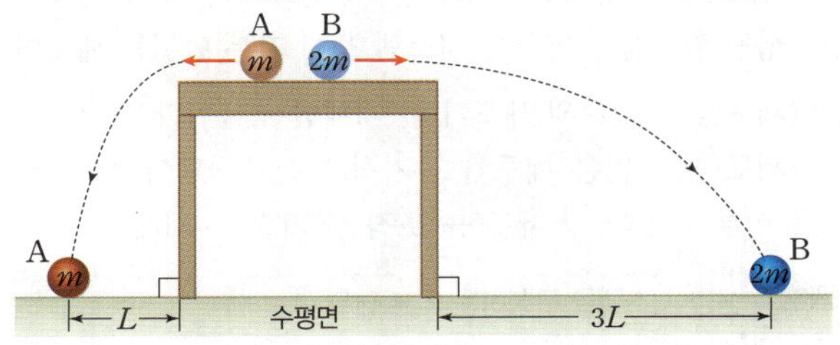


(1) 책상 면을 떠나 포물선 운동을 하는 동안 A, B가 받는 중력과 가속도의 크기를 비교하여 서술하시오.

(2) 책상 면에서 A, B의 운동량 크기를 비교하여 서술하시오.

## 640

그림 (가)는 뜀틀을 넘을 때 다리를 구부리면서 지면에 착지하는 모습을 나타낸 것이다. 그림 (나)는 지면에 착지할 때 다리에 작용하는 힘을 시간에 따라 나타낸 것으로 그래프 아래의 넓이는 $S$로 같다. A, B는 다리를 구부리며 착지할 때와 구부리지 않고 착지할 때를 순서 없이 나타낸 것이다.

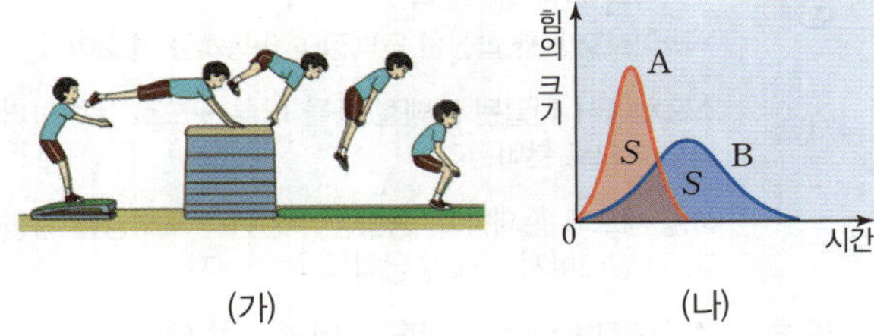


다리를 구부리면서 착지할 때, 더 안전하게 착지할 수 있는 까닭을 (나)의 그래프를 이용해 서술하시오.

# 13 생명 시스템에서의 화학 반응

## 1 생명 시스템의 기본 단위

(1) **생명 시스템**: 생명체를 구성하는 여러 요소가 상호작용하여 다양한 생명 활동을 수행하는 시스템으로, 기본 단위는 세포이다.

① **단세포생물**: 하나의 세포가 한 개체인 생물이다.

② **다세포생물**: 많은 세포가 유기적으로 조직되어 정교한 체제를 이루고 있다. ➡ 세포 → 조직 → 기관 → 개체

| | |
|---|---|
| 세포 | 생명 시스템을 구성하는 기본 단위 |
| 조직 | 모양과 기능이 비슷한 세포들의 모임 |
| 기관 | 여러 조직이 모여 고유한 형태와 기능을 나타내는 것 |
| 개체 | 여러 기관이 모여 독립적인 생활을 하는 생명체 |

### (2) 세포의 구조와 기능

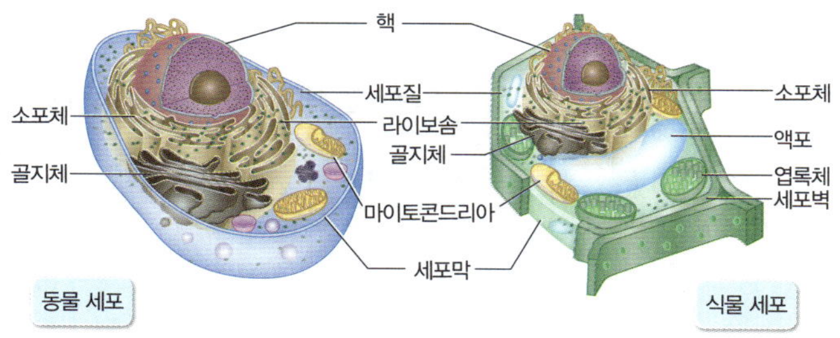


① **세포의 구조**: 핵, 세포질, 세포막 등으로 구성된다.

| | |
|---|---|
| 핵 | • 세포에서 핵막으로 둘러싸여 있는 부분이다.<br>• 유전물질인 DNA가 존재한다.<br>• 생명활동을 통제하고 조절하는 생명활동의 중추 역할을 한다. |
| 세포질 | 핵을 제외한 부분으로 세포소기관이 존재한다. |
| 세포막 | 세포를 둘러싸는 막으로, 세포 안팎으로의 물질 출입을 조절한다. |

### ② 세포소기관의 기능

| | |
|---|---|
| 라이보솜 | DNA의 유전정보에 따라 단백질합성이 일어난다. |
| 소포체 | • 핵막과 연결되어 있다.<br>• 라이보솜에서 합성된 단백질이 이동하는 통로이다. |
| 골지체 | 소포체에서 전달된 단백질 등을 다른 곳으로 운반하거나 세포 밖으로 분비한다. |
| 엽록체 | 식물 세포에 존재하고, 광합성이 일어나 포도당을 합성한다. ➡ 빛에너지 → 포도당의 화학 에너지 |
| 마이토콘드리아 | 세포호흡이 일어나 생명활동에 필요한 에너지를 생산한다. ➡ 포도당의 화학 에너지 → ATP |
| 액포 | • 주로 성숙한 식물 세포에 존재한다.<br>• 물, 색소, 노폐물 등을 저장한다. |
| 세포벽 | 식물 세포의 세포막 바깥쪽에 있으며 세포의 형태를 유지한다. |

## 2 세포막의 구조와 세포막을 통한 물질 이동

### (1) 세포막의 구조와 특성

① **세포막의 구조**: 인지질 2중층에 막단백질이 관통하거나 파묻혀 있는 구조이다.

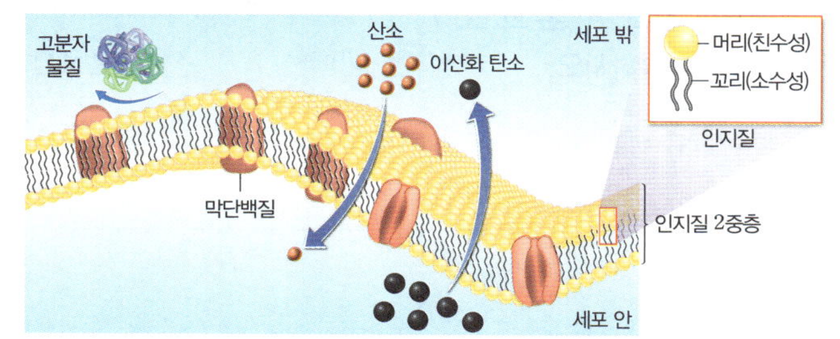


세포막의 구조와 선택적 투과성

• 인지질: 머리 부분은 친수성, 꼬리 부분은 소수성이다.

➡ 세포 안팎은 물이 풍부하므로 인지질의 친수성 부분은 세포막의 양쪽 바깥으로, 인지질의 소수성 부분은 안쪽으로 서로 마주 보며 배열되어 인지질 2중층 구조를 형성한다.

• 막단백질: 인지질 2중층을 관통하고 있는 단백질 중에는 물질 이동에 관여하는 것이 있다.

② **선택적 투과성**: 세포막의 구조적 특성으로 인해 물질의 크기, 종류에 따라 세포막을 통한 물질의 이동이 다르게 일어나는 것이다. ➡ 세포막의 선택적 투과성으로 인해 세포는 세포 안팎으로 물질의 출입을 조절할 수 있으며, 이는 생명 시스템을 유지하는 데 중요한 역할을 한다.

### (2) 세포막을 통한 물질의 이동

① **확산**: 용질의 농도가 높은 곳에서 농도가 낮은 곳으로 용질이 이동하는 현상이다.

• 특징: 에너지를 사용하지 않으며, 분자의 크기가 작을수록, 온도가 높을수록, 물질의 농도 차가 클수록 확산 속도가 빠르다.

• 확산의 종류 (자료①)

| 인지질 2중층을 통한 확산 | 막단백질을 통한 확산 |
|---|---|
| 산소, 이산화 탄소 등과 같이 크기가 작은 물질, 인지질의 소수성 부분에 잘 섞이는 지용성 물질 | 분자 크기가 큰 포도당, 아미노산 등의 물질과 이온($Na^+$, $K^+$ 등)과 같이 전하를 띤 물질 |
| 예 허파꽈리와 모세혈관 사이의 가스교환 | 예 작은창자 융털에서 일어나는 포도당, 아미노산의 흡수 |
|  |  |

② **삼투**: 세포막을 경계로 농도가 다른 두 용액이 있을 때, 물이 세포막을 통해 농도가 낮은 쪽에서 높은 쪽으로 이동하는 현상이다.

• 동물 세포에서 일어나는 삼투

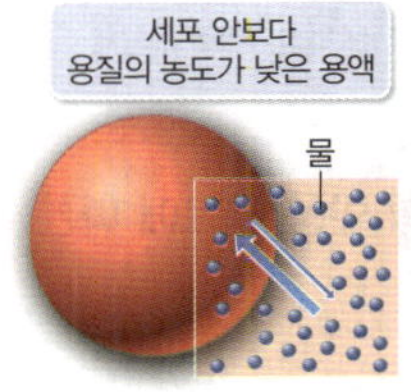


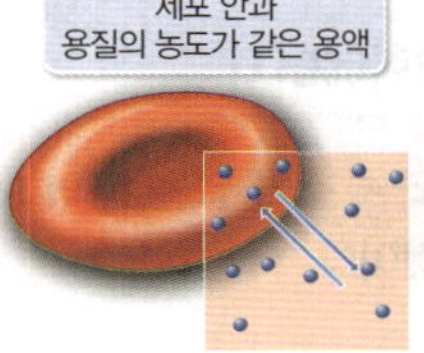


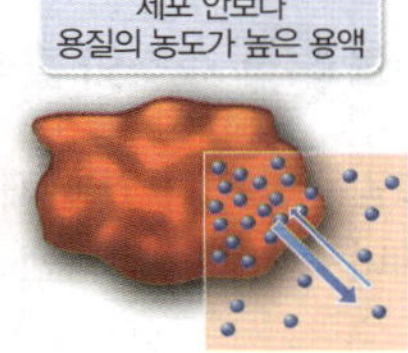


적혈구 안으로 들어오는 물의 양이 많아 부풀어 오르다가 터질 수 있다.

적혈구 안팎으로 이동하는 물의 양이 같아 부피가 변하지 않는다.

적혈구 밖으로 빠져나가는 물의 양이 많아 적혈구가 쭈그러든다.

• 식물 세포에서 일어나는 삼투 〔자료 ②〕

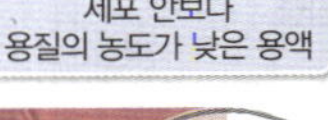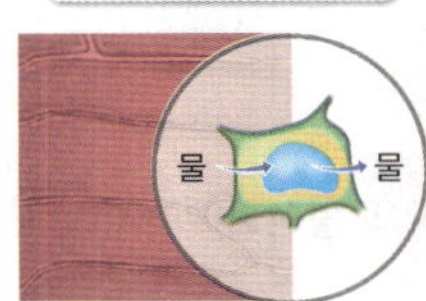


양파 세포 안으로 들어오는 물의 양이 많아 세포가 팽팽해진다. →세포벽 때문에 일정 크기 이상 커지지 않는다.

양파 세포 안팎으로 이동하는 물의 양이 같아 부피가 변하지 않는다.

양파 세포 밖으로 빠져나가는 물의 양이 많아 세포막이 세포벽에서 분리된다. → 원형질분리

## 3 물질대사와 효소

**(1) 물질대사**: 생명체에서 일어나는 화학 반응으로 생체촉매인 효소가 관여하며, 여러 단계의 반응을 거치고, 에너지 출입이 따른다.

| 동화작용 | 이화작용 |
|---|---|
| 저분자 물질을 고분자 물질로 합성하는 과정으로, 에너지가 흡수된다. | 고분자 물질을 저분자 물질로 분해하는 과정으로, 에너지가 방출된다. |
| 예 광합성, 단백질합성 등 | 예 세포호흡, 소화 등 |

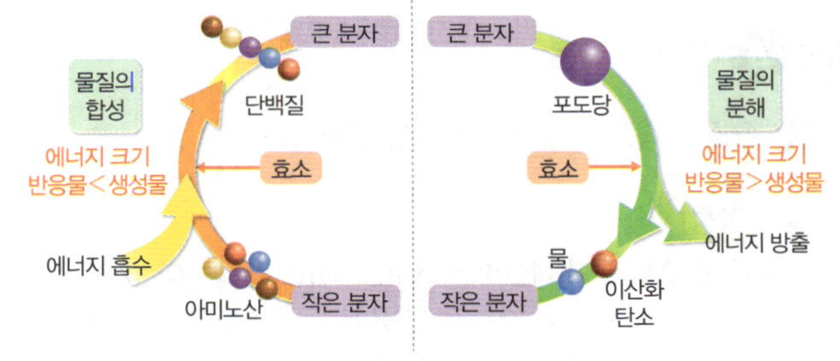


**(2) 효소(생체촉매)**: 생명체 내에서 합성되어 물질대사를 촉진하는 물질로, 활성화에너지를 낮추어 화학 반응 속도를 높인다.

• **활성화에너지**: 화학 반응이 일어나는 데 필요한 최소한의 에너지이다. ➡ 활성화에너지가 클수록 반응 속도가 느리다. 〔자료 ③〕

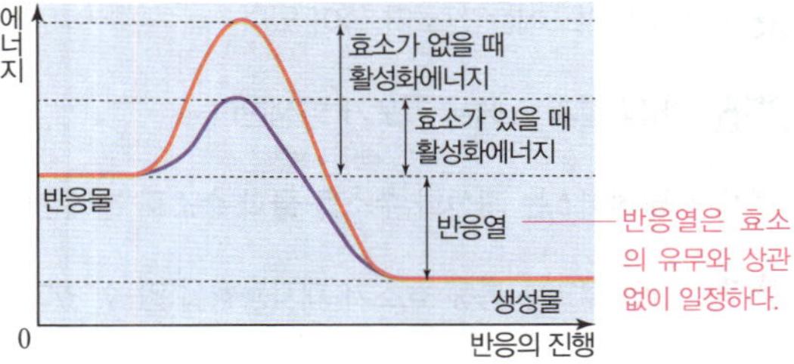


**(3) 효소의 특성**

① **구성**: 주성분이 단백질이어서 효소마다 고유한 입체 구조를 갖는다. — 온도의 영향을 받아 변성되며, 변성되면 기능을 잃는다.

② 기질특이성: 한 종류의 효소는 한 종류의 반응물(기질)에만 작용한다. 예 아밀레이스는 녹말을 엿당으로 분해하지만, 단백질이나 지방은 분해하지 못한다.

③ 재사용: 효소는 반응 후에 구조가 변하지 않기 때문에 재사용된다.

### 효소 작용의 원리 〔자료 ④〕

**실험 과정**

(가) 시험관 A∼C에 과산화 수소수를 3 mL씩 넣는다.

(나) 시험관 A는 그대로 두고, 시험관 B에는 생간 조각을 넣고, 시험관 C에는 감자 조각을 넣은 다음, 시험관에서 기포가 발생하는지 관찰한다.

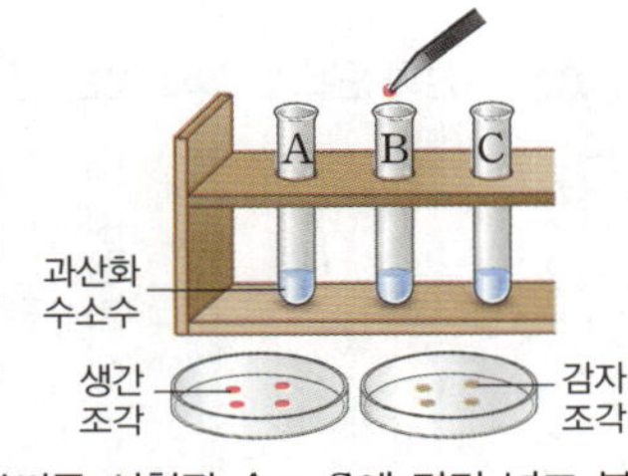


(다) 향에 불을 붙였다 끈 뒤 남은 불씨를 시험관 A∼C에 각각 넣고 불씨의 변화를 관찰한다.

(라) 기포 발생이 끝난 후, 시험관 A∼C에 과산화 수소수를 2 mL씩 더 넣고 기포가 발생하는지 관찰한다.

**실험 결과**

| 구분 | 시험관 A | 시험관 B | 시험관 C |
|---|---|---|---|
| (나)의 결과 | 변화 없음 | 기포 발생 | 기포 발생 |
| (다)의 결과 | 변화 없음 | 불씨가 살아남 | 불씨가 살아남 |
| (라)의 결과 | 변화 없음 | 기포가 다시 발생 | 기포가 다시 발생 |

**1** 간세포와 감자세포에 있는 카탈레이스는 과산화 수소를 물과 산소로 분해한다. ➡ 기포에는 산소가 들어 있다.

**2** (라)의 결과 시험관 B와 C에서 기포가 다시 발생하는 까닭: 화학 반응이 끝나면 효소는 생성물과 분리되어 반응 전과 동일한 상태가 되므로 다시 새로운 반응물과 결합할 수 있다.

**3** 카탈레이스는 과산화 수소를 분해하는 화학 반응의 활성화에너지를 낮추어 반응이 빠르게 일어날 수 있도록 한다.

**(4) 효소의 활용**: 효소는 생명체 밖에서도 촉매 작용을 한다.

| 분야 | 이용 사례 |
|---|---|
| 식품 | 발효 식품(된장, 고추장, 김치, 치즈), 식혜, 연육제 등 |
| 의약품 | 소화제, 요 검사지, 혈당 측정기 등 |
| 산업 분야 | 효소 세제, 효소 치약, 효소 화장품, 식품 생산 및 섬유 가공, 바이오에너지 생산 등에 이용 |

다음 자료에 대한 설명으로 옳은 것은 ○표, 옳지 <u>않은</u> 것은 ✕표 하시오.

### 자료 ❶ 세포막을 통한 물질 이동
동아, 미래엔, 비상, 지학사, 천재

그림은 세포막을 경계로 한 물질 A, B의 분포와 A, B가 세포막을 투과하는 방식을 나타낸 것이다.

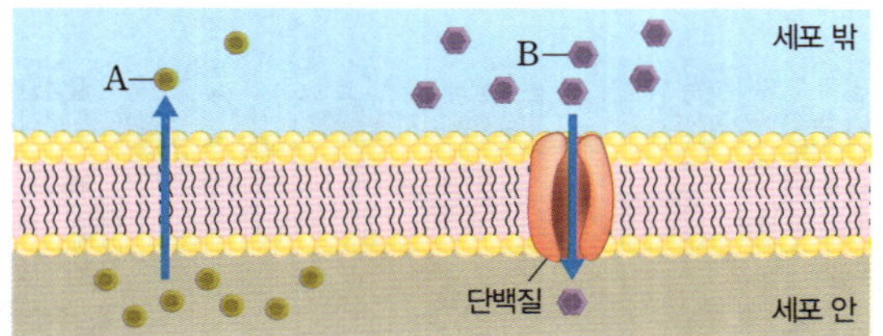


**641** A의 농도는 세포 밖보다 안이 더 높다. ○/✕

**642** A의 이동에는 막단백질이 관여한다. ○/✕

**643** A와 B는 모두 농도가 높은 쪽에서 농도가 낮은 쪽으로 이동한다. ○/✕

**644** 이산화 탄소는 B와 같은 방식으로 이동한다. ○/✕

### 자료 ❷ 식물 세포에서의 삼투
동아, 미래엔, 비상, 천재

그림은 양파 표피세포에 ㉠설탕물을 떨어뜨린 후 현미경으로 관찰한 변화를 나타낸 것이다.

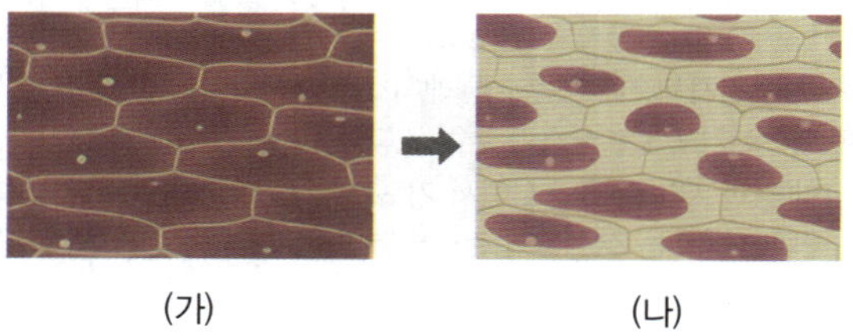


**645** ㉠의 농도는 양파 표피세포의 내부의 농도보다 낮다. ○/✕

**646** 양파 표피세포 안으로 들어오는 물의 양보다 밖으로 빠져나가는 양이 적다. ○/✕

**647** 식물 뿌리털에서 물을 흡수하는 것의 원리는 이와 같은 변화의 원리와 같다. ○/✕

**648** (나)에서 세포막이 세포벽에서 분리되었다. ○/✕

### 자료 ❸ 효소와 활성화에너지
동아, 미래엔, 비상, 지학사, 천재

그림은 효소가 있을 때와 효소가 없을 때의 화학 반응 경로에 따른 에너지 변화를 나타낸 것이다.

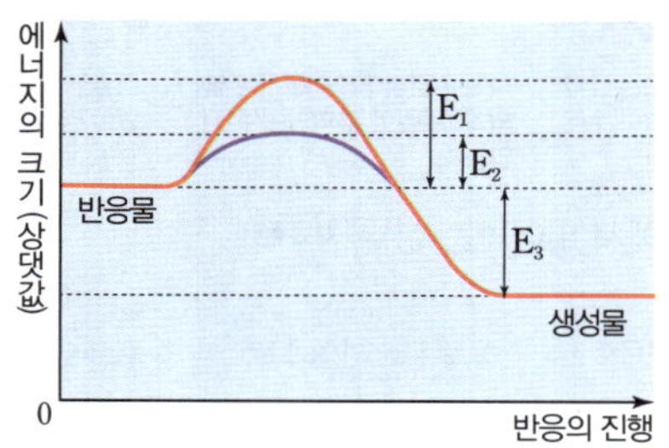


**649** $E_1$은 효소가 없을 때의 활성화에너지이다. ○/✕

**650** 활성화에너지가 $E_1$일 때보다 $E_2$일 때 화학 반응이 빠르게 일어난다. ○/✕

**651** 효소가 있을 때보다 효소가 없을 때 $E_3$이 크다. ○/✕

**652** 이 반응은 동화작용에 해당한다. ○/✕

### 자료 ❹ 효소의 작용
동아, 미래엔, 비상, 지학사, 천재

다음은 효소의 작용을 알아보기 위한 실험이다.

[실험 과정]
(가) 시험관 A와 B에 과산화 수소수를 3 mL씩 넣는다.
(나) A에는 감자 조각을 넣지 않고, B에는 감자 조각을 넣는다.
(다) (나)의 결과 시험관 ㉠에서만 기포가 발생하였다. ㉠은 A와 B 중 하나이다.
(라) 기포 발생이 끝난 후 ㉠에 과산화 수소수를 2 mL 더 넣는다.

**653** ㉠은 A이다. ○/✕

**654** (다)의 기포에는 산소가 들어 있다. ○/✕

**655** (라)의 결과 A에서 기포가 발생한다. ○/✕

**656** 카탈레이스는 과산화 수소를 물과 수소로 분해한다. ○/✕

**657** (라)의 결과를 통해 효소가 재사용됨을 알 수 있다. ○/✕

## 학교 기출 문제로 내신 대비하기

### 1 생명 시스템의 기본 단위

**고빈출**
## 658

그림은 동물 세포의 구조를 나타낸 것이다. A ~ C는 골지체, 마이토콘드리아, 소포체를 순서 없이 나타낸 것이다.

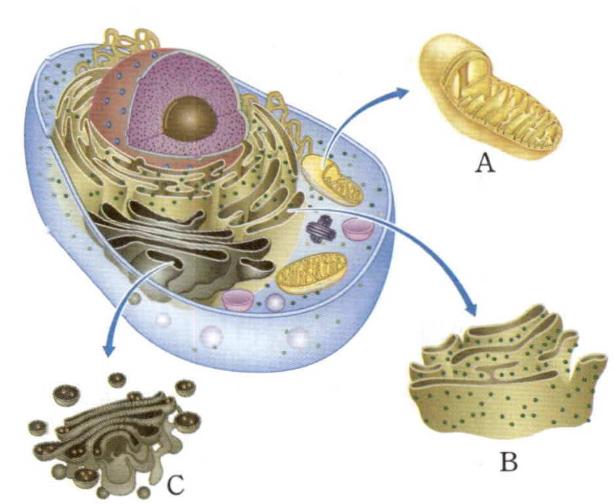


이에 대한 설명으로 옳은 것만을 보기 에서 있는 대로 고른 것은?

보기
ㄱ. 식물 세포에는 A가 존재하지 않는다.
ㄴ. B는 단백질 운반에 관여한다.
ㄷ. C에서 생명활동에 필요한 에너지를 생산한다.

① ㄱ     ② ㄴ     ③ ㄱ, ㄷ
④ ㄴ, ㄷ     ⑤ ㄱ, ㄴ, ㄷ

## 659

그림은 식물 세포의 구조를 나타낸 것이다. A ~ C는 세포벽, 엽록체, 골지체를 순서 없이 나타낸 것이다.

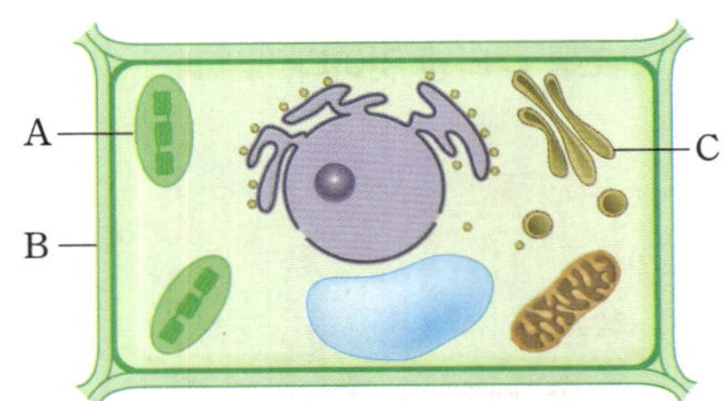


이에 대한 설명으로 옳은 것만을 보기 에서 있는 대로 고른 것은?

보기
ㄱ. A에서 빛에너지가 흡수된다.
ㄴ. B는 동물 세포에도 존재한다.
ㄷ. C는 물질 분비에 관여한다.

① ㄱ     ② ㄴ     ③ ㄱ, ㄴ
④ ㄱ, ㄷ     ⑤ ㄴ, ㄷ

## 660

표는 동물 세포의 세포 내 구조물 ㉠~㉢의 특징을 나타낸 것이다. ㉠~㉢은 라이보솜, 소포체, 마이토콘드리아를 순서 없이 나타낸 것이다.

| 세포 내 구조물 | 특징 |
| --- | --- |
| ㉠ | ? |
| ㉡ | 막으로 싸여 있지 않다. |
| ㉢ | 세포호흡이 일어난다. |

이에 대한 설명으로 옳은 것만을 보기 에서 있는 대로 고른 것은?

보기
ㄱ. ㉠에서는 라이보솜에서 합성된 단백질이 이동한다.
ㄴ. ㉡에서 단백질이 합성된다.
ㄷ. ㉢은 소포체이다.

① ㄱ     ② ㄷ     ③ ㄱ, ㄴ
④ ㄴ, ㄷ     ⑤ ㄱ, ㄴ, ㄷ

**고빈출**
## 661

그림은 핵, 라이보솜, 엽록체, 마이토콘드리아를 구분하는 과정을 나타낸 것이다.

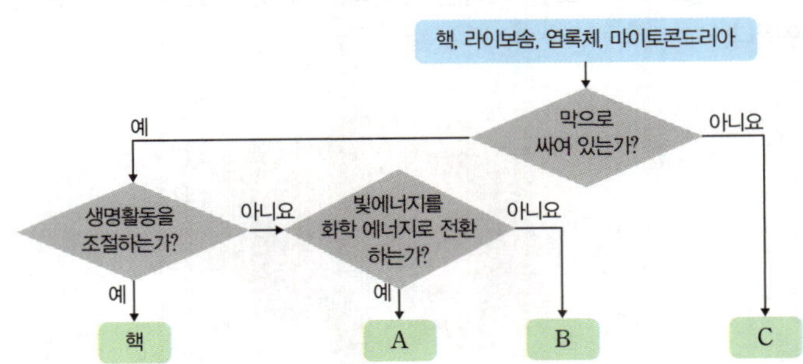


A ~ C에 해당하는 세포소기관을 옳게 짝 지은 것은?

| | A | B | C |
| --- | --- | --- | --- |
| ① | 엽록체 | 라이보솜 | 마이토콘드리아 |
| ② | 엽록체 | 마이토콘드리아 | 라이보솜 |
| ③ | 라이보솜 | 엽록체 | 마이토콘드리아 |
| ④ | 마이토콘드리아 | 엽록체 | 라이보솜 |
| ⑤ | 마이토콘드리아 | 라이보솜 | 엽록체 |

## 662 · 서술형
난이도 상

그림은 세포에서 단백질이 합성되어 세포 밖으로 분비되는 과정을 나타낸 것이다.

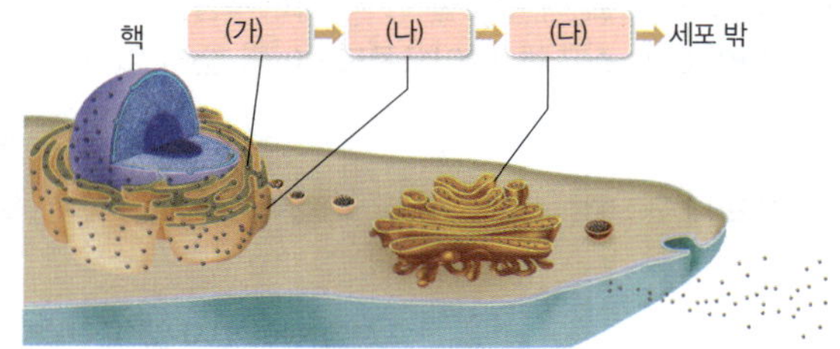


(1) (가)~(다)의 이름을 쓰시오.

(2) 단백질의 합성 및 분비 과정에 대해 (가)~(다)의 기능을 중심으로 서술하시오.

---

**2 세포막의 구조와 세포막을 통한 물질 이동**

## 663

그림은 세포막의 구조를 나타낸 것이다. C와 D는 A를 구성하는 부분이다.

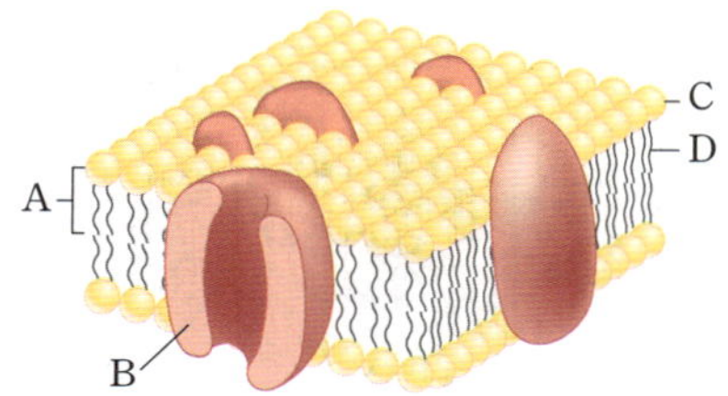


이에 대한 설명으로 옳은 것만을 보기 에서 있는 대로 고른 것은?

**보기**

ㄱ. A는 인지질이다.
ㄴ. B는 세포 안팎으로의 물질 출입을 조절한다.
ㄷ. C는 친수성, D는 소수성이다.

① ㄱ
② ㄷ
③ ㄱ, ㄴ
④ ㄴ, ㄷ
⑤ ㄱ, ㄴ, ㄷ

---

## ☆고빈출
## 664

그림은 물질 A와 B가 세포막을 통해 세포 외부에서 내부로 이동하는 방식 (가)와 (나)를 나타낸 것이다. A와 B는 산소와 포도당을 순서 없이 나타낸 것이다.

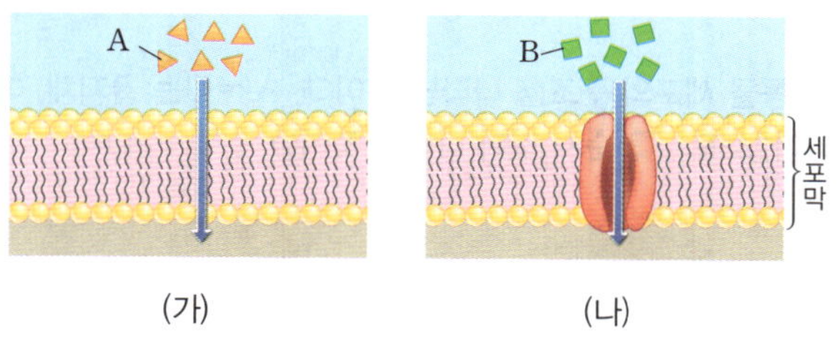


이에 대한 설명으로 옳은 것만을 보기 에서 있는 대로 고른 것은?

**보기**

ㄱ. A는 포도당이다.
ㄴ. $Na^+$은 (가)의 방식으로 이동한다.
ㄷ. B의 이동 속도는 세포 내부와 외부의 농도 차가 클수록 증가한다.

① ㄱ
② ㄴ
③ ㄷ
④ ㄱ, ㄴ
⑤ ㄴ, ㄷ

---

## 665 · 서술형

그림은 세포막의 구조를 나타낸 것이다.

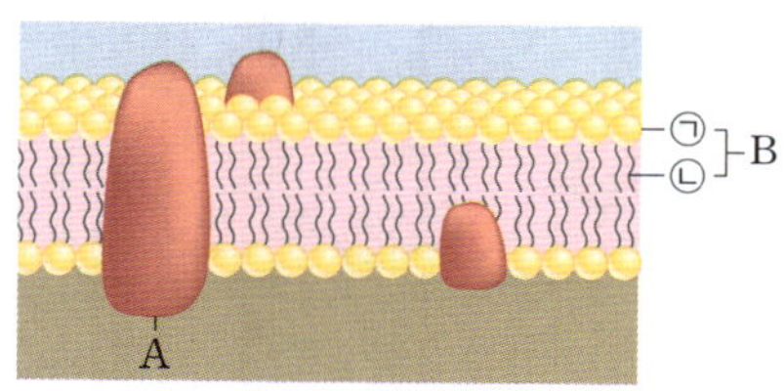


(1) A가 무엇인지 쓰시오

(2) B를 구성하는 ㉠과 ㉡의 성질을 각각 서술하시오.

## 666

그림은 허파꽈리와 모세혈관 사이에서 일어나는 가스교환을 나타낸 것이다.

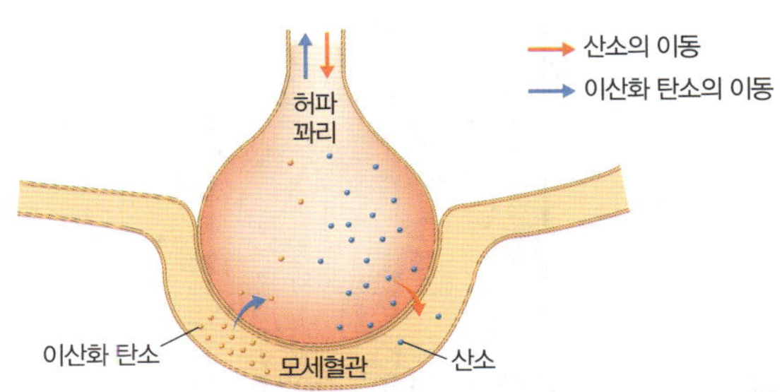


이에 대한 설명으로 옳은 것만을 〔보기〕에서 있는 대로 고른 것은?

**보기**

ㄱ. 산소의 이동 방식은 삼투이다.
ㄴ. 이산화 탄소의 이동에 막단백질은 필요하지 않다.
ㄷ. 작은창자 융털의 상피세포로 아미노산이 흡수될 때 산소와 같은 방식으로 이동한다.

① ㄱ  　② ㄴ  　③ ㄱ, ㄴ
④ ㄱ, ㄷ  　⑤ ㄱ, ㄴ, ㄷ

## 667

난이도 상

그림 (가)는 U자관의 가운데를 세포막으로 막고 세포막을 경계로 양쪽에 같은 양의 5 % 설탕 용액과 10 % 설탕 용액을 각각 넣은 모습을, (나)는 일정 시간 후 (가)의 U자관 속 용액의 높이 변화를 나타낸 것이다. A와 B는 5 % 설탕 용액과 10 % 설탕 용액을 순서 없이 나타낸 것이다.

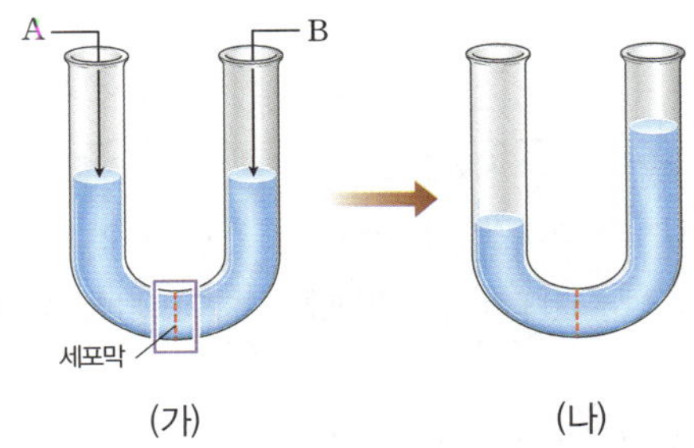


이에 대한 설명으로 옳은 것만을 〔보기〕에서 있는 대로 고른 것은?

**보기**

ㄱ. A는 5 % 설탕 용액이다.
ㄴ. 일정 시간 후 B의 설탕 농도는 낮아진다.
ㄷ. 식물의 뿌리에서 물이 흡수되는 과정은 이와 같은 원리로 설명할 수 있다.

① ㄱ  　② ㄷ  　③ ㄱ, ㄴ
④ ㄴ, ㄷ  　⑤ ㄱ, ㄴ, ㄷ

## 668

삼투에 대한 설명으로 옳은 것만을 〔보기〕에서 있는 대로 고른 것은?

**보기**

ㄱ. 삼투가 일어날 때 에너지가 필요하다.
ㄴ. 배추에 소금을 뿌리면 숨이 죽는 현상은 삼투의 예에 해당한다.
ㄷ. 세포막을 경계로 농도가 낮은 쪽에서 높은 쪽으로 물이 이동하는 현상이다.

① ㄱ  　② ㄷ  　③ ㄱ, ㄴ
④ ㄴ, ㄷ  　⑤ ㄱ, ㄴ, ㄷ

고빈출
## 669

다음은 삼투에 대한 실험이다.

[실험 과정]
(가) 표와 같은 용액이 들어 있는 시험관 Ⅰ～Ⅲ에 사람의 적혈구를 각각 넣는다.

| 시험관 | Ⅰ | Ⅱ | Ⅲ |
| --- | --- | --- | --- |
| 용액 | 증류수 | 0.9 % 소금물 | 10 % 소금물 |

(나) 일정 시간이 지난 후, 각 시험관의 적혈구를 관찰한다.

[실험 결과]
A～C는 시험관 Ⅰ～Ⅲ에서 관찰된 적혈구를 순서 없이 나타낸 것이다.

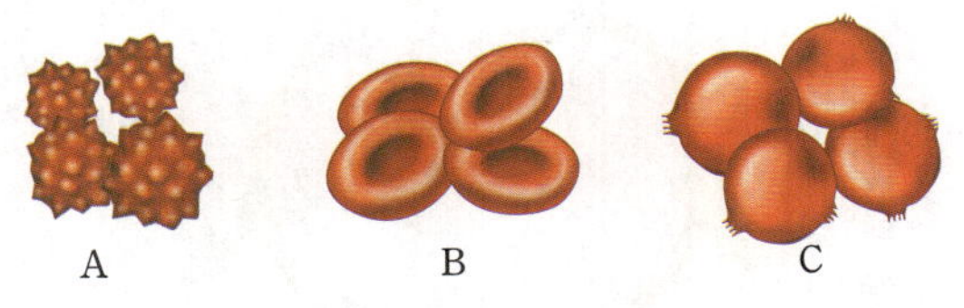


이에 대한 설명으로 옳은 것만을 〔보기〕에서 있는 대로 고른 것은? (단, 제시된 조건 이외의 다른 조건은 동일하다.)

**보기**

ㄱ. Ⅰ에서 관찰된 적혈구의 모습은 C이다.
ㄴ. Ⅱ에 있는 적혈구에서는 세포 안과 밖으로 물의 이동이 없다.
ㄷ. Ⅲ에서 10 % 소금물과 적혈구 안의 농도가 같다.

① ㄱ  　② ㄷ  　③ ㄱ, ㄴ
④ ㄱ, ㄷ  　⑤ ㄴ, ㄷ

## 670

그림은 어떤 식물 세포를 용액 X에 넣었을 때의 상태 변화를 나타낸 것이다.

이에 대한 설명으로 옳은 것만을 보기 에서 있는 대로 고른 것은?

보기
ㄱ. 용액 X의 농도는 세포 안보다 낮다.
ㄴ. 식물 세포의 부피가 일정 크기 이상으로 커지지 않는 까닭은 액포 때문이다.
ㄷ. 세포 안으로 들어오는 물의 양이 세포 밖으로 빠져나가는 물의 양보다 많다.

① ㄱ  ② ㄷ  ③ ㄱ, ㄴ
④ ㄱ, ㄷ  ⑤ ㄱ, ㄴ, ㄷ

## 3  물질대사와 효소

### 671

그림은 생명체 내에서 일어나는 물질대사를 나타낸 것이다. (가)와 (나)는 이화작용과 동화작용을 순서 없이 나타낸 것이다.

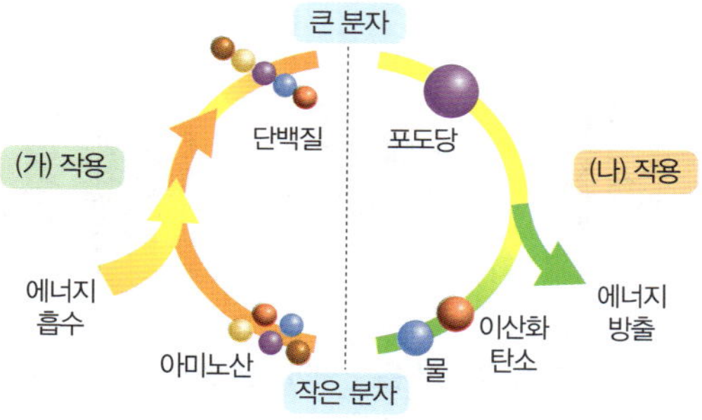


이에 대한 설명으로 옳은 것만을 보기 에서 있는 대로 고른 것은?

보기
ㄱ. (가)와 (나)에 모두 효소가 관여한다.
ㄴ. 광합성은 (가) 작용에 해당한다.
ㄷ. (나) 작용은 생성물의 에너지가 반응물의 에너지보다 크다.

① ㄱ  ② ㄴ  ③ ㄱ, ㄴ
④ ㄱ, ㄷ  ⑤ ㄱ, ㄴ, ㄷ

## 672

그림은 반응물에서 생성물이 만들어질 때 반응 경로에 따른 에너지 변화를 나타낸 것이다.

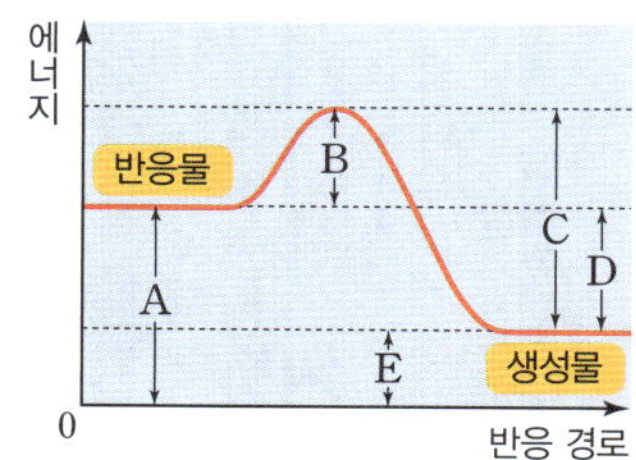


$A \sim E$ 중 효소의 유무에 관계없이 값이 변하지 않는 것만을 있는 대로 고른 것은?

① B  ② D, E  ③ A, B, C
④ A, D, E  ⑤ A, C, D, E

### 673

다음은 감자즙을 이용한 효소 반응 실험이다.

[실험 과정]
(가) 시험관 Ⅰ과 Ⅱ에 각각 3 % 과산화 수소수 4 mL씩을 넣는다.
(나) Ⅰ에는 감자즙 2 mL를, Ⅱ에는 증류수 2 mL를 넣은 후 Ⅰ과 Ⅱ에서 기포가 발생하는지를 관찰한다.
(다) (나)의 반응이 끝난 후 Ⅰ과 Ⅱ에 각각 3 % 과산화 수소수 5 mL씩을 더 넣고 Ⅰ과 Ⅱ에서 기포가 발생하는지를 관찰한다.

[실험 결과]

| 구분 | 시험관 Ⅰ | 시험관 Ⅱ |
| --- | --- | --- |
| (나)의 결과 | ⓐ 기포가 발생함 | ㉠ |
| (다)의 결과 | 기포가 다시 발생함 | 기포가 발생하지 않음 |

이에 대한 설명으로 옳은 것만을 보기 에서 있는 대로 고른 것은? (단, 제시된 조건 이외의 다른 조건은 동일하다.)

보기
ㄱ. ⓐ에 산소가 있다.
ㄴ. '기포가 발생함'은 ㉠에 해당한다.
ㄷ. (다)의 결과는 '효소는 재사용이 가능하다.'는 주장의 근거가 된다.

① ㄱ  ② ㄴ  ③ ㄱ, ㄴ
④ ㄱ, ㄷ  ⑤ ㄴ, ㄷ

## 674 · 서술형

그림 (가)와 (나)는 과산화 수소($H_2O_2$)가 분해되는 반응에서 카탈레이스가 있을 때와 없을 때의 에너지 변화를 순서 없이 나타낸 것이다.

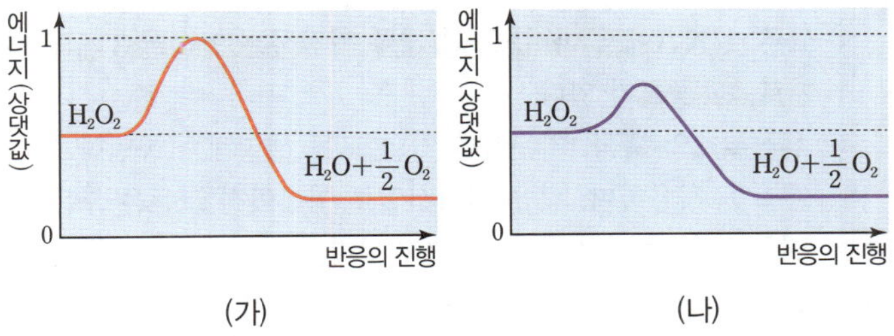


카탈레이스가 있을 때의 에너지 변화는 어느 것인지 고르고, 그 까닭을 서술하시오.

## 675 고빈출

그림은 효소 $X$의 작용을 나타낸 것이다. $A$와 $B$는 반응물과 생성물을 순서 없이 나타낸 것이다.

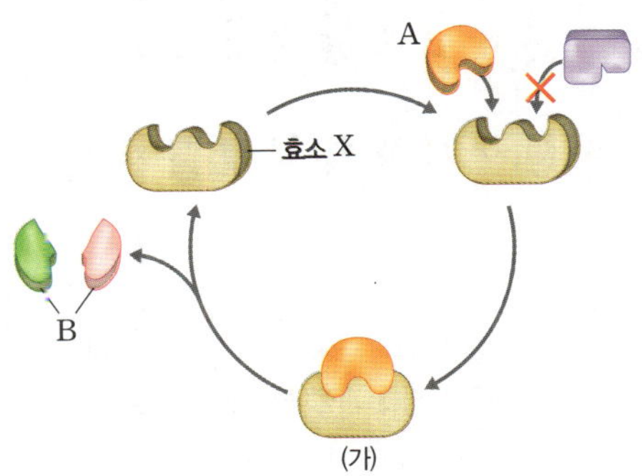


이에 대한 설명으로 옳은 것만을 보기 에서 있는 대로 고른 것은?

보기
ㄱ. $X$는 특정 반응물에만 작용한다.
ㄴ. $X$는 반응 후 구조가 변하지 않으므로 재사용될 수 있다.
ㄷ. (가)에서 활성화에너지가 증가한다.

① ㄱ     ② ㄴ     ③ ㄱ, ㄴ
④ ㄱ, ㄷ     ⑤ ㄴ, ㄷ

## 676 · 서술형

그림은 효소의 작용을 나타낸 것이다. ㉠~㉢은 효소, 반응물, 생성물을 순서 없이 나타낸 것이다.

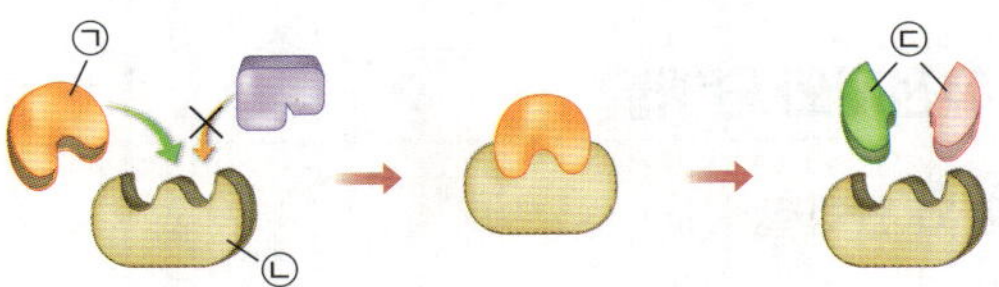


(1) ㉠~㉢이 무엇인지 쓰시오.

(2) 이를 통해 알 수 있는 효소의 특성 두 가지를 서술하시오.

## 677

효소의 활용에 대한 설명으로 옳은 것만을 보기 에서 있는 대로 고른 것은?

보기
ㄱ. 포도당분해효소를 이용하여 혈당 검사지를 만들 수 있다.
ㄴ. 김치는 미생물이 분비하는 효소의 작용을 이용하여 만든다.
ㄷ. 효소를 이용한 세제를 이용하여 옷감의 찌든 때를 제거할 수 있다.

① ㄱ     ② ㄷ     ③ ㄱ, ㄴ
④ ㄴ, ㄷ     ⑤ ㄱ, ㄴ, ㄷ

# 14 생명 시스템에서 정보의 흐름

## 1 유전자와 단백질

**(1) 유전자와 단백질**

① **형질**: 생명체가 가지고 있는 모양이나 속성이다. 예 사람의 눈동자 색, 피부색

② **DNA**: 생물의 형질을 결정하는 유전정보가 저장되어 있다.

③ **유전자**: 유전정보가 저장되어 있는 DNA의 특정 부분으로, 한 분자의 DNA에 여러 개의 유전자가 들어 있으며, 유전자는 특정한 단백질의 합성에 대한 유전정보가 저장되어 있다. **자료❶**

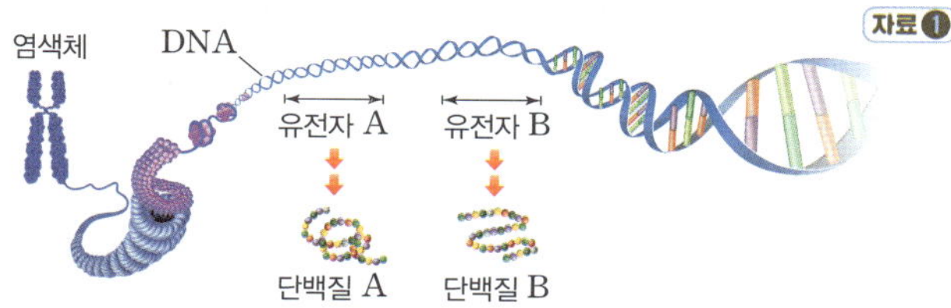


**(2) 유전형질 발현**: 유전정보에 따라 합성된 단백질의 작용으로 유전형질이 나타난다. ➡ DNA의 유전자 → 단백질합성 → 형질 발현

---

**자료 분석 ❶  유전자, 단백질, 형질 사이의 관계**



**1** DNA의 유전자에 담긴 정보에 따라 멜라닌합성효소(단백질)가 합성되어 효소의 작용(멜라닌 합성)으로 눈동자 색(형질)이 나타난다.

**2** 유전자가 다르면 합성되는 단백질의 양이나 종류가 달라져 형질이 다르게 나타난다.

---

## 2 세포 내 유전정보의 흐름

**(1) 생명중심원리**: 세포 내에서 이루어지는 유전정보의 흐름을 설명하는 원리로, 유전정보는 DNA에서 RNA를 거쳐 단백질로 전달된다. **자료❷**

★**(2) 유전정보의 저장과 유전부호**

① **유전정보**: 유전정보는 유전자를 이루는 DNA의 염기서열에 저장되어 있다. ➡ 염기인 아데닌(A), 구아닌(G), 사이토신(C), 타이민(T)의 배열 순서에 따라 유전정보가 달라진다.

② **유전부호**

· **3염기조합**: DNA에서 아미노산 1 개를 지정하는 연속된 3 개의 염기이다.

· **코돈**: RNA에서 아미노산 1 개를 지정하는 연속된 3 개의 염기로, 64 종류가 있다.

③ **유전부호의 특징**: 지구상의 거의 모든 생명체는 동일한 유전부호를 사용하며, 같은 염기서열로 이루어진 코돈은 모든 생물종에서 같은 아미노산을 지정한다. ➡ 모든 생명체가 공통 조상으로부터 진화해 왔다는 진화의 증거가 될 수 있다.

★**(3) 유전정보의 전달과 단백질합성**

① **전사**: DNA의 유전정보가 RNA로 전달되는 과정이다. **자료❸**

· DNA 염기서열의 상보적인 염기서열로 구성된 RNA가 합성된다.

· 전사 과정에서 RNA는 염기로 타이민(T) 대신 유라실(U)을 사용한다.

· 핵 안에서 일어난다.

② **번역**: RNA의 유전정보에 따라 단백질이 만들어지는 과정이다.

· RNA로 전달된 유전정보를 기반으로 단백질을 합성한다.

· RNA가 핵을 빠져나와 세포질로 이동하면 RNA는 라이보솜과 결합하며, RNA가 운반해온 아미노산과 아미노산 사이에서 펩타이드결합이 일어난다.

· RNA에서 연속된 3 개의 염기인 코돈은 1 개의 아미노산을 지정한다.

---

**자료 분석 ❷  유전정보의 전달과 단백질합성 과정  자료❹**

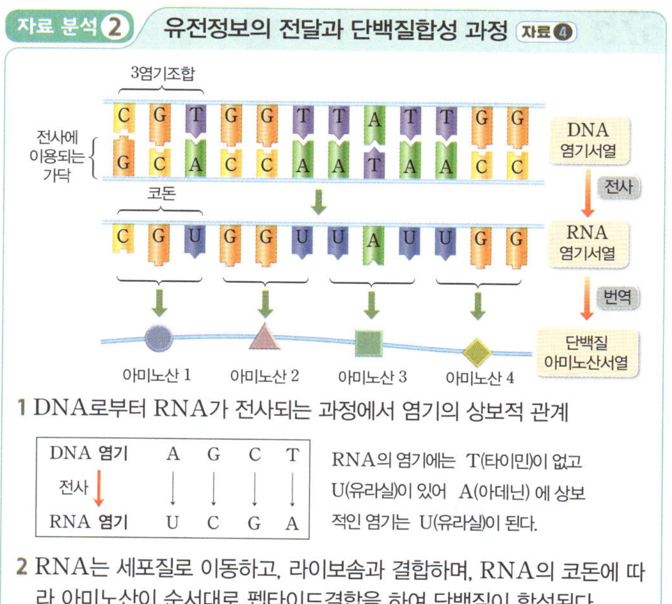


**1** DNA로부터 RNA가 전사되는 과정에서 염기의 상보적 관계

| DNA 염기 | A | G | C | T |
|---|---|---|---|---|
| 전사 | ↓ | ↓ | ↓ | ↓ |
| RNA 염기 | U | C | G | A |

RNA의 염기에는 T(타이민)이 없고 U(유라실)이 있어 A(아데닌)에 상보적인 염기는 U(유라실)이 된다.

**2** RNA는 세포질로 이동하고, 라이보솜과 결합하며, RNA의 코돈에 따라 아미노산이 순서대로 펩타이드결합을 하여 단백질이 합성된다.

---

**(4) 낫모양적혈구빈혈증**: 헤모글로빈 유전자의 염기 1 개가 바뀌면 단백질의 아미노산서열이 달라지고 돌연변이 헤모글로빈이 만들어진다. 돌연변이 헤모글로빈에 의해 만들어진 낫모양의 적혈구는 산소를 운반하는 능력이 떨어져 빈혈을 일으킨다.

다음 자료에 대한 설명으로 옳은 것은 ○표, 옳지 <u>않은</u> 것은 ✕표 하시오.

## 자료 ❶ 유전자와 단백질

동아, 미래엔, 비상, 지학사

그림은 세포 내에서 유전정보를 저장하고 있는 물질의 구조를 나타낸 것이다.

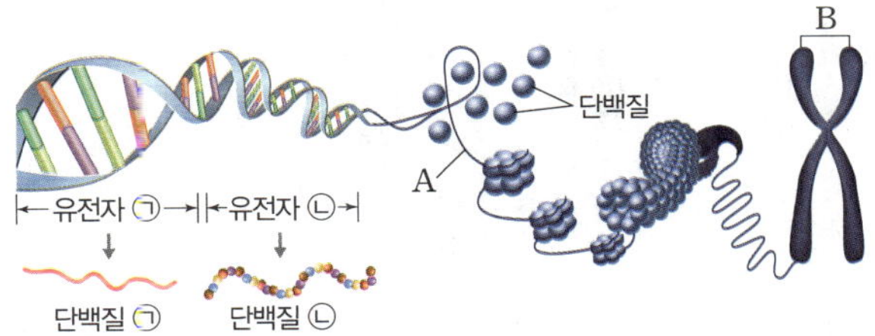


**678** A에 염기서열 형태로 유전정보가 저장되어 있다. ○/✕

**679** 한 분자의 DNA에는 하나의 유전자가 들어 있다. ○/✕

**680** B는 세포분열 시 관찰된다. ○/✕

**681** 유전자 ㉠과 ㉡은 염기서열이 서로 다르다. ○/✕

## 자료 ❷ 유전정보의 흐름

동아, 미래엔, 비상, 지학사, 천재

그림은 어떤 세포 내에서 일어나는 유전정보의 흐름을 나타낸 것이다.

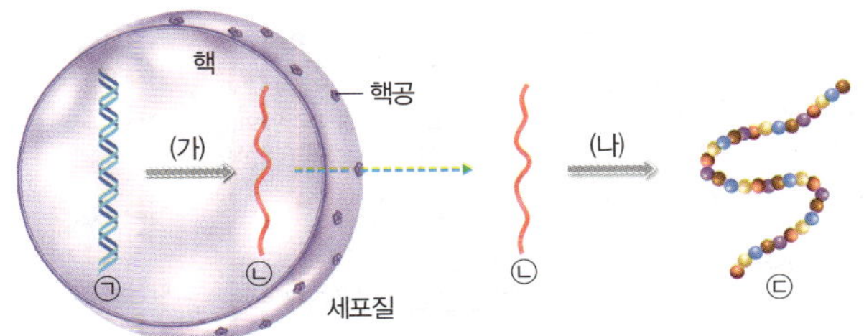


**682** (가)는 전사, (나)는 번역이다. ○/✕

**683** ㉠에 있는 연속된 3 개의 염기는 코돈이다. ○/✕

**684** (가) 과정에서 ㉠의 아데닌(A)은 ㉡의 유라실(U)로 전사된다. ○/✕

**685** (나) 과정에서 ㉡에 있는 연속된 3 개의 염기가 ㉢에서 1 개의 아미노산을 지정한다. ○/✕

**686** (나) 과정은 라이보솜에서 일어난다. ○/✕

## 자료 ❸ DNA와 RNA의 염기 조성

기출 자료

표는 DNA 이중나선 중 전사에 이용되는 가닥과 RNA의 염기 조성을 나타낸 것이다. (가)와 (나)는 전사에 이용되는 DNA 가닥과 RNA를 순서 없이 나타낸 것이다. (단, 돌연변이는 고려하지 않는다.)

| 염기 | 염기 조성 비율(%) | | | | | |
|---|---|---|---|---|---|---|
| | A | G | T | C | U | 계 |
| (가) | ㉠ | 31 | 0 | ㉡ | 19 | 100 |
| (나) | ㉢ | ㉣ | 23 | 31 | 0 | 100 |

**687** (가)는 디옥시라이보스를 갖는다. ○/✕

**688** (나)는 유전정보를 전달하는 역할을 한다. ○/✕

**689** ㉠과 ㉡을 합한 값은 50이다. ○/✕

**690** $\dfrac{㉠+㉡}{㉢+㉣}=1$이다. ○/✕

## 자료 ❹ 유전정보의 전달과 단백질합성

동아, 미래엔, 비상, 지학사, 천재

그림은 사람의 세포에서 일어나는 유전정보의 흐름을 나타낸 것이다. ⓐ와 ⓑ는 단백질의 기본 단위체이다. (단, 돌연변이는 고려하지 않는다.)

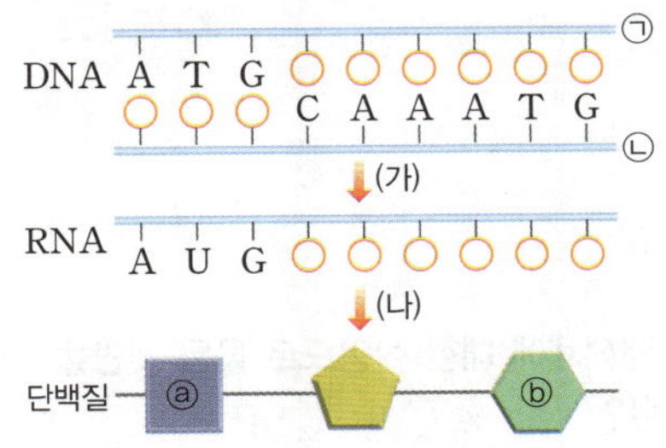


**691** 핵에서 (가)가 일어난다. ○/✕

**692** (나)는 전사이다. ○/✕

**693** 전사에 이용되는 가닥은 ㉠이다. ○/✕

**694** ⓐ와 ⓑ를 지정하는 코돈은 같다. ○/✕

## 1  유전자와 단백질

## 695

그림은 세포 내의 유전물질을 나타낸 것이다.

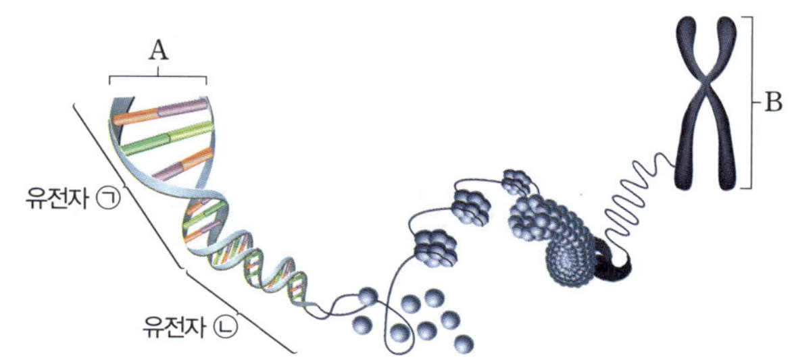

이에 대한 설명으로 옳은 것만을  보기 에서 있는 대로 고른 것은?

보기
ㄱ. A를 구성하는 염기에는 아데닌(A), 구아닌(G), 사이토 신(C), 유라실(U)이 있다.
ㄴ. B는 DNA와 단백질로 이루어져 있다.
ㄷ. 유전자 ㉠과 ㉡의 염기서열에 아미노산의 배열 순서에 대한 정보가 저장되어 있다.

① ㄱ        ② ㄴ        ③ ㄷ
④ ㄱ, ㄴ      ⑤ ㄴ, ㄷ

## 696

DNA, 유전자, 염색체에 대한 설명으로 옳은 것만을  보기 에서 있는 대로 고른 것은?

보기
ㄱ. DNA를 구성하는 염기는 4 종류이다.
ㄴ. 사람의 염색체 1 개에는 1 개의 유전자가 존재한다.
ㄷ. 유전자의 DNA 염기서열이 바뀌면 형질이 바뀔 수 있다.

① ㄱ        ② ㄴ        ③ ㄱ, ㄴ
④ ㄱ, ㄷ      ⑤ ㄴ, ㄷ

## 697

그림은 유전자와 단백질의 관계를 나타낸 것이다.

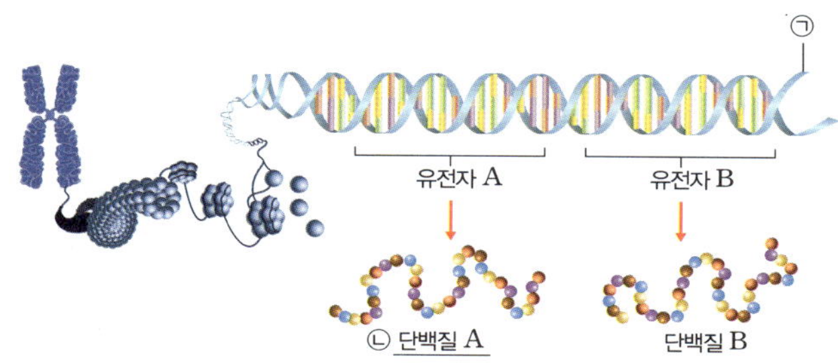


이에 대한 설명으로 옳은 것만을  보기 에서 있는 대로 고른 것은?

보기
ㄱ. ㉠을 구성하는 당은 라이보스이다.
ㄴ. ㉡의 기본 단위체는 아미노산이다.
ㄷ. 유전자 A와 유전자 B에는 서로 다른 종류의 단백질에 대한 유전정보가 들어 있다.

① ㄱ        ② ㄴ        ③ ㄱ, ㄷ
④ ㄴ, ㄷ      ⑤ ㄱ, ㄴ, ㄷ

## 698

그림은 유전자의 유전정보에 따라 생명체에서 형질이 나타나는 과정을 나타낸 것이다.

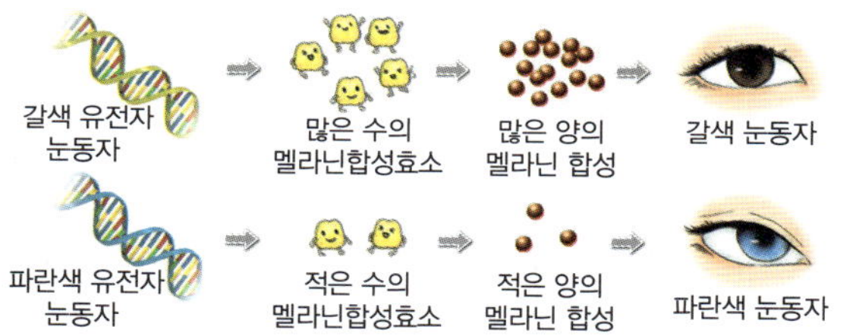


이에 대한 설명으로 옳은 것만을  보기 에서 있는 대로 고른 것은?

보기
ㄱ. DNA의 특정 부분에 눈동자 색에 관한 유전자가 있다.
ㄴ. 유전자의 유전정보는 단백질합성을 통해 형질로 나타난다.
ㄷ. 갈색 눈동자와 파란색 눈동자를 결정하는 유전자의 염기서열은 같다.

① ㄴ        ② ㄷ        ③ ㄱ, ㄴ
④ ㄱ, ㄷ      ⑤ ㄱ, ㄴ, ㄷ

## 2 세포 내 유전정보의 흐름

### ☆고빈출
## 699

그림은 동물 세포에서 일어나는 유전정보의 흐름을 나타낸 것이다.

이에 대한 설명으로 옳은 것만을 ⟨보기⟩에서 있는 대로 고른 것은?

> **보기**
> ㄱ. A는 핵에서 일어난다.
> ㄴ. A 과정에 라이보솜이 관여한다.
> ㄷ. B는 전사이다.

① ㄱ      ② ㄴ      ③ ㄷ
④ ㄱ, ㄴ      ⑤ ㄱ, ㄷ

## 700

다음은 생명중심원리에 대한 학생 A ～ C의 대화 내용이다.

제시된 내용이 옳은 학생만을 있는 대로 고른 것은?

① A      ② C      ③ A, B
④ B, C      ⑤ A, B, C

## 701

3염기조합과 코돈에 대한 설명으로 옳은 것만을 ⟨보기⟩에서 있는 대로 고른 것은?

> **보기**
> ㄱ. 3염기조합과 코돈에 포함되어 있는 염기의 종류는 동일하다.
> ㄴ. 3염기조합으로부터 코돈이 만들어지는 과정은 핵 속에서 일어난다.
> ㄷ. 3염기조합이 AGC이면, 코돈은 TCG이다.

① ㄱ      ② ㄴ      ③ ㄷ
④ ㄱ, ㄴ      ⑤ ㄴ, ㄷ

### ☆고빈출
## 702

그림은 사람 세포 내에서 유전정보로부터 단백질이 합성되는 과정을 나타낸 것이다.

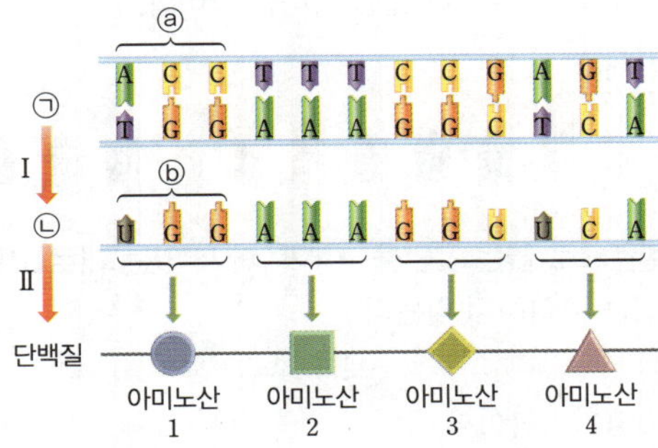


이에 대한 설명으로 옳은 것은? (단, 돌연변이는 고려하지 않는다.)

① ⓘ은 RNA, ⓒ은 DNA이다.
② I은 전사, II는 번역이다.
③ I은 세포질에서 일어난다.
④ ⓐ는 코돈, ⓑ는 3염기조합이다.
⑤ 하나의 ⓑ가 2 가지 이상의 아미노산을 지정할 수 있다.

## 703 · 서술형

난이도 상

그림은 사람 세포 내에서 유전정보로부터 단백질이 합성되는 과정을 나타낸 것이다. (단, 돌연변이는 고려하지 않는다.)

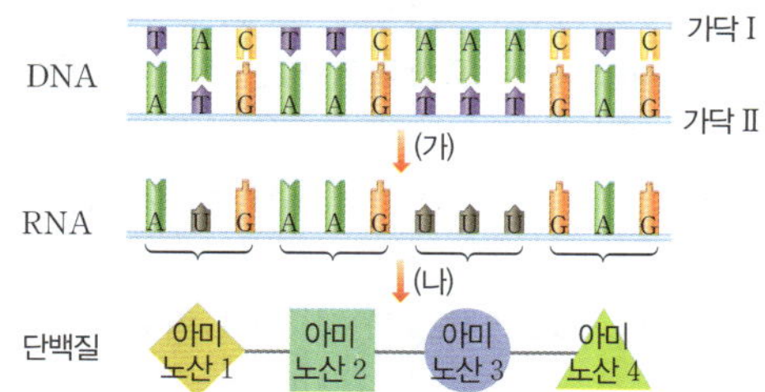


(1) (가)와 (나)가 일어나는 세포 내 장소를 각각 쓰시오.

____________________

(2) RNA에서 연속된 3개의 염기가 1개의 아미노산을 지정하는 까닭을 서술하시오.

____________________

____________________

## ★고빈출
## 704

그림은 어떤 RNA의 염기서열을 나타낸 것이다.

이에 대한 설명으로 옳은 것만을 보기 에서 있는 대로 고른 것은? (단, 돌연변이는 고려하지 않는다.)

**보기**

ㄱ. ㉠은 3염기조합이다.
ㄴ. 이 RNA로부터 4개의 아미노산으로 이루어진 폴리펩타이드가 만들어진다.
ㄷ. 전사에 이용되는 DNA 가닥의 염기서열은 ACGTTTGGCTTT이다.

① ㄱ          ② ㄴ          ③ ㄷ
④ ㄱ, ㄴ       ⑤ ㄴ, ㄷ

## 705

표는 정상 적혈구와 낫모양적혈구를 비교한 것이다. (가)와 (나)는 정상 적혈구와 낫모양적혈구를 순서 없이 나타낸 것이다.

| 구분 | (가) | (나) |
|---|---|---|
| DNA의 염기서열 일부 | ⋯⋯CTT⋯⋯<br>⋯⋯GAA⋯⋯ | ⋯⋯CAT⋯⋯<br>⋯⋯GTA⋯⋯ |
| 헤모글로빈 사슬의 6번째 아미노산 | ⋯글루탐산⋯ | ⋯발린⋯ |
| 적혈구 모양 | 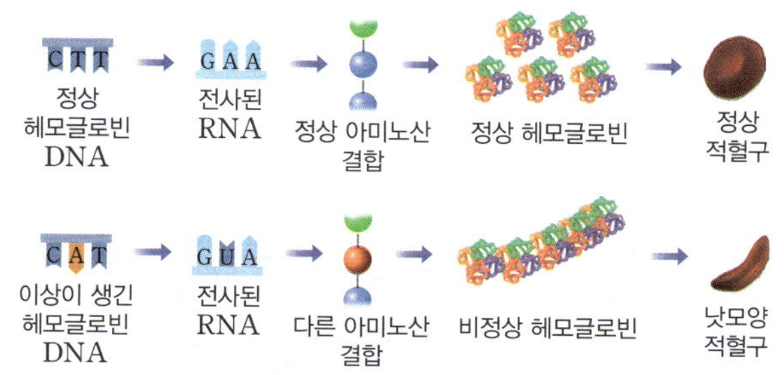 | |

이에 대한 설명으로 옳은 것만을 보기 에서 있는 대로 고른 것은?

**보기**

ㄱ. (나)는 낫모양적혈구이다.
ㄴ. 낫모양적혈구빈혈증은 자손에게 유전될 수 있다.
ㄷ. 정상 적혈구와 낫모양적혈구 헤모글로빈의 아미노산서열은 서로 다르다.

① ㄱ          ② ㄷ          ③ ㄱ, ㄴ
④ ㄴ, ㄷ       ⑤ ㄱ, ㄴ, ㄷ

## 706 · 서술형

그림은 정상 적혈구와 낫모양적혈구를 나타낸 것이다.



낫모양적혈구를 구성하는 헤모글로빈이 정상 적혈구를 구성하는 헤모글로빈과 다른 까닭을 유전자와 단백질의 관계로 서술하시오.

____________________

# STEP 3 수능 유형 문제로 만점 도전하기

## 13 생명 시스템에서의 화학 반응

**고빈출**
### 707

그림은 어떤 생물의 세포 구조를 나타낸 것이다. A∼I는 골지체, 라이보솜, 마이트콘드리아, 세포막, 세포벽, 소포체, 액포, 엽록체, 핵을 순서 없이 나타낸 것이다.

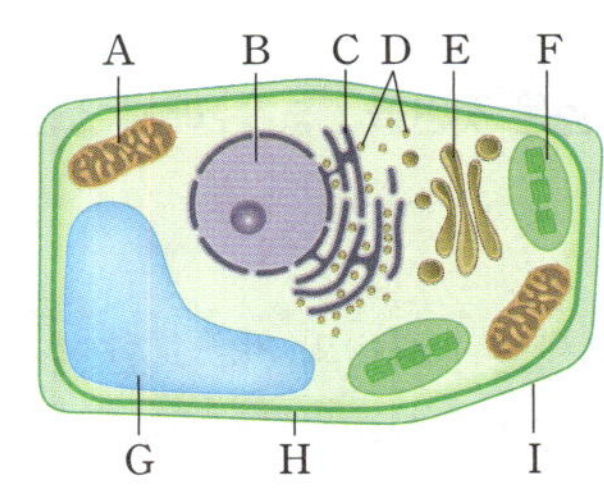


이에 대한 설명으로 옳은 것만을 **보기**에서 있는 대로 고른 것은?

**보기**
ㄱ. A, G, I는 식물 세포에만 있다.
ㄴ. A와 F는 에너지의 전환에 관여한다.
ㄷ. H는 세포 안팎으로의 물질 출입을 조절한다.
ㄹ. 단백질합성 및 분비는 C → D → E의 순으로 일어난다.

① ㄱ, ㄴ  ② ㄱ, ㄹ  ③ ㄴ, ㄷ
④ ㄱ, ㄷ, ㄹ  ⑤ ㄴ, ㄷ, ㄹ

### 708

표는 식물 세포의 세포소기관 (가)∼(다)의 특징을 나타낸 것이다. (가)∼(다)는 핵, 라이보솜, 소포체를 순서 없이 나타낸 것이다.

| 세포 소기관 | 특징 |
| --- | --- |
| (가) | 물질의 이동 통로이다. |
| (나) | 막으로 싸여 있지 않다. |
| (다) | 세포의 생명활동을 조절한다. |

이에 대한 설명으로 옳은 것만을 **보기**에서 있는 대로 고른 것은?

**보기**
ㄱ. (가)는 동물 세포에도 있다.
ㄴ. (나)는 단백질을 막으로 싸서 세포 밖으로 분비한다.
ㄷ. (다)에서 번역이 일어난다.

① ㄱ  ② ㄷ  ③ ㄱ, ㄷ
④ ㄴ, ㄷ  ④ ㄱ, ㄴ, ㄷ

### 709

표는 세포소기관 ㉠∼㉢에서 세 가지 특징의 유무를 나타낸 것이다. ㉠∼㉢은 핵, 엽록체, 마이토콘드리아를 순서 없이 나타낸 것이다.

| 구분 | 특징 | 세포호흡이 일어난다. | 빛에너지가 흡수된다. | 식물 세포에 존재한다. |
| --- | --- | --- | --- | --- |
| ㉠ | | ○ | × | ? |
| ㉡ | | ? | × | ○ |
| ㉢ | | × | ⓐ | ○ |

(○: 있음, ×: 없음)

이에 대한 설명으로 옳은 것만을 **보기**에서 있는 대로 고른 것은?

**보기**
ㄱ. ㉠은 마이토콘드리아이다.
ㄴ. ⓐ는 '×'이다.
ㄷ. ㉡과 ㉢은 동물 세포에도 있다.

① ㄱ  ② ㄷ  ③ ㄱ, ㄴ
④ ㄴ, ㄷ  ⑤ ㄱ, ㄴ, ㄷ

**고빈출**
### 710

그림 (가)는 세포막의 구조를, (나)는 (가)의 B를 나타낸 것이다. A와 B는 인지질과 단백질을 순서 없이 나타낸 것이다.

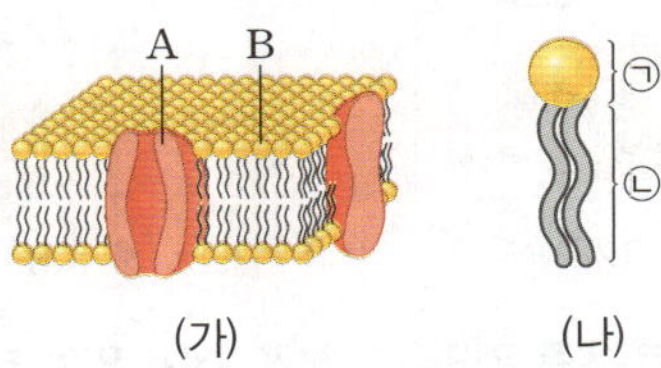


이에 대한 설명으로 옳은 것만을 **보기**에서 있는 대로 고른 것은?

**보기**
ㄱ. A는 라이보솜에서 합성된다.
ㄴ. ㉠은 친수성을, ㉡은 소수성을 나타낸다.
ㄷ. B의 친수성 부위는 세포 외부를, 소수성 부위는 세포 내부를 향하도록 배열된다.

① ㄱ  ② ㄴ  ③ ㄷ
④ ㄱ, ㄴ  ⑤ ㄱ, ㄷ

## 711 고빈출

그림은 세포막을 통한 물질 A와 B의 이동을 나타낸 것이다.

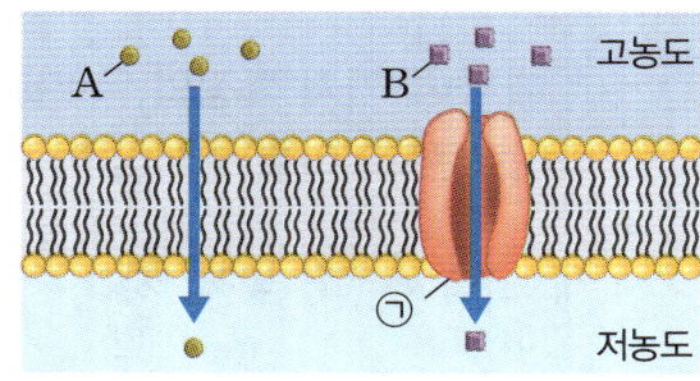


이에 대한 설명으로 옳은 것만을 [보기]에서 있는 대로 고른 것은?

보기
ㄱ. 산소는 A에 해당한다.
ㄴ. B는 수용성 물질이다.
ㄷ. 세포막을 통해 B가 이동할 때 ㉠에서 에너지가 소비된다.

① ㄱ          ② ㄷ          ③ ㄱ, ㄴ
④ ㄴ, ㄷ       ⑤ ㄱ, ㄴ, ㄷ

## 712 고빈출

그림 (가)는 어떤 식물 세포의 모습을, (나)와 (다)는 각각 이 식물의 세포를 증류수와 10 % 소금물 중 하나에 넣고 일정 시간이 지났을 때의 모습을 나타낸 것이다. ㉠과 ㉡은 증류수와 10 % 소금물을 순서 없이 나타낸 것이다.

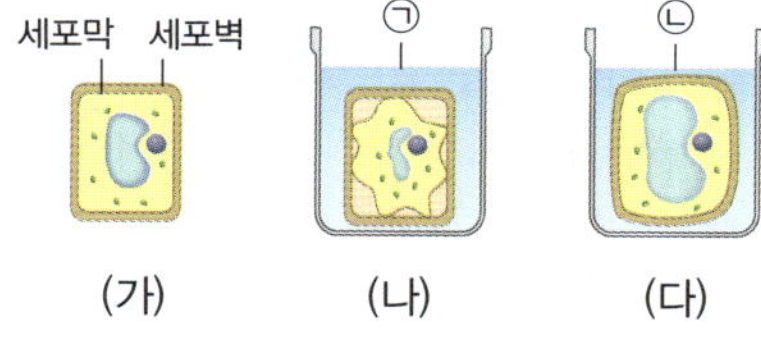


이에 대한 설명으로 옳은 것만을 [보기]에서 있는 대로 고른 것은?

보기
ㄱ. ㉠은 10 % 소금물, ㉡은 증류수이다.
ㄴ. (가)의 세포를 10 % 소금물보다 높은 농도의 소금물에 넣으면 세포의 부피가 변하지 않는다.
ㄷ. 배추를 소금에 절이면 배추 세포가 (다)와 같은 상태가 된다.

① ㄱ          ② ㄴ          ③ ㄷ
④ ㄱ, ㄴ       ⑤ ㄴ, ㄷ

## 713

난이도 상

표는 세포막을 통한 물질의 이동 방식 (가)~(다)의 특징을 나타낸 것이다. (가)~(다)는 삼투, 인지질 2중층을 통한 확산, 막단백질을 통한 확산을 순서 없이 나타낸 것이다.

| 구분 | 에너지 | 막단백질 |
| --- | --- | --- |
| (가) | 필요하지 않음 | ? |
| (나) | ㉠ | 사용 안 됨 |
| (다) | ? | 사용 안 됨 |

이에 대한 설명으로 옳은 것만을 [보기]에서 있는 대로 고른 것은?

보기
ㄱ. ㉠은 '필요함'이다.
ㄴ. 허파꽈리와 모세혈관 사이의 가스교환 방식은 (가)이다.
ㄷ. (나)와 (다)를 통한 물질의 이동은 모두 막을 경계로 농도 차이가 있어야 일어난다.

① ㄴ          ② ㄷ          ③ ㄱ, ㄴ
④ ㄱ, ㄷ       ⑤ ㄱ, ㄴ, ㄷ

## 714

그림은 생명체에서 일어나는 물질대사 (가)와 (나)를 나타낸 것이다.

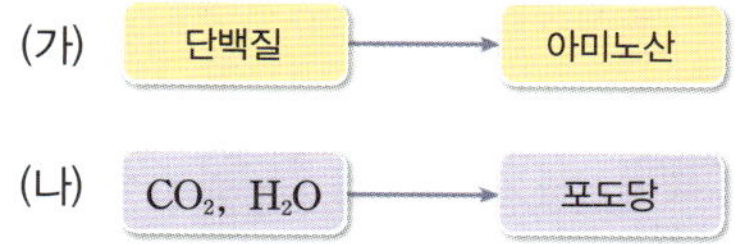


이에 대한 설명으로 옳은 것만을 [보기]에서 있는 대로 고른 것은?

보기
ㄱ. (가)에서 에너지가 방출된다.
ㄴ. (나)에서 물질의 합성이 일어난다.
ㄷ. (가)와 (나)에 모두 효소가 관여한다.

① ㄱ          ② ㄷ          ③ ㄱ, ㄴ
④ ㄴ, ㄷ       ⑤ ㄱ, ㄴ, ㄷ

## 715

그림은 효소 X의 작용을 나타낸 것이다. A ~C는 각각 반응물과 생성물 중 하나이다.

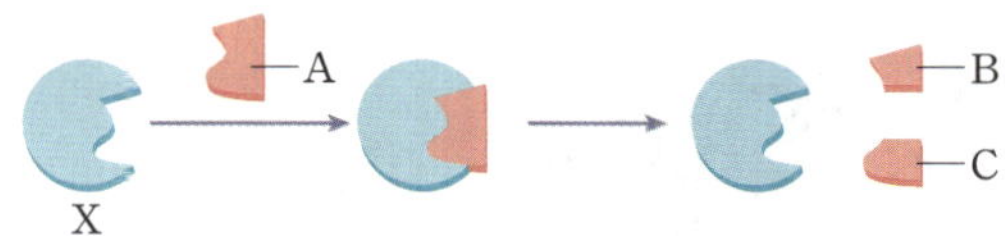


이에 대한 설명으로 옳은 것만을 보기 에서 있는 대로 고른 것은?

보기
ㄱ. X는 이화작용을 촉매한다.
ㄴ. X는 또 다른 A와 결합하여 반응을 촉매할 수 있다.
ㄷ. 온도가 변하면 X의 입체 구조가 변하여 B와 C의 생성 속도가 달라진다.

① ㄱ  ② ㄷ  ③ ㄱ, ㄴ
④ ㄴ, ㄷ  ⑤ ㄱ, ㄴ, ㄷ

## 716

난이도 상

그림은 효소가 관여하는 반응이 진행될 때 물질 ㉠~㉢의 농도를 나타낸 것이다. ㉠~㉢은 반응물, 생성물, 효소와 반응물이 결합한 상태를 순서 없이 나타낸 것이다.

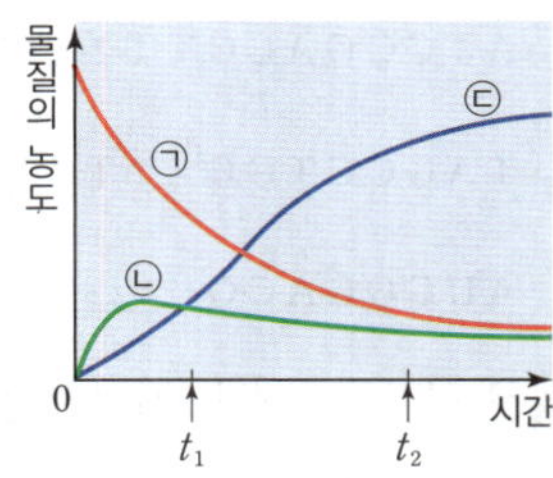


이에 대한 설명으로 옳은 것만을 보기 에서 있는 대로 고른 것은?

보기
ㄱ. ㉠은 반응물이다.
ㄴ. 생성물의 농도는 $t_1$일 때가 $t_2$일 때보다 높다.
ㄷ. 효소에 의한 반응 속도는 $t_1$일 때가 $t_2$일 때보다 느리다.

① ㄱ  ② ㄷ  ③ ㄱ, ㄴ
④ ㄴ, ㄷ  ⑤ ㄱ, ㄴ, ㄷ

## 717

그림 (가)와 (나)는 효소가 없을 때 물질 분해와 물질 합성에서의 에너지 변화를 순서 없이 나타낸 것이다.

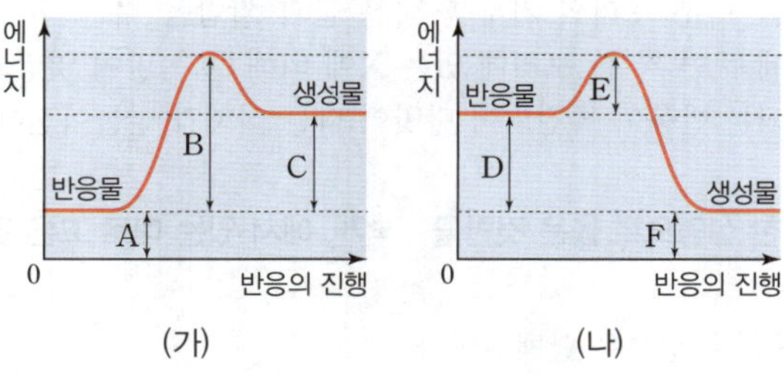


이에 대한 설명으로 옳은 것만을 보기 에서 있는 대로 고른 것은?

보기
ㄱ. 효소가 있을 때 A와 F가 감소한다.
ㄴ. 효소의 유무와 관계없이 B와 E는 일정하다.
ㄷ. (가)는 물질 합성, (나)는 물질 분해 과정에서의 에너지 변화이다.

① ㄱ  ② ㄷ  ③ ㄱ, ㄴ
④ ㄴ, ㄷ  ⑤ ㄱ, ㄴ, ㄷ

## 718

그림은 효소가 없을 때 과산화 수소 분해 반응의 에너지 변화를 나타낸 것이다. 표는 3 % 과산화 수소수가 들어 있는 시험관 A와 B에 각각 ㉠과 ㉡ 중 하나를 넣었을 때 기포 발생 결과를 나타낸 것이다. ㉠과 ㉡은 감자즙과 증류수를 순서 없이 나타낸 것이다.

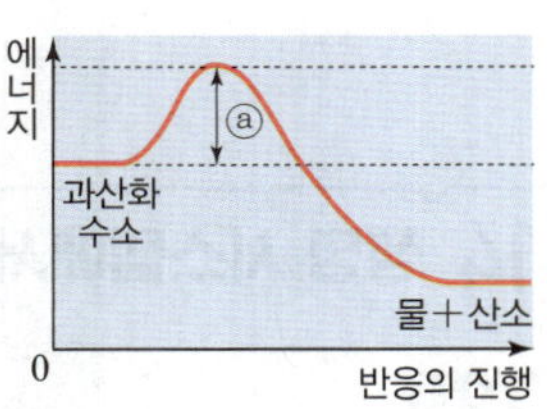


| 시험관 | 시험관에 넣은 용액(mL) | | | 기포 발생 결과 |
|---|---|---|---|---|
| | 3 % 과산화 수소수 | ㉠ | ㉡ | |
| A | 10 | 2 | 0 | 발생하지 않음 |
| B | 10 | 0 | 2 | 발생함 |

이에 대한 설명으로 옳은 것만을 보기 에서 있는 대로 고른 것은?

보기
ㄱ. ㉠은 증류수이다.
ㄴ. ㉡에는 ⓐ를 증가시키는 물질이 들어 있다.
ㄷ. B에서 발생한 기포는 산소 기체이다.

① ㄱ  ② ㄷ  ③ ㄱ, ㄴ
④ ㄱ, ㄷ  ⑤ ㄱ, ㄴ, ㄷ

## 719

다음은 효소 X를 이용한 사례이다.

> 싹을 틔운 보리의 가루를 넣은 물과 쌀밥을 섞은 후 일정 온도에 두면 싹 튼 보리에 있는 X에 의해 ㉠ 녹말이 엿당으로 분해되는 반응이 촉진되어 단맛이 나는 식혜가 만들어진다.

이에 대한 설명으로 옳은 것만을 [보기]에서 있는 대로 고른 것은?

[보기]

ㄱ. X의 주성분은 단백질이다.
ㄴ. X에 의해 활성화에너지가 감소해 ㉠이 일어난다.
ㄷ. X는 생명체 밖에서 작용을 나타내지 않는다.

① ㄱ  　　② ㄷ  　　③ ㄱ, ㄴ
④ ㄴ, ㄷ  　　⑤ ㄱ, ㄴ, ㄷ

## 14 생명 시스템에서 정보의 흐름

## 720

그림은 세포 내의 유전물질을 나타낸 것이다.

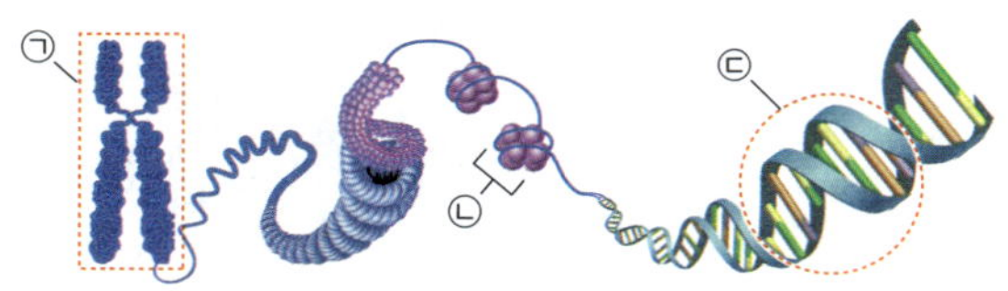

이에 대한 설명으로 옳은 것만을 [보기]에서 있는 대로 고른 것은?

[보기]

ㄱ. ㉠은 염색체이다.
ㄴ. ㉡은 단백질과 DNA로 이루어져 있다.
ㄷ. ㉢에 단백질의 아미노산서열에 대한 정보가 저장되어 있다.

① ㄱ  　　② ㄷ  　　③ ㄱ, ㄴ
④ ㄴ, ㄷ  　　⑤ ㄱ, ㄴ, ㄷ

## 721

그림은 사람의 세포에서 일어나는 유전정보의 흐름을 나타낸 것이다. ㉠~㉢은 단백질, DNA, RNA를 순서 없이 나타낸 것이다.

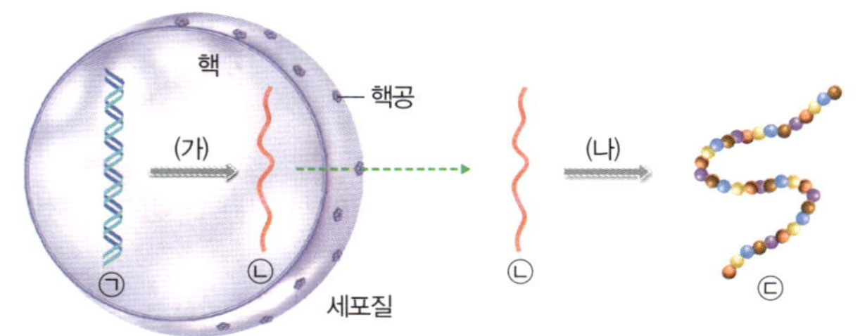


이에 대한 설명으로 옳은 것만을 [보기]에서 있는 대로 고른 것은?

[보기]

ㄱ. ㉠에 유전자가 있다.
ㄴ. ㉡에는 디옥시라이보스가 있다.
ㄷ. (가)는 전사, (나)는 번역이다.

① ㄱ  　　② ㄴ  　　③ ㄷ
④ ㄱ, ㄷ  　　⑤ ㄴ, ㄷ

## 722

그림은 이중나선을 이루는 두 가닥의 DNA와 이로부터 전사된 RNA의 염기서열을 나타낸 것이다.

DNA 가닥 Ⅰ　ATCGGACGTT?TCGTAAG

DNA 가닥 Ⅱ　TAGCCTGCA?T?GCATTC

RNA　AUCGGACGU＿㉠＿CGUAAG

이에 대한 설명으로 옳은 것만을 [보기]에서 있는 대로 고른 것은? (단, 돌연변이는 고려하지 않는다.)

[보기]

ㄱ. 전사가 일어날 때 이용되는 가닥은 DNA 가닥 Ⅰ이다.
ㄴ. ㉠의 염기서열은 UAU이다.
ㄷ. RNA 염기서열에는 18 개의 아미노산에 대한 정보가 저장되어 있다.

① ㄱ  　　② ㄴ  　　③ ㄱ, ㄷ
④ ㄴ, ㄷ  　　⑤ ㄱ, ㄴ, ㄷ

## 723

난이도 상

표는 어떤 DNA를 이루는 가닥 Ⅰ, Ⅱ와 이 DNA로부터 전사된 RNA의 염기 조성 비율을 나타낸 것이다. (가)~(다)는 DNA 가닥 Ⅰ, DNA 가닥 Ⅱ, RNA를 순서 없이 나타낸 것이다.

| 구분 | 염기 조성 비율(%) | | | | | 계 |
|---|---|---|---|---|---|---|
| | 아데닌 (A) | 구아닌 (G) | 사이토신 (C) | 타이민 (T) | 유라실 (U) | |
| (가) | 25 | ㉠ | ㉡ | 0 | ㉢ | 100 |
| (나) | 30 | 25 | 20 | 25 | 0 | 100 |
| (다) | 25 | ㉣ | 25 | 30 | 0 | 100 |

이에 대한 설명으로 옳은 것만을 보기 에서 있는 대로 고른 것은?

—— 보기 ——
ㄱ. (가)와 (나)는 DNA이고, (다)는 RNA이다.
ㄴ. ㉠과 ㉣은 같다.
ㄷ. ㉡과 ㉢은 같다.

① ㄱ  ② ㄴ  ③ ㄱ, ㄷ
④ ㄴ, ㄷ  ⑤ ㄱ, ㄴ, ㄷ

## ☆고빈출
## 724

그림은 사람의 세포 내에서 유전정보로부터 단백질이 합성되는 과정을 나타낸 것이다. (가)는 번역과 전사 중 하나이고, ㉠~㉢은 서로 다른 종류의 아미노산이다.

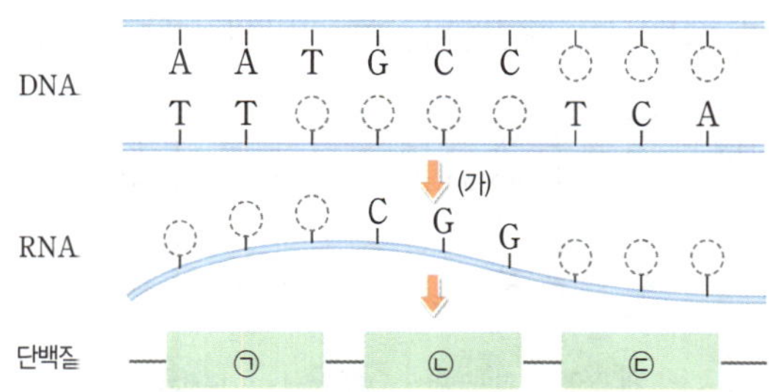

이에 대한 설명으로 옳은 것만을 보기 에서 있는 대로 고른 것은? (단, 돌연변이는 고려하지 않는다.)

—— 보기 ——
ㄱ. (가)는 핵에서 일어난다.
ㄴ. 코돈 UUA는 ㉠을 지정한다.
ㄷ. RNA의 염기서열은 UUACGGUCA이다.

① ㄱ  ② ㄷ  ③ ㄱ, ㄴ
④ ㄴ, ㄷ  ⑤ ㄱ, ㄴ, ㄷ

## ☆고빈출
## 725

난이도 상

그림은 세포 내에서 유전정보로부터 단백질이 합성되는 과정을, 표는 일부 코돈과 아미노산을 나타낸 것이다.

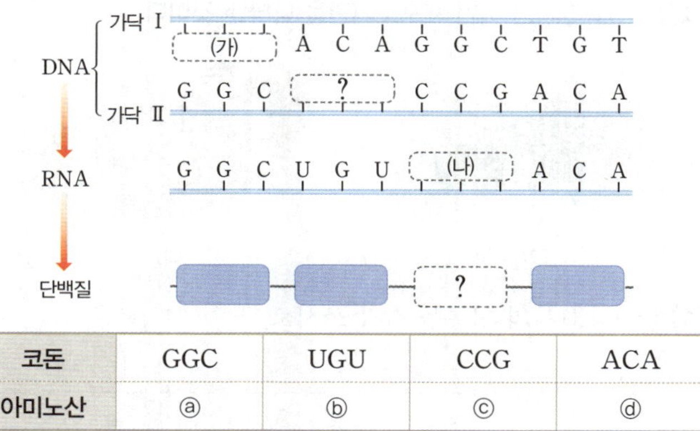

| 코돈 | GGC | UGU | CCG | ACA |
|---|---|---|---|---|
| 아미노산 | ⓐ | ⓑ | ⓒ | ⓓ |

이에 대한 설명으로 옳은 것만을 보기 에서 있는 대로 고른 것은? (단, 돌연변이는 고려하지 않는다.)

—— 보기 ——
ㄱ. (가)의 염기서열은 CCG이다.
ㄴ. 전사에 이용되는 가닥은 가닥 Ⅱ이다.
ㄷ. (나)에 의해 지정되는 아미노산은 ⓒ이다.

① ㄱ  ② ㄴ  ③ ㄱ, ㄷ
④ ㄴ, ㄷ  ⑤ ㄱ, ㄴ, ㄷ

## 726

표는 정상 적혈구와 낫모양적혈구의 차이를 비교한 것이다.

| 구분 | 정상 적혈구 | 낫모양적혈구 |
|---|---|---|
| DNA의 염기서열 일부 | 3′ …… CTT …… 5′<br>5′ …… ⓐAA …… 3′ | 3′ …… CAT …… 5′<br>5′ …… GTA …… 3′ |
| 헤모글로빈 β사슬의 6번째 아미노산 | … ㉠ … | … ㉡ … |
| 헤모글로빈 배열 | | |

이에 대한 설명으로 옳은 것만을 보기 에서 있는 대로 고른 것은?

—— 보기 ——
ㄱ. ⓐ는 G이다.
ㄴ. 정상 적혈구의 헤모글로빈과 낫모양적혈구의 헤모글로빈을 구성하는 아미노산의 수는 같다.
ㄷ. DNA 염기서열에 이상이 생기면 지정하는 아미노산이 바뀔 수 있다.

① ㄱ  ② ㄴ  ③ ㄱ, ㄷ
④ ㄴ, ㄷ  ⑤ ㄱ, ㄴ, ㄷ

## 727

그림 (가)와 (나)는 어떤 세포소기관을 나타낸 것이다.

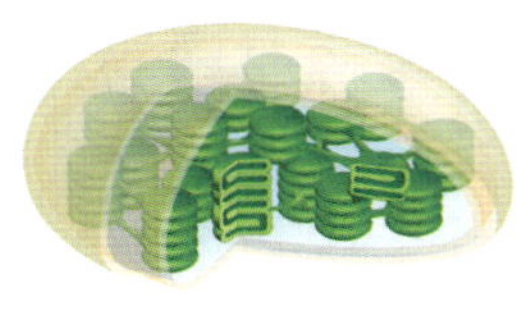 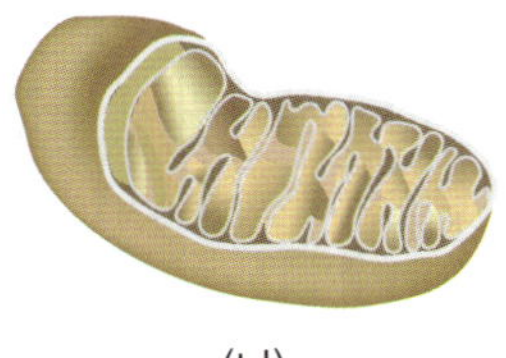

(가)       (나)

(1) (가)와 (나)의 이름을 각각 쓰시오.

(2) (가)와 (나)의 기능을 각각 서술하시오.

## 728

고빈출

그림은 효소가 없을 때 화학 반응의 에너지 변화를 나타낸 것이다.

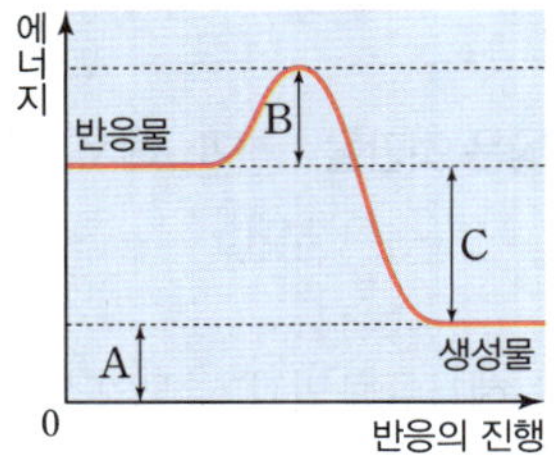


A~C 중 이 반응에 효소를 넣어 주면 변화가 나타날 것으로 예상되는 부분의 기호를 쓰고, 그 까닭을 서술하시오.

## 729

그림은 어떤 동물에서 유전자 ㉠의 작용으로 갈색 털이 표현되기까지의 과정 일부를 나타낸 것이다.

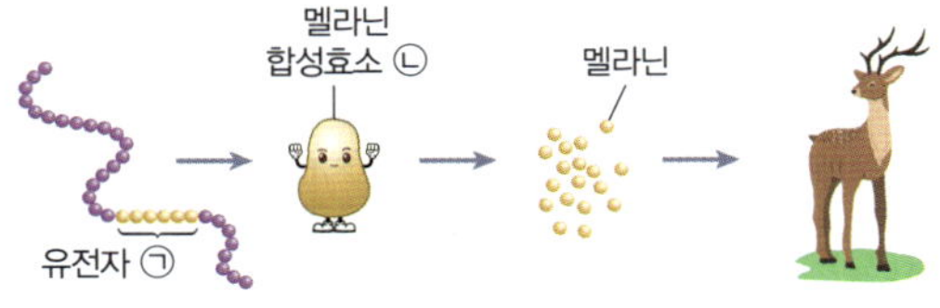


(1) ㉠과 ㉡은 각각 어떤 물질로 이루어져 있는지 쓰시오.

(2) 유전자와 형질의 관계에 대해 서술하시오.

## 730

고빈출

난이도 상

그림은 사람의 세포 내에서 유전정보로부터 단백질의 합성되는 과정을 나타낸 것이다. (단, 돌연변이는 고려하지 않는다.)

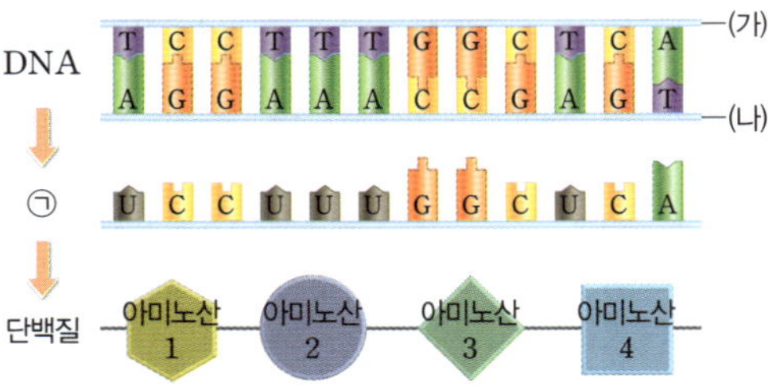


(1) ㉠의 이름과 합성되는 장소를 순서대로 쓰시오.

(2) ㉠은 (가)와 (나) 중 어느 것으로부터 전사되었는지 그 까닭을 포함하여 서술하시오.

# 단원 종합 문제로 만점 완성하기

## 731

난이도 상

표는 지구시스템의 각 권역 (가)~(마)에 존재하는 가장 풍부한 두 원소를 나타낸 것이다.

| 구분 | 주요 구성 원소 |
|---|---|
| (가) | Fe, O |
| (나) | N, O |
| (다) | O, H |
| (라) | H, He |
| (마) | O, C |

이에 대한 설명으로 옳은 것은?

① (가)는 온도 분포에 따라 4개의 층으로 구분된다.
② (나)는 지구시스템에서 가장 나중에 형성된 권역이다.
③ (다)는 구성 물질의 비열이 다른 권역에 비해 크다.
④ (라)는 지구 내부에서 주로 고체 상태로 존재하는 영역이다.
⑤ (마)는 다른 권역과의 물질 교환이 가장 적은 권역이다.

## 732

최다 오답

그림은 열권, 대류권, 성층권을 구분하는 과정을 나타낸 것이다.

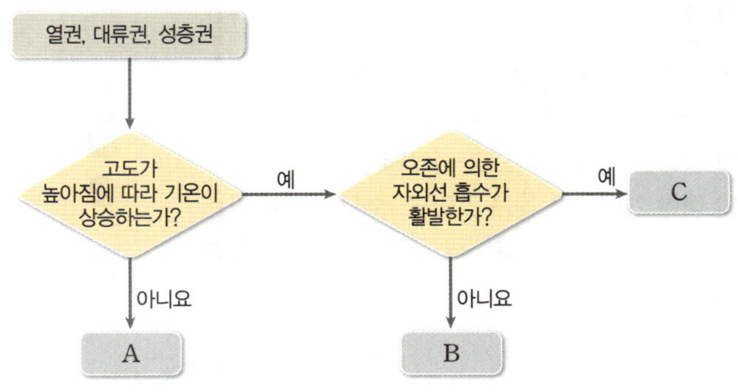


이에 대한 설명으로 옳은 것만을 보기 에서 있는 대로 고른 것은?

보기

ㄱ. 대기의 대류 운동은 A보다 C에서 활발하다.
ㄴ. 대기의 평균 밀도는 B보다 C에서 크다.
ㄷ. 오로라 현상은 주로 B에서 나타난다.

① ㄱ     ② ㄴ     ③ ㄱ, ㄷ
④ ㄴ, ㄷ     ⑤ ㄱ, ㄴ, ㄷ

## 733

고빈출

그림과 표는 기권과 다른 권역 사이에 일어나는 상호작용의 예를 나타낸 것이다. (가)~(다)는 각각 외권, 지권, 수권 중 하나이다.

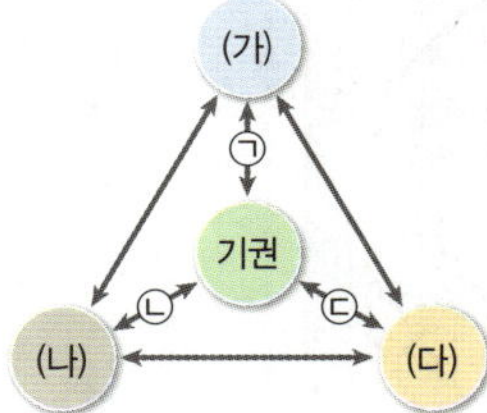


| 상호작용 | 상호작용의 예 |
|---|---|
| ㉠ | 유성우 발생 |
| ㉡ | 태풍의 발생 |
| ㉢ | ( ) |

이에 대한 설명으로 옳은 것만을 보기 에서 있는 대로 고른 것은?

보기

ㄱ. (가)는 외권이다.
ㄴ. ㉢의 예로 황사의 발생이 있다.
ㄷ. 지진 해일은 (나)와 (다)의 상호작용에 해당한다.

① ㄱ     ② ㄴ     ③ ㄱ, ㄷ
④ ㄴ, ㄷ     ⑤ ㄱ, ㄴ, ㄷ

## 734

그림은 지구 내부의 어느 영역에서 일어나는 맨틀 대류를 모식적으로 나타낸 것이다.

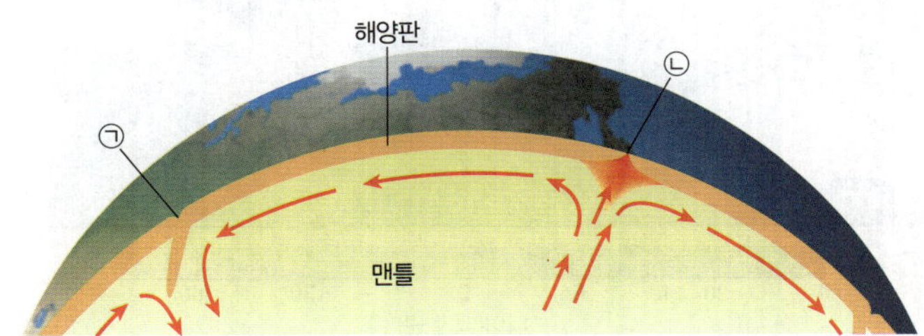


이에 대한 설명으로 옳은 것만을 보기 에서 있는 대로 고른 것은?

보기

ㄱ. 맨틀 대류는 상부와 하부의 온도 차에 의해 일어난다.
ㄴ. ㉠에서 해양판이 생성된다.
ㄷ. ㉡에서는 화산 활동이 거의 일어나지 않는다.

① ㄱ     ② ㄴ     ③ ㄱ, ㄷ
④ ㄴ, ㄷ     ⑤ ㄱ, ㄴ, ㄷ

# 단원 종합 문제로 만점 완성하기

## 735

그림은 어느 지역에 분포하는 판의 경계와 상대적인 이동 방향을 나타낸 것이다.

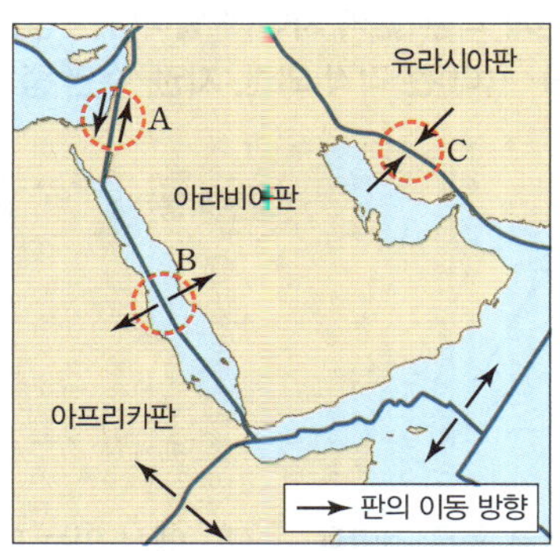


이에 대한 설명으로 옳은 것만을 보기 에서 있는 대로 고른 것은?

보기

ㄱ. 지진이 발생하는 평균 깊이는 A보다 C에서 깊다.
ㄴ. A~C 중 화산 활동은 B에서 활발하다.
ㄷ. C에는 폭이 좁고 긴 열곡이 발달한다.

① ㄱ　　　　② ㄷ　　　　③ ㄱ, ㄴ
④ ㄴ, ㄷ　　　⑤ ㄱ, ㄴ, ㄷ

## 736

그림은 해양 지각의 연령 분포를 나타낸 것이다.

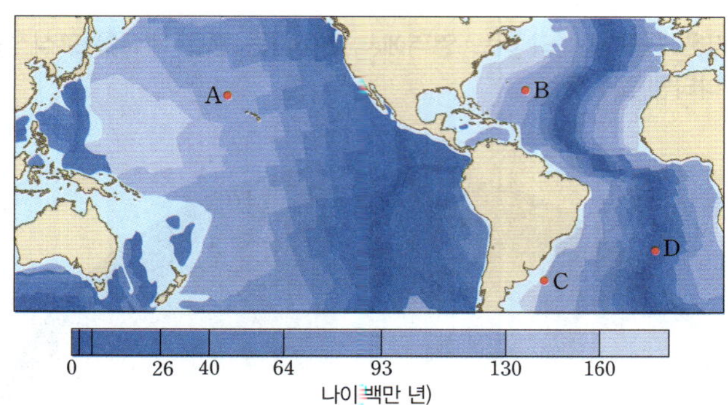


이에 대한 설명으로 옳은 것만을 보기 에서 있는 대로 고른 것은?

보기

ㄱ. A가 속한 판은 B가 속한 판보다 평균 이동 속력이 느리다.
ㄴ. C에서는 판의 소멸이 일어난다.
ㄷ. D에는 열곡이 발달한다.

① ㄱ　　　　② ㄷ　　　　③ ㄱ, ㄴ
④ ㄱ, ㄷ　　　⑤ ㄴ, ㄷ

## 737

그림은 나무에 매달려 정지한 사과 A와 자유 낙하 운동을 하고 있는 사과 B, C를 나타낸 것이다. A, B, C의 질량은 각각 $m_A$, $m_B$, $m_C$ 이고, $m_A > m_B > m_C$이다.

이에 대한 설명으로 옳은 것만을 보기 에서 있는 대로 고른 것은? (단, 공기 저항은 무시한다.)

보기

ㄱ. 사과에 작용하는 알짜힘의 크기는 A가 B보다 크다.
ㄴ. 낙하하는 동안 가속도의 크기는 B가 C보다 크다.
ㄷ. 사과에 작용하는 중력의 크기는 A가 C보다 크다.

① ㄱ　　　　② ㄷ　　　　③ ㄱ, ㄴ
④ ㄴ, ㄷ　　　⑤ ㄱ, ㄴ, ㄷ

## 738

그림은 점 a에서 물체를 가만히 놓았을 때, 점 b, c, d, e를 지나며 자유 낙하 운동을 하는 물체의 위치를 일정한 시간 간격으로 나타낸 것이다.
이에 대한 설명으로 옳은 것만을 보기 에서 있는 대로 고른 것은? (단, 물체의 크기 및 공기 저항은 무시한다.)

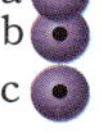


보기

ㄱ. 물체의 가속도의 크기는 b에서가 c에서보다 크다.
ㄴ. 물체의 속력은 d에서가 b에서의 3배이다.
ㄷ. 물체의 질량이 클수록 구간별 물체 사이 간격이 더 넓게 나타난다.

① ㄱ　　　　② ㄴ　　　　③ ㄱ, ㄷ
④ ㄴ, ㄷ　　　⑤ ㄱ, ㄴ, ㄷ

## ☆고빈출
# 739

그림과 같이 시간 $t=0$일 때 점 p에서 물체 A를 수평 방향으로 속력 $v$로 던지는 순간, 점 q에서 물체 B를 가만히 놓았을 때, A, B가 각각 곡선, 직선 경로를 따라 운동하여 $t=3$초일 때 수평면 위의 점 r에서 충돌한다. A가 p에서 r까지 운동하는 동안 수평 이동 거리는 30 m이다.

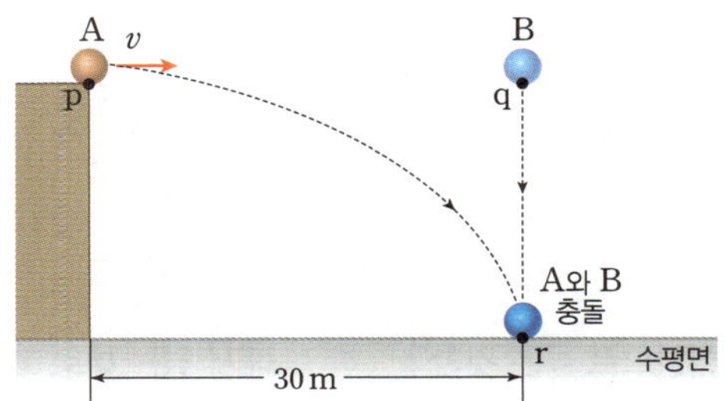


이에 대한 설명으로 옳은 것만을 보기 에서 있는 대로 고른 것은?
(단, 중력 가속도는 $10 \text{ m/s}^2$이고, A와 B의 크기 및 공기 저항은 무시한다.)

──── 보기 ────
ㄱ. $v=10 \text{ m/s}$이다.
ㄴ. r에 도달하는 순간 B의 속력은 $3v$이다.
ㄷ. A의 속력만을 $2v$로 바꾸었을 때, A와 B는 충돌하지 않는다.

① ㄱ     ② ㄷ     ③ ㄱ, ㄴ
④ ㄴ, ㄷ     ⑤ ㄱ, ㄴ, ㄷ

# 740
난이도 상

그림은 시간 $t=0$일 때, $v$의 속력으로 수평 방향으로 던진 질량 1 kg긴 물체가 운동하는 모습을 나타낸 것이다. $t=2$초일 때 물체의 수평 방향과 연직 방향의 속력은 $v$로 같다.

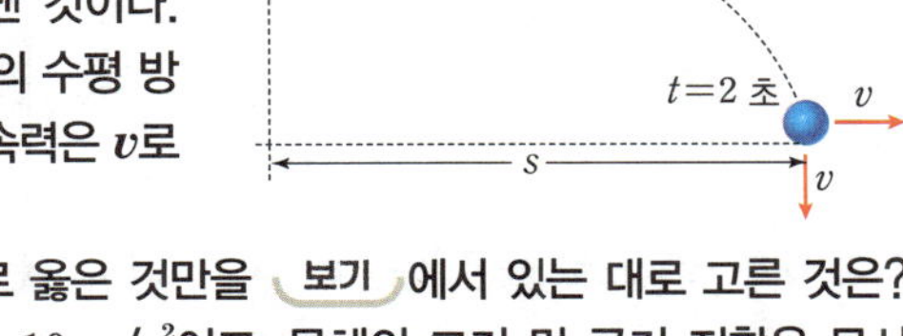


이에 대한 설명으로 옳은 것만을 보기 에서 있는 대로 고른 것은?
(단, 중력 가속도는 $10 \text{ m/s}^2$이고, 물체의 크기 및 공기 저항은 무시한다.)

──── 보기 ────
ㄱ. $v=10 \text{ m/s}$이다.
ㄴ. $t=0$부터 $t=2$초까지 물체의 수평 이동 거리 $s=40 \text{ m}$이다.
ㄷ. $t=0$부터 $t=2$초까지 물체가 받은 충격량의 크기는 $10 \text{ N·s}$이다.

① ㄱ     ② ㄴ     ③ ㄱ, ㄷ
④ ㄴ, ㄷ     ⑤ ㄱ, ㄴ, ㄷ

## ☆고빈출
# 741

그림은 질량이 같은 물체 A, B를 금속관 안의 다른 지점에 각각 가만히 놓고 물체를 수평 방향으로 불어 발사시키는 모습을 나타낸 것이다. 표는 A, B가 금속관에서 운동하는 동안 받은 평균 힘의 크기, 힘을 받는 시간, 발사 속력을 각각 나타낸 것이다.

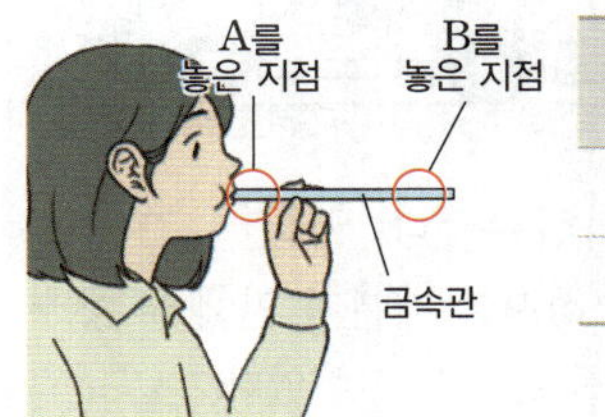


| 물체 | 평균 힘의 크기 | 힘을 받는 시간 | 발사 속력 |
|---|---|---|---|
| A | $F_A$ | $2t$ | $v$ |
| B | $F_B$ | $t$ | $2v$ |

이에 대한 설명으로 옳은 것만을 보기 에서 있는 대로 고른 것은?
(단, 모든 마찰과 공기 저항은 무시한다.)

──── 보기 ────
ㄱ. 발사되는 순간, 운동량의 크기는 A가 B의 2 배이다.
ㄴ. 관에서 운동하는 동안, 물체가 받은 충격량의 크기는 B가 A의 2 배이다.
ㄷ. $\dfrac{F_A}{F_B}=\dfrac{1}{4}$이다.

① ㄱ     ② ㄷ     ③ ㄱ, ㄴ
④ ㄴ, ㄷ     ⑤ ㄱ, ㄴ, ㄷ

# 742
난이도 상

그림 (가)는 얼음판에서 질량이 각각 60 kg, 40 kg인 선수 A, B가 각각 4 m/s, 1 m/s의 속력으로 운동하고 있는 모습을 나타낸 것이다. 그림 (나)는 (가) 이후 A가 B를 밀면서 작용하는 힘을 시간에 따라 나타낸 것으로, A가 B를 민 이후 A와 B는 각각 등속 직선 운동을 하고, 속력은 B가 A의 2 배이다.

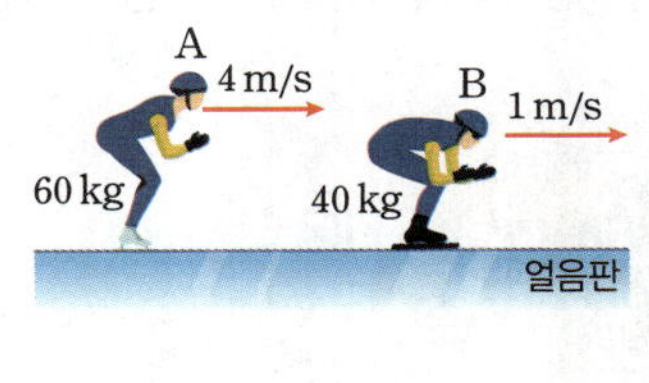


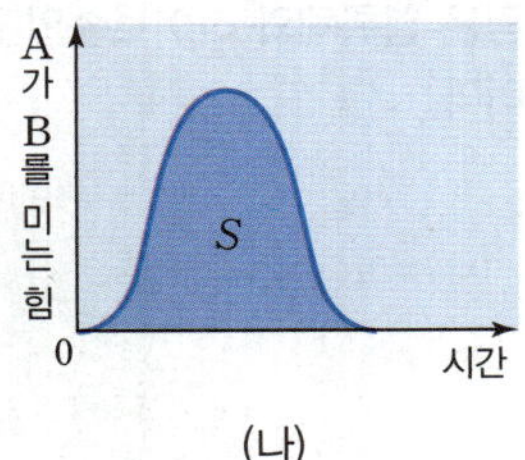


(가)       (나)

이에 대한 설명으로 옳은 것만을 보기 에서 있는 대로 고른 것은?
(단, 모든 마찰과 공기 저항은 무시한다.)

──── 보기 ────
ㄱ. (가)에서 운동량의 크기는 A가 B의 4 배이다.
ㄴ. $S=120 \text{ N·s}$이다.
ㄷ. A가 B를 민 후 B의 속력은 4 m/s이다.

① ㄱ     ② ㄷ     ③ ㄱ, ㄴ
④ ㄴ, ㄷ     ⑤ ㄱ, ㄴ, ㄷ

**STEP 4**

## 단원 종합 문제로 만점 완성하기

### 고빈출
### 743

다음은 자동차 충돌 실험 결과에 대한 보고서이다.

[안전띠] 충돌 시 ㉠ 인체 모형이 앞으로 튀어나가는 현상을 막아주었다.
[범퍼] 자동차가 벽에 충돌하여 정지할 때까지 ㉡ 잘 찌그러져 자동차가 받는 충격을 완화해 주었다.
[에어백] 자동차가 벽에 충돌하여 정지할 때까지 인체 모형에 가해지는 ◻◻◻㉢◻◻◻ 의 크기를 감소시켜 주었다.

이에 대한 설명으로 옳은 것만을 [보기]에서 있는 대로 고른 것은?

**보기**

ㄱ. ㉠은 관성으로 설명할 수 있다.
ㄴ. ㉡은 자동차가 정지할 때까지 걸리는 시간을 감소시켜 주는 역할을 한다.
ㄷ. '충격량'은 ㉢으로 적절하다.

① ㄱ
② ㄷ
③ ㄱ, ㄴ
④ ㄴ, ㄷ
⑤ ㄱ, ㄴ, ㄷ

### 고빈출
### 744

그림은 엽록체와 라이보솜의 공통점(㉡)과 차이점(㉠, ㉢)을 나타낸 것이다.

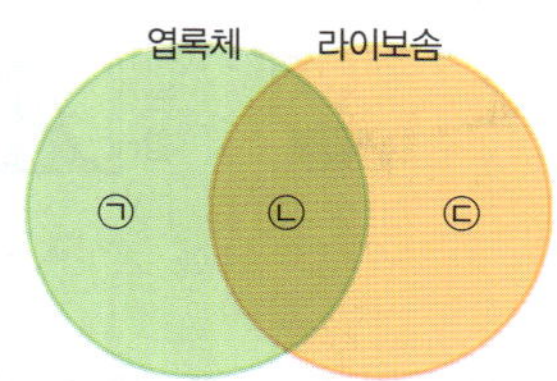


이에 대한 설명으로 옳은 것만을 [보기]에서 있는 대로 고른 것은?

**보기**

ㄱ. '흡열 반응이 일어난다.'는 ㉠에 해당한다.
ㄴ. '동화작용이 일어난다.'는 ㉡에 해당한다.
ㄷ. '동물 세포에만 있다.'는 ㉢에 해당한다.

① ㄱ
② ㄴ
③ ㄷ
④ ㄱ, ㄴ
⑤ ㄴ, ㄷ

### 고빈출
### 745

그림은 물질 A, B, C가 세포막을 통하여 각각 이동하는 방식을 나타낸 것이다.

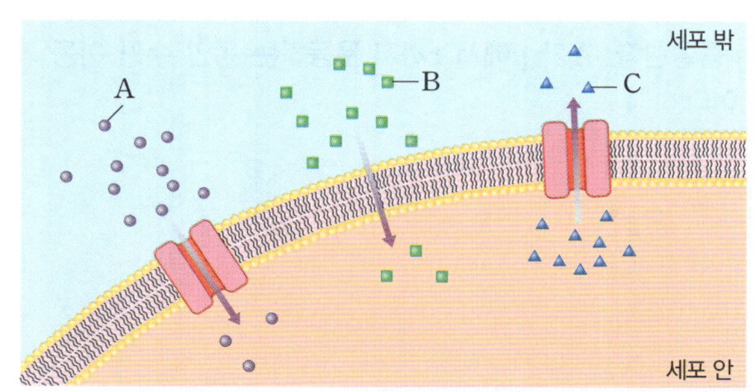


이에 대한 설명으로 옳은 것만을 [보기]에서 있는 대로 고른 것은?

**보기**

ㄱ. 허파꽈리와 모세혈관 사이에서 산소의 이동 방식은 A의 이동 방식과 같다.
ㄴ. 물질 A와 B는 모두 농도가 높은 쪽에서 농도가 낮은 쪽으로 이동한다.
ㄷ. 물질 C가 세포막을 통과할 때 에너지가 소모된다.

① ㄱ
② ㄴ
③ ㄱ, ㄷ
④ ㄴ, ㄷ
⑤ ㄱ, ㄴ, ㄷ

### 746

그림과 같이 식초에 담가 겉껍데기를 제거하고, 겉껍데기 안쪽의 얇은 막만 남긴 날달걀 2개의 질량을 각각 측정한 다음, 하나는 증류수에, 다른 하나는 10 % 소금물에 담가 두었다. 20분 후에 달걀을 꺼내 질량을 측정하였더니 증류수에 담근 달걀은 질량이 증가하였고, 10 % 소금물에 담근 달걀은 질량이 감소하였다.

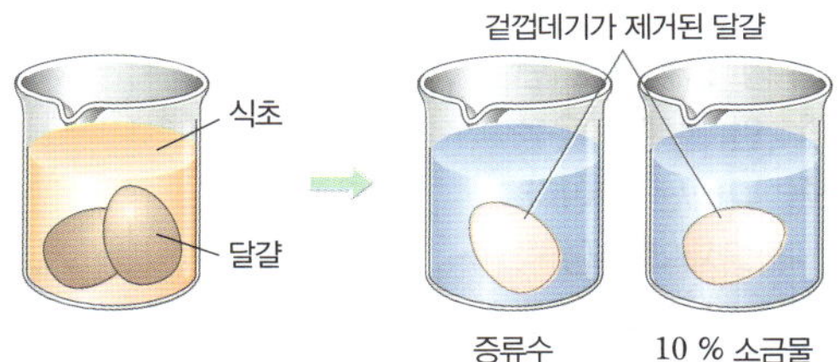


이에 대한 설명으로 옳은 것만을 [보기]에서 있는 대로 고른 것은?

**보기**

ㄱ. 달걀의 질량 변화는 달걀 내부 또는 외부로의 소금 이동으로 인한 것이다.
ㄴ. 물은 달걀의 얇은 막을 통해 소금 농도가 높은 쪽에서 낮은 쪽으로 이동한다.
ㄷ. 달걀 내부 용액의 농도는 증류수보다 높고 10 % 소금물보다 낮다.

① ㄱ
② ㄴ
③ ㄷ
④ ㄱ, ㄴ
⑤ ㄴ, ㄷ

## 747

그림 (가)는 세포의 구조를, (나)는 이 세포에서 일어나는 화학 반응을 나타낸 것이다. A와 B는 마이토콘드리아와 엽록체를 순서 없이 나타낸 것이다.

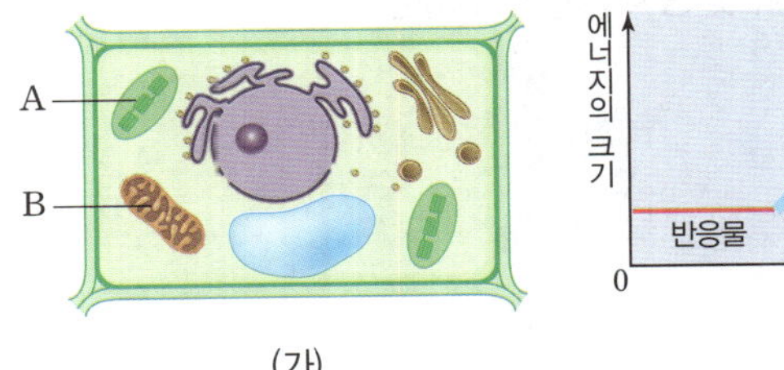

(가) (나)

이에 대한 설명으로 옳은 것만을 보기 에서 있는 대로 고른 것은?

보기
ㄱ. A에서는 포도당을 합성하는 반응이 일어난다.
ㄴ. B에서는 세포호흡이 일어나 에너지를 방출한다.
ㄷ. (나)와 같은 에너지 변화는 A에서 일어난다.

① ㄱ ② ㄷ ③ ㄱ, ㄴ
④ ㄴ, ㄷ ⑤ ㄱ, ㄴ, ㄷ

## 고빈출
## 748

그림 (가)는 동물 세포의 구조를, (나)는 유전정보의 흐름을 나타낸 것이다. ㉠과 ㉡은 골지체와 핵을 순서 없이 나타낸 것이고, A와 B는 번역과 전사를 순서 없이 나타낸 것이다.

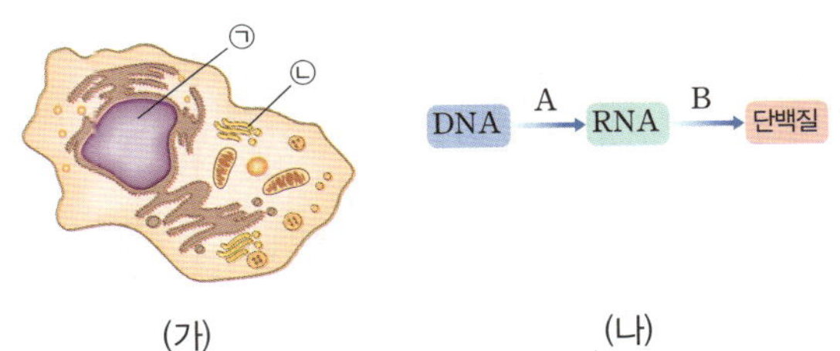

(가) (나)

이에 대한 설명으로 옳은 것만을 보기 에서 있는 대로 고른 것은?

보기
ㄱ. A는 ㉠에서 일어난다.
ㄴ. B 과정에 라이보솜이 관여한다.
ㄷ. ㉡에서 단백질의 분비가 일어난다.

① ㄱ ② ㄷ ③ ㄱ, ㄴ
④ ㄴ, ㄷ ⑤ ㄱ, ㄴ, ㄷ

## 고빈출
## 749

그림은 세포 내에서 유전정보로부터 단백질이 합성되는 과정을 나타낸 것이다.

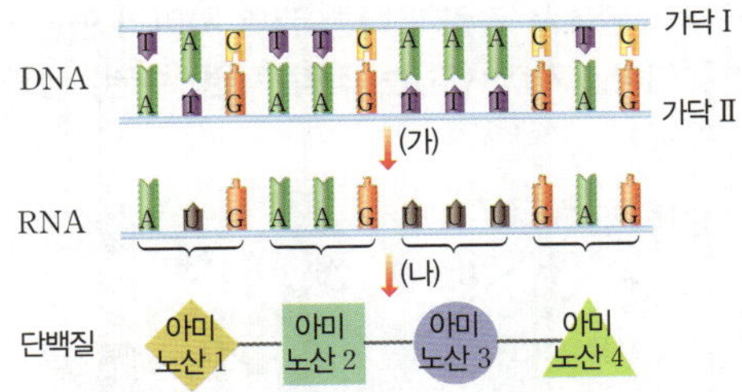


이에 대한 설명으로 옳은 것만을 보기 에서 있는 대로 고른 것은? (단, 돌연변이는 고려하지 않는다.)

보기
ㄱ. (가) 과정에 이용되는 DNA 가닥은 가닥 I이다.
ㄴ. (나) 과정에서 펩타이드결합이 형성된다.
ㄷ. 아미노산 1을 지정하는 코돈은 ATG이다.

① ㄱ ② ㄷ ③ ㄱ, ㄴ
④ ㄴ, ㄷ ⑤ ㄱ, ㄴ, ㄷ

# 단원 종합 문제로 만점 완성하기

## 서술형 문제

## 750

그림은 지구시스템에서 기권과 다른 권역 사이의 연간 탄소 이동량을 나타낸 것이다. (가)~(다)는 각각 지권, 수권, 생물권 중 하나이다.

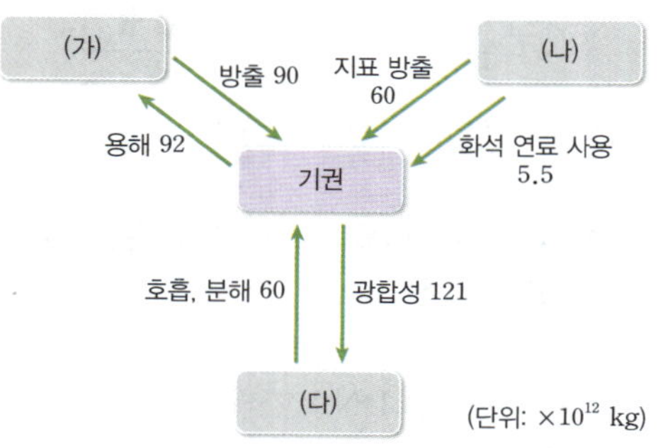


(1) (가)~(다)에 해당하는 지구시스템의 권역을 쓰시오.

(2) 위 자료에 근거하여 연간 기권에 존재하는 탄소량의 변화에 대해 서술하시오.

## 751

다음은 화산 활동으로 발생한 사례를 나타낸 것이다.

> 1815 년 탐보라 화산에서 대규모 화산 폭발이 일어나 약 150 억 톤의 ㉠ 화산 분출물이 성층권까지 올라가 지구의 평균 기온을 급격하게 낮추었다. 이듬해는 '여름이 없는 해'로 기록되었으며, 전 세계적으로 심각한 식량 부족 사태가 일어났다.

(1) 피해를 일으킨 ㉠은 무엇인지 쓰시오.

(2) ㉠에 의해 지구의 평균 기온이 낮아진 과정을 성층권의 특성과 관련지어 서술하시오.

## ⭐고빈출 752

난이도 **상**

그림은 같은 높이에서 물체 A를 자유 낙하 시키는 순간 물체 B를 수평 방향으로 던졌을 때, A와 B의 위치를 0.2 초 간격으로 나타낸 것이다. 눈금 한 칸의 길이는 0.2 m이다. (단, 중력 가속도는 $10 \text{ m/s}^2$이고, A와 B의 크기 및 공기 저항은 무시한다.)

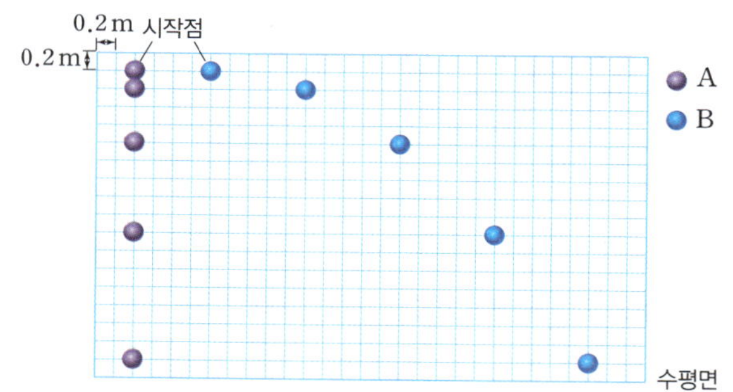


(1) 시작점에서 B가 수평 방향으로 던져지는 순간의 속력을 구하시오.

(2) 출발하는 순간부터 0.4 초가 지난 순간, B의 수평 방향 속력과 연직 방향 속력을 각각 $v_x$, $v_y$라 할 때, $\dfrac{v_y}{v_x}$를 구하고, 그 까닭을 서술하시오.

## 753



난이도 **상**

그림은 수레를 이용한 충격량에 대한 실험이다.

[실험 과정]

(가) 그림과 같이 수레 A가 일정한 속도로 운동하여 고정된 힘 센서에 충돌하는 과정을 촬영하여 충돌 직전과 직후 A의 속도를 측정한다.

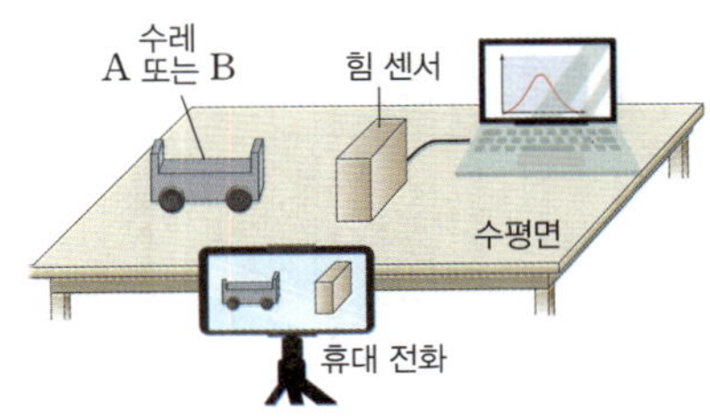


(나) 충돌 과정에서 힘 센서로 측정한 시간에 따른 힘 그래프를 관찰하여 A에 작용하는 평균 힘의 크기를 구한다.

(다) A를 수레 B로 바꾸어 (가), (나)를 반복한다.

[실험 결과]

| 수레 | 질량($kg$) | 속도($m/s$) 충돌 직전 | 속도($m/s$) 충돌 직후 | 평균 힘의 크기($N$) |
|---|---|---|---|---|
| A | 1 | 0.4 | $-0.2$ | $F_A$ |
| B | 2 | 0.3 | $-0.1$ | $F_B$ |

○ 시간에 따른 힘 그래프

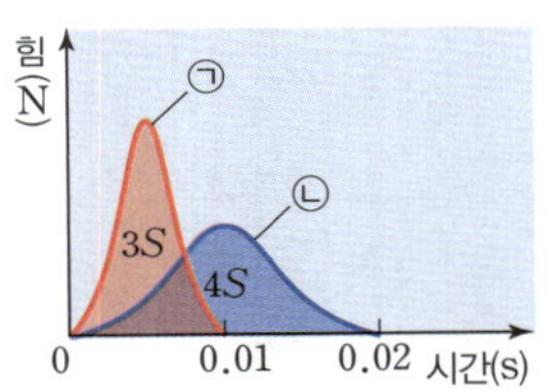


※ ㉠, ㉡은 A, B의 시간에 따른 힘 그래프를 순서 없이 나타낸 것이며, 그래프 아랫부분의 넓이는 각각 $3S$, $4S$이다.

(1) 시간에 다른 힘 그래프의 ㉠, ㉡에 해당하는 것을 A, B 중에서 골라 쓰시오.

(2) $\dfrac{F_B}{F_A}$ 를 구하고, 그 까닭을 서술하시오.

## 754

다음은 효소의 작용에 대한 실험이다.

[실험 과정 및 결과]

(가) 시험관 A와 B를 준비하여 A에는 증류수 4 mL를, B에는 증류수 2 mL와 감자즙 2 mL를 각각 넣은 후 일정 시간 놓아 둔다.

(나) (가)의 각 시험관에 과산화 수소수($H_2O_2$) 2 mL를 넣은 후, 기포 발생량을 측정한 결과는 표와 같다.

| 시험관 | A | B |
|---|---|---|
| 기포 발생량 | + | +++++ |

(+ 개수가 많을수록 발생량이 많음)

(1) 시험관에서 발생하는 기체는 무엇인지 쓰시오.

(2) 시험관 A에서보다 B에서 기포가 더 많이 발생하는 까닭을 서술하시오.

## 755



난이도 **상**

다음은 DNA 한 가닥의 염기서열 일부, RNA의 염기서열 일부와 이를 바탕으로 합성된 단백질의 일부 아미노산 번호를 나타낸 것이다. (단, 제시된 염기서열 변화 이외의 돌연변이는 고려하지 않는다.)

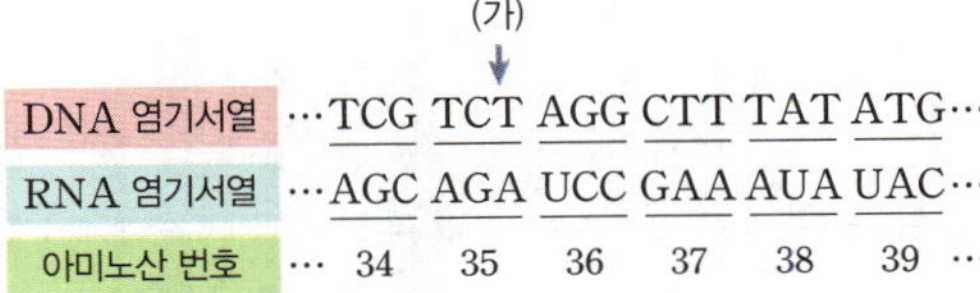


(1) (가)의 위치에 해당하는 DNA에 구아닌(G)이 삽입되었을 경우 아미노산 35번~39번에 해당하는 RNA 염기서열을 쓰시오.

(2) (가)의 위치에 해당하는 DNA에 구아닌(G)이 삽입되었을 경우 형질에 변화가 나타나는 까닭을 서술하시오.

**MEMO**

# 부록

## 2028 대학입시제도 개편안에 따른 통합과학 예시 문항

- 2022 개정 교육과정 통합과학 및 2028 대입 제도 개편안에 근거하여 출제
- 과학의 물리학, 화학, 생명과학, 지구과학의 내용을 관통하고 통합할 수 있는 역량의 평가를 문항에 반영
- 수능 통합과학의 특성을 반영하여, 과학의 여러 내용 영역의 소재를 통합한 문항, 여러 성취기준을 활용한 문항 등을 포함하여 예시 문항 구성

**개발 의도:** 다양한 과학 분야에서 핵과 관련된 사례를 비교하여 규모, 기본량, 단위에 대한 개념을 이해하는지 평가하는 문항

다음은 지구, 동물 세포, 리튬(Li) 원자에 대한 자료와 이에 대한 학생들의 대화이다.

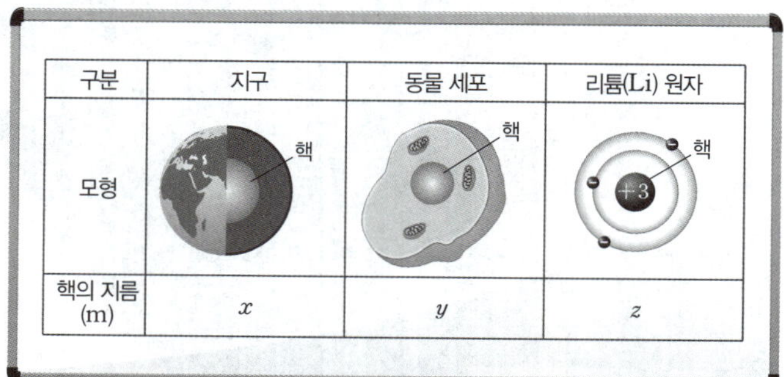

제시한 내용이 옳은 학생만을 있는 대로 고른 것은?

① A　　　② C　　　③ A, B　　　④ B, C　　　⑤ A, B, C

**통합과학 1 (1) 과학의 기초**

• **내용 요소**
기본량과 단위

• **행동 영역**
이해

• **평가 및 탐구 요소**

1 제시된 지구, 세포, 원자의 핵을 비교하는 활동을 통해 규모(scale)의 의미와 기본량 및 단위의 개념을 이해한다.

2 과학의 기본량으로 시간, 길이, 질량, 전류, 온도 등이 있음을 안다.

3 기본량으로부터 도출된 유도량에는 부피, 속력, 농도 등이 있음을 이해한다.

4 각 물리량을 정확한 단위로 표현할 수 있다.

**정답 ③**

---



**개발 의도:** 원소에 의한 스펙트럼과 별의 흡수 스펙트럼 자료를 분석 및 해석하여 경향성과 규칙성을 파악하고, 별의 진화 과정에서 형성되는 원소와 관련지어 설명할 수 있는지 평가하는 문항

그림 (가)는 고온의 기체 방전관에서 관찰한 수소, 헬륨, 탄소의 스펙트럼을, (나)는 별 S의 흡수 스펙트럼을 나타낸 것이다. (가)와 (나)에서 관측한 스펙트럼의 파장 영역은 동일하다.

이에 대한 설명으로 옳은 것만을 **보기** 에서 있는 대로 고른 것은?

**보기**

ㄱ. (가)의 수소 스펙트럼에서는 방출선이 나타난다.

ㄴ. S에는 탄소가 헬륨보다 풍부하게 포함되어 있다.

ㄷ. S에 포함된 헬륨은 모두 별 내부의 핵융합 반응으로 생성되었다.

① ㄱ　　　② ㄴ　　　③ ㄱ, ㄷ　　　④ ㄴ, ㄷ　　　⑤ ㄱ, ㄴ, ㄷ

**통합과학 1 (2) 물질과 규칙성**

• **내용 요소**
원소 형성, 별의 진화

• **행동 영역**
자료 변환 및 해석

• **평가 및 탐구 요소**

1 천체에서 방출되는 빛의 스펙트럼선의 유형을 알고, 스펙트럼 내 선의 위치가 가지는 의미를 이해한다.

2 천체에서 방출되는 빛의 스펙트럼과 고온의 기체 방전관에서 여러 원소들에 의해 형성된 스펙트럼을 비교하여 별의 주요 구성 원소를 파악한다.

3 별을 구성하는 원소들이 진화 과정에서 별 내부의 핵융합 반응을 통해 생성되는 것 이외에도 별 탄생 이전인 빅뱅 우주 초기에 형성되었다는 것을 이해한다.

**정답 ①**

**개발 의도:** 중력의 작용으로 운동하는 물체에 대한 탐구 수행 과정에서 디지털 도구를 활용하여 정확하게 자료를 수집하고, 수집된 자료를 통해 탐구의 결과를 해석할 수 있는지 평가하는 문항

≫ 다음은 자유 낙하하는 물체와 수평으로 던져진 물체의 운동을 비교하는 실험이다.

**실험 과정 ›**

(가) 그림과 같이 쇠구슬 발사 장치와 모눈종이를 설치하고 동일한 쇠구슬 A와 B를 준비한다.

(나) 쇠구슬 발사 장치를 이용해 A를 가만히 떨어뜨리는 순간 B를 수평 방향으로 발사하고, A와 B의 운동을 스마트 기기로 촬영한다.

(다) 운동 분석 프로그램을 이용해 A, B의 시간에 따른 연직 방향과 수평 방향의 운동을 그래프로 각각 나타낸다.

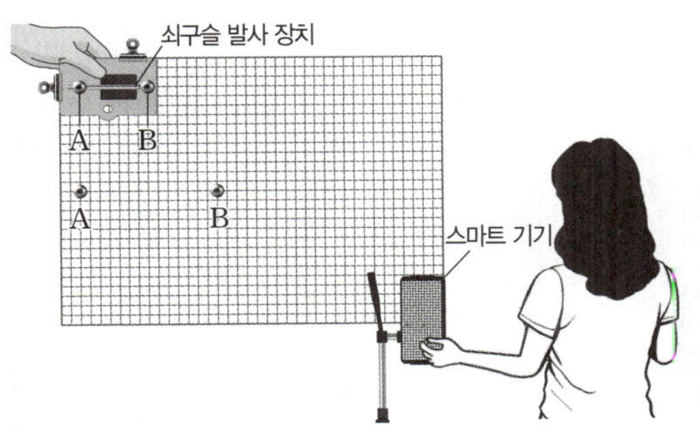


**실험 결과 ›**

Ⅰ, Ⅱ, Ⅲ은 (다)의 결과 중 일부를 나타낸 것이다.

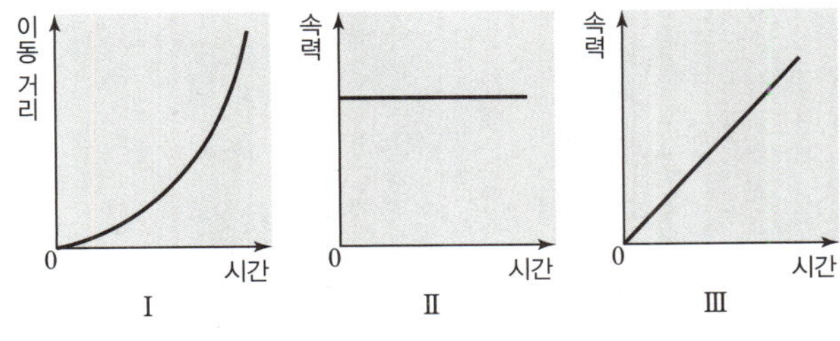


이에 대한 설명으로 옳은 것만을 　보기　에서 있는 대로 고른 것은?

**보기**

ㄱ. A의 연직 방향 운동의 이동 거리를 나타낸 그래프는 Ⅰ이다.

ㄴ. B의 수평 방향 운동의 속력을 나타낸 그래프는 Ⅱ이다.

ㄷ. B의 연직 방향 운동을 나타낸 그래프는 Ⅰ과 Ⅲ이다.

① ㄱ　　② ㄷ　　③ ㄱ, ㄴ　　④ ㄴ, ㄷ　　⑤ ㄱ, ㄴ, ㄷ

---

**통합과학 1 ⑶ 시스템과 상호작용**

• **내용 요소**

중력장 내의 운동

• **행동 영역**

탐구 수행 및 자료 수집

• **평가 및 탐구 요소**

**1** 물체에 중력이 작용할 때, 중력이 작용하는 방향으로는 물체의 속력이 일정한 비율로 증가하고 이동 거리가 시간의 제곱에 비례하여 증가한다는 개념을 이해한다.

**2** 수평 방향으로 던져진 물체는 연직 방향으로 등가속도 운동을 하고, 수평 방향으로 등속 운동을 한다는 원리를 파악한다.

**3** 등속 직선 운동과 등가속도 운동에서 시간에 따른 이동 거리와 속도의 변화를 이해하고 이를 그래프로 나타낸다.

**4** 이동 거리－시간, 속도－시간 그래프를 해석한다.

정답 ⑤

**개발 의도:** 자석의 운동으로 인해 역학적 에너지가 전기 에너지로 전환되는 과정에 대한 탐구 결과를 바탕으로 자료를 분석하여 결론을 도출할 수 있는지 평가하는 문항

다음은 자석이 코일을 통과하는 과정에서 유도되는 전류를 알아보는 실험이다.

**실험 과정 ›**

(가) 그림과 같이 코일에 검류계를 연결한다.

(나) 자석의 N극을 아래로 하고, 코일로부터 높이 $h$에서 코일의 중심축을 따라 자석을 가만히 놓는다.

(다) 자석의 N극이 p점을 지나는 순간 검류계 바늘이 움직이는 방향을 관찰한다.

(라) 자석의 S극이 q점을 지나는 순간 검류계 바늘이 움직이는 방향을 관찰한다.

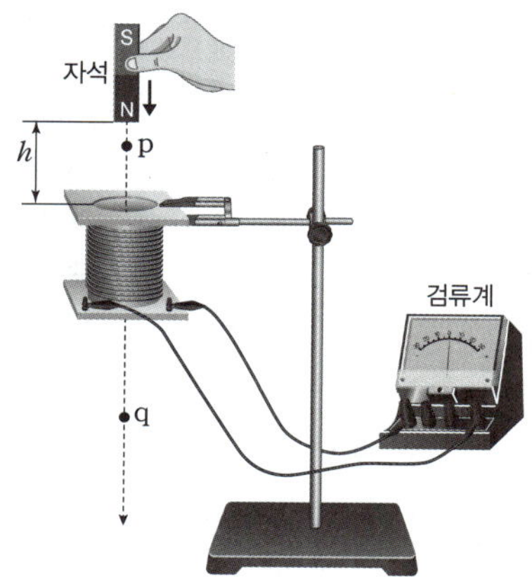


**실험 결과 ›**

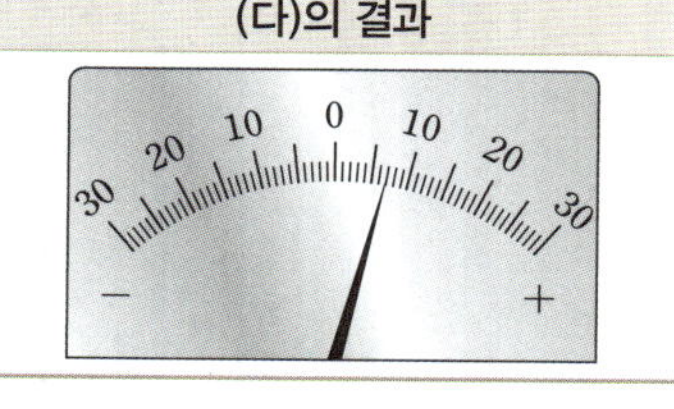


이에 대한 설명으로 옳은 것만을 〈보기〉에서 있는 대로 고른 것은?

**〈보기〉**

ㄱ. 자석이 코일을 통과하는 과정에서 역학적 에너지 일부가 전기 에너지로 전환된다.

ㄴ. $h$가 클수록 (다)에서 검류계 바늘이 (＋) 방향으로 더 많이 움직인다.

ㄷ. (라)에서 검류계 바늘은 (＋) 방향으로 움직인다.

① ㄱ  ② ㄷ  ③ ㄱ, ㄴ  ④ ㄴ, ㄷ  ⑤ ㄱ, ㄴ, ㄷ

---

**통합과학 1** (3) 시스템과 상호작용

＋

**통합과학 2** (2) 환경과 에너지

• **내용 요소**

중력장 내의 운동, 발전

• **행동 영역**

결론 도출 및 일반화

• **평가 및 탐구 요소**

**1** 중력에 의해 자석이 자유 낙하할 때 위치 에너지가 자석의 운동 에너지로 전환되어 자석의 속력이 증가한다는 개념을 이해한다.

**2** 코일을 통과하는 자석의 움직임에 의해 시간에 따른 자기장의 변화가 생기고 이로 인해 코일에 유도 전류가 흐른다는 것을 파악한다.

**3** 자석이 코일에 접근할 때와 멀어질 때 전자기 유도에 의해 코일에 유도되는 전류의 방향을 파악한다.

**정답 ③**

**개발 의도:** 다양한 과학 현상을 산화 환원, 열의 흡수 및 방출 반응으로 설명하고, 이와 관련된 탐구 과정에서 적절한 가설을 설정할 수 있는지 평가하는 문항

≫ 다음은 학생 A가 수행한 탐구 활동이다.

**가설 〉**
- 지구 및 생명 현상에서 산화 환원 반응이 일어나면 [ ㉠ ]

**탐구 과정 〉**
- 산화 환원과 관련한 지구 및 생명 현상 (가)~(다)에서 일어나는 산화 환원 반응의 화학 반응식과 이 반응이 일어날 때 주위로 열을 흡수 또는 방출하는지 조사한다.

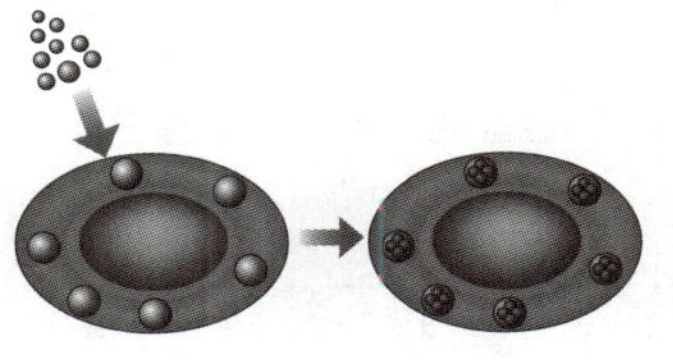

(가) 호상철광층의 형성    (나) 식물의 광합성    (다) 산화 헤모글로빈의 형성

**탐구 결과 〉**

| 현상 | 화학 반응식 | 열의 출입 |
|---|---|---|
| (가) | $4Fe + 3O_2 \longrightarrow 2Fe_2O_3$ | 방출 |
| (나) | $6CO_2 + 6H_2O \longrightarrow C_6H_{12}O_6 + 6O_2$ | |
| (다) | $Hb + O_2 \longrightarrow HbO_2$ | 방출 |

**결론 〉**
- 가설은 옳다.

학생 A의 결론이 타당할 때, 이에 대한 설명으로 옳은 것만을 ＜보기＞에서 있는 대로 고른 것은?

**─ 보기 ─**

ㄱ. '주위로 열을 방출한다.'는 ㉠에 해당한다.

ㄴ. (가)의 반응에서 Fe은 전자를 잃는다.

ㄷ. (다)의 반응에서 Hb은 산화된다.

① ㄱ     ② ㄴ     ③ ㄷ     ④ ㄱ, ㄴ     ⑤ ㄴ, ㄷ

---

**통합과학 2 (1) 변화와 다양성**

- **내용 요소**

  산화와 환원, 물질 변화에서 에너지 출입

- **행동 영역**

  문제 인식 및 가설 설정

- **평가 및 탐구 요소**

  1 산소를 얻거나 전자를 잃으면 산화 반응, 산소를 잃거나 전자를 얻으면 환원 반응임을 안다.

  2 산화 환원 반응이 동시에 일어남을 이해한다.

  3 화학 반응이 주위로 열을 방출하는 반응과 흡수하는 반응으로 분류됨을 안다.

  4 이를 다양한 화학 변화와 물리 변화에 적용하여 구분한다.

**정답 ⑤**

≫ 다음은 중화 반응 실험이다.

**실험 과정 〉**

(가) HCl 수용액과 NaOH 수용액을 각각 50 mL 준비한다.

(나) (가)에서 준비한 두 가지 수용액의 부피를 표와 같이 달리하여 혼합한 용액 Ⅰ~Ⅲ 을 만들고, 각 혼합 용액의 최고 온도를 측정한다.

| 혼합 용액 | Ⅰ | Ⅱ | Ⅲ |
|---|---|---|---|
| HCl 수용액의 부피(mL) | 15 | 10 | 5 |
| NaOH 수용액의 부피(mL) | 5 | 10 | 15 |

(다) Ⅰ~Ⅲ에 BTB 용액을 각각 2~3 방울 넣은 후 혼합 용액의 색을 관찰한다.

**실험 결과 및 자료 〉**

| 혼합 용액 | Ⅰ | Ⅱ | Ⅲ |
|---|---|---|---|
| 최고 온도($^\circ$C) | $t_1$ | | $t_2$ |
| 혼합 용액의 색 | ㉠ | 파란색 | |
| 이온 모형 | | △ ● ■ / ■ ■ / △ ■ ● | |
| 모든 이온 수 | $12N$ | $x$ | $y$ |

이에 대한 설명으로 옳은 것만을 ﹤보기﹥에서 있는 대로 고른 것은? (단, 혼합 전 모든 수용액의 온도는 같고, 혼합 용액의 부피는 혼합 전 각 수용액의 부피의 합과 같다.)

**보기**

ㄱ. '파란색'은 ㉠에 해당한다.

ㄴ. $t_1 > t_2$이다.

ㄷ. $x + y = 40N$이다.

① ㄱ　　② ㄴ　　③ ㄷ　　④ ㄱ, ㄴ　　⑤ ㄴ, ㄷ

**정답 ⑤**

**통합과학 2** (1) 변화와 다양성

• **내용 요소**
산성과 염기성, 중화 반응

• **행동 영역**
결론 도출 및 일반화

• **평가 및 탐구 요소**

**1** 중화 반응의 이온 반응식을 이용하여 혼합 용액에 존재하는 이온의 종류와 수를 분석한다.

**2** 혼합 이전에 산과 염기에 존재하는 이온의 종류와 수를 판단한다.

**3** 산과 염기의 중화 반응 과정에서 나타나는 용액의 온도 변화와 지시약의 색 변화를 예측한다.

**개발 의도:** 이산화 탄소가 지구 온난화에 미치는 영향을 알아보기 위한 탐구 결과를 분석하고, 지구 온난화에 온실 기체가 미치는 영향과 관련지어 결론을 도출할 수 있는지 평가하는 문항

≫ 다음은 이산화 탄소가 지구 온난화에 미치는 영향을 알아보기 위한 탐구 활동이다.

**탐구 과정 ≫**

(가) 부피가 500 mL로 동일한 페트병 A와 B를 준비하여 20°C의 물을 각각 250 mL씩 채운다.

(나) 물과 반응하면 이산화 탄소가 발생하는 고체 조각 2개를 B에만 넣은 직후, 근거리 무선 통신 온도계를 끼운 고무마개로 A와 B의 입구를 막는다.

(다) 빛의 세기가 일정한 백열전등을 설치하고, 전등으로부터 20 cm 떨어진 곳에 A와 B를 나란히 놓는다.

(라) 근거리 무선 통신 온도계를 스마트 기기에 연결하고 전등을 켠 후, A와 B에서 나타나는 온도를 1분 간격으로 10분 동안 측정한다.

(마) (라)에서 측정한 각각의 페트병 내의 온도 변화를 ㉠과 ㉡의 그래프로 나타낸다.

**탐구 결과 ≫**

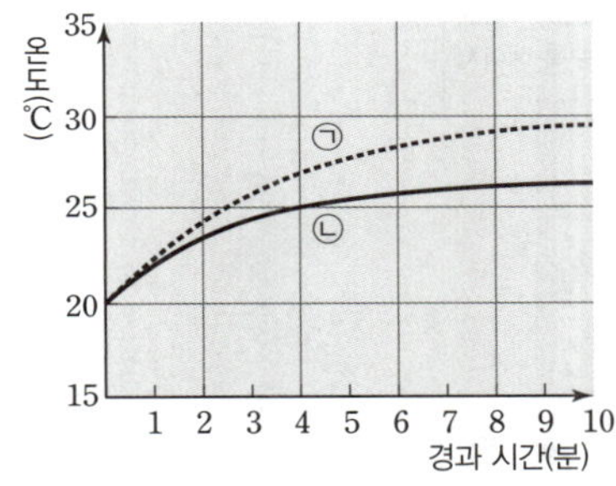


**결론 ≫**

• 대기 중 이산화 탄소의 양이 많을수록 온실 효과는 ( ㉮ )된다.

이에 대한 설명으로 옳은 것만을 보기 에서 있는 대로 고른 것은?

**보기**

ㄱ. 페트병 B의 온도 변화를 나타낸 것은 ㉠이다.

ㄴ. '강화'는 ㉮에 해당한다.

ㄷ. 대기 중 이산화 탄소의 양이 현재보다 많아지면 지구는 더 높은 온도에서 복사 평형에 도달할 것이다.

① ㄱ  ② ㄷ  ③ ㄱ, ㄴ  ④ ㄴ, ㄷ  ⑤ ㄱ, ㄴ, ㄷ

**정답 ⑤**

---

**통합과학 2 (2) 환경과 에너지**

• **내용 요소**
온실 기체와 지구 온난화

• **행동 영역**
결론 도출 및 일반화

• **평가 및 탐구 요소**

**1** 실험 과정의 각 단계가 의미하는 것이 무엇인지 이해한다.

**2** 대기 중 온실 기체에 의해 일어나는 온실 효과와 복사 평형에 대한 개념을 이해한다.

**3** 온실 기체의 양이 증가함에 따라 온실 효과가 강화되어 지구의 평균 기온이 상승하는 지구 온난화의 메커니즘을 이해한다.

**개발 의도:** 에너지 전환과 효율에 대한 과학적 지식에 근거한 과학적 주장을 펼치고, 과학적으로 의사소통할 수 있는지 평가하는 문항

➤➤ 그림은 에너지 전환을 주제로 한 발표 자료에 대해 학생 A, B, C가 대화하는 모습을 나타낸 것이다.

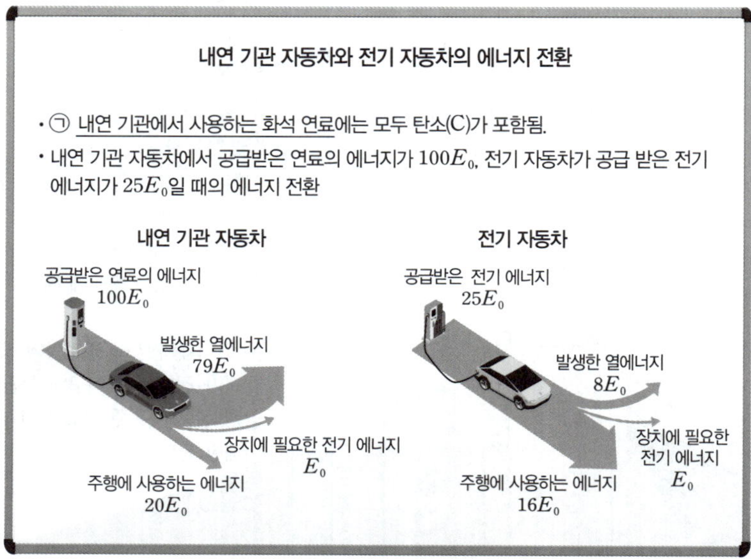

**제시한 내용이 옳은 학생만을 있는 대로 고른 것은?**

① A ② B ③ A, C ④ B, C ⑤ A, B, C



· **내용 요소**
  에너지 전환과 효율적 이용

· **행동 영역**
  의사소통

· **평가 및 탐구 요소**
  **1** 화석 연료의 연소, 온실 효과와 온실 기체, 에너지 효율 등 과학적 개념의 정확한 이해를 바탕으로 과학적 지식을 활용하여 결론을 도출하고 의사소통한다.
  **2** 제시된 자료를 통해 공급받은 에너지와 유용하게 사용한 에너지의 비율을 계산하여 각각의 기관에서 에너지 효율을 구한다.
  **3** 에너지가 다른 형태로 전환되는 과정에서 에너지의 총량이 보존되며, 화석 연료의 사용 과정에서 버려지는 열에너지로 인해 에너지 이용의 효율이 낮아진다는 것을 파악한다.

**정답 ③**

**개발 의도:** 효소의 기능 및 특성에 대한 가설을 검증하기 위해 적절한 탐구를 설계할 수 있는지 평가하는 문항

≫ 다음은 어떤 학생이 작성한 과산화 수소 활용 실험 보고서이다.

**가설 1〉**
• 감자즙에는 ⓐ 과산화 수소 분해 반응을 촉진하는 효소가 있을 것이다.

**가설 2〉**
• 과산화 수소수는 산성을 띨 것이다.

**준비물〉**
• 4홈판, 스포이트, 과산화 수소수, 감자즙, BTB 용액

**실험 과정〉**
(가) 4홈판의 A~C에는 각각 과산화 수소수 3 mL를 넣고, D에는 증류수 3 mL를 넣는다.
(나) A에는 증류수, B에는 감자즙, C와 D에는 각각 BTB 용액을 2~3 방울 넣는다.
(다) A~D에서 기포 생성 여부와 용액의 색 변화를 관찰한다.

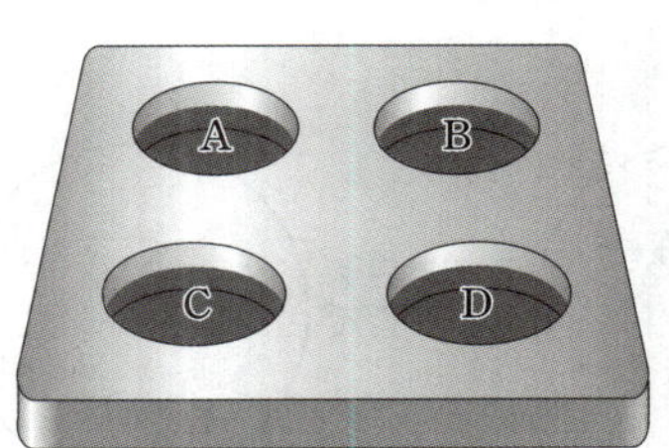

A: 과산화 수소수 + 증류수
B: 과산화 수소수 + 감자즙
C: 과산화 수소수 + BTB 용액
D: 증류수 + BTB 용액

**실험 결과〉**

| 구분 | A | B | C | D |
|---|---|---|---|---|
| 기포 생성 여부 | 생성 안 됨 | 생성됨 | 생성 안 됨 | 생성 안 됨 |
| 색깔 | 투명 | ? | 노란색 | 녹색 |

이에 대한 설명으로 옳은 것만을 보기 에서 있는 대로 고른 것은?

**보기**

ㄱ. ⓐ는 과산화 수소 분해 반응의 활성화 에너지를 낮춘다.
ㄴ. 과산화 수소 분해로 생성된 산소($O_2$)는 공유 결합 물질이다.
ㄷ. C와 D에서의 실험 결과를 비교하여 가설 2를 검증할 수 있다.

① ㄱ     ② ㄷ     ③ ㄱ, ㄴ     ④ ㄴ, ㄷ     ⑤ ㄱ, ㄴ, ㄷ

**정답 ⑤**

---

**통합과학 1 (2) 물질과 규칙성**
+
**통합과학 1 (3) 시스템과 상호작용**

• **내용 요소**
공유 결합, 물질대사

• **행동 영역**
탐구 설계

• **평가 및 탐구 요소**

**1** 감자와 같은 생물에는 카탈레이스와 같은 효소가 들어있다는 것을 이해한다.

**2** 카탈레이스가 촉진하는 과산화 수소 분해 반응 결과로 생성되는 물과 산소는 모두 공유 결합 물질임을 이해하고, 이와 관련된 실험을 설계할 수 있다.

**3** 가설을 검증하기 위해서는 어떤 대조 실험이 필요한지를 고려하고, 알맞은 도구와 재료를 준비하여 수행할 실험의 과정을 적절하게 설계할 수 있다.

**개발 의도:** 항생제 내성 세균에 대한 자료를 분석하여 그 경향성을 파악하고, 이를 진화의 과정과 관련지어 설명할 수 있는지 평가하는 문항

≫ 다음은 어떤 항생제 내성에 관한 자료이다.

- 항생제 내성 세균은 항생제에 노출되었을 때 생존 가능성이 높고, 항생제 감수성 세균은 항생제에 노출되었을 때 죽을 가능성이 높다.
- 항생제 X에 대한 내성은 돌연변이에 의해 생기고, 다음 세대로 유전된다.
- X가 없는 조건에서 X 내성 세균과 X 감수성 세균의 증식 속도는 동일하다.
- 그림은 X 처리 여부에 따라 X 내성 세균과 X 감수성 세균의 비율이 변화하는 과정을 나타낸 것이다.

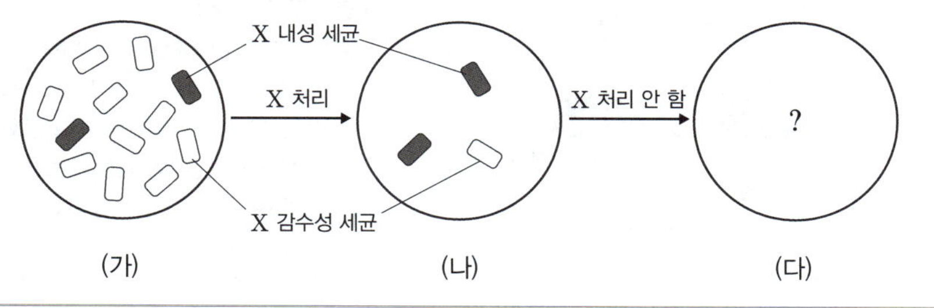


**이 자료에 대한 설명으로 옳은 것만을 보기 에서 있는 대로 고른 것은?**

**보기**

ㄱ. X에 노출되지 않은 세균 집단에서 X 내성 세균은 발생할 수 없다.
ㄴ. (가) → (나) 과정에서 세균의 형질에 따른 자연선택의 원리가 적용된다.
ㄷ. X 내성 세균의 비율은 (가)에서보다 (다)에서가 높다.

① ㄱ     ② ㄷ     ③ ㄱ, ㄴ     ④ ㄴ, ㄷ     ⑤ ㄱ, ㄴ, ㄷ

---

**통합과학 2** (1) 변화와 다양성

- **내용 요소**
  자연선택, 생물다양성
- **행동 영역**
  자료 변환 및 해석
- **평가 및 탐구 요소**
  1 생물에서 변이가 무작위로 발생하고 다음 세대로 유전된다는 것과 자연선택이 이미 존재하는 변이에 작용한다는 것을 이해한다.
  2 이를 바탕으로 항생제 사용에 따라 특정 형질을 가진 세균의 비율이 변화하는 자료에서 경향성을 파악한다.
  3 항생제와 세균의 관계를 항생제 사용 여부에 대한 결과 자료로부터 자료의 경향성이나 규칙성을 파악한다.

**정답 ④**

**개발 의도:** 생명체를 구성하는 물질이 기본 단위체의 결합을 통해 형성되고, 이러한 물질들이 가지는 정보를 통해 생명 시스템이 유지됨을 설명할 수 있는지 평가하는 문항

≫ 다음은 생명체의 단백질과 유전정보에 대한 자료이다. ⓐ와 ⓑ는 단백질과 **DNA**를 순서 없이 나타낸 것이다.

---

- ⓐ의 합성에 이용되는 아미노산은 약 20 종류이다.
- ⓐ를 구성하는 아미노산의 종류와 결합 순서는 ⓑ에 있는 유전정보에 의해 결정된다. ⓑ에서 연속된 2 개의 염기가 1 개의 아미노산에 대한 정보를 갖는다면 최대 16 종류의 가미노산을 지정할 수 있고, 연속된 3 개의 염기가 1 개의 아미노산에 대한 정보를 갖는다면 최대 64 종류의 아미노산을 지정할 수 있다.

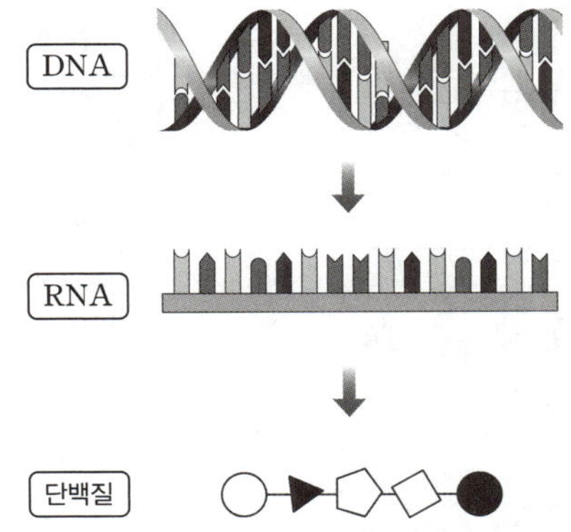


---

이에 대한 설명으로 옳은 것만을 **보기** 에서 있는 대로 고른 것은?

**보기**

ㄱ. ⓐ는 효소의 구성 성분이다.
ㄴ. ⓑ를 구성하는 단위체는 4 종류이다.
ㄷ. ⓑ에서 연속된 2 개의 염기가 1 개의 아미노산을 지정한다.

① ㄱ      ② ㄴ      ③ ㄱ, ㄴ      ④ ㄱ, ㄷ      ⑤ ㄴ, ㄷ

**정답 ③**

---

**통합과학 1** (2) **물질과 규칙성**

**＋**

**통합과학 1** (3) **시스템과 상호작용**

- **내용 요소**
  생명 시스템의 기본 단위, 유전자와 단백질

- **행동 영역**
  적용

- **평가 및 탐구 요소**
  **1** DNA의 염기서열은 단백질을 구성하는 아미노산의 종류와 결합 순서를 결정하는데, DNA는 단위체인 뉴클레오타이드가 다양한 순서로 결합하여 형성되고, 단백질은 단위체인 아미노산이 다양한 순서로 결합하여 형성된다는 것을 이해하여 자료에 적용한다.

  **2** 일상생활에서 접하는 다양한 현상이나 자연환경에서 관찰할 수 있는 현상에 대해 과학적 개념을 적절하게 적용한다.

**개발 의도:** 빅데이터를 이용하고 있는 사례를 활용하여 구성된 탐구 활동에서, 수집된 데이터를 표, 그래프 등으로 변환하여 경향성, 규칙성 등을 파악할 수 있는지 평가하는 문항

≫ 다음은 디지털 센서를 활용하여 실시간 기상 데이터를 측정하는 탐구 활동이다.

**통합과학 2** (3) 과학과 미래 사회

- **내용 요소**
  인공지능과 과학 탐구
- **행동 영역**
  자료 변환 및 해석
- **평가 및 탐구 요소**
  1 탐구 자료를 적절한 형태로 변환하고 해석한다.
  2 과학기술사회에서 빅데이터를 사용하고 있는 여러 사례 중 기상 데이터(기온, 기압, 절대 습도, 이슬점 등)가 있음을 안다.
  3 디지털 탐구 도구를 활용하여 실시간 기상 데이터를 측정하고, 이를 다양한 형태로 변환하여 일상생활에 활용할 수 있음을 이해한다.

**탐구 과정 및 결과 〉**

(가) 어느 날 오후, 교실 내의 기온, 기압, 절대 습도, 이슬점을 측정하는 디지털 센서를 설치한다.

(나) 디지털 센서와 스마트 기기를 근거리 무선 통신으로 연결한 후, 스마트 기기가 기상 데이터를 30 초 간격으로 수신하도록 설정한다.

(다) 스마트 기기에 기록된 〈자료 1〉의 기상 데이터를 이용하여 〈자료 2〉와 같이 (      ㉠      )하고, 〈자료 2〉의 경향성을 해석한다.

**탐구 결과 〉**

| 연번 | 기온 (°C) | 기압 (hPa) | 절대 습도 (g/m³) | 이슬점 (°C) |
|---|---|---|---|---|
| 1 | 27.7 | 997.5 | 11.2 | 12.8 |
| ⋮ | ⋮ | ⋮ | ⋮ | ⋮ |
| 110 | 26.9 | 997.5 | 12.3 | 14.2 |
| 111 | 27.1 | 997.5 | 12.8 | 14.8 |
| 112 | 27.2 | 997.5 | 13.1 | 15.1 |
| 113 | 27.2 | 997.5 | 13.0 | 15.0 |
| 114 | 27.2 | 997.5 | 12.8 | 14.8 |
| ⋮ | ⋮ | ⋮ | ⋮ | ⋮ |
| 200 | 27.8 | 997.3 | 11.3 | 12.9 |

〈자료 1〉

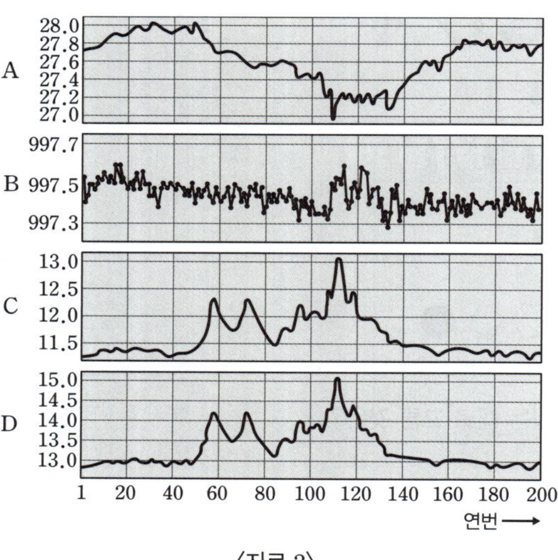


〈자료 2〉

**결론 〉**

공기 중 단위 부피당 수증기량(절대 습도)이 많을수록 이슬점은 대체로 (      ㉡      )한다.

이에 대한 설명으로 옳은 것만을 〈보기〉에서 있는 대로 고른 것은?

**보기**

ㄱ. '그래프로 변환'은 ㉠에 해당한다.
ㄴ. A~D 중 이슬점 그래프는 C이다.
ㄷ. '상승'은 ㉡에 해당한다.

① ㄱ  ② ㄴ  ③ ㄱ, ㄷ  ④ ㄴ, ㄷ  ⑤ ㄱ, ㄴ, ㄷ

**정답 ③**

# 메가스터디 N제

## 통합과학1 755제

**2022 개정 교육과정**

2025년 고1부터 적용

정답 및 해설

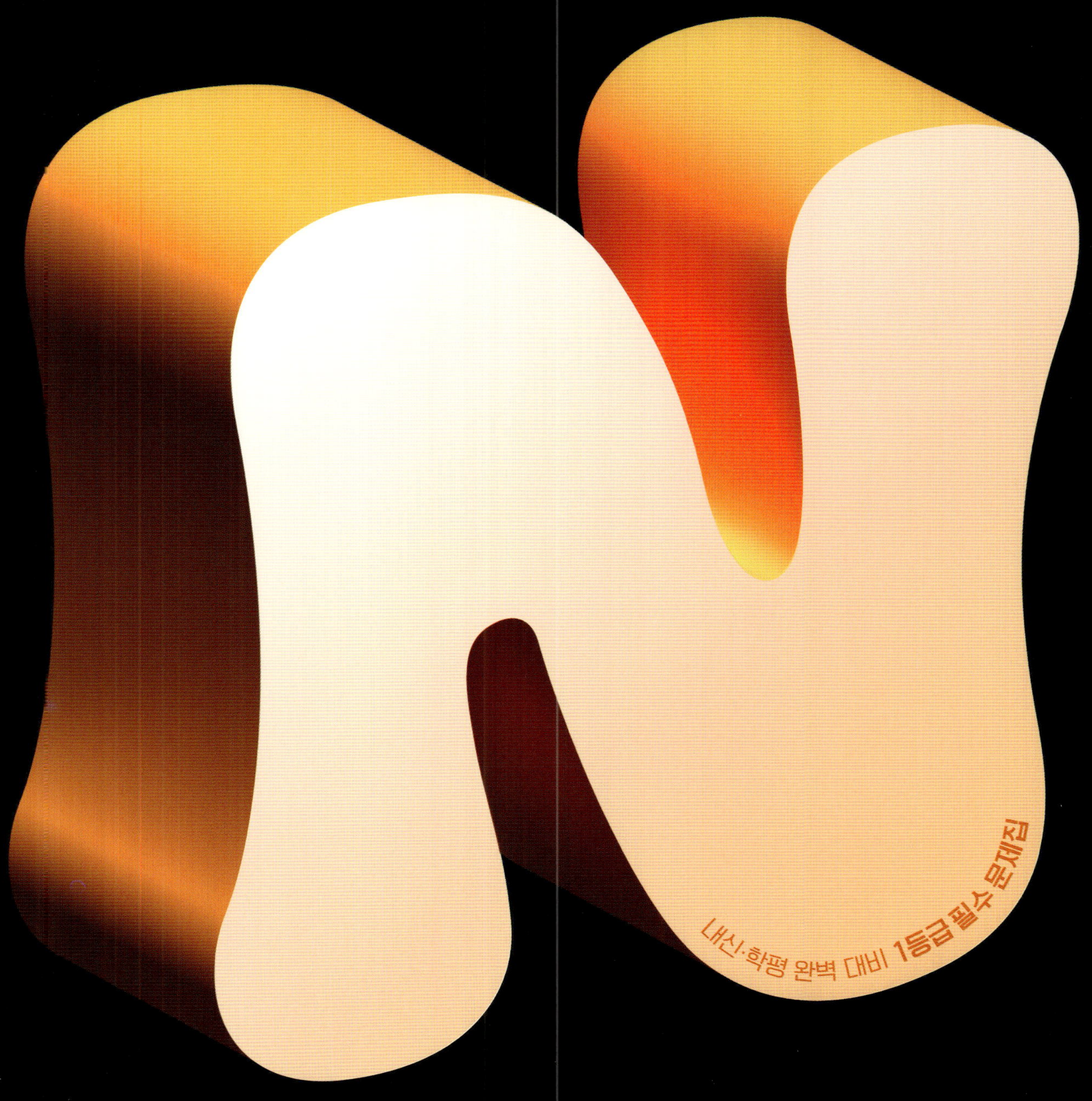



메가스터디 BOOKS

# 메가스터디 N제

## 통합과학1 755제

정답 및 해설

# 정답 및 해설

## I 과학의 기초

### 01 과학의 기본량



| | | | | | |
|---|---|---|---|---|---|
| 001 ◯ | 002 ✕ | 003 ✕ | 004 ◯ | 005 ✕ | 006 ✕ |
| 007 ✕ | 008 ◯ | 009 ◯ | 010 ◯ | 011 ✕ | 012 ✕ |
| 013 ✕ | 014 ✕ | 015 ✕ | 016 ◯ | 017 ✕ | 018 ◯ |



| | | | | | |
|---|---|---|---|---|---|
| 019 ⑤ | 020 해설 참조 | 021 ② | 022 ⑤ | 023 ⑤ | 024 ⑤ |
| 025 ② | 026 ⑤ | 027 해설 참조 | 028 ③ | 029 ④ | |

### 019 미시 세계와 거시 세계　답 ⑤

**알짜풀이**

ㄴ. 자연에서 일어나는 현상이나 물체의 크기는 시간과 공간 규모가 다양하다.

ㄷ. 자연 세계의 규모를 고려해 관찰하고 측정하는 것은 과학의 기초가 된다. 따라서 다양한 자연 세계의 규모에 따라 측정 방법은 다양하다.

**오답넘기**

ㄱ. 미시 세계는 아주 작은 물체나 현상을 다루는 세계이다. 은하와 같은 규모는 거시 세계에 해당한다.

### 020 서술형 미시 세계와 거시 세계

(1) 모범답안 미시 세계는 아주 작은 물체나 현상을 다루는 세계이고, 거시 세계는 큰 물체나 현상을 다루는 세계이다.

| 채점 기준 | 배점 |
|---|---|
| 미시 세계와 거시 세계의 의미를 모두 옳게 서술한 경우 | 100 % |
| 미시 세계와 거시 세계의 의미 중 1가지만 옳게 서술한 경우 | 50 % |

(2) 답 (가)

**해설**

적혈구는 우리 몸 속에 있는 아주 작은 세포로 미시 세계에 해당한다.

### 021 시간과 길이 측정　답 ②

**알짜풀이**

ㄴ. 시간을 측정하는 방법은 다양하지만, 현재 가장 정밀한 시계는 세슘 원자시계이다.

**오답넘기**

ㄱ. 과학에서의 시간과 길이 측정은 거시 세계와 미시 세계를 모두 포함한다.

ㄷ. 길이를 측정할 때는 측정 규모에 맞는 도구를 사용해야 한다.

### 022 자연 현상과 측정 도구　답 ⑤

**알짜풀이**

ㄴ. 레이저 거리 측정기는 길이를 측정하는 도구이다.

ㄷ. 원자시계는 몇백만 분의 1 초 단위까지 정밀한 시간을 측정할 수 있는 도구이다.

**오답넘기**

ㄱ. (가)는 조선 시대의 물시계로 시간을 측정하기 위한 도구이다. 자격루는 미시 세계의 측정 도구로는 적절하지 않다.

### 023 시간 측정의 발전 과정　답 ⑤

**알짜풀이**

ㄱ. 조선 시대에는 해의 주기적인 현상을 이용하는 앙부일구를 사용하여 시간을 측정하였다.

ㄴ. 과거에는 진자를 이용한 괘종 시계 등을 만들어 시간을 측정하였다.

ㄷ. 현대에는 세슘 원자시계를 이용하여 정밀한 시간을 측정할 수 있다.

### 024 기본량　답 ⑤

**알짜풀이**

ㄴ. 기본량은 국제단위계를 사용해 나타낸다.

ㄷ. 기본량을 조합하여 부피, 속력, 농도 등과 같은 유도량을 나타낸다.

**오답넘기**

ㄱ. 동일한 기본량은 같은 단위로 표현한다.

### 025 기본량과 유도량　답 ②

**알짜풀이**

② 부피는 길이로부터 유도되는 유도량이다.

### 026 기본량　답 ⑤

**알짜풀이**

ㄱ. 두 점 사이의 거리를 나타내는 기본량은 길이이다.

ㄴ. 길이의 표준 단위는 m(미터)이다.

ㄷ. 부피는 입체적인 물체가 차지하는 공간의 크기를 나타내는 물리량으로, 가로, 세로, 높이의 길이를 곱한 것이다.

### 027 서술형 기본량과 단위

모범답안 다른 물리량을 활용하여 표현할 수 없는 가장 기본이 되는 고유한 물리량이다.

질량 − kg, 길이 − m, 시간 − s, 전류 − A, 온도 − K, 물질량 − mol, 광도 − cd 등

| 채점 기준 | 배점 |
|---|---|
| 기본량의 의미와 기본량과 단위 3가지를 모두 옳게 서술한 경우 | 100 % |
| 기본량의 의미와 기본량과 단위 2가지만 옳게 서술한 경우 | 70 % |
| 기본량의 의미만 옳게 서술한 경우 | 30 % |

## 028 기본량과 유도량 답 ③

**알짜풀이**

ㄷ. 광도는 기본량이므로 기본 단위로 표현할 수 있다.

**오답넘기**

ㄱ. 속력은 길이와 시간을 조합하여 나타내는 유도량이다.

ㄴ. 부피의 단위는 $m^3$으로, 길이의 단위를 이용해 표현한다.

## 029 유도량과 단위 답 ④

**알짜풀이**

ㄱ. 속력의 단위는 m/s이다.

ㄷ. 접두어 기호를 함께 사용하여 크거나 작은 값을 나타낼 수 있다. 접두어 n(나노)는 $10^{-9}$을 의미한다. 따라서 $10^{-9}\,m = 1\,nm$이다.

**오답넘기**

ㄴ. 부피당 질량은 밀도를 의미한다.

# 02 측정 표준과 정보

| STEP 1 | O/X 문제로 5종 교과서 핵심 자료 보기 | | | | 013쪽 |
|---|---|---|---|---|---|
| 030 X | 031 X | 032 X | 033 O | 034 X | 035 O |
| 036 O | 037 O | 038 X | 039 O | 040 O | 041 O |
| 042 X | 043 O | 044 X | 045 X | 046 O | |

| STEP 2 | 학교 기출 문제로 내신 대비하기 | | | 014~015쪽 |
|---|---|---|---|---|
| 047 ⑤ | 048 ③ | 049 해설 참조 | 050 ④ | 051 ⑤ |
| 052 ⑤ | 053 ③ | 054 ⑤ | 055 ③ | 056 해설 참조 |

## 047 측정과 어림 답 ⑤

**알짜풀이**

ㄴ. 어림은 측정 경험, 과학적 사고 과정을 통해 수행되며, 측정 도구를 결정하는 데 도움을 준다.

ㄷ. 도구를 이용하는 측정값은 눈금 등을 읽는 과정에 한계가 있으므로 반올림과 같은 어림을 활용한다.

**오답넘기**

ㄱ. 측정은 적절한 측정 단위와 측정 도구를 사용하여 양을 재는 활동이다.

## 048 측정과 어림 답 ③

**알짜풀이**

ㄷ. 반올림 과정을 통해 측정값을 어림해야 한다.

**오답넘기**

ㄱ, ㄴ. 액체의 부피가 눈금과 정확하게 일치하지 않으므로 부피를 정확하게 측정할 수 없으며, 어림의 과정이 필요하다.

## 049 ⬤서술형 어림의 의미

🔽**모범답안** 어림은 측정 결과와 비교하여 측정값의 의미를 파악하고 새로운 지식의 생산을 촉진한다.

| 채점 기준 | 배점 |
|---|---|
| 측정값과 새로운 지식을 생산한다는 의미를 모두 포함하여 옳게 서술한 경우 | 100 % |
| 측정값과 새로운 지식을 생산한다는 의미 중 1가지만 포함하여 서술한 경우 | 50 % |

## 050 측정 표준 답 ④

**알짜풀이**

ㄱ. 측정 표준은 물리량을 측정하는 기준으로 사용하기 위해 공통으로 사용할 수 있는 단위에 대한 과학적 기준이다.

ㄷ. 측정 표준은 공통으로 사용할 수 있는 기준이므로 신뢰할 수 있는 정보로 활용된다.

**오답넘기**

ㄴ. 측정 표준은 일상생활뿐만 아니라 과학, 기술, 학문 영역에 모두 활용된다.

## 051 국제단위계(SI)의 표준 단위 답 ⑤

**알짜풀이**

ㄴ. 1 kg은 빛의 에너지와 관련된 플랑크 상수를 이용한 값으로 정의한다. 따라서 ⓒ에 해당하는 것은 플랑크이다.

ㄷ. 자동차의 과속 단속을 위해 속력에 대한 측정 표준을 사용한다. 속력은 길이와 시간을 조합한 측정 표준을 사용한다.

**오답넘기**

ㄱ. 1 s(초)는 세슘 원자에서 나오는 빛의 진동수를 이용하여 정의한다. 따라서 ㉠에 해당하는 것은 세슘이다.

## 052 신호와 정보 답 ⑤

**알짜풀이**

ㄱ. 자연의 변화는 주로 아날로그 신호로 전달된다.

ㄴ. 정보는 자연의 신호를 측정하고 분석하여 우리에게 의미 있는 형태의 자료로 만든 것이다.

ㄷ. 지진파는 자연에서 발생한 신호이고, 지진파를 분석하여 알아낸 진원은 정보에 해당한다.

## 053 아날로그 신호와 디지털 신호 답 ③

**알짜풀이**

ㄷ. 아날로그 신호를 디지털 신호로 변환하는 과정에서 정보의 손실이 발생한다.

**오답넘기**

ㄱ. A는 아날로그 신호이며, 연속적인 신호이다.

ㄴ. B는 디지털 신호이므로 (나)의 신호 변환기는 아날로그 신호를 디지털 신호로 변환한다.

## 054 아날로그 신호와 디지털 신호  답 ⑤

**알짜풀이**

ㄴ. 아날로그 신호는 긴 거리를 이동하면 세기가 약해지거나 신호가 변질될 수 있지만 디지털 신호는 잘 변질되지 않는다.

ㄷ. 아날로그 신호는 소리의 미세한 떨림이나 색깔의 미세한 부분까지 표현할 수 있지만, 디지털 신호는 기록 구간을 잘라서 저장하므로 미세한 부분까지 표현하지는 못한다.

**오답넘기**

ㄱ. (가)는 디지털 신호이고, (나)는 아날로그 신호이다.

## 055 디지털 정보  답 ③

**알짜풀이**

ㄱ. 정보 통신 기술이 발전하면서 일상생활의 여러 분야에 디지털 정보가 유용하게 이용된다.

ㄴ. 디지털 정보는 전송 과정에서 정보가 거의 손실되지 않으며 저장과 분석이 용이하다.

**오답넘기**

ㄷ. 사물 인터넷(IoT), 인공지능(AI) 등의 기술은 디지털 정보를 다룬다.

## 056 ·서술형 센서의 원리

✔모범답안 가속도 센서, 가속도 센서는 관성을 이용해 가속도를 전기 신호로 변환한다.

| 채점 기준 | 배점 |
| --- | --- |
| 센서의 종류와 원리를 모두 옳게 서술한 경우 | 100 % |
| 센서의 종류만 옳게 서술한 경우 | 50 % |

STEP **3** 수능 유형 문제로 만점 도전하기  016~017쪽

**057** ①  **058** ④  **059** ③  **060** ⑤  **061** ⑤  **062** ⑤
서술형 문제  063~065 해설 참조

## 057 미시 세계와 거시 세계  답 ①

**알짜풀이**

A. 우주는 규모가 큰 거시 세계에 해당한다.

**오답넘기**

B. 우주를 표현하는 단위는 AU(천문단위)가 적절하다. nm(나노미터) 단위는 미시 세계를 표현하는 데 적절하다.

C. 과학의 탐구 대상에는 다양한 규모의 시간과 공간이 포함된다.

## 058 시간 측정 도구  답 ④

**알짜풀이**

ㄱ. 조선 시대에는 시간을 측정하기 위해 앙부일구를 사용하였다.

ㄷ. 현재는 시간을 정밀하게 측정하기 위해 세슘 원자에서 나오는 빛이 일정한 횟수만큼 진동하는 데 걸린 시간을 1 초라고 정의한다.

**오답넘기**

ㄴ. 국제단위계에서 시간의 단위는 s(초)이다.

## 059 기본량과 유도량  답 ③

**알짜풀이**

ㄱ. ㄹ. 속도의 단위는 m/s로, 속도는 기본량 중 길이와 시간을 이용해 나타낼 수 있다.

## 060 측정 도구와 측정 표준  답 ⑤

**알짜풀이**

ㄱ. 모르포 나비의 구조는 맨눈에 보이지 않으므로 미시 세계 탐구 방법을 적용하는 것이 적절하다.

ㄴ. 맨눈으로 보이지 않는 날개 표면의 미세 구조를 확인하기 위해 전자 현미경을 이용한다. 전자 현미경은 작은 구조를 구분하여 관찰할 수 있는 측정 도구이다.

ㄷ. 나비의 날개에서 방출되는 파란색 빛은 자연의 신호이므로 아날로그 신호이다.

## 061 측정 표준  답 ⑤

**알짜풀이**

ㄱ. (가)는 사람들에게 대기 중에 포함된 미세먼지 농도를 알려준다.

ㄴ. 과속 단속 표지판에 사용하는 속력의 단위는 km/h이다.

ㄷ. 과속 단속 표지판의 숫자는 운전자에게 현재 도로에서 자동차가 달릴 수 있는 최고 속력을 알려준다.

## 062 센서  답 ⑤

**알짜풀이**

ㄱ. 광센서는 빛을 감지하여 전기 신호로 변환한다.

ㄴ. 광센서는 가로등이 자동으로 켜지거나 꺼지는 데 사용한다.

ㄷ. 초음파 센서는 거리를 측정하는 데 사용되며, 자동차의 충돌 사고를 예방한다.

### 서술형 문제

## 063 시간과 공간의 측정

(1) 답 (세슘) 원자시계

(2) ✔모범답안 시간과 공간을 측정할 수 있는 규모를 넓혀 인간이 경험할 수 있는 자연 세계를 크게 확장했다.

| 채점 기준 | 배점 |
|---|---|
| 측정 대상의 변화를 옳게 서술한 경우 | 100 % |

**해설**

과거에는 천체의 주기를 이용해 시간을 측정하고, 신체 등을 이용해 길이를 측정하였다. 사회가 발전함에 따라 정밀한 측정이 필요하게 되었고, 이를 측정할 수 있는 측정 도구가 개발되었다.

## 064 측정과 어림

▼모범답안 측정은 미지의 양을 정의한 기준과 비교하여 값을 결정하는 과정이고, 어림은 이용할 수 있는 정보를 바탕으로 물리량을 예상하는 것이다.

| 채점 기준 | 배점 |
|---|---|
| 측정과 어림을 모두 옳게 서술한 경우 | 100 % |
| 측정과 어림 중 1가지만 옳게 서술한 경우 | 50 % |

## 065 아날로그 신호와 디지털 신호

▼모범답안 정보 통신 기술에 사용하기에 적합하다. 외부 환경에 의한 신호의 왜곡이 없어 정보의 변형과 잡음이 거의 없다. 등

| 채점 기준 | 배점 |
|---|---|
| 2가지를 모두 옳게 서술한 경우 | 100 % |
| 1가지만 옳게 서술한 경우 | 50 % |

**해설**

(가)는 디지털 신호이고, (나)는 아날로그 신호이다.

# II 물질의 규칙성

## [1] 자연의 구성 원소

## 03 우주의 시작과 원소의 생성

**STEP 1** O/X 문제로 5종 교과서 핵심 자료 보기　021쪽

| | | | | | |
|---|---|---|---|---|---|
| 066 ○ | 067 ○ | 068 X | 069 X | 070 ○ | 071 ○ |
| 072 ○ | 073 X | 074 X | 075 ○ | 076 X | 077 X |
| 078 ○ | 079 ○ | 080 ○ | 081 ○ | 082 X | 083 X |
| 084 X | 085 ○ | | | | |

**STEP 2** 학교 기출 문제로 내신 대비하기　022~025쪽

| | | | | | |
|---|---|---|---|---|---|
| 086 ⑤ | 087 ① | 088 ② | 089 ③ | 090 ④ | 091 ② |
| 092 ② | 093 해설 참조 | 094 ① | 095 ③ | 096 ③ | 097 ① |
| 098 ⑤ | 099 ② | 100 ⑤ | 101 해설 참조 | 102 해설 참조 | |

## 086 스펙트럼의 종류　답 ⑤

**알짜풀이**

ㄱ. (가)는 연속 스펙트럼이 나타나므로 백열등을 관찰한 것과 같은 스펙트럼은 (가)이다.

ㄴ. (나)는 고온의 기체에서 특정한 파장의 에너지를 방출하므로 검은 바탕에 여러 개의 밝은 선이 있는 방출 스펙트럼이 나타난다.

ㄷ. 고온의 태양 표면에서 나오는 빛은 연속 스펙트럼을 형성하지만 이 빛이 태양 대기를 통과하면 특정한 파장의 빛이 흡수되어 흡수 스펙트럼이 생기는데, 이는 (다)에 해당한다.

## 087 스펙트럼의 종류　답 ①

**알짜풀이**

ㄱ. (가)는 검은 바탕에 밝은 선이 나타나므로 방출 스펙트럼이다.

**오답넘기**

ㄴ. (나)는 연속적인 색의 띠가 나타나는 연속 스펙트럼이다. A는 파장이 짧은 보라색이고, B는 파장이 긴 붉은색이다.

ㄷ. (나)는 연속 스펙트럼이므로 백열등과 같이 고온의 광원에서 방출하는 빛을 관찰한 것이다.

## 088 스펙트럼의 원리　답 ②

**알짜풀이**

ㄴ. (나)는 광원에서 나온 빛이 저온의 기체를 통과하면서 특정한 파장이 흡수되므로 스펙트럼에서 흡수선이 나타난다.

**오답넘기**

ㄱ. (가)는 고온의 기체에서 방출 스펙트럼이 관측되므로 검은 바탕에 방출선이 관찰되며, 연속적인 색의 띠를 볼 수 없다.

ㄷ. (가)와 (나)는 서로 다른 기체를 관찰한 것이므로 나타나는 선의 위치는 서로 다르다.

## 089 스펙트럼의 방출선, 흡수선과 원소     답 ③

**알짜풀이**

ㄱ. (가)와 (나)는 흡수 스펙트럼이므로 특정한 파장의 빛이 흡수되어 흡수선이 나타난다.

ㄷ. (가)의 흡수선 위치와 (라)의 방출선 위치가 일치하는데, 이는 (가)와 (라)가 동일한 원소의 스펙트럼이기 때문이다.

**오답넘기**

ㄴ. (다)와 (라)는 방출선의 위치가 다른데, 이는 (다)와 (라)의 원소가 서로 다르기 때문이다.

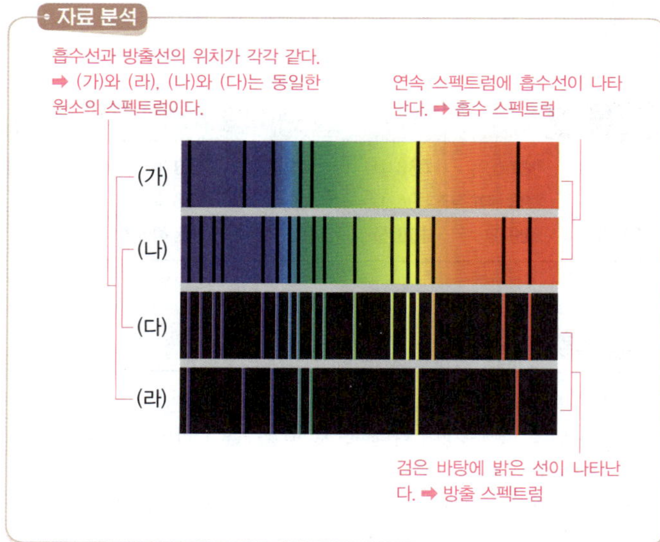


## 090 별빛 스펙트럼 분석     답 ④

**알짜풀이**

ㄴ. 별 B의 스펙트럼과 원소의 스펙트럼을 비교해 보면 별 B에는 수소, 헬륨, 칼슘이 포함되므로 3종 이상의 원소로 이루어져 있다.

ㄷ. 별 A에는 수소, 헬륨, 나트륨이 포함되어 있고, B에는 수소, 헬륨, 칼슘이 포함되어 있으므로 A와 B에는 수소와 헬륨이 공통적으로 포함된다.

**오답넘기**

ㄱ. 별 A에는 칼슘이 포함되지 않는다.

## 091 스펙트럼의 종류와 특징     답 ②

**알짜풀이**

ㄴ. (나)는 방출 스펙트럼이다. 방출 스펙트럼은 고온의 기체가 특정한 파장의 빛을 방출하여 만들어진다.

**오답넘기**

ㄱ. (가)는 별빛에서 관측한 흡수 스펙트럼이고, (나)는 기체 방전관에서 관측한 방출 스펙트럼이다.

ㄷ. (가)와 (나)에서 선 스펙트럼의 위치(파장)가 모두 다르므로 서로 다른 원소에 의해 만들어진 것이다.

## 092 태양의 스펙트럼     답 ②

**알짜풀이**

ㄷ. 태양 스펙트럼에서 관측된 선 스펙트럼을 분석하면 태양의 대기를 구성하는 원소의 종류를 알아낼 수 있다.

**오답넘기**

ㄱ, ㄴ. 태양 스펙트럼에서 보이는 검은색 선은 흡수선으로, 태양의 대기층을 통과할 때 형성된다.

## 093 서술형 스펙트럼의 종류

✓ **모범답안** 성운을 이루는 기체가 주변의 별빛을 흡수하였다가 고온 상태에서 특정한 파장의 빛을 방출하기 때문이다.

| 채점 기준 | 배점 |
| --- | --- |
| 방출선이 나타나는 까닭을 옳게 서술한 경우 | 100 % |
| 방출선이 나타나는 까닭을 옳게 서술하지 못한 경우 | 0 % |

**해설**

(가)는 밝게 보이는 방출 성운으로, 별빛을 반사하거나 별빛을 흡수하였다가 재방출하여 밝게 보인다. (나)에서 여러 개의 방출선이 나타나는 것은 성운을 이루는 기체가 주변의 별빛을 흡수하였다가 고온 상태에서 특정한 파장의 빛을 방출하기 때문이다.

## 094 물질을 구성하는 입자     답 ①

**알짜풀이**

ㄱ. A는 원자핵과 결합하여 원자를 이루므로 전자이다. 전자는 쿼크와 함께 빅뱅 이후에 가장 먼저 생성된 입자이므로 물질을 이루는 기본 입자이다.

**오답넘기**

ㄴ. B는 쿼크 3 개가 결합하여 생성되는 양성자이다. 수소 원자는 원자핵(양성자)과 1 개의 전자로 이루어지므로 B 자체가 수소 원자핵이다.

ㄷ. 빅뱅 이후 약 38 만 년이 되었을 때 원자핵과 전자가 결합하여 최초로 중성의 수소 원자와 헬륨 원자가 형성되었다.

## 095 물질을 구성하는 입자     답 ③

**알짜풀이**

ㄱ. A는 원자핵을 구성하는 입자이므로 양성자 또는 중성자이다. 양성자나 중성자는 3 개의 B(쿼크)가 결합하여 만들어진다.

ㄴ. B(쿼크)와 전자는 더 이상 분해되지 않는 입자이므로 기본 입자이다.

**오답넘기**

ㄷ. 양성자나 중성자는 쿼크가 결합하여 만들어지므로 쿼크로 분해되는 입자이다.

## 096 초기 우주의 진화 과정     답 ③

**알짜풀이**

ㄱ. A 시기에는 수소 원자핵과 헬륨 원자핵의 질량비가 약 3 : 1의 비율로 존재하였다.

ㄴ. 우주 배경 복사는 중성인 원자가 생성된 B 시기 이후부터 존재하기 시작하였다.

ㄷ. 우주가 팽창함에 따라 우주의 온도는 계속 하강하였다. 따라서 우주의
온도는 A 시기보다 B 시기에 낮았다.

## 097 빅뱅 이후 시간에 따른 변화  답 ①

**알짜풀이**

ㄱ. (가)는 양성자와 중성자의 형성, (나)는 헬륨 원자핵의 형성, (다)는 원
자의 형성을 설명한 것이므로 변화가 일어난 순서는 (가) → (나) →
(다)이다.

**오답넘기**

ㄴ. 헬륨 원자핵이 형성된 것은 빅뱅 이후 약 3 분이 지났을 때이다.

ㄷ. 빛이 우주 공간으로 퍼져 나갈 수 있었던 것은 중성인 원자가 만들어
졌기 때문이며, 이때 우주의 온도는 약 3000 K으로 낮아졌다.

## 098 원자의 생성과 우주 배경 복사  답 ⑤

**알짜풀이**

ㄴ. (나)의 빛은 원자가 생성된 이후의 빛으로 현재 지구에서 우주 배경 복
사로 관측된다.

ㄷ. 우주의 크기는 시간이 흐를수록 계속 증가하였으므로 (가)보다 (나)일 때
더 크다.

**오답넘기**

ㄱ. (가)는 빛이 전기를 띤 입자의 방해로 자유롭게 진행하지 못하는 시기
이므로 빅뱅 이후 약 38 만 년이 되기 이전의 모습이다.

## 099 빅뱅 우주의 물리량 변화  답 ②

**알짜풀이**

빅뱅 이후 우주는 팽창하지만 새로운 물질이 생겨나지 않으므로 시간이
지남에 따라 우주의 질량은 일정하지만 우주의 밀도는 감소한다. 따라서
우주는 B → A 시기로 변하였다.

ㄷ. 우주는 B → A 시기로 팽창하였으므로 두 은하 ㉠과 ㉡ 사이의 거리
는 A 시기가 B 시기일 때보다 멀다.

**오답넘기**

ㄱ. 우주가 팽창하였으므로 우주의 온도는 A 시기가 B 시기일 때보다 낮다.

ㄴ. 은하 ㉠과 ㉡이 형성될 당시에 우주에는 이미 수소와 헬륨이 모두 생
성되었으며, 이후 두 원소의 질량비는 변하지 않았으므로
$\dfrac{수소의\ 총질량}{헬륨의\ 총질량}$ 은 약 3으로 A와 B 시기가 같다.

## 100 초기 우주에서 생성된 입자의 종류와 특성  답 ⑤

**알짜풀이**

A는 수소 원자, B는 헬륨 원자핵, C는 중수소 원자핵이다.

ㄱ. 모형에서 ◉는 전자, ● 는 양성자, ○ 는 중성자이다.

ㄴ. 전자의 질량이 양성자나 중성자의 질량보다 매우 작으므로 수소 원자
A가 중수소 원자핵 C보다 질량이 작다.

ㄷ. 세 입자 중에서 원자핵과 전자가 결합하여 생성된 A가 가장 나중에 형성
되었다.

## 101 · 서술형 원자를 구성하는 입자

✓**모범답안** 약 12 : 1, 질량은 (나)가 (가)보다 약 4배 크다. (가)와 (나)의 질
량비가 약 3 : 1이므로 개수비는 약 12 : 1이 되어야 한다.

| 채점 기준 | 배점 |
| --- | --- |
| 개수비를 질량비와 관련지어 옳게 서술한 경우 | 100 % |
| 개수비만 옳게 쓴 경우 | 40 % |

**해설**

원자는 원자핵과 전자로 이루어져 있고, 원자핵은 양성자와 중성자로 이
루어져 있다. (가)는 양성자 1 개와 전자 1 개로 이루어져 있는 수소이고,
(나)는 양성자 2 개와 중성자 2 개, 전자 2 개로 이루어져 있는 헬륨이다.
양성자와 중성자의 질량은 거의 같고 전자의 질량은 매우 작다. 따라서 헬
륨은 수소보다 질량이 약 4배 크다. 따라서 수소와 헬륨의 질량비가 약
3 : 1이라면 개수비는 약 12 : 1임을 알 수 있다.

## 102 · 서술형 우주 팽창과 원소 생성

✓**모범답안** 우주의 팽창으로 온도가 낮아져 헬륨 원자핵을 만들기에는 에너
지가 충분하지 않았기 때문이다.

| 채점 기준 | 배점 |
| --- | --- |
| 우주의 팽창에 의한 온도 하강과 에너지 불충분을 언급하여 옳게 서술한 경우 | 100 % |
| 우주의 팽창에 의한 온도 하강만 언급하여 서술한 경우 | 80 % |
| 우주의 팽창만 언급하여 서술한 경우 | 50 % |

**해설**

양성자는 그 자체로 수소 원자핵이고, 양성자 2 개와 중성자 2 개가 결합
하면 헬륨 원자핵이 된다. 그런데 양성자 2 개가 결합하는 과정에서 강한
전기적 반발력이 작용하므로 양성자 2 개와 중성자 2 개를 하나의 원자핵
으로 묶어두기 위해서는 매우 큰 에너지가 필요하다. 우주의 나이가 3 분
이 되었을 때는 우주의 온도가 매우 높았으므로 매우 큰 에너지로 헬륨 원
자핵을 만드는 것이 가능했지만 우주는 계속 팽창하여 온도가 낮아졌으므
로 수소 원자핵 3 개당 헬륨 원자핵 1 개가 만들어진 이후에는 우주의 온
도가 매우 낮아져 더 이상 헬륨 원자핵이 만들어질 수 없었다.

# 04 지구와 생명체를 구성하는 원소의 생성

**STEP 1  O/X 문제로 5종 교과서 핵심 자료 보기** 027~028쪽

| | | | | | |
| --- | --- | --- | --- | --- | --- |
| **103** O | **104** X | **105** O | **106** O | **107** X | **108** O |
| **109** X | **110** X | **111** O | **112** O | **113** X | **114** O |
| **115** X | **116** O | **117** O | **118** O | **119** O | **120** X |
| **121** O | **122** O | **123** O | **124** X | **125** O | **126** O |
| **127** X | **128** O | **129** O | **130** X | **131** X | **132** O |

**STEP 2** 학교 기출 문제로 **내신 대비하기** `029~033쪽`

| | | | |
|---|---|---|---|
| **133** ⑤ | **134** 해설 참조 **135** ③ | **136** ⑤ | **137** ① | **138** ③ |
| **139** ② | **140** ① | **141** ③ | **142** 해설 참조 **143** ④ | **144** ④ |
| **145** ⑤ | **146** 해설 참조 **147** ④ | **148** ③ | **149** ① | **150** ③ |
| **151** ⑤ | **152** ④ | **153** ② | | |

## 133 별의 탄생　　　답 ⑤

**알짜풀이**

ㄱ. 원시별은 성운을 이루는 수소, 헬륨, 먼지 등이 중력에 의해 뭉쳐지면서 성운에서 밀도가 높은 곳에서 생성된다. 따라서 원시별은 성운의 중력 수축에 의해 생성된다.

ㄴ, ㄷ. 원시별은 중력 수축에 의해 에너지가 생성되지만 별은 핵융합 반응에 의해 에너지가 생성되므로 에너지 생성률은 (나)가 더 크고, 중심부 온도도 (나)가 더 높다.

## 134 ●서술형 원시별의 탄생 조건

✔모범답안 성운의 온도가 낮고 밀도가 높아야 한다.

| 채점 기준 | 배점 |
|---|---|
| 온도와 밀도 조건을 모두 옳게 서술한 경우 | 100 % |
| 온도와 밀도 조건 중 1가지만 옳게 서술한 경우 | 50 % |

**해설**

원시별은 성운을 이루는 물질이 중력 수축하여 만들어진다. 그런데 성운의 온도가 높은 곳에서는 성간 물질의 운동이 활발하여 고밀도로 밀집되기 어렵다. 따라서 중력 수축이 잘 일어나려면 온도가 낮고 밀도가 높은 곳이 유리하다.

## 135 별의 진화와 원소의 생성　　　답 ③

**알짜풀이**

ㄱ. 별의 내부에서 일어나는 수소 핵융합 반응에 의해 헬륨이 생성된다.

ㄷ. 우라늄, 금 등 철보다 무거운 원소는 초신성이 폭발할 때 생성된다.

**오답넘기**

ㄴ. 규소, 황, 철은 태양보다 질량이 훨씬 큰 별이 초거성 단계에 있을 때 핵융합 반응을 통해 만들어질 수 있다.

## 136 수소 핵융합 반응　　　답 ⑤

**알짜풀이**

ㄱ. 이 반응은 수소 원자핵 4 개가 융합하여 헬륨 원자핵 1 개가 되는 수소 핵융합 반응이다.

ㄴ, ㄷ. 수소 핵융합 반응은 온도가 약 1000만 K 이상일 때 일어나며, 반응이 일어나는 동안 감소한 질량만큼 에너지로 전환된다.

## 137 별의 진화 과정　　　답 ①

**알짜풀이**

ㄱ. (가) → (나) 단계에서 원시별에서는 중력 수축이 일어나므로 천체의 크기가 감소한다.

ㄴ. 질량이 태양보다 훨씬 큰 별은 초거성 단계 이후에 초신성 폭발을 일으킨다. 주계열성 → 초거성 → 초신성 폭발 → 중성자별, 블랙홀로 진화한다.

**오답넘기**

ㄷ. 별은 주계열성인 (나) 단계에서 보내는 시간이 가장 길다.

ㄹ. 이 별은 초거성 단계를 거치므로 질량이 태양보다 훨씬 큰 별이다.

## 138 수소 핵융합 반응　　　답 ③

**알짜풀이**

ㄱ. 별의 중심부에서 수소 핵융합 반응이 일어나는 단계에서 별은 내부 압력과 중력이 평형을 이루므로 별의 크기가 일정하게 유지된다.

ㄴ. 별의 중심부에서 4 개의 수소 원자핵이 융합하여 1 개의 헬륨 원자핵을 만드는 수소 핵융합 반응이 일어나므로 시간이 지남에 따라 중심부에서 헬륨이 증가한다.

**오답넘기**

ㄷ. 별에서 생성되는 에너지의 대부분은 핵융합 반응에 의한 것이다.

## 139 태양의 진화 과정　　　답 ②

**알짜풀이**

ㄴ. 백색 왜성은 적색 거성 단계를 거친 이후에 별의 중심부에 있던 탄소(일부 산소)가 수축하여 만들어진 별이다.

**오답넘기**

ㄱ. A는 적색 거성의 바깥층 물질이 팽창하여 우주 공간으로 방출되어 형성된 행성상 성운이다.

ㄷ. 현재 태양은 주계열성이므로 중심부에서는 수소 핵융합 반응이 일어난다.

## 140 별 진화의 마지막 단계　　　답 ①

**알짜풀이**

ㄱ. (가)는 초신성 폭발로 만들어진 초신성 잔해이고, (나)는 행성상 성운이다. 별의 질량은 초신성 폭발을 일으킨 (가)가 (나)보다 크다.

**오답넘기**

ㄴ. (가)의 초신성 잔해 중심부에는 중성자별 또는 블랙홀이 존재하고, (나)의 행성상 성운 중심부에는 백색 왜성이 존재한다.

ㄷ. 태양과 질량이 비슷한 별이 진화하면 (가)보다 (나)와 비슷할 것이다.

## 141 초거성의 내부 구조　　　답 ③

**알짜풀이**

ㄱ. 질량이 태양 정도인 별은 중심부에서 핵융합 반응에 의해 탄소와 산소까지 생성되고, 질량이 태양보다 훨씬 큰 별은 중심부에서 핵융합 반응에 의해 철까지 생성된다. 따라서 이 별은 질량이 태양보다 훨씬 큰

초거성이다

ㄴ. 별의 중심부로 갈수록 온도가 높아지므로 점점 더 무거운 원소가 생성
될 수 있다. 따라서 별의 중심으로 갈수록 대체로 구성 원소의 원자량
이 증가한다.

**오답넘기**

ㄷ. 별의 중심에서 핵융합 반응으로 만들어질 수 있는 가장 무거운 원소는
철이다. 철보다 무거운 원소는 초신성 폭발 과정에서 생성된다.

## 142 · 서술형 별의 진화

▼ 모범답안 (나)>(가), (나)는 중심부 바깥층에서 수소 핵융합 반응이 일어
나 별이 팽창하기 때문이다.

| 채점 기준 | 배점 |
|---|---|
| 별의 크기 비교와 판단의 근거를 모두 옳게 서술한 경우 | 100 % |
| 별의 크기를 비교한 판단의 근거만 옳게 서술한 경우 | 80 % |
| 별의 크기 비교만 옳은 경우 | 50 % |

**해설**

주계열성의 중심부에서는 수소 핵융합 반응이 일어나는데 중심부에서 수
소가 고갈되면 중심부는 헬륨으로 이루어진 핵이 되고, 수소 핵융합 반응
이 멈추면서 중력 수축하여 중심부 온도가 상승한다. 이에 따라 중심부 바
깥층에서 수소 핵융합 반응이 일어나 별이 팽창하므로 별의 크기는 (가)보
다 (나)가 크다.

## 143 별 내부에서 일어나는 핵융합 반응의 종류 답 ④

**알짜풀이**

ㄴ. (나)는 헬륨이 탄소와 산소로 바뀌는 헬륨 핵융합 반응이다. 이 반응은
적색 거성의 중심부에서 일어날 수 있다.

ㄷ. 온도가 높을수록 더 무거운 원소가 생성될 수 있으므로 핵융합 반응이
일어나는 온도는 (가)<(나)<(다)이다.

**오답넘기**

ㄱ. (가)는 수소 핵융합 반응으로 주계열성뿐만 아니라 적색 거성이나 초
거성에서도 일어날 수 있다.

## 144 별의 질량에 따른 진화 과정 답 ④

**알짜풀이**

ㄴ. B(백색 왜성)의 내부에서는 핵융합 반응이 일어나지 않는다.

ㄷ. C는 초신성 폭발 과정으로 이 과정에서 철보다 무거운 금, 납, 우라늄
등이 생성된다.

**오답넘기**

ㄱ. 주계열 단계인 A에서는 별의 중심부에서 수소 핵융합 반응이 일어나
므로 헬륨의 비율이 점점 증가한다.

## 145 적색 거성과 초거성의 내부 구조 답 ⑤

**알짜풀이**

(가)는 적색 거성의 내부 구조이고, (나)는 초거성의 내부 구조이다.

ㄱ. 별의 질량은 적색 거성보다 초거성이 크다. 따라서 (가)<(나)이다.

ㄴ. (가)의 ㉠은 헬륨이며, 이 영역에서는 헬륨 핵융합 반응이 일어난다.
이로 인해 그 안쪽에 탄소로 이루어진 핵이 형성되고 있다.

ㄷ. (가)와 (나)는 모두 중심부로 갈수록 온도가 높아지며, 그에 따라 점점
더 무거운 원소의 핵융합 반응이 일어난다.

## 146 · 서술형 지구에 철보다 무거운 원소가 존재하는 까닭

▼ 모범답안 지구는 태양계의 성운에서 형성되었는데, 태양계 성운에는 초신
성 폭발로 형성된 초신성 잔해 물질이 포함되어 있었고, 여기에 철보다 무
거운 납, 금, 우라늄 등의 원소들이 포함되어 있었기 때문이다.

| 채점 기준 | 배점 |
|---|---|
| 태양계 성운에 초신성 폭발의 잔해 물질이 포함되어 있었다는 것을 옳게 서술한 경우 | 100 % |
| 초신성 폭발로 형성되었다는 것만 서술한 경우 | 50 % |

**해설**

별은 성운에서 탄생하고 진화를 거쳐 다시 성운으로 되돌아간다. 태양과
행성을 형성한 성운에는 초신성 폭발로 생성된 철보다 무거운 원소들이
이미 포함되어 있었다.

## 147 태양계의 형성 과정 답 ④

**알짜풀이**

ㄴ. B 단계에서는 성운 중심부에서 성간 물질이 중력 수축함에 따라 온도
와 밀도가 점점 증가한다.

ㄷ. C → D 단계에서 미행성체의 충돌과 병합을 거쳐 원시 원반에서 원시
행성이 형성된다.

**오답넘기**

ㄱ. 성운이 수축하면 성운의 회전 속도는 점점 빨라진다.

## 148 태양계의 형성 과정 답 ③

**알짜풀이**

ㄱ. 태양계가 형성된 순서는 (나) 성운의 형성과 수축 → (다) 원시 태양과
원반 형성 → (가) 미행성체의 충돌로 원시 행성 형성 순이다.

ㄷ. 원시 원반(㉢)을 이루는 물질들은 원시 태양 주위를 회전하였다.

**오답넘기**

ㄴ. 미행성체(㉠)는 주로 암석, 금속, 얼음 등의 고체 물질이 응축하여 형
성되었다.

## 149 지구의 형성 과정 답 ①

**알짜풀이**

ㄱ. 마그마 바다(A)가 형성된 후 상대적으로 무거운 철과 니켈은 지구 중
심 쪽으로 가라앉고, 상대적으로 가벼운 규산염 물질은 위로 떠올라
핵과 맨틀로 분리(B)되었다. 따라서 지구 중심부의 밀도는 핵과 맨틀
로 구분된 B 시기가 구분되기 이전인 A 시기보다 높았다.

**오답넘기**

ㄴ. 지각과 해양은 원시 지구의 지표면 온도가 충분히 낮아진 이후에 형
성되었다. 따라서 B → C 시기로 가면서 지표면의 온도는 낮아졌다.

ㄷ. 미행성체의 충돌로 원시 지구의 크기가 커지고 온도가 높아져 지구 전체가 녹아 마그마 바다(A)가 형성되었고, B, C 시기를 거쳐 지각과 해양이 형성되었으므로 C 시기 이후보다 이전에 미행성체의 충돌이 더 활발하였다.

## 150 우주와 태양계의 구성 원소 비교 · 답 ③

**알짜풀이**

ㄱ. 우주에서 가장 풍부한 원소는 수소이다. 한편, 태양계에서는 전체 질량의 대부분을 태양이 차지하고 있다. 따라서 태양계에서 가장 풍부한 원소도 수소이다.

ㄷ. 지구를 구성하는 주요 원소는 철, 산소, 규소 등이며, 이들은 모두 별의 진화 과정에서 생성되었다.

**오답넘기**

ㄴ. 지구는 주로 철, 산소, 규소 성분으로 이루어져 있지만, 태양계에서 가장 풍부한 물질은 기체 성분(수소와 헬륨)이다.

## 151 지구의 형성 과정 · 답 ⑤

**알짜풀이**

ㄱ. 미행성체의 충돌로 지구의 질량이 점점 증가하였으므로 지구의 질량은 (가) 시기보다 (다) 시기에 컸다.

ㄴ. (나) 마그마 바다가 형성된 후 철, 니켈 등 무거운 성분이 지구 중심부로 가라앉아 핵이 형성되었다.

ㄷ. (다)의 원시 해양은 지구 표면이 충분히 식은 후, 대기 중의 수증기가 응결하여 형성되었다.

## 152 지구의 구성 원소 · 답 ④

**알짜풀이**

ㄴ. 지구 전체에서 가장 풍부한 원소는 철이고, 대부분의 철은 지구의 핵에 존재한다.

ㄷ. 지구에는 100여 종의 이상의 다양한 원소들이 존재하며, 이들은 수많은 화합물을 형성하고 있다.

**오답넘기**

ㄱ. 지각에서 가장 풍부한 원소는 산소이고, 두 번째로 풍부한 원소는 규소이다.

## 153 지구와 지각을 구성하는 원소의 생성 · 답 ②

**알짜풀이**

ㄴ. A는 철, B는 산소이다. 철은 별의 내부에서 핵융합 반응으로 생성되는 원소 중 가장 무거운 원소이다.

**오답넘기**

ㄱ. A는 철이고, B는 산소이므로 다른 원소이다.

ㄷ. 지각을 이루는 B(산소)는 별의 진화 과정에서 핵융합 반응에 의해 생성된 것이다. 대기 중에 존재하는 산소는 광합성 생물의 광합성 결과 생성된 것이다.



## 154 스펙트럼의 관찰 · 분석 · 답 ③

**알짜풀이**

ㄱ. 가열된 백열등의 필라멘트는 고온의 고체 물질이므로 분광기로 관찰하면 연속적인 색의 띠(연속 스펙트럼)가 나타난다.

ㄷ. 수소와 헬륨은 별과 은하를 이루는 가장 기본적인 원소이므로 모든 별은 수소를 포함한다. 따라서 ⓒ에서 흡수선 위치와 ㉠에서 방출선 위치가 같은 것이 있다.

**오답넘기**

ㄴ. 수소와 헬륨은 서로 다른 원소이므로 스펙트럼에서 방출선의 위치가 다르게 나타난다.

## 155 스펙트럼의 종류와 특징 · 답 ③

**알짜풀이**

ㄷ. 별 A의 스펙트럼에서는 수소 방전관에서 관측된 방출 스펙트럼의 방출선과 동일한 위치(파장)의 흡수선이 나타난다.

**오답넘기**

ㄱ. 수소와 나트륨 방전관에서 특정한 파장을 갖는 방출 스펙트럼이 나타난다.

ㄴ. 나트륨은 특정한 파장의 빛(노란색)만 방출하므로 나트륨 전등은 노란색으로 보인다.

## 156 우주의 팽창과 입자의 생성 · 답 ②

**알짜풀이**

ㄴ. ㉠은 기본 입자인 전자이고, ㉡은 쿼크가 결합하여 생성된 양성자(수소 원자핵)이다. 우주의 나이가 약 38만 년이 되었을 때 전자는 양성자에 붙잡혀 수소 원자가 생성되었다.

**오답넘기**

ㄱ. 입자가 생성된 순서는 (가) → (다) → (나)이므로 우주의 온도는 (가)>(다)>(나)이다.

ㄷ. ㉡은 양성자(수소 원자핵)이고, ㉢은 중성자이다. 헬륨 원자핵이 생성된 후 수소 원자핵과 헬륨 원자핵의 질량비가 약 3 : 1이므로 개수비는 약 12 : 1이다. 한편, 헬륨 원자핵은 양성자 2개와 중성자 2개가 결합한 것이므로 헬륨 원자핵이 생성되기 직전에 양성자 14개당 중성자 2개가 존재하였다. 따라서 ㉡과 ㉢의 개수비는 약 7 : 1이다.

**( 문제 속 개념 )**

**양성자와 중성자의 개수비 구하는 순서**

① 헬륨 원자핵이 생성된 후 질량비는 수소 원자핵 : 헬륨 원자핵 =약 3 : 1이다.

② 헬륨 원자핵의 질량은 수소 원자핵의 4배이므로 개수비는 수소 원자핵 : 헬륨 원자핵=약 12 : 1이다.

③ 헬륨 원자핵 1 개는 양성자 2 개와 중성자 2 개가 결합한 것이므로 양
성자와 중성자의 개수비는 14 개 : 2 개, 즉 7 : 1이다.

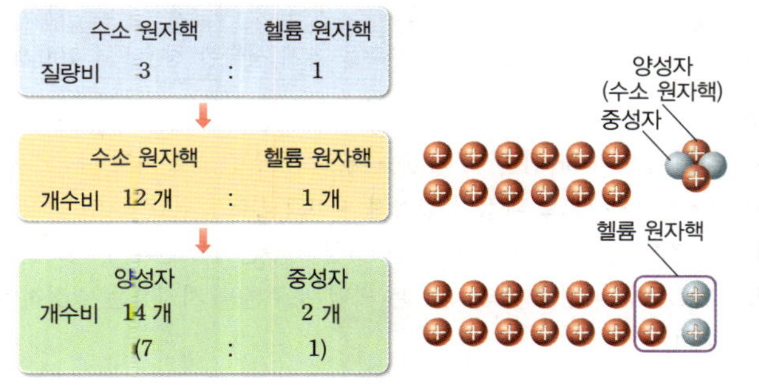

## 157 원자의 성성 · · · · · · · · · · · · · · · · · · · · · · · · · · · · · 답 ⑤

**알짜풀이**

ㄱ. (가)는 우주의 온도가 높아 전자가 양성자나 중성자에 붙잡혀 있지 않
고 자유롭게 운동하는 시기이고, (나)는 우주의 온도가 낮아 전자가 원
자핵에 붙잡혀 원자가 형성된 시기이다. 따라서 우주의 온도는 (가)가
(나)보다 높다.

ㄴ. (가)에서 우주를 이루는 입자들이 결합하여 (나)의 입자가 되었으므로
(가)와 (나)는 우주의 질량이 같다.

ㄷ. 시간이 지남에 따라 (가) → (나)의 변화가 일어났다. (나)에서 A는 수
소 원자이고, B는 헬륨 원자이므로 A와 B의 질량비는 약 3 : 1이고,
B의 질량이 A 질량의 4배이므로 A와 B의 개수비는 약 12 : 1이다.

## 158 초기 우주에서 헬륨 원자핵의 생성 · · · · · · · · · · · · · · 답 ④

**알짜풀이**

ㄱ. A는 수소 원자핵, B는 헬륨 원자핵이다.

ㄷ. 현재 우주에 존재하는 헬륨(헬륨 원자핵)은 거의 대부분 이 시기에 생
성되었다. 따라서 현재 관측되는 수소와 헬륨의 질량비는 이 시기의
비율과 거의 같다.

**오답넘기**

ㄴ. 이 반응이 완전히 끝났을 때 우주의 온도는 약 3000 K으로 1억 K보
다 낮았다. 만약 1억 K보다 높았다면 수소 핵융합 반응이 계속 지속
되었을 것이다.

## 159 헬륨 원자핵의 형성 과정 · · · · · · · · · · · · · · · · · · · · 답 ③

**알짜풀이**

ㄷ. (가)와 (나) 과정에서는 모두 질량 감소가 일어나며, 감소한 질량만큼
에너지로 전환된다.

**오답넘기**

ㄱ. 이 반응은 수소 원자핵이 핵융합하여 헬륨 원자핵이 생성되는 반응으
로, 빅뱅 직후 약 3 분 동안 일어났다.

ㄴ. 이 시기에 양성자 수와 중성자 수비는 약 7 : 1이었고, 반응이 끝난 후
수소와 헬륨의 질량비는 약 3 : 1이었다.

## 160 불투명한 우주와 투명한 우주 · · · · · · · · · · · · · · · · · 답 ③

**알짜풀이**

ㄷ. 우주는 (가)에서 (나)로 진화하였다. 따라서 우주의 밀도는 (가) 시기
가 (나) 시기보다 컸다.

**오답넘기**

ㄱ. (가) 시기에는 빛이 전기를 띤 입자의 방해로 직진하기 어려워 불투명
한 우주였다.

ㄴ. (나) 시기에는 중성인 원자가 존재하므로 빅뱅 후 약 38 만 년이 지난
시점이다.

## 161 질량이 태양 정도인 별의 진화 과정 · · · · · · · · · · · · · 답 ①

**알짜풀이**

ㄱ. 현재 태양은 주계열 단계에 있으므로 A에 해당한다.

ㄴ. (나)에서 별은 중심부에서 헬륨 핵융합 반응이 일어나고 있다. 따라서
(가)의 적색 거성(B) 단계에 해당한다.

**오답넘기**

ㄷ. C에서는 별의 바깥층 물질이 우주 공간으로 방출된다. 마그네슘, 황,
규소 등의 원소는 초거성 단계에서 생성된다.

ㄹ. 백색 왜성(D)은 주로 탄소로 이루어져 있다.

## 162 질량이 서로 다른 두 별의 진화 경로 · · · · · · · · · · · · 답 ④

**알짜풀이**

ㄱ. 주계열성의 질량은 초거성으로 진화하는 A가 적색 거성으로 진화하
는 B보다 크다.

ㄷ. (가)와 (나)의 진화 경로를 거친 다음 성운에 포함된 무거운 원소의 함
량은 그 전에 비해 증가한다.

**오답넘기**

ㄴ. (가)의 경로로 진화할 때 별의 중심부에서는 수소가 결합하여 헬륨을
만들고, 이후 핵융합 반응이 진행되면서 철이 생성된다.

## 163 별의 진화와 원소의 생성 · · · · · · · · · · · · · · · · · · · · 답 ②

**알짜풀이**

ㄴ. 별의 중심부에서 무거운 원소의 핵융합 반응이 일어나기 위해서는
더 높은 온도가 필요하다. (가)는 최종 생성 원소가 탄소와 산소이고,
(나)는 최종 생성 원소가 철이므로 별의 중심부 온도는 (가)가 (나)보
다 낮다.

**오답넘기**

ㄱ. (가)는 질량이 태양 정도인 별이고, (나)는 질량이 태양보다 훨씬 큰
별이다.

ㄷ. 별의 내부에서 생성될 수 있는 가장 무거운 원소는 철이다. 금과 우라
늄은 철보다 무거운 원소이므로 (나)의 별이 핵융합이 끝난 후 초신성
으로 폭발할 때 막대한 에너지가 방출되면서 일시적으로 생성된다.

## 164 태양의 진화 · · · · · · · · · · · · · · · · · · · · · · · · · · · · · 답 ②

**알짜풀이**

ㄷ. 시간이 흐를수록 태양 중심부에서는 핵융합 반응에 의해 무거운 원소
들이 생성되므로 태양 중심부의 평균 원자량이 증가한다.

**오답넘기**

ㄱ. (가)에서 수소 핵융합 반응은 태양의 중심부에서만 일어난다.

ㄴ. (나)의 중심부에서는 헬륨이 탄소로 바뀌는 헬륨 핵융합 반응이 일어난다.

## 165 태양계의 형성 과정      답 ③

**알짜풀이**

ㄱ. 현재 태양계를 이루는 지구는 철과 규소를 다량 포함하고 있으므로 태양계 성운은 철과 규소를 포함한다.

ㄷ. (다)에서 미행성체가 충돌하고 병합하면서 원시 행성이 생성되고, 원시 행성은 점차 행성으로 성장하였으므로 미행성체의 개수는 감소하였다.

**오답넘기**

ㄴ. (가) → (나)에서 태양계 성운이 회전하면서 물질이 퍼져 나가 원시 원반을 형성하였으므로 원시 원반은 성운의 회전축에 수직인 방향으로 형성되었다.

## 166 지구의 형성 과정      답 ②

**알짜풀이**

ㄴ. (다)의 원시 지각을 이루는 암석은 대부분 마그마가 굳어져 만들어진 화성암이다.

**오답넘기**

ㄱ. 마그마 바다 이후 무거운 금속 성분은 가라앉아 핵을 이루고 가벼운 규산염 성분은 떠오르므로 지구 중심부의 밀도는 핵이 만들어지기 이전보다 이후에 더 크다. 따라서 중심부 밀도는 (가)보다 (나)에서 크다.

ㄷ. 지구의 지각은 미행성체의 충돌 비율이 감소하여 지표의 온도가 충분히 낮아진 이후에 생성되었다. 따라서 (다) 시기에는 미행성체의 충돌 비율이 이전보다 훨씬 줄었음을 알 수 있다.

## 167 지각과 생명체를 구성하는 물질의 생성      답 ②

**알짜풀이**

ㄴ. (가)는 생명체, (나)는 지각을 구성하는 원소의 질량비이므로 ㉠은 탄소, ㉡은 산소, ㉢은 규소이다. 탄소와 규소는 14족 원소로, 원자가 전자가 4개이므로 최대 4개의 공유 결합이 가능하다.

**오답넘기**

ㄱ. (가)는 생명체를 구성하는 원소의 질량비이고, (나)는 지각을 구성하는 원소의 질량비이다.

ㄷ. 산소와 탄소는 질량이 태양 정도인 별의 내부에서 핵융합 반응에 의해 생성될 수 있지만, 규소는 질량이 태양보다 훨씬 큰 별의 내부에서 핵융합 반응에 의해 생성될 수 있다.

---

### 서술형 문제

## 168 우주 배경 복사

(1) **답** ㉠ 38 만, ㉡ 우주 배경 복사

(2) **✓모범답안** 우주 배경 복사는 빅뱅 우주론에서 존재가 예측되었고, 실제로 관측을 통해 존재가 밝혀졌기 때문이다.

| 채점 기준 | 배점 |
| --- | --- |
| 빅뱅 우주론에서의 예측과 실제 관측을 옳게 서술한 경우 | 100 % |

**해설**

우주의 나이가 약 38만 년이 되었을 때, 우주 공간으로 퍼져 나간 빛이 현재는 우주의 팽창으로 파장이 길어져 마이크로파가 되었다. 이 파장의 빛이 우주 전역에서 관측되는데, 이는 빅뱅 우주론에서 존재가 예측된 것이었으므로 우주 배경 복사의 관측은 빅뱅 우주론을 지지하는 결정적인 증거가 된다.

## 169 수소 핵융합 반응

**✓모범답안** 별은 중력과 내부 압력이 평형을 이루어 일정한 크기를 유지하게 된다.

| 채점 기준 | 배점 |
| --- | --- |
| 별의 크기 변화와 작용하는 힘을 모두 옳게 서술한 경우 | 100 % |
| 별의 크기 변화와 작용하는 힘 중 1가지만 옳게 서술한 경우 | 50 % |

**해설**

A는 수소 원자핵(양성자) 4개가 융합하여 양성자 2개와 중성자 2개로 구성되는 헬륨 원자핵 1개를 만드는 수소 핵융합 반응을 나타낸다. 별의 생성 과정에서 원시별 단계에서는 중력 수축에 의해 크기가 점차 작아지면서 중심부의 온도가 상승하는데, 중심부 온도가 1000만 K 이상이 되면 별의 중심부에서 수소 핵융합 반응이 일어나 내부 압력이 증가한다. 이에 따라 별은 중력과 내부 압력이 평형을 이루어 팽창하지도, 수축하지도 않고 일정한 크기를 유지하게 된다.

## 170 지구의 형성 과정

**✓모범답안** 미행성체의 충돌열에 의해 마그마 바다가 형성되었다. 마그마 바다에서 철, 니켈 등과 규산염 물질의 분리가 일어나 핵과 맨틀이 형성되었다.

| 채점 기준 | 배점 |
| --- | --- |
| A와 B의 까닭을 모두 옳게 서술한 경우 | 100 % |
| A와 B의 까닭 중 1가지만 옳게 서술한 경우 | 50 % |

**해설**

미행성체가 충돌하여 지구가 성장하는 과정에서 충돌열이 발생하였고, 충돌열에 의해 지구가 녹아 마그마 바다가 형성되었다. 마그마 바다 이전에는 철, 니켈 등과 규산염 물질이 균질하게 분포하였으나 마그마 바다가 형성되면서 밀도가 큰 철은 중심부로 가라앉아 핵을 형성하였고, 밀도가 작은 규산염 물질은 위로 떠올라 맨틀을 형성하였다.

## 05 원소의 주기성

<table>
<tr><td colspan="2">STEP 1 O/X 문제로 5종 교과서 핵심 자료 보기</td><td>039쪽</td></tr>
</table>

| 171 O | 172 X | 173 O | 174 X | 175 X | 176 O |
| 177 O | 178 O | 179 X | 180 O | 181 O | 182 X |
| 183 O | 184 X | 185 O | 186 O | 187 X | 188 X |
| 189 X | 190 O | | | | |

<table>
<tr><td colspan="2">STEP 2 학교 기출 문제로 내신 대비하기</td><td>040~045쪽</td></tr>
</table>

| 191 ④ | 192 ③ | 193 ② | 194 ③ | 195 ④ | 196 ④ |
| 197 ⑤ | 198 해설 참조 | 199 ③ | 200 ④ | 201 ① | 202 ⑤ |
| 203 ④ | 204 ④ | 205 ⑤ | 206 해설 참조 | 207 ⑤ | 208 ④ |
| 209 ④ | 210 ⑤ | 211 해설 참조 | 212 ② | 213 ③ | 214 ④ |
| 215 ② | | | | | |

## 191 주기율의 발견 과정     답 ④

**알짜풀이**

ㄴ. 주기율의 발견 과정은 (나) → (가) → (다) 순으로 모즐리는 원자량으로 원소를 배열하였을 때 주기율이 맞지 않는 원소들이 있다는 것을 알고, 양성자의 수를 알아내어 원자 번호를 정하고 그 순서로 주기율표를 만들었다.

ㄷ. (가)와 (나)로부터 원소들을 일정한 기준으로 배열하였을 때 화학적 성질이 비슷한 원소들이 주기적으로 나타나는 현상을 알 수 있으며, 이러한 성질을 주기율이라고 한다.

**오답넘기**

ㄱ. 멘델레예프는 원소를 원자량이 증가하는 순으로 배열하였고, 모즐리는 원자 번호가 증가하는 순으로 배열하였다. 따라서 ㉠은 원자량, ㉡은 원자 번호이다.

## 192 현대의 주기율표와 원소의 화학적 성질     답 ③

**알짜풀이**

A. 현대의 주기율표는 원소를 원자 번호 순서로 배열하여 만든 것으로, 화학적 성질이 비슷한 원소들이 같은 세로줄에 오도록 하였다.

B. 같은 족 원소는 가장 바깥 전자 껍질에 있고 화학 결합에 관여하는 전자 수인 원자가 전자 수가 같고 화학적 성질이 비슷하다.

**오답넘기**

C. 같은 주기 원소는 전자가 들어 있는 전자 껍질 수가 같고 화학적 성질은 서로 다르다.

## 193 금속 원소와 비금속 원소     답 ②

**알짜풀이**

② (나)에 속하는 원소는 1족과 2족의 금속 원소이고 (다)에 속하는 원소는 비금속 원소이므로 (나)에 속하는 원소는 (다)에 속하는 원소보다 전자를 잃기 쉽다.



① (가)는 1주기 1족 원소인 수소(H)이다. 수소는 비금속 원소이다.

③ (다)에 속하는 원소는 비금속 원소이다.

④ (라)에 속하는 원소는 18족 원소로 비금속 원소이지만 비활성 기체이므로 전자를 얻어 음이온이 되기 어렵다.

⑤ (나)에 속하는 원소는 실온에서 고체로 존재하고, (라)에 속하는 원소는 실온에서 기체로 존재한다.

## 194 금속 원소와 비금속 원소     답 ③

**알짜풀이**

Fe과 Cu는 금속 원소, S은 비금속 원소이다. 표에서 A와 C는 열과 전기 전도성이 모두 있으므로 금속 원소인 Fe과 Cu 중 하나이고 B는 열과 전기 전도성이 없는 비금속 원소이므로 S이다.

ㄱ. B는 황(S)이다.

ㄴ. 광택이 있는 원소는 금속 원소이므로 A와 C의 2가지이다.

**오답넘기**

ㄷ. 전자를 얻어 음이온이 되기 쉬운 원소는 비금속 원소이므로 B 1가지이다.

## 195 주기율표     답 ④

**알짜풀이**

제시된 자료는 현대의 주기율표에서 1~3주기 원소를 나타낸 것이다.

ㄱ. 현대의 주기율표는 양성자수인 원자 번호 순서대로 배열한 것이다.

ㄴ. Mg과 Cl는 주기율표의 같은 가로줄에 있으므로 주기가 같다.

**오답넘기**

ㄷ. H, Li, Na 중 H는 같은 족 원소이지만 비금속 원소이므로 Li, Na인 금속 원소와 화학적 성질이 다르다.

## 196 알칼리 금속의 성질     답 ④

**알짜풀이**

ㄱ. 나트륨을 칼로 자르면 쉽게 잘라지며, 자른 단면의 광택이 사라진다. 이것은 나트륨이 공기 중 산소와 반응하기 때문이다.

ㄷ. 나트륨이 물과 반응하면 수산화 이온이 생성되므로 수용액은 염기성을 띤다. 따라서 수용액에 페놀프탈레인 용액을 넣으면 붉은색으로 변한다.

**오답넘기**

ㄴ. 나트륨은 물보다 밀도가 작아 물 위에 떠서 반응하며 이때 수소 기체가 발생한다.

## 197 나트륨의 성질     답 ⑤

**알짜풀이**

ㄱ. 나트륨과 물이 반응하면 수소 기체가 발생한다.

ㄴ. (나)에서 수용액에 페놀프탈레인 용액을 넣었을 때 붉은색으로 변했으므로 수용액은 염기성이다.

ㄷ. 알칼리 금속은 화학적 성질이 비슷하므로 리튬 대신 칼륨으로 실험을 하여도 실험 결과는 비슷하게 나타난다.

## 198 ●서술형 같은 족 원소의 유사성 실험 설계

✔모범답안 Li, Na, K 조각을 유리판 위에 놓고, 각각 표면과 칼로 자른 단면의 광택 변화를 확인한다.

| 채점 기준 | 배점 |
|---|---|
| 표면과 칼로 자른 단면의 광택 변화를 확인하는 과정을 서술한 경우 | 100 % |
| 표면의 광택 변화를 확인하는 과정만 서술한 경우 | 40 % |
| 칼로 자르는 과정만 서술한 경우 | 20 % |

해설

알칼리 금속은 공기 중 산소와 잘 반응하므로 칼로 자르면 단면의 광택이 사라지는 것을 확인할 수 있다.

( 문제 속 개념 )

**알칼리 금속의 성질**

• 수소(H)를 제외한 1족 금속 원소이다. 예 Li, Na, K 등

• 원자가 전자 수가 1이다.

• 전자 1개를 잃고 전하가 +1인 양이온이 되기 쉽다.

• 실온에서 고체 상태이다.

• 칼로 쉽게 자를 수 있을 정도로 무르다.

• 공기 중에서 산소와 잘 반응한다.
$$4Na + O_2 \longrightarrow 2Na_2O$$

• 물과 격렬하게 반응하며, 반응 후 수용액은 염기성을 띤다.
$$2Na + 2H_2O \longrightarrow 2NaOH + H_2$$

## 199 알칼리 금속과 할로젠의 이용　　답 ③

알짜풀이

수영장 물의 소독제로 사용하는 원소는 염소(Cl)이고, 휴대 전화의 배터리로 사용되는 원소는 리튬(Li)이다. 또한 터널 안의 조명에 사용되는 원소는 나트륨(Na)이다. 따라서 (가)는 염소, (나)는 리튬, (다)는 나트륨이다.

ㄱ. (가)는 비금속 원소로 전자를 얻어 음이온이 되기 쉽다.

ㄷ. (나)와 (다)는 모두 알칼리 금속이므로 물과 반응하여 수소 기체를 발생시킨다.

오답넘기

ㄴ. (가)는 3주기 17족 원소이고 (나)는 2주기 1족 원소이므로 전자가 들어 있는 전자 껍질 수는 다르다.

## 200 원자와 양성자수, 전자 수　　답 ④

알짜풀이

ㄱ. 원자는 전기적으로 중성이므로 원자 번호=양성자수=전자 수이다. 따라서 B의 전자 수는 4, C의 원자 번호는 12이므로 $x=4$, $y=12$, $y=3x$이다.

ㄷ. A는 가장 바깥 전자 껍질의 전자 수가 2이고, C는 3주기 2족 원소인 마그네슘(Mg)이므로 가장 바깥 전자 껍질의 전자 수가 2이다.

오답넘기

ㄴ. A는 1주기 18족 원소인 헬륨(He)이고, B는 2주기 2족 원소인 베릴륨(Be)이므로 화학적 성질이 다르다.

## 201 원자의 전자 배치 모형　　답 ①

알짜풀이

① A는 전자가 채워져 있는 전자 껍질 수가 3이고, 가장 바깥 전자 껍질에 전자 3개가 채워져 있으므로 A는 13족 원소이다.

오답넘기

②, ④ 전자 껍질 수가 3이므로 3주기 원소이다.

③ 원자는 전기적으로 중성이므로 원자의 원자 번호는 양성자수, 전자 수와 같다. A는 전자 수가 13이므로 원자 번호는 13이다.

⑤ A는 3주기 13족 원소로 금속 원소이다. 따라서 A는 전자를 잃고 양이온이 되기 쉽다.

## 202 족과 주기가 같은 원소　　답 ⑤

알짜풀이

A는 2주기 15족 원소인 질소(N), B는 2주기 16족 원소인 산소(O), C는 3주기 15족 원소인 인(P)이다.

ㄱ. A와 B는 전자가 들어 있는 전자 껍질 수가 2이므로 모두 2주기 원소이다.

ㄴ. A와 C는 원자가 전자 수가 모두 5이므로 화학적 성질이 비슷하다.

ㄷ. 양성자수는 전자 수와 같으므로 C>B>A이다.

## 203 원자의 전자 배치　　답 ④

알짜풀이

ㄴ. 원자 번호는 양성자수와 같으므로 C>B>A이다.

ㄷ. A와 C는 원자가 전자가 7개인 17족 할로젠이며, 할로젠의 반응성은 원자 번호가 작을수록 크므로 A>C이다.

오답넘기

ㄱ. A와 B는 전자가 들어 있는 전자 껍질 수가 각각 2, 3이다.

## 204 원소의 전자 배치　　답 ④

알짜풀이

ㄴ. B는 2주기 17족 원소이므로 A와 B는 같은 주기에 속한다.

ㄷ. C는 3주기 1족 원소이다. 따라서 A와 C는 모두 알칼리 금속이므로 물과 반응하여 수소 기체를 발생시킨다.

오답넘기

ㄱ. 전자가 들어 있는 전자 껍질 수는 주기와 같고, 원자가 전자 수는 족 번호의 끝자리 수와 같다(단, 18족 원소 제외). 따라서 A는 2주기 1족 원소이다.

## 205 주기율표　　답 ⑤

알짜풀이

A~D는 각각 1주기 1족, 2주기 1족, 3주기 16족, 3주기 17족 원소로 각각 H, Li, S, Cl이다. Li은 금속 원소이고, H, S, Cl는 비금속 원소이다.

ㄴ. C와 D는 3주기 원소로 원자가 전자 수가 큰 D가 C보다 원자 번호가 크다.

ㄷ. 전자가 들어 있는 전자 껍질 수는 주기를 의미하므로 3주기 원소는 C와 D의 2가지이다.

ㄱ. A~D 중 비금속 원소는 H, S, Cl의 3가지이다.

## 206 · 서술형 원자의 전자 배치

(1) **답** C

(2) **모범답안** 원자가 전자 수가 1인 원소는 A, B, D인데 이 중 A는 비금속 원소인 H이고, B와 D는 알칼리 금속이다. 따라서 화학적 성질이 비슷한 원소는 B와 D이다.

| 채점 기준 | 배점 |
| --- | --- |
| 화학적 성질이 비슷한 원소를 쓰고, 그렇게 생각한 까닭을 옳게 서술한 경우 | 100 % |
| 화학적 성질이 비슷한 원소만 옳게 쓴 경우 | 30 % |

**해설**

(1) 원자가 전자는 가장 바깥 전자 껍질에 들어 있어 화학 반응에 참여하는 전자이다. 따라서 A~D의 원자가 전자 수는 각각 1, 1, 7, 1이다.

(2) 같은 족에 속한 원소들은 원자가 전자 수가 같아 화학적 성질이 비슷하다. 다만 예외적으로 1주기 1족 원소인 수소(H)는 비금속 원소이므로 다른 1족 원소인 알칼리 금속과 화학적 성질이 다르다.

## 207 원소의 주기성

**답** ⑤

**알짜풀이**

ㄴ. A는 H, B는 He으로 모두 비금속 원소이다.

ㄷ. C는 2주기 2족, D는 3주기 2족 원소이므로 원자가 전자 수가 같아서 화학적 성질이 비슷하다.



ㄱ. 원자 번호가 2인 B의 원자가 전자 수는 0이므로 '원자가 전자 수'는 ㉠으로 적절하지 않다.

## 208 주기율표와 원소의 성질

**답** ④

**알짜풀이**

ㄴ. 영역 ㉠에 해당하는 원소는 모두 2주기 원소이므로 전자가 들어 있는 전자 껍질 수가 같다.

ㄷ. 영역 ㉡에 해당하는 원소는 모두 18족 원소로 같은 족에 있는 원소들은 화학적 성질이 비슷하다.



ㄱ. 현대의 주기율표는 양성자수, 즉 원자 번호가 증가하는 순으로 배열하며, 화학적 성질이 비슷한 원소가 같은 세로줄에 오도록 배치한다.

## 209 1족 원소와 17족 원소의 성질

**답** ④

**알짜풀이**

ㄱ. (가)에 해당하는 원소는 알칼리 금속으로 반응성이 매우 커 공기 중 산소와 쉽게 반응하여 산화물을 생성한다.

ㄷ. (가)에 해당하는 원소의 원자가 전자 수는 1이고 (나)에 해당하는 원소의 원자가 전자 수는 7이다.



ㄴ. (나)에 해당하는 원소 중 2주기와 3주기 원소는 실온에서 기체로 존재하지만 4주기 원소인 브로민(Br)은 실온에서 액체로 존재한다.

## 210 할로젠의 성질

**답** ⑤

**알짜풀이**

전자를 얻어 음이온이 되기 쉬운 원소는 비금속 원소이므로 (가)는 A, B, C, E 중 하나이다. 주기율표에서 원소의 원자가 전자 수는 0~7인데, 원소 (가)는 원자가 전자 수가 가장 크므로 원자가 전자 수가 7인 17족 원소의 C, E 중 하나이다. 따라서 C와 E 중 3주기 원소는 E이다.

> **( 문제 속 개념 )**
>
> **할로젠의 성질**
> - 17족에 속하는 비금속 원소이다. 예 F, Cl, Br, I
> - 원자가 전자 수가 7이다.
> - 전자 1개를 얻어 전하가 $-1$인 음이온이 되기 쉽다.
> - 실온에서 이원자 분자($F_2$, $Cl_2$, $Br_2$, $I_2$)로 존재한다.
> - 실온에서 $F_2$, $Cl_2$는 기체, $Br_2$은 액체, $I_2$은 고체로 존재한다.
> - 반응성이 매우 커서 금속, 수소와 잘 반응한다.
>
> $$2Na + Cl_2 \longrightarrow 2NaCl$$
> $$H_2 + Cl_2 \longrightarrow 2HCl$$

## 211 · 서술형 금속 원소와 비금속 원소의 분류

(1) **답** (나), (다)

(2) **모범답안** (가)와 (나)는 금속 원소이고, (다)와 (라)는 비금속 원소이다.

| 채점 기준 | 배점 |
| --- | --- |
| [(가), (나)]와 [(다), (라)]로 분류할 수 있는 분류 기준을 옳게 서술한 경우 | 100 % |

**해설**

(1) 전자가 들어 있는 전자 껍질 수가 같은 원소는 같은 주기의 원소이므로 3주기 원소인 (나)와 (다)는 전자가 들어 있는 전자 껍질 수가 같다.

(2) 금속 원소는 주로 주기율표의 왼쪽과 가운데에 위치하고, 비금속 원소는 주로 주기율표의 오른쪽에 위치한다.

## 212 주기율표와 원소

**답** ②

**알짜풀이**

② A는 1족 금속 원소, D는 16족 비금속 원소로 화학적 성질이 다르다.



① 주기율표에서 원자 번호는 오른쪽 아래로 갈수록 증가하므로 E가 가장 크다.

③ A와 B는 모두 1족 원소이므로 원자가 전자 수는 1이다.

④ D는 2주기 16족 원소인 산소, E는 3주기 18족 원소인 아르곤으로 모두 실온에서 기체이다.

⑤ B와 C는 모두 3주기 원소이므로 전자가 들어 있는 전자 껍질 수가 모두 3이다.

## 213 원자가 전자  답 ③

**알짜풀이**

ㄱ. A와 B는 원자가 전자 수가 1로 같은 1족 원소이다.

ㄴ. B와 C는 전자가 들어 있는 전자 껍질 수가 2로 같다.

**오답넘기**

ㄷ. C와 D는 원자가 전자가 7 개로 같은 17족 원소이다. 전자가 들어 있는 전자 껍질 수는 C가 2, D가 3이다.

## 214 원자, 이온의 전자 배치  답 ④

**알짜풀이**

ㄴ. B는 1족 알칼리 금속이므로 알칼리 금속인 K과 화학적 성질이 비슷하다.

ㄷ. C는 2주기 17족 원소이므로 A와 C는 모두 2주기 원소이다. 따라서 전자가 들어 있는 전자 껍질 수는 2로 같다.

**오답넘기**

ㄱ. A는 2주기 18족 원소인 네온(Ne)으로 원자가 전자 수가 0이고, B는 3주기 1족 원소로 원자가 전자 수가 1이다. 따라서 원자가 전자 수는 B가 A보다 크다.

## 215 원소의 분류  답 ②

**알짜풀이**

Mg과 Ar은 3주기 원소이므로 (가)에 해당하고, He과 Mg은 가장 바깥 전자 껍질에 2 개의 전자가 있으므로 (나)에 해당한다. 따라서 영역 I에는 Ar, Ⅱ에는 Mg, Ⅲ에는 He이 해당된다.

ㄷ. 영역 Ⅰ과 Ⅲ에 해당하는 원소는 모두 18족 원소이므로 화학적 성질이 비슷하다.

**오답넘기**

ㄱ. 영역 Ⅰ에 해당하는 Ar은 18족 원소이므로 전자를 얻어 음이온이 되기 쉽지 않다.

ㄴ. 영역 Ⅱ에 해당하는 Mg의 원자가 전자 수는 2이지만 Ⅲ에 해당하는 He의 원자가 전자 수는 0이다.

---

**문제 속 개념**

**원자가 전자**

가장 바깥 전자 껍질에 들어 있는 전자로, 화학 반응에 참여하여 원소의 화학적 성질을 결정한다. 원자 번호 20 이하 원소의 가장 바깥 전자 껍질에 들어 있는 전자 수와 원자가 전자 수는 다음과 같다.

| 족 | 1 | 2 | 13 | 14 | 15 | 16 | 17 | 18 |
|---|---|---|---|---|---|---|---|---|
| 가장 바깥 전자 껍질에 들어 있는 전자 수 | 1 | 2 | 3 | 4 | 5 | 6 | 7 | 2 또는 8 |
| 원자가 전자 수 | 1 | 2 | 3 | 4 | 5 | 6 | 7 | 0 |

---

## 06 화학 결합과 물질의 성질

**STEP 1** ○/✕ 문제로 5종 교과서 핵심 자료 보기  047쪽

| | | | | | |
|---|---|---|---|---|---|
| 216 ✕ | 217 ○ | 218 ✕ | 219 ✕ | 220 ○ | 221 ○ |
| 222 ○ | 223 ○ | 224 ✕ | 225 ○ | 226 ✕ | 227 ○ |
| 228 ✕ | 229 ✕ | 230 ○ | 231 ✕ | 232 ○ | 233 ○ |
| 234 ✕ | 235 ○ | | | | |

**STEP 2** 학교 기출 문제로 내신 대비하기  048~053쪽

| | | | | | |
|---|---|---|---|---|---|
| 236 ⑤ | 237 ④ | 238 ④ | 239 ① | 240 해설 참조 | 241 ② |
| 242 ⑤ | 243 ③ | 244 ⑤ | 245 ① | 246 ② | 247 ④ |
| 248 ① | 249 ③ | 250 해설 참조 | 251 ⑤ | 252 ⑤ | 253 ① |
| 254 ⑤ | 255 ② | 256 ④ | 257 ⑤ | 258 해설 참조 | 259 ③ |
| 260 해설 참조 | | | | | |

## 236 화학 결합의 원리  답 ⑤

**알짜풀이**

ㄱ. A는 원자가 전자 수가 6이므로 전자 2 개를 얻거나 공유하여 안정한 전자 배치가 된다.

ㄴ. B는 원자가 전자 수가 7이므로 전자 1 개를 얻거나 공유하여 네온(Ne)과 같은 전자 배치가 되고, C는 원자가 전자 수가 1이므로 전자 1 개를 잃어서 네온(Ne)과 같은 전자 배치가 된다.

ㄷ. A~C는 모두 전자 배치가 18족과 같지 않으므로 18족 원소의 전자 배치와 같아지기 위해 화학 결합을 한다.

## 237 화학 결합의 원리  답 ④

**알짜풀이**

④ D는 2족 원소이므로 전자 2 개를 잃어 18족 원소의 전자 배치와 같아진다.

**오답넘기**

① C는 18족 원소이며 반응을 거의 하지 않으므로 비활성 기체이다.

② A는 원자가 전자 수가 1이므로 전자 1 개를 잃고 양이온이 되기 쉽다.

③ B는 원자가 전자 수가 7이므로 전자 1 개를 얻으면 C와 전자 배치가 같아진다.

⑤ A는 전자를 잃고 B는 전자를 얻어 서로 전자를 주고받아 각각 18족 원소의 전자 배치와 같아진다.

## 238 화학 결합의 형성 원리  답 ④

**알짜풀이**

ㄴ. 비금속 원소들은 전자를 얻어 음이온이 되려는 경향이 있으므로 전자를 얻거나 공유하여 화학 결합을 형성한다.

ㄷ. 원소들은 화학 결합을 통해 18족 원소와 같은 전자 배치를 가지려는 경향이 있다.

**오답넘기**

ㄱ. 원소들은 가능한 많은 전자를 얻기 위해서가 아니라 18족 원소와 전자

배치가 같아지기 위해 금속 원소는 원자가 전자 수만큼 전자를 잃고
비금속 원소들은 (8−원자가 전자 수)만큼 전자를 얻는다.

〔문제 속 개념〕

**화학 결합의 형성 원리**
① 18족 원소에 속하지 않는 원소들은 18족 원소와 같이 가장 바깥 전자
껍질에 8 개의 전자를 채워 안정한 전자 배치를 가지려는 경향이 있다.
② 원소들은 안정해지기 위해 전자를 잃거나 얻어서 또는 원자들끼리 전
자를 공유하여 화학 결합을 형성한다.

## 239 원자와 이온의 전자 배치 답①

**알짜풀이**

ㄱ. A는 가장 바깥 전자 껍질에 전자가 8 개가 배치되어 있으므로 2주기
18족 원소인 네온(Ne)이다.

**오답넘기**

ㄴ, ㄷ. $B^{3+}$은 B가 전자 3 개를 잃어 형성된 이온이므로 B는 3주기 13족
원소이고, $C^{2-}$은 C가 전자 2 개를 얻어 형성된 이온이므로 2주기 16
족 원소이다. 따라서 원자가 전자 수는 C가 B보다 크다.

〔문제 속 개념〕

**안정한 이온의 전자 배치**
① 금속 원소의 원자와 비금속 원소의 원자는 각각 전자를 잃거나 얻어
18족 원소의 원자의 전자 배치와 같게 되며, 옥텟 규칙을 만족하는 안
정한 이온이 된다.
② 주기율표의 1족, 2족, 13족 금속 원소
  ➡ 원자가 전자 수만큼 전자를 잃고 양이온이 되어 옥텟 규칙을 만족
  한다.
  ➡ 원자가 전자 수만큼 전자를 잃으면 전자 껍질 수가 감소하므로 앞
  주기 18족 원소와 같은 전자 배치를 갖는다.
③ 주기율표의 16족, 17족 비금속 원소
  ➡ (8−원자가 전자 수)만큼 전자를 얻고 음이온이 되어 옥텟 규칙을
  만족한다.
  ➡ 같은 주기의 18족 원소와 같은 전자 배치를 갖는다.

## 240 〔서술형〕 18족 원소의 성질

〔✔모범답안〕 A~C는 모두 18족 원소로 가장 바깥 전자 껍질에 전자가 최대
로 채워져 있어 안정한 전자 배치를 이루므로 다른 원소와 거의 반응하지
않는다.

| 채점 기준 | 배점 |
|---|---|
| 전자 배치와 관련지어 까닭을 옳게 서술한 경우 | 100 % |

**해설**

18족 원소는 가장 바깥 전자 껍질에 전자가 최대로 채워지므로 안정하여
다른 원소와 거의 반응하지 않아 화학 결합을 형성하지 않는다.

## 241 암모니아 분자의 생성 답②

**알짜풀이**

A는 원자가 전자 수가 5이고 B는 원자가 전자 수가 1이므로 A 원자 1 개
는 B 원자 3 개와 각각 전자쌍 1 개씩을 공유하여 결합을 한다.
② A 원자와 B 원자는 단일 결합을 형성한다.

**오답넘기**

① 화학식은 $AB_3$이므로 $x=3$이다.
③ A 원자 1 개는 B 원자 3 개와 각각 단일 결합을 형성하므로 공유 전자
쌍 수는 3이다.
④ $AB_3$에서 A 원자는 10 개의 전자를 가지므로 전자 배치는 Ne과 같다.
⑤ $AB_3$에서 B 원자는 2 개의 전자를 가지므로 전자 배치는 He과 같다.

## 242 이온 결합의 형성 과정 답⑤

**알짜풀이**

ㄱ. A는 3주기 1족 원소이고, B는 3주기 17족 원소이므로 AB가 생성될
때 A는 전자를 잃고 양이온이 된다.
ㄴ. $A^+$과 $B^-$은 정전기적 인력에 의해 이온 결합을 형성한다.
ㄷ. AB에서 $A^+$은 네온(Ne)과 전자 배치가 같고, $B^-$은 아르곤(Ar)과
전자 배치가 같다.

## 243 이온 결합의 형성 답③

**알짜풀이**

$A^+$은 A가 전자 1 개를 잃은 것이므로 A는 3주기 1족 원소이고, $B^{2-}$은
B가 전자 2 개를 얻은 것이므로 B는 2주기 16족 원소이다. $C^{2+}$은 C가 전
자 2 개를 잃은 것이므로 C는 4주기 2족 원소이고, $D^-$은 D가 전자 1 개
를 얻은 것이므로 D는 3주기 17족 원소이다.
ㄱ. 원자가 전자 수는 B가 6, D가 7이다.
ㄴ. A는 금속 원소, B는 비금속 원소이므로 A는 B와 이온 결합을 하여
화합물을 생성한다.

**오답넘기**

ㄷ. B는 비금속 원소, C는 금속 원소이므로 B는 C와 이온 결합을 형성
한다.

## 244 이온 결합의 형성 답⑤

**알짜풀이**

ㄱ. A는 1족 원소이므로 전자 1 개를 잃고 양이온이 된다.
ㄴ. A는 3주기 1족 금속 원소이고 B는 3주기 17족 비금속 원소이다.
ㄷ. B는 원자가 전자 수가 7이므로 전자 1 개를 얻으면 18족 원소와 전자
배치가 같아진다. 따라서 $B_2$에서 B 원자는 각각 전자쌍 1 개를 공유하
여 결합한다.

## 245 공유 결합 물질 답①

**알짜풀이**

(가)는 H 원자 2 개와 O 원자 1 개가 결합한 $H_2O$이고, (나)는 O 원자
2 개와 C 원자 1 개가 결합한 $CO_2$이다.
ㄱ. (가)의 구성 원소는 H, O이고, (나)의 구성 원소는 C, O이므로 모든

구성 원소가 비금속이다.

오답넘기

ㄴ. (가)의 공유 전자쌍 수는 2이고, (나)의 공유 전자쌍 수는 4이다.

ㄷ. (가)에서 2주기 18족 원소인 Ne과 같은 전자 배치를 하는 원자는 O이고, (나)에서는 C와 O가 모두 Ne과 같은 전자 배치를 한다.

## 246 공유 결합    답②

알짜풀이

ㄷ. C는 원자가 전자 수가 4이고 E는 원자가 전자 수가 7이므로 C 원자 1개는 E 원자 4개와 각각 전자쌍 1개를 공유하여 결합을 형성한다.

오답넘기

ㄱ. A와 E는 모두 비금속 원소이므로 A는 E와 전자쌍 1개를 공유하여 결합을 형성한다.

ㄴ. D 원자 1개는 A 원자 2개와 각각 1개의 전자쌍을 공유하여 결합하므로 $A_2D$에 있는 공유 전자쌍 수는 2이다. C 원자 1개는 D 원자 2개와 각각 2개의 전자쌍을 공유하여 결합하므로 $CD_2$에 있는 공유 전자쌍 수는 4이다.

## 247 이온 결합과 공유 결합    답④

알짜풀이

$A^+$은 A가 전자 1개를 잃어서 형성된 이온이므로 A는 2주기 1족 원소이고 $C^-$은 C가 전자 1개를 얻어서 형성된 이온이므로 3주기 17족 원소이다. (나)에서 B와 C는 전자쌍 1개를 공유하였으므로 B는 1주기 1족 원소이다.

ㄴ. A는 금속 원소, B는 비금속 원소이므로 A와 B가 결합할 때 이온 결합을 형성한다.

ㄷ. B의 원자가 전자 수는 1, C의 원자가 전자 수는 7이므로 $B_2$와 $C_2$의 공유 전자쌍 수는 각각 1이다.

오답넘기

ㄱ. A와 B는 서로 다른 주기 원소이며, 같은 족 원소이다.

## 248 이온 결합과 공유 결합    답①

알짜풀이

(가)는 HCl, (나)는 $MgCl_2$이다.

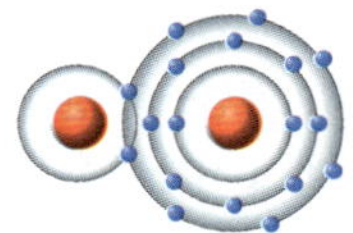
HCl

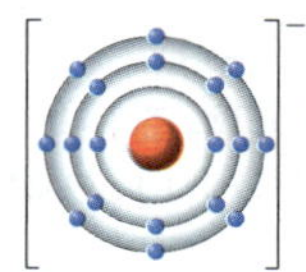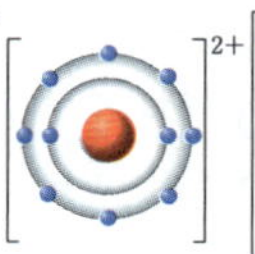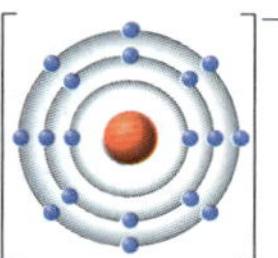
$MgCl_2$

ㄱ. (가)에서 H와 Cl는 전자쌍 1개를 공유하여 결합하므로 H의 전자 배치는 헬륨(He)과 같다.

오답넘기

ㄴ. (나)에서 Mg은 전자 2개를 잃어 네온(Ne)과 전자 배치가 같아지고 Cl는 전자 1개를 얻어 아르곤(Ar)과 전자 배치가 같아진다.

ㄷ. (가)는 공유 결합 물질, (나)는 이온 결합 물질이다.

## 249 이온 결합과 공유 결합    답③

알짜풀이

AB에서 A 이온의 전하는 $+2$, B 이온의 전하는 $-2$이므로, A의 전자 수는 12, B의 전자 수는 6이다. 따라서 A는 3주기 2족 원소, B는 2주기 16족 원소이다. $BC_2$에서 B 원자 1개는 C 원자 2개와 각각 단일 결합을 형성하므로 C의 원자가 전자 수는 7이다. 따라서 C는 2주기 17족 원소이다.

ㄱ. 원자가 전자 수는 A가 2, C가 7이다.

ㄷ. AB와 $BC_2$에서 각 구성 입자들은 10개의 전자가 있으므로 모두 Ne과 전자 배치가 같다.

오답넘기

ㄴ. A는 금속 원소, C는 비금속 원소이므로 A는 C와 이온 결합하여 화합물을 생성한다.

## 250 서술형 이온 결합과 공유 결합의 형성

(1) ✔모범답안 A는 전자 2개를 얻어 $A^{2-}$이 되고, C는 전자 1개를 잃어 $C^+$이 되어 정전기적 인력에 의해 결합한다. 이때 $A^{2-}$과 $C^+$은 $1:2$의 개수비로 결합하므로 화학식은 $C_2A$이다.

(2) ✔모범답안

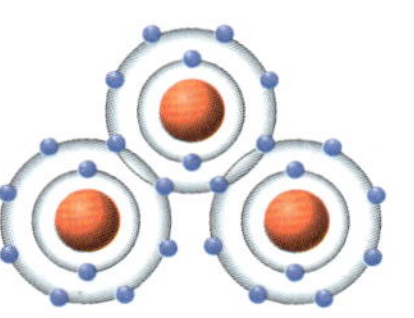

| 채점 기준 | | 배점 |
|---|---|---|
| (1) | 화합물의 생성 과정과 화학식을 모두 옳게 서술한 경우 | 50 % |
| | 화합물의 생성 과정과 화학식 중 1가지만 옳게 서술한 경우 | 25 % |
| (2) | 생성된 화합물의 화학 결합 모형을 옳게 나타낸 경우 | 50 % |

해설

(1) A는 원자가 전자 수가 6, C는 원자가 전자 수가 1이므로 A와 C가 이온 결합을 할 때 A는 전자 2개를 얻고, C는 전자 1개를 잃어야 18족 원소와 전자 배치가 같아지므로 A 원자 1개는 C 원자 2개와 이온 결합을 형성한다.

(2) A의 원자가 전자 수는 6, B의 원자가 전자 수는 7이므로 18족 원소와 전자 배치가 같아지기 위해 A는 전자 2개를, B는 전자 1개를 공유해야 한다. 따라서 A 원자 1개는 B 원자 2개와 각각 전자쌍 1개를 공유하여 결합을 형성한다.

## 251 이온 결합 물질과 공유 결합 물질    답⑤

알짜풀이

H, O, Mg으로 가능한 안정한 화합물은 $H_2O$, MgO, $MgH_2$이다. 전자가 들어 있는 전자 껍질 수는 A가 B보다 크므로 A가 Mg일 때 B는 H 또는 O이며 이 경우 (가)는 MgO, (나)는 $H_2O$이 가능하다. 만일 A가 O이면 B는 H인데, 이 경우 (가)에 해당하는 화합물이 존재하지 않는다. 따라서 A는 Mg, B는 O, C는 H이며, (가)는 MgO, (나)는 $H_2O$이다.

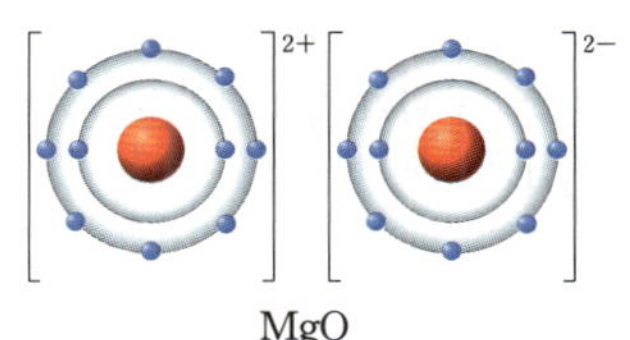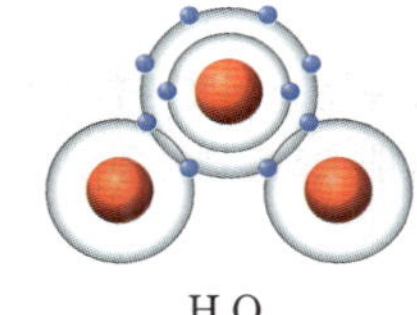

MgO          H₂O

ㄱ. 원자가 전자 수는 A가 2, B가 6, C가 1이므로 A가 C보다 크다.

ㄴ. (가)는 $Mg^{2+}$과 $O^{2-}$의 이온 결합으로 생성된 화합물이므로 구성 입자의 전자 배치는 모두 Ne과 같다.

ㄷ. $AC_2(MgH_2)$는 이온 결합 물질이다.

## 252 이온 결합 물질의 전기 전도성     답 ⑤

**알짜풀이**

수용액에서 A는 ( + )극으로, B는 ( − )극으로 이동하므로 A는 음이온, B는 양이온이다.

ㄱ. A는 음이온이므로 $Cl^-$이다.

ㄴ. B는 $Na^+$이므로 A의 전하는 −1, B의 전하는 +1이다.

따라서 $\left| \dfrac{\text{A의 전하량}}{\text{B의 전하량}} \right| = 1$이다.

ㄷ. A는 Cl가 전자 1개를 얻어 형성된 $Cl^-$이므로 Ar과 전자 배치가 같고, B는 Na이 전자 1개를 잃어 형성된 $Na^+$이므로 Ne과 전자 배치가 같다. 따라서 A와 B의 가장 바깥 전자 껍질에 있는 전자 수는 모두 8로 같다.

## 253 이온 결합 물질     답 ①

**알짜풀이**

(가)는 고체 상태의 이온 결합 물질로 양이온과 음이온이 정전기적 인력으로 강하게 결합되어 있고, (나)는 (가)를 물에 녹여 수용액 상태로 만든 것이므로 이온이 자유롭게 이동할 수 있다.

ㄱ. (나)에서는 이온이 자유롭게 이동할 수 있으므로 (가)에서보다 전기 전도성이 크다.

**오답넘기**

ㄴ. (가)에서는 양이온과 음이온이 정전기적 인력으로 결합되어 있고 수용액 상태인 (나)가 되면 이온이 자유롭게 이동할 수 있으므로 이온 수에는 변화가 없다.

ㄷ. (나)에서 이온이 자유롭게 이동할 수 있으므로 이온 사이의 인력은 (가)에서가 (나)에서보다 크다.

## 254 이온 결합 물질과 공유 결합 물질의 성질     답 ⑤

**알짜풀이**

ㄱ. 염화 나트륨은 이온 결합 물질이므로 물에 녹아 나트륨 이온과 염화 이온으로 나누어진다. 설탕은 분자로 이루어진 공유 결합 물질이므로 물에 녹아 분자로 존재한다.

ㄴ. 염화 나트륨은 수용액에서 전기 전도성이 있지만 고체 상태에서는 이온들이 강하게 결합하여 이동할 수 없으므로 전기 전도성이 없다.

ㄷ. 설탕은 비금속 원소들이 공유 결합한 물질이다.

## 255 이온 결합 물질과 공유 결합 물질의 전기 전도성     답 ②

**알짜풀이**

(가)는 수용액에서 이온이 이동할 수 있어 전류가 흐르므로 이온 결합 물질인 염화 나트륨이고, (나)는 수용액에서 이온으로 나누어지지 않고 분자로 존재하므로 전류가 흐르지 않으므로 공유 결합 물질이다.

ㄴ. (나)는 공유 결합 물질이므로 구성 원자들은 공유 결합을 이루고 있다.

**오답넘기**

ㄱ. (가)는 이온 결합 물질이므로 고체 상태에서 이온들이 자유롭게 이동하지 못한다.

ㄷ. (나)는 고체 상태에서 분자로 존재하므로 전기 전도성이 없다.

## 256 이온 결합 물질의 성질     답 ④

**알짜풀이**

같은 주기의 원소로 구성된 공유 결합 물질은 구성 입자의 전자 배치가 서로 같고, 2주기 비금속 원소와 3주기 금속 원소로 구성된 이온 결합 물질은 구성 입자의 전자 배치가 서로 같다. 따라서 구성 입자의 전자 배치가 서로 같은 것은 $BD_2$, $E_2D$이며, $BD_2$는 공유 결합 물질이고 $E_2D$는 이온 결합 물질이므로 수용액 상태에서 전기 전도성이 있는 물질은 $E_2D$이다. 따라서 물질 (가)의 화학식으로 가장 적절한 것은 $E_2D$이다.

## 257 이온 결합 물질의 전기 전도성     답 ⑤

**알짜풀이**

ㄴ. ㉠은 ( + )극 쪽으로 이온이 이동하므로 음이온인 $Cl^-$이다.

ㄷ. 땀에 젖은 손으로 전기 기구를 만졌을 때 감전될 위험이 있는 까닭은 이온 결합 물질이 수용액 상태에서 전기 전도성이 있기 때문이다. 따라서 (나)의 결과를 설명할 수 있다.

**오답넘기**

ㄱ. (가)는 고체 상태의 이온 결합 물질이므로 전기 전도성이 없다.

## 258 서술형 이온 결합 물질과 공유 결합 물질의 전기 전도성

**✓모범답안** (가)는 고체 상태에서 전기 전도성이 없고 수용액 상태에서 전기 전도성이 있으므로 이온 결합 물질인 염화 칼슘이다.

| 채점 기준 | 배점 |
| --- | --- |
| (가)에 해당하는 물질과 까닭을 모두 옳게 서술한 경우 | 100 % |
| (가)에 해당하는 물질만 옳게 쓴 경우 | 50 % |

**해설**

(가)는 염화 칼슘, (나)는 설탕이다.

## 259 공유 결합 물질과 이온 결합 물질의 분류     답 ③

**알짜풀이**

ㄷ. 설탕과 뷰테인은 공유 결합 물질이고 염화 나트륨과 염화 칼슘은 이온 결합 물질이므로 '공유 결합으로 이루어져 있는가?'는 ㉠으로 적절하다.

**오답넘기**

ㄱ. 설탕, 염화 나트륨, 염화 칼슘, 뷰테인은 모두 고체 상태에서 전기 전

도성이 없다.

ㄴ. 염화 나트륨, 염화 칼슘은 수용액 상태에서 전기 전도성이 있고, 설탕과 뷰테인은 수용액 상태에서 전기 전도성이 없다.

## 260 ·서술형· 공유 결합과 이온 결합 물질의 성질

(1) **답** ㉠과 ㉡은 모두 '없음'이다.

(2) ✔모범답안 (나)는 수용액 상태에서 전기 전도성이 있으므로 이온 결합 물질인 염화 나트륨이고, (가)는 공유 결합 물질인 포도당이다.

| 채점 기준 | 배점 |
|---|---|
| (가), (나)에 해당하는 물질과 까닭을 모두 옳게 서술한 경우 | 100 % |
| (가), (나)에 해당하는 물질만 모두 옳게 쓴 경우 | 50 % |

**해설**

(1) (나)는 수용액 상태에서 전기 전도성이 있으므로 이온 결합 물질인 염화 나트륨이고, (가)는 포도당이다. 따라서 ㉠은 '없음', ㉡은 '없음'이다.

(2) 염화 나트륨은 이온 결합 물질이므로 고체 상태에서 전기 전도성이 없고, 수용액 상태에서 전기 전도성이 있다. 포도당은 공유 결합 물질이므로 고체와 수용액 상태에서 모두 전기 전도성이 없다.

---

### STEP 3 수능 유형 문제로 만점 도전하기 054~059쪽

| | | | | | |
|---|---|---|---|---|---|
| 261 ② | 262 ④ | 263 ④ | 264 ② | 265 ④ | 266 ⑤ |
| 267 ② | 268 ⑤ | 269 ① | 270 ③ | 271 ① | 272 ① |
| 273 ③ | 274 ③ | 275 ① | 276 ② | 277 ⑤ | 278 ④ |
| 279 ④ | 280 ① | | | | |

서술형 문제 281~285 해설 참조

---

## 261 원자가 전자 수와 전자 수 답 ②

**알짜풀이**

A는 18족 원소이므로 원자가 전자 수가 0이다. 원자는 전기적으로 중성이므로 원자 번호=양성자수=전자 수이다. B와 C는 각각 원자 번호가 7, 8이고 전자 수가 각각 7, 8이므로 전자 수의 차는 1이다. D는 3주기 원소이므로 전자 껍질 수는 3이다. 따라서 $a=0$, $b=1$, $c=8$, $d=3$이므로 $a+b+c+d=12$이다.

## 262 원소의 분류 답 ④

**알짜풀이**

반응성이 거의 없는 원소는 18족 원소이고, 비금속 원소는 17족 원소와 18족 원소이다. 따라서 ㉠에 해당하는 원소는 18족 원소, ㉡에 해당하는 원소는 17족, 18족 원소, ㉢에 해당하는 원소는 1족 원소이다.

ㄱ. 2~4주기 18족 원소의 가장 바깥 전자 껍질에 들어 있는 전자 수는 모두 8이다.

ㄷ. 2~4주기 1족 원소는 알칼리 금속이므로 물과 격렬하게 반응한다.



ㄴ. 17족 원소는 전자를 얻어 음이온이 되기 쉽지만, 18족 원소는 비활성 기체이므로 전자를 얻어 음이온이 되기 어렵다.

## 263 원소의 성질 답 ④

**알짜풀이**

가장 바깥 전자 껍질에 들어 있는 전자 수는 He과 Be이 모두 2, Ne이 8이므로 A는 Ne이다. 전자가 들어 있는 전자 껍질 수는 He이 1, Be과 Ne이 모두 2이므로 B는 Be, C는 He이다.

ㄴ. B는 금속 원소이므로 고체 상태에서 전기 전도성이 있다.

ㄷ. C는 비활성 기체이므로 원자가 전자 수가 0이다.



ㄱ. A는 비활성 기체이므로 전자를 얻어 음이온이 되기 어렵다.

## 264 원자의 전자 껍질 수와 원자가 전자 수 답 ②

**알짜풀이**

A는 1주기 1족 원소인 수소(H), B는 2주기 2족 원소인 베릴륨(Be), C는 3주기 17족 원소인 염소(Cl), D는 3주기 18족 원소인 아르곤(Ar), E는 4주기 1족 원소인 칼륨(K)이다.

ㄴ. A는 양성자수가 1, B는 양성자수가 4이다.



ㄱ. A는 비금속 원소이고, E는 알칼리 금속이다.

ㄷ. C는 3주기 17족 원소이고 D는 3주기 18족 원소이므로 원자 번호는 D가 C보다 크다.

**문제 속 개념**

**전자 껍질 수와 원자가 전자 수**

| | |
|---|---|
| 전자 껍질 수 | 원자핵 주위에 전자가 운동하는 특정한 에너지 준위의 궤도를 전자 껍질이라고 하며, 전자가 들어 있는 전자 껍질 수는 원소의 주기와 같다. |
| 원자가 전자 수 | 전자가 들어 있는 가장 바깥 전자 껍질에 있는 전자 중 화학 결합에 관여하는 전자로, 1족과 2족, 13족17족 원소의 원자가 전자 수는 족 번호의 끝자리 수와 같다. |

## 265 원자의 전자 배치 답 ④

**알짜풀이**

주기율표에서 빗금 친 부분에 해당하는 원소의 가장 바깥 전자 껍질에 들어 있는 전자 수는 왼쪽부터 1, 2, 7, 2이므로 A는 2주기 17족 원소이다. 만일 B가 3주기 2족 원소라면 D에 해당하는 원소가 없으므로 B는 1주기 18족 원소이고 C는 3주기 1족 원소이다. 따라서 D는 3주기 2족 원소이다.

ㄱ. C의 원자가 전자 수는 1이고, B의 원자가 전자 수는 0이므로 원자가 전자 수가 가장 작은 원소는 B이다.

ㄷ. C와 D는 모두 금속 원소이므로 고체 상태에서 전기 전도성이 있다.



ㄴ. 원자 번호는 A가 9, D가 12이다.

## 266 원자가 전자 수와 이온의 전자 수 답 ⑤

**알짜풀이**

A는 원자가 전자 수가 7이고 이온의 전자 수는 10이므로 A는 2주기 17족 원소이고, B는 원자가 전자 수가 3, 이온의 전자 수는 10이므로 3주기 13족 원소이다. C는 원자가 전자 수가 6, 이온의 전자 수가 18이므로 3주기 16족 원소이고 D는 원자가 전자 수가 1, 이온의 전자 수는 18이므로 4주기 1족 원소이다.

ㄱ. 3주기 원소는 B와 C의 2가지이다.

ㄴ. 양성자수는 4주기 1족 원소인 D가 가장 크다.

ㄷ. A~D 이온의 전하는 각각 $-1$, $+3$, $-2$, $+1$이므로 |이온의 전하|는 B가 C보다 크다.

## 267 같은 족 원소 답 ②

**알짜풀이**

X~Z의 주기는 각각 2, 3, 4이고, X~Z의 주기$+\bigcirc$은 각각 3, 4, 5이므로 X~Z의 $\bigcirc$은 각각 1로 같다. 따라서 원자 번호 차가 $a$로 일정한 X~Z의 $\bigcirc$은 원자가 전자 수이다.

ㄴ. X~Z는 각각 2주기 1족, 3주기 1족, 4주기 1족 원소이므로 원자 번호 차 $a=8$이다.

**오답넘기**

ㄱ. X~Z의 주기는 각각 2, 3, 4이고, 주기$+\bigcirc$은 각각 3, 4, 5이므로 $\bigcirc$은 원자가 전자 수이다.

ㄷ. X~Z는 원자가 전자 수($\bigcirc$)가 각각 1로 같으므로 모두 1족 금속 원소인 알칼리 금속이다.

## 268 원소의 분류 답 ⑤

**알짜풀이**

ㄱ. A와 D는 금속 원소이고, B, C, E는 비금속 원소이므로 (가)에 '금속 원소인가?'를 적용하면 A, D와 B, C, E로 분류할 수 있다.

ㄴ. C와 E는 17족 원소이므로 $\bigcirc$에 해당된다. 따라서 $\bigcirc$에 해당되는 원소는 2가지이다.

ㄷ. $\bigcirc$에 해당되는 원소는 A, B, D이고, D와 E는 3주기 원소이므로 $\bigcirc$에 해당되는 원소는 A, B, C이다. 따라서 $\bigcirc$과 $\bigcirc$에 공통으로 해당되는 원소는 2가지이다.

> **문제 속 개념**
>
> **금속 원소와 비금속 원소의 성질**
>
> | 구분 | 금속 원소 | 비금속 원소 |
> | --- | --- | --- |
> | 특징 | • 전자를 잃고 양이온이 되기 쉽다.<br>• 실온에서 대부분 고체이다. 단, 수은은 액체이다.<br>• 특유의 광택이 있다.<br>• 열과 전기가 잘 통한다.<br>• 외부에서 힘을 가하면 넓게 펴지거나 가늘게 뽑히는 성질이 있다. | • 전자를 얻어 음이온이 되기 쉽다.<br>• 실온에서 대부분 기체 또는 고체이다. 단, 브로민은 액체이다.<br>• 광택이 없다.<br>• 열과 전기가 잘 통하지 않는다.<br>• 대부분 고체인 경우 외부에서 힘을 가하면 부서진다. |

## 269 원자 번호와 원자가 전자 수 답 ①

**알짜풀이**

X의 원자 번호는 2이므로 X는 1주기 18족 원소이고 원자가 전자 수는 0이다. Y는 2주기 원소이고 원자가 전자 수가 7이므로 원자 번호는 9이다. Z는 3주기 원소이고 원자가 전자 수가 2이므로 원자 번호는 12이다. 따라서 $a=1$, $b=0$, $c=9$, $d=12$이다.

ㄴ. X는 1주기 18족 원소이므로 가장 바깥 전자 껍질에 들어 있는 전자 수는 2이고, Z는 3주기 2족 원소이므로 가장 바깥 전자 껍질에 들어 있는 전자 수는 2이다. 따라서 X와 Z의 가장 바깥 전자 껍질에 들어 있는 전자 수는 모두 2이다.

**오답넘기**

ㄱ. $a+b+c=10$이므로 $d$보다 작다.

ㄷ. Y는 전자 1개를 얻으면 18족 원소인 네온과 전자 배치가 같아지고, Z는 전자 2개를 잃으면 18족 원소인 네온과 전자 배치가 같아진다.

## 270 알칼리 금속과 할로젠 답 ③

**알짜풀이**

2, 3주기 원소 중 원자가 전자 수가 1, 7인 원소는 Li, Na, F, Cl이다. 가장 바깥 전자 껍질에 들어 있는 전자 수는 (가)가 (다)보다 크므로 (가)는 17족 원소, (다)는 1족 원소이다. 전자가 들어 있는 전자 껍질 수는 (다)가 (나)보다 크므로 (다)는 3주기 1족 원소이고 (나)는 2주기 17족 원소이다. 따라서 (가)는 3주기 17족 원소이다.

ㄱ. (가)는 3주기 17족 원소이므로 원자 번호가 가장 크다.

ㄴ. (가)와 (다)는 모두 3주기 원소이다.

**오답넘기**

ㄷ. (가)와 (나)는 17족 할로젠이고 (다)는 1족 알칼리 금속이다.

## 271 알칼리 금속 답 ①

**알짜풀이**

Li, Na, K으로 알칼리 금속의 성질을 확인하기 위한 실험이다.

ㄴ. $\bigcirc$은 $H_2$이므로 구성 원소 H는 Na과 같은 1족 원소이다.

**오답넘기**

ㄱ. (나)에서 수용액이 붉은색으로 변하였으므로 수용액은 염기성이고, 알칼리 금속인 Li, Na, K로 실험을 하여 같은 결과를 얻었으므로 '알칼리 금속은 물과 반응하여 기체를 발생시키고, 수용액은 염기성이 된다.'가 $\bigcirc$으로 적절하다.

ㄷ. Li과 반응한 수용액에 존재하는 양이온은 $Li^+$이므로 원자 번호 3인 Li이 전자 1개를 잃어 He과 같은 전자 배치를 이룬다.

## 272 원자의 전자 수 답 ①

**알짜풀이**

$x=1$인 경우 A와 B가 1족 원소에 속하므로 제시된 자료에 부합한다. $x=2$인 경우 같은 족에 속하는 원소가 없다. 따라서 $x=1$이다.

ㄱ. A는 수소(H), B는 리튬(Li), C는 산소(O)이므로 비금속 원소는 2가지이다.

ㄴ. $x=1$이므로 B는 2주기 1족 원소이고 원자가 전자 수는 1이다.

ㄷ. A와 B는 이온 결합을, A와 C는 공유 결합을 형성한다.

## 273 공유 결합과 공유 전자쌍 수　답 ③

알짜풀이

ㄱ. A는 전자가 들어 있는 전자 껍질 수가 2이므로 2주기 원소이다.

ㄴ. $AB_3$에서 A 원자 1 개는 B 원자 3 개와 각각 전자쌍 1 개를 공유하였으므로 B는 1족 원소이다. 따라서 B의 원자가 전자 수는 1이다.

오답넘기

ㄷ. 공유 전자쌍 수는 $A_2$와 $AB_3$에서 모두 3이다.

## 274 화학 결합 모형　답 ③

알짜풀이

이온 결합 물질은 전기적으로 중성이어야 하므로 $B^-$ 2 개와 이온 결합한 A의 이온은 +2의 전하를 갖는다. A는 3주기 2족, B는 3주기 17족 원소이다.

ㄱ. A의 이온은 +2의 전하를 가져야 하므로 $a=2$이다.

ㄴ. A는 3주기 2족, B는 3주기 17족 원소이다. 따라서 A와 B는 같은 주기 원소이다.

오답넘기

ㄷ. B는 3주기 17족 원소이므로 $B_2$의 공유 전자쌍 수는 1이다.

## 275 이온 결합 물질과 공유 결합 물질　답 ①

알짜풀이

ㄱ. A는 2주기 1족, C는 3주기 2족 원소이므로 모두 금속 원소이다.

오답넘기

ㄴ. B와 D는 모두 비금속 원소이므로 전자를 공유하여 결합한다. 따라서 B와 D로 이루어진 화합물은 공유 결합 물질이므로 수용액 상태에서 전기 전도성이 없다.

ㄷ. C와 D로 이루어진 화합물에서 C 이온은 네온과 전자 배치가 같고, D 이온은 아르곤과 전자 배치가 같다.

## 276 물과 이산화 탄소의 생성　답 ②

알짜풀이

(가)가 생성될 때 O 원자 1 개는 H 원자 2 개와 각각 전자쌍 1 개씩을 공유하며, (나)가 생성될 때 C 원자 1 개는 O 원자 2 개와 각각 전자쌍 2 개씩을 공유한다.

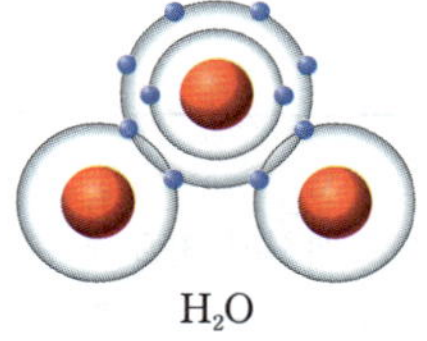
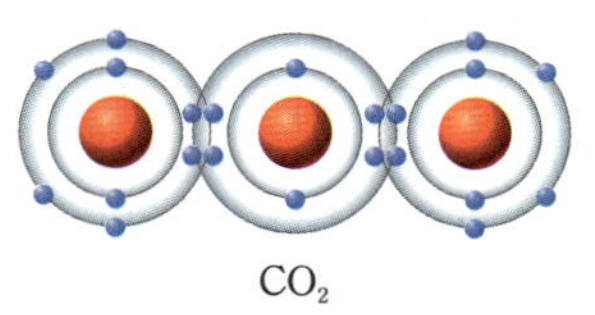

H₂O　　　　CO₂

ㄷ. (가)에서 H는 He, O는 Ne, (나)에서 C와 O는 모두 Ne의 전자 배치와 같다.


ㄱ. (가)에는 단일 결합 2 개가 있고 (나)에는 이중 결합 2 개가 있다.

ㄴ. (가)에 있는 공유 전자쌍 수는 2이고 (나)에 있는 공유 전자쌍 수는 4이다.

## 277 이온 결합의 형성　답 ⑤

알짜풀이

$A^{2+}$은 A가 전자 2 개를 잃은 것이므로 A는 3주기 2족 원소인 Mg이고, $B^-$은 B가 전자 1 개를 얻은 것이므로 B는 3주기 17족 원소인 Cl이다.

ㄱ. A는 금속 원소, B는 비금속 원소이다.

ㄴ. A와 B는 전자가 들어 있는 전자 껍질 수가 모두 3이므로 3주기 원소이다.

ㄷ. $AB_2$는 이온 결합 물질이므로 수용액 상태에서 전기 전도성이 있다.

## 278 공유 결합과 구성 원자의 전자 배치　답 ④

알짜풀이

$O_2$에서 O 원자와 O 원자는 전자쌍 2 개를 공유하여 이중 결합을 형성한다. $H_2O$에서 O 원자 1 개는 H 원자 2 개와 각각 전자쌍 1 개를 공유하여 단일 결합을 형성한다.

ㄴ. $O_2$와 $H_2O$은 공유 전자쌍 수가 각각 2이다.

ㄷ. $O_2$와 $H_2O$에서 O 원자는 전자 수가 10이므로 네온($Ne$)과 전자 배치가 같다.

오답넘기

ㄱ. $O_2$에는 이중 결합이 있지만, $H_2O$에는 단일 결합만 2 개 있다.

## 279 이온 결합 물질과 공유 결합 물질　답 ④

알짜풀이

$Ne$과 전자 배치가 같은 2, 3주기 원소의 이온은 $N^{3-}$, $O^{2-}$, $F^-$, $Na^+$, $Mg^{2+}$, $Al^{3+}$이 있다. (가)와 (나)는 양이온과 음이온으로 이루어진 이온 결합 물질이고, $\dfrac{\text{양이온 수}}{\text{음이온 수}}=2$인 (나)는 $Na_2O$이므로 (가)는 $NaF$, $MgO$ 중 하나이다.

3주기 원소는 1가지이고 원자가 전자 수는 $X>Y>Z$이므로 X는 F, Y는 O, Z는 Na이다.

ㄴ. (가)는 $NaF$, (나)는 $Na_2O$이므로 (가)와 (나)에 공통으로 포함된 원소는 Z($Na$)이다.

ㄷ. (가)를 구성하는 음이온의 전하는 $-1$이고 (나)를 구성하는 음이온의 전하는 $-2$이므로 |음이온의 전하|는 (나)에서가 (가)에서의 2배이다.

오답넘기

ㄱ. X는 F이므로 X 이온은 $F^-$이다.

## 280 지각과 생명체를 구성하는 물질의 단위체　답 ①

알짜풀이

ㄱ. $Si-O$ 사면체에서 중심 원자인 A는 규소($Si$)이고, B는 산소($O$)이다. (나)의 당은 디옥시라이보스 또는 라이보스로 오각형의 꼭짓점 부분에 존재하는 원소는 산소($O$)이다. 따라서 ㉠은 B이다.

ㄴ. (가)의 Si−O 사면체가 얇은 판 모양으로 결합한 광물이 흑운모이다.
(나)는 염기 사이의 결합으로 이중 나선을 형성한 것이 DNA이고, 단
일 사슬로 결합한 것이 RNA이다.

ㄷ. (나)의 인산은 다른 뉴클레오타이드의 당과 공유 결합을 형성하여 복
잡한 생명체의 물질인 DNA, RNA를 형성하게 된다.

## 서술형 문제

### 281 원자의 전자 배치

**모범답안** 10, 1~3주기 원자의 전자배치에서 첫 번째 전자 껍질에는 최
대 2개의 전자가, 두 번째와 세 번째 전자 껍질에는 각각 최대 8개의 전
자가 채워지므로 $x=2$, $y=8$이다.

| 채점 기준 | 배점 |
| --- | --- |
| $x+y$의 값을 옳게 구하고, 까닭을 옳게 서술한 경우 | 100 % |
| $x+y$의 값만 옳게 구한 경우 | 50 % |

**해설**
1~3주기 원자의 전자 배치에서 첫 번째 전자 껍질에는 최대 2개의 전자
가, 두 번째와 세 번째 전자 껍질에는 각각 최대 8개의 전자가 채워지므로
$x=2$, $y=8$이다.

**문제 속 개념**

**보어의 원자 모형**

① 원자의 구조 : 원자핵을 중심으로 전자는 원운동을 한다.

② 전자 껍질 : 원자핵 주위의 전자가 운동하는 특정한 에너지 준위의 궤
도

➡ 같은 주기 원소는 전자가 들어 있는 전자 껍질 수가 같다.

③ 전자 배치 원리

• 전자는 원자핵에 가까운 전자 껍질부터 차례로 배치된다.

• 각 전자 껍질에 최대로 배치될 수 있는 전자는 정해져 있다.

➡ 첫 번째 전자 껍질에는 최대 2개, 두 번째 전자 껍질에는 최대 8개의 전
자가 버치된다.

### 282 알칼리 금속의 성질

**모범답안** 수소($H_2$), 수소 기체는 시험관 입구에 성냥불을 가까이 하면
'펑' 소리가 나는 것으로 확인할 수 있다.

| 채점 기준 | 배점 |
| --- | --- |
| 수소를 쓰고, 수소를 확인하는 방법을 옳게 서술한 경우 | 100 % |
| 수소만 쓴 경우 | 50 % |

**해설**
알칼리 금속은 물과 반응하여 수소 기체를 발생시킨다. 수소는 가연성이
있다.

### 283 원자의 양성자수와 원자가 전자 수

**모범답안** 이온 결합, A는 1족 금속 원소이고 B는 17족 비금속 원소이므
로 A와 B는 양이온과 음이온의 정전기적 인력에 의해 이온 결합을 형성
한다.

| 채점 기준 | 배점 |
| --- | --- |
| 이온 결합을 쓰고, 까닭을 옳게 서술한 경우 | 100 % |
| 이온 결합만 쓴 경우 | 40 % |

**해설**
양성자수는 원자 번호와 같으므로 원자 번호는 A>B>C이다. A는 원
자 번호가 가장 크지만 원자가 전자 수가 가장 작으므로 3주기 1족 원소이
다. 따라서 B와 C는 2주기 원소이고 원자 번호는 B>C이므로 B는 2주
기 17족 원소, C는 2주기 16족 원소이다. 금속 원소는 전자를 잃고 양이
온이 되기 쉽고 비금속 원소는 전자를 얻어 음이온이 되기 쉬우므로 금속
원소와 비금속 원소는 이온 결합을 형성한다.

### 284 화학 결합에 따른 전기 전도성

**모범답안** 수용액은 전기 전도성이 있다. AB는 이온 결합 물질이므로 수
용액에서 양이온과 음이온으로 나누어져 이온이 자유롭게 이동할 수 있어
전류가 흐른다.

| 채점 기준 | 배점 |
| --- | --- |
| 이온의 이동과 관련지어 전기 전도성을 옳게 서술한 경우 | 100 % |
| 이온의 이동을 언급하지 않고 전기 전도성을 옳게 서술한 경우 | 50 % |

**해설**
이온 결합 물질은 수용액에서 전기 전도성이 있다.

### 285 이온 결합 물질과 공유 결합 물질의 분류

**모범답안** (가)를 통해 이온 결합 물질인 NaCl과 공유 결합 물질인 $CH_4$,
$O_2$가 분류되었으므로 '수용액 상태에서 전기 전도성이 있는가?'는 (가)로
적절하다.

$CH_4$과 $O_2$은 모두 공유 결합 물질이고, 공유 전자쌍 수는 $CH_4$과 $O_2$가 각
각 4, 2이므로 '공유 전자쌍 수가 4인가?'는 (나)로 적절하다.

| 채점 기준 | 배점 |
| --- | --- |
| (가)로 화학 결합의 종류를 언급하고, 수용액에서의 전기 전도성 차이를 서술하고, (나)로 공유 전자쌍 수를 서술한 경우 | 100 % |
| (가)와 (나) 중 1가지만 조건을 이용하여 옳게 서술한 경우 | 50 % |

**해설**
(가)로는 이온 결합과 공유 결합을 분류하는 것이 적절하고, (나)로는 공유
전자쌍 수로 분류하는 것이 적절하다.

## [ 3 ] 자연의 구성 물질

## 07 지각과 생명체를 구성하는 물질

### STEP 1  O/X 문제로 5종 교과서 핵심 자료 보기  061~062쪽

| 286 ○ | 287 X | 288 ○ | 289 ○ | 290 ○ | 291 X |
| 292 ○ | 293 X | 294 ○ | 295 ○ | 296 X | 297 ○ |
| 298 X | 299 ○ | 300 X | 301 X | 302 ○ | 303 X |
| 304 X | 305 ○ | 306 ○ | 307 ○ | 308 ○ | 309 X |
| 310 ○ | 311 ○ | 312 X | 313 ○ | 314 X | 315 X |

### STEP 2  학교 기출 문제로 내신 대비하기  063~067쪽

| 316 ④ | 317 해설 참조 | 318 ② | 319 ① | 320 ⑤ | 321 ③ |
| 322 ① | 323 ⑤ | 324 ④ | 325 해설 참조 | 326 해설 참조 | 327 ⑤ |
| 328 ② | 329 ② | 330 ① | 331 ② | 332 ④, ⑤ | 333 ③ |
| 334 해설 참조 | 335 ① | 336 해설 참조 | | | |

### 316 지각을 구성하는 주요 원소  답 ④

**알짜풀이**

ㄴ. 철은 지구 내부로 갈수록 비율이 증가하므로 지각보다 핵에서 높다. 철은 핵의 주요 성분이다.

ㄷ. ㉠은 지각을 구성하는 원소 중 가장 많은 비율을 차지하는 산소이고, ㉡은 두 번째로 많은 규소이다. 산소와 규소는 규산염 사면체를 형성하는 원소이다.

**오답넘기**

ㄱ. ㉠은 2주기 원소인 산소이고, ㉡은 3주기 원소인 규소이다.

### 317 서술형 지각을 이루는 원소

(1) **답** (가) 산소, (나) 규소

(2) **모범답안** 규산염 사면체, 규산염 사면체는 규소 원자가 사면체의 중심에 있고, 산소 원자가 사면체의 꼭짓점에 위치한 구조를 갖고 있다.

| 채점 기준 | 배점 |
| --- | --- |
| 규산염 사면체를 쓰고, 그 구조의 모양에 대해 옳게 서술한 경우 | 100 % |
| 규산염 사면체만 쓴 경우 | 40 % |

**해설**

지각에서 풍부한 원소는 산소>규소>알루미늄 순이고, 지각은 대부분 광물은 규산염 광물로 이루어져 있다. 규산염 광물은 산소 4 개와 규소 1 개가 공유 결합한 규산염 사면체를 기본 손위체로 하여 만들어 진다.

### 318 규산염 사면체의 구조  답 ②

**알짜풀이**

ㄷ. 규산염 광물의 기본 단위체는 4 개의 산소 원자로 된 사면체 중심에 규소 원자 1 개가 공유 결합을 하여 정사면체 모양을 이룬 규산염 사면체이다.

**오답넘기**

ㄱ. A는 규산염 사면체의 중심에 위치한 규소이고, B는 사면체의 각 꼭짓점에 위치한 산소이다.

ㄴ. 산소(B)는 16족 원소이므로 원자가 전자 수는 6이다.

### 319 규산염 사면체의 구조와 규산염 광물의 결합  답 ①

**알짜풀이**

ㄱ. A는 규소이고, B는 산소이다. 지각의 구성 원소 중 규소는 27.7 %를 차지하고, 산소는 46.6 %를 차지하므로 A가 B보다 질량비가 작다.

**오답넘기**

ㄴ. B와 C는 동일한 원소로 산소이므로 원자가 전자 수가 같다.

ㄷ. 규산염 사면체 간에 산소 원자를 공유하면서 다양한 규산염 광물이 만들어지므로 규산염 광물은 규산염 사면체 간의 결합 구조에 따라 $\dfrac{\text{O의 개수}}{\text{Si의 개수}}$ 가 다르다.

### 320 규산염 사면체의 구조  답 ⑤

**알짜풀이**

ㄱ. 규산염 사면체는 4 개의 산소(B)가 1 개의 규소(A)를 사면체로 둘러싸고 있으며, 규소의 원자가 전자 수는 4이다.

ㄴ. 규소 1 개의 전하는 +4이고, 산소 4 개의 전하는 −8이므로 1 개의 규산염 사면체는 −4의 음전하를 띤다.

ㄷ. 인접한 규산염 사면체는 B(산소)를 공유하여 여러 종류의 규산염 광물을 만든다.

### 321 규산염 광물의 결합 구조  답 ③

**알짜풀이**

ㄱ, ㄷ. (가)는 단사슬 구조이고, (나)는 복사슬 구조이다.

**오답넘기**

ㄴ. 규산염 사면체 간에 공유하는 산소의 수는 단사슬 구조(2 개)보다 복사슬 구조(2~3 개)가 많다.

### 322 휘석의 결합 구조와 특징  답 ①

**알짜풀이**

ㄱ. 휘석은 사슬이 길게 이어진 구조를 갖고 있어서 특정한 방향으로 쪼개지는 특징이 있다.

**오답넘기**

ㄴ. 휘석은 단사슬 구조이므로 결정은 기둥 모양으로 나타난다. 얇은 판 모양으로 나타나는 규산염 광물은 판상 구조인 흑운모이다.

ㄷ. 휘석은 단사슬 구조를 갖고 있고, 석영은 망상 구조를 갖고 있으므로 규산염 사면체 사이에 공유하는 산소 원자의 개수는 휘석이 석영보다 적다.

### 323 규산염 광물의 결합 구조  답 ⑤

**알짜풀이**

ㄱ. (가)는 깨짐이 발달하므로 독립형 구조인 감람석이다.

ㄴ. (나)는 얇은 판 모양으로 쪼개지므로 흑운모이고, (다)는 기둥 모양의 결정을 보이므로 휘석이다. 흑운모는 휘석보다 규산염 사면체 간에 공유하는 산소수가 많으므로 풍화에 강하다.

ㄷ. 감람석 → 휘석 → 각섬석 → 흑운모 → 석영(또는 장석)으로 갈수록 규산염 사면체 간에 공유하는 산소의 개수가 많다. 따라서 $\dfrac{O의\ 개수}{Si의\ 개수}$ 는 (나)가 가장 작다.

## 324 규산염 광물의 특징     답 ④

**알짜풀이**

ㄱ, ㄷ. 규산염 광물은 규소와 산소가 결합된 규산염 사면체를 기본 단위체로 하는 광물이다. 규산염 사면체 사이에는 산소를 공유하면서 여러 가지 결합 구조를 형성할 수 있다.

**오답넘기**

ㄴ. 규소와 산소가 결합된 기본 단위체인 규산염 사면체는 전체적으로 음전하를 띠고 있어 양이온과 결합할 수 있다.

## 325 서술형 규산염 사면체의 결합과 광물의 물리적 성질

**모범답안** 깨짐이 나타난다. 석영과 감람석은 모든 방향으로 규산염 사면체 간의 결합력이 비슷하기 때문이다.

| 채점 기준 | 배점 |
| --- | --- |
| 공통적인 특징과 그 까닭을 모두 옳게 서술한 경우 | 100 % |
| 공통적인 특징과 그 까닭 중 1가지만 옳게 서술한 경우 | 50 % |

**해설**

석영과 감람석은 깨짐이 발달하는 광물이다. 석영은 규산염 광물이 망상 구조로 이루어져 있고, 감람석은 독립형 구조로 이루어져 있으므로 모든 방향으로 규산염 사면체 간의 결합력이 비슷하여 외부에서 충격을 주었을 때 특정한 방향으로 떨어져 나가지 않기 때문이다.

## 326 서술형 각섬석, 흑운모, 석영의 결합 구조

(1) **답** (가) 각섬석, (나) 석영, (다) 흑운모

(2) **모범답안** (나), 석영은 규소 주변의 모든 산소가 3차원적으로 결합한 망상 구조를 갖고 있기 때문에 다른 광물에 비해 풍화에 강하다.

| 채점 기준 | 배점 |
| --- | --- |
| (나)를 쓰고, 석영이 풍화에 안정한 까닭을 결합 구조와 관련지어 옳게 서술한 경우 | 100 % |
| (나)만 쓴 경우 | 40 % |

**해설**

(가)는 규산염 사면체 사이에 산소 2개를 공유한 사슬 구조 2개가 연결된 복사슬 구조이고, (나)는 규산염 사면체의 모든 산소를 공유하고 있는 망상 구조이며, (다)는 규산염 사면체 사이에 산소 3개를 공유하여 얇은 판 모양으로 결합한 판상 구조이다.

## 327 단백질     답 ⑤

**알짜풀이**

X는 아미노산이 길게 연결되어 만들어진 물질이므로 단백질이다.

⑤ 유전정보를 저장하거나 전달하는 물질은 핵산이다.

**오답넘기**

① 아미노산과 아미노산 사이의 결합(㉠)을 펩타이드결합이라고 한다.

② 펩타이드결합(㉠)이 형성될 때 물이 생성된다.

③ 많은 수의 아미노산이 길게 연결된 것을 폴리펩타이드라고 한다.

④ 단백질은 몸의 구성 성분이며, 생리작용을 조절한다.

## 328 단백질     답 ②

**알짜풀이**

② ㉡은 단백질(A)의 기본 단위체인 아미노산이다. 뉴클레오타이드는 핵산의 기본 단위체이다.

**오답넘기**

① ㉠은 2개의 아미노산 사이의 결합으로 펩타이드결합이다.

③ 단백질(A)의 입체 구조는 단백질(A)의 기능을 결정한다.

④ 단백질(A)의 입체 구조는 단백질(A)을 구성하는 아미노산(㉡)의 종류와 수, 배열 순서에 의해 결정된다.

⑤ 헤모글로빈은 4개의 폴리펩타이드가 결합하여 만들어진 단백질 복합체이다.

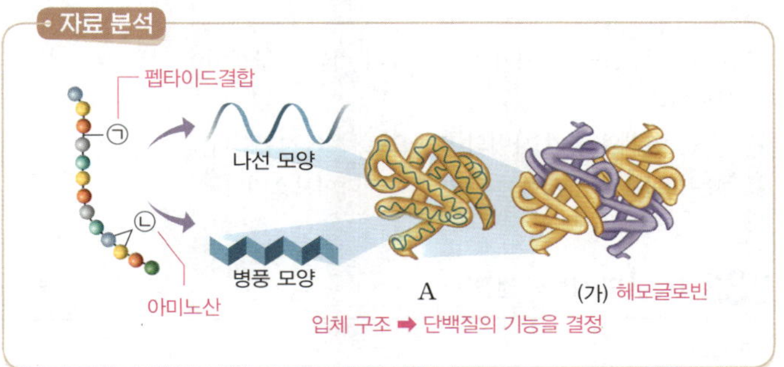



## 329 단백질의 종류     답 ②

**알짜풀이**

헤모글로빈(가)과 콜라젠(나)은 모두 단백질이다.

ㄷ. 아미노산의 종류와 수, 배열 순서에 따라 단백질의 입체 구조가 결정되고, 단백질의 입체 구조에 따라 다양한 기능을 하는 단백질이 만들어진다.

**오답넘기**

ㄱ. 헤모글로빈(가)은 여러 개의 폴리펩타이드로 구성된다.

ㄴ. 헤모글로빈(가)과 콜라젠(나)을 구성하는 기본 단위체인 아미노산의 종류와 수는 다르다.

## 330 폴리펩타이드     답 ①

**알짜풀이**

ㄱ. (가)는 폴리펩타이드의 기본 단위체인 아미노산과 아미노산을 연결하는 펩타이드결합이다.

**오답넘기**

ㄴ. 아미노산과 아미노산이 결합하는 과정에서 물($H_2O$) 1 분자가 빠져나간다. 따라서 A는 물이다.

ㄷ. 5 개의 아미노산으로 구성된 폴리펩타이드에는 4 개의 펩타이드결합이 존재한다.

## 331 뉴클레오타이드　　답 ②

**알짜풀이**

X는 타이민을 가지고 있으므로 DNA이다.

ㄷ. DNA(X)는 두 가닥의 사슬이 결합하여 이중나선구조를 이룬다.

**오답넘기**

ㄱ. DNA(X)를 구성하는 기본 단위체에 들어 있는 당은 디옥시라이보스이다.

ㄴ. DNA(X)는 유전정보를 저장한다. 생리작용을 조절하는 것은 단백질이다.

## 332 DNA　　답 ④, ⑤

**알짜풀이**

④ ⓒ이 아데닌(A)이면 ⓔ은 타이민(T)이다.

⑤ DNA는 항상 A과 T, G과 C이 상보적으로 결합하므로 한쪽 가닥의 염기서열을 알면 나머지 가닥의 염기서열을 알 수 있다.

**오답넘기**

① (가)는 인산, 당, 염기가 1 : 1 : 1의 비율로 구성되어 있는 뉴클레오타이드이다.

② (나)는 염기와 염기 사이의 결합으로 수소 결합이다.

③ ⓒ은 DNA를 구성하는 당인 디옥시라이보스이다.

## 333 DNA의 상보적 결합　　답 ③

**알짜풀이**

ㄱ. 구아닌(G)은 사이토신(C)과 상보적 결합을 하므로 ⓒ은 사이토신과 비율이 같은 26이다. (나)에서 아데닌(A)이 30 %이므로 타이민(T)도 30 %이며, 나머지 40 %는 구아닌(G)과 사이토신(C)의 비율의 합과 같다. 따라서 ⓒ은 20이다.

ㄷ. DNA에서 아데닌(A)과 타이민(T), 구아닌(G)과 사이토신(C)이 상보적 결합을 하기 때문에 C+T=A+G이다. 따라서 (가)와 (나)에서 모두 $\dfrac{C+T}{A+G}=1$이다.

**오답넘기**

ㄴ. 아데닌(A)은 타이민(T)과 상보적 결합을 한다.

## 334 ●서술형 단백질과 핵산

(1) **답** (가) 아미노산, (나) 뉴클레오타이드

(2) **▼모범답안** (가) 단백질, 단백질은 효소와 호르몬의 성분으로 생리작용을 조절한다. 몸을 구성하는 물질로 사용된다. 등

(나) 핵산, 유전정보를 저장하거나 전달하며, 단백질합성에 관여한다. 등

| 채점 기준 | 배점 |
|---|---|
| (가), (나) 각 기본 단위체가 결합하여 만들어지는 고분자 화합물을 쓰고, 그 기능을 모두 옳게 서술한 경우 | 100 % |
| (가), (나) 중 1가지만 기본 단위체가 결합하여 만들어지는 고분자 화합물과 그 기능을 옳게 서술한 경우 | 50 % |

## 335 DNA와 RNA　　답 ①

**알짜풀이**

ㄱ. (가)는 단일 가닥 구조인 RNA, (나)는 이중나선구조인 DNA이다.

**오답넘기**

ㄴ. RNA(가)는 유전정보를 전달하고, DNA(나)는 유전정보를 저장한다.

ㄷ. RNA(가)의 염기에는 유라실(U)이 있고, DNA(나)의 염기에는 타이민(T)이 있다.

## 336 ●서술형 핵산의 종류

**▼모범답안** (가) 기본 단위체가 뉴클레오타이드이다.

(나) 유라실(U)을 갖는다.

| 채점 기준 | 배점 |
|---|---|
| (가)와 (나)에 해당하는 특징을 모두 옳게 서술한 경우 | 100 % |
| (가)와 (나)에 해당하는 특징 중 1가지만 옳게 서술한 경우 | 50 % |

**해설**

DNA와 RNA에 공통적으로 해당하는 특징에는 '기본 단위체가 뉴클레오타이드이다', '인산, 당, 염기가 1 : 1 : 1로 결합되어 있다'. 등이 있다. DNA에는 해당하지 않고 RNA에만 해당하는 특징에는 '유라실(U)을 갖는다', '당이 라이보스이다'. 등이 있다.

## 08 물질의 전기적 성질과 첨단 기술의 활용

**STEP 1** O/X 문제로 5종 교과서 핵심 자료 보기　069쪽

| 337 O | 338 X | 339 O | 340 X | 341 O | 342 X |
| 343 X | 344 O | 345 X | 346 X | 347 O | 348 O |
| 349 O | 350 X | 351 X |

**STEP 2** 학교 기출 문제로 내신 대비하기　070~073쪽

| 352 ③ | 353 ② | 354 ① | 355 ② | 356 해설 참조 | 357 ① |
| 358 ③ | 359 ④ | 360 ⑤ | 361 해설 참조 | 362 ④ | 363 ② |
| 364 ③ | 365 ① | 366 ④ | 367 ③ | 368 해설 참조 | |

## 352 전기적 성질에 따른 물질의 구분　　답 ③

**알짜풀이**

ㄷ. 규소, 저마늄 등은 반도체에 해당한다.

A. 도체, 부도체, 반도체는 물질의 전기적 성질에 따라 구분한 것이다.
B. 전류가 거의 흐르지 않는 물질을 부도체라고 한다. 도체는 전류가 잘
흐르는 물질이다.

## 353 도체와 부도체 답 ②

**알짜풀이**

ㄴ. B는 감전이나 합선을 방지하기 위해 사용하는 물질이므로 부도체이
다. 따라서 B에는 자유 전자가 거의 없다.

**오답넘기**

ㄱ. A를 통해 전류가 흐르므로 A는 도체이다.

ㄷ. 소량의 불순물을 섞어 전류가 잘 흐르는 전기 소자를 만들 수 있는 물
질은 규소, 저마늄과 같은 반도체이다.

## 354 도체와 부도체 답 ①

**알짜풀이**

ㄱ. 도체는 자유 전자가 많아 전류가 잘 흐르는 물질이다. 따라서 '도체'는
㉠으로 적절하다.

**오답넘기**

ㄴ. ㉡으로 '자유 전자'가 적절하다.

ㄷ. 고무는 부도체이므로 ㉠에 해당하지 않는다. ㉠에 해당하는 물질은
금, 은, 구리, 알루미늄, 철 등이다.

## 355 물질의 전기적 성질에 따른 분류 답 ②

**알짜풀이**

도체에는 구리, 철, 알루미늄 등과 같은 금속이 있고, 반도체에는 규소($Si$),
저마늄($Ge$) 등이 있으며, 부도체에는 유리, 고무, 플라스틱 등이 있다.

## 356 〔서술형〕 물질의 전기적 성질

✔️**모범답안** 도체는 전류가 잘 흐르는 물질이다. 도체에는 자유 전자가 많기
때문이다.

| 채점 기준 | 배점 |
|---|---|
| 도체의 전기적 성질과 까닭을 모두 옳게 서술한 경우 | 100 % |
| 도체의 전기적 성질과 까닭 중 1가지만 옳게 서술한 경우 | 50 % |

## 357 규소의 원자가 전자의 배열 답 ①

**알짜풀이**

ㄱ. 규소는 4 개의 전자쌍을 공유하면서 결합을 형성한다. 따라서 규소의
원자가 전자는 4 개이다.

**오답넘기**

ㄴ. 규소는 모든 원자가 전자가 결합에 참여하므로, 순수한 규소 결정은
전류가 잘 흐르지 않는 물질이다.

ㄷ. 양( + )이온과 음( − )이온의 정전기적 인력에 의한 결합은 이온 결합
이다. 규소 결정은 공유 결합을 한다.

## 358 규소의 전기적 성질 답 ③

**알짜풀이**

ㄱ, ㄴ. 순수한 반도체는 전류가 잘 흐르지 않지만, 약간의 불순물을 첨가
하면 양공이나 자유 전자가 생겨 전류가 잘 흐른다. 따라서 '불순물'은
㉠으로, '자유 전자'는 ㉡으로 적절하다.

**오답넘기**

ㄷ. 순수한 반도체 원소는 원자가 전자가 4 개이다. 따라서 규소의 원자가
전자는 4 개이다.

## 359 불순물 반도체 답 ④

**알짜풀이**

ㄱ. 원자가 전자의 배열에 빈자리(양공)가 있다. 따라서 X의 원자가 전자
는 3 개이다.

ㄷ. 순수한 반도체에 소량의 불순물을 섞어 빈자리나 결합에 참여하지 않
는 자유 전자가 생기면 전류가 잘 흐를 수 있는 물질이 된다.

**오답넘기**

ㄴ. 빈자리로 다른 전자가 이동할 수 있으므로, 불순물 반도체는 전류가
잘 흐를 수 있다.

## 360 n형 반도체 답 ⑤

**알짜풀이**

ㄱ. (가)에서 규소는 원자가 전자를 공유하여 결합한다. 따라서 규소는 공
유 결합을 한다.

ㄴ, ㄷ. 순수한 규소 결정은 자유 전자가 적어 전류가 잘 흐르지 않지만,
(나)와 같이 소량의 불순물을 첨가하면 자유 전자가 많아져서 전류가
잘 흐른다. 따라서 (나)의 물질은 순수한 규소 결정보다 전류가 잘 흐
른다.

## 361 〔서술형〕 p형 반도체

✔️**모범답안** 붕소를 첨가하면 양공이 생기는데, 이웃한 원자가 전자가 양공
으로 계속해서 이동하면서 전류가 잘 흐를 수 있다.

| 채점 기준 | 배점 |
|---|---|
| 전자가 양공으로 이동하기 때문에 전류가 잘 흐른다고 서술한 경우 | 100 % |
| 양공이 존재하기 때문이라고만 서술한 경우 | 50 % |

## 362 p형 반도체와 n형 반도체 답 ④

**알짜풀이**

ㄱ. A에는 결합에 참여하지 않는 원자가 전자(자유 전자)가 존재한다. 따
라서 A는 n형 반도체이다.

ㄷ. X, Y의 원자가 전자는 각각 5 개, 3 개이다. 따라서 원자가 전자는 X
가 Y보다 2 개 더 많다.

**오답넘기**

ㄴ. B는 p형 반도체이다. 따라서 B에서는 주로 양공이 전류를 흐르게 한다.

## 363 반도체의 활용
답 ②

**알짜풀이**

ㄴ. 발광 다이오드(LED)에 전류가 흐르면 빛이 방출되므로, (나)에는 전기 에너지를 빛에너지로 전환하는 반도체가 사용된다.

**오답넘기**

ㄱ. 태양 전지는 빛에너지를 전기 에너지로 전환한다. 따라서 (가)에는 빛에너지를 전기 에너지로 전환하는 반도체가 사용된다.

ㄷ. (가), (나) 모두 데이터를 처리하는 기능이 없다. (가), (나)는 전기 신호 처리 기능이 있는 반도체가 활용되는 예이다.

## 364 발광 다이오드(LED)의 특징
답 ③

**알짜풀이**

ㄱ. LED에 전류가 흐르면서 빛이 방출된다. 따라서 LED에서 전기 에너지가 빛에너지로 전환된다.

ㄴ. p형 반도체에서 양공은 전류와 같은 방향으로 이동한다. 따라서 p형 반도체의 양공은 접합면 쪽으로 이동한다.

**오답넘기**

ㄷ. 자유 전자는 음($-$)전하를 띠므로 전류의 방향과 반대 방향으로 이동한다. 따라서 n형 반도체의 자유 전자는 접합면 쪽으로 이동하며, $p-n$ 접합면에서 p형 반도체의 양공과 결합한다.

## 365 반도체 소자가 만들어지는 과정
답 ①

**알짜풀이**

ㄱ. 반도체 소자는 지각에 풍부한 규산염 광물에서 순수한 규소 원소를 추출하여 만든다.

**오답넘기**

ㄴ. '규소'는 ⓛ으로 적절하다.

ㄷ. 반도체 소자는 순수한 규소 결정에 소량의 불순물을 첨가하여 만든다.

## 366 유기 발광 다이오드(OLED)의 특징
답 ④

**알짜풀이**

ㄱ. 돌돌 말 수 있으므로 OLED는 잘 휘어지는 성질이 있다는 것을 알 수 있다.

ㄷ. OLED는 전류가 흐르면 스스로 빛을 방출하는 성질이 있기 때문에 액정 디스플레이(LCD)에는 꼭 필요한 백라이트를 사용하지 않는다.

**오답넘기**

ㄴ. OLED는 전기 신호를 빛으로 전환하는 성질이 있다.

## 367 반도체의 특징
답 ③

**알짜풀이**

ㄱ. 메모리 반도체는 데이터를 저장하고 기억하는 역할을 하는 반도체이다.

ㄴ. 시스템 반도체는 연산, 제어 등 정보처리 역할을 하는 반도체이다.

**오답넘기**

ㄷ. 메모리 반도체와 시스템 반도체는 모두 데이터 처리 기능이 있는 반도체이다.

## 368 ● 서술형 다이오드의 성질

**✔ 모범답안** 교류 전압을 방향이 일정한 전압으로 바꾸기 위해서는 한쪽 방향으로만 전류를 흐르게 하는 성질이 필요하다. 따라서 다이오드는 전류를 한쪽 방향으로만 흐르게 하는 성질이 있다.

| 채점 기준 | 배점 |
|---|---|
| 필요한 다이오드의 성질을 옳게 서술한 경우 | 100 % |
| 다이오드가 교류를 직류로 바꾸는 성질이 있다고 서술한 경우 | 50 % |

| STEP **3** 수능 유형 문제로 만점 도전하기 | 074~077쪽 |

| | | | | | |
|---|---|---|---|---|---|
| 369 ⑤ | 370 ① | 371 ④ | 372 ③ | 373 ④ | 374 ① |
| 375 ④ | 376 ④ | 377 ⑤ | 378 ④ | 379 ③ | 380 ② |
| 381 ⑤ | 382 ③ | | | | |
| 서술형 문제 | 383~385 해설 참조 | | | | |

## 369 지각과 지구의 구성 원소의 질량비
답 ⑤

**알짜풀이**

ㄱ. A는 반도체의 원료로 이용되는 규소이고, B는 지구에서 가장 많은 양을 차지하는 철이다.

ㄴ. 지구 내부에서 철(B)의 함량은 지각<맨틀<외핵<내핵 순이다.

ㄷ. 지구는 중심부로 갈수록 무거운 원소의 비율이 증가하므로 지구의 평균 밀도는 지각의 평균 밀도보다 크다.

## 370 지각의 구성 원소와 규산염 사면체
답 ①

**알짜풀이**

ㄱ. A는 지각에 가장 풍부한 원소인 산소이다. 산소는 지각과 생명체에 공통적으로 가장 풍부한 원소이다.

**오답넘기**

ㄴ. (가)에서 A는 산소, B는 규소이다. (나)에서 ⊙은 규소, ⓛ은 산소이다. 따라서 B는 ⊙이다.

ㄷ. 규산염 사면체는 이웃하는 규산염 사면체와 산소(A)를 공유하여 다양한 규산염 광물이 만들어진다.

## 371 규소와 산소의 전자 배치
답 ④

**알짜풀이**

(가)는 규소, (나)는 산소이다.

ㄱ. (가)는 원자가 전자가 4개이므로 최대 4개의 원소와 공유 결합할 수 있다.

ㄷ. 규산염 사면체는 1개의 규소와 4개의 산소가 결합한다.

**오답넘기**

ㄴ. 지각을 구성하는 원소 중 가장 많은 비율을 차지하는 원소는 산소(나)이고, 그 다음이 규소(가)이다.

## 372 규산염 광물의 결합 구조　답 ③

**알짜풀이**

ㄱ. 쇠구슬은 규산염 사면체의 꼭짓점에 위치하는 산소에 해당하므로 사면체의 꼭짓점에는 각각 쇠구슬이 위치한다.

ㄴ. 사면체끼리 결합하기 위해서는 중복되는 쇠구슬 하나를 빼야 한다. 이는 규산염 사면체 간에 공유하는 산소에 해당한다.

**오답넘기**

ㄷ. 한 줄로 연결한 결합 구조를 다시 두 줄로 연결하였으므로 복사슬 구조에 해당하며, 각섬석은 대표적인 복사슬 구조의 광물이다.


## 373 규산염 광물의 결합 구조　답 ④

**알짜풀이**

ㄱ. (가)는 규산염 사면체가 독립형 구조를 갖고 있으며, 각 규산염 사면체가 $-4$의 전하를 띠고 있으므로 $+2$가의 양이온 2개와 결합하여 전기적으로 중성이 될 수 있다.

ㄷ. (가)에서 (다)로 갈수록 규산염 사면체 사이에 공유하는 산소 수가 증가하므로 규소 원자에 대한 산소 원자의 개수는 줄어든다. 즉,

$$\frac{\text{O 원자 수}}{\text{Si 원자 수}} \text{는 (가)} > \text{(나)} > \text{(다)이다.}$$

**오답넘기**

ㄴ. (가)는 독립형 구조, (나)는 단사슬 구조, (다)는 복사슬 구조이다.


## 374 원자의 생성　답 ①

**알짜풀이**

ㄱ. A는 규소 1 개당 산소 4개가 결합하지만 B는 규소 2 개당 산소 5 개가 결합하므로 규산염 사면체 간의 결합은 B가 더 복잡하다. 따라서 사면체 간의 결합을 끊는 데 필요한 에너지는 A가 B보다 적으므로 A가 B보다 풍화에 약하다.

**오답넘기**

ㄴ. A는 $Si : O = 1 : 4$이므로 독립형 구조인 감람석이고, B는 $Si : O = 2 : 5$이므로 판상 구조인 흑운모이다. 따라서 A는 모든 방향의 결합력이 비슷하므로 깨짐이 나타나고, B는 얇은 판과 판 사이에 결합력이 약하므로 쪼개짐이 나타난다.

ㄷ. A는 규산염 사면체가 서로 산소를 공유하지 않고 광물을 독립적으로 형성하므로 독립형 구조이다.


## 375 생명체 구성 물질　답 ④

**알짜풀이**

A는 지질, B는 핵산이다.

ㄴ. 핵산(B)의 기본 단위체는 뉴클레오타이드이다. 뉴클레오타이드는 인산, 당, 염기로 구성된다.

ㄷ. 단백질은 몸의 구성 성분이며, 생리작용을 조절한다.

**오답넘기**

ㄱ. A는 지질이며, 기본 단위체가 아미노산인 것은 단백질이다.


## 376 단백질의 종류　답 ④

**알짜풀이**

ㄴ. 근육 속 단백질(나)은 아미노산과 아미노산이 펩타이드결합에 의해 연

결된다.

ㄷ. 적혈구 속 단백질(가)과 근육 속 단백질(나)은 서로 다른 종류의 단백질이므로 구성하는 아미노산의 종류와 수, 배열 순서가 다르다.

**오답넘기**

ㄱ. 적혈구 속 단백질(가)과 근육 속 단백질(나)의 기본 단위체는 모두 아미노산이다.


## 377 단백질의 구조　답 ⑤

**알짜풀이**

ㄱ. 단백질의 기본 단위체는 아미노산이므로 ㉠과 ㉡은 아미노산에 해당한다.

ㄴ. 아미노산이 길게 연결되어 만들어진 사슬 모양의 분자는 폴리펩타이드이므로 X와 Y는 폴리펩타이드에 해당한다.

ㄷ. 10 개의 아미노산이 결합할 때 형성되는 펩타이드결합의 개수는 9 개이고, 8 개의 아미노산이 결합할 때 형성되는 펩타이드결합의 개수는 7 개이므로 펩타이드결합 막대의 개수는 16 개이다.

> **자료 분석**
>
> (가) 단백질의 기본 단위체 부품 ㉠, ㉡과 펩타이드결합 막대 부품을 표와 같이 준비하였다.
>
> | 부품 | 모양 | 개수(개) |
> |---|---|---|
> | 기본 단위체 ㉠<br>아미노산 | | 10 |
> | 기본 단위체 ㉡<br>아미노산 | | 8 |
> | 펩타이드결합 막대 | | ? 16 |
>
> (나) 그림과 같이 ㉠과 펩타이드결합 막대로만 모형 X를, ㉡과 펩타이드결합 막대로만 모형 Y를 만들었다. X와 Y를 만들고 남은 부품은 없다.
>
> 
> 


## 378 DNA　답 ④

**알짜풀이**

(가)는 이중나선구조이므로 DNA이다.

ㄴ. DNA를 구성하는 염기는 A, G, C, T의 4 종류이다.

ㄷ. DNA를 구성하는 당(㉠)은 디옥시라이보스이다.

**오답넘기**

ㄱ. DNA는 이중나선구조이고, RNA는 단일 가닥 구조이다. 따라서 (가)는 DNA이다.


## 379 DNA의 구조　답 ③

**알짜풀이**

ㄷ. 한 뉴클레오타이드의 당과 다른 뉴클레오타이드의 인산이 공유 결합

으로 연결되어 폴리뉴클레오타이드를 형성한다.

**오답넘기**

ㄱ. ㉠은 DNA를 구성하는 당으로 디옥시라이보스이다.

ㄴ. (가)에는 위에서부터 T−A, C−G, A−T, G−C의 염기쌍이 존재하므로 아데닌(A)의 개수와 사이토신(C)의 개수는 모두 2개로 동일하다.

## 380 메모리 반도체     답 ②

**알짜풀이**

ㄴ. B는 전류를 차단하는 역할을 하므로 부도체를 이용하여 만든다.

**오답넘기**

ㄱ. A에 데이터가 저장되므로 반도체 소자이며, 반도체 소자는 순수한 반도체에 소량의 불순물 원소를 첨가한 불순물 반도체를 사용하여 만든다.

ㄷ. C는 데이터가 출입하는 통로이므로 전류가 잘 흐르는 도체이다. 따라서 C에는 자유 전자가 많다.

## 381 불순물 반도체     답 ⑤

**알짜풀이**

ㄴ. (나)에서 양공이 존재하므로 X의 원자가 전자는 3개이다. 따라서 X의 원자가 전자는 규소의 원자가 전자(4개)보다 1개 더 적다.

ㄷ. (가)에서는 모든 원자가 전자가 결합에 참여하므로 전류가 잘 흐르지 않고, (나)에서는 빈자리인 양공이 존재하므로 전류가 잘 흐른다. 따라서 (나)의 물질이 (가)의 물질보다 전기 전도도가 크다.

**오답넘기**

ㄱ. (가)에서 규소는 공유 결합을 한다. 이온 결합은 소금($NaCl$)과 같이 양($+$)이온과 음($-$)이온의 전기력에 의한 결합이다.

## 382 p형 반도체와 n형 반도체     답 ③

**알짜풀이**

ㄷ. 태양 전지에 빛을 비추면 전기 에너지가 생성된다. 즉, 태양 전지에서 빛에너지가 전기 에너지로 전환되는 에너지 전환이 일어난다.

**오답넘기**

ㄱ. n형 반도체에는 자유 전자가 풍부하고, p형 반도체에는 양공이 풍부하다. 따라서 A는 n형 반도체이고, B는 p형 반도체이다.

ㄴ. 전류가 시계 방향으로 흐르므로, 태양 전지 내부에서 전류는 A에서 B 쪽으로 흐른다. 따라서 전자는 B에서 A 쪽으로 이동한다.

**⊙ 자료 분석**

**태양 전지의 구조와 원리**

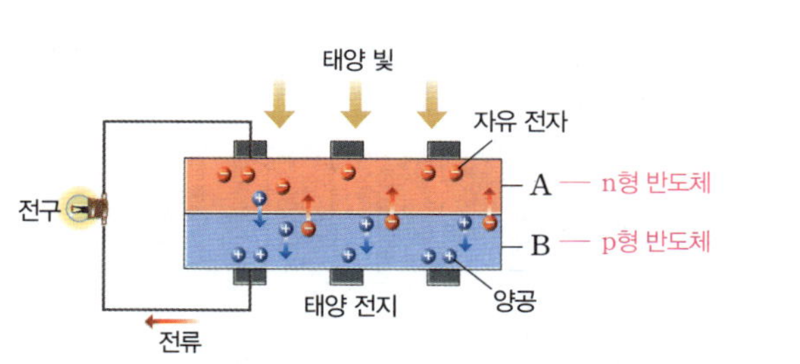


---

- 자유 전자가 많이 존재하는 반도체는 n형 반도체이고, 양공이 많이 존재하는 반도체는 p형 반도체이다.

- n형 반도체에서는 주로 자유 전자가, p형 반도체에서는 주로 양공이 전류를 흐르게 한다.

- 그림과 같은 태양 전지에 빛을 비추면 p형 반도체 → 전구 → n형 반도체 방향으로 전류가 흐른다.

- 태양 전지에 빛을 비추면 n형 반도체의 자유 전자와 p형 반도체의 양공은 접합면으로부터 멀어지는 방향으로 이동한다.

### 서술형 문제

## 383 규산염 사면체의 결합 구조

✔ **모범답안** 3개, 1개의 규산염 사면체에서 각 사면체가 양쪽으로 산소 2개를 공유하여 개수비가 $Si : O = 1 : 3$이기 때문이다.

| 채점 기준 | 배점 |
| --- | --- |
| 개수와 판단한 근거를 모두 옳게 서술한 경우 | 100 % |
| 판단한 근거만 옳게 서술한 경우 | 80 % |
| 개수만 옳게 쓴 경우 | 20 % |

**해설**

1개의 규산염 사면체에서 공유되지 않는 산소가 2개, 공유되는 산소가 2개이고, 공유되는 산소 1개는 0.5개로 계산하여 사면체 1개에서 규소 원자 모형 1개 당 산소 원자 모형은 3개가 된다. 즉 $Si : O = 1 : 3$이다.

**⊙ 자료 분석**

규산염 사면체 간의 결합에서 규소 원자와 산소 원자의 개수비를 구하는 과정을 설명하면 다음과 같다.

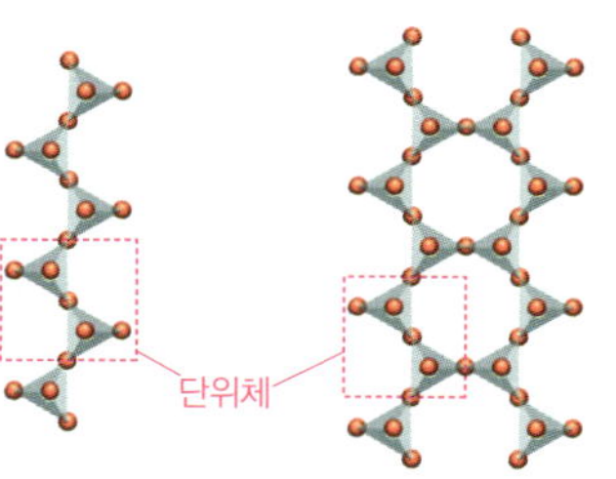


1. 기본 단위체: 작은 물질이 모여 크고 복잡한 물질을 만들 때, 기본 단위로 반복해서 이용되는 물질을 기본 단위체라고 한다.

2. 단사슬 구조: 단위체에서 규소는 2개, 단위체 간에 공유되는 산소는 2개, 공유되지 않은 산소는 5개이다. 공유되는 산소 1개는 0.5개로 계산하여 산소의 개수는 6개이다. 따라서 $Si : O = 2 : 6 = 1 : 3$이다.

3. 복사슬 구조: 단위체에서 규소는 2개, 단위체 간에 공유되는 산소는 3개, 공유되지 않은 산소는 4개이다. 공유되는 산소 1개는 0.5개로 계산하여 산소의 개수는 5.5개이다. 따라서 $Si : O = 2 : 5.5 = 4 : 11$이다.

4. 판상 구조: 단위체에서 규소는 2개, 단위체 간에 공유되는 산소는 4개, 공유되지 않은 산소는 3개이다. 공유되는 산소 1개는 0.5개로 계산하여 산소의 개수는 5개이다. 따라서 $Si : O = 2 : 5$이다.

## 384 단백질의 구조와 기능

(1) **✔모범답안** (가)는 폐에서 온몸의 조직 세포로 산소를 운반한다. (나)는 피부와 연골의 구성 성분이다.

| 채점 기준 | 배점 |
|---|---|
| (가)와 (나)의 기능을 모두 옳게 서술한 경우 | 100 % |
| (가)와 (나)의 기능 중 1가지만 옳게 서술한 경우 | 50 % |

(2) **✔모범답안** 헤모글로빈(가)과 콜라젠(나)은 아미노산의 종류와 수, 배열 순서가 서로 달라 서로 다른 입체 구조를 가지므로, 서로 다른 기능을 수행한다.

| 채점 기준 | 배점 |
|---|---|
| 단백질의 입체 구조와 기능의 관계를 옳게 서술한 경우 | 100 % |
| 단백질의 입체 구조와 기능의 관계를 언급하였으나 설명이 미흡한 경우 | 50 % |

## 385 반도체의 역할

**✔모범답안** 메모리 반도체는 데이터를 저장하고 기억하는 역할을 하는 반도체이고, 시스템 반도체는 연산, 제어 등 정보처리 역할을 하는 반도체이다.

| 채점 기준 | 배점 |
|---|---|
| 두 반도체의 역할을 모두 옳게 서술한 경우 | 100 % |
| 두 반도체의 역할 중 1가지만 옳게 서술한 경우 | 50 % |

---

**STEP 4 단원 종합 문제로 만점 완성하기**  078~083쪽

| | | | | | |
|---|---|---|---|---|---|
| 386 ③ | 387 ① | 388 ① | 389 ④ | 390 ① | 391 ① |
| 392 ④ | 393 ① | 394 ① | 395 ④ | 396 ⑤ | 397 ② |
| 398 ③ | 399 ① | 400 ② | 401 ③ | 402 ③ | 403 ② |
| 404 ④ | 405 ③ | | | | |

서술형 문제  406~410 해설 참조

---

## 386 미시 세계와 거시 세계  답 ③

**알짜풀이**

ㄷ. 공간의 규모는 거시 세계인 (가)가 미시 세계인 (나)보다 크다.

**오답넘기**

ㄱ. 우주는 거시 세계에 해당한다.

ㄴ. 1 nm는 $10^{-9}$ m와 같다. 따라서 0.1 nm는 $10^{-10}$ m와 같다.

## 387 기본량과 유도량  답 ①

**알짜풀이**

① 시간은 기본량으로 단위는 s(초)이다.

**오답넘기**

② 속력은 유도량으로 단위는 m/s이다.

③ 질량은 기본량으로 단위는 kg이다.

④ 부피는 유도량으로 단위는 $m^3$이다.

⑤ 온도는 기본량으로 단위는 K(켈빈)이다. °C(섭씨도)는 주로 일상생활에서 사용하는 온도의 단위이다.

## 388 아날로그 신호와 디지털 신호  답 ①

**알짜풀이**

ㄱ. 자연에서 발생하는 대부분의 신호는 아날로그 신호이다.

**오답넘기**

ㄴ. 아날로그는 세기가 연속적으로 변하는 신호이다.

ㄷ. 스마트 기기에 저장된 신호는 디지털 신호이다.

## 389 스펙트럼 관찰  답 ④

**알짜풀이**

ㄴ. 태양 표면에서 방출된 빛이 태양의 대기를 통과하는 동안 대기에 포함된 기체 성분에 의해 특정한 파장의 빛이 흡수되므로 A와 같은 흡수 스펙트럼이 나타난다.

ㄷ. A의 흡수선 위치와 C의 방출선 위치가 같은 것은 동일한 원소를 관찰하였기 때문이다.

**오답넘기**

ㄱ. (가)는 빛이 저온의 기체를 통과하면서 특정한 파장의 빛이 흡수되므로 A와 같은 흡수 스펙트럼이 나타난다.

## 390 빅뱅과 입자의 생성  답 ①

**알짜풀이**

ㄱ. A 시기에는 우주의 팽창에 의해 온도가 더 낮아지면서 쿼크 3개가 결합하여 양성자나 중성자를 만들었다.

**오답넘기**

ㄴ. B 시기에 우주의 나이는 약 3분이었고, 헬륨 원자핵이 만들어졌다. 이 당시 원자핵과 전자는 결합하지 않았으므로 빛은 우주 공간에서 직진하지 못하였다.

ㄷ. B와 C 시기 사이에 수소 원자핵과 헬륨 원자핵의 개수비는 약 12 : 1이고, 질량비는 약 3 : 1이므로 B와 C 시기 사이에 $\dfrac{\text{수소 원자핵의 질량}}{\text{헬륨 원자핵의 질량}}$ 은 약 3이다.

## 391 우주를 구성하는 원소의 질량비  답 ①

**알짜풀이**

ㄱ. A는 수소이고, B는 헬륨이다. 수소 원자핵은 양성자 1개이고, 헬륨 원자핵은 양성자 2개와 중성자 2개로 구성되므로 원자핵의 생성 시기는 A가 B보다 빠르다.

**오답넘기**

ㄴ. C는 수소와 헬륨을 제외한 나머지 무거운 원소이다. 이 원소들은 우주의 팽창 과정에서 생성되지 않고, B의 생성 이후 별의 진화 과정에서 생성되었다.

ㄷ. 현재 원소의 질량비는 A : B=약 3 : 1인데, 원소가 생성된 후 현재까지 그 비율이 거의 변하지 않았다.

## 392 별의 진화와 원소의 생성
답 ④

**알짜풀이**

ㄴ. (가) → (나)는 성운을 이루는 성간 물질이 중력에 의해 뭉쳐져 원시별이 되고, 원시별이 중력 수축하여 별이 탄생하는 과정이다.

ㄷ. (다)의 중심부에서 철이 형성된 것은 이 별의 질량이 태양보다 매우 크기 때문이다. 따라서 이 별은 중심부가 철이 된 후 핵융합 반응이 멈추면 별의 중심부가 급격히 수축하다가 초신성으로 폭발한다.

**오답넘기**

ㄱ. (다) → (라) 과정에서 초신성 폭발이 일어날 때 철보다 무거운 원소가 형성되므로 철보다 무거운 원소의 함량은 (가)가 (라)보다 적다.

**자료 분석**

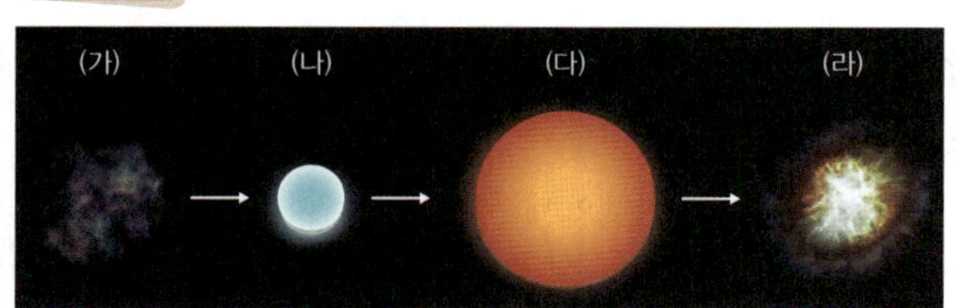


- (가) → (나): 성운의 밀도 증가에 의한 원시별 형성, 원시별의 중력 수축에 의한 별의 탄생
- (나): 별의 중심부에서의 수소 핵융합 반응으로 내부 압력 증가
  ➡ 중력＝내부 압력
- (다): 별의 중심부에서 규소 핵융합 반응에 의한 철 생성 후 급격한 중력 수축 ➡ 초신성 폭발
- (다) → (라): 철보다 무거운 원소 생성 ➡ 우주 공간으로 원소 방출

## 393 지구의 형성 과정
답 ①

**알짜풀이**

ㄱ. (가) 시기 이전에는 미행성체가 뭉쳐져 있었으므로 중심부와 표면의 밀도 차이가 없이 균질하였으나 원시 지각이 형성되었을 때는 이미 핵과 맨틀이 형성되었으므로 중심부의 밀도가 컸다. 따라서 지구 중심부의 밀도는 (가) 시기 이전보다 (나) 시기가 컸다.

**오답넘기**

ㄴ. 지구에 원시 바다가 형성된 것은 지표가 식어 원시 지각이 만들어진 후이다.

ㄷ. 원시 지각은 뜨거운 맨틀이 식어 형성되었으므로 원시 지각의 구성 성분은 맨틀과 비슷하였다.

## 394 지구와 생명체를 구성하는 원소
답 ①

**알짜풀이**

ㄱ. (나)는 헬륨이 24 %를 차지하므로 우주에 해당하며, 74 %를 차지하는 A는 수소로, 우주에서 가장 풍부한 원소이다.

**오답넘기**

ㄴ. B는 생명체와 지구에 모두 풍부한 산소이다. 산소는 철보다 가벼운 원소이므로 별의 내부에서 핵융합 반응에 의해 생성된다.

ㄷ. (가)는 산소, 탄소, 수소 등이 풍부하므로 생명체에 해당하고, (다)는 철, 산소, 규소 등이 풍부하므로 지구에 해당한다.

## 395 주기율표와 주기적 성질
답 ④

**알짜풀이**

$C^-$과 $D^+$의 전자 배치가 Ne과 같으므로 C는 17족, D는 1족 원소이다. 따라서 $x=1$, $z=17$이고, $x+z=y+4$이므로 $y=14$이다.

ㄴ. $x=1$이므로 2, 3주기 A와 D는 모두 알칼리 금속이다. 따라서 A와 D는 모두 물과 격렬하게 반응한다.

ㄷ. B는 14족 원소이므로 원자가 전자 수가 4이다. 따라서 E와 화학 결합한 $BE_4$의 공유 전자쌍 수는 4이다.

**오답넘기**

ㄱ. $x=1$, $y=14$, $z=17$이므로 $x+y+z=32$이다.

## 396 주기율표
답 ⑤

**알짜풀이**

X～Z는 2, 3주기 원소이므로 $a=2$이고, X와 Y는 2주기, Z는 3주기 원소이며, X～Z의 원자가 전자 수는 각각 4, 7, 3이므로 X～Z는 각각 C, F, Al이다.

ㄴ. Y는 2주기 17족 원소이므로 $Y^-$은 2주기 18족 원소인 Ne과 전자 배치가 같다. Z는 3주기 13족 원소이므로 $Z^{3+}$은 2주기 18족 원소인 Ne과 전자 배치가 같다.

ㄷ. $x～z$는 각각 6, 9, 13이므로 $x+y>z$이다.

**오답넘기**

ㄱ. X와 Y는 각각 2주기 14족, 2주기 17족 원소이므로 비금속 원소이고, Z는 3주기 13족 원소이므로 금속 원소이다.

## 397 주기율표와 주기적 성질
답 ②

**알짜풀이**

A는 1주기 18족 원소이므로 원자 번호 $a=2$이다. B는 2주기 15족 원소이므로 전자가 들어 있는 전자 껍질 수 $b=2$이다. C는 16족 원소이고, D는 1족 원소이므로 C와 D의 원자가 전자 수 차 $c=5$이고, $a+b+c=9$이다.

## 398 알칼리 금속의 성질
답 ③

**알짜풀이**

알칼리 금속 X는 물과 반응하여 수소 기체를 발생시키고, 수용액은 염기성이 된다. 공기 중의 산소와 X가 반응하면 금속과 비금속 원소가 결합한 이온 결합 물질 $X_2O$가 생성되고, X가 반응한 수용액에서 X는 원자가 전자 1개를 잃어 $X^+$이 되고 염기성을 나타내는 음이온($OH^-$)이 생성되므로 수용액 속 이온 수가 증가하게 된다.

ㄱ. X가 공기 중의 산소와 반응하면 금속과 비금속이 결합한 이온 결합 물질이 생성된다. X는 알칼리 금속이므로 $X^+$이 되고, O는 $O^{2-}$이 되어 이온 결합 물질 $X_2O$가 생성된다.

ㄷ. (나)의 물은 공유 결합 물질이고, (다) 과정 후 수용액에는 $X^+$과 염기

성을 나타내는 음이온($OH^-$)이 존재하므로 전기 전도성은 (다) 과정 후 수용액이 (나)의 물보다 크다.

**오답넘기**

ㄴ. (나)에서 발생한 기체는 물과 반응하지 않으므로 공기 중으로 방출된다.

---

**─(문제 속 개념)─**

**알칼리 금속 X의 반응**

| 구분 | 화학 반응식과 설명 |
|---|---|
| 물과의 반응 | $2X+2H_2O \longrightarrow H_2+2XOH$ <br> 수소 기체가 발생하고 수용액에는 $OH^-$이 생성되어 수용액은 염기성이 된다. |
| 공기 중 산소와의 반응 | $4X+O_2 \longrightarrow 2X_2O$ <br> 공기 중 산소와 반응하여 $X_2O$가 생성된다. |

---

## 399 이온 결합과 공유 결합    답 ①

**알짜풀이**

AB는 HF이고, CD는 MgO이다.

ㄱ. B와 C의 원자 번호는 각각 9, 12이다. 따라서 C>B이다.

**오답넘기**

ㄴ. $A_2D$는 $H_2O$이므로 공유 결합 물질이고, $CB_2$는 $MgF_2$이므로 이온 결합 물질이다. 따라서 수용액 상태에서 이온 결합 물질은 전기 전도성이 있고 공유 결합 물질은 전기 전도성이 없으므로 $CB_2>A_2D$이다.

ㄷ. $DB_2$는 $OF_2$이므로 공유 전자쌍 수가 2이고, $A_2D$는 $H_2O$로 공유 전자쌍 수가 2이다. 따라서 공유 전자쌍 수는 $A_2D$와 $DB_2$가 같다.

---

## 400 이온 결합과 공유 결합    답 ②

**알짜풀이**

Na은 1족 원소이므로 화학 결합을 형성할 때 $Na^+$을 형성한다. 따라서 $Na^+$과 2 : 1의 개수비로 화학 결합을 형성할 수 있는 원소는 O로 (나)는 $Na_2O$이고, (가)는 HF인데 원자 번호는 B>A이므로 A~D는 각각 H, F, Na, O이다.

ㄴ. (나)의 화학식은 $Na_2O$이므로 (나)에서 C와 D는 각각 $C^+$, $D^{2-}$으로 존재하여 모두 Ne과 같은 전자 배치를 이룬다.

**오답넘기**

ㄱ. (가)는 HF이므로 공유 전자쌍 수는 1이다.

ㄷ. $A_2D$는 $H_2O$이고, CB는 NaF이므로 $A_2D$는 공유 결합 물질, CB는 이온 결합 물질이다. 따라서 고체 상태에서는 두 물질 모두 전기 전도성이 없다.

---

## 401 규산염 사면체와 규산염 광물의 결합 구조    답 ③

**알짜풀이**

ㄱ. 규소와 탄소는 주기율표의 14족 원소이므로 원자가 전자의 개수가 4개로 같다.

ㄷ. ㉡ → ㉢ → ㉣의 광물로 갈수록 규산염 사면체 간에 공유하는 산소의 개수가 증가하므로 결합력이 커져 풍화에 견디는 정도가 강해진다.

---

**오답넘기**

ㄴ. ㉡은 독립형 구조이고, ㉣은 망상 구조이므로 방향에 따른 결합력이 비슷하여 깨짐이 발달한다. ㉢은 복사슬 구조이므로 결합력이 약한 방향을 따라 쪼개짐이 발달한다.

---

## 402 규산염 광물의 결합 구조    답 ③

**알짜풀이**

ㄱ. (가)는 규산염 사면체가 양쪽의 규산염 사면체와 산소를 공유하므로 규산염 사면체 1개당 산소의 개수는 3개이다. 따라서 Si : O=1 : 3이다.

ㄴ. (가)는 규소 1개와 산소 3개가 결합한 구조이므로 규산염 사면체 1개의 전기적 성질은 $SiO_3{}^{2-}$이고, $Mg^{2+}$, $Fe^{2+}$ 등과 같이 +2가의 금속 이온이 결합하면 규산염 광물이 된다.

**오답넘기**

ㄷ. (가)는 단사슬 구조이고, (나)는 복사슬 구조이므로 (가)와 (나)는 모두 쪼개짐이 발달한다.

---

## 403 단백질    답 ②

**알짜풀이**

항체 X의 구조에서 펩타이드결합이 존재하므로, 항체 X를 구성하는 주성분은 단백질이다.

ㄴ. ㉠은 단백질의 기본 단위체인 아미노산이다. 아미노산은 탄소(C)에 수소(H), 산소(O), 질소(N) 등의 원소가 결합하여 만들어진다.

**오답넘기**

ㄱ. 아미노산(㉠)에는 20종류가 있다.

ㄷ. 항체 X의 주성분은 단백질이다.

---

## 404 반도체    답 ④

**알짜풀이**

B. (나)의 반도체에는 양공이 존재한다. 따라서 (나)는 p형 반도체이다.

C. (가)는 순수한 반도체이고, (다)는 n형 반도체이다. 따라서 전기 전도도는 (다)가 (가)보다 크다.

**오답넘기**

A. 규소(Si)는 지각에서 두 번째로 풍부한 원소이다. 지각에서 가장 풍부한 원소는 산소(O)이다.

---

## 405 다이오드    답 ③

**알짜풀이**

ㄱ. (가)에서 전류가 시계 방향으로 흐르므로, 다이오드 내에서 전류는 p형 반도체에서 n형 반도체 쪽으로 흐른다. 따라서 다이오드 내에서 전자는 n형 반도체에서 p형 반도체 쪽으로 이동한다.

ㄴ. p형 반도체에는 빈자리인 양공이 있고, 전자가 양공으로 이동하면서 전류가 흐른다.

**오답넘기**

ㄷ. (가), (나)와 같이 다이오드는 전류를 한 방향으로만 흐르게 하는 성질이 있으므로, 교류를 직류로 만드는 회로에 사용된다.

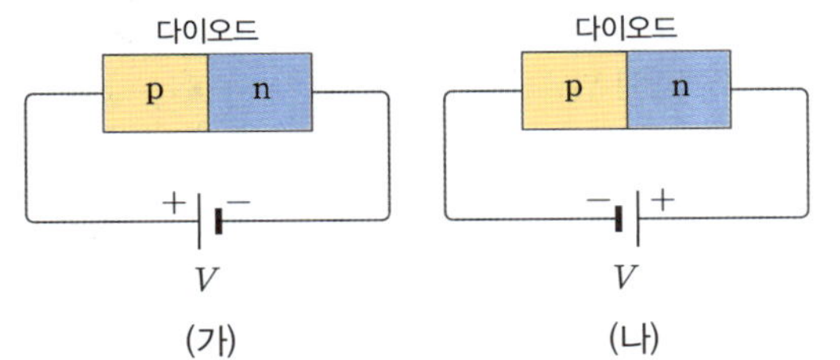

**문제 속 개념**

### 다이오드의 연결



- **순방향 전압**: (가)와 같이 다이오드의 p형 반도체에 전지의 (+)극을, n형 반도체에 전지의 (−)극을 연결하면 전류가 잘 흐른다. 이와 같이 다이오드에 전류가 잘 흐르도록 걸린 전압을 순방향 전압이라고 한다.
- **역방향 전압**: (나)와 같이 연결하면 다이오드에 전류가 흐르지 않는다. 이렇게 걸린 전압을 역방향 전압이라고 한다.
- **정류 작용**: 다이오드는 순방향 전압이 걸리면 전류가 잘 흐르고, 역방향 전압이 걸리면 전류가 흐르지 않는다. 이와 같이 다이오드가 전류를 한 방향으로만 흐르게 하는 작용을 정류 작용이라고 한다.
- **정류 작용의 이용**: 다이오드의 정류 작용은 교류를 직류로 바꾸는 회로에 이용된다.

---

## 서술형 문제

### 406 우주에서의 입자 생성

(1) **답** A: 헬륨 원자핵, B: 수소 원자, C: 헬륨 원자

(2) **✔모범답안** 우주 공간에서 빛이 자유롭게 이동할 수 있게 되었다.

| 채점 기준 | 배점 |
| --- | --- |
| 빛의 이동을 옳게 서술한 경우 | 100 % |
| 빛의 이동을 옳게 서술하지 못한 경우 | 50 % |

**해설**

원자가 만들어지기 전에는 빛이 직진하지 못하고 빛과 입자가 뒤섞여 있었지만 원자가 만들어진 후에는 빛이 전기를 띤 입자의 방해를 받지 않고 자유롭게 우주 공간으로 퍼져 나갈 수 있게 되었다.

### 407 화학 반응식과 화학 결합

(1) **답** $m=2$

(2) **✔모범답안** 화학 반응식으로부터 (가)는 B 원자 2 개와 C 원자 1 개가 결합한 것을 알 수 있고, C는 금속 원소, B는 비금속 원소이므로 (가)의 화학식은 $CB_2$이고 (가)는 이온 결합을 형성한다.

| 채점 기준 | 배점 |
| --- | --- |
| 화학식과 화학 결합의 종류를 모두 옳게 서술한 경우 | 100 % |
| 화학식과 화학 결합의 종류 중 1가지만 옳게 서술한 경우 | 50 % |

**해설**

$AB$는 $HCl$이고, $D^{m-}$의 전자 배치는 $Ne$과 같은데 생성물에서 $A_2D$가 존재하므로 $H$ 원자 2 개와 화학 결합하고 음이온이 되는 비금속 원소인 $D$는 $O$이고, $m=2$이다. 따라서 C는 $Mg$이고, (가)는 $MgCl_2$이다.

### 408 규산염 광물의 결합 구조와 물리적 성질

**✔모범답안** 흑운모는 판상 구조를 이루므로 평면상에서는 강하게 결합하여 쪼개짐이 나타나지 않지만 층과 층 사이에는 결합이 약하여 쪼개지는 면이 나타난다.

| 채점 기준 | 배점 |
| --- | --- |
| 쪼개지는 까닭과 광물의 예를 모두 옳게 서술한 경우 | 100 % |
| 쪼개지는 까닭과 광물의 예 중 한 가지만 옳게 서술한 경우 | 40 % |

**해설**

(가)는 규산염 사면체가 얇은 판 모양으로 결합하여 판상 구조를 이룬다. 판상 구조의 광물은 평면상에서는 강하게 결합하여 쪼개짐이 나타나지 않지만 여러 겹의 층과 층 사이에는 결합이 약하므로 (나)와 같이 쪼개지는 면이 나타난다.

### 409 생명체 구성 물질

(1) **답** A: 단백질, B: 지질

(2) **✔모범답안** 아미노산, 몸을 구성하는 물질로 쓰인다. 효소와 호르몬의 주성분으로 생리작용을 조절한다. 등

| 채점 기준 | 배점 |
| --- | --- |
| 기본 단위체와 기능을 모두 옳게 서술한 경우 | 100 % |
| 기본 단위체만 쓴 경우 | 30 % |

**해설**

세포막의 구성 성분이며, 효소의 주성분인 것은 단백질이므로 A는 단백질이고, 나머지 B는 지질이다. 지질은 세포막의 구성 성분이므로 ⓑ는 ㉠이고, 나머지 ⓐ는 ㉡이다.

### 410 n형 반도체

**✔모범답안** n형 반도체에 첨가하는 불순물 원소의 원자가 전자는 5 개이고, 공유 결합에 참여하지 않는 자유 전자가 전류를 흐르게 한다.

| 채점 기준 | 배점 |
| --- | --- |
| 불순물 원소의 원자가 전자의 개수와 전류를 흐르게 하는 입자를 모두 옳게 서술한 경우 | 100 % |
| 위의 2가지 중에서 1가지만 옳게 서술한 경우 | 50 % |

# Ⅲ 시스템과 상호작용

## [1] 지구시스템

## 09 지구시스템의 에너지와 물질 순환



### 442 지구시스템의 구성 요소　　답 ④

**알짜풀이**

(가) 지구시스템의 구성 요소 중 가장 늦게 형성된 권역은 생물권이다.

(나) 기권에서 오존은 주로 성층권에 분포하며, 태양의 자외선을 차단해 주는 역할을 한다.

(다) 수권의 물은 비열이 커서 온도 변화가 쉽게 일어나지 않아 지구의 평균 기온을 유지시켜 주는 역할을 한다.

### 443 지구시스템이 생물권에 미치는 영향　　답 ②

**알짜풀이**

ㄴ. 생물권의 서식 공간은 지권, 수권, 기권에 걸쳐 나타난다.

**오답넘기**

ㄱ. 태양에서 방출된 고에너지 입자는 외권의 지구 자기장에서 차단된다.

ㄷ. 온실 효과는 대기 중의 이산화 탄소 등에 의해 일어나므로 기권에서 일어나는 현상이다.

### 444 ●서술형 기권의 특징

✔모범답안 A 층과 B 층은 모두 공기의 대류가 일어나지만 A 층과는 달리 B 층에는 수증기가 거의 없기 때문이다.

| 채점 기준 | 배점 |
|---|---|
| 대류 운동과 수증기의 존재 여부를 비교하여 모두 옳게 서술한 경우 | 100 % |
| 수증기의 존재 여부의 차이점만 비교하여 서술한 경우 | 70 % |
| 대류 운동이 일어난다고만 서술한 경우 | 0 % |



A 층과 B 층은 모두 높이 올라갈수록 기온이 낮아지므로 공기의 대류가 일어난다. 그러나 구름과 강수 등의 기상 현상은 대기 중의 수증기가 상태 변화를 하면서 일어나는데, 대부분의 수증기는 A 층에 있으므로 A 층에서만 기상 현상이 일어난다.

### 445 기권의 성층 구조　　답 ③

**알짜풀이**

ㄱ. $h$는 기권과 외권의 경계에 해당하는 높이이므로 약 1000 km이다.

ㄷ. 기권에서 기온이 가장 낮은 곳은 중간권 계면이므로 C 층(중간권)과 D 층(열권)의 경계이다.

**오답넘기**

ㄴ. B 층(성층권)은 높이 올라갈수록 기온이 상승하는 안정한 층이므로 공기의 대류가 일어나기 어렵다. 공기의 대류는 높이 올라갈수록 기온이 하강하는 A 층(대류권)과 C 층(중간권)에서 일어난다.

### 446 기권에서 일어나는 현상　　답 ②

**알짜풀이**

ㄴ. (가)는 태양으로부터 오는 대전 입자가 지구 자기장에 붙잡혀 운동하다가 기권(열권)의 공기 입자와 상호작용하여 생기는 오로라이므로 지구에 자기장이 없다면 형성되지 않는다.

**오답넘기**

ㄱ. (가) 오로라는 주로 열권(D)에서 일어난다.

ㄷ. 구름은 수증기를 포함한 공기의 대류에 의해 생기므로 대류권(A)에서 생긴다.

### 447 해양의 연직 수온 분포　　답 ③

**알짜풀이**

ㄱ. A 층(혼합층)은 바람에 의해 해수가 혼합되어 깊이에 상관없이 수온이 거의 일정한 층이므로 바람이 강할수록 A 층의 두께가 두꺼워진다.

ㄴ. B 층(수온 약층)은 안정한 층이므로 상하 방향의 물질 교환을 차단한다.

**오답넘기**

ㄷ. C 층(심해층)은 태양 복사 에너지가 거의 도달하지 않으므로 계절에 따른 수온 변화가 거의 없다.

### 448 수권의 특징　　답 ②

**알짜풀이**

(가) A는 바람의 혼합 작용에 의해 형성되는 혼합층이므로 기권과의 상호작용이 가장 활발하게 일어난다.

(나) 깊이에 따른 수온 변화가 가장 크게 나타나는 층은 수온 약층인 B이다.

(다) 단위 질량당 열에너지 저장량이 가장 적은 층은 수온이 가장 낮은 심해층인 C이다.

(라) A~C 층 중에서 가장 안정한 층은 수심이 깊어짐에 따라 수온이 낮아지는 수온 약층인 B이다.

## 449 수권의 구성 　답 ⑤

**알짜풀이**

ㄱ. A는 해수이다. 지구의 평균 기온이 상승하면 빙하가 녹고 수온 상승에 의해 해수가 열팽창하므로 A(해수)의 부피가 증가한다.

ㄴ. B는 육수 중에서 가장 많은 양을 차지하는 빙하이므로 주로 극지방이나 고산 지대에서 고체 상태로 분포한다.

ㄷ. B(빙하)와 C(지하수)가 이동하는 동안 풍화와 침식 작용을 일으키므로 지형의 변화가 일어난다.

## 450 지권의 성층 구조 　답 ④

**알짜풀이**

A는 내핵, B는 외핵, C는 맨틀, D는 지각이다.

ㄴ. C(맨틀)는 지권 전체 부피의 약 80 %에 해당하므로 지권에서 가장 큰 부피를 차지한다.

ㄷ. D(지각)는 화강암질 암석의 대륙 지각과 현무암질 암석의 해양 지각으로 구분된다.

**오답넘기**

ㄱ. B(외핵)는 철과 니켈 등으로 이루어져 있으므로 규산염 물질로 이루어진 C(맨틀)보다 A(내핵)의 성분에 가깝다.

## 451 지권의 구성 　답 ②

**알짜풀이**

A는 맨틀, B는 외핵, C는 내핵이다.

ㄴ. B(외핵)는 액체 상태이고, C(내핵)는 고체 상태이다.

**오답넘기**

ㄱ. A(맨틀)는 규산염 물질, B(외핵)는 철과 니켈로 이루어져 있으므로 A는 B보다 밀도가 작다.

ㄷ. B(외핵)는 액체 상태의 철과 니켈로 이루어져 있으므로 물질의 대류에 의해 지구 자기장이 형성된다.

## 452 지구시스템 구성 요소의 상호작용 　답 ②

**알짜풀이**

② 지하수는 수권에 속하고, 석회암 지대는 지권에 속하므로 석회 동굴의 형성은 지권과 수권의 상호작용(B)에 해당한다.

**오답넘기**

① 유성은 외권, 대기는 기권에 속하므로 외권과 기권의 상호작용에 해당한다.

③ 화산 폭발은 지권, 쓰나미(지진 해일)는 수권에 속하므로 B에 해당한다.

④ 동물의 사체는 생물권, 토양은 지권에 속하므로 E에 해당한다.

⑤ 해양 생물은 생물권, 해수에 녹은 물질은 수권에 속하므로 생물권과 수권의 상호작용에 해당한다.

## 453 지구시스템 구성 요소의 상호작용 　답 ①

**알짜풀이**

㉠ 광합성 물질의 공급은 기권에서 이산화 탄소를 식물에 공급하므로 기권이 생물권에 영향(A)을 주는 상호작용에 해당한다.

㉡ 해식 동굴의 형성은 파도가 해안 지역의 암석을 침식하여 생기므로 수권이 지권에 영향(B)을 주는 상호작용에 해당한다.

## 454 지구시스템의 상호작용 　답 ③

**알짜풀이**

ㄱ. (가)는 빙하의 침식 작용, (나)는 파도의 침식 작용, (다)는 바람에 실린 모래의 침식 작용으로 만들어지므로 (가)~(다)의 형성 과정에서는 지권이 공통적으로 관여한다.

ㄷ. (다)는 사막 환경에서 바람에 실린 모래가 암석 밑부분의 옆면을 침식하여 버섯 모양의 암석이 만들어진 것이므로 기권이 관여한다.

**오답넘기**

ㄴ. (가)의 형성에 관여한 빙하는 육수에 해당하고, (나)의 형성에 관여한 파도는 해수에 해당한다.

## 455 지구시스템의 에너지원 　답 ①

**알짜풀이**

ㄱ. (가)는 태양 에너지, (나)는 조력 에너지, (다)는 지구 내부 에너지이다. 에너지원의 크기는 태양 에너지≫지구 내부 에너지>조력 에너지이므로 지구 내부 에너지 ㉠은 $2.7 \times 10^{12}$보다 크다.

**오답넘기**

ㄴ. 맨틀 대류는 지구 내부 에너지에 의해 일어나므로 (다)의 예에 해당한다.

ㄷ. (가), (나), (다)는 근원 에너지이므로 서로 전환되지 않는다.

## 456 〔서술형〕 지구시스템의 상호작용

✔**모범답안** 지구 내부 에너지, 지진이나 화산 활동은 지권, 해수면의 파동은 수권이므로 쓰나미는 지권과 수권의 상호작용에 의한 현상이다.

| 채점 기준 | 배점 |
|---|---|
| 에너지원과 상호작용을 한 구성 요소를 모두 옳게 서술한 경우 | 100 % |
| 에너지원과 상호작용을 한 구성 요소 중 1가지만 옳게 서술한 경우 | 50 % |

**해설**

쓰나미는 해저의 지진이나 화산 활동에 의해 일어나므로 에너지원은 지구 내부 에너지이다. 또한 지진이나 화산 활동은 지권에서 일어나는 현상이고, 해수면의 파동은 수권에서 일어나는 현상이므로 쓰나미는 지권과 수권의 상호 작용에 의한 현상이다.

## 457 물질의 순환과 에너지원 　답 ③

**알짜풀이**

ㄷ. 지구시스템에서 각 권역 사이에 물질이 이동할 때, 항상 에너지의 흐름도 함께 나타난다.

**오답넘기**

ㄱ. 물의 순환을 일으키는 주요 에너지원은 태양 에너지이다.

ㄴ. 탄소 순환이 이루어짐에 따라 지구시스템의 각 권역 사이에 탄소의 이동은 계속 일어나지만, 지구 전체의 탄소량은 변하지 않는다.

**458 물의 순환** 답 ⑤

**알짜풀이**

ㄱ. 육지에 내린 강수의 일부는 바다로 유입되므로 육지에서 A(강수)>B(증발)이다.

ㄴ. 바다에서 연간 물의 양은 일정하게 유지되므로 바다에서 대기로 방출되는 물의 양은 강수와 육지에서 유출되어 바다로 흘러드는 양의 합과 같다. 따라서 D=C+E이다.

ㄷ. 지표의 물은 액체 상태이고, 증발은 물이 수증기(기체) 상태로 변하는 과정이므로 에너지를 흡수하여 일어난다.


**459 물의 순환** 답 ③

**알짜풀이**

ㄷ. 육지에서 바다로 물이 유출될 때 풍화·침식 작용이 일어나 지형을 변화시킨다

**오답넘기**

ㄱ. 수온이 상승하면 증발량이 증가하므로 대기 중의 수증기량이 증가하여 강수량도 증가한다.

ㄴ. 지표의 물이 대기로 이동하는 증발은 태양 에너지에 의해 일어나므로 물의 순환은 주로 태양 에너지에 의해 일어난다.


**460 탄소의 순환과 존재 형태** 답 ①

**알짜풀이**

ㄱ. A는 생물의 호흡이나 미생물의 분해 작용에 의해 탄소가 생물권에서 기권으로 이동하는 과정이므로 이산화 탄소가 된다.

ㄴ. B는 기권의 이산화 탄소가 수권에 녹아 탄산 이온으로 되는 과정이다.

**오답넘기**

ㄷ. C는 생물의 사체가 지층에 매몰되어 화석 연료가 되는 과정이다.

ㄹ. D는 수권의 탄산 이온과 칼슘 이온이 화학적으로 결합하여 탄산염 물질로 침전되어 석회암이 되는 과정이다.


**461 탄소의 순환** 답 ①

**알짜풀이**

ㄱ. 식물의 광합성은 대기 중의 이산화 탄소가 식물에 흡수되는 과정이므로 A이고, 동물의 호흡은 이산화 탄소가 대기로 이동하는 과정이므로 B이다.

**오답넘기**

ㄴ. 화석 연료를 연소시키면 이산화 탄소가 발생한다. C는 화석 연료가 연소되어 생성된 이산화 탄소가 대기로 방출되는 과정이다.

ㄷ. 수온이 상승하면 기체의 용해도가 감소하므로 D는 증가하고, E는 감소한다.


**462** 〔서술형〕 **화석 연료의 생성과 탄소의 순환**

(1) 〔✔모범답안〕 광합성을 통해 식물이 성장하고 번성하여 숲이 형성되므로 주요 에너지원은 태양 에너지이다.

| 채점 기준 | 배점 |
| --- | --- |
| 태양 에너지를 옳게 제시하고, 근거를 옳게 서술한 경우 | 100 % |
| 태양 에너지만 언급한 경우 | 50 % |

(2) 〔✔모범답안〕 (가) 과정에서 탄소는 기권에서 생물권으로 이동하였고, (나) → (다) 과정에서 탄소는 생물권에서 지권으로 이동하였다.

| 채점 기준 | 배점 |
| --- | --- |
| 두 가지를 모두 옳게 서술한 경우 | 100 % |
| 두 가지 중 한 가지만 옳게 서술한 경우 | 50 % |

**해설**

광합성에 의해 기권의 이산화 탄소가 생물권의 유기물로 전환되고, 식물체가 땅에 매몰되어 화석 연료가 되는 과정에서 탄소는 유기물에서 화석 연료로 바뀐다.


# 10 지권의 변화와 지구시스템

| STEP 1 | O/X 문제로 5종 교과서 핵심 자료 보기 | | | | 095쪽 |
| --- | --- | --- | --- | --- | --- |
| 463 O | 464 O | 465 X | 466 O | 467 X | 468 O |
| 469 O | 470 O | 471 X | 472 X | 473 O | 474 X |
| 475 X | 476 O | 477 X | 478 O | 479 X | 480 O |
| 481 O | 482 O | | | | |

| STEP 2 | 학교 기출 문제로 내신 대비하기 | | | | 096~101쪽 |
| --- | --- | --- | --- | --- | --- |
| 483 ④ | 484 ④ | 485 ③ | 486 ② | 487 ② | 488 ① |
| 489 ⑤ | 490 ① | 491 ④ | 492 ② | 493 ④ | |
| 494 해설 참조 | 495 ② | 496 ③ | 497 ① | 498 ③ | 499 ③ |
| 500 ② | 501 ② | 502 해설 참조 | 503 ③ | 504 ③ | |
| 505 해설 참조 | 506 ③ | 507 ④ | | | |


**483 판의 구조** 답 ④

**알짜풀이**

ㄴ. B는 여러 개의 조각으로 이루어져 있으며, 각각의 조각을 판이라고 한다.

ㄷ. C(연약권)는 맨틀 물질이 부분적으로 녹아 있어 맨틀 대류가 일어난다.

**오답넘기**

ㄱ. A는 지각이고, B는 암석권이며, C는 연약권이다.

## 484 지진대와 화산대     답 ④

**알짜풀이**

ㄴ. 대서양에서는 주변부보다 주로 중앙부에서 지진이 발생하는데, 그 까닭은 대서양 중앙에는 해령이 발달하고 주변부는 판의 경계가 거의 없기 때문이다.

ㄷ. 태평양 주변부에서는 화산 활동이 활발하여 화산대가 나타나지만 대서양 주변부에서는 화산대가 없다.

**오답넘기**

ㄱ. 지진과 화산 활동의 발생 지역은 대체로 일치하지만 히말라야산맥과 같이 일치하지 않는 곳도 있다.

**〈 문제 속 개념 〉**

**지진대와 화산대**

| 지진대 | · 지진이 자주 발생하는 지역으로 띠 모양으로 나타남 |
|---|---|
| 화산대 | · 화산 활동이 자주 발생하는 지역으로 띠 모양으로 나타남 |
| 지진대와 화산대의 특징 | · 화산대에서는 지진이 자주 일어나지만 지진대에서 반드시 화산 활동이 일어나는 것은 아님 **예** 히말라야산맥 <br> · 지진대와 화산대는 판의 경계와 대체로 일치함 <br> · 태평양 주변부에서는 지진대와 화산대가 나타남 <br> · 대서양 주변부에서는 지진대와 화산대가 없음 <br>     ⇨ 판의 경계가 거의 없기 때문 |

## 485 판 구조론     답 ③

**알짜풀이**

ㄴ. 지구의 표면은 10여 개의 크고 작은 판으로 이루어져 있다.

ㄹ. 판 아래에는 맨틀 대류가 일어나는 연약권이 있고, 이곳에서 맨틀 대류가 일어나면 대류의 방향을 따라 판이 이동한다.

**오답넘기**

ㄱ. 대서양 주변부에 판의 경계가 거의 나타나지 않는 것과 같이 판의 경계는 대륙과 해양의 경계와 일치하는 것은 아니다.

ㄷ. 지진과 화산 활동 등의 지각 변동은 주로 판의 경계에서 일어난다.

## 486 판 경계의 종류     답 ②

**알짜풀이**

ㄴ. (가)는 보존형 경계, (나)는 발산형 경계, (다)는 수렴형 경계이다. (나)에서는 해저 산맥인 해령이 발달한다.

**오답넘기**

ㄱ. (가)는 두 판이 서로 어긋나면서 이동하는 보존형 경계이다.

ㄷ. (다)에서는 상대적으로 밀도가 더 큰 판이 밀도가 작은 판 아래로 섭입한다.

## 487 판의 경계에 발달하는 지형     답 ②

**알짜풀이**

A. 두 해양판이 서로 멀어지는 발산형 경계이므로 해령이 발달한다.

B. 해령과 해령 사이에서 판이 서로 엇갈려 이동하는 보존형 경계이므로 변환 단층이 발달한다.

C. 해양판과 대륙판이 수렴하면서 상대적으로 밀도가 큰 해양판이 밀도가 작은 대륙판 아래로 섭입하는 수렴형 경계이므로 해구가 발달한다.

## 488 판 경계에서 나타나는 지형     답 ①

**알짜풀이**

변환 단층은 보존형 경계이므로 화산 활동이 일어나지 않는다. 따라서 '화산 활동이 활발한가?'는 ㉠의 질문으로 적절하고, ㉢은 변환 단층이다. 호상열도는 수렴형 경계 부근에 나타나는 지형으로 맨틀 대류의 하강부에 위치하므로 ㉡이다.

## 489 판의 분포와 경계     답 ⑤

**알짜풀이**

ㄱ. A는 두 대륙판의 수렴형 경계이고, D는 대륙판과 해양판의 수렴형 경계이다.

ㄴ. B는 판이 생성되거나 소멸되지 않고 보존되는 보존형 경계로 변환 단층이 육지로 드러난 산안드레아스 단층이 발달한다.

ㄷ. C는 대서양 중앙 해령으로, 그 정상부에는 열곡이 발달한다.

## 490 발산형 경계와 지각 변동     답 ①

**알짜풀이**

ㄱ. 두 해양판이 서로 멀어지므로 판의 발산형 경계이며, 해령이 발달한다.

**오답넘기**

ㄴ. 해령에는 V자 모양인 열곡이 발달한다. 호상열도는 판의 수렴형 경계에서 발달하는 지형이다.

ㄷ. 발산형 경계에서는 천발 지진이 발생하지만 심발 지진은 발생하지 않는다.

## 491 해령의 형성 과정     답 ④

**알짜풀이**

ㄴ. A와 B는 모두 판이 서로 멀어지는 방향으로 이동하며, 맨틀 대류가 상승하므로 화산 활동이 일어난다.

ㄷ. (가)에서 대륙판 전체가 서로 분리되어 양쪽으로 멀어지면 새로운 바다가 형성되고, 판의 발산이 계속되면 (나)와 같이 해령이 형성된다.

**오답넘기**

ㄱ. A에서는 열곡대가 발달하고, B에서는 해령이 발달하므로 판의 경계를 따라 천발 지진이 자주 발생하지만 심발 지진은 발생하지 않는다.

## 492 열곡대와 지각 변동     답 ②

**알짜풀이**

ㄴ. A에는 열곡대가 발달한다. 열곡대는 대륙판이 서로 멀어지는 방향으로 힘을 받아 갈라진 좁고 긴 V자 모양의 골짜기인 열곡이 길게 이어져 있는 지형이므로 지하에 맨틀 대류의 상승류가 있다.

ㄱ. 열곡대는 발산형 경계이므로 대륙판이 갈라지면서 천발 지진이 자주 발생하지만 심발 지진은 발생하지 않는다.

ㄷ. 습곡 산맥은 수렴형 경계에서 형성되며, A는 발산형 경계이므로 습곡 산맥이 분포하지 않는다.

## 493 수렴형 경계와 지각 변동
답 ④

**알짜풀이**

ㄱ. 이 지역에서는 해양판이 대륙판 아래로 섭입하는데, 이는 해양판이 대륙판보다 밀도가 크기 때문이다.

ㄴ. 섭입대를 따라 대륙판 아래로 섭입하는 해양판은 지하 깊은 곳에서 부분적으로 녹아 마그마가 되므로 화산 활동은 밀도가 작은 대륙판 쪽에서 일어난다.

ㄷ. 해양판이 섭입하는 방향을 보면 해구에서 대륙 쪽으로 갈수록 진원의 깊이가 깊어진다.



ㄹ. 섭입하는 수렴형 경계에서 화산 활동은 밀도가 작은 판 쪽에서 일어나므로 이 지역에서 호상열도가 형성된다면 해구의 동쪽에 발달할 것이다.

### 문제 속 개념

**호상열도의 형성**

① 호상열도: 해양판이 섭입하는 곳에서 화산 활동이 일어나 해구와 나란하게 화산섬들이 나열된 지형 ⑩ 일본 열도, 알류산 열도 등

② 수렴형 경계와 호상열도

| 충돌대 | 호상열도가 형성되지 않음 ⇨ 화산 활동이 거의 없기 때문 |
|---|---|
| 섭입대 해양판 – 해양판 | 호상열도가 형성됨 |
| 섭입대 대륙판 – 해양판 | • 해양 쪽에서 화산 활동이 일어나면 호상열도가 형성됨<br>• 대륙 쪽에서 화산 활동이 일어나면 호상열도가 형성되지 않음 ⑩ 안데스산맥 일대 |

## 494 서술형 판의 경계와 지각 변동

(1) **모범답안** A는 두 대륙판이 충돌하는 수렴형 경계를 이루고, C는 대륙판과 해양판이 섭입하는 수렴형 경계를 이룬다. 두 지역은 모두 습곡 산맥이 형성되었다.

| 채점 기준 | 배점 |
|---|---|
| A와 C의 경계의 특징을 옳게 비교하여 서술하고, 공통적으로 형성된 지형을 옳게 쓴 경우 | 100 % |
| A와 C의 경계의 특징만 옳게 비교하여 서술한 경우 | 60 % |
| 공통적으로 형성된 지형만 쓴 경우 | 40 % |

(2) **모범답안** 해령(B)에서 생성된 해양판은 해구(C) 쪽으로 이동하여 해구(C)에서 소멸하기 때문에 해령(B)에서 해구(C)로 갈수록 해양판의 나이가 많아진다.

| 채점 기준 | 배점 |
|---|---|
| 판의 생성, 소멸과 관련지어 해양판의 나이 분포를 옳게 서술한 경우 | 100 % |
| 판의 생성, 소멸과 관련지어 해양판의 나이 분포를 옳게 서술하지 못한 경우 | 0 % |

**해설**

해령(B)에서는 새로운 해양판이 생성되고, 해양판이 해구(C) 쪽으로 이동하여 해구(C)에서는 오래된 해양판이 섭입하면서 소멸한다.

## 495 수렴형 경계와 진원의 깊이
답 ②

**알짜풀이**

ㄴ. 진원의 최대 깊이가 500 km 이상이므로 천발~심발 지진이 발생하는 섭입하는 수렴형 경계의 지각 변동이다. 섭입하는 수렴형 경계에서 화산 활동은 밀도가 작은 판 쪽에서 일어나므로 A 부근보다 C 부근에서 활발하게 일어난다.



ㄱ. 진원의 깊이가 C로 갈수록 깊어지므로 A의 판이 C의 판 아래로 섭입하며, 판의 밀도는 A가 C보다 크다.

ㄷ. 섭입하는 수렴형 경계인 B에서는 해구가 발달하고, 맨틀 대류가 하강한다.

## 496 우리나라 주변의 판 경계
답 ③

**알짜풀이**

ㄱ. A에서는 태평양판이 유라시아판 아래로 섭입하면서 해구가 형성되므로 수심이 깊은 해저 골짜기(해구)가 발달한다.

ㄷ. 일본 하부에서는 필리핀판과 태평양판이 섭입하고 있으므로 천발 지진과 심발 지진이 모두 일어난다.



ㄴ. C는 섭입하는 판의 위쪽에 위치하므로 화산 활동이 활발하다. B의 하부에는 섭입하는 판이 없으므로 화산 활동이 일어나지 않는다.

## 497 수렴형 경계와 진원의 깊이
답 ①

**알짜풀이**

ㄱ. 섭입대에서는 해구에서 판이 섭입하면서 진원의 깊이가 점차 깊어진다. 남동쪽으로 갈수록 진원의 깊이가 깊어져 심발 지진이 발생하므로 이 지역의 북서쪽에는 해구가 발달한다.



ㄴ. 수렴형 경계인 해구에서는 맨틀 대류가 하강하면서 오래된 해양판이 소멸한다.

ㄷ. 섭입대에서는 밀도가 큰 판이 밀도가 작은 판 아래로 섭입하므로 판의 밀도는 판의 경계(해구)의 북서쪽에 있는 판이 남동쪽에 있는 판보다 크다.

## 498 수렴형 경계와 진원의 깊이
답 ③

**알짜풀이**

ㄱ. 이 지역은 수렴형 경계가 발달하므로 판의 경계에서 맨틀 대류의 하강

류가 나타난다.

ㄷ. 이 지역에서 발생한 천발~심발 지진의 분포로 보아 A와 B의 경계에서 해구가 발달하고, 해구에서 남서쪽으로 섭입대가 형성된다. 따라서 화산 활동은 판 A에서 활발하게 일어난다.

**오답넘기**

ㄴ. A와 B의 경계는 해양판이 해양판에 섭입하는 수렴형 경계이므로 판의 경계를 따라 습곡 산맥이 형성되지 않는다.

## 499 수렴형 경계와 화산 활동    답 ③

**알짜풀이**

ㄱ. 판의 경계와 나란하게 화산섬들이 나열되어 호상열도를 이루므로 태평양판이 북아메리카판 아래로 섭입하면서 판의 경계에서는 해구가 발달한다.

ㄴ. 해구를 경계로 태평양판이 북아메리카판 아래로 섭입하면서 천발~심발 지진이 발생한다.

**오답넘기**

ㄷ. 섭입하는 수렴형 경계에서 화산 활동은 밀도가 작은 판 쪽에서 일어나므로 이 지역은 태평양판이 북아메리카판 아래로 섭입한다.

## 500 판의 분포와 경계    답 ②

**알짜풀이**

ㄴ. A에서는 두 대륙판이 충돌하여 습곡 산맥(히말라야산맥)이 발달하고, D에서는 해양판이 대륙판 아래로 섭입하면서 습곡 산맥(안데스산맥)이 발달한다.

**오답넘기**

ㄱ. A는 충돌하는 수렴형 경계이므로 화산 활동이 거의 일어나지 않으며, D는 섭입하는 수렴형 경계이므로 화산 활동이 활발하게 일어난다.

ㄷ. 해양 지각은 해령에서 생성되어 해구 쪽으로 이동하다가 해구에서 소멸된다. B는 해구 부근이므로 오래된 해양 지각이 분포하고, C는 해령 부근이므로 새로운 해양 지각이 분포한다.

### 문제 속 개념

**판의 경계와 지각 변동**

| 판의 경계 | | 지진 | 화산 활동 | 습곡 산맥 | 맨틀 대류 |
| --- | --- | --- | --- | --- | --- |
| 발산형 | | 천발 | 활발함 | 없음 | 상승 |
| 수렴형 | 충돌형 | 천발~중발 | 거의 없음 | 형성됨 (히말라야산맥) | 하강 |
| | 섭입형 | 천발~심발 | 활발함 | 형성된 지역 있음 (안데스산맥) | 하강 |
| 보존형 | | 천발 | 없음 | 없음 | — |

## 501 발산형 경계와 보존형 경계    답 ②

**알짜풀이**

ㄷ. B는 두 해양판이 서로 엇갈려 이동하는 보존형 경계이므로 지진이 자주 발생하지만 C는 판의 경계가 아니므로 지진이 발생하지 않는다.

**오답넘기**

ㄱ. A, B, C를 따라 단층이 발달하여 해령이 거의 수직으로 절단되어 있지만 보존형 경계는 두 판이 서로 엇갈려 이동하는 B에만 나타난다.

ㄴ. 보존형 경계인 B에서는 판이 생성되거나 소멸되지 않으므로 화산 활동이 일어나지 않는다.

## 502 [서술형] 판의 경계와 지각 변동

(1) **답** (가) 보존형 경계, (나) 발산형 경계

(2) **모범답안** 공통점: 천발 지진이 활발하다. 차이점: (가)에서는 화산 활동이 없으나 (나)에서는 화산 활동이 활발하다.

| 채점 기준 | 배점 |
| --- | --- |
| 공통점과 차이점을 모두 옳게 서술한 경우 | 100 % |
| 공통점과 차이점을 중 1가지만 옳게 서술한 경우 | 50 % |

**해설**

(가)는 보존형 경계에서 형성된 변환 단층이며, (나)는 대륙판이 발산하면서 형성된 열곡대이다.

## 503 판의 경계와 지각 변동    답 ③

**알짜풀이**

ㄱ. A는 두 해양판이 서로 멀어지는 해령이므로 맨틀 대류의 상승부이다. A에서는 화산 활동이 일어나 새로운 해양 지각이 생성된다.

ㄴ. B는 밀도가 큰 해양판이 대륙판 아래로 섭입하는 해구 부근이다. 섭입대가 나타나므로 진원의 평균 깊이는 A 부근보다 B 부근에서 깊다.

**오답넘기**

ㄷ. C는 변환 단층이 육지로 드러난 산안드레아스 단층이므로 보존형 경계이다. 지진은 자주 발생하지만 화산 활동은 일어나지 않는다.

## 504 화산 활동의 영향    답 ③

**알짜풀이**

ㄱ. 대기로 방출된 다량의 화산재는 성층권까지 올라가 햇빛을 차단하여 지구의 평균 기온을 낮춘다.

ㄷ. 화산 활동으로 생성된 독특한 암석과 지형, 온천 등은 관광 자원으로 활용된다.

**오답넘기**

ㄴ. 화산 지대의 토양에 무기질이 풍부한 화산재가 쌓여 오랜 세월이 지나면 토양이 비옥해진다.

## 505 [서술형] 화산 활동과 기후 변화

**모범답안** 화산 활동으로 방출된 다량의 화산재 등이 햇빛을 차단하여 지구의 평균 기온을 낮추었다.

| 채점 기준 | 배점 |
| --- | --- |
| 기온 변화의 경향과 그 원인을 모두 옳게 서술한 경우 | 100 % |
| 기온 변화의 원인만 옳게 서술한 경우 | 70 % |
| 기온 변화의 경향만 옳게 서술한 경우 | 30 % |

화산 분출 직후부터 지구의 평균 기온이 낮아진 것은 화산 분출물이 햇빛을 차단하였기 때문이다.

**( 문제 속 개념 )**

**화산 활동과 기후 변화**

| 화산 쇄설물 | 화산 분출물 중에서 화산진, 화산재, 화산력, 화산암괴 등의 고체 물질 |
|---|---|
| 화산 가스 | 화산 활동이 일어날 때 방출되는 기체로, 대부분이 수증기임 |
| 화산 분출물과 기후 | • 대기로 방출된 화산재는 장기간 체류하면서 햇빛을 차단하여 지구의 평균 기온을 낮춘다.<br>• 피나투보 화산 분출 직후 지구의 평균 기온은 크게 낮아짐 |

---

## 506 화산 분출물  답 ③

**알짜풀이**

ㄱ. 용암은 유동성이 클수록 멀리까지 이동하므로 넓은 지역에 피해를 준다.
ㄷ. 대기로 방출된 화산재는 항공기 엔진을 멈추게 하는 피해를 줄 수 있다.

**오답넘기**

ㄴ. (나) 화산 분출물은 고체 상태의 암석 부스러기(화산암괴, 화산력, 화산재, 화산진 등)이다.

## 507 지진의 영향  답 ④

**알짜풀이**

ㄴ. 산사면에 쌓인 퇴적물은 진동이 생기면 산사면을 따라 흘러내려 산사태가 일어날 수 있다.
ㄷ. 해저에서 발생한 지진은 해수면에 파동을 일으켜 쓰나미가 생기고, 이 쓰나미에 의해 해안 지역이 이동하여 피해가 생길 수 있다.

**오답넘기**

ㄱ. 산성비는 화산 활동에 의해 대기로 방출된 이산화 황 등에 의해 산성비가 내릴 수 있다.

<table>
<tr><td colspan="6">STEP 3   수능 유형 문제로 만점 도전하기   102~107쪽</td></tr>
<tr><td>508 ②</td><td>509 ③</td><td>510 ⑤</td><td>511 ②</td><td>512 ⑤</td><td>513 ③</td></tr>
<tr><td>514 ⑤</td><td>515 ②</td><td>516 ②</td><td>517 ④</td><td>518 ③</td><td>519 ⑤</td></tr>
<tr><td>520 ②</td><td>521 ②</td><td>522 ①</td><td>523 ②</td><td>524 ②</td><td>525 ⑤</td></tr>
<tr><td>526 ⑤</td><td>527 ②</td><td></td><td></td><td></td><td></td></tr>
<tr><td colspan="6">서술형 문제   528~532 해설 참조</td></tr>
</table>

## 508 지권의 성층 구조  답 ②

**알짜풀이**

ㄴ. (가)는 외핵, (나)는 내핵, (다)는 맨틀, (라)는 지각이다. 평균 온도는 내핵인 (나)가 가장 높다.

**오답넘기**

ㄱ. (가)는 액체 상태이며, 평균 밀도가 매우 큰 외핵이다. 따라서 (가)의 주요 구성 원소는 철과 니켈이며, (나)와 유사하다.
ㄷ. 대류 현상은 (나)의 외핵과 (다)의 맨틀에서 활발하다.

## 509 지권의 성층 구조  답 ③

**알짜풀이**

ㄱ. 해양 지각(A)은 현무암질 암석으로 이루어져 있으므로 화강암질 암석으로 이루어진 대륙 지각(B)보다 밀도가 크다.
ㄴ. 외핵(D)과 내핵(E)의 주요 구성 물질은 철과 니켈이고, 맨틀(C)은 규산염 물질로 이루어져 있으므로 D의 구성 물질은 C보다 E와 비슷하다.

**오답넘기**

ㄷ. 내핵(E)은 고체 상태이고, 외핵(D)은 액체 상태이므로 외핵(D)에서 물질의 유동에 의해 지구 자기장이 형성된다.

**( 문제 속 개념 )**

**지권의 성층 구조**

| 지각 | • 고체 상태의 암석으로 이루어진 지구의 겉 부분<br>• 대륙 지각과 해양 지각으로 구분함 | | |
|---|---|---|---|
| | **구분** | **대륙 지각** | **해양 지각** |
| | 평균 두께 | 두껍다(약 35 km) | 얇다(약 5 km) |
| | 평균 밀도 | 작다(약 2.7 g/cm³) | 크다(약 3.0 g/cm³) |
| | 구성 암석 | 화강암질 암석 | 현무암질 암석 |
| 맨틀 | • 고체 상태이면서 일부 유동성이 있음<br>• 지권 전체 부피의 대부분(약 80 %)을 차지함 | | |
| 핵 | • 액체 상태의 외핵과 고체 상태의 내핵으로 구성됨<br>• 외핵과 내핵은 철과 니켈로 이루어져 있어 구성 성분이 거의 같음 | | |

## 510 기권의 성층 구조와 오존층  답 ⑤

**알짜풀이**

ㄱ. 기권에서 공기의 밀도는 높이가 높아질수록 감소하므로 D에서 A로 갈수록 감소한다.
ㄷ. 날씨 변화는 수증기가 풍부한 대류권 D에서 나타난다.

**오답넘기**

ㄴ. (나)에서 ㉠ 구간은 오존 농도가 최대로 나타나는 오존층이다. 오존층은 성층권에 존재하므로 B와 C의 경계 높이보다 낮은 곳에 위치한다.

## 511 수권의 분포와 해수의 성층 구조  답 ②

**알짜풀이**

ㄴ. a 층(혼합층)은 태양 에너지에 의해 가열되고, 바람에 의해 혼합되는 층이므로 a 층의 수온 분포는 주로 태양 에너지와 바람의 영향을 받는다.

**오답넘기**

ㄱ. 열대 지방에서는 주로 B(빙하)보다 A(지하수)에 의해 지형 변화가 일어난다.

ㄷ. b 층(수온 약층)은 안정한 층이므로 b 층이 발달하면 a 층과 c(심해층) 층 사이의 물질 교환은 일어나기 어려워진다.

## 512 지구시스템 구성 요소의 역할 　답 ⑤

**알짜풀이**

ㄱ. (가)는 지권, (나)는 생물권, (다)는 기권, (라)는 수권이다. 지권은 생명체에 필요한 물질을 공급한다.

ㄴ. 기권과 생물권 사이에는 광합성, 호흡, 생물 사체의 분해 등의 과정을 통해 산소, 이산화 탄소 등 기체 교환이 활발하게 일어난다.

ㄷ. 해수는 태양 에너지를 흡수·저장하고, 순환을 통해 지구 전체에 에너지를 고르게 분산하여 지구의 온도를 일정하게 유지시킨다.

## 513 지구시스템의 상호작용 　답 ③

**알짜풀이**

ㄱ. ㉠은 지권과 수권, ㉡은 기권과 수권, ㉢은 지권과 기권의 상호작용이므로 A는 수권, B는 지권, C는 기권이다.

ㄴ. 쓰나미는 해저 지진이나 화산 활동에 의해 생긴 해수면의 파동이 해안으로 접근하는 현상이므로 지권과 수권의 상호작용(㉠)에 해당한다.

**오답넘기**

ㄷ. 해양 생물에 의해 해수의 용해 성분을 흡수하는 것은 생물권과 A(수권)의 상호 작용에 해당한다.

## 514 지구시스템의 상호작용 　답 ⑤

**알짜풀이**

ㄱ. 석회 동굴은 지하수에 의해 생기고, 곡류는 강물의 흐름이므로 (가)와 (나)는 물의 순환 과정과 관련이 있다.

ㄴ. 물의 순환을 일으키는 주요 에너지는 태양 에너지이다.

ㄷ. 석회 동굴은 지하수가 석회암 지대를 흐르면서 생성되고, 곡류는 강물의 유속 차이에 의해 침식과 퇴적이 일어나 생성되므로 (가)와 (나)는 모두 수권과 지권의 상호작용에 의한 현상이다.

## 515 지구시스템의 구성 요소 형성 과정 　답 ②

**알짜풀이**

ㄴ. 최초의 생명체가 바다에서 출현하면서 생물권이 형성되기 시작하였다.

**오답넘기**

ㄱ. 지표면의 온도가 낮아지면서 수권이 형성되었다. 따라서 (가) → (나) 과정에서 지표면의 온도는 낮아졌다.

ㄷ. 지구 내부 에너지는 미행성체의 충돌열과 방사성 원소의 붕괴열로 생성되었으며, 시간이 흐를수록 지구 내부의 온도가 감소하기 때문에 단위 시간당 지구 내부 에너지의 방출량이 감소했다.

## 516 물의 순환 　답 ②

**알짜풀이**

ㄷ. 지구의 연평균 기온이 높아지면 연간 증발량은 현재 값인 380( ＝60 ＋320 )보다 많아질 것이다.

**오답넘기**

ㄱ. (A－B)는 대기에서 수증기가 바다에서 육지 쪽으로 이동하는 양이고, C는 지표에서 물이 육지에서 바다 쪽으로 이동하는 양이므로 (A－B)와 C는 36으로 같다.

ㄴ. 바다 → 대기 → 육지로 순환하는 과정에서 물은 액체 → 기체 → 액체로 되므로 열에너지를 흡수하였다가 방출한다.

## 517 탄소의 순환 　답 ④

**알짜풀이**

ㄴ. B 과정에서 광합성에 의해 생물권으로 이동한 태양 에너지는 D 과정에서 지권의 화석 연료로 저장된다.

ㄷ. (C＋D) 과정은 해양 생물이 탄산 이온을 흡수하여 석회암을 만드는 과정이다.

**오답넘기**

ㄱ. A는 기권의 이산화 탄소가 수권에 녹아 탄산 이온이 되는 과정이다.

## 518 판의 이동 방향 　답 ③

**알짜풀이**

ㄱ. 판의 이동 방향으로부터 ㉠은 발산형 경계, ㉡은 보존형 경계, ㉢은 수렴형 경계임을 알 수 있다. ㉠에서 해양판이 서로 멀어지면서 새로운 해양 지각이 생성된다.

ㄴ. ㉢에서는 해양판이 대륙판 아래로 섭입한다. 따라서 ㉢ 부근에는 수심이 깊은 해구가 발달한다.

**오답넘기**

ㄷ. ㉡은 보존형 경계에 위치하므로 천발 지진이 일어난다.

## 519 태평양과 대서양의 판의 단면 비교 　답 ⑤

**알짜풀이**

ㄱ. ㉠에서는 판이 섭입하면서 만들어진 마그마가 분출하여 화산 활동이 일어난다.

ㄴ. ㉡에서 두 판이 서로 멀어지므로 V자 모양의 열곡이 발달한다.

ㄷ. 대서양의 중앙부에서는 발산형 경계가 있지만 가장자리에서는 판의 경계가 없다. 따라서 판이 이동함에 따라 대서양의 면적은 넓어진다.

## 520 판의 경계와 지각 변동 　답 ②

**알짜풀이**

ㄷ. C는 해양판이 대륙판 아래로 섭입하는 수렴형 경계이므로 해구이다. 해구 부근의 화산 활동은 밀도가 작은 대륙판 쪽에서 일어나므로 C(해구)의 동쪽에서 활발하게 일어난다.

ㄱ. A는 발산형 경계인 해령이므로 맨틀 대류의 상승부, C는 수렴형 경계
인 해구이므로 맨틀 대류의 하강부에 위치한다.
ㄴ. A(해령)에서는 화산 활동이 활발하여 새로운 해양 지각이 생성되지
만 B(변환 단층)는 보존형 경계이므로 화산 활동이 일어나지 않는다.

## 521 판의 경계와 지각 변동    답 ②

**알짜풀이**

A는 보존형 경계, B는 발산형 경계, C는 수렴형 경계이다.
ㄷ. 맨틀 대류는 발산형 경계(B)에서 상승하고, 수렴형 경계(C)에서 하
강한다.



ㄱ. A는 판이 생성되거나 소멸되지 않으므로 보존형 경계이고, 변환 단층
이 발달한다. 열곡대는 발산형 경계에서 발달한다.
ㄴ. 안데스산맥은 섭입대에서 형성되므로 천발~심발 지진이 모두 발생
하는 C(수렴형 경계)의 예에 해당한다.

## 522 진원의 깊이 분포    답 ①

**알짜풀이**

A는 두 대륙판이 충돌하는 수렴형 경계이고, B는 해양판이 다른 해양판
아래로 섭입하는 수렴형 경계이다. C는 해양판이 서로 멀어지는 발산형
경계이다. D는 해양판이 대륙판 아래로 섭입하는 수렴형 경계이다.
ㄱ. A~D는 모두 판의 경계에 위치하여 지진이 활발하게 일어난다.



ㄴ. A에서는 화산 활동이 거의 일어나지 않는다.
ㄷ. C는 발산형 경계에 해당하므로 맨틀 대류의 상승부에 위치한다.

## 523 판의 이동 속도와 판의 경계    답 ②

**알짜풀이**

ㄷ. A에서는 왼쪽 해양판이 오른쪽 해양판보다 빠르게 이동하므로 두 판
의 이동 속도 차이에 의해 발산형 경계인 해령이 형성되고, B에서는
오른쪽의 대륙판이 왼쪽의 해양판보다 빠르게 이동하므로 두 판의 이
동 속도 차이에 의해 수렴형 경계인 해구가 형성된다. 해령 부근에서
는 천발 지진이 발생하고, 해구 부근에서는 천발~심발 지진이 발생
하므로 진원의 평균 깊이는 A 부근보다 B 부근에서 깊다.



ㄱ, ㄴ. B 부근에서 화산 활동은 밀도가 작은 대륙판 쪽에서 일어나며, 습
곡 산맥이 형성될 수 있다.

## 524 충돌하는 수렴형 경계와 지각 변동    답 ②

**알짜풀이**

ㄴ. 인도 대륙과 유라시아 대륙이 충돌하면서 두 대륙 사이의 바다는 소멸
하였고, 히말라야산맥이 형성되었다.



ㄱ. 인도 대륙과 유라시아 대륙이 충돌하기 전에는 히말라야산맥이 형성
되지 않았다.

ㄷ. 히말라야산맥은 두 대륙판이 충돌하는 수렴형 경계에서 형성되었으므
로 화산 활동이 거의 일어나지 않는다.

## 525 발산형 경계와 보존형 경계    답 ⑤

**알짜풀이**

ㄱ. 해령에서는 새로운 해양 지각이 생성되므로 해령에 가까운 지점일수
록 연령이 적다. 따라서 A가 B보다 해양 지각의 연령이 적다.
ㄴ. A와 E는 해령의 오른쪽에 위치하므로 동일한 해양판에 속한다.
ㄷ. C는 보존형 경계이고, D는 판의 경계가 아니므로 모두 화산 활동이
일어나지 않는다.

## 526 화산 활동의 피해와 혜택    답 ⑤

**알짜풀이**

ㄱ. 흐르는 용암에 직접 물을 뿌려 용암이 빨리 굳게 하면 용암의 피해를
줄일 수 있다.
ㄴ. 화산 쇄설물 중에서 대기로 방출된 화산재는 항공기의 엔진 고장을 일
으키므로 이를 예방하기 위해 항공기 운항을 중단시킨다.
ㄷ. 화산 분출물에는 식물의 생장에 필요한 여러 가지 성분이 포함되어 있
으므로 기름진 토양을 형성한다.

## 527 지진의 피해와 이용    답 ②

**알짜풀이**

ㄷ. 지진파를 분석하면 지하의 지질 구조와 물질 분포를 알아내어 지하자
원을 탐사할 수 있다.



ㄱ. 쓰나미는 해저에서 지진이나 화산 활동이 일어날 때 해수면에 생긴 파
동이 해안으로 이동하는 현상이다.
ㄴ. 쓰나미는 해저의 지진이나 화산 활동에 의해 나타나므로 지구 내부 에
너지에 의해 일어난다.

서술형 문제

## 528 지권의 성층 구조와 지구 자기장 형성

**✔모범답안** 외핵, 외핵은 철과 니켈이 액체 상태로 존재하므로 이 물질의
대류에 의해 지구 자기장이 형성된다.

| 채점 기준 | 배점 |
|---|---|
| 외핵을 쓰고, 외핵 물질의 상태와 물질의 대류를 모두 옳<br>게 서술한 경우 | 100 % |
| 외핵과 외핵 물질의 상태와 물질의 대류 중 한 가지만 옳<br>게 서술한 경우 | 50 % |

**해설**

외핵은 액체 상태의 철과 니켈로 이루어져 있으며, 대류가 일어날 수 있으
므로 외핵 물질의 대류에 의해 유도 전류가 발생하여 지구 자기장이 형성
된다.

### 529 탄소 순환과 탄소의 존재 형태

(1) **답** 석회암과 화석 연료

(2) **✔모범답안** 지권의 석회암이 지하수에 녹으면서 석회 동굴이 만들어진다. 따라서 이 과정은 지권에서 수권으로 탄소가 이동하는 ㉣에 해당한다.

| 채점 기준 | 배점 |
| --- | --- |
| 석회 동굴의 형성이 ㉣에 해당함을 옳게 서술한 경우 | 100 % |
| ㉣만 옳게 쓴 경우 | 50 % |

**해설**

기권의 탄소는 주로 이산화 탄소 형태로, 수권의 탄소는 주로 탄산 이온 형태로, 생물권의 탄소는 주로 유기물 형태로 존재한다. 지권의 탄소는 주로 석회암과 화석 연료 형태로 존재한다. 따라서 (라)는 지권이며, 석회 동굴의 형성은 지권의 탄소가 수권으로 이동하는 예가 된다.

### 530 지진과 화산의 분포

**✔모범답안** 태평양 주변부에는 판의 경계가 있지만 대서양 주변부에는 판의 경계가 거의 없기 때문이다.

| 채점 기준 | 배점 |
| --- | --- |
| 태평양 주변부의 지각 변동 특징을 대서양 주변부와 비교하고, 이를 판 구조론의 관점으로 옳게 서술한 경우 | 100 % |
| 태평양 주변부의 지각 변동 특징만 판 구조론의 관점으로 옳게 서술한 경우 | 60 % |
| 대서양 주변부의 지각 변동 특징만 판 구조론의 관점으로 옳게 서술한 경우 | 40 % |

**해설**

태평양 주변부에는 판의 수렴형 경계가 발달하여 지진과 화산 활동이 활발하고, 대서양 주변부에는 판의 경계가 거의 없으므로 지진과 화산 활동이 거의 일어나지 않는다.

### 531 수렴형 경계

**✔모범답안** 습곡 산맥, (가)에서는 천발~중발 지진이 발생하고, (나)에서는 천발~심발 지진이 발생한다.

| 채점 기준 | 배점 |
| --- | --- |
| 습곡 산맥을 쓰고, 두 지역에서 발생하는 지진의 진원 깊이를 모두 옳게 서술한 경우 | 100 % |
| 습곡 산맥과 두 지역에서 발생하는 지진의 진원 깊이 중 한 가지만 옳게 서술한 경우 | 50 % |

**해설**

(가)는 충돌하는 수렴형 경계이므로 히말라야산맥과 같은 습곡 산맥이 형성될 수 있고, (나)는 섭입하는 수렴형 경계이므로 안데스산맥과 같은 습곡 산맥이 형성될 수 있다. (가)에서는 두 판의 밀도가 작으므로 천발~중발 지진이 발생하고, (나)에서는 두 판의 밀도 차가 크므로 천발~심발 지진이 발생한다.

### 532 해양 지각의 나이 분포

(1) **✔모범답안** 해령, 기준점에서 해양 지각의 나이가 0이므로 새로운 해양 지각이 생성되는 해령(열곡)이 발달한다.

| 채점 기준 | 배점 |
| --- | --- |
| 지형의 이름을 옳게 쓰고, 그 근거를 옳게 서술한 경우 | 100 % |
| 지형의 이름만 옳게 서술한 경우 | 50 % |

(2) **✔모범답안** 기준점으로부터의 거리가 같을 때 해양 지각의 나이는 A 해역이 B 해역보다 적다. 따라서 판의 이동 속력은 A 해역이 B 해역보다 빠르다.

| 채점 기준 | 배점 |
| --- | --- |
| 판의 이동 속력을 옳게 비교하고, 그 근거를 옳게 서술한 경우 | 100 % |
| 판의 이동 속력만 옳게 서술한 경우 | 50 % |

**해설**

자료에서 가로축은 시간, 세로축은 거리를 나타내므로 그래프의 기울기는 판의 이동 속력을 나타낸다. 따라서 판의 이동 속력은 A 해역이 B 해역보다 빠르다.

## [2] 역학 시스템

## 11 중력과 역학 시스템

**STEP 1** O/X 문제로 5종 교과서 핵심 자료 보기 **109~110쪽**

| 533 ○ | 534 ○ | 535 X | 536 ○ | 537 X | 538 ○ |
| 539 X | 540 X | 541 ○ | 542 X | 543 X | 544 ○ |
| 545 ○ | 546 ○ | 547 X | 548 ○ | 549 X | 550 ○ |
| 551 ○ | 552 X | 553 ○ | 554 ○ | 555 ○ | |

**534** 사과가 지표면 근처에서 자유 낙하 운동을 하거나 수평 방향으로 던져져 포물선 운동을 할 때, 사과에는 연직 아래 방향으로 중력이 작용하므로 연직 방향으로 속력이 일정하게 증가하는 등가속도 운동을 한다.

**535** 사과가 지구를 당기는 중력과 지구가 사과를 당기는 중력은 작용 반작용 관계로 크기는 서로 같고, 방향은 반대이다.

**537** 속도-시간 그래프의 기울기는 가속도를 나타내므로 가속도의 크기는 그래프의 기울기와 같다.

**538** 0초부터 2초까지 평균 속력은 $\dfrac{19.6}{2}$ m/s=9.8 m/s이다.

**539** 자유 낙하 하는 물체의 가속도는 질량에 관계없이 중력 가속도로 일정하므로 질량이 커져도 속도-시간 그래프의 기울기는 같다.

**540** 수평 방향으로 던진 물체는 수평 방향으로는 등속도 운동을 한다.

**542** 가속도의 방향은 중력 방향이므로 운동 방향과 같지 않다.

**543** 같은 높이에서 수평 방향으로 던지는 속력과 바닥에 떨어질 때까지 걸리는 시간은 관계없다.

**544** 물체가 자유 낙하 운동을 하거나 수평 방향으로 던져져 포물선 운동을 하는 동안 물체에 작용하는 중력의 크기는 질량과 중력 가속도의 곱으로 질량에 비례한다.

**545** 물체의 가속도는 중력 가속도로 질량에 관계없이 가속도의 크기가 같다.

**547** 물체는 수평 방향으로 등속 직선 운동을 하므로 수평 방향 속력은 이동 거리에 비례한다. 따라서 $v_B$는 $v_A$의 3 배이다.

**549** 같은 높이에서 자유 낙하 운동 하는 A와 수평 방향으로 던져진 B가 수평면에 도달하는 시간은 서로 같다.

**550** B가 C보다 더 높은 곳에서 수평 방향으로 던져졌으므로 수평면까지 포물선 운동을 한 시간은 B가 C보다 길다. 따라서 수평면에 도달하는 순간 연직 방향의 속력도 B가 C보다 크다.

**551** 수평 방향의 이동 거리가 C가 B보다 크므로 수평 방향 속력도 C가 B보다 크다.

**552** 사과가 포물선 운동을 할 때 수평 방향으로는 힘이 작용하지 않아 등속 직선 운동을, 연직 방향으로는 중력이 작용하여 가속도가 일정한 등가속도 운동을 한다.

**553** 사과가 포물선 운동을 하는 동안 운동 방향은 계속 변하고 연직 방향으로는 일정하게 중력이 작용한다.

---

STEP **2** 학교 기출 문제로 **내신 대비하기** 111~115쪽

| | | | | | |
|---|---|---|---|---|---|
| 556 ③ | 557 ③ | 558 ② | 559 ② | 560 ③ | 561 ② |
| 562 ⑤ | 563 ④ | 564 ② | 565 ③ | 566 ① | |
| 567 해설 참조 | 568 ① | 569 ④ | 570 해설 참조 | 571 ② | 572 ① |
| 573 ② | 574 ① | 575 ③ | | | |

---

## 556 지구 중력 답 ③

**알짜풀이**

ㄱ. 지구 중력의 방향은 지구 중심 방향이므로 (가)는 '지구 중심'이 적절하다.

ㄴ. 중력의 크기는 물체의 질량에 비례한다. 따라서 (나)는 '비례'이다.

**오답넘기**

ㄷ. 지구 중력의 방향은 지구 중심 방향이므로 지구상의 위치에 따라 지구 중력의 방향이 다르다.

---

## 557 중력 답 ③

**알짜풀이**

ㄱ. 질량이 있는 모든 물체 사이에 상호작용하는 힘으로 행성 표면에서 물체가 행성 중심 방향으로 받는 힘인 A는 중력이다.

ㄴ. 두 물체 사이에 작용하는 중력의 크기는 물체의 질량이 클수록, 물체 사이의 거리가 가까울수록 커진다.

**오답넘기**

ㄷ. 행성 표면 근처에서 중력을 받아 낙하하는 물체는 운동 방향과 가속도 방향이 같으므로 속력이 증가하는 운동을 한다. 따라서 '증가'가 ㉠으로 적절하다.

---

## 558 중력의 방향 답 ②

**알짜풀이**

B. 두 물체 사이에 작용하는 중력은 질량이 클수록, 거리가 가까울수록 크다. 따라서 P와 Q 사이의 거리가 멀수록 작용하는 중력의 크기는 작다.

**오답넘기**

A. P와 Q 사이에는 서로 당기는 방향으로 중력이 작용한다.

C. P가 Q에 작용하는 중력과 Q가 P에 작용하는 중력은 방향은 서로 반대이고 크기는 서로 같다.

---

## 559 중력의 방향과 크기 답 ②

**알짜풀이**

ㄴ. 중력의 크기는 질량에 비례한다. 따라서 A가 B의 2 배이다.

**오답넘기**

ㄱ. A에는 오른쪽 방향으로, B에는 왼쪽 방향으로 중력이 작용한다. 따라서 A, B에 작용하는 중력의 방향은 반대이다.

ㄷ. A, B가 낙하하는 가속도의 크기가 같다. A, B가 낙하한 높이가 같으므로 A, B가 낙하하는 데 걸리는 시간은 같다.

---

## 560 수평 방향으로 던진 물체의 운동 답 ③

**알짜풀이**

ㄱ. 공기 저항을 무시할 때 수평 방향으로 던진 물체의 수평 방향 속도는 일정하고, 연직 방향 속도는 점점 증가한다. 따라서 화살의 속력은 점점 증가한다.

ㄴ. 수평 방향으로는 힘이 작용하지 않으므로 화살은 속도가 일정한 등속도 운동을 한다.

**오답넘기**

ㄷ. 연직 방향으로는 속도가 일정하게 증가하는 등가속도 운동을 한다. 따라서 연직 방향으로의 가속도는 일정하다.

---

## 561 자유 낙하 운동 답 ②

**알짜풀이**

ㄴ. 자유 낙하 운동에서는 시간에 따라 속력이 일정하게 증가하므로, 0부터 $\frac{1}{2}t$까지 증가한 속력과 $\frac{1}{2}t$부터 $t$까지 증가한 속력이 같다. 따라서 $t$일 때 속력이 $v$이므로 $\frac{1}{2}t$일 때 속력은 $\frac{1}{2}v$이다.

**오답넘기**

ㄱ. 자유 낙하 하는 물체에 작용하는 중력은 일정하므로 가속도의 크기는 일정하다.

ㄷ. 낙하하는 동안 물체에 작용하는 중력의 크기는 일정하다.

---

( 문제 속 개념 )

**등가속도 운동**

① 등가속도 운동: 가속도가 일정한 운동으로, 속도가 일정하게 증가하거나 감소한다.

② 등가속도 직선 운동의 그래프

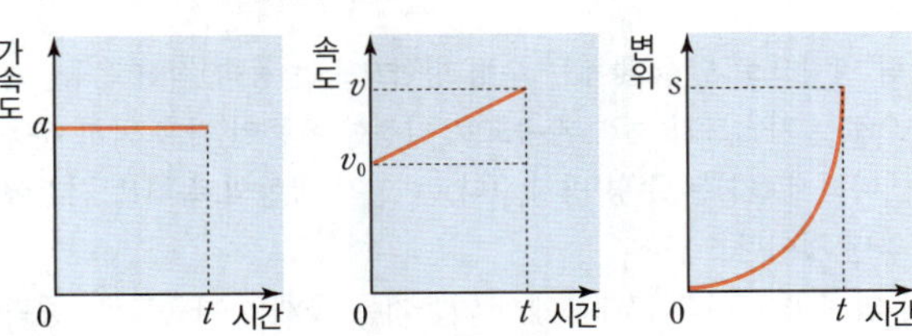


③ 등가속도 운동의 예: 자유 낙하 운동, 빗면을 미끄러져 내려오는 물체의 운동, 연직 위로 던져 올린 물체의 운동 등

## 562 중력에 의한 지구 표면에서의 운동   답 ⑤

**알짜풀이**

ㄱ. 물체에 작용하는 중력의 크기는 질량에 비례하므로 A에 작용하는 중력의 크기는 B에 작용하는 중력의 크기보다 크다.

ㄴ. B는 낙하하는 동안 연직 아래 방향으로 중력을 받으므로 운동 방향과 가속도의 방향이 같다.

ㄷ. 낙하하는 동안 B의 운동 방향과 가속도 방향이 같으므로 B의 속력은 증가한다.

## 563 자유 낙하 운동   답 ④

**알짜풀이**

자유 낙하 운동을 하는 동안 물체에 작용하는 중력에 의해 물체에는 운동 방향와 같은 방향으로 일정한 크기의 가속도가 작용한다. 따라서 자유 낙하 운동을 하는 물체의 속력은 일정하게 증가한다.

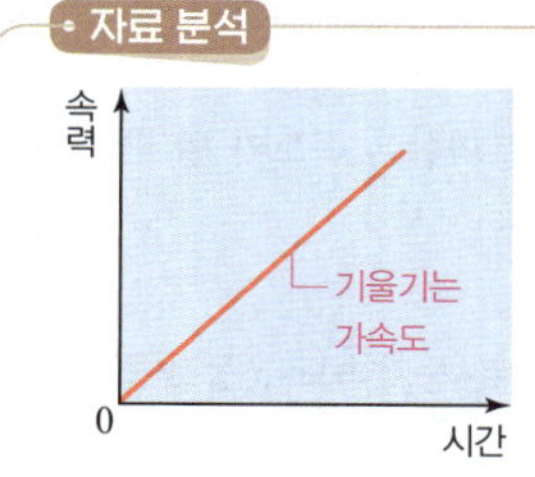


자유 낙하 운동을 하는 물체의 속력-시간 그래프에서 기울기는 가속도를 나타낸다. ④의 그래프에서 기울기는 물체에 작용하는 중력에 의해 형성되는 중력 가속도이고, 크기가 일정하다.

## 564 질량이 다른 물체의 자유 낙하 운동   답 ②

**알짜풀이**

ㄴ. 물체에 작용하는 중력의 크기는 질량에 비례한다. 따라서 낙하하는 동안 A에 작용하는 중력의 크기는 B에 작용하는 중력의 크기보다 작다.

**오답넘기**

ㄱ. A에는 항상 중력이 작용한다. 따라서 A가 정지하고 있을 때도 A에는 중력이 작용한다.

ㄷ. A, B의 중력 가속도는 질량에 관계없이 같으므로 A, B는 동시에 수평면에 도달한다. 따라서 물체를 놓은 순간부터 수평면에 도달할 때까지 걸린 시간은 (가)에서와 (나)에서가 같다.

## 565 수평 방향으로 던진 물체의 운동   답 ③

**알짜풀이**

ㄱ. 수평 방향으로 던진 물체는 수평 방향으로는 등속 직선 운동, 연직 방향으로는 가속도가 중력 가속도로 일정한 운동인 자유 낙하 운동을 한다. 따라서 (가)는 수평 방향, (나)는 연직 방향의 속력을 시간에 따라 나타낸 것이다.

ㄷ. (나)의 속력-시간 그래프에서 기울기는 물체의 가속도로, 중력에 의한 중력 가속도이다.

**오답넘기**

ㄴ. 물체에 작용하는 힘은 중력으로 일정하다.

## 566 수평 방향으로 던진 물체의 운동   답 ①

**알짜풀이**

ㄱ. 물체는 낙하하는 동안 수평 방향으로는 등속 직선 운동, 연직 방향으로는 자유 낙하 운동을 하며 속력이 빨라지는 운동을 한다.

**오답넘기**

ㄴ. 물체에 수평 방향으로 힘이 작용하지 않으므로 수평 방향으로는 등속 직선 운동을 한다. 따라서 일정한 시간 간격 동안 수평 방향으로 이동한 거리는 일정하다.

ㄷ. 물체에 작용하는 중력에 의해 가속도 방향은 연직 아래 방향으로 일정하고, 운동 방향은 매 순간 변한다.

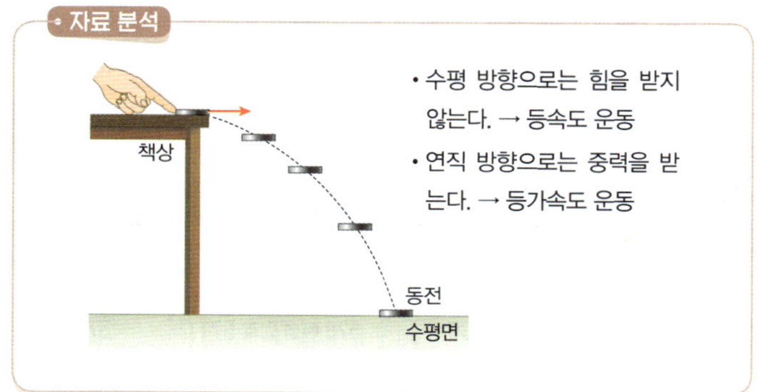


## 567 서술형 자유 낙하와 수평 방향으로 던진 물체의 운동

(1) ✔모범답안 A가 B보다 크다. 중력의 크기는 질량에 비례하므로 A에 작용하는 중력의 크기는 B에 작용하는 중력의 크기의 2배이다.

| 채점 기준 | 배점 |
| --- | --- |
| 중력의 크기를 비교하고 그 까닭을 옳게 서술한 경우 | 100 % |
| 중력의 크기만 옳게 비교한 경우 | 40 % |

(2) ✔모범답안 같다. 연직 방향으로는 A와 B가 같은 중력 가속도로 등가속도 운동을 하므로 연직 방향의 가속도는 A와 B가 같다.

| 채점 기준 | 배점 |
| --- | --- |
| 가속도를 비교하고 그 까닭을 옳게 서술한 경우 | 100 % |
| 가속도만 옳게 비교한 경우 | 40 % |

## 568 자유 낙하와 수평 방향으로 던진 물체의 운동   답 ①

**알짜풀이**

ㄱ. 연직 방향으로는 A, B가 같은 운동을 한다. 따라서 A, B는 바닥에 동시에 떨어진다.

**오답넘기**

ㄴ. 가속도의 방향은 중력의 방향과 같다. 따라서 B의 가속도의 방향은 연직 아래 방향으로 일정하다.

ㄷ. 지표면 근처에서 운동하는 물체에 작용하는 중력의 크기는 일정하다. 따라서 B에 작용하는 중력의 크기는 일정하다.

## 569 자유 낙하와 수평 방향으로 던진 물체의 운동   답 ④

**알짜풀이**

ㄴ. A는 연직 방향으로 가속도가 일정한 직선 운동을 하므로 속력이 일정

하게 증가한다.

ㄷ. A와 B는 연직 방향으로 같은 가속도로 운동을 하므로 A와 B는 동시에 수평면에 도달한다.

**오답넘기**

ㄱ. 물체에 작용하는 중력의 크기는 질량에 비례하므로 A와 B에 작용하는 중력의 크기는 같다.

## 570 서술형 자유 낙하와 수평으로 던진 물체의 운동

(1) 모범답안 A는 속력이 일정하게 증가하는 등가속도 운동을 한다.

| 채점 기준 | 배점 |
| --- | --- |
| A의 운동을 속력이 일정하게 증가하는 운동이라고 옳게 서술한 경우 | 100 % |

(2) 모범답안 B는 수평 방향으로는 속도가 일정한 등속도 운동을 하고, 연직 방향으로는 속도가 일정하게 증가하는 등가속도 운동을 한다.

| 채점 기준 | 배점 |
| --- | --- |
| B의 수평 방향 운동과 연직 방향 운동을 모두 옳게 서술한 경우 | 100 % |
| B의 수평 방향 운동 또는 연직 방향 운동을 하나만 옳게 서술한 경우 | 40 % |

(3) 모범답안 동시에 떨어진다. A, B가 연직 방향으로는 같은 가속도로 운동하기 때문이다.

| 채점 기준 | 배점 |
| --- | --- |
| A, B 중 먼저 바닥에 떨어지는 것을 쓰고 그 근거를 옳게 서술한 경우 | 100 % |
| A, B 중 먼저 바닥에 떨어지는 것만 옳게 쓴 경우 | 40 % |

**해설**

같은 높이에서 물체를 수평 방향으로 던질 때 수평 방향의 속력이 커질수록 같은 시간 동안 수평 방향의 이동 거리는 커지고, 연직 방향으로는 자유 낙하 운동을 한다.

## 571 자유 낙하와 수평 방향으로 던진 물체의 운동 답②

**알짜풀이**

ㄴ. A, B에 작용하는 중력의 방향은 항상 연직 아래 방향으로 같다.

**오답넘기**

ㄱ. A, B는 모두 연직 방향으로 자유 낙하 운동을 하므로 같은 높이에서 출발한 A, B는 수평면에 동시에 도달한다.

ㄷ. 자를 세게 칠수록 B가 출발하는 순간 수평 방향의 속력은 커지지만 연직 방향으로는 동일한 자유 낙하 운동을 한다. B가 수평면에 도달하는 데 걸린 시간은 자를 치는 세기와 관계없이 같다.

## 572 자유 낙하와 수평 방향으로 던진 물체의 운동 답①

**알짜풀이**

ㄱ. 물체에 작용하는 중력의 크기는 질량에 비례하므로 A와 B에 작용하는 중력의 크기는 같다.

**오답넘기**

ㄴ. A, B는 연직 방향으로 동일한 자유 낙하 운동을 하므로 같은 높이에

---

서 던져진 A, B는 수평면에 동시에 도달한다.

ㄷ. A와 B가 수평면에 동시에 도달하므로 수평 이동 거리와 처음 던져진 속력은 비례한다. 따라서 $\dfrac{v_A}{v_B} = \dfrac{2}{3}$이다.

## 573 포탄의 원운동 답②

**알짜풀이**

ㄷ. C의 운동과 달이 지구 주위를 공전하는 운동은 지구 중력에 의한 것이므로 같은 원리로 설명할 수 있다.

**오답넘기**

ㄱ. 발사 속력이 클수록 더 멀리까지 날아간다. 따라서 발사 속력은 B가 A보다 크다.

ㄴ. 지표면 근처에서 중력에 의해 운동하는 물체의 가속도의 크기는 일정하다.

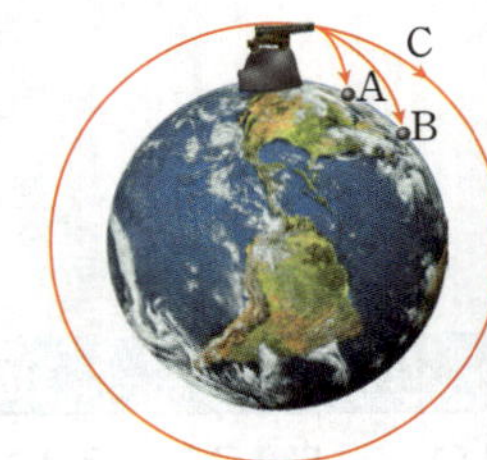

**자료 분석**



- 속력 비교: A<B<C
- A, B, C의 운동: 지구 중심 방향의 가속도 운동
- C는 중력에 의해 지구 중심 방향으로 떨어지지만 속력이 빨라서 지구 주위를 공전한다. → 달이 지구 주위를 공전하는 원리

## 574 중력에 의한 지구 주위에서의 운동 답①

**알짜풀이**

ㄱ. 달이 지구 주위를 원운동할 수 있도록 지구가 달에 작용하는 힘은 중력이다.

**오답넘기**

ㄴ. 지구가 달에 작용하는 중력의 방향은 지구가 달을 당기는 방향이다.

ㄷ. 만약 지구가 달에 힘을 작용하지 않는다면 달은 등속 직선 운동을 하게 되어 지구로부터 점점 멀어지는 운동을 할 것이다.

**자료 분석**



지구의 중력이 작용하지 않으면 달은 등속 직선 운동을 하며 지구로부터 멀어진다.

## 575 중력에 의한 지구 주위에서의 운동 답③

**알짜풀이**

ㄱ. 인공위성은 일정한 속력으로 운동하고 있으므로 이동 거리는 시간에 비례한다.

ㄴ. 지구가 인공위성에 작용하는 중력의 방향은 지구가 인공위성을 당기는 방향이고, 인공위성이 원운동하며 지구를 기준으로 위치가 매 순간 변하기 때문에 지구가 인공위성에 작용하는 중력의 방향은 매 순간 변한다.

**오답넘기**

ㄷ. 인공위성이 원운동하고 지구가 인공위성에 작용하는 중력의 방향은 지구를 향하는 방향이므로 인공위성의 운동 방향과 지구가 인공위성에 작용하는 중력의 방향은 매 순간 수직이다.

> **• 자료 분석**
>
> 
>
> • 지구가 인공위성에 작용하는 중력 방향: 지구 중심 방향
> • 인공위성의 운동: 지구 중심 방향의 가속도 운동

## 12 역학 시스템과 안전

| STEP 1 | O/X 문제로 5종 교과서 핵심 자료 보기 | 117쪽 |
| --- | --- | --- |

| | | | | | |
| --- | --- | --- | --- | --- | --- |
| 576 ○ | 577 X | 578 ○ | 579 ○ | 580 ○ | 581 X |
| 582 ○ | 583 ○ | 584 X | 585 ○ | 586 X | 587 X |
| 588 ○ | 589 ○ | 590 ○ | | | |

**577** (가)와 (나)는 관성에 의한 현상이고, (다)는 작용 반작용에 의한 현상이다.

**581** 충돌하는 동안 A가 B로부터 받은 충격량과 B가 A로부터 받은 충격량의 크기는 같다.

**584** 물체가 받은 충격량의 크기는 A와 B가 같다.

**586** 힘을 받는 동안 운동량의 변화량은 A와 B가 같다.

**587** (가)의 에어백은 충격량을 변화시키지는 않지만 충돌 시간을 길게 하여 힘의 크기를 줄여준다.

| STEP 2 | 학교 기출 문제로 내신 대비하기 | 118~123쪽 |
| --- | --- | --- |

| | | | | | |
| --- | --- | --- | --- | --- | --- |
| 591 ③ | 592 ⑤ | 593 ④ | 594 ① | 595 ③ | 596 ③ |
| 597 ⑤ | 598 ① | 599 ④ | 600 ① | 601 ③ | |
| 602 해설 참조 | 603 ④ | 604 ③ | 605 ④ | 606 ① | 607 ① |
| 608 ④ | 609 ⑤ | 610 ⑤ | 611 ② | 612 ② | 613 ① |
| 614 해설 참조 | 615 해설 참조 | 616 해설 참조 | | | |

## 591 관성에 의한 현상
답 ③

**알짜풀이**

ㄱ, ㄴ. 정지한 두루마리 휴지를 빠르게 잡아당길 때 끊어지는 현상은 휴지가 정지한 상태를 유지하려고 하는 관성으로 설명할 수 있다. 버스가 갑자기 출발할 때 승객의 몸이 뒤쪽으로 쏠리는 현상, 이불을 막대기로 두드려 먼지를 터는 현상은 관성으로 설명할 수 있다.



**오답넘기**

ㄷ. 수영 선수가 벽을 발로 밀어서 앞으로 나아가는 모습은 수영 선수가 벽을 미는 힘만큼 벽으로부터 힘을 받는 작용 반작용 관계의 힘의 원리로 설명할 수 있다.

## 592 상호작용이 없을 때의 운동
답 ⑤

**알짜풀이**

ㄱ. 물체가 상호작용을 하지 않을 때 운동 상태를 유지하려고 하는 성질은 관성이다. 따라서 '관성'은 ㉠으로 적절하다.

ㄴ. 질량의 기본량 단위는 kg이다.

ㄷ. 물체가 관성을 유지할 때, 정지한 물체는 계속 정지해 있고 운동하던 물체는 방향과 빠르기가 변하지 않는 등속 직선 운동을 한다. 따라서 '등속 직선'은 ㉡으로 적절하다.

## 593 관성
답 ④

**알짜풀이**

실을 갑자기 당기면 추가 정지해 있으려는 관성 때문에 B가 끊어진다. 이러한 원리는 물체의 관성 때문이다.

ㄱ. 버스가 갑자기 출발할 때 몸이 뒤로 쏠리는 것은 관성에 의한 현상이다.

ㄷ. 자동차의 안전띠가 안전에 도움을 주는 까닭은 관성에 의해 몸이 튀어나가는 것을 방지해 주기 때문이다.

**오답넘기**

ㄴ. 힘은 반드시 두 물체 사이에서 크기가 같고 방향이 반대가 되도록 상호작용을 하며 이러한 원리를 작용 반작용 법칙이라고 한다. 로켓은 연료를 강하게 뒤로 발사하면서 그 반작용으로 앞으로 나아간다.

## 594 관성 실험
답 ①

**알짜풀이**

ㄱ. 동전의 관성을 알아보기 위한 실험이므로 (가)는 '관성'이다. 따라서 (가)는 질량이 클수록 크다.

**오답넘기**

ㄴ. (가)는 '관성'이다.

ㄷ. 로켓이 연료를 뒤로 내뿜으며 앞으로 나아가는 현상은 관성이 아니라 작용 반작용 법칙으로 설명할 수 있다.

## 595 운동량
답 ③

**알짜풀이**

ㄱ. 운동량＝질량×속도이므로 A의 운동량의 크기는 $2\,kg \times 5\,m/s = 10\,kg \cdot m/s$이다.

ㄴ. 운동량의 방향은 속도의 방향, 즉 운동 방향과 같다. 따라서 A와 B의 운동량의 방향은 서로 반대이다.

**오답넘기**

ㄷ. 오른쪽 방향을 （＋）방향으로 정하면 A의 운동량은 ＋10 kg·m/s이고, B의 운동량은 －12 kg·m/s이다. 따라서 A와 B의 운동량의 합은 －2 kg·m/s이고, 크기는 2 kg·m/s이다.

## 596 운동량과 충격량　답 ③

**알짜풀이**

ㄱ. 라켓으로 치기 전 공의 운동량의 크기는 운동량＝질량×속도이므로 $0.2\,\text{kg}\times10\,\text{m/s}=2\,\text{kg·m/s}$이다.

ㄴ. 운동량의 크기는 속력에 비례한다. 따라서 라켓으로 친 후가 치기 전보다 공의 운동량의 크기가 크다.

**오답넘기**

ㄷ. 공의 운동량 변화량의 크기가
$(0.2\,\text{kg}\times20\,\text{m/s})-(-0.2\,\text{kg}\times10\,\text{m/s})=6\,\text{kg·m/s}$이므로, 공이 라켓으로부터 받은 충격량의 크기는 $6\,\text{N·s}$이다.


## 597 운동량　답 ⑤

**알짜풀이**

운동량＝질량×속도이므로 충돌 전 운동량은 $+6\,\text{kg·m/s}$이고 충돌 후 운동량은 $-3\,\text{kg·m/s}$이다. 따라서 운동량 변화량은 $-3-(+6)=-9(\text{kg·m/s})$이므로 운동량 변화량의 크기는 $9\,\text{kg·m/s}$이다.


## 598 충격량　답 ①

**알짜풀이**

충격량은 힘－시간 그래프 아랫부분의 넓이와 같으므로 $I_\text{A}=2\times3=6(\text{N·s})$, $I_\text{B}=3\times2=6(\text{N·s})$이다.
따라서 $I_\text{A}:I_\text{B}=1:1$이다.


## 599 운동량과 충격량　답 ④

**알짜풀이**

충격량＝힘×시간이므로 A가 공에 작용한 충격량의 크기는 $I=30\,\text{N}\times0.2\,\text{s}=6\,\text{N·s}$이다. 공이 A의 손을 떠나는 순간 공의 운동량의 크기는 $6\,\text{kg·m/s}$이므로 운동량＝질량×속도에서 $6\,\text{kg·m/s}=0.5\,\text{kg}\times v$이다. 따라서 A의 손을 떠나는 순간 공의 속력은 $v=12\,\text{m/s}$이다.


## 600 운동량과 충격량　답 ①

**알짜풀이**

ㄱ. A, B가 각각 p, q를 지나 등속 직선 운동을 하여 r에서 충돌할 때까지 이동 거리는 A가 B의 2 배이다. 따라서 충돌 전 속력은 A가 B의 2 배이다.

**오답넘기**

ㄴ. 충돌 전 A, B의 운동량 크기가 서로 같고, 속력은 A가 B의 2 배이므로 질량은 B가 A의 2 배이다. 즉, 충돌 전 A, B의 속력을 각각 $2v$, $v$라 할 때, $p_0=m_\text{A}(2v)$, $p_0=m_\text{B}v$이므로 $\dfrac{m_\text{A}}{m_\text{B}}=\dfrac{1}{2}$이다.

ㄷ. A, B가 충돌하는 동안, A는 운동 방향과 반대 방향으로 힘을 받아 속력이 감소하고, B는 운동 방향과 같은 방향으로 힘을 받아 속력이 증

가한다. 따라서 충돌 전과 후 A는 운동량이 감소하고, B는 운동량이 증가하므로 충돌 후 운동량의 크기는 A가 B보다 작다.

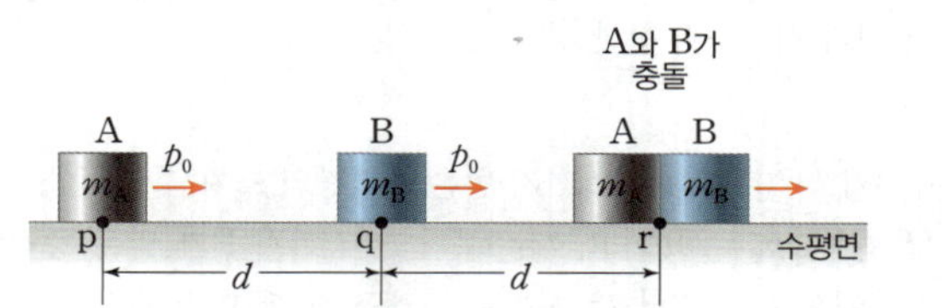


- 같은 시간 동안 이동 거리가 A가 B의 2 배 ➡ 충돌 전 속력은 A가 B의 2 배이다. ➡ 질량은 B가 A의 2 배
- A, B가 충돌할 때 받은 충격량의 크기를 $I$라 할 때, 충돌하는 동안 A는 운동 방향과 반대 방향, B는 운동 방향과 같은 방향으로 충격량을 받으므로 A의 운동량은 감소하고 B의 운동량은 증가한다.


## 601 충격량의 크기　답 ③

**알짜풀이**

A, B가 벽과 충돌하는 동안 받은 충격량의 크기는 충돌 전과 후 A, B의 운동량 변화량의 크기와 같다. 벽과 충돌 전과 후 A, B의 운동량 변화량의 크기가 각각 $\Delta p_\text{A}=m(4v+3v)=7mv$, $\Delta p_\text{B}=m(4v+2v)=6mv$이다. 운동량 변화량의 크기와 충격량의 크기가 서로 같으므로
$$\frac{I_\text{A}}{I_\text{B}}=\frac{\Delta p_\text{A}}{\Delta p_\text{B}}=\frac{7}{6}$$이다.


## 602 서술형 충격량의 크기

(1) **모범답안** $F_0=\dfrac{1}{2}mg$, A가 중력으로부터 받은 충격량의 크기 $2mgt_0$과 B가 수평 방향으로 받은 충격량의 크기 $4F_0t_0$은 A와 B의 운동량의 변화량 $mv$로 같다. 따라서 $F_0=\dfrac{1}{2}mg$이다.

| 채점 기준 | 배점 |
| --- | --- |
| A가 중력으로부터 받은 충격량과 B가 받은 충격량의 크기를 서로 비교하여 $F_0$과 중력의 관계를 옳게 서술한 경우 | 100 % |
| A, B가 받은 충격량을 나타낼 수 있으나 A, B의 충격량이 같음을 옳게 서술하지 못한 경우 | 50 % |

**해설**

(나)의 그래프에서 그래프 아랫부분의 시간 축과 이루는 면적은 물체가 받은 충격량의 크기와 같다. 따라서 $t=0$부터 $t=2t_0$까지 B가 받은 충격량의 크기는 $I_\text{B}=F_0t_0+3F_0t_0=4F_0t_0$이다. 또한 $t=0$부터 $t=2t_0$까지 A, B의 운동량 변화량의 크기가 $mv$로 서로 같으므로 A, B가 그 동안 받은 충격량의 크기는 서로 같다.

(2) **모범답안** $\dfrac{1}{4}v$, 시간 0부터 $t_0$까지 B가 받은 충격량의 크기는 $F_0t_0$이고 이것은 $t_0$일 때 B의 운동량 크기와 같다. 따라서 $t_0$일 때 B의 속력은 $\dfrac{1}{4}v$이다.

| 채점 기준 | 배점 |
|---|---|
| (1)에서 구한 결과와 $t=0$부터 $t=t_0$까지 B가 받은 충격량을 비교하여 $t_0$일 때의 속력을 옳게 서술한 경우 | 100 % |
| $t_0$일 때의 속력은 나타내었으나 (1)의 결과와 (나)의 면적을 연결시켜 서술하지 못한 경우 | 50 % |

**해설**

(1)에서 B가 $t=0$부터 $t=2t_0$까지 받은 충격량의 크기 $I_B=4F_0 t_0=\Delta p_B=mv$이고, $t=0$부터 $t=t_0$까지 B가 받은 충격량의 크기는 (나)에서 $t=0$부터 $t=t_0$까지 그래프 아래 면적 $I_B{}'=F_0 t_0$이므로 $t=t_0$일 때의 속력은 $t=2t_0$일 때 속력의 $\dfrac{1}{4}$배인 $\dfrac{1}{4}v$이다.


## 603 힘 – 시간 그래프의 해석    답 ④

**알짜풀이**

ㄱ. 힘 – 시간 그래프 아랫부분의 넓이는 충격량이고 0 초부터 2 초까지 받은 충격량의 크기가 $\dfrac{1}{2}\times 2\times 3=3(\text{N·s})$이다. 또한 충격량은 운동량의 변화량과 같으므로 2 초일 때 물체의 운동량의 크기는 $3\,\text{kg·m/s}$이다.

ㄷ. 충격량은 운동량의 변화량과 같으므로 $7.5\,\text{N·s}=(3\,\text{kg}\times v)-0$에서 5 초일 때 물체의 속력은 $v=2.5\,\text{m/s}$이다.

**오답넘기**

ㄴ. 힘 – 시간 그래프 아랫부분의 넓이는 충격량이므로 0 초부터 5 초까지 물체가 받은 충격량의 크기는 $\dfrac{1}{2}\times 5\times 3=7.5(\text{N·s})$이다.


## 604 운동량과 충돌 시간 실험    답 ③

**알짜풀이**

ㄱ. 장난감 총알을 넣은 빨대를 부는 세기가 셀수록 장난감 총알에 작용하는 힘의 크기가 크다. 따라서 ㉠은 장난감 총알에 가하는 힘의 크기를 변화시키는 과정이다.

ㄴ. 빨대의 길이가 길수록 힘을 작용하는 시간이 길어진다. 따라서 ㉡에 의해 힘을 작용하는 시간을 변화시킨다.

**오답넘기**

ㄷ. 힘을 작용하는 시간이 길수록 장난감 총알이 멀리 날아간다. 따라서 ㉢은 '빨대의 길이가 길수록'이 적절하다.


## 605 충격량    답 ④

**알짜풀이**

ㄴ, ㄷ. 골프채를 끝까지 휘두르면 힘을 작용하는 시간을 길게 하여 공에 더 큰 충격량을 줄 수 있다.

**오답넘기**

ㄱ. 공을 친 후에 스윙을 이어가는 모습이므로 공에 가하는 힘의 크기에는 거의 영향을 주지 않는다.

**문제 속 개념**

**팔로스루(follow through)**

공을 치거나 던지고 난 뒤 팔을 죽 뻗는 마무리 동작을 이어간다.

① 공에 힘을 작용하는 시간을 길게 하여 충격량을 크게 한다.

② 충격량을 크게 하면 운동량이 더 많이 변하므로, 공을 더 멀리 또는 더 빠르게 보낼 수 있다.

## 606 힘 – 시간 그래프와 충격량    답 ①

**알짜풀이**

ㄴ. 단단한 바닥에 떨어뜨리면 짧은 시간 동안 큰 힘을 받는다. 따라서 A는 단단한 시멘트 바닥에 떨어뜨릴 때의 그래프이다.

**오답넘기**

ㄱ. 같은 높이에서 떨어뜨렸으므로, 바닥에 충돌하기 직전 운동량의 크기가 같다. 따라서 컵이 받는 충격량의 크기가 같으므로 $S_A=S_B$이다.

ㄷ. 같은 높이에서 떨어뜨렸으므로 운동량의 변화량이 같다. 따라서 단단한 시멘트 바닥에 떨어뜨릴 때와 푹신한 방석에 떨어뜨릴 때, 컵이 받는 충격량의 크기는 같다.


## 607 힘 – 시간 그래프와 충격량    답 ①

**알짜풀이**

ㄱ. A는 짧은 시간 동안 큰 힘을 받았으므로 (가)의 단단한 바닥에 충돌한 경우이다.

**오답넘기**

ㄴ. 같은 높이에서 떨어뜨렸으므로 A, B가 받은 충격량이 같다. 따라서 A, B의 그래프 아랫부분의 넓이는 같다.

ㄷ. 달걀이 받은 충격량의 크기는 단단한 바닥에서와 푹신한 방석에서가 같다.


## 608 충격량과 충격력    답 ④

**알짜풀이**

ㄴ, ㄷ. 충격량은 같지만 A는 깨지고 B가 깨지지 않았으므로 A가 접시에 충돌하는 동안이 B가 스펀지에 충돌하는 동안보다 시간이 더 짧아 A에 더 큰 평균 힘이 작용하였다.

**오답넘기**

ㄱ. A, B가 같은 높이에서 낙하하였으므로 접시와 스펀지에 충돌하는 순간의 속력이 같다. 따라서 충돌하는 동안 A, B가 받은 충격량의 크기는 같다.

▶ 자료 분석

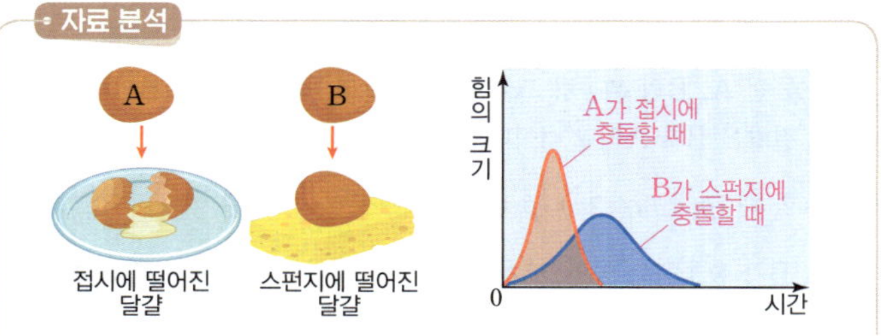

- A, B가 충돌할 때부터 정지할 때까지 받은 충격량의 크기는 같다.
- A가 단단한 접시에 충돌할 때가 B가 스펀지에 충돌할 때에 비해 충돌 시간이 짧다 달걀에 작용하는 평균 힘의 크기가 크다.

## 609 힘 – 시간 그래프의 해석  답 ⑤

**알짜풀이**

ㄱ. 힘 – 시간 그래프에서 곡선과 시간 축 사이의 넓이가 같으므로 A, B가 받은 충격량의 크기는 같다.

ㄴ. 물체가 받은 평균 힘은 충격량을 시간으로 나눈 값이다. 충격량의 크기는 같고 힘을 받은 시간이 B가 A의 2 배이므로 물체가 받은 평균 힘의 크기는 A가 B의 2 배이다.

ㄷ. 힘을 작용한 후 A, B의 운동량의 크기가 같다. 따라서 질량이 B가 A의 4 배이므로 힘을 작용한 후 물체의 속력은 A가 B의 4 배이다.

## 610 충격 흡수  답 ⑤

**알짜풀이**

ㄴ. 몸을 웅크리면서 착지하면 힘을 받는 시간이 길어진다. 따라서 (가)는 '길게 하여'가 적절하다.

ㄷ. 충격량의 크기가 같으므로 힘을 받는 시간이 길어지면 평균 힘의 크기가 감소한다. 따라서 (나)는 '감소'가 적절하다.

**오답넘기**

ㄱ. 바닥으로부터 받는 충격량의 크기는 착지 직전 운동량의 크기와 같다. 따라서 착지 자세가 달라지더라도 바닥으로부터 받는 충격량의 크기는 변하지 않는다.

## 611 충돌과 안전  답 ②

**알짜풀이**

ㄴ. 제품의 파손을 방지하기 위해 공기를 충전한 포장재는 공기가 제품이 충격을 받을 때 힘을 받는 시간을 길게 한다. 따라서 제품이 받는 평균 힘의 크기를 작게 하여 제품의 파손을 방지한다.

**오답넘기**

ㄱ, ㄷ. 공이 라켓으로부터 힘을 받는 시간을 길게 할수록 공이 빠르게 날아가는 원리와 포신을 길게 제작할수록 포탄이 더 멀리까지 날아가는 원리는 물체가 힘을 받는 시간을 길게 하여 물체가 받는 충격량의 크기, 즉 물체의 운동량의 변화량의 크기를 증가시켜 주는 것이다.

## 612 충돌과 충격 흡수  답 ②

**알짜풀이**

ㄴ. 소방 매트리스는 사람이 힘을 받는 시간을 길게 하여 사람이 받는 평균 힘의 크기를 감소시킨다.

**오답넘기**

ㄱ. 충격량은 처음 운동량과 크기가 같으므로 소방 매트리스의 유무와 관계 없다.

ㄷ. 소방 매트리스는 충돌했을 때 사람이 힘을 받는 시간을 길게 한다.

---



**충격 흡수의 원리**

충돌 시간을 길게 하면 사람이 받는 힘(충격력)이 감소하여 부상을 줄일 수 있다.

① (가)와 같이 착지할 때 무릎을 굽히면 충돌 시간이 길어져 사람이 받는 힘이 작아진다.

② (나)와 같이 소방 매트리스에 떨어지면 매트리스가 푹 꺼지면서 충돌 시간이 길어져 사람이 받는 힘의 크기가 작아진다.

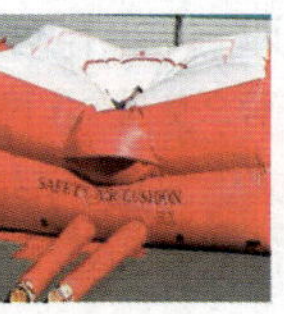


(가)　　　(나)

## 613 에어백의 원리  답 ①

**알짜풀이**

ㄱ. 탑승자가 자동차가 진행하던 방향으로 계속 운동하는 까닭은 관성으로 설명할 수 있다.

**오답넘기**

ㄴ. 에어백은 탑승자가 정지할 때까지 충돌 시간을 길게 한다.

ㄷ. 에어백은 충격량을 감소시키는 것이 아니라, 충격력을 감소시킨다. 따라서 (나)는 '충격력(평균 힘)'이 적절하다.

## 614 ·서술형 충돌과 안전

(1) ✔모범답안 같다. 같은 속력으로 운동하던 자동차가 벽에 충돌하여 정지할 때까지 받은 충격량의 크기는 서로 같다. (나)에서 곡선과 시간 축이 이루는 넓이는 자동차가 받은 충격량의 크기이므로 A, B가 시간 축과 이루는 넓이는 서로 같다.

| 채점 기준 | 배점 |
| --- | --- |
| 충격량과 운동량의 변화량 관계, 힘 – 시간 그래프의 관계를 이용하여 옳게 서술한 경우 | 100 % |
| (나)에서 A, B가 시간 축과 이루는 넓이만 옳게 비교한 경우 | 40 % |

**해설**

(나)의 그래프에서 그래프 아랫부분이 시간 축과 이루는 넓이는 자동차가 받은 충격량의 크기와 같다. 자동차가 같은 속력으로 운동하다가 정지하였으므로 에어백의 작동 유무에 관계없이 자동차가 받은 충격량의 크기는 A일 때와 B일 때가 서로 같다.

(2) ✔모범답안 B, 에어백은 운전자가 충격을 받을 때 충돌하는 데 걸리는 시간을 길게 하여 운전자가 받는 평균 힘의 크기를 작게 해 준다. 따라서 충돌 시간이 길고 평균 힘의 크기가 작은 B가 에어백이 작동했을 때이다.

| 채점 기준 | 배점 |
| --- | --- |
| B를 고르고, 에어백의 원리와 시간과 평균 힘의 관계를 근거로 옳게 서술한 경우 | 100 % |
| 에어백이 작동하는 경우만 옳게 고른 경우 | 40 % |

해설

에어백은 같은 충격량을 받더라도 충격을 받는 시간을 길게 하여 작용하는 평균 힘의 크기를 작게 하므로 사람이 받는 피해를 줄여 준다.

## 615 서술형 안전띠

✓모범답안 안전띠를 매지 않으면 자동차 충돌 사고가 발생할 때, 관성에 의해 탑승자가 자동차 밖으로 튀어 나가거나 자동차의 딱딱한 부분에 부딪혀 큰 부상을 입을 수 있다. 안전띠는 탑승자가 좌석으로부터 멀리까지 가지 않도록 잡아 줌으로써 이러한 위험을 크게 줄인다.

| 채점 기준 | 배점 |
|---|---|
| 관성에 의해 발생할 수 있는 위험을 줄여준다고 설명한 경우 | 100 % |
| 위험을 줄여준다는 것은 서술하였으나, 그 까닭에 대한 설명이 부족한 경우 | 50 % |

## 616 서술형 에어백

✓모범답안 에어백이 작동하면 탑승자가 힘을 받는 시간이 길어져 탑승자가 받는 충격력(평균 힘)의 크기가 작아지기 때문이다.

| 채점 기준 | 배점 |
|---|---|
| 힘을 받는 시간 증가로부터 탑승자가 받는 힘의 크기 감소를 옳게 설명한 경우 | 100 % |
| 탑승자가 받는 힘의 크기가 감소한다는 것은 서술하였으나, 그에 대한 설명이 부족한 경우 | 50 % |

---

**STEP 3 수능 유형 문제로 만점 도전하기** 124~129쪽

| | | | | | |
|---|---|---|---|---|---|
| 617 ② | 618 ④ | 619 ① | 620 ② | 621 ③ | 622 ⑤ |
| 623 ① | 624 ⑤ | 625 ⑤ | 626 ① | 627 ④ | 628 ③ |
| 629 ① | 630 ③ | 631 ① | 632 ② | 633 ④ | 634 ⑤ |
| 635 ① | 636 ② | | | | |

서술형 문제 637~640 해설 참조

## 617 중력 답 ②

알짜풀이

ㄴ. 물체에 작용하는 중력의 방향은 항상 지구 중심을 향하는 방향이다.

오답넘기

ㄱ. 중력은 서로 접촉하지 않고 떨어져 있어도 작용한다.

ㄷ. 물체의 운동 상태에 관계없이 질량을 가진 물체에는 중력이 항상 작용한다.

## 618 자유 낙하 운동 답 ④

알짜풀이

물체는 떨어지면서 속력이 일정하게 증가하는 등가속도 운동을 하므로 가장 적절한 것은 ④이다.

---



**자유 낙하 운동의 분석**

• 자유 낙하 운동을 하는 물체는 등가속도 운동을 하므로 물체의 속력은 매초 일정하게 증가한다.

• 물체의 운동 방향과 물체에 작용하는 중력은 같은 방향이다.

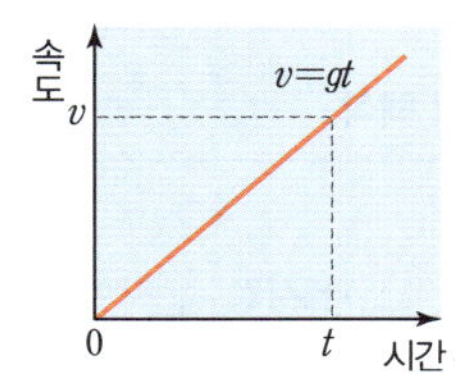


## 619 자유 낙하 운동 답 ①

알짜풀이

ㄱ. 물체는 자유 낙하 운동을 하므로 속력이 증가하는 등가속도 운동을 한다. 따라서 물체의 속력은 p에서가 q에서보다 작다.

오답넘기

ㄴ. 물체에 작용하는 중력의 크기는 질량에 비례하는데, 자유 낙하 운동을 하는 동안 물체의 질량은 달라지지 않으므로 물체에 작용하는 중력의 크기는 일정하다.

ㄷ. 물체에 작용하는 중력의 방향은 항상 연직 아래 방향이다. 따라서 물체에 작용하는 중력의 방향은 p에서와 q에서가 같다.

## 620 자유 낙하 운동 답 ②

알짜풀이

ㄴ. a, b의 가속도 크기는 중력 가속도와 같다. 중력 가속도를 $g$라 할 때 시간 $2t$일 때 a, b의 속력 $v_a=2gt$, $v_b=gt$이다. 따라서 $\dfrac{v_a}{v_b}=2$이다.

오답넘기

ㄱ. 낙하하는 동안 a, b의 가속도의 크기는 중력 가속도로 서로 같다.

ㄷ. $t$부터 $2t$까지 a의 속력이 b의 속력보다 크므로 이 시간 동안 a가 낙하한 거리는 b가 낙하한 거리보다 크다. 따라서 $t$부터 $2t$까지 a와 b 사이의 거리는 증가한다.

## 621 자유 낙하 운동 답 ③

알짜풀이

ㄱ. 지표면 근처에서 자유 낙하 운동을 하는 물체에 작용하는 중력의 크기는 질량에 비례한다. A, B의 질량이 같으므로 A와 B에 작용하는 중력의 크기는 같다.

ㄴ. A와 B의 가속도 크기가 같으므로 A와 B의 속력 차는 일정하다.

오답넘기

ㄷ. A, B 사이의 속력 차가 일정하게 유지되므로 같은 시간 동안 A가 낙하한 거리는 B가 낙하한 거리보다 크다. 따라서 A와 B 사이의 거리는 증가한다.

**자유 낙하 운동**

A를 놓고 시간 $t$만큼 지난 후 B를 가만히 놓았을 때, A, B의 속력을 시간에 따라 나타내면 그림과 같다.

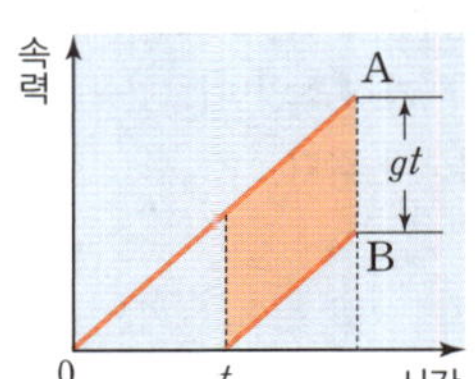

- A와 B를 놓은 시간 차를 $t$라 할 때, A는 항상 B보다 $gt$만큼 속력이 크다.
- 속력 − 시간 그래프에서 넓이의 차이(평행사변형의 넓이)만큼 A와 B의 거리 차는 계속 증가한다.

## 622 자유 낙하 운동    답 ⑤

**알짜풀이**

ㄱ. 속력 − 시간 그래프에서 기울기는 $\dfrac{\text{속력의 변화량}}{\text{걸린 시간}}$으로 물체의 가속도이다. 따라서 물체의 가속도의 크기는 $10 \text{ m/s}^2$이다.

ㄴ. 자유 낙하 운동 하는 물체의 질량은 일정하므로 낙하하는 동안 중력의 크기가 일정하다.

ㄷ. 속력 − 시간 그래프에서 직선이 시간 축과 이루는 넓이는 물체가 낙하한 거리이다. 그림과 같이 1 초부터 2 초까지 속력 그래프가 시간 축과 이루는 넓이가 15 m이므로 그 동안 물체의 낙하 거리는 15 m이다.

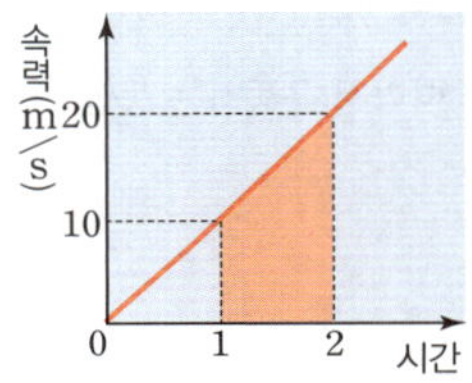

## 623 자유 낙하 운동과 등속 직선 운동    답 ①

**알짜풀이**

ㄱ. A가 자유 낙하 운동을 하는 동안 가속도는 연직 아래 방향으로 크기가 $10 \text{ m/s}^2$이다. 따라서 A가 놓인 순간부터 바닥에 $10 \text{ m/s}$의 속력으로 도달할 때까지 걸린 시간은 1 초이다. 이 동안 B가 p에서 q까지 운동하므로 B가 p에서 q까지 운동하는 데 걸리는 시간은 1 초이다.

**오답넘기**

ㄴ. A의 속력이 $5 \text{ m/s}$일 때는 A를 놓은 순간부터 0.5 초의 시간이 지났을 때이다. A는 낙하하는 동안 속력이 증가하는 운동을 하므로 처음 0.5 초 동안 낙하하는 거리는 나중 0.5 초 동안 낙하한 거리보다 작다. 따라서 이 순간 A의 높이는 $\dfrac{h}{2}$보다 크다.

ㄷ. 등속 직선 운동 하는 B가 1 초 동안 $10 \text{ m/s}$의 속도로 이동한 거리 $L = 10 \text{ m/s} \times 1 \text{ s} = 10 \text{ m}$이다.

## 624 수평 방향으로 던진 물체의 운동    답 ⑤

**알짜풀이**

B가 수평 방향, 연직 방향으로 각각 $s$만큼 이동하는 동안 걸린 시간을 $t$라 할 때, B가 수평 방향으로 던져진 순간부터 시간 $t$까지 B의 연직 방향과 수평 방향의 속력을 시간에 따라 나타내면 그림과 같다.

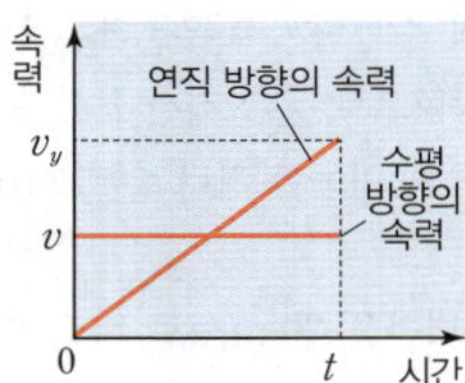

연직 방향의 속력, 수평 방향의 속력이 시간 축과 이루는 넓이가 $s$로 같으므로 $vt = \dfrac{1}{2} \times t \times v_y$에서 $t$일 때 B의 연직 방향의 속력은 $v_y = 2v$이다. 이때 A와 B의 연직 방향의 속력이 같으므로 A의 속력은 $2v$이다.

## 625 수평 방향으로 던진 물체의 운동    답 ⑤

**알짜풀이**

ㄱ. 물체에는 수평 방향으로는 힘이 작용하지 않으므로 $+x$방향으로 등속도 운동을 한다.

ㄷ. 물체에 작용하는 중력의 방향은 항상 연직 아래 방향이므로 $-y$방향이다.

**오답넘기**

ㄴ. 수평 방향으로 던져진 물체는 연직 방향으로 등가속도 운동을 하므로 시간이 지나도 물체의 가속도의 크기는 일정하다.



**수평 방향으로 던진 물체의 운동 분석**

수평 방향으로 던진 물체는 연직 방향으로는 등가속도 운동을 하고 수평 방향으로는 등속도 운동을 하며, 물체에 작용하는 알짜힘은 중력이다.

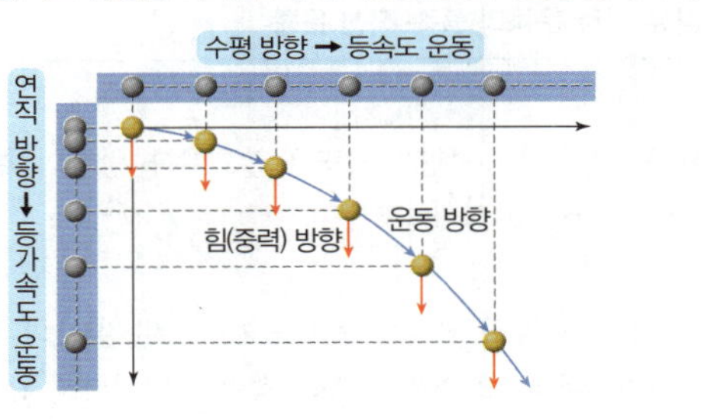


## 626 자유 낙하와 수평 방향으로 던진 물체의 운동    답 ①

**알짜풀이**

ㄱ. B의 가속도의 크기는 중력 가속도로 항상 일정하다.

**오답넘기**

ㄴ, ㄷ. (가), (나)에서 A의 낙하 시간이 같고, B의 낙하 시간도 (가)와 (나)에서 같다. 따라서 B의 수평 도달 거리는 처음 발사될 때의 속력에 비례하므로 ㉠은 4이고, 낙하 시간 ㉡은 $t$이다.

## 627 자유 낙하 운동과 등속 직선 운동    답 ④

**알짜풀이**

ㄱ. 물체에 작용하는 중력은 질량에 비례한다. 따라서 물체에 작용하는 중력의 크기는 A가 B의 2 배이다.

ㄴ. A는 던져진 순간부터 수평면까지 운동하는 동안 연직 방향으로는 자유 낙하 운동, 수평 방향으로 등속 직선 운동을 한다. 따라서 A가 운동하는 동안 수평 방향으로 이동한 거리 $d=10\,\text{m/s}\times2\,\text{s}=20\,\text{m}$이다.

**오답넘기**

ㄷ. 던지는 순간 A의 속력만을 $20\,\text{m/s}$로 바꿀 때, A가 B가 자유 낙하 운동하는 지점에 도달할 때까지 걸리는 시간은 1초이므로 A와 B는 1초일 때 충돌한다. 또한 B는 연직 아래 방향으로 속력이 증가하는 운동을 하므로 $t=0$에서 $t=1$초까지 낙하한 거리는 $t=1$초부터 $t=2$초까지 낙하하는 거리보다 작다. 따라서 A와 B가 충돌하는 지점의 높이는 $\dfrac{h}{2}$보다 크다.

## 628 수평 방향으로 던진 물체의 운동    답 ③

**알짜풀이**

ㄱ. 물체는 수평 방향으로 등속도 운동을 한다. $v=4\,\text{m/s}$이고, $t=2\,\text{s}$일 때 ㉠$=4\,\text{m/s}\times2\,\text{s}=8\,\text{m}$이다. 따라서 ㉠은 8이다.

ㄴ. $v=4\,\text{m/s}$이고, $R=12\,\text{m}$일 때 $t=\dfrac{R}{v}=\dfrac{12\,\text{m}}{4\,\text{m/s}}=3\,\text{s}$이다. 따라서 ㉡은 3이다.

**오답넘기**

ㄷ. 물체의 중력 가속도는 일정하다. 따라서 물체를 던진 높이가 같다면 수평 방향의 속력이 달라도 바닥에 닿을 때까지 걸린 시간은 같다. 따라서 ㉢=㉡이다.

## 629 자유 낙하 운동과 등속 직선 운동    답 ①

**알짜풀이**

ㄱ. p에서 A, B의 연직 방향의 속력은 같고 수평 방향의 속력은 A가 0이므로 속력은 B가 A보다 크다.

**오답넘기**

ㄴ. $t=2$초일 때 A와 B가 같은 높이를 지나는 순간 A의 속력은 $20\,\text{m/s}$이고 $t=0$부터 $t=2$초까지 A는 속력이 일정하게 증가하는 운동을 하므로 그 동안 A의 낙하 거리는 40 m보다 작다.

ㄷ. B는 던져진 순간부터 수평면에 도달할 때까지 수평 방향으로 등속 직선 운동을 하므로 B의 수평 이동 거리는 $L=10\,\text{m/s}\times3\,\text{s}=30\,\text{m}$이다.

## 630 수평 방향으로 던진 물체의 운동    답 ③

**알짜풀이**

ㄷ. A와 B는 수평 방향으로 각각 등속도 운동을 한다. 물체를 던진 순간부터 수평면에 도달할 때까지 걸린 시간은 A와 B가 같고, 수평 방향의 속력은 A가 B의 2배이므로 수평 도달 거리는 A가 B의 2배이다.

**오답넘기**

ㄱ. A는 포물선 경로를 따라 운동하고, A에 작용하는 중력의 방향은 연직 아래 방향이다. 따라서 A에 작용하는 중력의 방향은 A의 운동 방향과 항상 수직이 아니다.

ㄴ. 물체의 질량은 A가 B의 2배이므로 물체에 작용하는 중력의 크기는 A가 B의 2배이다.

## 631 수평 방향으로 던진 물체의 운동    답 ①

**알짜풀이**

ㄱ. 수평 방향으로 던져진 물체는 수평 방향으로 등속도 운동을 하고 연직 방향으로 등가속도 운동을 한다. 수평 방향의 속력은 2초일 때와 5초일 때가 같고, 연직 방향의 속력은 2초일 때가 5초일 때보다 작다. 따라서 물체의 속력은 2초일 때가 5초일 때보다 작다.

**오답넘기**

ㄴ. 물체에 작용하는 중력이 일정하므로 물체의 가속도의 크기는 일정하다. 따라서 물체의 가속도의 크기는 2초일 때와 5초일 때가 같다.

ㄷ. 물체는 수평 방향으로 등속도 운동을 하므로 수평 방향의 이동 거리는 걸린 시간에 비례한다. 따라서 $s_1 : s_2 = 2 : 3$이다.

## 632 중력에 의한 지구 주위에서의 운동    답 ②

**알짜풀이**

ㄷ. C는 지구 주위를 원운동하고 C에 작용하는 중력의 방향은 지구가 C를 지구 중심 방향으로 당기는 방향이다. 따라서 운동하는 동안 C에 작용하는 중력의 방향과 C의 운동 방향은 항상 수직이다.

**오답넘기**

ㄱ. 발사된 포탄이 같은 시간 동안 날아간 거리가 A<B<C이므로 포탄이 발사될 때의 속력은 A<B<C이다. 따라서 포탄을 발사할 때의 속력은 A가 B보다 작다.

ㄴ. A, B, C가 운동하는 동안 가속도의 크기는 A, B, C에 작용하는 중력에 의한 중력 가속도이다. 따라서 운동하는 동안 가속도의 크기는 A, B, C가 서로 같다.

## 633 운동량과 충격량    답 ④

**알짜풀이**

ㄱ. 충돌 전 야구공의 운동량의 크기는 운동량=질량×속도에서 $0.1\,\text{kg}\times10\,\text{m/s}=1\,\text{kg}\cdot\text{m/s}$이고, 충돌 후 야구공의 운동량의 크기는 $0.1\,\text{kg}\times15\,\text{m/s}=1.5\,\text{kg}\cdot\text{m/s}$이다. 따라서 야구공의 운동량의 크기는 충돌 전이 충돌 후의 $\dfrac{2}{3}$배이다.

ㄷ. 야구공이 방망이로부터 받은 평균 힘의 크기는 $\dfrac{2.5\,\text{N}\cdot\text{s}}{0.1\,\text{s}}=25\,\text{N}$이다.

**오답넘기**

ㄴ. 야구공이 방망이와 충돌하는 과정에서 야구공의 운동량 변화량의 크기는 $1\,\text{kg}\cdot\text{m/s}-(-1.5\,\text{kg}\cdot\text{m/s})=2.5\,\text{kg}\cdot\text{m/s}$이다. 따라서 야구공이 방망이와 충돌하는 동안 야구공이 방망이로부터 받은 충격량의 크기는 $\dfrac{5}{2}\,\text{N}\cdot\text{s}$이다.

## 634 운동량의 크기    답 ⑤

**알짜풀이**

ㄱ. 운동량=질량×속도이다. 0초일 때 물체의 운동량 크기가 $4\,\text{kg}\cdot\text{m/s}$이므로 이때 물체의 속력은 $v_0=\dfrac{4\,\text{kg}\cdot\text{m/s}}{2\,\text{kg}}=2\,\text{m/s}$이다.

ㄴ. 물체가 0초부터 2초까지 받은 충격량의 크기는 운동량의 변화량의 크기와 같은 $4\,\text{N}\cdot\text{s}$이고, 2초부터 4초까지 받은 충격량은 0이다. 따라서 물체에 작용하는 알짜힘의 크기는 1초일 때가 3초일 때보다 크다.

ㄷ. 4 초부터 6 초까지 운동량 크기가 감소하므로 물체의 운동 방향과 가
속도 방향은 서로 반대이다.



운동량-시간 그래프에서 기울기는 물체에 작용하는 알짜힘을 의미한다.

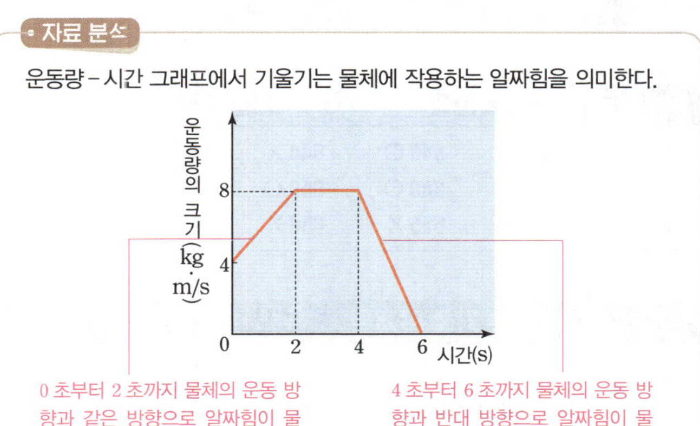


## 635 운동량과 충격량　답 ①

**알짜풀이**

A. P와 Q가 시간 축과 이루는 넓이는 달걀이 받은 충격량이므로 달걀이
받는 충격량의 크기는 P의 경우와 Q의 경우가 서로 같다.

**오답넘기**

B. 방석에 떨어뜨리는 경우는 충격을 받는 시간을 길게 하여 달걀이 받는
힘의 크기를 감소시키는 Q이다.

C. 안전장치의 원리는 물체가 충격을 받는 시간을 길게 하여 물체에 작용
하는 충격력의 크기를 감소시켜 주는 원리를 이용하므로 Q의 상황과
같은 원리이다.


## 636 충격 흡수 원리　답 ②

**알짜풀이**

ㄴ. 케이스가 높은 곳에서 낙하할수록 바닥에 충돌하기 직전 속력, 즉 운
동량의 크기가 크다. 따라서 케이스가 높은 곳에서 낙하할수록 바닥에
충돌 후 정지할 때까지 케이스가 받는 충격량의 크기는 크다.

**오답넘기**

ㄱ. 케이스는 휴대 전화가 바닥에 직접 부딪힐 때보다 충격을 받는 시간을
길게 해 준다.

ㄷ. 케이스를 사용하더라도 같은 높이에서 떨어진 물체가 바닥에 충돌하
기 직전 운동량의 크기가 변하지 않는다.




## 637 자유 낙하 운동

✔**모범답안** 같은 시간 동안 P에서 A의 낙하 거리가 Q에서 B의 낙하 거리
보다 크므로 속력 변화량도 P에서가 Q에서보다 크다. 따라서 중력 가속
도의 크기는 P의 표면에서가 Q의 표면에서보다 크다.

| 채점 기준 | 배점 |
|---|---|
| 같은 시간 동안 낙하한 거리를 비교하여 옳게 서술한 경우 | 100 % |
| 중력 가속도의 크기만 비교하고 그 까닭을 서술하지 못한 경우 | 50 % |

**해설**

연직 방향으로 자유 낙하 운동 하는 물체의 낙하 거리는 중력 가속도가 클
수록, 낙하 시간이 길수록 크다. 따라서 같은 시간 동안 낙하 거리는 각 행
성 표면에서의 중력 가속도의 크기가 클수록 크다.


## 638 자유 낙하 운동과 수평 방향으로 던진 물체의 운동

(1) ✔**모범답안** $10 \text{ m/s}$, B는 수평 방향으로 등속 직선 운동을 하므로 1 초
동안 수평 방향으로 이동한 거리는 $10 \text{ m} = v \times 1 \text{ s}$이다. 따라서
$v = 10 \text{ m/s}$이다.

| 채점 기준 | 배점 |
|---|---|
| B가 수평 방향으로 등속 직선 운동함을 이용하여 속력 $v$를 옳게 구한 경우 | 100 % |
| B의 수평 방향 속력 $v$를 구하였으나 B의 수평 방향 등속 직선 운동과 연결하여 서술하지 못한 경우 | 60 % |

**해설**

수평 방향으로 던져진 물체가 포물선 운동을 하는 동안 수평 방향으로는
힘이 작용하지 않으므로 수평 방향으로는 등속 직선 운동을 한다.

(2) ✔**모범답안** $20 \text{ m}$, B가 던져진 후 1 초일 때부터 3 초일 때까지 2 초 동
안 수평 방향으로 $L$만큼 이동한다. 따라서 $L = 10 \text{ m/s} \times 2 \text{ s} = 20 \text{ m}$
이다.

| 채점 기준 | 배점 |
|---|---|
| B가 수평 방향으로 등속 직선 운동함을 이용하여 속력, 시간, 이동 거리 관계를 옳게 서술한 경우 | 100 % |
| B가 수평 방향으로 등속 직선 운동함을 이용하였으나 등속 직선 운동에서의 속력, 시간, 이동 거리 관계를 옳게 적용하지 못한 경우 | 60 % |

**해설**

B는 포물선 운동을 하는 동안 수평 방향으로 등속 직선 운동을 하고, 등
속 직선 운동 할 때 물체의 이동 거리는 속력과 시간에 각각 비례한다.

(3) ✔**모범답안** A의 높이가 $25 \text{ m}$일 때 A의 속도는 연직 방향으로 $20 \text{ m/s}$
이고, B의 연직 방향 속력은 $20 \text{ m/s}$, 수평 방향의 속력은 $10 \text{ m/s}$이
다. 따라서 속력은 A가 B보다 작다.

| 채점 기준 | 배점 |
|---|---|
| A, B의 연직 방향, 수평 방향의 속력을 비교하여 속력의 크기를 옳게 비교한 경우 | 100 % |
| A, B의 속력 변화를 각각 서술하였지만, 속력의 크기를 옳게 비교하지 못한 경우 | 60 % |

**해설**

자유 낙하 운동을 하는 A와 포물선 운동을 하는 B가 연직 방향으로 같은
운동을 하여 A, B의 연직 방향의 속력은 매 순간 같고, B의 수평 방향 속
력은 일정하다.

## 639 질량이 서로 다른 물체를 수평으로 던진 운동

**(1)** ✔모범답안 물체가 받는 중력의 크기는 질량에 비례하므로 물체에 작용
하는 중력의 크기는 B가 A의 2 배이고, 가속도는 질량에 관계없이 같
으므로 A, B의 가속도는 중력 가속도로 같다.

| 채점 기준 | 배점 |
| --- | --- |
| 물체가 받는 중력과 질량, 중력 가속도의 관계를 이용하여 중력과 가속도의 크기를 옳게 비교하여 서술한 경우 | 100 % |
| 중력과 가속도의 크기를 옳게 비교했으나 중력, 질량, 가속도의 관계를 옳게 연결하여 서술하지 못한 경우 | 50 % |

**해설**

물체가 받는 중력은 물체의 질량과 중력 가속도의 곱으로 나타내고, 물체
의 가속도는 질량에 관계없이 중력 가속도로 같다.

**(2)** ✔모범답안 책상 면에서 수평면까지 수평 이동 거리가 B가 A의 3 배이
므로 책상 면에서 속력은 B가 A의 3 배이다. 질량은 B가 A의 2 배이
므로 운동량 크기는 B가 A의 6 배이다.

| 채점 기준 | 배점 |
| --- | --- |
| 물체의 수평 이동 거리의 관계를 이용하여 책상 면에서 A, B의 속력과 운동량의 크기를 옳게 비교하여 서술한 경우 | 100 % |
| 물체의 수평 방향으로의 등속 직선 운동은 서술하였으나 A, B의 운동량의 크기를 옳게 비교하지 못한 경우 | 50 % |

**해설**

물체의 운동량 크기는 물체의 질량과 속도의 크기의 곱으로 나타내고, 수
평 방향으로 던져진 물체가 포물선 운동을 하는 동안 수평 방향으로는 등
속 직선 운동을 한다. 따라서 같은 높이에서 출발한 A와 B의 수평 이동
거리는 A, B의 속력에 비례한다.

## 640 충격력과 충돌 시간

✔모범답안 사람이 외부로부터 충격을 받을 때, 같은 충격량을 받더라도 충
격이 작용하는 시간을 길게 하면 (나)에서 A가 B로 바뀌는 것과 같이 가
해지는 힘을 감소시킬 수 있다. 뜀틀을 뛰어 넘은 후 착지할 때 다리를 구
부리는 동작은 시간을 길게 하여 다리에 작용하는 힘이 작아지므로 더 안
전하게 착지할 수 있다.

| 채점 기준 | 배점 |
| --- | --- |
| 충격량과 충돌 시간, 평균 힘의 관계를 이용하여 다리를 구부리면 더 안전한 까닭을 옳게 서술한 경우 | 100 % |
| 다리를 구부리는 동작이 안전함을 서술하고 있지만 충격량, 충돌 시간, 평균 힘의 관계를 적용하지 못한 경우 | 50 % |

**해설**

물체나 사람이 받는 충격량이 같을 때 충격을 받는 시간을 길게 하면 물체
나 사람에게 작용하는 평균 힘의 크기가 감소한다. 이것은 안전장치 또는
안전을 위한 동작 등에 적용된다.



---

# [ 3 ] 생명 시스템

# 13 생명 시스템에서의 화학 반응

| STEP 1 | O/X 문제로 5종 교과서 핵심 자료 보기 | 132쪽 |
| --- | --- | --- |

| | | | | | |
| --- | --- | --- | --- | --- | --- |
| 641 O | 642 X | 643 O | 644 X | 645 X | 646 X |
| 647 O | 648 O | 649 O | 650 O | 651 X | 652 X |
| 653 X | 654 O | 655 X | 656 X | 657 O | |

| STEP 2 | 학교 기출 문제로 내신 대비하기 | 133~137쪽 |
| --- | --- | --- |

| | | | | | |
| --- | --- | --- | --- | --- | --- |
| 658 ② | 659 ④ | 660 ③ | 661 ② | 662 해설 참조 | 663 ⑤ |
| 664 ③ | 665 해설 참조 | 666 ② | 667 ⑤ | 668 ④ | 669 ① |
| 670 ④ | 671 ③ | 672 ④ | 673 ④ | 674 해설 참조 | 675 ③ |
| 676 해설 참조 | 677 ⑤ | | | | |

## 658 동물 세포의 구조    답 ②

**알짜풀이**

A는 마이토콘드리아, B는 소포체, C는 골지체이다.

ㄴ. 소포체(B)는 라이보솜에서 합성된 단백질 운반에 관여한다.

**오답넘기**

ㄱ. 마이토콘드리아는 세포호흡이 일어나는 장소로 동물 세포와 식물 세
포에 모두 존재한다.

ㄷ. 골지체(C)는 단백질의 변형과 분비에 관여한다. 생명활동에 필요한
에너지를 생산하는 세포소기관은 마이토콘드리아이다.

## 659 식물 세포의 구조    답 ④

**알짜풀이**

A는 엽록체, B는 세포벽, C는 골지체이다.

ㄱ. 엽록체(A)에서 빛에너지를 화학 에너지로 전환시키는 광합성이 일어
난다.

ㄷ. 골지체(C)는 단백질의 분비에 관여한다.

**오답넘기**

ㄴ. 세포벽(B)은 식물 세포에는 존재하지만, 동물 세포에는 존재하지 않
는다.

## 660 세포소기관의 특징    답 ③

**알짜풀이**

라이보솜, 소포체, 마이토콘드리아 중 막으로 싸여 있지 않은 것은 라이보
솜이므로 ㉡은 라이보솜, 세포호흡이 일어나는 ㉢은 마이토콘드리아이고,
나머지 ㉠은 소포체이다.

ㄱ. 소포체(㉠)는 라이보솜(㉡)에서 합성된 단백질을 골지체나 세포의
다른 부위로 운반한다.

ㄴ. 라이보솜(㉡)에서 단백질이 합성된다.

**오답넘기**

ㄷ. ㉢은 마이토콘드리아이다.

## 661 세포소기관의 특징  답 ②



**알짜풀이**

라이보솜은 막으로 둘러싸여 있지 않으므로 C는 라이보솜이며, 빛에너지를 화학 에너지로 전환하는 것은 엽록체이므로 A는 엽록체이고, 나머지 B는 마이토콘드리아이다.

## 662 ·서술형 세포의 구조와 기능

(1) **답** (가) 라이보솜, (나) 소포체, (다) 골지체
(2) **모범답안** 라이보솜(가)은 핵 속에서 만들어진 RNA에 들어 있는 유전정보에 따라 단백질을 합성한다. 합성된 단백질은 소포체(나)에 의해 골지체(다)로 운반되며, 골지체(다)에서 변형 과정을 거친 단백질은 골지체(다)에 의해 세포 밖으로 분비된다.

| 채점 기준 | 배점 |
| --- | --- |
| 단백질합성 및 분비 과정에 관련된 세포소기관 세 가지의 기능을 모두 옳게 서술한 경우 | 100 % |
| 단백질합성 및 분비 과정에 관련된 세포소기관 중 두 가지의 기능만 옳게 서술한 경우 | 50 % |

## 663 세포막의 구조와 기능  답 ⑤

**알짜풀이**

A는 인지질, B는 단백질이다. C와 D는 각각 인지질의 머리와 꼬리 부분이다.

ㄱ. A는 인지질이다.

ㄴ. B는 단백질로 세포 안팎으로의 물질 출입을 조절한다. 분자의 크기가 비교적 크고 수용성인 물질들은 단백질을 통한 확산이 일어난다.

ㄷ. 인지질의 머리 부분은 친수성, 꼬리 부분은 소수성을 나타낸다.

## 664 세포막을 통한 물질 이동  답 ③

**알짜풀이**

(가)는 인지질 2중층을 통한 확산, (나)는 막단백질을 통한 확산이고, A는 산소, B는 포도당이다.

ㄷ. 세포 내부와 외부의 농도 차가 클수록 포도당(B)의 이동 속도는 증가한다.

**오답넘기**

ㄱ. 인지질 2중층을 통한 확산으로 이동하는 물질은 분자의 크기가 작고 소수성인 물질이다. 따라서 A는 산소, B는 포도당이다.

ㄴ. $Na^+$과 같은 이온은 막단백질을 통한 확산(나)의 방식으로 이동한다.

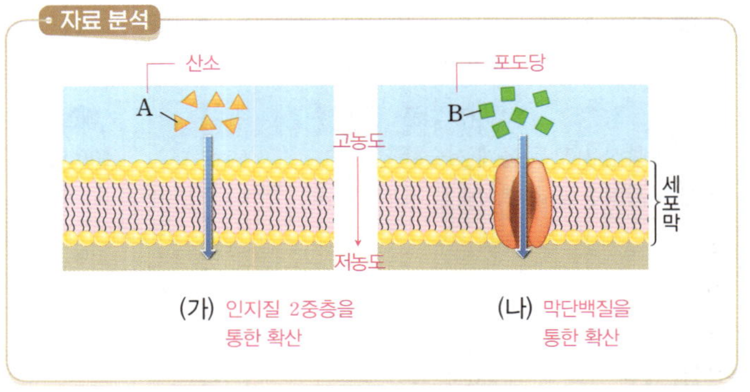



▶ 자료 분석

## 665 ·서술형 세포막의 구조

(1) **답** 단백질(막단백질)
(2) **모범답안** ㉠은 물과 잘 섞이는 친수성을 갖고, ㉡은 물과 잘 섞이지 않는 소수성을 갖는다.

| 채점 기준 | 배점 |
| --- | --- |
| ㉠과 ㉡의 성질을 모두 옳게 서술한 경우 | 100 % |
| ㉠과 ㉡의 성질 중 한 가지만 옳게 서술한 경우 | 50 % |

**해설**

㉠은 인지질의 머리 부분으로 친수성이며, ㉡은 인지질의 꼬리 부분으로 소수성이다.

## 666 세포막을 통한 물질 이동  답 ②

**알짜풀이**

ㄴ. 허파꽈리와 모세혈관 사이의 이산화 탄소 이동은 막단백질이 필요없으며, 인지질 2중층을 통한 확산으로 일어난다.

**오답넘기**

ㄱ. 허파꽈리와 모세혈관 사이에서 산소의 이동 방식은 인지질 2중층을 통한 확산이다. 삼투는 세포막을 경계로 농도가 다른 두 용액이 있을 때, 물이 세포막을 통해 농도가 낮은 쪽에서 높은 쪽으로 이동하는 현상이다.

ㄷ. 작은창자 융털의 상피세포로 아미노산이 흡수될 때에는 막단백질을 통한 확산으로 일어난다.

## 667 삼투  답 ⑤

**알짜풀이**

(나)에서 용액의 높이 변화는 세포막을 경계로 용액의 농도가 낮은 쪽에서 높은 쪽으로 물이 이동하는 현상인 삼투에 의한 것이다.

ㄱ. 삼투에 의해 물은 설탕 농도가 낮은 쪽에서 높은 쪽으로 이동하므로 A는 5 % 설탕 용액, B는 10 % 설탕 용액이다.

ㄴ. 물이 A에서 B로 이동하므로 B의 설탕 농도는 낮아진다.

ㄷ. 식물의 뿌리에서 물이 흡수되는 원리는 삼투이다.

## 668 삼투  답 ④

**알짜풀이**

ㄴ. 배추에 소금을 뿌리면 배추의 세포 안에서 밖으로 물이 빠져나가 숨이 죽는데, 이 현상은 삼투의 예에 해당한다.

ㄷ. 삼투는 세포막을 경계로 농도가 다른 두 용액이 있을 때, 물이 세포막을 통해 농도가 낮은 쪽에서 높은 쪽으로 이동하는 현상이다.

**오답넘기**

ㄱ. 삼투는 용매인 물이 확산하는 현상으로, 에너지가 필요하지 않다.

## 669 삼투  답 ①

**알짜풀이**

ㄱ. A는 적혈구를 적혈구 안보다 농도가 높은 용액에 넣었을 때, B는 적혈구를 적혈구 안과 농도가 같은 용액에 넣었을 때, C는 적혈구를 적

혈구 안보다 농도가 낮은 용액에 넣었을 때의 모습이다. 따라서 Ⅰ에서 관찰되는 적혈구는 (C), Ⅱ에서 관찰되는 적혈구는 (B), Ⅲ에서 관찰되는 적혈구는 (A)이다.

**오답넘기**

ㄴ. Ⅱ에서는 적혈구 안과 밖으로 이동하는 물의 양이 같아 물의 이동이 없어 보인다.

ㄷ. Ⅲ에서는 적혈구 안보다 밖의 농도가 높아 적혈구 밖으로 물이 빠져나 간다.

**자료 분석**

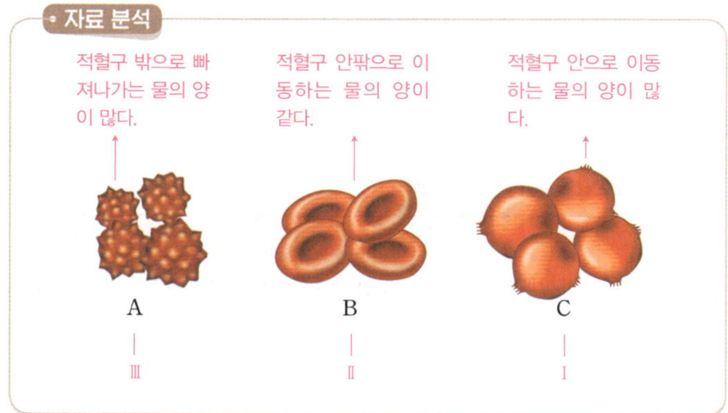


## 670  삼투
답 ④

**알짜풀이**

ㄱ. 세포 안보다 농도가 낮은 용액에 식물 세포를 넣으면 삼투에 의해 물이 세포 안으로 이동하여 세포의 부피가 커진다.

ㄷ. 세포 바깥의 농도가 더 낮으므로 세포 안으로 들어오는 물의 양이 세포 밖으로 빠져나가는 물의 양보다 많아 세포의 부피가 커진다.

**오답넘기**

ㄴ. 식물 세포의 부피가 일정 크기 이상으로 커지지 않는 까닭은 단단한 세포벽 때문이다.

## 671  물질대사
답 ③

**알짜풀이**

(가)는 에너지를 흡수하여 작은 분자를 큰 분자로 합성하는 동화작용이고, (나)는 큰 분자를 작은 분자로 분해하며 에너지를 방출하는 이화작용이다.

ㄱ. 동화작용(가)과 이화작용(나)에는 모두 효소가 관여한다.

ㄴ. 광합성은 동화작용(가)에 해당한다.

**오답넘기**

ㄷ. 이화작용(나)은 발열 반응이므로 생성물의 에너지가 반응물의 에너지보다 작다.

## 672  효소와 활성화에너지
답 ④

**알짜풀이**

A는 반응물의 에너지, B는 활성화에너지, D는 반응열, E는 생성물의 에너지이다. C는 반응물이 활성화에너지를 흡수한 후 다시 생성물이 되기까지 방출하는 에너지의 총량에 해당한다.

효소의 유무에 따라 값이 변하지 않는 것은 반응물의 에너지(A), 생성물의 에너지(E), 반응열(D)이다.

## 673  과산화 수소 분해 반응
답 ④

**알짜풀이**

ㄱ. 시험관 Ⅰ에서 발생한 기포는 과산화 수소($H_2O_2$)가 분해되어 발생한 산소($O_2$)이다.

ㄷ. (다)의 결과 시험관 Ⅰ에서 다시 기포가 발생하므로 효소는 화학 반응 중에 소모되지 않고 재사용이 가능하다는 것을 알 수 있다.

**오답넘기**

ㄴ. 시험관 Ⅱ에는 증류수만 들어 있으므로 과산화 수소가 분해되지 않는다. 따라서 '기포가 발생하지 않음'은 ㉠에 해당한다.

## 674  서술형 효소와 활성화에너지

**✔ 모범답안** (나), (가)보다 (나)의 활성화에너지가 더 작기 때문이다.

| 채점 기준 | 배점 |
| --- | --- |
| 카탈레이스가 있을 때의 에너지 변화를 옳게 고르고, 그 까닭을 옳게 서술한 경우 | 100 % |
| 카탈레이스가 있을 때의 에너지 변화만 옳게 고른 경우 | 30 % |

**해설**

효소인 카탈레이스는 화학 반응이 일어날 때 필요한 최소한의 에너지인 활성화에너지를 낮추어 반응을 촉진한다. 활성화에너지의 크기는 (가)에서보다 (나)에서가 작으므로 카탈레이스가 있을 때의 에너지 변화는 (나)이다.

## 675  효소의 작용
답 ③

**알짜풀이**

ㄱ. X는 주성분이 단백질이어서 고유한 입체 구조를 가진다. 따라서 입체 구조에 들어맞는 특정한 반응물과만 결합한다.

ㄴ. X는 촉매로서 반응 후에도 구조와 성질이 변하지 않으므로 생성물과 분리된 후 새로운 반응물과 결합하여 다시 반응을 촉진할 수 있다.

**오답넘기**

ㄷ. X와 반응물(A)이 결합한 (가)가 되면 활성화에너지가 감소하여 반응이 빠르게 일어난다.

## 676  서술형 효소의 특성

(1) **답** ㉠ 반응물, ㉡ 효소, ㉢ 생성물

(2) **✔ 모범답안** 특정한 효소는 특정한 반응물과만 결합한다. 효소는 반응 과정에서 변화되지 않으므로 여러 번 재사용될 수 있다.

| 채점 기준 | 배점 |
| --- | --- |
| 두 가지 특성을 모두 옳게 서술한 경우 | 100 % |
| 한 가지 특성만을 옳게 서술한 경우 | 50 % |

**해설**

효소는 반응물과 결합하여 반응물로부터 생성물이 만들어지는 반응의 속도를 증가시키는 촉매 역할을 한다. 효소는 촉매이므로 반응 과정에서 변화되지 않고 여러 번 재사용된다.

ㄴ. 사람의 체세포 1 개당 염색체는 46 개이고, 유전자는 수만 개이므로 염색체 1 개에는 많은 유전자가 존재한다.

## 677 효소의 활용

답 ⑤

**알짜풀이**

ㄱ. 포도당분해효소를 이용하여 혈당 검사지, 요 검사지 등을 만들 수 있다.

ㄴ. 김치는 젖산균이라는 미생물이 분비하는 효소의 작용을 이용한 식품이다.

ㄷ. 단백질분해효소와 지방분해효소가 들어 있는 세제를 이용하여 찌든 때를 제거할 수 있다.

## 697 유전자와 단백질

답 ④

**알짜풀이**

ㄴ. 단백질(ⓒ)의 기본 단위체는 아미노산이다.

ㄷ. 유전자 A와 B에서 각각 단백질 A와 B가 합성되므로 유전자 A와 B에는 서로 다른 종류의 단백질에 대한 유전정보가 들어 있다.

**오답넘기**

ㄱ. ⓐ은 DNA로, DNA를 구성하는 당은 디옥시라이보스이다. RNA를 구성하는 당은 라이보스이다.

# 14 생명 시스템에서 정보의 흐름

## STEP 1 O/X 문제로 5종 교과서 핵심 자료 보기  139쪽

| 678 O | 679 X | 680 O | 681 X | 682 O | 683 X |
| 684 O | 685 O | 686 O | 687 X | 688 X | 689 O |
| 690 X | 691 O | 692 X | 693 X | 694 X | |

## STEP 2 학교 기출 문제로 내신 대비하기  140~142쪽

| 695 ⑤ | 696 ④ | 697 ④ | 698 ③ | 699 ① | 700 ③ |
| 701 ② | 702 ② | 703 해설 참조 | 704 ② | 705 ⑤ | |
| 706 해설 참조 | | | | | |

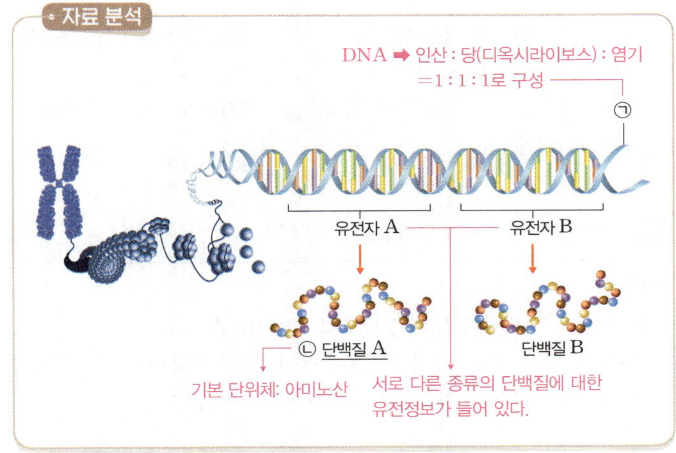


## 695 DNA와 유전자

답 ⑤

**알짜풀이**

A는 DNA, B는 염색체이다.

ㄴ. 염색체(B)는 DNA와 단백질로 이루어져 있다.

ㄷ. 유전자에는 특정 단백질을 구성하는 아미노산의 배열 순서에 대한 정보가 염기서열 형태로 저장되어 있다.

**오답넘기**

ㄱ. DNA를 구성하는 염기는 아데닌(A), 구아닌(G), 사이토신(C), 타이민(T)이다.

## 698 형질 발현

답 ③

**알짜풀이**

ㄱ. 유전자는 유전정보가 저장되어 있는 부분으로, DNA의 특정 부위에 있으며, 한 분자의 DNA에는 많은 유전자가 있다.

ㄴ. 유전자의 유전정보에 따라 단백질이 합성되고 이 단백질에 의해 형질이 나타난다. 유전자가 다르면 합성되는 단백질의 양이나 종류가 달라지고, 그에 따라 형질이 다르게 나타난다.

**오답넘기**

ㄷ. 눈동자 색을 결정하는 유전자의 염기서열이 다르므로, 단백질합성을 통해 다른 형질이 나타난다.

## 696 DNA와 유전자

답 ④

**알짜풀이**

ㄱ. DNA를 구성하는 염기는 아데닌(A), 구아닌(G), 타이민(T), 사이토신(C)이다.

ㄷ. 유전정보는 유전자의 DNA 염기서열에 저장되어 있으므로 유전자의 DNA 염기서열이 바뀌면 아미노산의 배열 순서가 바뀐다. 그 결과 합성되는 단백질이 변형되어 단백질에 의해 나타나는 형질이 바뀔 수 있다.

## 699 생명중심원리

답 ①

**알짜풀이**

A는 DNA의 유전정보가 RNA가 유전정보로 전달되는 과정인 전사, B는 RNA의 유전정보를 이용하여 단백질을 합성하는 과정인 번역이다.

ㄱ. 전사(A)는 핵에서 일어난다.

**오답넘기**

ㄴ. 라이보솜은 RNA와 결합하여 단백질을 합성하는 번역(B) 과정에 관여한다.

ㄷ. B는 번역이다.

## 700 생명중심원리
답 ③

**알짜풀이**

학생 A: 전사는 DNA로부터 RNA가 합성되는 과정이다.
학생 B: 번역은 RNA에 염기서열 형태로 저장되어 있는 단백질의 아미노산서열 정보에 따라 단백질을 합성하는 과정이다.

**오답넘기**

학생 C: 전사는 핵에서 일어나고, 번역은 세포질에서 일어난다.

## 701 3염기조합과 코돈
답 ②

**알짜풀이**

ㄴ. DNA의 3염기조합으로부터 RNA의 코돈이 만들어지는 과정은 전사로 핵에서 일어난다.

**오답넘기**

ㄱ. DNA에 포함되어 있는 염기는 A, G, C, T이고, RNA에 포함되어 있는 염기는 A, G, C, U이다.

ㄷ. RNA에서는 T이 없고 U이 있으므로, 3염기조합이 AGC이면 코돈은 UCG이다.

## 702 유전정보의 흐름과 단백질합성
답 ②

**알짜풀이**

Ⅰ은 전사, Ⅱ는 번역이고, ㉠은 DNA, ㉡은 RNA이다.
② Ⅰ은 DNA의 유전정보가 RNA의 유전정보로 전달되는 과정인 전사이고, Ⅱ는 RNA의 유전정보에 따라 단백질이 합성되는 과정인 번역이다.

**오답넘기**

① ㉠은 DNA, ㉡은 RNA이다.
③ 전사(Ⅰ)는 핵에서 일어난다.
④ ⓐ는 DNA의 3염기조합, ⓑ는 RNA의 코돈이다.
⑤ 하나의 코돈은 특정한 하나의 아미노산을 지정한다.

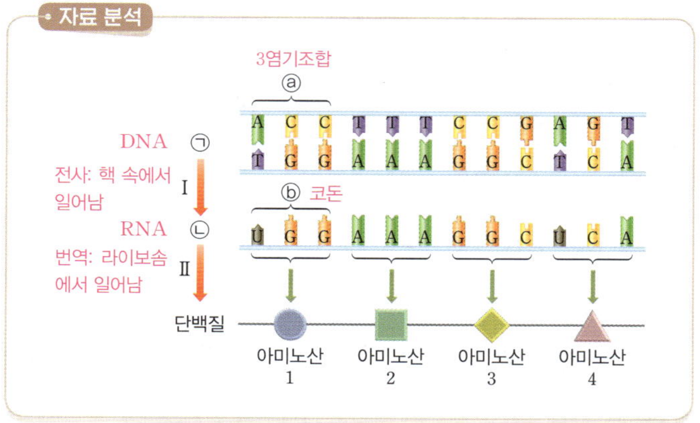


## 703 서술형 유전정보의 흐름과 단백질합성

**(1)** 답 (가) 핵, (나) 세포질(라이보솜)

**해설**

(가)는 전사로 핵에서 일어나고, (나)는 번역으로 세포질(라이보솜)에서 일어난다.

**(2)** ✔모범답안 4 종류의 염기가 3 개씩 짝을 지으면 64 종류의 유전부호가 만들어져 20 종류의 아미노산을 모두 지정할 수 있기 때문이다.

| 채점 기준 | 배점 |
| --- | --- |
| 까닭을 옳게 서술한 경우 | 100 % |
| 염기조합이 1 개나 2 개인 경우 20 종류의 아미노산을 모두 지정할 수 없기 때문이라고만 서술한 경우 | 30 % |

**해설**

DNA를 구성하는 염기는 4 종류인데, 단백질을 구성하는 아미노산은 20 종류이다. 만일 염기조합이 2 개이면 $4^2=16$이므로 아미노산의 수보다 유전부호의 종류가 부족해진다. 염기조합이 3 개이면 유전부호의 수는 $4^3=64$이므로 20 종류의 아미노산을 모두 지정할 수 있다.

## 704 전사
답 ②

**알짜풀이**

ㄴ. 3 개의 염기로 이루어진 코돈이 1 개의 아미노산을 지정하므로 12 개의 염기로 이루어진 RNA는 4 개의 아미노산을 지정한다.

**오답넘기**

ㄱ. 제시된 그림은 RNA의 염기서열이므로 ㉠은 코돈이다.

ㄷ. DNA 염기서열로부터 상보적인 염기서열을 갖는 RNA가 합성되므로 전사에 이용되는 DNA 가닥의 염기서열은 TGCAAACCGAAA이다.

## 705 낫모양적혈구빈혈증
답 ⑤

**알짜풀이**

ㄱ. 헤모글로빈 단백질의 구조 변화로 인해 형성된 길쭉한 모양의 적혈구를 낫모양적혈구라고 한다. (가)는 정상 적혈구, (나)는 낫모양적혈구이다.

ㄴ. 낫모양적혈구빈혈증은 유전정보의 변화에 의해 나타나므로 자손에게 유전될 수 있다.

ㄷ. 정상 헤모글로빈 유전자의 염기서열 중 염기 1 개가 바뀜으로 인해 헤모글로빈을 구성하는 아미노산 중 하나가 글루탐산에서 발린으로 바뀌어 낫모양적혈구가 형성되었다. 따라서 정상 적혈구와 낫모양적혈구 헤모글로빈의 아미노산서열은 서로 다르다.

## 706 서술형 낫모양적혈구

✔모범답안 헤모글로빈 단백질에 대한 유전정보를 가지고 있는 DNA의 염기서열 중 염기 1 개가 바뀌어 헤모글로빈을 구성하는 아미노산 중 1 개가 바뀐다. 이 때문에 헤모글로빈 단백질의 입체 구조에 변화가 생겨 헤모글로빈이 사슬과 같이 길게 연결되어 막대 형태를 이루게 된다. 이와 같은 헤모글로빈의 비정상적인 구조 때문에 낫모양적혈구가 형성된다.

| 채점 기준 | 배점 |
| --- | --- |
| 염기서열의 변화와 아미노산서열의 변화를 모두 옳게 서술한 경우 | 100 % |
| 염기서열의 변화와 아미노산서열의 변화 중 한 가지만 옳게 서술한 경우 | 50 % |

| | | | | | |
|---|---|---|---|---|---|
| 707 ③ | 708 ① | 709 ① | 710 ④ | 711 ③ | 712 ① |
| 713 ② | 714 ⑤ | 715 ⑤ | 716 ① | 717 ② | 718 ④ |
| 719 ③ | 720 ⑤ | 721 ④ | 722 ② | 723 ② | 724 ⑤ |
| 725 ③ | 726 ⑤ | | | | |
| 서술형 문제 | 727~730 해설 참조 | | | | |

## 707 세포의 구조와 기능
답 ③

**알짜풀이**

A는 마이토콘드리아, B는 핵, C는 소포체, D는 라이보솜, E는 골지체, F는 엽록체, G는 액포, H는 세포막, I는 세포벽이다.

ㄴ. 마이토콘드리아(A)는 세포호흡, 엽록체(F)는 광합성을 담당하는 세포소기관으로 에너지의 전환에 관여한다.

ㄷ. 세포막(H)은 세포 안팎으로의 물질 출입을 조절한다.

**오답넘기**

ㄱ. 세포벽(I)은 식물 세포에만 있으나, 마이토콘드리아(A)는 동물 세포와 식물 세포에 모두 있다.

ㄹ. 단백질합성 및 분비는 라이보솜(D) → 소포체(C) → 골지체(E)의 순으로 일어난다.

## 708 세포소기관
답 ①

**알짜풀이**

(가)는 소포체, (나)는 라이보솜, (다)는 핵이다.

ㄱ. 소포체(가)와 라이보솜(나)은 동물 세포와 식물 세포에 모두 존재한다.

**오답넘기**

ㄴ. 라이보솜(나)에서는 단백질합성이 일어난다. 단백질의 분비는 골지체에서 일어난다.

ㄷ. 핵(다)에서는 전사가 일어나고, 번역은 라이보솜(나)에서 일어난다.

## 709 세포소기관
답 ①

**알짜풀이**

핵, 엽록체, 마이토콘드리아 중 세포호흡이 일어나는 ㉠은 마이토콘드리아이고, 빛에너지를 흡수하지 않고 식물 세포에 존재하는 ㉡은 핵이며, 나머지 ㉢은 엽록체이다.

ㄱ. ㉠은 마이토콘드리아, ㉡은 핵, ㉢은 엽록체이다.

**오답넘기**

ㄴ. 엽록체(㉢)에서 빛에너지가 흡수되므로 ⓐ는 'O'이다.

ㄷ. 핵(㉡)은 동물 세포와 식물 세포에 모두 있으며, 엽록체(㉢)는 식물 세포에만 있다.

## 710 세포막의 구조와 기능
답 ④

**알짜풀이**

A는 단백질, B는 인지질이다. ㉠은 인지질의 머리 부분으로 친수성이고, ㉡은 인지질의 꼬리 부분으로 소수성이다.

ㄱ. A는 단백질이므로 라이보솜에서 합성된다.

ㄴ. 인지질의 머리 부분(㉠)은 친수성, 꼬리 부분(㉡)은 소수성을 나타낸다.

**오답넘기**

ㄷ. 인지질 2중층에서 친수성인 머리 부분은 세포의 내부와 외부를 향하고, 소수성인 꼬리 부분은 막의 안쪽을 향하도록 배열되어 있다.

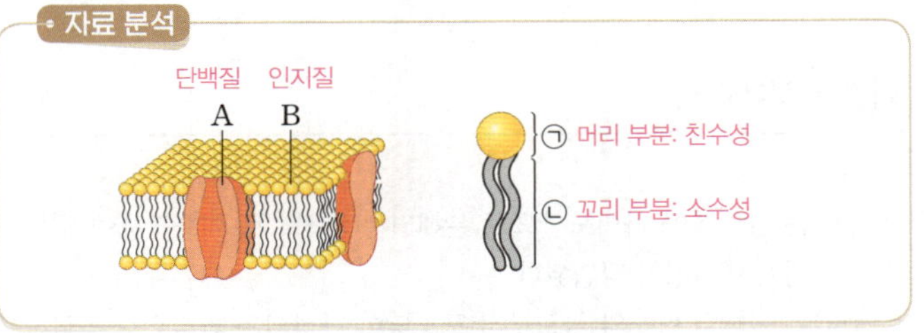


## 711 세포막을 통한 물질 이동
답 ③

**알짜풀이**

A는 인지질 2중층을 통한 확산으로 막을 통과하므로 분자의 크기가 작거나 지용성인 물질이고, B는 막단백질을 통한 확산으로 막을 통과하므로 분자의 크기가 비교적 크거나 수용성인 물질이다.

ㄱ. 산소는 인지질 2중층을 통한 확산으로 세포막을 통과하므로 A에 해당한다.

ㄴ. B는 막단백질을 통한 확산으로 세포막을 통과하는 물질이므로 수용성 물질이다.

**오답넘기**

ㄷ. B는 막단백질을 통한 확산으로 이동하므로 에너지가 소비되지 않는다.

## 712 삼투
답 ①

**알짜풀이**

(나)에서 세포막이 세포벽에서 분리되었으므로 ㉠은 10 % 소금물이고, (다)에서 세포의 부피가 커졌으므로 ㉡은 증류수이다.

ㄱ. ㉠은 10 % 소금물, ㉡은 증류수이다.

**오답넘기**

ㄴ. (가)의 세포를 10 % 소금물보다 높은 농도의 소금물에 넣으면 (나)와 같이 세포의 부피가 줄어들다가 세포막이 세포벽에서 분리된다.

ㄷ. 배추를 소금에 절이면 세포를 고장액에 넣은 것과 같으므로 배추 세포가 (나)와 같은 상태가 된다.

## 713 삼투와 확산
답 ②

**알짜풀이**

ㄷ. (나)와 (다)는 각각 삼투와 인지질 2중층을 통한 확산 중 하나이므로 (나)와 (다)를 통한 물질의 이동은 모두 막을 경계로 농도 차이가 있어야 일어난다. 삼투는 저농도에서 고농도로 용매가 이동하고, 인지질 2중층을 통한 확산은 고농도에서 저농도로 용질이 이동한다.

**오답넘기**

ㄱ. 삼투, 인지질 2중층을 통한 확산, 막단백질을 통한 확산 중 막단백질

이 필요한 이동 방식은 막단백질을 통한 확산이므로 (가)는 막단백질을 통한 확산이고, (나)와 (다)는 각각 삼투와 인지질 2중층을 통한 확산 중 하나이다. (나)(삼투 또는 인지질 2중층을 통한 확산)에서 에너지는 필요하지 않으므로 ㉠은 '필요하지 않음'이다.

ㄴ. 허파꽈리와 모세혈관 사이의 가스교환 방식은 인지질 2중층을 통한 확산이므로 (나) 또는 (다)이다.

## 714 물질대사 답 ⑤

**알짜풀이**

ㄱ. (가)는 단백질이 아미노산으로 분해되는 과정으로 이화작용에 해당하며, 이때 에너지가 방출된다.

ㄴ. (나)는 이산화 탄소와 물로부터 포도당이 합성되는 과정으로 동화작용에 해당하며, 이때 에너지가 흡수된다.

ㄷ. 물질대사에는 반드시 효소가 관여하므로 이화작용(가)과 동화작용(나)에 모두 효소가 관여한다.

## 715 효소의 작용 답 ⑤

**알짜풀이**

A는 반응물, B와 C는 생성물이다.

ㄱ. X에 의해 A가 B와 C로 분해되었으므로 X는 이화작용을 촉매한다.

ㄴ. 반응이 끝난 효소는 재사용이 가능하므로 또 다른 기질과 결합하여 반응을 촉매할 수 있다.

ㄷ. 온도가 변하면 단백질이 주성분인 효소의 입체 구조가 변하여 반응 속도가 달라지므로 B와 C의 생성 속도가 달라진다.

## 716 효소의 기능 답 ①

**알짜풀이**

㉠은 반응물, ㉡은 효소와 반응물이 결합한 상태, ㉢은 생성물이다.

ㄱ. ㉠은 반응 진행 과정에서 감소하는 물질이므로 반응물이다.

**오답넘기**

ㄴ. 생성물은 반응 진행 과정에서 증가하므로 생성물의 농도는 $t_2$일 때가 $t_1$일 때보다 높다.

ㄷ. 효소와 반응물이 결합한 상태(㉡)의 농도가 높을수록 효소에 의한 반응 속도가 빠르므로 반응 속도는 $t_1$일 때가 $t_2$일 때보다 빠르다.

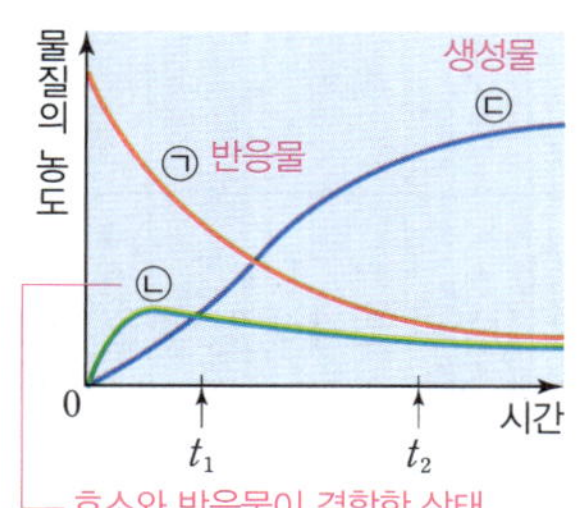


## 717 효소와 활성화에너지 답 ②

**알짜풀이**

(가)는 물질 합성, (나)는 물질 분해에서의 에너지 변화이다. A와 D+F는 반응물의 에너지, C+A와 F는 생성물의 에너지, B와 E는 활성화에너지, C와 D는 반응열이다.

ㄷ. (가)는 흡열 반응이므로 물질 합성, (나)는 발열 반응이므로 물질 분해에서의 에너지 변화이다.

**오답넘기**

ㄱ. 효소의 유무와 관계없이 반응물과 생성물의 에너지 및 반응열은 변하지 않는다.

ㄴ. 효소가 있으면 효소가 없을 때보다 활성화에너지(B와 E)가 작아진다.

## 718 과산화 수소 분해 반응 답 ④

**알짜풀이**

ㄱ. A에서는 기포가 발생하지 않았으므로 ㉠은 증류수이고, ㉡은 효소가 들어 있는 감자즙이다.

ㄷ. 과산화 수소는 카탈레이스에 의해 물과 산소를 분해되는 반응이 촉진되므로 B에서 발생한 기포는 산소 기체이다.

**오답넘기**

ㄴ. 효소가 들어 있는 감자즙(㉡)에는 활성화에너지(ⓐ)를 감소시켜 반응이 빠르게 일어나게 하는 카탈레이스가 들어 있다.

## 719 효소의 활용 답 ③

**알짜풀이**

ㄱ. X의 주성분은 단백질이다.

ㄴ. X에 의해 활성화에너지가 감소하여 녹말이 엿당으로 분해되는 반응이 촉진된다.

**오답넘기**

ㄷ. X는 생명체 밖에서 작용을 나타내므로 녹말을 엿당으로 분해하는 반응을 촉진시켜 식혜를 만들 수 있다.

## 720 유전물질 답 ⑤

**알짜풀이**

ㄱ. ㉠은 염색체이다.

ㄴ. ㉡은 DNA 가닥이 단백질을 감고 있는 구조이다.

ㄷ. DNA의 염기서열에 단백질의 아미노산서열에 대한 정보가 저장되어 있다.

## 721 유전정보의 흐름 답 ④

**알짜풀이**

㉠은 DNA, ㉡은 RNA, ㉢은 단백질이다.

ㄱ. 유전자는 DNA의 특정 부분에 위치하므로, DNA(㉠)에 유전자가 있다.

ㄷ. (가)는 DNA(㉠)의 유전정보가 RNA(㉡)로 전달되는 전사이며, (나)는 RNA(㉡)의 유전정보로부터 단백질(㉢)이 합성되는 번역이다.


ㄴ. DNA(㉠)에는 당으로 디옥시리보스가 있고, RNA(㉡)에는 당으로 라이보스가 있다.

## 722 전사　　　　　　　　　　　답②

**알짜풀이**

전사 과정에서 DNA 가닥에 상보적인 염기서열을 갖는 RNA가 합성된다.

ㄴ. ㉠의 염기서열은 가닥 Ⅱ의 ATA에 상보적인 염기서열이므로 UAU이다.

**오답넘기**

ㄱ. RNA와 상보적인 염기서열을 가진 가닥은 DNA 가닥 Ⅱ이므로 전사에 이용되는 가닥은 DNA 가닥 Ⅱ이다.

ㄷ. 연속된 3개의 염기가 1개의 아미노산을 지정하므로 18개의 염기로 이루어진 RNA의 염기서열은 6개의 아미노산에 대한 정보를 저장하고 있다.

## 723 염기의 상보적 관계　　　　　　답②

**알짜풀이**

유라실(U)이 있는 (가)는 RNA이고, 타이민(T)이 있는 (나), (다)는 DNA이며, (가)의 아데닌(A) 비율과 (나)의 타이민(T) 비율이 같으므로 전사에 이용되는 가닥은 (나)이다. 따라서 ㉠은 20, ㉡은 25, ㉢은 30, ㉣은 20이다.

ㄴ. 사이토신(C)과 구아닌(G)이 상보적으로 결합하므로 ㉠과 ㉣은 20, ㉡은 25이다.

**오답넘기**

ㄱ. (가)는 RNA이고, (나)와 (다)는 DNA이다.

ㄷ. DNA의 아데닌(A)은 RNA의 유라실(U)로 전사되므로 DNA의 아데닌(A) 비율과 RNA의 유라실(U) 비율이 같다. 따라서 ㉢은 30이다.

## 724 유전정보의 흐름과 단백질합성　　답⑤

**알짜풀이**

ㄱ. (가)는 DNA의 유전정보가 RNA로 전달되는 전사 과정으로 핵에서 일어난다.

ㄴ, ㄷ. RNA의 염기서열과 상보적인 DNA 가닥이 RNA 합성에 이용되므로 전사에 이용되는 가닥은 DNA의 위쪽 가닥이고, RNA의 염기서열은 UUACGGUCA이다. 코돈 UUA는 ㉠을, 코돈 CGG는 ㉡을, 코돈 UCA는 ㉢을 지정한다.

## 725 유전정보의 흐름과 단백질합성　　답③

**알짜풀이**

ㄱ. DNA에서 A은 T과, G은 C과 상보적으로 결합되어 있으므로 GGC와 상보적으로 결합하는 (가)는 CCG이다.

ㄷ. (나)는 CCG이고, RNA의 코돈 CCG가 지정하는 아미노산은 ㉢이다.

**오답넘기**

ㄴ. DNA에서 전사에 이용되는 가닥에 상보적 염기서열을 갖는 RNA가 합성되므로 DNA에서 A, T, G, C은 RNA에서 각각 U, A, C, G으로 합성된다. RNA와 상보적 염기서열을 갖는 것은 가닥 Ⅰ이므로 전사에 이용되는 가닥은 가닥 Ⅰ이다.

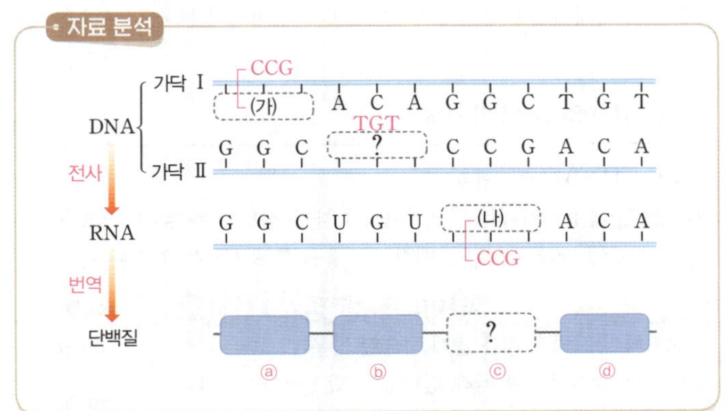


## 726 낫모양적혈구　　　　　　　　답⑤

**알짜풀이**

ㄱ. ⓐ는 C의 상보적 염기인 G이다.

ㄴ. 정상 적혈구의 헤모글로빈과 낫모양적혈구의 헤모글로빈을 구성하는 아미노산의 수는 같고, 염기 1개가 달라 1개의 아미노산의 종류가 다르다.

ㄷ. DNA 염기서열에 이상이 생기면 코돈이 변하여 지정되는 아미노산이 바뀔 수 있다. 표에서 정상 적혈구의 헤모글로빈 유전자에서 CTT가 CAT로 바뀌어 지정되는 아미노산 ㉠이 ㉡으로 바뀌었다.

---

### 서술형 문제

## 727 세포소기관

(1) **답** (가) 엽록체, (나) 마이토콘드리아

(2) **☑모범답안** 엽록체(가)는 빛에너지를 흡수하여 포도당을 합성하는 광합성이 일어난다. 마이토콘드리아(나)는 생명활동에 필요한 에너지를 생산하는 세포호흡이 일어난다.

| 채점 기준 | 배점 |
| --- | --- |
| (가)와 (나)의 기능을 모두 옳게 서술한 경우 | 100 % |
| (가)와 (나)의 기능 중 하나만 옳게 서술한 경우 | 50 % |

**해설**

엽록체(가)에서는 광합성이 일어나고, 마이토콘드리아(나)에서는 세포호흡이 일어난다.

## 728 효소와 활성화에너지

**☑모범답안** B, 효소는 화학 반응의 활성화에너지를 낮추어 반응 속도를 빠르게 하는 역할을 하므로, 효소를 넣어 주면 B가 감소한다.

| 채점 기준 | 배점 |
|---|---|
| 변화되는 것의 기호와 까닭을 모두 옳게 서술한 경우 | 100 % |
| 변화되는 것의 기호만 쓴 경우 | 30 % |

**해설**

효소의 유무와 관계없이 반응물과 생성물의 에너지는 변하지 않으므로 반응물의 에너지와 생성물의 에너지인 A는 변하지 않으며, 반응물과 생성물의 에너지 차이인 반응열에 해당하는 C도 변하지 않는다.

### 729 유전자와 단백질의 관계

(1) **답** ㉠ DNA, ㉡ 단백질
(2) **모범답안** 유전자에는 단백질합성에 대한 정보가 저장되어 있으며, 유전 정보에 따라 합성된 단백질의 작용을 통해 형질이 결정된다.

| 채점 기준 | 배점 |
|---|---|
| 유전자와 형질의 관계를 옳게 서술한 경우 | 100 % |
| 유전자의 유전정보에 따라 단백질이 합성된다라고만 서술한 경우 | 50 % |

**해설**

㉠은 멜라닌색소유전자이고, ㉡은 멜라닌합성효소이다. 유전자는 DNA로 되어 있고, 효소는 단백질로 되어 있다. 유전자의 유전정보에 따라 단백질이 합성되고, 합성된 단백질에 의해 형질이 발현된다.

### 730 유전정보의 흐름과 단백질합성

(1) **답** RNA, 핵
(2) **모범답안** 전사 과정에서 RNA는 DNA의 염기서열과 상보적인 염기서열로 합성된다. ㉠은 염기서열이 UCCUUUGGCUCA이므로 이와 상보적인 염기서열을 갖는 DNA 가닥인 (나) 가닥으로부터 전사된 것이다.

| 채점 기준 | 배점 |
|---|---|
| 전사에 이용되는 가닥과 그 까닭을 모두 옳게 서술한 경우 | 100 % |
| 전사에 이용되는 가닥만 쓴 경우 | 30 % |

| STEP 4 단원 종합 문제로 만점 완성하기 | 149~154쪽 |
|---|---|

| | | | | | |
|---|---|---|---|---|---|
| 731 ③ | 732 ④ | 733 ⑤ | 734 ① | 735 ③ | 736 ② |
| 737 ② | 738 ② | 739 ③ | 740 ② | 741 ④ | 742 ④ |
| 743 ① | 744 ② | 745 ② | 746 ③ | 747 ⑤ | 748 ⑤ |
| 749 ③ | | | | | |

**서술형 문제** 750~755 해설 참조

### 731 지구시스템의 구성 요소 · 답 ③

**알짜풀이**

(가)는 철과 산소가 풍부한 지권이고, (나)는 질소와 산소가 풍부한 기권이다. (다)는 산소와 수소가 풍부한 수권이고, (라)는 수소와 헬륨이 풍부한 외권이며, (마)는 산소와 탄소가 풍부한 생물권이다.

③ (다)의 수권을 구성하는 물은 비열이 매우 커서 온도가 쉽게 변하지 않는 특성이 있다.

**오답넘기**

① (가)의 지권은 구성 성분과 물질의 상태에 따라 4개의 층으로 구분된다.
② (나)는 기권이며, 지구시스템에서 가장 나중에 형성된 권역은 생물권이다.
④ (라)는 외권이다. 주로 고체 상태로 존재하는 영역은 지권이다.
⑤ (마)는 생물권이며, 다른 권역과의 물질 교환이 가장 적은 권역은 외권이다.

### 732 기권의 성층 구조 · 답 ④

**알짜풀이**

A는 대류권, B는 열권, C는 성층권이다.
ㄴ. 대기의 평균 밀도는 열권(B)보다 성층권(C)에서 크다.
ㄷ. 오로라 현상은 주로 열권에서 나타난다.

**오답넘기**

ㄱ. 성층권은 매우 안정한 층이며, 대기의 대류 운동이 거의 일어나지 않는다.

### 733 지구시스템의 상호작용 · 답 ⑤

**알짜풀이**

유성우 발생은 외권과 기권, 태풍의 발생은 수권과 기권, 황사의 발생은 지권과 기권의 상호작용에 해당한다.
ㄱ. ㉠은 외권과 기권의 상호작용이므로 (가)는 외권이다.
ㄴ. (가)는 외권, (나)는 수권이므로 (다)는 지권이다. 황사의 발생은 기권과 지권의 상호작용의 예가 될 수 있다.
ㄷ. 지진 해일은 지권과 수권의 상호작용으로 발생하므로 (나)와 (다)의 상호작용에 해당한다.

### 734 맨틀 대류 · 답 ①

**알짜풀이**

ㄱ. 맨틀은 고체 상태이지만 부분 용융 상태이고, 상부와 하부의 온도 차에 의해 대류가 일어난다.

**오답넘기**

ㄴ. ㉠에서 밀도가 큰 해양판이 지구 내부로 섭입한다.
ㄷ. ㉡에서는 새로운 해양 지각이 생성되는 해령이 발달한다.

### 735 판 경계의 종류와 지각 변동 · 답 ③

**알짜풀이**

A에는 보존형 경계, B에는 발산형 경계, C에는 수렴형 경계가 존재한다.
ㄱ. 지진이 발생하는 평균 깊이는 보존형 경계인 A보다 수렴형 경계인 C에서 깊다.
ㄴ. A~C 중 화산 활동은 발산형 경계인 B에서 활발하다.

**오답넘기**

ㄷ. C에서는 두 대륙판이 서로 충돌하고 있으므로 습곡 산맥이 발달한다.

**알짜풀이**

ㄷ. D에는 새로 생성된 해양 지각이 분포한다. 따라서 D에는 열곡이 발달한다.

**오답넘기**

ㄱ. 거리에 따른 해양 지각의 연령의 차는 A보다 B에서 크므로 판의 이동 속력은 A보다 B에서 느리다.

ㄴ. 대서양 가장자리에 위치한 C 부근에는 판의 경계가 존재하지 않는다.

**737** 중력     답 ②

**알짜풀이**

ㄷ. 사과에 작용하는 중력의 크기는 사과의 질량에 비례한다. 따라서 A, B, C에 작용하는 중력의 크기를 각각 $F_A$, $F_B$, $F_C$라 할 때, $F_A > F_B > F_C$이다.

**오답넘기**

ㄱ. 정지한 A에 작용하는 알짜힘은 0이고, 자유 낙하 운동을 하고 있는 B와 C에 작용하는 알짜힘은 각각 B, C에 작용하는 중력이다. 따라서 사과에 작용하는 알짜힘의 크기는 A가 B보다 작다.

ㄴ. B, C가 낙하하는 동안 B, C의 가속도의 크기는 중력 가속도로 서로 같다.

**738** 자유 낙하 운동     답 ②

**알짜풀이**

ㄴ. 자유 낙하 운동을 하는 물체의 속력은 시간에 따라 일정하게 증가한다. 물체가 a에서 d까지 운동하는 데 걸리는 시간이 a에서 b까지 운동하는 데 걸리는 시간의 3 배이므로 물체의 속력은 d에서가 b에서의 3 배이다.

**오답넘기**

ㄱ. 자유 낙하 운동을 하는 물체의 가속도의 크기는 중력 가속도로 운동하는 동안 일정하다.

ㄷ. 물체의 가속도는 질량에 관계없이 중력 가속도로 일정하므로 구간별 간격은 질량에 관계없이 일정하다.

**739** 자유 낙하 운동과 수평 방향으로 던진 물체의 운동     답 ③

**알짜풀이**

ㄱ. A는 던져진 순간부터 수평면에 도달할 때까지 수평 방향으로 $v$의 속력으로 등속 직선 운동을 하여 3 초 동안 30 m를 이동하였으므로 $v = \dfrac{30\ \text{m}}{3\ \text{s}} = 10\ \text{m/s}$이다.

ㄴ. 자유 낙하 운동 하는 B가 q에서 r까지 3 초 동안 운동을 하였으므로 r에 도달하는 순간 B의 속력은 30 m/s, 즉 $3v$이다.

**오답넘기**

ㄷ. A의 속력만을 $2v\,(=20\ \text{m/s})$로 바꾸면, A가 B의 연직 아래 지점까지 운동하는 데 걸리는 시간은 $\dfrac{30\ \text{m}}{20\ \text{m/s}} = 1.5$초로 줄어들고, 이때 A와 B의 높이가 같으므로 r의 연직 위 지점에서 A와 B는 충돌한다.

**740** 수평 방향으로 던진 물체의 운동     답 ②

**알짜풀이**

ㄴ. 물체는 수평 방향으로 등속 직선 운동을 하므로 $t=0$부터 $t=2$ 초까지 물체의 수평 이동 거리는 $s = 20\ \text{m/s} \times 2\ \text{s} = 40\ \text{m}$이다.

**오답넘기**

ㄱ. A의 연직 방향 속력은 1 초에 10 m/s씩 증가하므로 $t=2$ 초일 때 A의 연직 방향 속력 $v = 20\ \text{m/s}$이다.

ㄷ. $t=0$부터 $t=2$ 초까지 물체에 작용하는 알짜힘의 크기는 물체에 작용하는 중력의 크기와 같은 10 N이므로 그 동안 물체가 받은 충격량의 크기 $I = Ft = 10\ \text{N} \times 2\ \text{s} = 20\ \text{N·s}$이다.

**741** 운동량과 충격량     답 ④

**알짜풀이**

ㄴ. 관에서 물체가 받은 충격량의 크기는 운동량의 변화량의 크기와 같고, 발사 순간의 속력 및 운동량 크기가 B가 A의 2 배이므로 관에서 운동하는 동안 물체가 받은 충격량의 크기는 B가 A의 2 배이다.

ㄷ. 물체가 받은 평균 힘의 크기는 $\dfrac{\text{충격량의 크기}}{\text{힘이 작용한 시간}}$이다. 관에서 운동하는 동안 물체가 받은 충격량의 크기를 각각 $I$, $2I$라 할 때, $F_A = \dfrac{I}{2t}$, $F_B = \dfrac{2I}{t}$이므로 $\dfrac{F_A}{F_B} = \dfrac{1}{4}$이다.

**오답넘기**

ㄱ. 물체의 운동량은 물체의 질량과 속도의 곱이다. A와 B의 질량이 같으므로 발사되는 순간 운동량의 크기는 A, B의 발사 속력에 비례한다. 발사되는 순간의 속력이 B가 A의 2 배이므로 발사되는 순간의 운동량 크기는 B가 A의 2 배이다.

**742** 운동량과 충격량     답 ④

**알짜풀이**

ㄴ. (나)에서 곡선이 시간 축과 이루는 넓이 $S$는 A, B가 충돌할 때 받는 충격량의 크기와 같다. A가 B를 민 후의 속력이 B가 A의 2 배이므로 그림과 같이 A가 B를 민 후 A, B의 속력을 각각 $v$, $2v$라 할 때 A가 B를 민 후 A, B의 운동량 크기는 각각 $p_A' = 240 - S = 60v$, $p_B' = 40 + S = 80v$이므로 $S = 120\ \text{N·s}$이고 $v = 2\ \text{m/s}$이다.

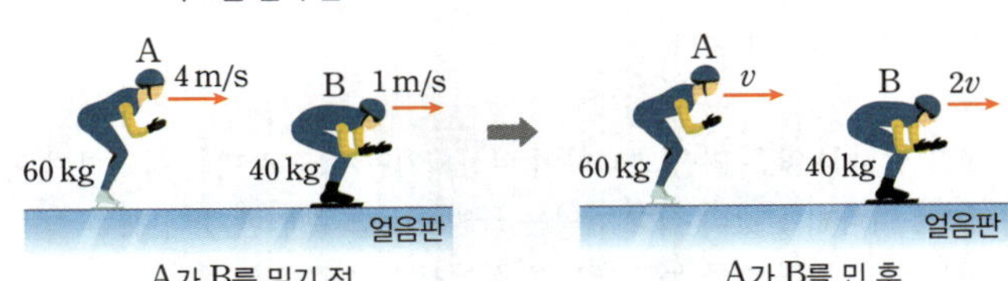


ㄷ. A가 B를 민 후 B의 속력은 $2v = 4\ \text{m/s}$이다.

**오답넘기**

ㄱ. 운동하는 선수의 운동량 크기는 선수의 질량과 속력의 곱과 같다. 따라서 (가)에서 A, B의 운동량의 크기는 각각 $p_A = 60\ \text{kg} \times 4\ \text{m/s} = 240\ \text{kg·m/s}$, $p_B = 40\ \text{kg} \times 1\ \text{m/s} = 40\ \text{kg·m/s}$로 A가 B의 6 배이다.

## 743 안전장치의 원리  답 ①

**알짜풀이**

ㄱ. 자동차가 벽에 충돌하면 탑승하고 있던 인체 모형은 관성에 의해 앞으로 튀어나가는 현상이 나타난다.

**오답넘기**

ㄴ, ㄷ. 찌그러지는 범퍼와 에어백은 충격이 가해지는 시간을 길게 하여 자동차와 인체 모형에 작용하는 충격량의 크기가 일정할 때, 평균 힘의 크기를 감소시켜 안정성을 높여주는 역할을 한다. 따라서 '평균 힘'은 ⓒ으로 적절하다.

## 744 세포소기관  답 ②

**알짜풀이**

ㄴ. 엽록체에서 일어나는 광합성과 라이보솜에서 일어나는 단백질합성은 모두 동화작용이므로 '동화작용이 일어난다.'는 ⓒ에 해당한다.

**오답넘기**

ㄱ. 동화작용은 흡열 반응이므로, '흡열 반응이 일어난다.'는 ⓒ에 해당한다.

ㄷ. 동물 세포와 식물 세포는 모두 라이보솜을 갖는다.

## 745 세포막을 통한 물질의 이동  답 ②

**알짜풀이**

A와 C의 이동 방식은 막단백질을 통한 확산, B의 이동 방식은 인지질 2중층을 통한 확산이다.

ㄴ. A, B, C는 모두 확산으로 이동하므로, 농도가 높은 쪽에서 농도가 낮은 쪽으로 이동한다.

**오답넘기**

ㄱ. 허파꽈리와 모세혈관 사이에서 산소의 이동 방식은 인지질 2중층을 통한 확산이므로 B의 이동 방식과 같다.

ㄷ. A, B, C는 모두 농도가 높은 쪽에서 농도가 낮은 쪽으로 이동하므로 에너지를 소모하지 않는다

## 746 삼투  답 ③

**알짜풀이**

ㄷ. 증류수에 담근 달걀은 질량이 증가하였고, 10 % 소금물에 담근 달걀은 질량이 감소하였으므로 달걀 내부 용액의 농도는 증류수보다 높고 10 % 소금물보다 낮다.

**오답넘기**

ㄱ. 물은 달걀의 얇은 막을 통과하여 확산되지만 소금은 막을 통과하지 못한다. 따라서 달걀의 질량 변화는 물의 이동으로 인한 것이다.

ㄴ. 물은 막을 통해 소금 농도가 낮은 쪽에서 높은 쪽으로 이동한다.

## 747 물질대사  답 ⑤

**알짜풀이**

ㄱ. A는 엽록체로, 광합성이 일어난다. 광합성에서는 물과 이산화 탄소를 이용하여 포도당을 합성한다.

ㄴ. B는 마이토콘드리아로, 세포호흡이 일어난다. 세포호흡에서는 포도당이 분해되는 과정에서 에너지가 방출된다.

ㄷ. 광합성은 동화작용, 세포호흡은 이화작용이다. (나)는 흡열 반응이므로 동화작용에 해당한다. 따라서 (나)는 엽록체(A)에서 일어난다.

## 748 세포의 구조와 생명중심원리  답 ⑤

**알짜풀이**

㉠은 핵, ㉡은 골지체이고, A는 전사, B는 번역이다.

ㄱ. 전사(A)는 핵(㉠)에서 일어난다.

ㄴ. 라이보솜은 번역(B) 과정에 관여한다.

ㄷ. 골지체(㉡)에서 단백질이 세포 밖으로 분비된다.

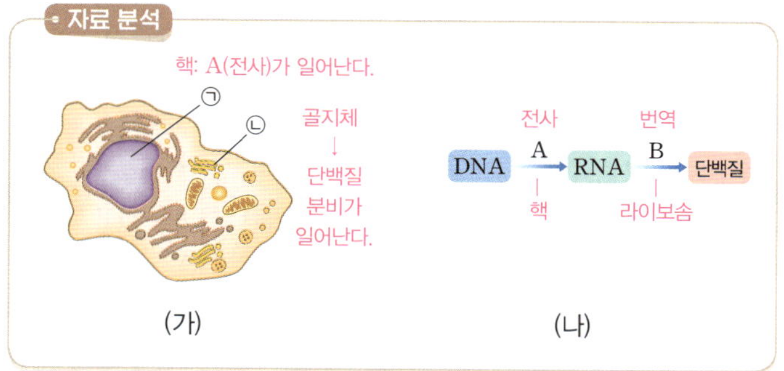


## 749 유전정보의 흐름과 단백질합성  답 ③

**알짜풀이**

(가)는 전사, (나)는 번역이다.

ㄱ. 전사(가) 과정에 이용되는 가닥은 RNA와 상보적인 염기서열을 가진 가닥 I 이다.

ㄴ. 번역(나) 과정에서는 아미노산과 아미노산 사이에서 펩타이드결합이 형성된다.

**오답넘기**

ㄷ. 아미노산 1을 지정하는 코돈은 AUG이다.

### 서술형 문제

## 750 탄소 순환

(1) **답** (가) 수권, (나) 지권, (다) 생물권

(2) **모범답안** 기권으로 유입되는 탄소량은 총 215.5이고, 기권에서 유출되는 탄소량은 총 213이다. 따라서 기권에는 연간 2.5의 탄소가 증가하고 있다.

| 채점 기준 | 배점 |
| --- | --- |
| 기권의 탄소량 변화를 정량적으로 옳게 서술한 경우 | 100 % |
| 기권의 탄소량 변화를 부분적으로 옳게 서술한 경우 | 50 % |

**해설**

자료에서 기권으로 유입되는 탄소량은 (가)에서 90 단위, (나)에서 65.5 단위, (다)에서 60 단위이므로 총 215.5 단위이다. 한편, 기권에서 유출되는 탄소량은 (가)로 92 단위, (다)로 121 단위이므로 총 213 단위이다.

## 751 화산 활동의 영향

(1) **답** 화산재

(2) **모범답안** 성층권은 매우 안정하기 때문에 화산재가 성층권까지 올라가면 매우 오랜 기간 동안 머물 수 있다. 이때 화산재는 태양 복사 에너지를 차단하여(반사시켜) 지표로 유입되는 에너지양을 감소시켜 지구의 평균 기온을 감소시키는 역할을 한다.

| 채점 기준 | 배점 |
| --- | --- |
| 화산재에 의한 지구의 평균 기온 감소를 옳게 서술한 경우 | 100 % |
| 화산재에 의한 평균 기온 감소를 부분적으로 옳게 경우 | 50 % |

**해설**

매우 강력한 화산 폭발이 일어나면 화산재가 대기 상층으로 다량 분출될 수 있다. 이때 대류권 계면 이상의 고도까지 분출되면 오랜 기간 머물면서 햇빛을 반사시켜 지구에서 흡수하는 태양 복사 에너지양을 감소시킨다. 화산재가 대기에서 제거되는 데 대략 12 년 걸리는 것으로 알려져 있다.

## 752 자유 낙하 운동과 수평으로 던진 물체의 운동

(1) **답** 5 m/s

(2) **모범답안** $\frac{4}{5}$, 출발하는 순간부터 B는 수평 방향으로 등속 직선 운동, 연직 방향으로는 자유 낙하 운동을 한다. 따라서 출발하는 순간부터 0.4 초가 지난 순간 B의 수평 방향 속력 $v_x = 5$ m/s, 연직 방향 속력 $v_y = 4$ m/s이다.

| 채점 기준 | 배점 |
| --- | --- |
| B의 수평 방향과 연직 방향의 운동을 설명하고, 이를 통해 $v_x$, $v_y$를 구하는 과정을 모두 옳게 서술한 경우 | 100 % |
| B의 수평 방향과 연직 방향의 운동을 설명하고, 이를 통해 $v_x$, $v_y$를 구하는 과정의 서술이 논리적으로 미흡한 경우 | 50 % |

**해설**

B는 수평 방향으로 등속 직선 운동 하여 0.2 초 동안 수평 이동 거리는 1 m이다. B가 시작점에서 수평 방향으로 던져진 속력을 $v$라 할 때,

$$v = \frac{1\,\text{m}}{0.2\,\text{s}} = 5\,\text{m/s}이다.$$

출발하는 순간부터 B는 수평 방향으로 등속 직선 운동을 하여 던져진 순간부터 0.4초가 지난 순간 수평 방향 속력은 처음 던져진 속력과 같으므로 $v_x = 5$ m/s이다. 또한, B는 연직 방향으로 자유 낙하 운동을 하여 중력 가속도 10 m/s²에 의해 1 초당 10 m/s만큼 속력이 증가하므로

$$v_y = 10\,\text{m/s}^2 \times 0.4\,\text{s} = 4\,\text{m/s}이다. 따라서 \frac{v_y}{v_x} = \frac{4}{5}이다.$$

## 753 자유 낙하 운동과 수평으로 던진 물체의 운동

(1) **답** ㉠−A, ㉡−B

(2) **모범답안** $\frac{2}{3}$, 충돌 과정에서 수레가 받은 평균 힘의 크기는

$$\frac{수레가 받은 충격량의 크기}{수레의 충돌 시간} 이다. 충돌하는 동안 받은 충격량의 크기는$$

B가 A의 $\frac{4}{3}$ 배이고, 충돌 시간은 B가 A의 2 배이므로 $\frac{F_B}{F_A} = \frac{2}{3}$이다.

| 채점 기준 | 배점 |
| --- | --- |
| 수레가 받은 충격량의 크기와 충돌 시간을 이용해 수레가 받은 평균 힘의 크기를 구하는 과정을 옳게 서술한 경우 | 100 % |
| 평균 힘의 크기 비만 옳게 구한 경우 | 50 % |

**해설**

충돌하는 동안 A가 받은 충격량의 크기는 $I_A = 1\,\text{kg} \times (0.4\,\text{m/s} + 0.2\,\text{m/s}) = 0.6\,\text{N·s}$이고, B가 받은 충격량의 크기는 $I_B = 2\,\text{kg} \times (0.3\,\text{m/s} + 0.1\,\text{m/s}) = 0.8\,\text{N·s}$이다. 따라서 충돌하는 동안 수레가 받은 충격량의 크기는 B가 A의 $\frac{4}{3}$ 배이다. 또한 힘−시간 그래프에서 곡선이 시간 축과 이루는 넓이가 수레가 받은 충격량의 크기와 같으므로 넓이가 $3S$인 ㉠은 A, 넓이가 $4S$인 ㉡은 B의 시간에 따른 힘 그래프를 나타낸 것이다.

충돌 과정에서 수레가 받은 평균 힘의 크기는

$$\frac{수레가 받은 충격량의 크기}{수레의 충돌 시간} 이므로 A, B가 받은 평균 힘의 크기는 각각$$

$$F_A = \frac{I_A}{\Delta t_A} = \frac{0.6\,\text{N·s}}{0.01\,\text{s}} = 60\,\text{N}, \quad F_B = \frac{I_B}{\Delta t_B} = \frac{0.8\,\text{N·s}}{0.02\,\text{s}} = 40\,\text{N}이다.$$

따라서 $\frac{F_B}{F_A} = \frac{2}{3}$이다.

## 754 효소의 작용

(1) **답** 산소

(2) **모범답안** 감자즙에는 과산화 수소 분해 효소인 카탈레이스가 들어 있어 과산화 수소를 물과 산소로 분해하는 반응을 촉진한다. 따라서 시험관 B에서 과산화 수소의 분해 산물인 산소의 발생량이 더 많다.

| 채점 기준 | 배점 |
| --- | --- |
| 카탈레이스와 과산화 수소의 분해 산물인 산소를 모두 포함하여 서술한 경우 | 100 % |
| 카탈레이스와 과산화 수소의 분해 산물인 산소 중 한 가지만 포함하여 서술한 경우 | 50 % |

## 755 유전정보의 흐름

(1) **답** AGC AUC CGA AAU AUA

(2) **모범답안** (가) 위치에 구아닌(G)이 삽입되면 아미노산 35번~39번에 해당하는 코돈이 바뀌며, 코돈의 변화로 인해 번역 과정에서 다른 아미노산으로 된 단백질이 합성되어 단백질의 구조와 기능에 변화가 생겨 형질에 변화가 나타난다.

| 채점 기준 | 배점 |
| --- | --- |
| 코돈의 변화와 단백질의 구조와 기능 변화를 모두 포함하여 옳게 서술한 경우 | 100 % |
| 코돈의 변화와 단백질의 구조와 기능 변화 중 한 가지만 포함하여 서술한 경우 | 50 % |

**해설**

DNA의 염기서열에는 단백질의 아미노산서열에 대한 정보가 저장되어 있어, DNA의 유전정보에 따라 RNA가 합성되고, RNA의 유전정보에 따라 단백질이 합성된다. 합성된 단백질은 효소, 호르몬, 몸의 구성 성분 등 다양한 기능을 수행하여 형질을 결정한다.

**MEMO**